『十二五』國家重點圖書出版規劃項目
二〇一一—二〇二〇年國家古籍整理出版規劃項目
國家古籍整理出版專項經費資助項目

中國古農書集粹

王思明——主編

鳳凰出版社

ISBN 978-7-5506-4076-4

圖書在版編目（CIP）數據

天工開物、遵生八箋（農事類）、宋氏樹畜部、陶朱公致富全書 /（明）宋應星等撰. -- 南京 : 鳳凰出版社, 2024.5
（中國古農書集粹 / 王思明主編）
ISBN 978-7-5506-4076-4

Ⅰ. ①天… Ⅱ. ①宋… Ⅲ. ①農學－中國－古代 Ⅳ. ①S-092.2

中國國家版本館CIP數據核字(2024)第042536號

書　　名	天工開物　等
著　　者	(明)宋應星 等
主　　編	王思明
責任編輯	孫　州
裝幀設計	姜　嵩
責任監製	程明嬌
出版發行	鳳凰出版社(原江蘇古籍出版社) 發行部電話 025-83223462
出版社地址	江蘇省南京市中央路165號,郵編:210009
印　　刷	常州市金壇古籍印刷廠有限公司 江蘇省金壇市晨風路186號,郵編:213200
開　　本	889毫米×1194毫米　1/16
印　　張	30.25
版　　次	2024年5月第1版
印　　次	2024年5月第1次印刷
標準書號	ISBN 978-7-5506-4076-4
定　　價	300.00圓

(本書凡印裝錯誤可向承印廠調換,電話:0519-82338389)

《中國古農書集粹》編委會

主　編
王思明

副主編
惠富平　熊帝兵

編　委
沈志忠　盧　勇　丁曉蕾　夏如兵　陳少華　何紅中
劉馨秋　李昕升　劉啓振　朱鎖玲　何彦超

序

中國是世界農業的重要起源地之一，農耕文化有着上萬年的歷史，在農業方面的發明創造舉世矚目。中國幾千年的傳統文明本質上就是農業文明。農業是國民經濟中不可替代的重要的物質生產部門，在傳統社會中一直是支柱產業。農業的自然再生產與經濟再生產曾奠定了中華文明的物質基礎。在漫長的歷史進程中，中華農業文明孕育出南方水田農業文化與北方旱作農業文化、漢民族與其他少數民族農業文化等不同的發展模式。無論是哪種模式，都是人與環境協調發展的路徑選擇。中國之所以能够在十九世紀以前的一兩千年中，長期保持着世界領先的地位，就在於中國農民能够根據不斷變化的人口狀況以及自然、經濟環境作出正確的判斷和明智的選擇。

中國農業文化遺產十分豐富，包括思想、技術、生產方式以及農業遺存等。在傳統農業生產過程中，形成了以尊重自然、順應自然，天、地、人『三才』協調發展的農學指導思想；形成了以種植業爲主，種植業和養殖業相互依存、相互促進的多樣化經營格局；凸顯了『寧可少好，不可多惡』的農業經營策略和精耕細作的技術特點；蘊含了『地可使肥，又可使棘』『地力常新壯』的辯證土壤耕作理論；總結了輪作復種、間作套種和多熟種植的技術經驗；形成了北方旱地保墒栽培與南方合理管水用水相結合的農業生產模式。與世界其他國家或民族的傳統農業以及現代農學相比，中國傳統農業自身的特色明顯，既有成熟的農學理論，又有獨特的技術體系。

世代相傳的農業生産智慧與技術精華，經過一代又一代農學家的總結提高，涌現了數量龐大、種類繁多的農書。《中國農業古籍目錄》收錄存目農書十七大類，二千零八十四種。閔宗殿等學者在此基礎上又根據江蘇、浙江、安徽、江西、福建、四川、臺灣、上海等省市的地方志，整理出明清時期二百三十六種『新書目』。[一] 隨着時間的推移和學者的進一步深入研究，還將會有不少沉睡在古籍中的農書被不斷地揭示出來。作爲中華農業文明的重要載體，這些古農書總結了不同歷史時期中國農業經營理念和傳統農業科技的精華，是人類寶貴的文化財富。

中國古代農書豐富多彩、源遠流長，反映了中國農業科學技術的起源、發展、演變與轉型的歷史進程與發展規律，折射出中華農業文明發展的曲折而漫長的發展歷程。這些農書中包含了豐富的農業實用技術、農業經濟智慧、農村社會發展思想等，覆蓋了農、林、牧、漁、副等諸多方面，廣泛涉及傳統社會中農業生産、農村社會、農民生活等主要領域，還記述了許許多多關於生物學、土壤學、氣候學、地理學、水利工程等自然科學原理。存世豐富的中國古農書，不僅指導了我國古代農業生産與農村社會的發展，也包含了許多當今經濟社會發展中所迫切需要解決的問題——生態保護、可持續發展、農村建設、鄉村振興等思想和理念。

作爲中國傳統農業智慧的結晶，中國古農書通過各種途徑傳播到世界各地，對世界農業文明産生了深遠影響，例如《齊民要術》在唐代已傳入日本。被譽爲『宋本中之冠』的北宋天聖年間崇文院本《齊民要術》被日本視爲『國寶』，珍藏在京都博物館。而以《齊民要術》爲对象的研究被稱爲日本『賈學』。江户時代的宮崎安貞曾依照《農政全書》的體系、格局，撰寫了適合日本國情的《農業全書》十

[一] 閔宗殿《明清農書待訪錄》，《中國科技史料》二〇〇三年第四期。

卷，成爲日本近世時期最有代表性、最系統、水準最高的農書，被稱爲『人世間一日不可或缺之書』。據不完全統計，受《農政全書》或《農業全書》影響的日本農書達四十六部之多。[一]中國古農書直接或間接地推動了當時整個日本農業技術的發展，提升了農業生産力。

朝鮮在新羅時期就可能已經引進了《齊民要術》。[二]高麗宣宗八年（一〇九一）李資義出使中國，宋哲宗（一〇八六—一一〇〇）要求他在高麗覆刊的書籍目録裏有《氾勝之書》。高麗後期的一三四九年與一三七二年，曾兩次刊印《元朝正本農桑輯要》。朝鮮太宗年間（一三六七—一四二二），學者從《農桑輯要》中抄録養蠶部分，譯成《養蠶經驗撮要》，摘取《農桑輯要》中穀和麻的部分譯成吏讀，並以此爲底本刊印了《農書輯要》。朝鮮的《閒情録》以《陶朱公致富奇書》爲基礎出版，《農政會要》則主要引自《授時通考》。《農家集成》《農事直説》以及姜希孟的《四時纂要》主要根據王禎《農書》等多部中國古農書編成。據不完全統計，目前韓國各文教單位收藏中國農業古籍四十種，[三]包括《齊民要術》《農政全書》《授時通考》《御製耕織圖》《江南催耕課稻編》《廣群芳譜》《農桑輯要》等。

中國古農書還通過絲綢之路傳播至歐洲各國。《農政全書》至遲在十八世紀傳入歐洲，一七三五年法國杜赫德（Jean-Baptiste Du Halde）主編的《中華帝國及華屬韃靼全志》卷二摘譯了《農政全書》卷三十一至卷三十九的《蠶桑》部分。至遲在十九世紀末，《齊民要術》已傳到歐洲。達爾文的《物種起源》和《動物和植物在家養下的變異》援引《中國紀要》中的有關事例佐證其進化論，達爾文在談到人

[一]韓興勇《〈農政全書〉在近世日本的影響和傳播——中日農書的比較研究》，《農業考古》二〇〇三年第一期。
[二][韓]崔德卿《韓國的農書與農業技術——以朝鮮時代的農書和農法爲中心》，《中國農史》二〇〇一年第四期。
[三]王華夫《韓國收藏中國農業古籍概況》，《農業考古》二〇一〇年第一期。

工選擇時説：『如果以爲這種原理是近代的發現，就未免與事實相差太遠。……在一部古代的中國百科全書中，已有關於選擇原理的明確記述。』[一]而《中國紀要》中有關家畜人工選擇的内容主要來自《齊民要術》。[二]中國古農書間接地爲生物進化論提供了科學依據。英國著名學者李約瑟（Joseph Needham）編著的《中國科學技術史》第六卷『生物學與農學』分册以《齊民要術》爲重要材料，説它『即使在世界範圍内也是卓越的、傑出的、系統完整的農業科學理論與實踐的巨著』。[三]

世界上許多國家都收藏有中國古農書，如大英博物館、巴黎國家圖書館、柏林圖書館、聖彼得堡（列寧格勒）圖書館、美國國會圖書館、哈佛大學燕京圖書館、日本内閣文庫、東洋文庫等，大多珍藏有《齊民要術》《茶經》《農桑輯要》《農書》《農政全書》《授時通考》《花鏡》《植物名實圖考》等早期刻本。不少中國著名古農書還被翻譯成外文出版，如《齊民要術》有日文譯本（缺第十章），《天工開物》與《茶經》有英、日譯本，《農政全書》《授時通考》《群芳譜》的個别章節已被譯成英、法、俄等文字，《元亨療馬集》有德、法文節譯本。法蘭西學院的斯坦尼斯拉斯·儒蓮（一七九九—一八七三）翻譯的法文版《蠶桑輯要》廣爲流行，並被譯成英、德、意、俄等多種文字。顯然，中國古農書已經是全世界人民的共同財富，也是世界了解中國的重要媒介之一。

近代以來，有不少學者在古農書的搜求與整理出版方面做了大量工作。晚清務農會於光緒二十三年（一八九七）鉛印《農學叢刻》，但是收書的規模不大，僅刊古農書二十三種。一九二〇年，金陵大學在

[一]［英］達爾文《物種起源》，謝藴貞譯。科學出版社，一九七二年，第二十四—二十五頁。

[二]《中國紀要》即十八世紀在歐洲廣爲流行的全面介紹中國的法文著作《北京耶穌會士關於中國人歷史、科學、技術、風俗、習慣等紀要》。一七八〇年出版的第五卷介紹了《齊民要術》，一七八六年出版的第十一卷介紹了《齊民要術》中的養羊技術。

[三]轉引自繆啓愉《試論傳統農業與農業現代化》，《傳統文化與現代化》一九九三年第一期。

全國率先建立了農業歷史文獻的專門研究機構，在萬國鼎先生的引領下，開始了系統收集和整理中國古代農業歷史文獻的研究工作，着手編纂《先農集成》，從浩如煙海的農業古籍文獻資料中，搜集整理了三千七百多萬字的農史資料，後被分類輯成《中國農史資料》四百五十六册，是巨大的開創性工作。

民國期間，影印興起之初，《齊民要術》、王禎《農書》、《農政全書》等代表性古農學著作均有石印本或影印本。一九四九年以後，爲了保存農書珍籍，曾影印了一批國內孤本或海外回流的古農書珍本，如中華書局上海編輯所分別在《中國古代科技圖錄叢編》和《中國古代版畫叢刊》的總名下，影印了《天工開物》（崇禎十年本）、《便民圖纂》（萬曆本）、《救荒本草》（嘉靖四年本）、《授衣廣訓》（嘉慶原刻本）等。上海圖書館影印了元刻大字本《農桑輯要》（孤本）。一九八二年至一九八三年，農業出版社以《中國農學珍本叢書》之名，先後影印了《全芳備祖》（日藏宋刻本），《金薯傳習錄、種薯譜合刊》（前者刊本僅存福建圖書館，後者朝鮮徐有榘以漢文編寫，內存徐光啓《甘薯蔬》全文），以及《新刻注釋馬牛駝經大全集》（孤本）等。

古農書的輯佚、校勘、注釋等整理成果顯著。萬國鼎、石聲漢先生都曾對《四民月令》《氾勝之書》等進行了輯佚、整理與深入研究。到二十世紀末，具有代表性的古農書基本得到了整理，如夏緯瑛的《管子地員篇校釋》和《呂氏春秋上農等四篇校釋》，石聲漢的《齊民要術今釋》《農桑輯要校注》《農政全書校注》等，繆啓愉的《齊民要術校釋》和《四時纂要》，王毓瑚的《農桑衣食撮要》，馬宗申的《授時通考校注》等。特別是農業出版社自二十世紀五十年代一直持續到八十年代末的《中國農書叢刊》，先後出版古農書整理著作五十餘部，涉及範圍廣泛，既包括綜合性農書，也收錄不少畜牧、蠶桑、水利等專業性農書。此外，中華書局、上海古籍出版社等也有相應的古農書整理著作出版。

一些有識之士還致力於古農書的編目工作。一九二四年，金陵大學毛邕、萬國鼎編著了最早的農書簡目《中國農書目錄彙編》，存佚兼收，薈萃七十餘種古農書。但因受時代和技術手段的限制，規模較小。一九四九年以後，古農書的編目、典藏等得以系統進行。一九五七年，王毓瑚的《中國農學書錄》出版（一九六四年增訂），含英咀華，精心考辨，共收農書五百多種。一九五九年，北京圖書館據全國二十五個圖書館的古農書書目彙編成《中國古農書聯合目錄》，收錄古農書及相關整理研究著作六百餘種。一九九〇年，中國農業歷史學會和中國農業博物館據各農史單位和各大圖書館所藏農書彙編成《農業古籍聯合目錄》，收書較此前更加豐富。二〇〇三年，張芳、王思明的《中國農業古籍目錄》收錄了古農書存目二千零八十四種。經過幾代人的艱辛努力，中國古農書的規模已基本摸清。上述基礎性工作爲古農書的搜求、彙集、出版奠定了堅實的基礎。

目前，以各種形式出版的中國古農書的數量和種類已經不少，具有代表性的重要農書還被反復出版。但是，仍有不少農書尚存於各館藏單位，一些孤本、珍本急待搶救出版。部分大型叢書已經注意到古農書的彙集與影印，《續修四庫全書》『子部農家類』收錄農書六十七部，《中國科學技術典籍通匯》『農學卷』影印農書四十三種。相對於存量巨大的古代農書而言，上述影印規模還十分有限。可喜的是，在鳳凰出版社和中華農業文明研究院的共同努力下，《中國古農書集粹》被列入《二〇一一—二〇二〇年國家古籍整理出版規劃》。本《集粹》是一個涉及目錄、版本、館藏、出版的系統工程，工作於二〇一二年啓動，經過近八年的醞釀與準備，影印出版在即。《集粹》原計劃收錄農書一百七十七部，後根據時代的變化以及各農書的自身價值情況，幾易其稿，最終決定收錄代表性農書一百五十二部。

《中國古農書集粹》填補了目前中國農業文獻集成方面的空白。本《集粹》所收錄的農書，歷史跨度時間長，從先秦早期的《夏小正》一直至清代末期的《撫郡農產考略》，既展現了中國古農書的萌芽、形成、發展、成熟、定型與轉型的完整過程，也反映了中華農業文明的發展進程。明清時期是中國傳統農業發展的巔峰，它繼承了中國傳統農業中許多好的東西並將其發展到極致，而這一階段的農書恰是本《集粹》收錄的重點。本《集粹》還具有專業性強的特點。古農書屬大宗科技文獻，而非傳統意義的歷史文獻，本《集粹》更側重於與古代農業密切相關的技術史料的收錄。本《集粹》所收農書覆蓋面廣，涵蓋了綜合性農書、時令占候、農田水利、農具、土壤耕作、大田作物、園藝作物、竹木茶、植物保護、畜牧獸醫、蠶桑、水產、食品加工、物產、農政農經、救荒賑災等諸多領域。收書規模也爲目前中國農業古籍集成之最。

《中國古農書集粹》彙集了中國古代農業科技精華，是研究中國古代農業科技的重要資料。同時，中國古農書也廣泛記載了豐富的鄉村社會狀況、多彩的民間習俗、真實的物質與文化生活，反映了中國古代農民的宗教信仰與道德觀念，體現了科技語境下的鄉村景觀。不僅是科學技術史研究不可或缺的第一手資料，還是研究傳統鄉村社會的重要依據，對歷史學、社會學、人類學、哲學、經濟學、政治學及其他社會科學都具有重要參考價值。古農書是傳統文化的重要載體，是繼承和發揚優秀農業文化遺產的主要文獻依憑，對我們認識和理解中國農業、農村、農民的發展歷程，乃至整個社會經濟與文化的歷史脉絡都具有十分重要的意義。本《集粹》不僅可以加深我們對中國農業文化、本質和規律的認識，還可以鑒古知今，把握國情，爲今天的經濟與社會發展政策的制定提供歷史智慧。

本《集粹》的出版，可以加強對中國古農書的利用與研究，加深對農業與農村現代化歷史進程的必然性和艱巨性的認識。祖先們千百年耕種這片土地所積累起來的知識和經驗，對於如今人們利用這片土地仍具有指導和借鑒作用，對今天我國農業與農村存在問題的解决也不無裨益。現代農學雖然提供了一些『普適』的原理，但這些原理要發揮作用，仍要與這個地區特殊的自然環境相適應。而且現代農學原理並不否定傳統知識和經驗的作用，也不能完全代替它們。中國這片土地孕育了有中國特色的傳統農業，積累了有自己特色的知識和經驗，有利於建立有中國特色的現代農業科技體系。人類文明是世界各個民族共同創造的，人類文明未來的發展當然要繼承各個民族已經創造的成果。中國傳統的農業知識必將對人類未來農業乃至社會的發展作出貢獻。

王思明

二〇一九年二月

目録

天工開物（明）宋應星 撰……〇〇一
遵生八箋（農事類）（明）高濂 撰……一一七
宋氏樹畜部（明）宋詡 撰……三〇七
陶朱公致富全書（明）佚名 撰（清）石巖逸叟 增定……三六一

天工開物

（明）宋應星　撰

《天工開物》，（明）宋應星撰。宋應星（一五八七—一六六四），字長庚，江西南昌府奉新縣（今宜春市奉新縣）宋埠鄉人。自幼聰敏過人，萬曆四十三年（一六一五）考取舉人。中舉後多次進京會試，均名落孫山。四十五六歲以後，放棄科舉，鑽研與國計民生密切相關的科技問題。崇禎七年至十一年（一六三四—一六三八）他受任爲江西分宜縣縣學教諭，課士之餘，日事著述，論作頗多，其中最著名的便是《天工開物》三卷十八篇。崇禎十一年（一六三八）他曾升任福建汀州府推官。崇禎十六年（一六四三）升任安徽亳州知州。明亡後退居家中，拒絶仕清，約於康熙三年（一六六四）前後病逝。

該書撰成於崇禎十年（一六三七），作者在『自序』中説，年來著書一種，名曰《天工開物》，寫書時既不能購奇考證，又無法請人協作，甚至連參考書也很少。據統計，全部引書僅有二十餘種，七十餘次（包括未注明出處者）。書中的基本材料，多是作者廣泛調查研究的心得。

全書分爲十八卷，内容廣泛，涉及傳統農業和手工業的許多方面。其中的『乃粒』叙述穀物栽培，『乃服』叙述養蠶和絲綢、棉、麻、毛紡織，『彰施』講述染料作物和染色技術，『粹精』講穀物的收穫和加工，『甘嗜』叙述種蔗、製糖和蜂蜜採收，『膏液』講述榨油和造燭方法，『曲蘖』講酒麯製備。書中論述農業方面的文字約占全書的五分之二左右，與其他農書相較，具有明顯特色：（一）取材上以總結當時農民的實踐經驗爲主，很少直接徵引文獻，所謂『隨其孤陋見聞，藏諸方寸而寫之』，内容比較切實可靠。（二）不少技術是歷史上的首次記載。例如，把秋植大豆種在稻茬内的經驗；種甘蔗時，蔗芽的位置應朝左右兩個方向，不能一上一下，以免朝下者『向土難發』；用骨灰蘸秧根、用砒霜拌麥種；將一化性蠶的雄蛾（早雄）和二化性蠶的雌蛾（晚雌）雜交，可育出新蠶種，以及揀出病蠶，用隔離方法防治蠶病傳染的經驗等。（三）比較重視定量表述。如提出秧田與本田面積的比例爲1:25；主張『秧生三十日，即拔起分栽』，過期不栽則會因秧苗過長而減産；認爲水稻自出苗到結實，『早者食水三斗，晚者食水五斗，失水即枯』；計算油料作物的出油率、水稻的秕穀率、麥子的出粉率等。

該書對中國明代以前幾千年間積累起來的農業和手工業生産技術經驗，作了全面而系統的總結，構成了一個科技體系。它先後被全譯爲日文和英文，摘譯爲法、德、意、俄等國文字，成爲一部科技史名著。

《天工開物》的版本大致有十多種，古籍版本有日本明和八年（一七七一）菅生堂刻本，一九三〇年上海華通書局據日本明和八年菅生堂本影印本、一九三三年上海商務印書館鉛印本、一九五九年中華書局據涂紹煃初刊本影印本等。今據南京大學圖書館藏武進涉園據日本明和八年菅生堂刊本影印。

（惠富平）

天工開物

羅振玉署

歲在丁卯仲秋武進涉園
據日本明和年所刊以古
今圖書集成本校訂付印

天覆地載物數號萬而事亦因之曲成而不遺豈人力也哉事物而旣萬矣必待口授目成而後識之其與幾何萬事萬物之中其無益生人與有益者各載其半世有聰明博物者稠人推焉乃棗梨之花未賞而臆度楚萍釜鬵之範鮮經而侈談莒鼎畫工好圖鬼魅而惡犬馬即鄭僑晉華豈足爲烈哉幸生聖明極盛之世滇南車馬縱貫遼陽嶺徼宦商衡遊薊北爲方萬里中何事何物不可見見聞若爲士而生東晉之初南宋之季其視燕秦晉豫方物已成夷産從互市而得裘帽何殊肅愼之矢也且夫王孫帝子生長深宮御厨玉粒正香而欲觀耒耜尙宫錦衣方剪而想像機絲當斯時也披圖一觀如獲重寶矣年來著書一種名曰天工開物卷傷哉貧也欲購奇考證而乏洛下之資欲招致同人商畧贋眞而缺陳思之館隨其孤陋見聞藏諸方寸而寫之豈有當哉吾友涂伯聚先生誠意動天心靈格物凡古今一言之嘉寸長可取必勤勤懇懇而契合焉昨歲畫音歸正繇先生而授梓茲有後命復取此卷而繼起爲之其亦夙緣之所召哉卷分前後乃貴五穀而賤金玉之義觀象樂律二卷其道太精自揣非吾事故臨梓刪去丐大業文人棄擲案頭此書于功名進取毫不相關也皆

崇禎丁丑孟夏月奉新宋應星書于家食之問堂

目錄

卷上

乃粒第一　乃服第二

彰施第三　粹精第四

作鹹第五　甘嗜第六

卷中

陶埏第七　冶鑄第八

舟車第九　錘鍛第十

燔石第十一　膏液第十二

殺青第十三

卷下

五金第十四　佳兵第十五

丹青第十六　麴糵第十七

珠玉第十八

天工開物卷上

明　分宜教諭宋應星著

乃粒第一

宋子曰上古神農氏若存若亡然味其徽號兩言至今存矣生人不能久生而五穀生之五穀不能自生而生人生之土脉歷時代而異種性隨水土而分不然神農去陶唐粒食已千年矣耒耜之利以教天下豈有隱焉而紛紛嘉種必待后稷詳明其故何也紈褲之子以赭衣視笠蓑經生之家以農夫爲詬詈晨炊晚饟知其味而忘其源者衆矣夫先農而繫之以神豈人力之所爲哉

總名

凡穀無定名百穀指成數言五穀則麻菽麥稷黍獨遺稻者以著書聖賢起自西北也今天下育民人者稻居什七而來牟黍稷居什三麻菽二者功用已全入蔬餌膏饌之中而猶繫之穀者從其朔也

稻

凡稻種最多不黏者禾曰秔米曰粳黏者禾曰稌米曰糯（南方無黏黍酒皆糯米所爲）質本粳而晚收帶黏（俗名婺源光之類）不可爲酒只可爲粥者又一種性也凡稻穀形有長芒短芒（江南名長芒者曰劉陽早短芒者曰吉安早）長粒尖粒圓頂扁面不一其中米色有雪

白牙黄大赤半紫雜黑不一濕種之期最早者春分以前名爲社種遇天寒有凍死不生者最遲者後于清明凡播種先以稻麥藁包浸數日俟其生芽撒于田中生出寸許其名曰秧秧生三十日卽拔起分栽若田畝逢旱乾水溢不可插秧秧過期老而長節卽栽于畝中生穀數粒結果而已凡秧田一畝所生秧供移栽二十五畝凡秧既分栽後早者七十日卽收穫粳有救公饑喉下急糯有金包銀之類方語百千不可殫述最遲者歷夏及冬二百日方收穫其冬季播種仲夏卽收者則廣南之稻地無霜雪故也凡稻旬日失水卽愁旱乾夏種冬收之穀必山間源水不絕之畝其穀種亦耐久其土脉亦寒不催苗也湖濱之田待夏潦已過六月方栽者其秧立夏播種撒藏高畝之上以待時也南方平原田多一歲兩栽兩穫者其再栽秧俗名晚糯非粳類也六月刈初禾耕治老膏田插再生秧其秧清明時已偕早秧撒佈早秧一日無水卽死此秧歷四五兩月任從烈日暵乾無憂此一異也凡再植稻遇秋多晴則汲灌與稻相終始農家勤苦爲春酒之需也凡稻旬日失水則死期至幻出旱稻一種粳而不黏者卽高山可插又一異也香稻一種取其芳氣以供貴人收實甚少滋益全無不足尚也

稻宜

凡稻土脉焦枯則穗實蕭索勤農糞田多方以助之人畜穢遺榨油枯餅枯者以去膏而得名也胡麻萊菔子爲上芸苔次之大眼桐又次之樟柏棉花又次之草皮木葉以佐生機普天之所同也南方磨綠豆粉者取溲漿灌田肥甚豆賤之時撒黃豆于田一粒爛土方三寸得穀之息倍焉土性帶冷漿者宜骨灰蘸秧根凡禽獸骨石灰淹苗足向陽煖土不宜也土脉堅緊者宜耕隴疊塊壓薪而燒之埴墳鬆土不宜也

稻工

凡稻田刈穫不再種者土宜本秋耕墾使宿藁化爛敵糞力一倍或秋旱無水及怠農春耕則收穫損薄也凡糞田若撒枯澆澤恐霖雨至過水來肥質隨漂而去謹視天時在老農心計也凡一耕之後勤者再耕三耕然後施耙則土質勻碎而其中膏脉釋化也凡牛力窮者兩人以扛懸耜項背相望而起土兩人竟日僅敵一牛之力若耕後牛窮製成磨耙兩人肩手磨軋則一日敵三牛之力也凡牛中國惟水黄兩種水牛力倍于黄但畜水牛者冬與土室禦寒夏與池塘浴水畜養心計亦倍于黄牛也凡牛春前力耕汗出切忌雨點將雨則疾驅入室候過穀雨則任從風雨不懼也吳郡力田者以鋤代耜不藉牛力愚見貧農之家會計牛值與水草之資竊盜死病之變不若人力亦便假如有牛者供辦十畝無牛用鋤而勤者半之既已無

牛則秋穫之後田中無復芻牧之患而菽麥麻蔬諸種紛紛可種以再穫償半荒之畝似亦相當也凡稻分秧之後數日舊葉萎黃而更生新葉青葉既長則耔可施焉俗名撻禾植杖于手以足扶泥壅根併屈宿田水草使不生也凡宿田芨草之類遇耔而屈折而稊稗與荼蓼非足力所可除者則耘以繼之耘者苦在腰手辨在兩眸非類既去而嘉穀茂焉從此洩以防潦溉以防旱旬月而奄觀銍刈矣

稻灾

凡旱稻種秋初收藏當午曬時烈日火氣在內入倉廩中關閉太急則其穀黏帶暑氣勤農之家偏受此患明年田有糞肥土脉發燒東南風助煖則盡發炎火大壞苗穗此一灾也若種穀晚涼入廩或冬至數九天收貯雪水冰水一甕交春即不驗清明濕種時每石以數碗激灑立解暑氣則任從東南風煖而此苗清秀異常矣祟在種內反怨鬼神凡稻撒種時或水浮數寸其穀未即沉下驟發狂風堆積一隅此二灾也謹視風定而後撒則沉勻成秧矣凡穀種生秧之後防雀聚食此三灾也立標飄揚鷹俑則雀可敺矣凡秧沉脚未定陰雨連綿則損折過半此四灾也邀天晴霽三日則粒粒皆生矣凡苗既函之後畝土肥澤連發南風薰熱函內生蟲形似蠶繭此五灾也邀天遇西風雨一陣則蟲化而穀生矣凡

苗吐穡之後暮夜鬼火遊燒此六灾也此火乃朽木腹中放出凡木母火子子藏母腹母身未壞子性千秋不滅每逢多雨之年孤野墳墓多被狐狸穿塌其中棺板爲水浸朽爛之極所謂母質壞也火子無附脫母飛揚然陰火不見陽光直待日暮黃昏此火衝隙而出其力不能上騰飄遊不定數尺而止凡禾穡葉遇之立刻焦炎逐火之人見他處樹根放光以爲鬼也奮梃擊之反有鬼變枯柴之說不知向來鬼火見燈光而已化矣凡火未經人間燈傳者總屬陰火故見燈即滅凡苗自函活以至穎栗早者食水三斗晚者食水五斗失水即枯將刈之時少水一升穀數雖存米粒縮小入碾臼中亦多斷碎此七灾也汲灌之智人巧已無餘矣凡稻成熟之時遇狂風吹粒殞落或陰雨竟旬穀粒沾濕自爛此八灾也然風灾不越三十里陰雨灾不越三百里偏方厄難亦不廣被風落不可爲若貧困之家苦于無霽將濕穀升于鍋內燃薪其下炸去糠膜收炒糗以充饑亦補助造化之一端矣

水利

凡稻防旱藉水獨甚五穀厥土沙泥磽膩隨方不一有三日即乾者有半月後乾者天澤不降則人力挽水以濟凡河濱有製筒車者堰陂障流遶于車下激輪使轉挽水入筒一一傾于梘內流入畝中晝夜不息百畝無憂不用水時拴木

凝止使輪不轉動其湖池不流水或以牛力轉盤或聚數人踏轉車身長者二丈短者半之其內用龍骨拴串板關水逆流而上大抵一人竟日之力灌田五畝而牛則倍之其淺池小澮不載長車者則數尺之車一人兩手疾轉竟日之功可灌二畝而已揚郡以風帆數扇俟風轉車風息則止此車爲救潦欲去澤水以便栽種蓋去水非取水也不適濟旱用桔槔轆轤功勞又甚細已

麥

凡麥有數種小麥曰來麥之長也大麥曰牟曰穬雜麥曰雀曰蕎皆以播種同時花形相似粉食同功而得麥名也

四海之內燕秦晉豫齊魯諸道烝民粒食小麥居半而黍稷稻粱僅居半西極川雲東至閩浙吳楚腹焉方長六千里中種小麥者二十分而一磨麪以爲捻頭環餌饅首湯料之需而饔飧不及焉種餘麥者五十分而一閭閻作苦以充朝膳而貴介不與焉穬麥獨產陝西一名青稞即大麥隨土而變而皮成青黑色者秦人專以飼馬饑荒人乃食之（大麥亦有粘者河洛用以釀酒）雀麥細穗穗中又分十數細子間亦野生蕎麥實非麥類然以其爲粉療饑傳名爲麥則麥之而已凡北方小麥歷四時之氣自秋播種明年初夏方收南方者種與收期時日差短江南麥花夜發江北麥花晝發亦一異也大麥種穫期與小麥相同蕎麥則秋半下種不兩月而即收其苗遇霜即殺邀天降霜遲遲則有收矣

麥工

凡麥與稻初耕墾土則同播種以後則耘耔諸勤苦皆屬稻麥惟施耨而已凡北方厥土墳壚易解釋者種麥之法耕具差異耕即兼種其服牛起土者耒不用耜並列兩鐵于橫木之上其具方語曰鏹鏹中間盛一小斗貯麥種于內其斗底空梅花眼牛行搖動種子即從眼中撒下欲密而多則鞭牛疾走子撒必多欲稀而少則緩其牛撒種即少既撒種後用驢駕兩小石團壓土埋麥凡麥種緊壓方

生南地不與北同者多耕多耙之後然後以灰拌種手指拈而種之種過之後隨以腳根壓土使緊以代北方驢石也耕種之後勤議耨鋤凡耨草用闊面大鎛麥苗生後耨不厭勤（有三過四過者）餘草生機盡誅鋤下則竟畝精華盡聚嘉實矣功勤易耨南與北同也凡糞麥田既種以後糞無可施爲計在先也陝洛之間憂蟲蝕者或以砒霜拌種子南方所用惟炊燼也（俗名地灰）南方稻田有種肥田麥者不糞麥實當春小麥大麥青青之時耕殺田中蒸罨土性秋收稻穀必加倍也凡麥收空隙可再種他物自初夏至季秋時日亦半載擇土宜而爲之惟人所取也南方大麥有既刈

之後乃種遲生粳稻者勤農作苦明賜無不及也凡蓄麥南方必刈稻北方必刈菽稷而後種其性稍吸肥腴能使土瘦然計其穫入業償半穀有餘勤農之家何妨再糞也

麥灾

凡麥防患抵稻三分之一播種以後雪霜晴潦皆非所計麥性食水甚少北土中春再沐雨水一升則秀華成嘉粒矣荆揚以南唯患霉雨倘成熟之時晴乾旬日則倉廪皆盈不可勝食揚州諺云寸麥不怕尺水謂麥初長時任水滅頂無傷尺麥只怕寸水謂成熟時寸水軟根倒莖沾泥則麥粒盡爛于地面也江南有雀一種有肉無骨飛食麥

田數盈千萬然不廣及罹害者數十里而止江北蝗生則大祲之歲也

黍稷　粱粟

凡糧食米而不粉者種類甚多相去數百里則色味形質隨方而變大同小異千百其名北人唯以大米呼粳稻而其餘概以小米名之凡黍與稷同類粱與粟同類黍有黏有不黏（黏者爲酒）稷有粳無黏凡黏黍黏粟統名曰秫非二種外更有秫也黍色赤白黃黑皆有而或專以黑色爲稷未是至以稷米爲先他穀熟堪供祭祀則當以早熟者爲稷則近之矣凡黍在詩書有虋芑秬秠等名在今方語有牛毛燕頷馬革驢皮稻尾等名種以三月爲上時五月熟四月爲中時七月熟五月爲下時八月熟揚花結穗總與來牟不相見也凡黍粒大小總視土地肥磽時令害育宋儒拘定以某方黍定律未是也凡粟與粱統名黃米黏粟可爲酒而蘆粟一種名曰高粱者以其身高七尺如蘆荻也粱粟種類名號之多視黍稷猶甚其命名或因姓氏山水或以形似時令總之不可枚舉山東人唯以穀子呼之併不知粱粟之名也已上四米皆春種秋穫耕耨之法與來牟同而種收之候則相懸絶云

麻

凡麻可粒可油者惟火麻胡麻二種胡麻卽脂麻相傳西漢始自大宛來古者以麻爲五穀之一若專以火麻當之義豈有當哉竊意詩書五穀之麻或其種已滅或卽菽粟之中別種而漸訛其名號皆未可知也今胡麻味美而功高卽以冠百穀不爲過火麻子粒壓油無多皮爲疏惡布其值幾何胡麻數龠充腸移時不餓粔餌飴餳得黏其粒味高而品貴其爲油也髮得之而澤腹得之而膏腥羶得之而芳毒厲得之而解農家能廣種厚實可勝言哉種胡麻法或治畦圃或壟田畝土碎草淨之極然後以地灰微濕拌勻麻子而撒種之早者三月種遲者不出大暑前早

種者花實亦待中秋乃結耨草之功唯鋤是視其色有黑白赤三者其結角長寸許有四稜者房小而子少八稜者房大而子多皆因肥瘠所致非種性也收子榨油每石得四十觔餘其枯用以肥田若饑荒之年則留供人食

菽

凡菽種類之多與稻黍相等播種收穫之期四季相承果腹之功在人日用蓋與飲食相終始　一種大豆有黑黃兩色下種不出清明前後黃者有五月黃六月爆冬黃三種五月黃收粒少而冬黃必倍之黑者刻期八月收淮北長征騾馬必食黑豆筋力乃強凡大豆視土地肥磽耨草

勤怠雨露足慳分收入多少凡爲豉爲醬爲腐皆于大豆中取質焉江南又有高脚黃六月刈早稻方再種九十月收穫江西吉郡種法甚妙其刈稻田竟不耕墾每禾藁頭中拈豆三四粒以指扱之其藁凝露水以滋豆豆性充發復浸爛藁根以滋已生苗之後遇無雨亢乾則汲水一升以灌之一灌之後再耨之餘收穫甚多凡大豆入土未出芽時防鳩雀害驅之惟人　一種綠豆圓小如珠綠豆必小暑方種未及小暑而種則其苗蔓延數尺結莢甚稀若過期至于處暑則隨時開花結莢顆粒亦少豆種亦有二一日摘綠莢先老者先摘人逐日而取之一日拔綠則至期老足竟畝拔取也凡綠豆磨澄曬乾爲粉盪片搓索食家珍貴做粉溲槳灌田甚肥凡畜藏綠豆種子或用地灰或用馬蓼或用黃土拌收則四五月間不愁空蛀勤者逢晴頻曬亦免蛀凡已刈稻田夏秋種綠豆必長接斧柄擊碎土塊發生乃多凡種綠豆一日之內遇大雨拔土則不復生既生之後防雨水浸疏溝澮以洩之凡耕綠豆及大豆田地耒耜欲淺不宜深入蓋豆質根短而苗直耕土既深土塊曲壓則不生者半矣深耕二字不可施之菽類此先農之所未發者　一種豌豆此豆有黑斑點形圓同綠豆而大則過之其種十月下來年五月收凡樹木葉遲者

其下亦可種　一種蠶豆其莢似蠶形豆粒大于大豆八月下種來年四月收西浙桑樹之下徧繁種之蓋凡物樹葉遮露則不生此豆與豌豆樹葉茂時彼已結莢而成實矣襄漢上流此豆甚多而賤果腹之功不啻黍稷也　一種小豆赤小豆入藥有奇功白小豆一名飯豆當飧助嘉穀夏至下種九月收穫種盛江淮之間　一種穭音呂豆此豆古者野生田間今則北土盛種成粉盪片可敵綠豆燕京負販者終朝呼穭豆片則其產必多矣　一種白藊豆乃沿籬蔓生者一名蛾眉豆其他豇豆虎斑豆刀豆與大豆中分青皮褐色之類間繁一方者猶不能盡述皆充蔬代穀

以粒烝民者博物者其可忽諸

天工開物卷上　乃粒　十二

天工開物卷上　乃粒　十三

耙
天工開物卷上
乃粒
十四
耔

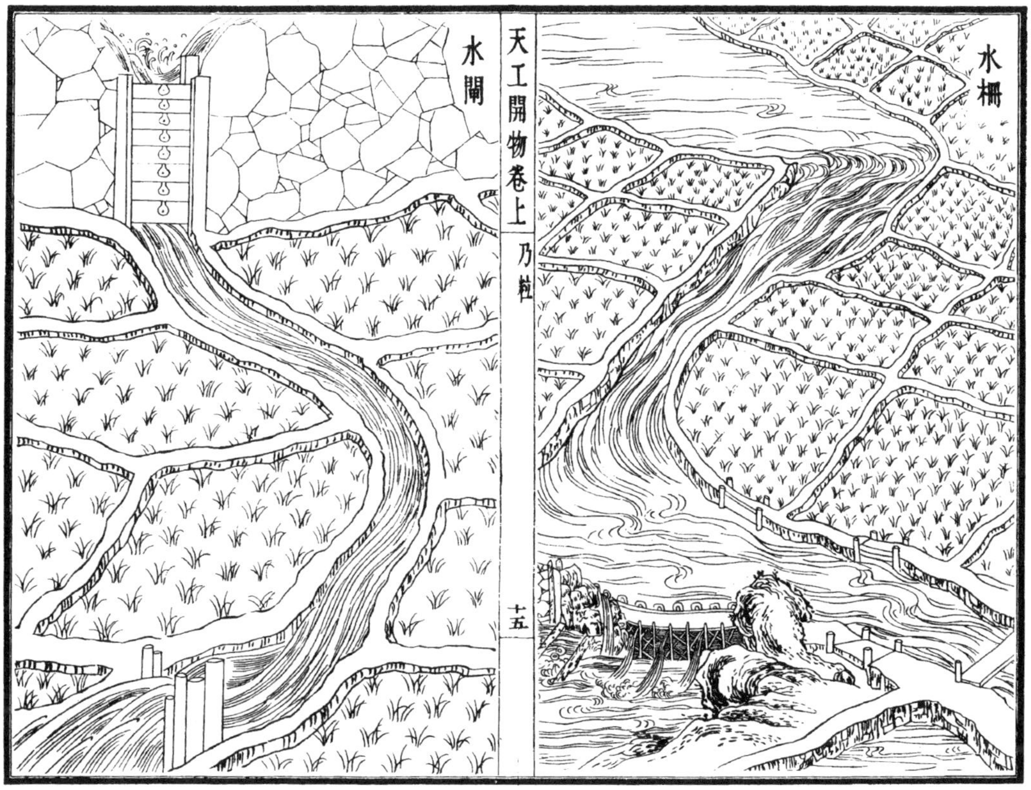
水閘
天工開物卷上
乃粒
十五
水柵

陂塘

踏車

牛轉翻車

水轉翻車

筒車
天工開物卷上
乃粒
十八
高轉筒車

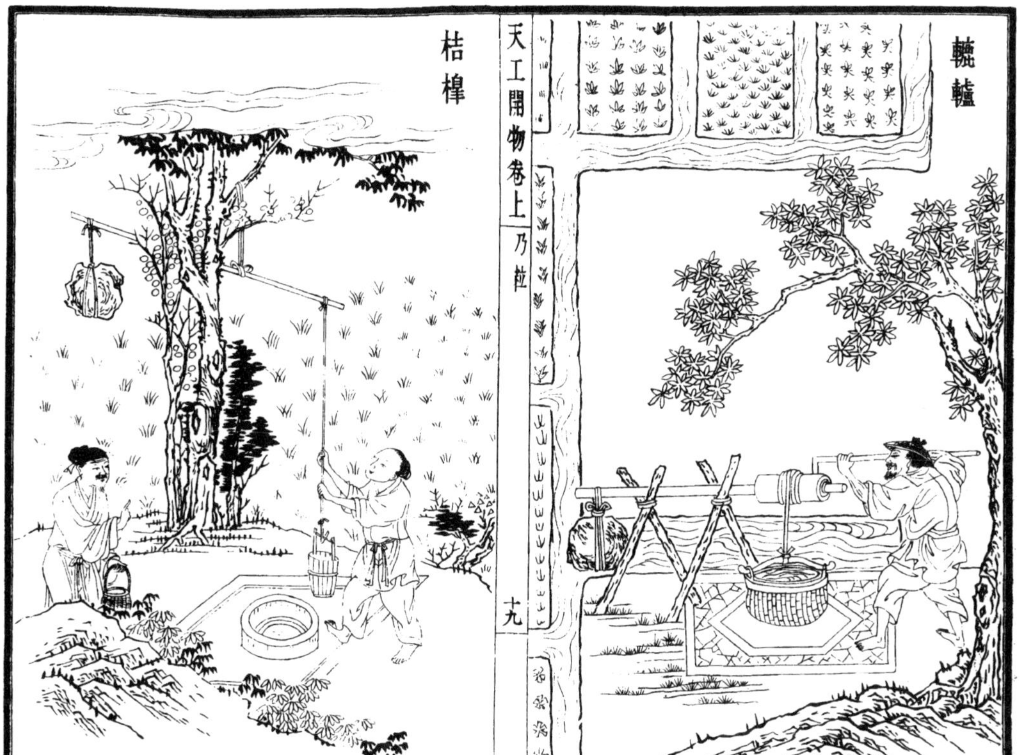
轆轤
天工開物卷上
乃粒
十九
桔槔

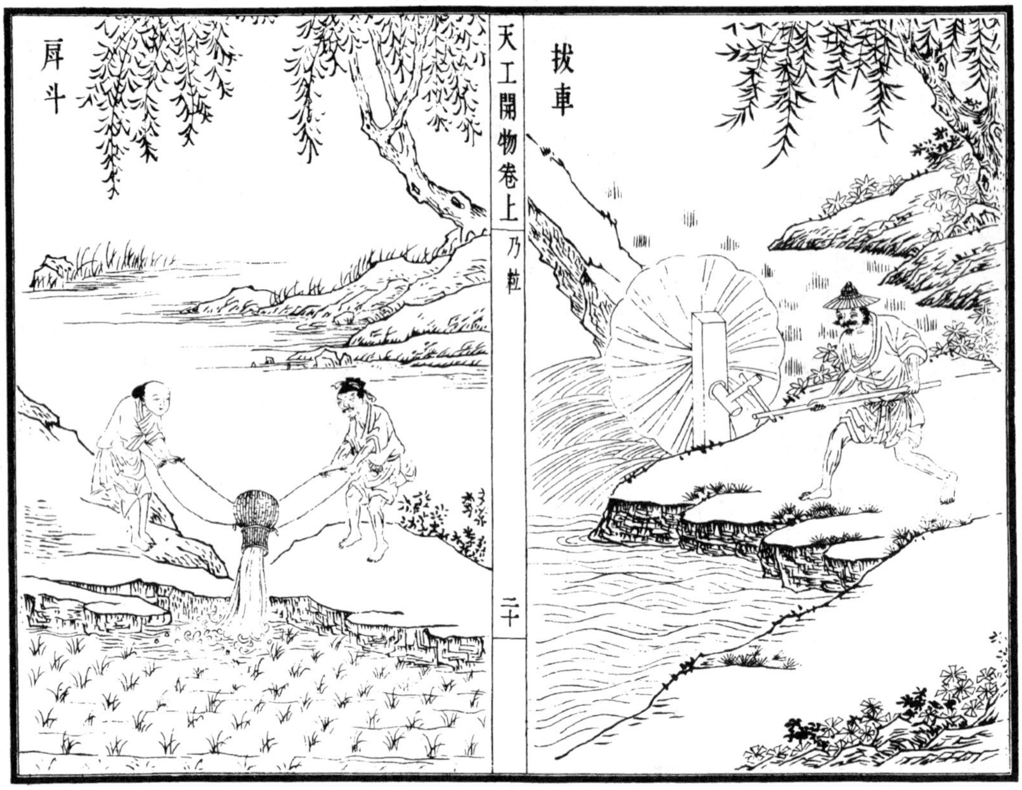
戽斗
天工開物卷上
乃粒
二十
拔車

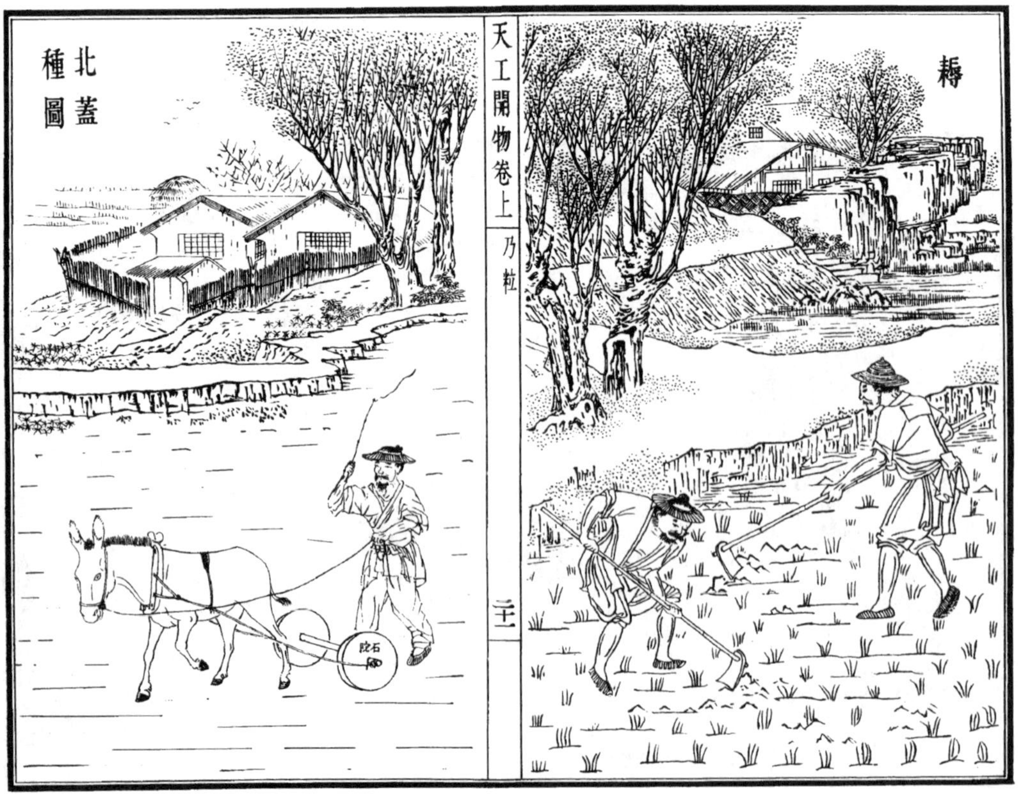
北蓋種圖
天工開物卷上
乃粒
二十一
耨

乃服第二

宋子曰人爲萬物之靈五官百體該而存焉貴者垂衣裳煌煌山龍以治天下賤者短褐枲裳冬以禦寒夏以蔽體以自別于禽獸是故其質則造物之所具也屬草木者爲枲麻䔱葛屬禽獸與昆蟲者爲裘褐絲綿各載其半而裳服充焉矣天孫機杼傳巧人間從本質而見花因繡濯而得錦乃杼柚偏天下而得見花機之巧者能幾人哉治亂經綸字義學者童而習之而終身不見其形像豈非缺憾也先列飼蠶之法以知絲源之所自蓋人物相麗貴賤有章天實爲之矣

蠶種

凡蛹變蠶蛾旬日破繭而出雌雄均等雌者伏而不動雄者兩翅飛撲遇雌即交交一日半日方解解脫之後雄者中枯而死雌者即時生卵承藉卵生者或紙或布隨方所用嘉湖用桑皮厚紙來年尚可再用一蛾計生卵二百餘粒自然黏于紙上粒粒勻鋪天然無一堆積蠶主收貯以待來年

蠶浴

凡蠶用浴法唯嘉湖兩郡湖多用天露石灰嘉多用鹽鹵水每蠶紙一張用鹽倉走出鹵水二升參水浸于盂內紙浮其面石灰倣此逢臘月十二即浸浴至二十四日計十二日

周卽漉起用微火烘乾從此珍重箱匣中半點風濕不受直待清明抱產其天露浴者時日相同以篾盤盛紙攤開屋上四隅小石鎮壓任從霜雪風雨雷電滿十二日方收珍重待時如前法蓋低種經浴則自死不出不費葉故且得絲亦多也晚種不用浴

種忌

凡蠶紙用竹木四條爲方架高懸透風避日梁枋之上其下忌桐油煙煤火氣冬月忌雪映一映卽空過大雪下時卽忙收貯明日雪過依然懸挂直待臘月浴藏

種類

凡蠶有早晚二種晚種每年先早種五六日出（川中者不同）結繭亦在先其繭較輕三分之一若早蠶結繭時彼已出蛾生卵以便再養矣（晚蛹戒不宜食）凡三樣浴種皆謹視原記如一錯誤或將天露者投鹽浴則盡空不出矣凡繭色唯黃白二種川陝晉豫有黃無白嘉湖有白無黃若將白雄配黃雌則其嗣變成褐繭黃絲以猪胰漂洗亦成白色但終不可染漂白桃紅二色凡繭形亦有數種晚繭結成亞腰葫盧樣天露繭尖長如榧子形又或圓扁如核桃形又一種不忌泥塗葉者名爲賤蠶得絲偏多凡蠶形亦有純白虎斑純黑花紋數種吐絲則同今寒家有將早雄配晚雌者

幻出嘉種一異也野蠶自爲繭出青州沂水等地樹老卽自生其絲爲衣能禦雨及垢污其蛾出卽能飛不傳種紙上他處亦有但稀少耳

抱養

凡清明逝三日蠶⿰虫少卽不偎衣衾煖氣自然生出蠶室宜向東南周圍用紙糊風隙上無棚板者宜頂格值寒冷則用炭火于室內助煖凡初乳蠶將桑葉切爲細條切葉下束稻麥稾爲之則不損刀摘葉用甕罎盛不欲風吹枯悴二眠以前騰筐方法皆用尖圓小竹快提過二眠以後則不用筯而手指可拈矣凡騰筐勤苦皆視人工怠于騰者厚葉與糞濕蒸多致壓死凡眠齊時皆吐絲而後眠若騰過須將舊葉些微揀淨若黏帶絲纏葉在中眠起之時恐其卽食一口則其病爲脹死三眠已過若天氣炎熱急宜搬出寬涼所亦忌風吹凡大眠後計上葉十二飡方騰太勤則絲糙

養忌

凡蠶畏香復畏臭若焚骨灰淘毛圊者順風吹來多致觸死隔壁煎鮑魚宿脂亦或觸死竈燒煤炭爐爇沉檀亦觸死懶婦便器搖動氣侵亦有損傷若風則偏忌西南西南風太勁則有合箔皆殭者凡臭氣觸來急燒殘桑葉煙以

抵之

葉料

凡桑葉無土不生嘉湖用枝條垂壓今年視桑樹傍生條用竹鈎挂卧逐漸近地面至冬月則抛土壓之來春每節生根則剪開他栽其樹精華皆聚葉上不復生葚與開花矣欲葉便剪摘則樹至七八尺即斬截當頂葉則婆娑可攀伐不必乘梯緣木也其他用子種者立夏桑葚紫熟時取來用黃泥水搓洗併水澆于地面本秋即長尺餘來春移栽倘灌糞勤勞亦易長茂但間有生葚與開花者則葉最薄少耳又有花桑葉薄不堪用者其樹接過亦生厚葉

也又有柘葉三種以濟桑葉之窮柘葉浙中不經見川中最多寒家用浙種桑葉窮時仍啖柘葉則物理一也凡琴弦弓弦絲用柘養蠶名曰棘繭謂最堅韌凡取葉必用剪鐵剪出嘉郡桐鄉者最犀利他鄉未得其利剪枝之法再生條次月葉愈茂取資既多人工復便凡在生條葉仲夏以養晚蠶則止摘葉而不剪條二葉摘後秋來三葉復茂浙人聽其經霜自落片片掃拾以飼綿羊大獲絨氈之利

食忌

凡蠶大眠以後徑食濕葉雨天摘來者任從鋪地加飡晴日摘來者以水灑濕而飼之則絲有光澤未大眠時雨天摘葉用繩懸挂透風簷下時振其繩待風吹乾若用手掌拍乾則葉焦而不滋潤他時絲亦枯色凡食葉眠前必令飽足而眠眠起而遲半日上葉無妨也霧天濕葉甚壞蠶其晨有霧切勿摘葉待霧收時或晴或雨方剪伐也露珠水亦待旰乾而後剪摘

病症

凡蠶卵中受病已詳前款出後濕熱積壓防忌在人初眠騰時用漆合者不可蓋掩逼出氣水凡蠶將病則腦上放光通身黃色頭漸大而尾漸小併及眠之時遊走不眠食葉又不多者皆病作也急擇而去之勿使敗羣凡蠶強美

者必眠葉面壓在下者或力弱或性懶作繭亦薄其作繭不知收法妄吐絲成闊窩者乃蠢蠶非懶蠶也

老足

凡蠶食葉足候只爭時刻自卵出𧕅多在辰巳二時故老足結繭亦多辰巳二時老足者喉下兩唊通明捉時嫩一分則絲少過老一分又吐去絲繭殼必薄捉者眼法高一隻不差方妙黑色蠶不見身中透光最難捉

結繭

凡結繭必如嘉湖方盡其法他國不知用火烘聽蠶結出甚至叢桿之內箱匣之中火不經風不透故所爲屯漳等

絹豫蜀等紬皆易朽爛若嘉湖産絲成衣即入水浣濯百餘度其質尙存其法析竹編箔其下横架料木約六尺高地下擺列炭火（炭忌爆炸）方圓去四五尺即列火一盆初上山時火分兩畧輕少引他成緒蠶戀火意即時造繭不復緣走繭緒既成即每盆加火半斤吐出絲來隨即乾燥所以經久不壞也其繭室不宜樓板遮蓋下欲火而上欲風涼也凡火頂上者不以爲種取種寧用火偏者其箔上山用麦稻藁斬齊隨手糾捩成山頓插箔上做山之人最宜手健箔竹稀疏用短藁畧鋪灑防蠶跌墜地下與火中也

取繭

凡繭造三日則下箔而取之其壳外浮絲一名絲匡者湖郡老婦賤價買去（每斤百文）用銅錢墜打成線織成湖紬去浮之後其繭必用大盤攤開架上以聽治絲擴綿若用廚箱掩蓋則浥鬱而絲緒斷絶矣

物害

凡害蠶者有雀鼠蚊三種雀害不及繭蚊害不及早蠶鼠害則與之相終始防驅之智是不一法唯人所行也（雀屎黏葉蠶食之立刻死爛）

擇繭

凡取絲必用圓正獨蠶繭則緒不亂若雙繭併四五蠶共爲繭擇去取綿用或以爲絲則麤甚

造綿

凡雙繭并繰絲鍋底零餘併出種繭壳皆緒斷亂不可爲絲用以取綿用稻灰水煮過（不宜石灰）傾入清水盆内手大指去甲淨盡指頭頂開四箇四四數足用拳頂開又四四十六拳數然後上小竹弓此莊子所謂洴澼絖也湖綿獨白淨清化者總緣手法之妙上弓之時惟取快捷帶水擴開若稍緩水流去則結塊不盡解而色不純白矣其治絲餘者名鍋底綿裝綿衣衾内以禦重寒謂之挾纊凡取綿人工難于取絲八倍竟日只得四兩餘用此綿墜打線織湖紬者價頗重以綿線登花機者名曰花綿價尤重

治絲

凡治絲先製絲車其尺寸器具開載後圖鍋煎極沸湯絲麤細視投繭多寡窮日之力一人可取三十兩若包頭絲則只取二十兩以其苗長也凡綾羅絲一起投繭二十枚包頭絲只投十餘枚凡繭滚沸時以竹簽撥動水面絲緒自見提緒入手引入竹針眼先繞星丁頭（以竹棍做成如香筒樣）然後由送絲竿勾挂以登大關車斷絶之時尋緒丢上不必繞接其絲排匀不堆積者全在送絲竿與磨木之上川蜀絲車制稍異其法架横鍋上引四五緒而上兩人對尋鍋

中緒然終不若湖制之盡善也凡供治絲薪取極燥無煙濕者則寶色不損絲美之法有六字一曰出口乾卽結繭時用炭火烘一曰出水乾則治絲登車時用炭火四五兩盆盛去車關五寸許運轉如風轉時轉轉火意照乾是曰出水乾也（若晴光又風色則不用火）

調絲

凡絲議織時最先用調透光簷端宇下以木架鋪地植竹四根于上名曰絡篤絲匡竹上其傍倚柱高八尺處釘具斜安小竹偃月挂鉤懸搭絲于鉤內手中執籰旋纏以俟牽經織緯之用小竹墜石為活頭接斷之時攀之卽下

緯絡

凡絲既籰之後以就經緯經質用少而緯質用多每絲十兩經四緯六此大畧也凡供緯籰以水沃濕絲搖車轉鋌而紡于竹管之上（竹用小箭竹）

經具

凡絲既籰之後牽經就織以直竹竿穿眼三十餘透過篾圈名曰溜眼竿橫架柱上絲從圈透過掌扇然後纏繞經耙之上度數既足將印架綑卷既綑中以交竹二度一上一下間絲然後扱于篾內（此篾卽織篾）扱篾之後以的杠與印架相望登開五七丈或過糊者就此過糊或不過糊就此卷于的杠穿綜就織

過糊

凡糊用麪觔內小粉為質紗羅所必用綾紬或用或不用其染紗不存素質者用牛膠水為之名曰清膠紗糊漿承于篾上推移染透推移就乾天氣晴明頃刻而燥陰天必藉風力之吹也

邊維

凡帛不論綾羅皆別牽邊兩傍各二十餘縷邊縷必過糊用篾推移梳乾凡綾羅必三十丈五六十丈一穿以省穿接繁苦每疋應截畫墨于邊絲之上卽知其丈尺之足邊

絲不登的杠別繞機梁之上

經數

凡織帛羅紗篾以八百齒為率綾絹篾以一千二百齒為率每篾齒中度經過糊者四縷合為二縷羅紗經計三千二百縷綾紬經計五千六千縷古書八十縷為一升今綾絹厚者古所謂六十升布也凡織花文必用嘉湖出口出水皆乾絲為經則任從提挈不憂斷接他省者卽勉強提花潦草而已

花機式

凡花機通身度長一丈六尺隆起花樓中托衢盤下垂衢

脚水磨竹棍爲之計一千八百根對花樓下掘坑二尺許以藏衢脚地氣濕者架棚二尺代之提花小廝坐立花樓架木上機末以的杠卷絲中用疊助木兩枝直穿二木約四尺長其尖插於簆兩頭疊助織紗羅者視織綾絹者減輕十餘觔方妙其素羅不起花紋與軟紗綾絹踏成浪梅小花者視素羅只加桄二扇一人踏織自成不用提花之人閒住花樓亦不設衢盤與衢脚也其機式兩接前一接平安自花樓向身一接斜倚低下尺許則疊助力雄若織包頭細軟則另爲均平不斜之機坐處鬬二脚以其絲微細防遏疊助之力也

腰機式

凡織杭西羅地等絹輕素等紬銀條巾帽等紗不必用花機只用小機織匠以熟皮一方寘坐下其力全在腰尻之上故名腰機普天織葛苧棉布者用此機法布帛更整齊堅澤惜今傳之猶未廣也

結花本匠

凡工匠結花本者心計最精巧畫師先畫何等花色于紙上結本者以絲線隨畫量度算計分寸杪忽而結成之張懸花樓之上即織者不知成何花色穿綜帶經隨其尺寸度數提起衢脚梭過之後居然花現蓋綾絹以浮經而見花紗羅以糾緯而見花綾絹一梭一提紗羅來梭提往梭

不提天孫機杼人巧備矣

穿經

凡絲穿綜度經必用四人列坐過簆之人手執簆耙先插以待絲至絲過簆則兩指執定足五七十簆則縧結之不亂之妙消息全在交竹即接斷就絲一扯即長數寸打結之後依還原度此絲本質自具之妙也

分名

凡羅中空小路以透風涼其消息全在軟綜之中衮頭兩扇打綜一軟一硬凡五梭三梭最厚者七梭之後踏起軟綜自然糾轉諸經空路不黏若平過不空路而仍稀者曰紗消息亦在兩扇衮頭之上直至織花綾紬則去此兩扇而用桄綜八扇凡左右手各用一梭交互織者曰縐紗凡單經曰羅地雙經曰絹地五經曰綾地凡花分實地與綾地綾地者光實地者暗先染絲而後織者曰緞北土屯絹亦先染絲就絲紬機上織時兩梭輕一梭重空出稀路者名曰秋羅此法亦起近代凡吳越秋羅閩廣懷素皆利搢紳當暑服屯絹則爲外官卑官遜別錦繡用也

熟練

凡帛織就猶是生絲煮練方熟練用稻藁灰入水煮以猪胰脂陳宿一晚入湯浣之寶色燁然或用烏梅者寶色畧

滅凡早絲爲經晚絲爲緯者練熟之時每十兩輕去三兩經緯皆美好早絲輕化只二兩練後日乾張急以大蚌殼磨使乖鈍通身極力刮過以成寶色

龍袍

凡上供龍袍我朝局在蘇杭其花樓高一丈五尺能手兩人扳提花本織過數寸即換龍形各房鬬合不出一手赭黃亦先染絲工器原無殊異但人工慎重與資本皆數十倍以效忠敬之誼其中節目微細不可得而詳考云

倭緞

凡倭緞制起東夷漳泉海濱倣法爲之絲質來自川蜀商

人萬里販來以易胡椒歸里其織法亦自夷國傳來蓋質已先染而斮綿夾藏經面織過數寸即刮成黑光北虜互市者見而悅之但其帛最易朽污冠弁之上頃刻集灰衣領之間移日損壞今華夷皆賤之將來爲棄物織法可不傳云

布衣

凡棉布禦寒貴賤同之棉花古書名枲麻種徧天下種有木棉草棉兩者花有白紫二色種者白居十九紫居十一凡棉春種秋花花先綻者逐日摘取取不一時其花黏子于腹登赶車而分之去子取花懸弓彈化（爲挾纊溫衾襖者就此止功）彈後以木板擦成長條以登紡車引緒糾成紗縷然後繞籰牽經就織凡紡工能者一手握三管紡于鋌上（捷則不堅）凡棉布寸土皆有而織造尚松江漿染尚蕪湖凡布縷緊則堅緩則脆碾石取江北性冷質膩者（每塊佳者值十餘金）石不發燒則縷緊不鬆泛蕪湖巨店首尚佳石廣南爲布藪而偏取遠產必有所試矣爲衣敝浣猶尚寒砧擣聲其義亦猶是也外國朝鮮造法相同惟西洋則未覈其質并不得其機織之妙凡織布有雲花斜文象眼等皆倣花機而生義然既曰布衣太素足以織機十室必有不必具圖

枲著

凡衣衾挾纊禦寒百人之中止一人用繭綿餘皆枲著古縕袍今俗名胖襖棉花既彈化相衣衾格式而入裝之新裝者附體輕煖經年板緊煖氣漸無取出彈化而重裝之其煖如故

夏服

凡苧麻無土不生其種植有撒子分頭兩法（池郡每歲以草糞壓頭其根隨土而高廣南青麻撒子種田茂甚）色有青黃兩樣每歲有兩刈者有三刈者績爲當暑衣裳帷帳凡苧皮剝取後喜日燥乾見水即爛破析時則以水浸之然只耐二十刻久而不析則亦爛苧質本淡黃漂工化成至白色（先用稻灰石灰水煮過入長流水再漂再曬以）

成白至紡苧紗能者用脚車一女工併敵三工惟破析時窮日之力只得三五銖重織苧機具與織棉者同凡布衣縫線革履串繩其質必用苧糾合凡葛蔓生質長于苧數尺破析至細者成布貴重又有莔麻一種成布甚麤最麤者以充喪服卽苧布有極麤者漆家以盛布灰大丙以充火炬又有蕉紗乃閩中取芭蕉皮析緝爲之輕細之甚值賤而質楞不可爲衣也

裘

凡取獸皮製服統名曰裘貴至貂狐賤至羊麂值分百等貂產遼東外徼建州地及朝鮮國其鼠好食松子夷人夜

伺樹下屛息悄聲而射取之一貂之皮方不盈尺積六十餘貂僅成一裘服貂裘者立風雪中更煖于宇下眯入目中拭之卽出所以貴也色有三種一白者曰銀貂一純黑一黯黃（黑而毛長者近值一帽套已五十金）凡狐貉亦產燕齊遼汴諸道純白狐腋裘價與貂相做黃褐狐裘值貂五分之一禦寒溫體功用次于貂凡關外狐取毛見底靑黑中國者吹開見白色以此分優劣羊皮裘母賤子貴在腹者名曰胞羔（毛文畧具）初生者名曰乳羔（皮上毛似耳環脚）三月者曰跑羔七月者曰走羔（毛文漸直）胞羔乳羔爲裘不羶古者羔裘爲大夫之服今西北搢紳亦貴重之其老大羊皮硝熟爲裘裘質癡重則賤者之服耳然此皆綿羊所爲若南方短毛革硝其鞹如紙薄止供畫燈之用而已服羊裘者腥羶之氣習久而俱化南方不習者不堪也然寒涼漸殺亦無所用之麂皮去毛硝熟爲襖褲禦風便體襪靴更佳此物廣南繁生中外土則積集聚楚中望華山爲市皮之所麂皮且禦蝎患北人製衣而外割條以緣衾邊則蝎自遠去虎豹至文將軍用以彰身犬豕至賤役夫用以適足西戎尙獺皮以爲毳衣領飾襄黃之人窮山越國射取而遠貨得重價焉殊方異物如金絲猿上用爲帽套扯里猻御服以爲袍皆非中華物也獸皮衣人此其大畧方物則不可殫述飛禽之中有取鷹腹雁脅毳毛殺生盈萬乃得一裘名天鵞絨者將

焉用之

褐　氈

凡綿羊有二種一曰蓑衣羊剪其毳爲氈爲絨片帽襪徧天下胥此出焉古者西域羊未入中國作褐爲賤者服亦以其毛爲之褐有麤而無精今日麤褐亦間出此羊之身此種自徐淮以北州郡無不繁生南方唯湖郡飼畜綿羊一歲三剪毛（夏季稀革不生）每羊一隻歲得絨襪料三雙生羔牝牡合數得二羔故北方家畜綿羊百隻則歲入計百金云一種𦏁艻羊（番語）唐末始自西域傳來外毛不甚蓑長內毳

細軟取織絨褐秦人名曰山羊以別于綿羊此種先自西域傳入臨洮今蘭州獨盛故褐之細者皆出蘭州一曰蘭絨番語謂之孤古絨從其初號也山羊毳絨亦分兩等一曰搊絨用梳櫛搊下打線織帛曰褐子把子諸名色一曰拔絨乃毳毛精細者以兩指甲逐莖揪下打線織絨褐此褐織成揩面如絲帛滑膩每人窮日之力打線只得一錢重費半載工夫方成匹帛之料若搊絨打線日多拔絨數倍凡打褐絨線冶鉛爲錘墜于緒端兩手宛轉搓成凡織絨褐機大于布機用綜八扇穿經度縷下施四踏輪踏起經隔二拋緯故織出文成斜現其梭長一尺二寸機織羊

種皆彼時歸夷傳來（名姓再詳）故至今織工皆其族類中國無與也凡綿羊剪毳麤者爲氈細者爲絨氈皆煎燒沸湯投于其中搓洗俟其黏合以木板定物式鋪絨其上運軸赶成凡氈絨白黑爲本色其餘皆染色其氍毹氆氌等名稱皆華夷各方語所命若最麤而爲毯者則駕馬諸料雜錯而成非專取料于羊也

天工開物卷上
乃服
十八
分箔
炙箔

天工開物卷上
乃服
十九
擇繭
治絲一

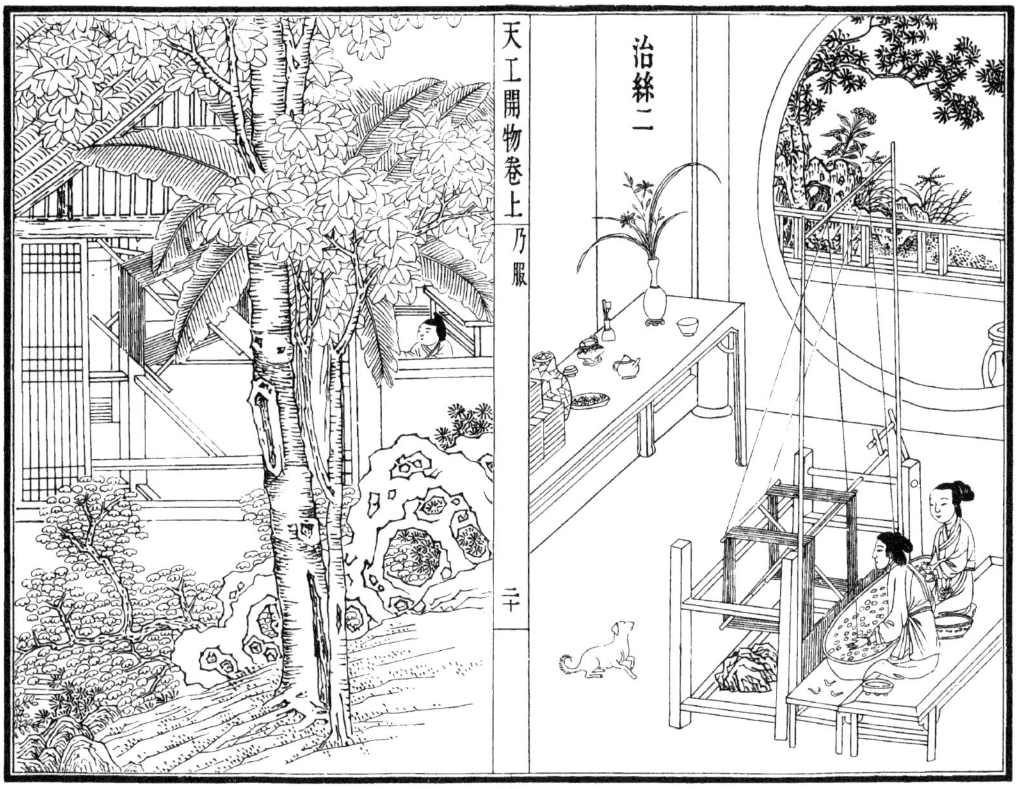
治絲二
天工開物卷上
乃服
二十

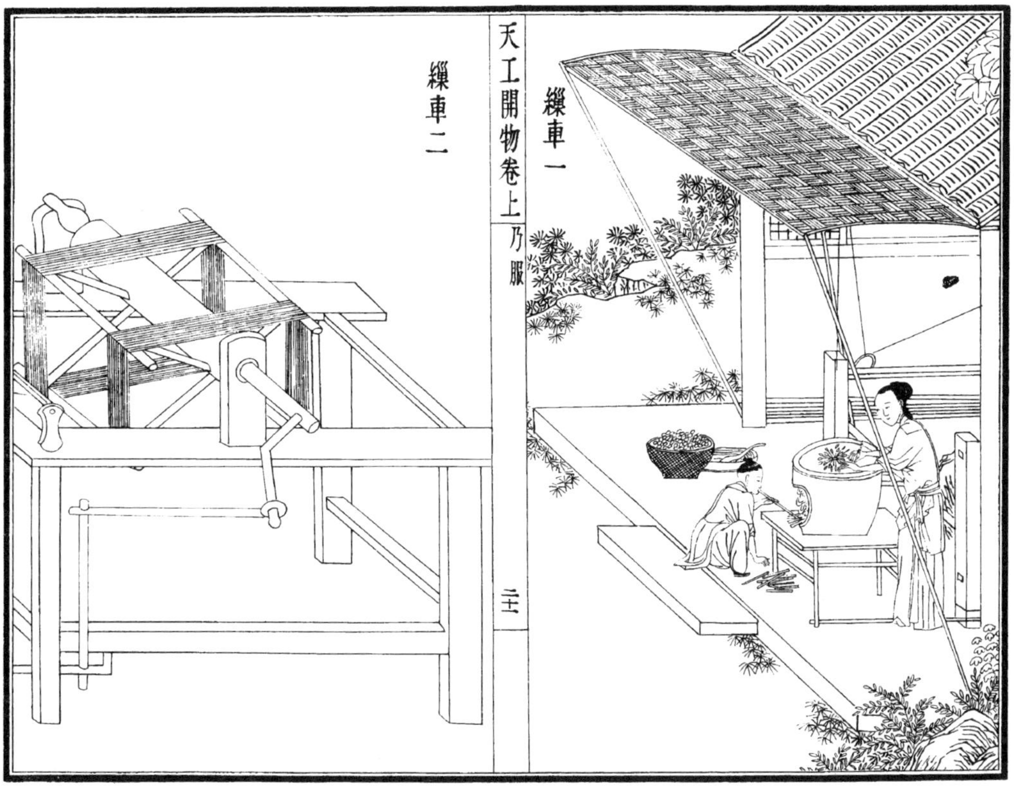
繅車一
天工開物卷上
乃服
二十一
繅車二

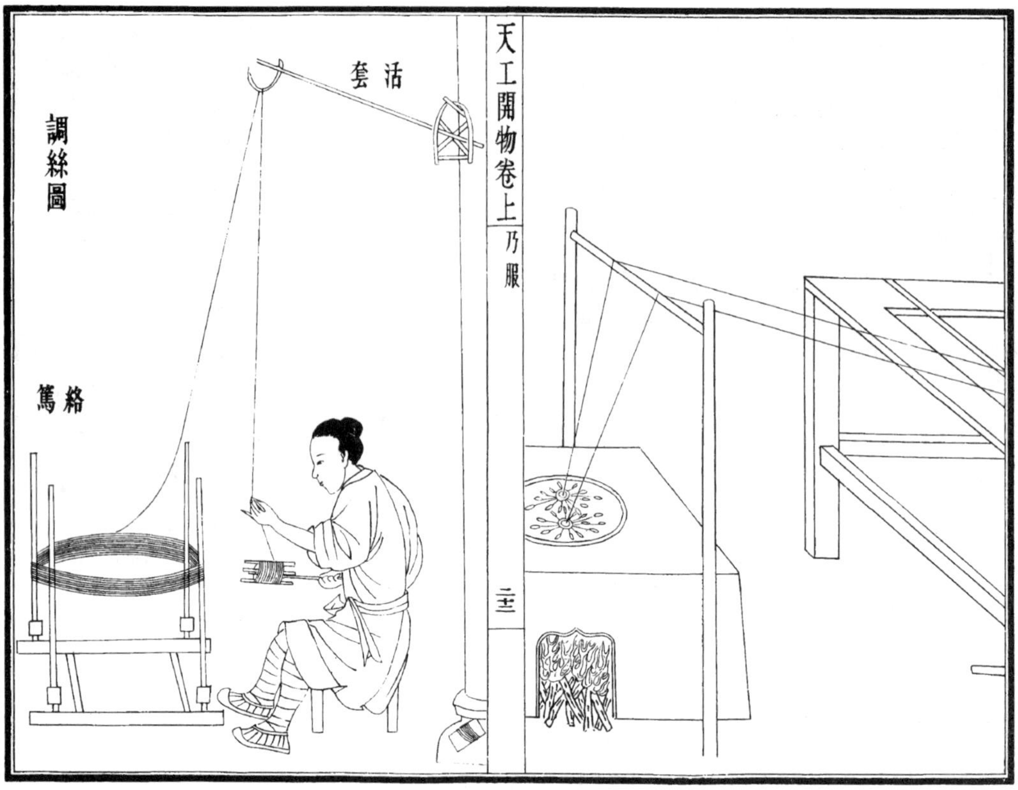
天工開物卷上
乃服
二十二
調絲圖
活套
絡篤

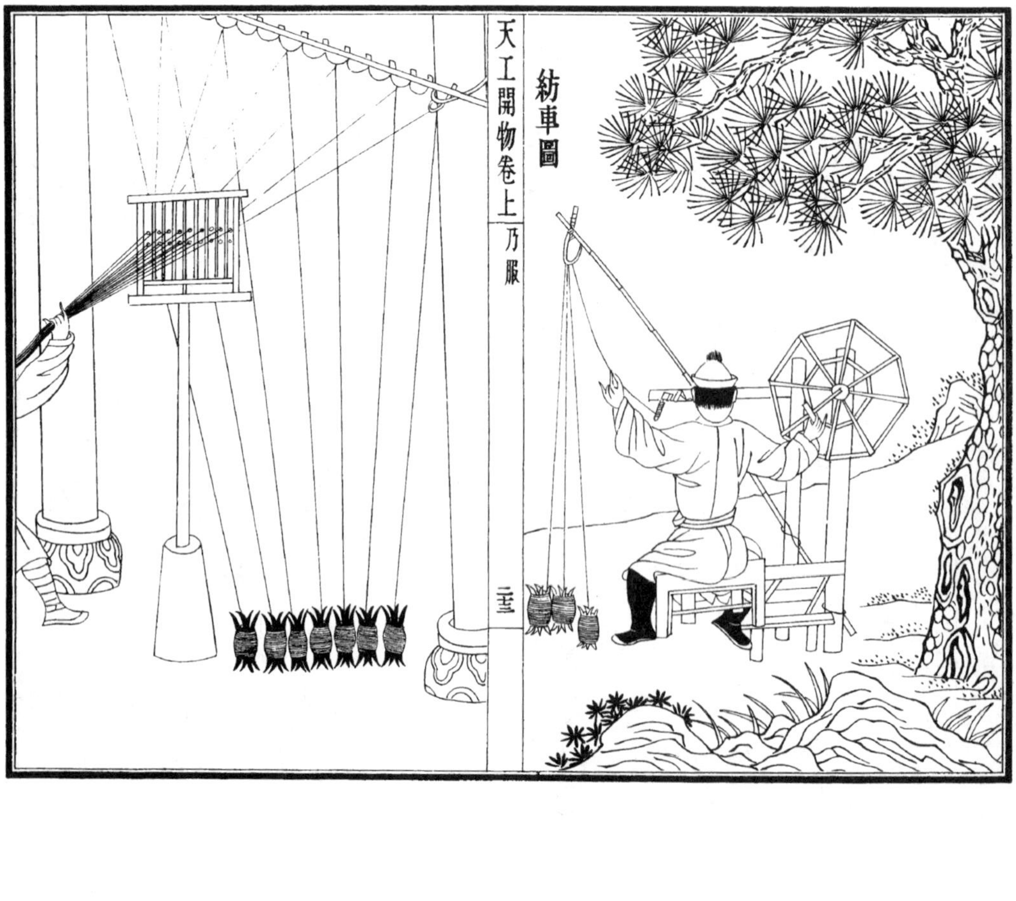
天工開物卷上
乃服
二十三
紡車圖

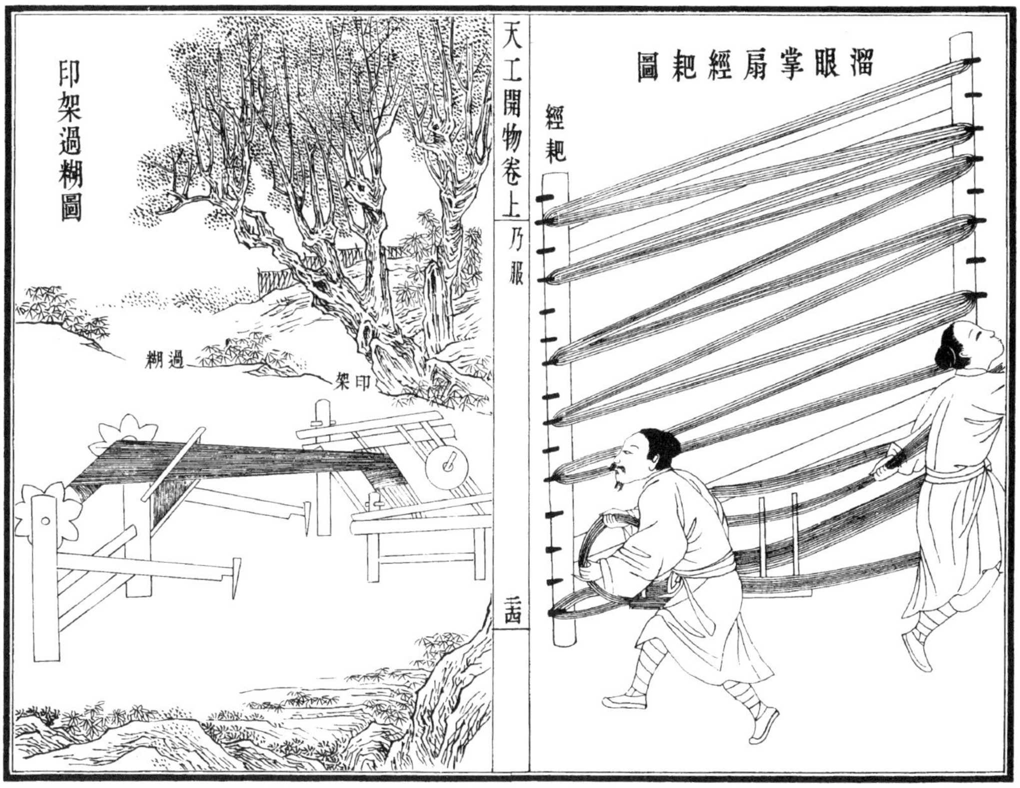
天工開物卷上
乃服
三四
溜眼掌扇經耙圖
經耙
印架過糊圖
過糊
印架

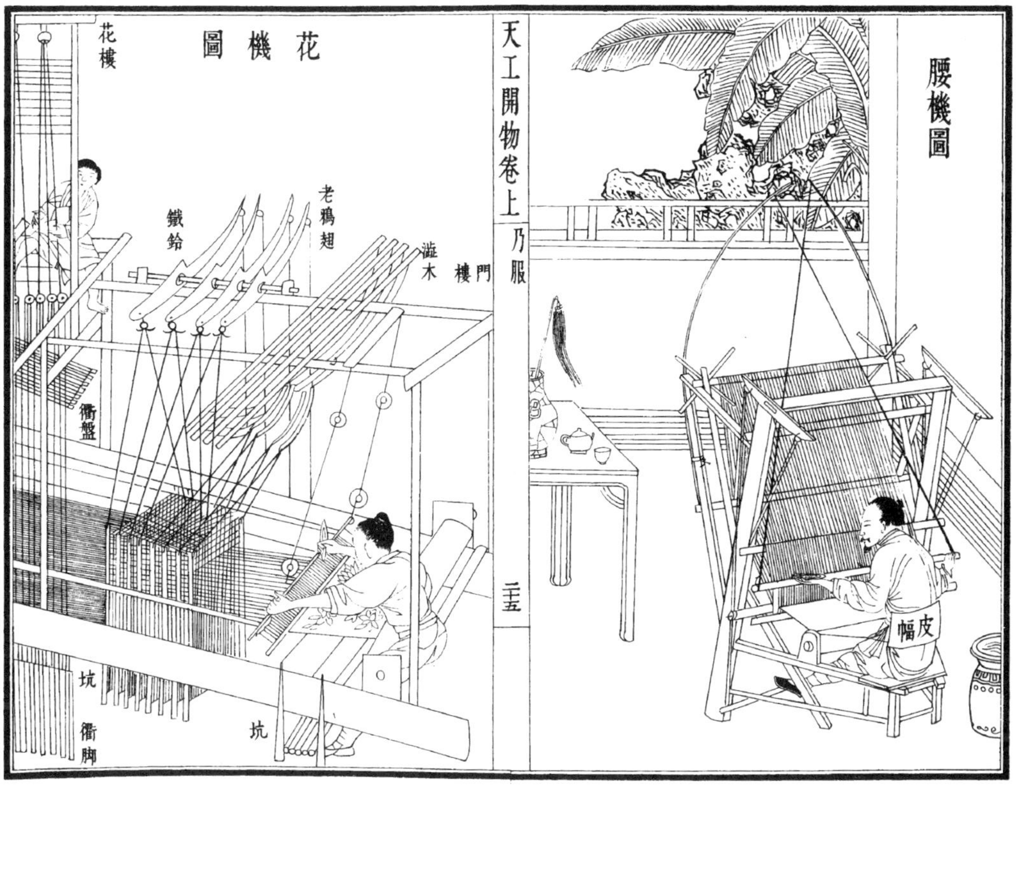
天工開物卷上
乃服
三五
腰機圖
皮幅
花機圖
花樓
老鴉翅
鐵鈴
門樓
遊木
衢盤
坑
衢脚
坑

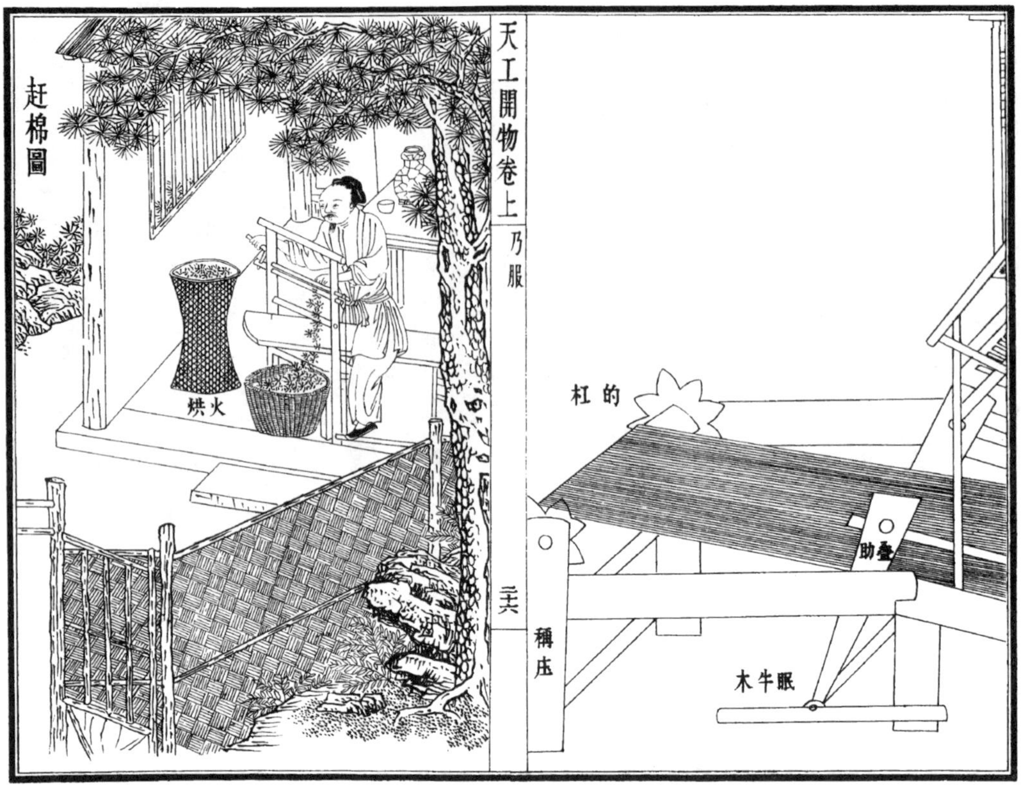
赶棉圖
火烘
天工開物卷上
乃服
三六
的杠
疊助
稱庒
眠牛木

擦條圖
天工開物卷上
乃服
三七
彈棉圖

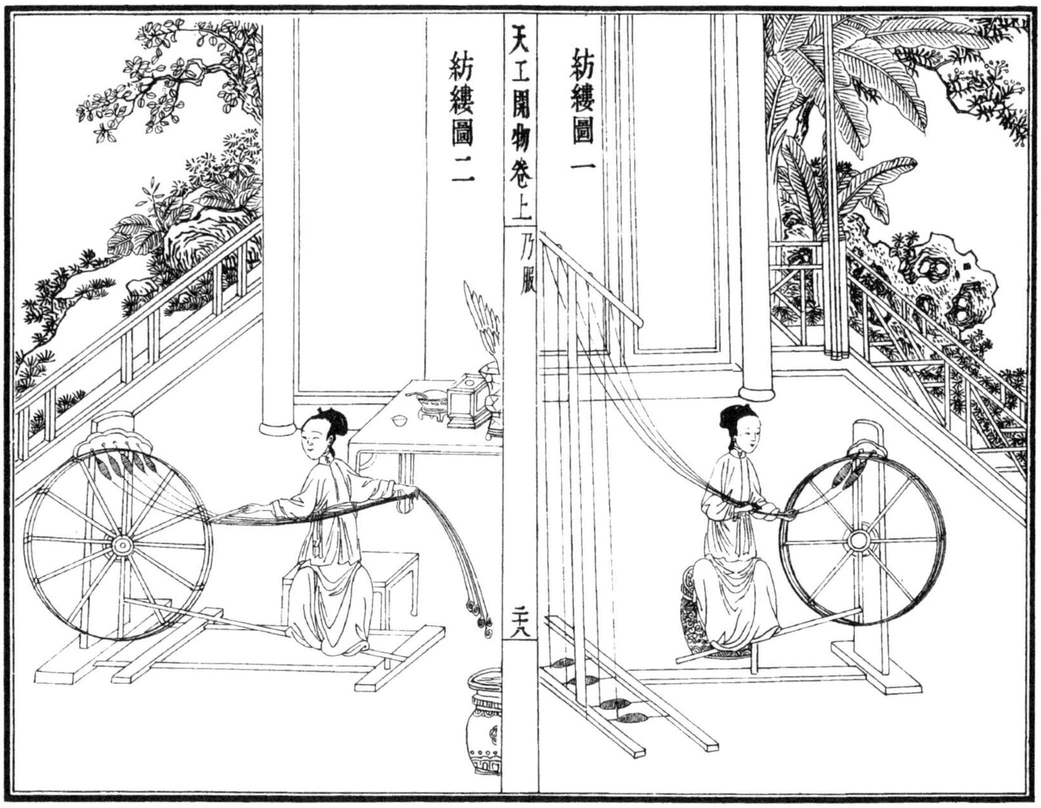

天工開物卷上　彰施　一

彰施第三

宋子曰霄漢之間雲霞異色閻浮之內花葉殊形天垂象而聖人則之以五彩彰施于五色有虞氏豈無所用其心哉飛禽衆而鳳則丹走獸盈而麟則碧夫林林青衣望闕而拜黃朱也其義亦猶是矣老子曰甘受和白受采世間絲麻裘褐皆具素質而使殊顏異色得以尙焉謂造物不勞心者吾不信也

諸色質料

大紅色 其質紅花餅一味用烏梅水煎出又用鹼水澄數次或稻藁灰代鹼功用亦同澄得多次色則鮮甚染房討便宜者先染蘆木打腳凡紅花最忌沉麝袍服與衣香共收旬月之間其色即毀凡紅花染帛之後若欲退轉但浸濕所染帛以鹼水稻灰水滴上數十點其紅一毫收轉仍還原質所收之水藏于綠豆粉內放出染紅半滴不耗染家以爲祕訣不以告人

蓮紅桃紅色銀紅水紅色 以上質亦紅花餅一味淺深分兩加減而成是四色皆非黃繭絲所可爲必用白絲方現

木紅色 用蘇木煎水入明礬棓子

紫色 蘇木爲地青礬尚之

赭黃色 制未詳

鵞黃色 黃蘗煎水染靛水蓋上

金黃色 蘆木煎水染復用麻藁灰淋鹼水漂

茶褐色 蓮子殼煎水染復用青礬水蓋

大紅官綠色 槐花煎水染藍澱蓋淺深皆用明礬

豆綠色 黃蘗水染靛水蓋今用小葉莧藍煎水蓋者名草豆綠色甚鮮

油綠色 槐花薄染青礬蓋

天青色 入靛缸淺染蘇木水蓋

蒲萄青色 入靛缸深染蘇木水深蓋

蛋青色 黃蘗水染然後入靛缸

翠藍天藍 二色俱靛水分深淺

玄色 靛水染深青蘆木楊梅皮等分煎水蓋又一法將藍芽葉水浸然後下青礬棓子同浸令布帛易朽

月白草白二色 俱靛水微染今法用莧藍煎水半生半熟染

象牙色 蘆木煎水薄染或用黃土

藕褐色 蘇木水薄染入蓮子殼青

礬水薄蓋

附染包頭青色此黑不出藍靛用栗殼或蓮子殼煎煮一日漉起然後入鐵砂皂礬鍋內再煮一宵即成深黑色

附染毛青布色法布青初尚蕪湖千百年矣以其漿碾成青光邊方外國皆貴重之人情久則生厭毛青乃出近代其法取松江美布染成深青不復漿碾吹乾用膠水參豆漿水一過先蓄好靛名曰標缸入內薄染即起紅焰之色隱然此布一時重用

藍澱

凡藍五種皆可爲澱茶藍即菘藍插根活蓼藍馬藍吳藍等皆撒子生近又出蓼藍小葉者俗名莧藍種更佳凡種茶藍法冬月割穫將葉片片削下入窖造澱其身斬去上下近根留數寸薰乾埋藏土內春用燒淨山土使極肥鬆然後用錐鋤其鋤勾末向身長八寸許刺土打斜眼插入于內自然活根生葉其餘藍皆收子撒種畦圃中暮春生苗六月採實七月刈身造澱凡造澱葉與莖多者入窖少者入桶與缸水浸七日其汁自來每水漿一石下石灰五升攪衝數十下澱信即結水性定時澱沉于底近來出產閩人種山皆茶藍其數倍于諸藍山中結箬簍輸入舟航其掠出浮沫曬乾者曰靛花凡靛入缸必用稻灰水先和每日手執竹棍攪動不可計數其最佳者曰標缸

紅花

紅花場圃撒子種二月初下種若太早種者苗高尺許即生蟲如黑蟻食根立斃凡種地肥者苗高二三尺每路打撅縛繩橫闌以備狂風拗折若瘦地尺五以下者不必爲之紅花入夏即放綻花下作梂彙多刺花出梂上採花者必侵晨帶露摘取若日高露旰其花即已結閉成實不可採矣其朝陰雨無露放花較少旰摘無妨以無日色故也紅花逐日放綻經月乃盡入藥用者不必製餅若入染家用者必以法成餅然後用則黃汁淨盡而眞紅乃現也其子煎壓出油或以銀箔貼扇面用此油一刷火上照乾立成金色

造紅花餅法

帶露摘紅花擣熟以水淘布袋絞去黃汁又擣以酸粟或米泔清又淘又絞袋去汁以青蒿覆一宿捏成薄餅陰乾收貯染家得法我朱孔揚所謂猩紅也染紙吉禮用亦必製餅不然全無色

附燕脂

燕脂古造法以紫餅染綿者爲上紅花汁及山榴花汁者次之近濟寧路但取染殘紅花滓爲之値甚賤其滓乾者名曰紫粉丹青家或收用染家則糟粕棄也

槐花

凡槐樹十餘年後方生花實花初試未開者曰槐蕊綠衣所需猶紅花之成紅也取者張度簸稠其下而承之以水煮一沸漉乾捏成餅入染家用既放之花色漸入黃收用者以石灰少許曬拌而藏之

終

粹精第四

宋子曰天生五穀以育民美在其中有黄裳之意焉稻以糠爲甲麥以麩爲衣粟粱黍稷毛羽隱然播精而擇粹其道寧終祕也飲食而知味者食不厭精杵臼之利萬民以濟蓋取諸小過爲此者豈非人貌而天者哉

攻稻

凡稻刈穫之後離稾取粒束稾于手而擊取者半聚稾于場而曳牛滾石以取者半凡束手而擊者受擊之物或用木桶或用石板收穫之時雨多霽少田稻交濕不可登場者以木桶就田擊取晴霽稻乾則用石板甚便也凡服牛

曳石滾壓場中視人手擊取者力省三倍但作種之穀恐磨去穀尖減削生機故南方多種之家場禾多藉牛力而來年作種者則寧向石板擊取也凡稻最佳者九穰一秕倘風雨不時耘耔失節則六穰四秕者容有之凡去秕南方盡用風車扇去北方稻少用颺法即以颺麥黍者颺稻蓋不若風車之便也凡稻去殼用礱去膜用舂用碾然水碓主舂則兼併礱功燥乾之穀入碾亦省礱也凡礱有二種一用木爲之截木尺許（質多用松）斵合成大磨形兩扇皆鑿縱斜齒下合植筍穿貫上合空中受穀木礱攻米二千餘石其身乃盡凡木礱穀不甚燥者入礱亦不碎故入貢軍國漕儲千萬皆出此中也一土礱析竹匡圍成圈實潔淨黄土于内上下兩面各嵌竹齒上合篘空受穀其量倍于木礱穀稍滋濕者入其中即碎斷土礱攻米二百石其身乃朽凡木礱必用健夫土礱即孱婦弱子可勝其任庶民饔飧皆出此中也凡既礱則風扇以去糠秕傾入篩中團轉穀未剖破者浮出篩面重復入礱凡篩大者圍五尺小者半之大者其中心偃隆而起健夫利用小者弦高二寸其中平窪婦子所需也凡稻米既篩之後入臼而舂臼亦兩種八口以上之家掘地藏石臼其上臼量大者容五斗小者半之横木穿插碓頭（碓嘴冶鐵爲之用醋滓合上）足踏其末而舂

之不及則麤太過則粉精糧從此出焉晨炊無多者斷木爲手杵其臼或木或石以受舂也既舂以後皮膜成粉名曰細糠以供犬豕之豢荒歉之歲人亦可食也細糠隨風扇播揚分去則膜塵淨盡而粹精見矣凡水碓山國之人居河濱者之所爲也攻稻之法省人力十倍人樂爲之引水成功即筒車灌田同一制度也設臼多寡不一值流水少而地窄者或兩三臼流水洪而地室寬者即並列十臼無憂也江南信郡水碓之法巧絶蓋水碓所愁者埋臼之地卑則洪潦爲患高則承流不及信郡造法即以一舟爲地橛椿維之築土舟中陷臼于其上中流微堰石梁而碓

已造成不煩捄木壅坡之力也又有一舉而三用者激水轉輪頭一節轉磨成麪二節運碓成米三節引水灌于稻田此心計無遺者之所爲也凡河濱水碓之國有老死不見礱者去糠去膜皆以臼相終始惟風篩之法則無不同也凡礱砌石爲之承藉轉輪皆用石牛犢馬駒惟人所使蓋一牛之力日可得五人但入其中者必極燥之穀稍潤則碎斷也

攻麥

凡小麥其質爲麪蓋精之至者稻中再舂之米粹之至者麥中重羅之麪也小麥收穫時束稾擊取如擊稻法其去

秕法北土用颺蓋風扇流傳未徧率土也凡颺不在宇下必待風至而後爲之風不至雨不收皆不可爲也凡小麥既颺之後以水淘洗塵垢淨盡又復曬乾然後入磨凡小麥有紫黃二種紫勝於黃凡佳者每石得麪一百二十觔劣者損三分之一也凡磨大小無定形大者用肥健力牛曳轉其牛曳磨時用桐殼掩眸不然則眩暈其腹繫桶以盛遺不然則穢也次者用驢磨觔兩稍輕又次小磨則止用人推挨者凡力牛一日攻麥二石驢半之人則强者攻三斗弱者半之若水磨之法其詳已載攻稻水碓中制度相同其便利又三倍于牛犢也凡牛馬與水磨皆懸袋磨上上寬下窄貯麥數斗于中溜入磨眼人力所挨則不必也凡磨石有兩種麪品由石而分江南少粹白上麪者以石懷沙滓相磨發燒則其麩併破故黑纇參和麪中無從羅去也江北石性冷膩而產于池郡之九華山者美更甚以此石製磨石不發燒其麩壓至扁秕之極不破則黑疵一毫不入而麪成至白也凡江南磨二十日即斷齒江北者經半載方斷南磨破麩得麪百斤北磨只得八十斤故上麪之值增十之二然麪觔小粉皆從彼磨出則衡數已足得值更多焉凡麥經磨之後幾番入羅勤者不厭重復羅匡之底用絲織羅地絹爲之湖絲所織者羅麪千石不

損若他方黃絲所爲經百石而已朽也凡麪既成後寒天可經三月春夏不出二十日則鬱壞爲食適口貴及時也凡大麥則就舂去膜炊飯而食爲粉者十無一焉蕎麥則微加舂杵去衣然後或舂或磨以成粉而後食之蓋此類之視小麥精麤貴賤大徑庭也

攻黍稷粟粱麻菽

凡攻治小米颺得其實舂得其精磨得其粹風颺車扇而外簸法生焉其法蔑織爲圓盤鋪米其中擠勻揚播輕者居前簸棄地下重者在後嘉實存焉凡小米舂磨揚播制器已詳稻麥之中唯小碾一制在稻麥之外北方攻小米

者家置石墩中高邊下邊沿不開槽鋪米墩上婦子兩人相向接手而碾之其碾石圓長如牛赶石而兩頭插木柄米墮邊時隨手以小篲掃上家有此具杵臼竟懸也凡胡麻刈穫于烈日中晒乾束爲小把兩手執把相擊麻粒綻落承藉以簟席也凡麻篩與米篩小者同形而目密五倍麻從目中落葉殘角屑皆浮篩上而棄之凡豆菽刈穫少者用枷多而省力者乃鋪場烈日晒乾牛曳石赶而壓落之凡打豆枷竹木竿爲柄其端錐圓眼拴木一條長三尺許鋪豆于場執柄而擊之凡豆擊之後用風扇揚去莢葉篩以繼之嘉實洒然入廩矣是故舂磨不及麻礱碾不及菽也

天工開物卷上　梓精　七

天工開物卷上　梓精　八

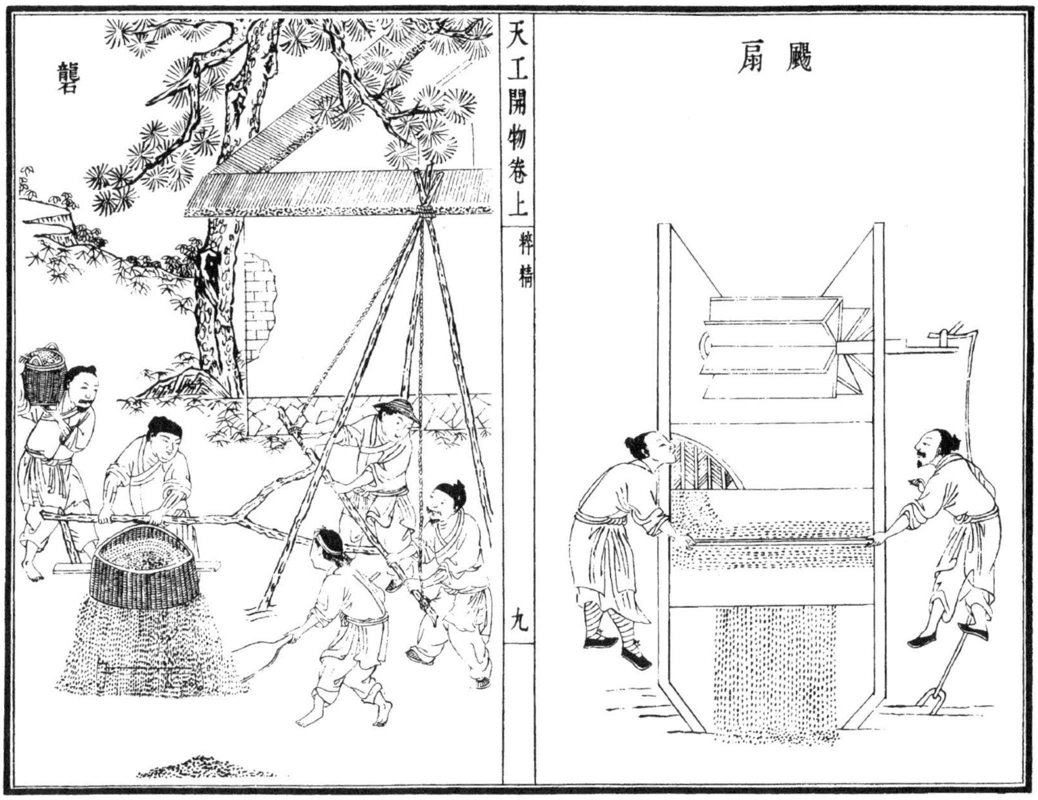
颺扇
天工開物卷上
粹精
九
礱

土礱
天工開物卷上
粹精
十
木礱

天工開物卷上　粹精　十一

天工開物卷上　粹精　十二

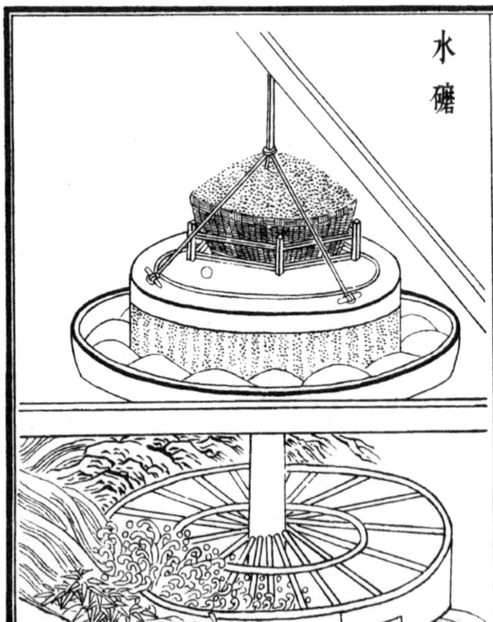

天工開物卷上
粹精
十三
礱磨
石碾
粱粟
稷黍
皆用
此碾

天工開物卷上
粹精
十四
水碾
碾

簸揚
天工開物卷上
粹精
十五
擊麻

麪羅
擂機
天工開物卷上
粹精
十六
舂臼

作鹹第五

宋子曰天有五氣是生五味潤下作鹹王訪箕子而首聞其義焉口之于味也辛酸甘苦經年絕一無恙獨食鹽禁戒旬日則縛雞勝匹倦怠懨然豈非天一生水而此味爲生人生氣之源哉四海之中五服而外爲蔬爲穀皆有寂滅之鄉而斥鹵則巧生以待孰知其所已然

鹽産

凡鹽産最不一海池井土崖砂石畧分六種而東夷樹葉西戎光明不與焉赤縣之內海鹵居十之八而其二爲井池土鹻或假人力或由天造總之一經舟車窮窘則造物

應付出焉

海水鹽

凡海水自具鹹質海濱地高者名潮墩下者名草蕩地皆産鹽同一海鹵傳神而取法則異一法高堰地潮波不沒者地可種鹽種戶各有區畫經界不相侵越度詰朝無雨則今日廣佈稻麥藁灰及蘆茅灰寸許于地上壓使平勻明晨露氣衝騰則其下鹽茅勃發日中晴霽灰鹽一併掃起淋煎一法潮波淺被地不用灰壓候潮一過明日天晴半日晒出鹽霜疾趨掃起煎煉一法逼海潮深地先掘深坑橫架竹木上鋪席葦又鋪沙于葦席之上俟潮滅頂衝過鹵氣由沙滲下坑中撤去沙葦以燈燭之鹵氣衝燈即滅取鹵水煎煉總之功在晴霽若淫雨連旬則謂之鹽荒又淮場地面有日晒自然生霜如馬牙者謂之大晒鹽不由煎煉掃起即食海水順風飄來斷草勾取煎煉名蓬鹽

凡淋煎法掘坑二箇一淺一深淺者尺許以竹木架蘆席于上將掃來鹽料（不論有灰無灰淋法皆同）鋪于席上四圍隆起作一隄壋形中以海水灌淋滲下淺坑中深者深七八尺受淺坑所淋之汁然後入鍋煎煉凡煎鹽鍋古謂之牢盆亦有兩種制度其盆周闊數丈徑亦丈許用鐵者以鐵打成葉片鐵釘拴合其底平如盂其四周高尺二寸其合縫處一

經鹵汁結塞永無隙漏其下列竈燃薪多者十二三眼少者七八眼共煎此盤南海有編竹爲者將竹編成闊丈深尺糊以蜃灰附于釜背火燃釜底滾沸延及成鹽亦名鹽盆然不若鐵葉鑲成之便也凡煎鹵未即凝結將皁角椎碎和粟米糠二味鹵沸之時投入其中攪和鹽即頃刻結成蓋皁角結鹽猶石膏之結腐也凡鹽淮揚場者質重而黑其他質輕而白以量較之淮場者一升重十兩則廣浙長蘆者只重六七兩凡蓬草鹽不可常期或數年一至或一月數至凡鹽見水即化見風即鹵見火愈堅凡收藏不必用倉廩鹽性畏風不畏濕地下疊藁三寸任從卑濕無

傷周遭以土磚泥隙上蓋茅草尺許百年如故也

池鹽

凡池鹽宇內有二一出寧夏供食邊鎮一出山西解池供晉豫諸郡縣解池界安邑猗氏臨晉之間其池外有城堞周遭禁禦池水深聚處其色綠沉土人種鹽者池傍耕地爲畦隴引清水入所耕畦中忌濁水參入即淤澱鹽脉凡引水種鹽春間即爲之久則水成赤色待夏秋之交南風大起則一宵結成名曰顆鹽即古志所謂大鹽也以海水煎者細碎而此成粒顆故得大名其鹽凝結之後掃起即成食味種鹽之人積掃一石交官得錢數十文而已其海

豐深州引海水入池晒成者凝結之時掃食不加人力與解鹽同但成鹽時日與不藉南風則大異也

井鹽

凡滇蜀兩省遠離海濱舟車艱通形勢高上其鹹脉即韞藏地中凡蜀中石山去河不遠者多可造井取鹽鹽井周圍不過數寸其上口一小盂覆之有餘深必十丈以外乃得鹵性故造井功費甚難其器冶鐵錐如碓嘴形其尖使極剛利向石上舂鑿成孔其身破竹纏繩夾懸此錐每舂深入數尺則又以竹接其身使引而長初入丈許或以足踏碓稍如舂米形太深則用手捧持頓下所舂石成碎粉隨以長竹接引懸鐵盞空之而上大抵深者半載淺者月餘乃得一井成就蓋井中空闊則鹵氣遊散不克結鹽故也井及泉後擇美竹長丈者鑿淨其中節留底不去其喉下安消息吸水入筒用長絙繫竹沉下其中水滿井上懸桔槔轆轤諸具制盤駕牛牛曳盤轉轆轤絞絙汲水而上入于釜中煎煉(只用中釜不用牢盆)頃刻結鹽色成至白西川有火井事奇甚其井居然冷水絕無火氣但以長竹剖開去節合縫漆布一頭插入井底其上曲接以口緊對釜臍注鹵水釜中只見火意烘烘水即滾沸啟竹而視之絕無半點焦炎意未見火形而用火神此世間大奇事也凡川滇鹽

井逃課掩蓋至易不可窮詰

末鹽

凡地鹻煎鹽除并州末鹽外長蘆分司地土人亦有刮削煎成者帶雜黑色味不甚佳

崖鹽

凡西省階鳳等州邑海井交窮其巖穴自生鹽色如紅土恣人刮取不假煎煉

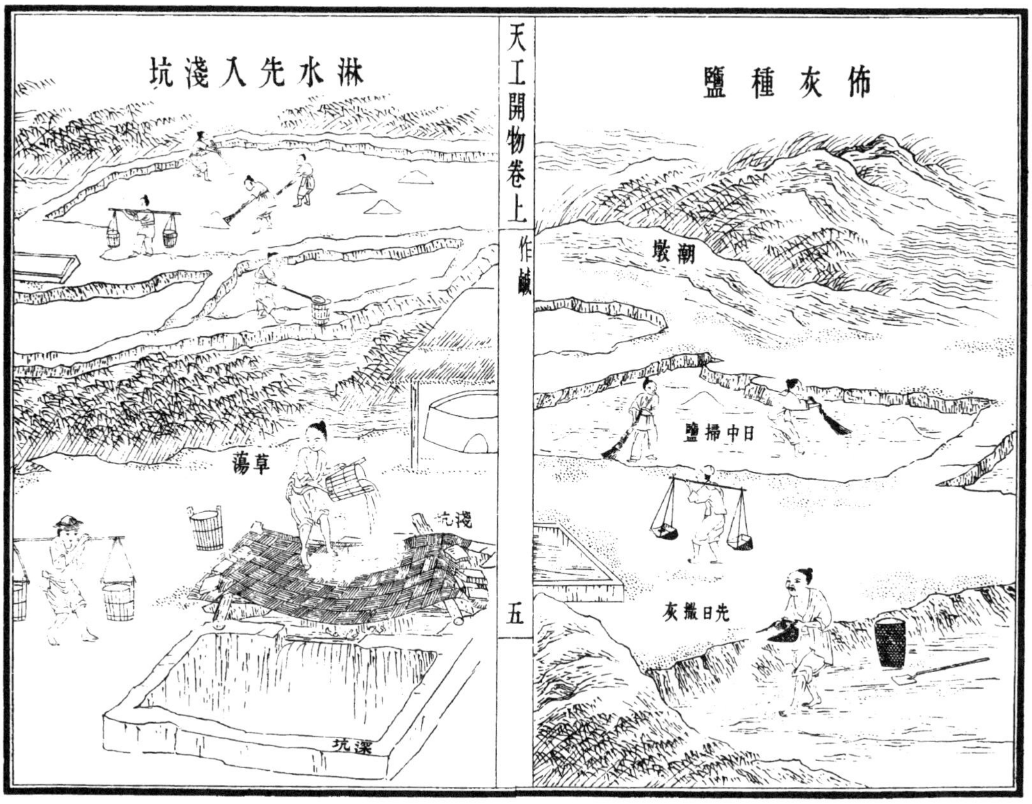
淋水先入淺坑
草蕩
淺坑
深坑
天工開物卷上
作鹹
五
佈灰種鹽
潮墩
日中掃鹽
先日撒灰

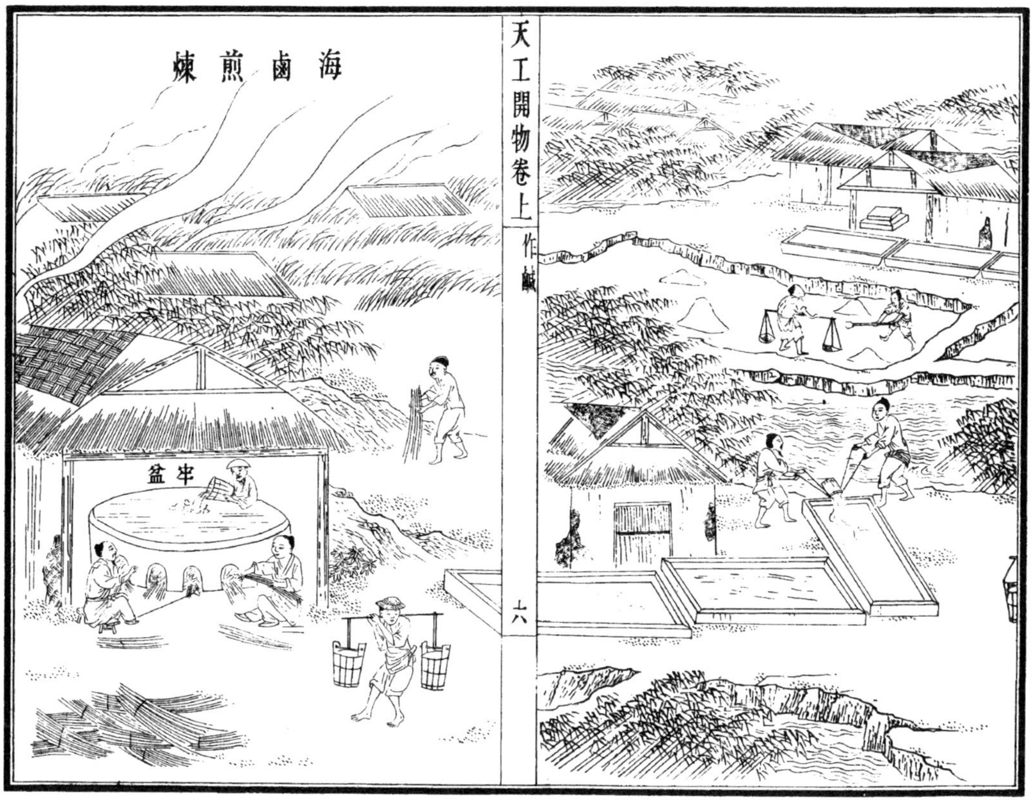
海鹵煎煉
牢盆
天工開物卷上
作鹹
六

量較收藏

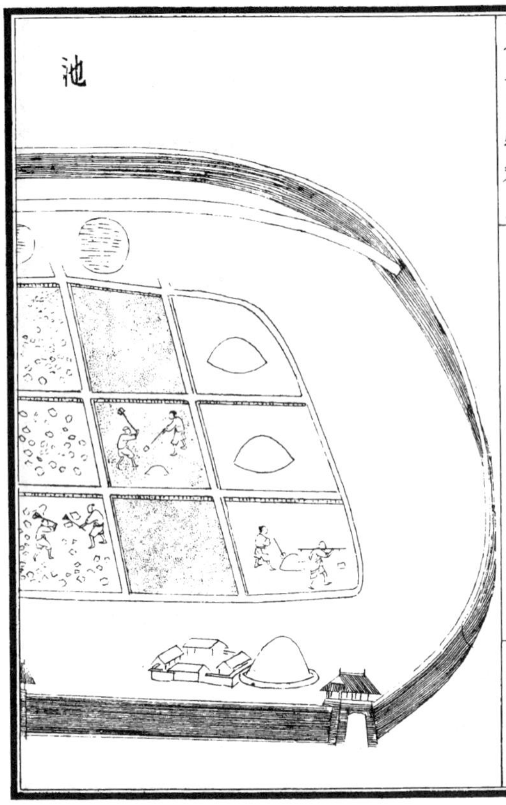
池

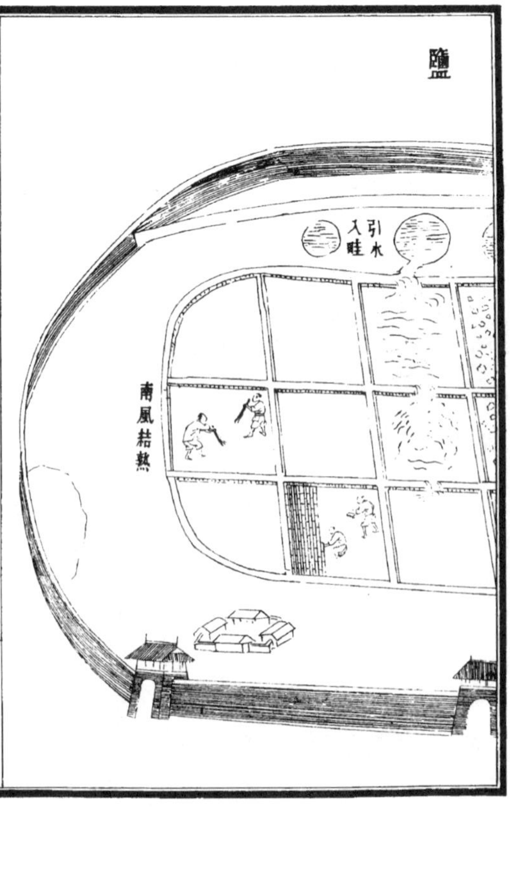
鹽
引水入畦
南風結熟

蜀省井鹽
開井口

下石圈
天工開物卷上
作鹹
九

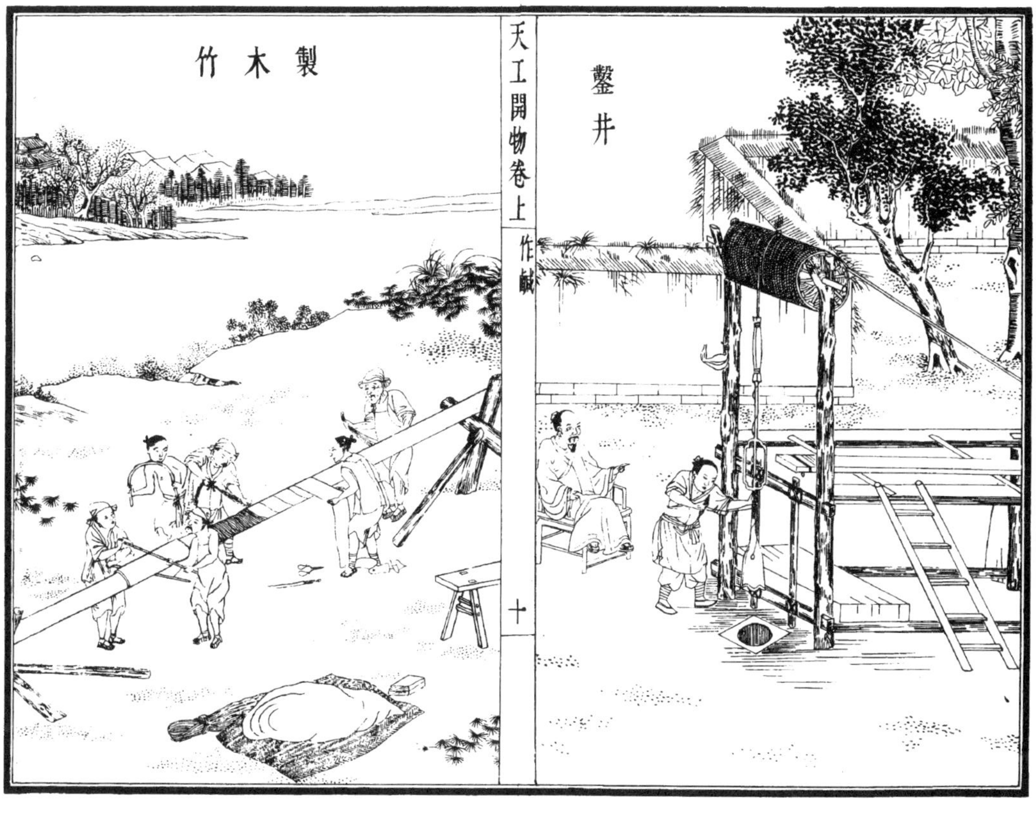
鑿井
天工開物卷上
作鹹
十
製木竹

下木竹
天工開物卷上
作鹹
十二

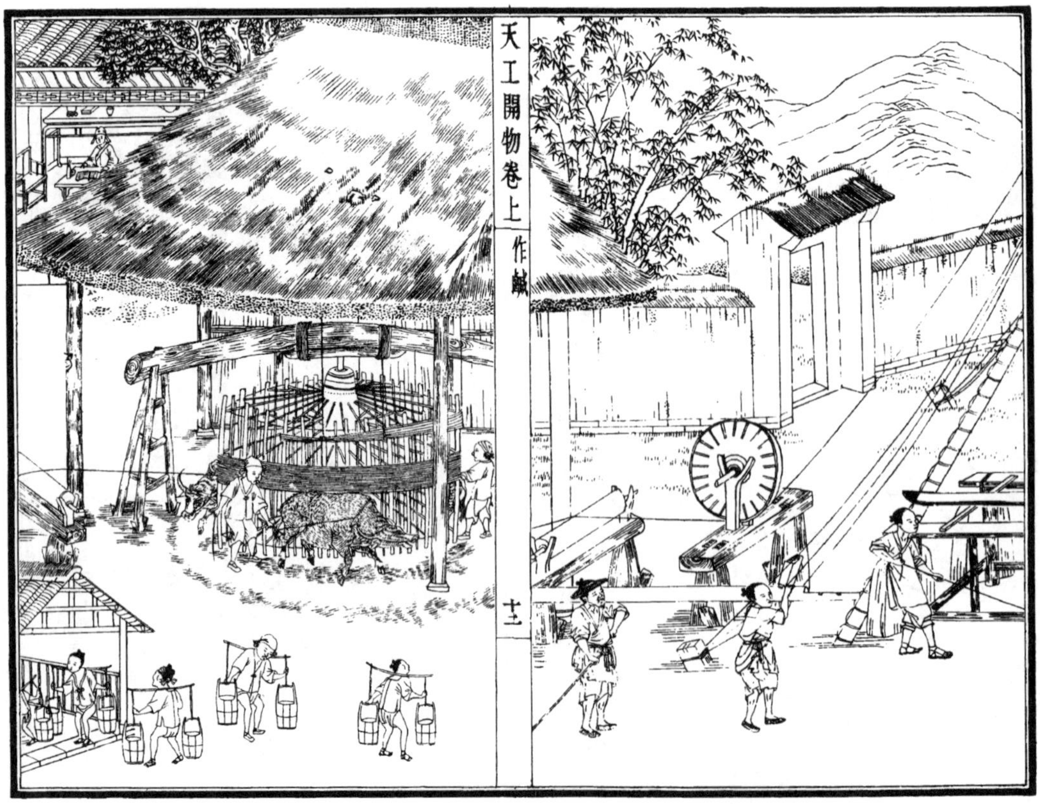
天工開物卷上
作鹹
十三

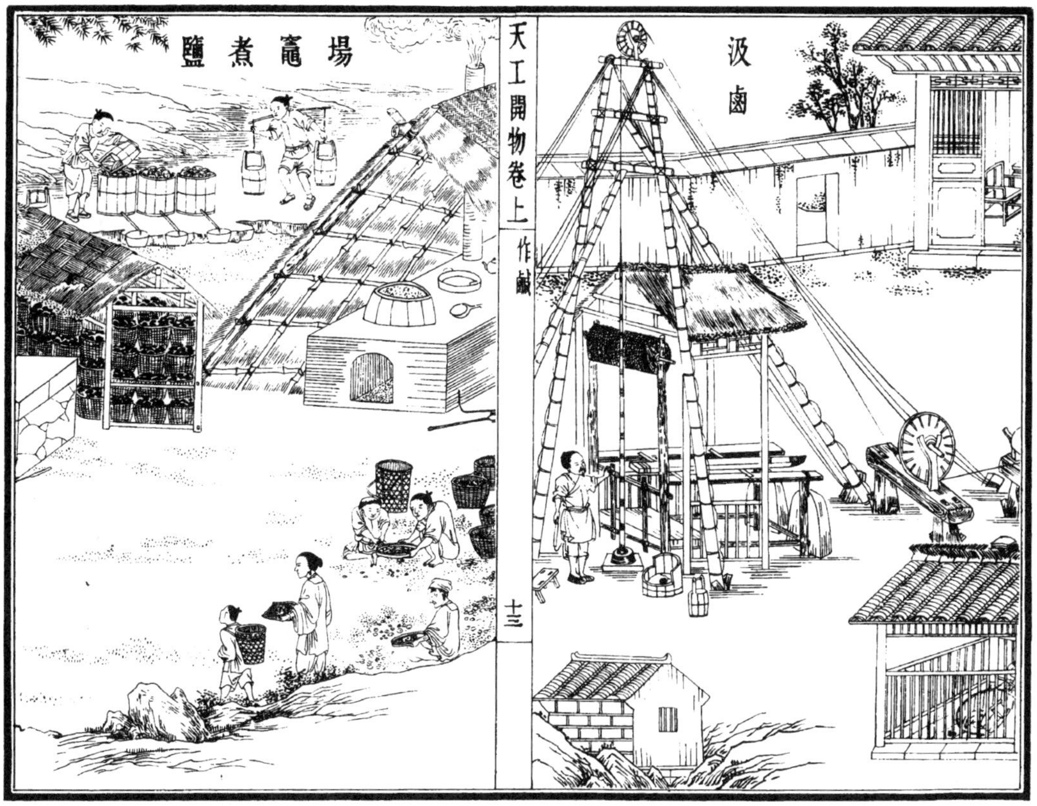
場竈煮鹽
汲鹵
天工開物卷上
作鹹
十三

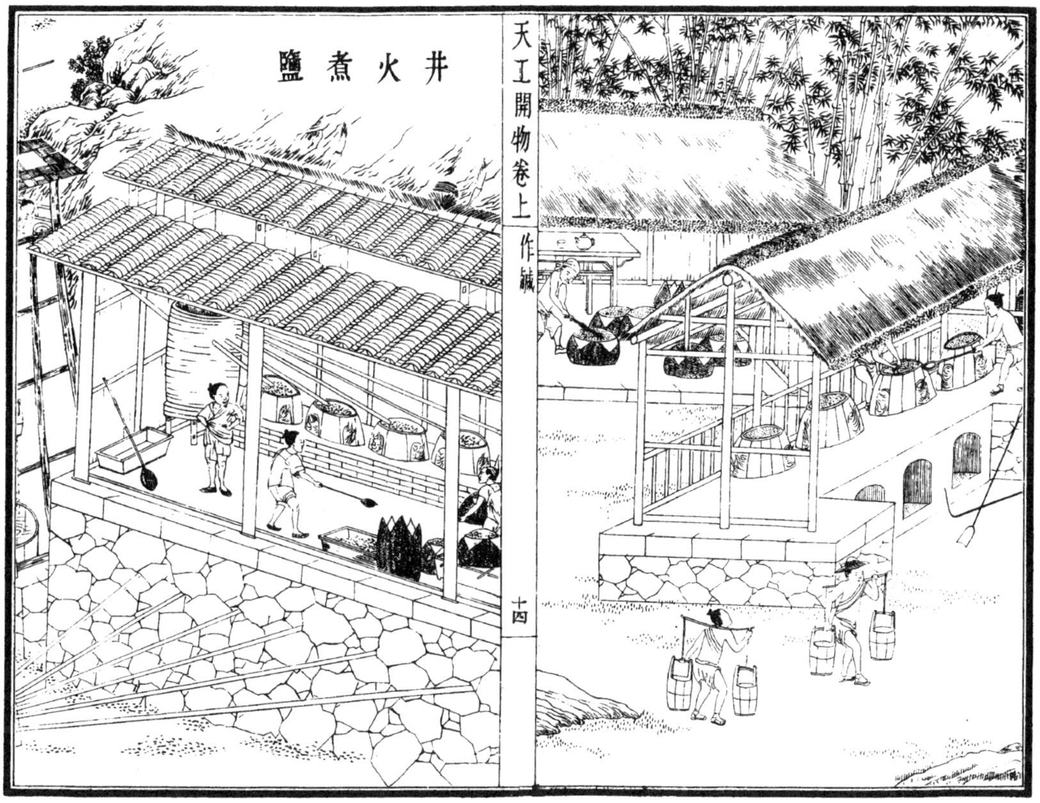
井火煮鹽
天工開物卷上
作鹹
十四

天工開物卷上
作鹹
十五

川滇載運
天工開物卷上
作鹹
十六

甘嗜第六

宋子曰氣至于芳色至于艷味至于甘人之大欲存焉芳而烈艷而豔甘而甜則造物有尤異之思矣世間作甘之味什八產于草木而飛蟲竭力爭衡採取百花釀成佳味使草木無全功孰主張是而頤養徧于天下哉

蔗種

凡甘蔗有二種產繁閩廣間他方合併得其什一而已似竹而大者爲果蔗截斷生噉取汁適口不可以造糖似荻而小者爲糖蔗口噉即棘傷唇舌人不敢食白霜紅砂皆從此出凡蔗古來中國不知造糖唐大曆間西僧鄒和尚

遊蜀中遂寧始傳其法今蜀中種盛亦自西域漸來也凡種荻蔗冬初霜將至將蔗斫伐去杪與根埋藏土內（土忌窪聚水濕處）雨水前五六日天色晴明即開出去外殼斫斷約五六寸長以兩節爲率密布地上微以土掩之頭尾相枕若魚鱗然兩芽平放不得一上一下致芽向土難發芽長一二寸頻以清糞水澆之俟長六七寸鋤起分栽凡栽蔗必用夾沙土河濱洲土爲第一試驗土色掘坑尺五許將沙土入口嘗味味苦者不可栽蔗凡洲土近深山上流河濱者即土味甘亦不可種蓋山氣凝寒則他日糖味亦焦苦去山四五十里平陽洲土擇佳而爲之（黃泥腳地毫不可爲）凡栽蔗治畦行闊四尺犂溝深四寸蔗栽溝內約七尺列三叢掩土寸許土太厚則芽發稀少也芽發三四箇或六七箇時漸漸下土遇鋤耨時加之加土漸厚則身長根深庶免欹倒之患凡鋤耨不厭勤過澆糞多少視土地肥磽長至一二尺則將胡麻或芸苔枯浸和水灌灌肥欲施行內高二三尺則用牛進行內耕之半月一耕用犂一次墾土斷傍根一次掩土培根九月初培土護根以防斫後霜雪

蔗品

凡荻蔗造糖有凝冰白霜紅砂三品糖品之分分于蔗漿之老嫩凡蔗性至秋漸轉紅黑色冬至以後由紅轉褐以

成至白五嶺以南無霜國土蓄蔗不伐以取糖霜若韶雄以北十月霜侵蔗質遇霜即殺其身不能久待以成白色故速伐以取紅糖也凡取紅糖窮十日之力而爲之十日以前其漿尚未滿足十日以後恐霜氣逼侵前功盡棄故種蔗十畝之家即製車釜一付以供急用若廣南無霜遲早惟人也

造糖

凡造糖車制用橫板二片長五尺厚五寸闊二尺兩頭鑿眼安柱上筍出少許下筍出板二三尺埋築土內使安穩不搖上板中鑿二眼並列巨軸兩根（木用至堅重者）軸木大七尺

圍方妙兩軸一長三尺一長四尺五寸其長者出筍安犂擔擔用屈木長一丈五尺以便駕牛團轉走軸上鑿齒分配雌雄其合縫處須直而圓圓而縫合夾蔗于中一軋而過與棉花赶車同義蔗過漿流再拾其滓向軸上鴨嘴扱入再軋又三軋之其汁盡矣其滓爲薪其下板承軸鑿眼只深一寸五分使軸脚不穿透以便板上受汁也其軸脚嵌安鐵錠于中以便捩轉凡汁漿流板有槽梘汁入于缸內每汁一石下石灰五合于中凡取汁煎糖並列三鍋如品字先將稠汁聚入一鍋然後逐加稀汁兩鍋之內若火力少束薪其糖即成頑糖起沫不中用

造白糖

凡閩廣南方經冬老蔗用車同前法榨汁入缸看水花爲火色其花煎至細嫩如煮羹沸以手捻試黏手則信來矣此時尚黃黑色將桶盛貯凝成黑沙然後以瓦溜（教陶家燒造）置缸上其溜上寬下尖底有一小孔將草塞住傾桶中黑沙于內待黑沙結定然後去孔中塞草用黃泥水淋下其中黑滓入缸內溜內盡成白霜最上一層厚五寸許潔白異常名曰洋糖（西洋糖絕白美故名）下者稍黃褐造冰糖者將洋糖煎化蛋青澄去浮滓候視火色將新青竹破成篾片寸斬撒入其中經過一宵即成天然冰塊造獅象人物等質料精麤由人凡白糖有五品石山爲上團枝次之甕鑑次之小顆又次沙脚爲下

飴餳

凡飴餳稻麥黍粟皆可爲之洪範云稼穡作甘及此乃窮其理其法用稻麥之類浸濕生芽暴乾然後煎煉調化而成色以白者爲上赤色者名曰膠飴一時宮中尙之合于口內即溶化形如琥珀南方造餅餌者謂飴餳爲小糖蓋對蔗漿而得名也飴餳人巧千方以供甘旨不可枚述惟尙方用者名一窩絲或流傳後代不可知也

蜂蜜

凡釀蜜蜂普天皆有唯蔗盛之鄉則蜜蜂自然減少蜂造之蜜出山崖土穴者十居其八而人家招蜂造釀而割取者十居其二也凡蜜無定色或青或白或黃或褐皆隨方土花性而變如菜花蜜禾花蜜之類百千其名不止也凡蜂不論于家于野皆有蜂王王之所居造一臺如桃大王之子世爲王王生而不採花每日羣蜂輪值分班採花供王王每日出遊兩度（春夏造蜜時）遊則八蜂輪值以侍蜂王自至孔隙口四蜂以頭頂腹四蜂傍翼飛翔而去遊數刻而返翼頂如前畜家蜂者或懸桶簷端或寘箱牖下皆錐圓孔眼數十俟其進入凡家人殺一蜂二蜂皆無恙殺至三

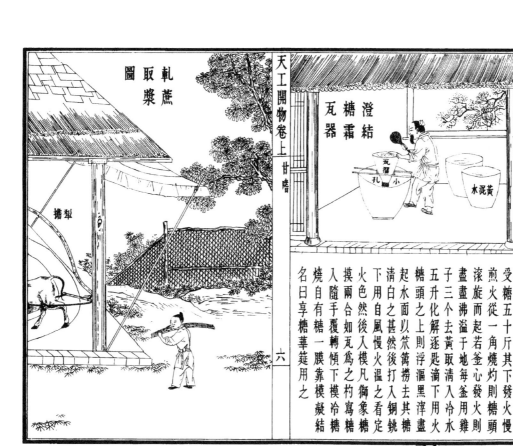

蜂則羣起螫人謂之蜂反凡蝙蝠最喜食蜂投隙入中吞噬無限殺一蝙蝠懸于蜂前則不敢食俗謂之梟令凡家畜蜂東鄰分而之西舍必分王之子去而爲君去時如鋪扇擁衞鄉人有撒酒糟香而招之者凡蜂釀蜜造成蜜脾其形鬣鬣然咀嚼花心汁吐積而成潤似人小遺則甘芳並至所謂臭腐神奇也凡割脾取蜜蜂子多死其中其底則爲黃蠟凡深山崖石上有經數載未割者其蜜已經時自熟土人以長竿刺取蜜即流下或未經年而攀緣可取者割煉與家蜜同也土穴所釀多出北方南方卑濕有崖蜜而無穴蜜凡蜜脾一斤煉取十二兩西北半天下蓋與蔗漿分勝云

澄結糖霜瓦器

凡造獸糖者每巨釜一口受糖五十斤其下發火慢煎火從一角燒灼則糖頭滚旋而起若釜心發火則盡盡沸溢于地每釜用雞子三个去黃取清入冷水五升化解逐匙滴下用火糖頭之上則浮漚黑滓盡起水面以笊篱撈去其糖清白之甚然後打入銅銚下用自風慢火溫之看定火色然後入模凡獅象糖模兩合如瓦爲之杓寫糖入隨手覆轉傾下模冷糖燒自有糖一膜靠模凝結名曰享糖華筵用之

軋蔗取漿圖

天工開物卷上終

天工開物卷中

陶埏第七

宋子曰水火旣濟而土合萬室之國日勤千人而不足民用亦繁矣哉上棟下室以避風雨而瓴建焉王公設險以守其國而城垣雉堞寇來不可上矣泥甕堅而醴酒欲清瓦登潔而醯醢以薦商周之際俎豆以木爲之毋亦質重之思耶後世方土效靈人工表異陶成雅器有素肌玉骨之象焉掩映几筵文明可掬豈終固哉

瓦

凡埏泥造瓦掘地二尺餘擇取無沙黏土而爲之百里之

內必產合用土色供人居室之用凡民居瓦形皆四合分片先以圓桶爲模骨外畫四條界調踐熟泥疊成高長方條然後用鐵線弦弓線上空三分以尺限定向泥不平戞一片似揭紙而起周包圓桶之上待其稍乾脫模而出自然裂爲四片凡瓦大小古無定式大者縱橫八九寸小者縮十之三室宇合溝中則必需其最大者名曰溝瓦能承受淫雨不溢漏也凡坯旣成乾燥之後則堆積窯中燃薪舉火或一晝夜或二晝夜視窯中多少爲熄火久暫澆水轉泑音右與造磚同法其垂于簷端者有滴水下于脊沿者有雲瓦瓦掩覆脊者有抱同鎮脊兩頭者有鳥獸諸形象

皆人工逐一做成載于窯內受水火而成器則一也若皇家宮殿所用大異于是其制爲琉璃瓦者或爲板片或爲宛筒以圓竹與斵木爲模逐片成造其土必取于太平府舟運三千里方達京師參沙之偽雇役擄舡之擾害不可極即承天皇陵亦取于此無人議正造成先裝入琉璃窯內每柴五千片燒瓦百斤取出成色以無名異棕櫚毛等煎汁塗染成綠黛赭石松香蒲草等塗染成黃再入別窯減殺薪火逼成琉璃寶色外省親王殿與仙佛宮觀間亦爲之但色料各有配合採取不必盡同民居則有禁也

磚

凡埏泥造磚亦掘地驗辨土色或藍或白或紅或黃閩廣多紅泥藍者名善泥江浙居多皆以黏而不散粉而不沙者爲上汲水滋土人逐數牛錯趾踏成稠泥然後填滿木匡之中鐵線弓戛平其面而成坯形凡郡邑城雉民居垣牆所用者有眠磚側磚兩色眠磚方長條砌城郭與民人饒富家不惜工費直壘而上民居算計者則一眠之上施側磚一路填土礫其中以實之蓋省嗇之義也凡牆磚而外甃地者名曰方墁磚榱桷上用以承瓦者曰楻板磚圓鞠小橋梁與圭門與窀穸墓穴者曰刀磚又曰鞠磚凡刀磚削狹一偏面相靠擠緊上砌成圓車馬踐壓不能損陷造方墁磚泥入方

匡中平板蓋面兩人足立其上研轉而堅固之燒成效用石工磨斵四沿然後甃地刀磚之直視牆磚稍溢一分楻板磚則積十以當牆磚之一方墁磚則一以敵牆磚之十也凡磚成坯之後裝入窯中所裝百鈞則火力一晝夜二百鈞則倍時而足凡燒磚有柴薪窯有煤炭窯用薪者出火成青黑色用煤者出火成白色凡柴薪窯巔上偏側鑿三孔以出煙火足止薪之候泥固塞其孔然後使水轉泑凡火候少一兩則泑色不光少三兩則名嫩火磚本色雜現他日經霜冒雪則立成解散仍還土質火候多一兩則磚面有裂紋多三兩則磚形縮小拆裂屈曲不伸擊之如碎鐵然不適于用巧用者以之埋藏土內爲牆脚則亦有磚之用也凡觀火候從窯門透視內壁土受火精形神搖蕩若金銀鎔化之極然陶長辨之凡轉泑之法窯巔作一平田樣四圍稍弦起灌水其上磚瓦百鈞用水四十石水神透入土膜之下與火意相感而成水火既濟其質千秋矣若煤炭窯視柴窯深欲倍之其上圓鞠漸小併不封頂其內以煤造成尺五徑闊餅每煤一層隔磚一層葦薪墊地發火若皇居所用磚其大者廠在臨清工部分司主之初名色有副磚券磚平身磚望板磚斧刄磚方磚之類後革去半運至京師每漕舫搭四十塊民舟半之又細料方

磚以甃正殿者則由蘇州造解其琉璃磚色料已載瓦款取薪臺基廠燒由黑窯云

罌甕

凡陶家爲缶屬其類百千大者缸甕中者鉢盂小者瓶罐款制各從方土悉數之不能造此者必爲圓而不方之器試土尋泥之後仍制陶車旋盤工夫精熟者視器大小掐泥不甚增多少兩人扶泥旋轉一捏而就其朝廷所用龍鳳缸（窯在眞定曲陽與揚州儀眞）與南直花缸則厚積其泥以俟雕鏤作法全不相同故其直或百倍或五十倍也凡罌缶有耳嘴者皆另爲合上以泑水塗黏陶器皆有底無底者則陝

以西炊甑用瓦不用木也凡諸陶器精者中外皆過釉麤者或釉其半體惟沙盆齒鉢之類其中不釉存其麤澀以受研擂之功沙鍋沙罐不釉利于透火性以熟烹也凡釉質料隨地而生江浙閩廣用者蕨藍草一味其草乃居民供竈之薪長不過三尺枝葉似杉木勒而不棘人（其名數十各地不同）陶家取來燃灰布袋灌水澄濾去其麤者取其絶細每灰二碗參以紅土泥水一碗攪令極勻蘸塗杯上燒出自成光色北方未詳用何物蘇州黃罐釉亦別有料惟上用龍鳳器則仍用松香與無名異也凡瓶窯燒小器缸窯燒大器山西浙江省分缸窯瓶窯餘省則合一處爲之凡造

敞口缸旋成兩截接合處以木椎內外打緊匝口壜甕亦兩截接合不便用椎預于別窯燒成瓦圈如金剛圈形托印其內外以木椎打緊土性自合凡缸瓶窯不于平地必于斜阜山岡之上延長者或二三十丈短者亦十餘丈連接爲數十窯皆一窯高一級蓋依傍山勢所以驅流水濕滋之患而火氣又循級透上其數十方成窯者其中苦無重值物合併衆力衆資而爲之也其窯鞠成之後上鋪覆以絶細土厚三寸許窯隔五尺許則透煙窗窯門兩邊相向而開裝物以至小器裝載頭一低窯絶大缸甕裝在最末尾高窯發火先從頭一低窯起兩人對面交看火色大

抵陶器一百三十斤費薪百斤火候足時掩閉其門然後次發第二火以次結竟至尾云

白瓷　附青瓷

凡白土曰堊土爲陶家精美器用中國出惟五六處北則眞定定州平涼華亭太原平定開封禹州南則泉郡德化（土出永定窯在德化）徽郡婺源祁門（他處白土陶範不粘或以掃壁爲墁）德化窯惟以燒造瓷仙精巧人物玩器不適實用眞開等郡瓷窯所出色或黃滯無寶光合併數郡不敵江西饒郡產浙省處州麗水龍泉兩邑燒造過釉杯碗青黑如漆名曰處窯宋元時龍泉華琉山下有章氏造窯出款貴重古董行所謂哥

窯器者即此若夫中華四裔馳名獵取者皆饒郡浮梁景德鎮之產也此鎮從古及今爲燒器地然不產白土土出婺源祁門兩山一名高梁山出粳米土其性堅硬一名開化山出糯米土其性粢軟兩土和合瓷器方成其土作成方塊小舟運至鎮造器者將兩土等分入臼舂一日然後入缸水澄其上浮者爲細料傾跌過一缸其下沉底者爲麤料細料缸中再取上浮者傾過爲最細料沉底者爲中料既澄之後以磚砌方長塘逼靠火窯以借火力傾所澄之泥于中吸乾然後重用清水調和造坯凡造瓷坯有兩種一曰印器如方圓不等瓶甕爐合之類御器則有瓷屏

風燭臺之類先以黃泥塑成模印或兩破或兩截亦或圂圖然後埏白泥印成以釉水塗合其縫燒出時自圓成無隙一曰圓器凡大小億萬杯盤之類乃生人日用必需造者居十九而印器則十一造此器坯先製陶車車竪直木一根埋三尺入土內使之安穩上高二尺許上下列圓盤盤沿以短竹棍撥運旋轉盤頂正中用檀木刻成盔頭冒其上凡造杯盤無有定形模式以兩手捧泥盔冒之上旋盤使轉搯指剪去甲按定泥底就大指薄旋而上即成一杯碗之形初學者任從作廢破坯取泥再造功多業熟即千萬如出一範凡盔冒上造小杯者不必加泥造中盤大碗則增泥大其

冒使乾燥而後受功凡手指旋成坯後覆轉用盔冒一印微曬留滋潤又一印曬成極白乾入水一汶漉上盔冒過利刀二次過刀時手脉微振燒出即成雀口然後補整碎缺就車上旋轉打圈圈後或畫或書字畫後噴水數口然後過釉凡爲碎器與千鍾粟與褐色杯等不用青料欲爲碎器利刀過後日曬極熱入清水一蘸而起燒出自成裂紋千鍾粟則釉漿捷點褐色則老茶葉煎水一抹也古碎器日本國極珍重真者不惜千金古香爐碎器不知何代造底有鐵釘其釘掩光色不鏽凡饒鎮白瓷釉用小港嘴泥漿和桃竹葉灰調成似清泔汁泉郡瓷仙用松毛水調泥漿處郡青瓷釉未詳所出盛于缸內凡諸器過釉先蕩其內外邊用指一蘸塗弦自然

流偏凡畫碗青料總一味無名異漆匠煎油亦用以收火色此物不生深土浮生地面深者掘下三尺即止各省直皆有之亦辨認上料中料下料用時先將炭火叢紅煅過上者出火成翠毛色中者微青下者近土褐上者每斤煅出只得七兩中下者以次縮減如上品細料器及御器龍鳳等皆以上料畫成故其價每石値銀二十四兩中者半之下者則十之三而已凡饒鎮所用以衢信兩郡山中者爲上料名曰浙料上高諸邑者爲中豐城諸處者爲下也凡使料煅過之後以乳鉢極研其鉢底留麤不轉釉然後調畫水調研時色如皁入火則成青碧色凡將碎器爲紫霞色杯者用臙脂打濕

將鐵線紐一兜絡盛碎器其中炭火多熱然後以濕臙脂一抹即成凡宣紅器乃燒成之後出火另施工巧微炙而成者非世上殊砂能留紅質于火內也（宣紅元末已失傳正德中歷試復造出）凡瓷器經畫過釉之後裝入匣鉢（裝時手拿微重後日燒出即成坳口不復正周）鉢以麤泥造其中一泥餅托一器底空處以沙實之大器一匣裝一箇小器十餘共一匣鉢鉢佳者裝燒十餘度劣者一二次即壞凡匣鉢裝器入窯然後舉火其窯上空十二圓眼名曰天窗火以十二時辰爲足先發門火十箇時火力從下攻上然後天窗擲柴燒兩時火力從上透下器在火中其軟如棉絮以鐵叉取一以驗火候之足辨認眞足然後絕薪止火共計一坯工力過手七十二方克成器其中微細節目尚不能盡也

附窯變　回青

正德中內使監造御器時宣紅失傳不成身家俱喪一人躍入自焚托夢他人造出競傳窯變好異者遂妄傳燒出鹿象諸異物也又回青乃西域大青美者亦名佛頭青上料無名異出火似之非大青能入洪爐存本色也

天工開物卷中
陶埏
十
磚瓦濟水轉釉窰
煤炭燒磚窰

天工開物卷中
陶埏
十一
造瓶

瓶窯連接缸窯
天工開物卷中 陶埏
十二
造缸

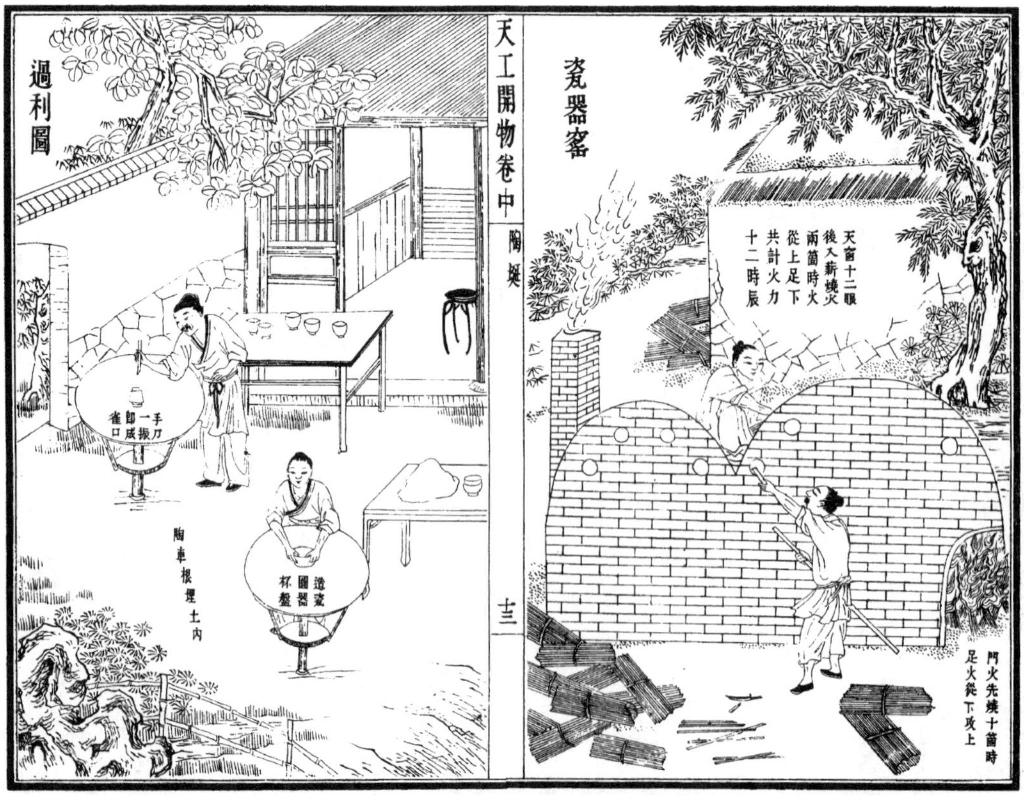
瓷器窯
天窗十二眼
後入薪燒火
兩箇時火
從上足下
共計火力
十二時辰
門火先燒十箇時
足火從下攻上
天工開物卷中 陶埏
十三
過利圖
手刀一振即成雀口
陶車根埋土內
造瓷圓器杯盤

天工開物卷中　陶埏　十四

天工開物卷中　陶埏　十五

冶鑄第八

宋子曰首山之採肇自軒轅源流遠矣哉九牧貢金用襄禹鼎從此火金功用日異而月新矣夫金之生也以土爲母及其成形而效用于世也母模子肖亦猶是焉精麤巨細之間但見鈍者司舂利者司壂薄其身以媒合水火而百姓繁虛其腹以振盪空靈而八音起愿者肖仙梵之身而塵凡有至象巧者奪上清之魄而海宇徧流泉即屈指唱籌豈能悉數要之人力不至于此

鼎

凡鑄鼎唐虞以前不可考唯禹鑄九鼎則因九州貢賦壤則已成入貢方物歲例已定疏濬河道已通禹貢業已成書恐後世人君增賦重斂後代侯國冒貢奇淫後日治水之人不由其道故鑄之于鼎不如書籍之易去使有所遵守不可移易此九鼎所爲鑄也年代久遠末學寡聞如蠙珠暨魚狐狸織皮之類皆其刻畫于鼎上者或漫滅改形亦未可知陋者遂以爲怪物故春秋傳有使知神姦不逢魑魅之說也此鼎入秦始亡而春秋時郜大鼎莒二方鼎皆其列國自造即有刻畫必失禹貢初旨此但存名爲古物後世圖籍繁多百倍上古亦不復鑄鼎特并志之

鍾

凡鍾爲金樂之首其聲一宣大者聞十里小者亦及里之餘故君視朝官出署必用以集衆而鄉飲酒禮必用以和歌梵宮仙殿必用以明攝謁者之誠幽起鬼神之敬凡鑄鍾高者銅質下者鐵質今北極朝鍾則純用響銅每口共費銅四萬七千斤錫四千斤金五十兩銀一百二十兩于內成器亦重二萬斤身高一丈一尺五寸雙龍蒲牢高二尺七寸口徑八尺則今朝鍾之制也凡造萬鈞鍾與鑄鼎法同掘坑深丈幾尺燥築其中如房舍埏泥作模骨用石灰三和土築不使有絲毫隙拆乾燥之後以牛油黃蠟附其上數寸油蠟分兩油居什八蠟居什二其上高蔽抵晴雨（夏月不可爲油不凍結）油蠟墁定然後雕鏤書文物象絲髮成就然後舂篩絕細土與炭末爲泥塗墁以漸而加厚至數寸使其內外透體乾堅外施火力炙化其中油蠟從口上孔隙鎔流淨盡則其中空處即鍾鼎托體之區也凡油蠟一斤虛位填銅十斤塑油時盡油十斤則備銅百斤以俟之中既空淨則議鎔銅凡火銅至萬鈞非手足所能驅使四面築爐四面泥作槽道其道上口承接爐中下口斜低以就鍾鼎入銅孔槽傍一齊紅炭熾圍洪爐鎔化時決開槽梗（先泥土爲梗塞住）一齊如水橫流從槽道中梘注而下鍾鼎成矣凡萬鈞鐵鍾與爐釜其法皆同而塑法則由人省嗇也

若千斤以內者則不須如此勞費但多捏十數鍋爐爐形如箕鐵條作骨附泥做就其下先以鐵片圈筒直透作兩孔以受杠穿其爐墊于土墩之上各爐一齊鼓鞴鎔化化後以兩杠穿爐下輕者兩人重者數人抬起傾注模底孔中甲爐既傾乙爐疾繼之丙爐又疾繼之其中自然黏合若相承迂緩則先入之質欲凍後者不黏釁所由生也凡鐵鐘模不重費油蠟者先埏土作外模剖破兩邊形或爲兩截以子口串合翻刻書文于其上內模縮小分寸空其中體精算而就外模刻文後以牛油滑之使他日器無黏欄然後蓋上泥合其縫而受鑄焉巨磬雲板法皆倣此

釜

凡釜儲水受火日用司命繫焉鑄用生鐵或廢鑄鐵器爲質大小無定式常用者徑口二尺爲率厚約二分小者徑口半之厚薄不減其模內外爲兩層先塑其內俟久日乾燥合釜形分寸于上然後塑外層蓋模此塑匠最精差之毫釐則無用模既成就乾燥然後泥捏冶爐其中如釜受生鐵于中其爐背透管通風爐面捏嘴出鐵一爐所化約十釜二十釜之料鐵化如水以泥固純鐵柄杓從嘴受注一杓約一釜之料傾注模底孔內不俟冷定卽揭開蓋模看視罅綻未周之處此時釜身尚通紅未黑有不到處卽澆少許于上補完打濕草片按平若無痕迹凡生鐵初鑄釜補綻者甚多唯廢破釜鐵鎔鑄則無復隙漏（朝鮮國俗破釜必棄之山中不以還爐）凡釜既成後試法以輕杖敲之響聲如木者佳聲有差響則鐵質未熟之故他日易爲損壞海內叢林大處鑄有千僧鍋者煮糜受米二石此眞癡物也

像

凡鑄仙佛銅像塑法與朝鐘同但鐘鼎不可接而像則數接爲之故寫時爲力甚易但接模之法分寸最精云

砲

凡鑄砲西洋紅夷佛郎機等用熟銅造信砲短提銃等用

生熟銅兼半造襄陽盞口大將軍二將軍等用鐵造

鏡

凡鑄鏡模用灰沙銅用錫和（不用倭鉛）考工記亦云金錫相半謂之鑑燧之劑開面成光則水銀附體而成非銅有光明如許也唐開元宮中鏡盡以白銀與銅等分鑄成每口值銀數兩者以此故硃砂斑點乃金銀精華發現（古爐有入金于內者）我朝宣爐亦緣某庫偶灾金銀雜銅錫化作一團命以鑄爐（眞者錯現金色）唐鏡宣爐皆朝廷盛世物云

錢

凡鑄銅爲錢以利民用一面刊國號通寶四字工部分司

主之凡錢通利者以十文抵銀一分值其大錢當五當十其弊便于私鑄反以害民故中外行而輒不行也凡鑄錢每十斤紅銅居六七倭鉛（京中名水錫）居三四此等分大略倭鉛每見烈火必耗四分之一我朝行用錢高色者唯北京寶源局黃錢與廣東高州爐青錢（高州錢行盛漳泉路）其價一文敵南直江浙等二文黃錢又分二等四火銅所鑄曰金背錢二火銅所鑄曰火漆錢凡鑄錢鎔銅之罐以絶細土末（打碎乾土磚妙）和炭末爲之（京爐用牛蹄甲未詳何作用）罐料十兩土居七而炭居三以炭灰性煖佐土使易化物也罐長八寸口徑二寸五分一罐約載銅鉛十斤銅先入化然後投鉛洪爐扇合傾入模内凡鑄錢模以木

四條爲空匡（木長一尺一寸闊一寸二分）土炭末篩令極細填實匡中微洒杉木炭灰或柳木炭灰于其面上或熏模則用松香與清油然後以母錢百文（用錫雕成）或字或背布置其上又用一匡如前法填實合蓋之既合之後已成面背兩匡隨手覆轉則母錢盡落後匡之上又用一匡填實合上後匡如是轉覆只合十餘匡然後以繩捆定其木匡上弦原留入銅眼孔鑄工用鷹嘴鉗洪爐提出鎔罐一人以別鉗扶抬罐底相助逐一傾入孔中冷定解繩開匡則磊落百文如花果附枝模中原印空梗走銅如樹枝樣挾出逐一摘斷以待磨鎈成錢凡錢先錯邊沿以竹木條直貫數百文受鎈後鎈平面則逐一爲之

凡錢高低以鉛多寡分其厚重與薄削則昭然易見鉛賤銅貴私鑄者至對半爲之以之擲階石上聲如木石者此低錢也若高錢銅九鉛一則擲地作金聲矣凡將成器廢銅鑄錢者每火十耗其一蓋鉛質先走其銅色漸高勝于新銅初化者若琉球諸國銀錢其模即鑿鋏鐵鉗頭上銀化之時入鍋夾取淬于冷水之中即落一錢其内圖并具右

附鐵錢

鐵質賤甚從古無鑄錢起于唐藩鎮魏博諸地銅貨不通始冶爲之蓋斯須之計也皇家盛時則冶銀爲豆雜伯衰時則鑄鐵爲錢併志博物者感慨

鑄鼎圖

朝鐘同法
鼎足別鑄鬭合
槽
天工開物卷中
冶鑄
七
鑄千斤

鐘與仙佛像圖
天工開物卷中
冶鑄
八
塑鐘模圖
牛油受鏤

鑄錢圖
母錢印模
天工開物卷中
冶鑄
九
鑄釜圖
鐵水鎔內
揭蓋
補綴

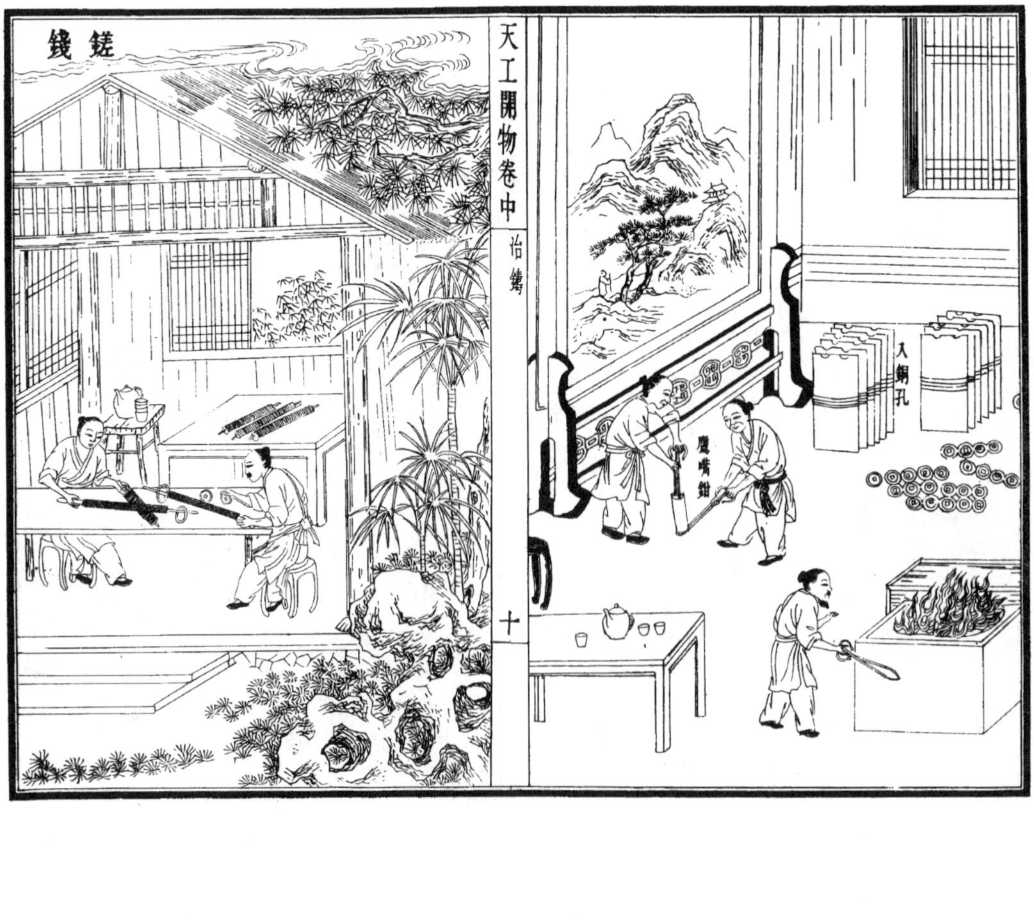
銼錢
天工開物卷中
冶鑄
十
入銅孔
鷹嘴鉗

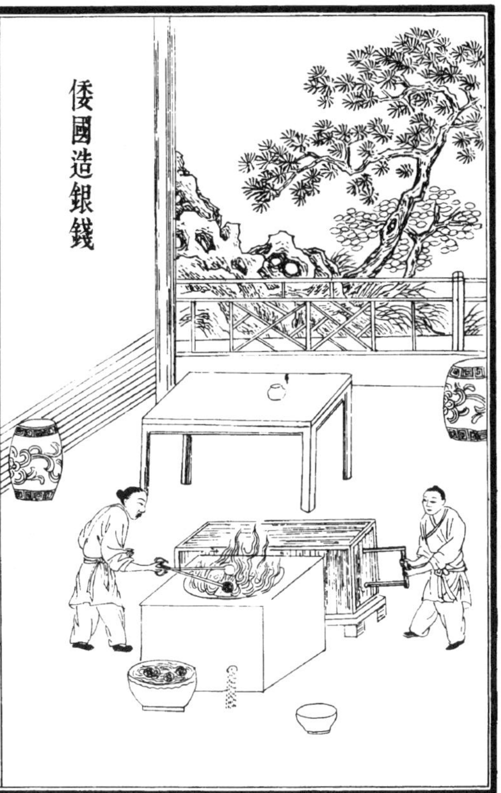

倭國造銀錢

舟車第九

宋子曰人羣分而物異産來往懋遷以成宇宙若各居而老死何藉有羣類哉人有貴而必出行畏周行物有賤而必須坐窮負販四海之內南資舟而北資車梯航萬國能使帝京元氣充然何其始造舟車者不食尸祝之報也浮海長年視萬頃波如平地此與列子所謂御泠風者無異傳所稱奚仲之流倘所謂神人者非耶

舟

凡舟古名百千今名亦百千或以形名（如海鰍江鯿山梭之類）或以量名（載物之數）或以質名（各色木料）不可殫述遊海濱者得見洋船

居江湄者得見漕舫若局趣山國之中老死平原之地所見者一葉扁舟截流亂筏而已麤載數舟制度其餘可例推云

漕舫

凡京師爲軍民集區萬國水運以供儲漕舫所由興也元朝混一以燕京爲大都南方運道由蘇州劉家港海門黃連沙開洋直抵天津制度用遮洋船永樂間因之以風濤多險後改漕運平江伯陳某始造平底淺船則今糧船之制也凡船制底爲地枋爲宮牆陰陽竹爲覆瓦伏獅前爲閥閱後爲寢堂桅爲弓弩弦蓬爲翼櫓爲車馬䇶縴爲履

鞬緈索爲鷹雕筋骨招爲先鋒舵爲指揮主帥錨爲劄軍營寨糧船初制底長五丈二尺其板厚二寸採巨木楠爲上栗次之頭長九尺五寸梢長九尺五寸底闊九尺五寸底頭闊六尺底梢闊五尺頭伏獅闊八尺梢伏獅闊七尺梁頭一十四座龍口梁闊一丈深四尺使風梁闊一丈四尺深三尺八寸後斷水梁闊九尺深四尺五寸兩厫共闊七尺六寸此其初制載米可近二千石（交兑每隻止足五百石）後運軍造者私增身長二丈首尾闊二尺餘其量可受三千石而運河閘口原闊一丈二尺差可度過凡今官坐船其制盡同第窗戶之間寬其出徑加以精工彩飾而已凡造船

先從底起底面傍靠檣上承棧下親地面隔位列置者曰梁兩傍峻立者曰檣蓋檣巨木曰正枋枋上曰弦梁前竪桅位曰錨壇壇底横木夾桅本者曰地龍前後維曰伏獅其下曰拏獅伏獅下封頭木曰連三枋船頭面中缺一方曰水井（其下藏纜索等物）頭面眉際樹兩木以繫纜者曰將軍柱船尾下斜上者曰草鞋底後封頭下曰短枋枋下曰挽脚梁船梢掌舵所居其上者野雞篷（使風時一人坐篷巔收守篷索）凡舟身將十丈者立桅必兩樹中桅之位折中過前二位頭桅又前丈餘糧船中桅長者以八丈爲率短者縮十之一二其本入窗內亦丈餘懸篷之位約五六丈頭桅尺寸則不及

中桅之半篷縱横亦不敵三分之一蘇湖六郡運米其船多過石甕橋下且無江漢之險故桅與篷尺寸全殺若湖廣江西省舟則過湖衝江無端風浪故錨纜篷桅必極盡制度而後無患凡風篷尺寸其則一視全舟横身過則有患不及則力軟凡船篷其質乃析篾成片織就夾維竹條逐塊摺疊以俟懸挂糧船中桅篷合併十人力方克湊頂頭篷則兩人帶之有餘凡度篷索先係空中寸圓木關捩于桅巔之上然後帶索腰間緣木而上三股交錯而度之凡風篷之力其末一葉敵其本三葉調匀和暢順風則絶頂張篷行疾奔馬若風力洊至則以次減下（遇風鼓急不下以鉤搭扯）

狂甚則只帶一兩葉而已凡風從横來名曰搶風順水行舟則挂篷之玄遊走或一搶向東止寸平過甚至却退數十丈未及岸時捩舵轉篷一搶向西借貸水力兼帶風力軋下則頃刻十餘里或湖水平而不流者亦可緩軋若上水舟則一步不可行也凡船性隨水若草從風故制舵障水使不定向流舵板一轉一泓從之凡舵尺寸與船腹切齊若長一寸則遇淺之時船腹已過其梢尼舵使膠住設風狂力勁則寸木爲難不可言舵短一寸則轉運力怯回頭不捷凡舵力所障水相應及船頭而止其腹底之下儼若一派急順流故船頭不約而正其機妙不可言舵上所

操柄名曰關門棒欲船北則南向捩轉欲船南則北向捩轉船身太長而風力横勁舵力不甚應手則急下一偏披水板以抵其勢凡舵用直木一根糧船用者圍三尺長丈餘為身上截衡受棒下截界開銜口納板其中如斧形鐵釘固拴以障水梢後隆起處亦名曰舵樓凡鐵錨所以沉水繫舟一糧船計用五六錨最雄者曰看家錨重五百斤内外其餘頭用二枝梢用二枝凡中流遇逆風不可去又不可泊或業己近岸其下有石非沙亦不可泊惟打錨深處則下錨沉水底其所繫緷纏繞將軍柱上錨爪一遇泥沙扣底抓住十分危急則下看家錨繫此錨者名曰本身蓋重言之也或同行前舟阻滯恐我舟

順勢急去有撞傷之禍則急下梢錨提住使不迅速流行風息開舟則以雲車絞纜提錨使上凡船板合隙縫以白麻斮絮為筋鈍鑿扱入然後篩過細石灰和桐油舂杵成團調艌温台閩廣即用礪灰凡舟中帶篷索以火麻稭一名大麻綯絞麤成徑寸以外者即繫萬鈞不絕若繫錨纜則破析青篾為之其篾線入釜煮熟然後糾絞拽縴簟亦煮熟篾線絞成十丈以往中作圈為接彄遇阻礙可以掐斷凡竹性直篾一線千鈞三峽入川上水舟不用糾絞簟縴即破竹闊寸許者整條以次接長名曰大枝蓋沿崖石稜如刃懼破篾易損也凡木色桅用端直杉木長不足則接其

表鐵箍逐寸包圍船窗前道皆當中空闕以便樹桅凡樹中桅合併數巨舟承載其末長纜繫表而起梁與枋檣用楠木櫧木樟木榆木槐木樟木春夏伐者久則粉蛀棧板不拘何木舵桿用榆木榔木櫧木關門棒用椆木榔木櫓用杉木檜木楸木此其大端云

海舟

凡海舟元朝與國初運米者曰遮洋淺船次者曰鑽風船即海鰍所經道里止萬里長灘黑水洋沙門島等處苦無大險與出使琉球日本暨商賈爪哇篤泥等舶制度工費不及十分之一凡遮洋運船制視漕船長一丈六尺闊二尺

五寸器具皆同唯舵桿必用鐵力木艌灰用魚油和桐油不知何義凡外國海舶制度大同小異閩廣閩由海澄開洋廣由香山嶴洋船截竹兩破排柵樹于兩傍以抵浪登萊制度又不然倭國海舶兩傍列櫓手欄板抵水人在其中運力朝鮮制度又不然至其首尾各安羅經盤以定方向中腰大横梁出頭數尺貫插腰舵則皆同也腰舵非與梢舵形同乃闊板斲成刀形插入水中亦不捩轉蓋夾衛扶傾之義其上仍横柄拴于梁上而遇淺則提起有似乎舵故名腰舵也凡海舟以竹筒貯淡水數石度供舟内人兩日之需遇島又汲其何國何島合用何向針指示昭然恐非人力所

祖舵工一羣主佐直是識力造到死生渾忘地非鼓勇之謂也

雜舟

江漢課船身甚狹小而長上列十餘倉每倉容止一人卧息首尾共槳六把小桅篷一座風濤之中恃有多槳挾持不遇逆風一晝夜順水行四百餘里逆水亦行百餘里國朝鹽課淮揚數頗多故設此運銀名曰課船行人欲速者亦買之其船南自章貢西自荆襄達于瓜儀而止

三吳浪船凡浙西平江縱横七百里內盡是深溝小水灣環浪船（最小者名曰塘船）以萬億計其舟行人貴賤來往以代馬

車扉履舟即小者必造窗牖堂房質料多用杉木人物載其中不可偏重一石偏即欹側故俗名天平船此舟來往七百里內或好逸便者徑買北達通津只有鎮江一横渡俟風靜涉過又渡清江浦溯黄河淺水二百里則入閘河安穩路矣至長江上流風浪則没世避而不經也浪船行力在梢後巨櫓一枝兩三人推軋前走或恃纜簟至于風帆則小席如掌所不恃也

東浙西安船浙東自常山至錢塘八百里水徑入海不通他道故此舟自常山開化遂安等小河起至錢塘而止更無他涉舟制箬帆如卷甕爲上蓋縫布爲帆高可二丈許綿索張帶初爲布帆者原因錢塘有潮湧急時易于收下此亦未然其費似侈于箬席總不可曉

福建清流梢篷船其船自光澤崇安兩小河起達于福州洪塘而止其下水道皆海矣清流船以載貨物客商梢篷船大差可坐卧官貴家屬用之其船皆以杉木爲地灘石甚險破損者其常遇損則急艤向岸搬物掩塞船梢徑不用舵船首列一巨招振頭使轉每幫五隻方行經一險灘則四舟之人皆從尾後曳纜以緩其趨勢長年即寒冬不裹足以便頻濡風篷竟懸不用云

四川八櫓等船凡川水源通江漢然川船達荆州而止此

下則更舟矣逆行而上自夷陵入峽挽纜者以巨竹破爲四片或六片麻繩約接名曰火杖舟中鳴鼓若競渡挽人從山石中聞鼓聲而咸力中夏至中秋川水封峽則斷絶行舟數月過此消退方通往來其新灘等數極險處人與貨盡盤岸行半里許只餘空舟上下其舟制腹圓而首尾尖狹所以闘灘浪云

黄河滿篷梢其船自河入淮自淮溯汴用之質用楠木工價頗優大小不等巨者載三千石小者五百石下水則首頸之際横壓一梁巨櫓兩枝兩傍推軋而下錨纜簟篷制與江漢相彷云

廣東黑樓船鹽船北自南雄南達會省下此惠潮通漳泉則由海汉乘海舟矣黑樓船爲官貴所乘鹽船以載貨物舟制兩傍可行走風帆編蒲爲之不挂獨竿桅雙柱懸帆不若中原隨轉逆流馮藉纜力則與各省直同功云

黃河秦船俗名擺子船造作多出韓城巨者載石數萬鈞順流而下供用淮徐地面舟制首尾方闊均等倉梁平下不甚隆起急流順下巨櫓兩傍夾推來往不馮風力歸舟挽纜多至二十餘人甚有棄舟空返者

車

凡車利行平地古者秦晉燕齊之交列國戰爭必用車故

千乘萬乘之號起自戰國楚漢血爭而後日闢南方則水戰用舟陸戰用步馬北膺胡虜交使鐵騎戰車遂無所用之但今服馬駕車以運重載則今日騾車即同彼時戰車之義也凡騾車之制有四輪者有雙輪者其上承載支架皆從軸上穿鬬而起四輪者前後各橫軸一根軸上短柱起架直梁梁上載箱馬止脫駕之時其上平整如居屋安穩之象若兩輪者駕馬行時馬曳其前則箱地平正脫馬之時則以短木從地支撐而住不然則欹卸也凡車輪一曰轅俗名車陀其大車中轂俗名車腦長一尺五寸見小戎車註所謂外受輻中貫軸者輻計三十片其內插轂其外接輔車輪之中內集輪外接輞圓轉一圈者是曰輔也輞際盡頭則曰輪轅也凡大車脫時則諸物星散收藏駕則先上兩軸然後以次間架凡軾衡軫軛皆從軸上受基也凡四輪大車量可載五十石騾馬多者或十二挂或十挂少亦八挂執鞭掌御者居箱之中立足高處前馬分爲兩班戰車四馬一班分驂服糾黃麻爲長索分繫馬項後套總結收入衡內兩旁掌御者手執長鞭鞭以麻爲繩長七尺許竿身亦相等察視不力者鞭及其身箱內用二人踹繩須識馬性與索性者爲之馬行太緊則急起踹繩否則翻車之禍從此起也凡車行時遇前途行人應避者則掌御者急以聲呼則羣馬

皆止凡馬索總繫透衡入箱處皆以牛皮束縛詩經所謂脅驅是也凡大車飼馬不入肆舍車上載有柳盤解索而野食之乘車人上下皆緣小梯凡遇橋梁中高邊下者則十馬之中擇一最强力者繫于車後當其下坂則九馬從前緩曳一馬從後竭力抓住以殺其馳趨之勢不然則險道也凡大車行程遇河亦止遇山亦止遇曲徑小道亦止徐兖汴梁之交或達三百里者無水之國所以濟舟楫之窮也凡車質惟先擇長者爲軸短者爲轂其木以槐棗檀榆用榔榆爲上檀質太久勞則發燒有慎用者合抱棗槐其至美也其餘軫衡箱軛則諸木可爲耳此外牛車以載芻

糧最盛晉地路逢隘道則牛頸繫巨鈴名曰報君知猶之騾車羣馬盡繫鈴聲也又北方獨轅車人推其後驢曳其前行人不耐騎坐者則雇覓之鞠席其上以蔽風日人必兩旁對坐否則欹倒此車北上長安濟寧徑達帝京不載人者載貨約重四五石而止其駕牛爲轎車者獨盛中州兩旁雙輪中穿一軸其分寸平如水橫架短衡列轎其上人可安坐脫駕不欹其南方獨輪推車則一人之力是視容載二石遇坎即止最遠者止達百里而已其餘難以枚述但生于南方者不見大車老于北方者不見巨艦故粵載之

漕舫圖

六槳課船圖

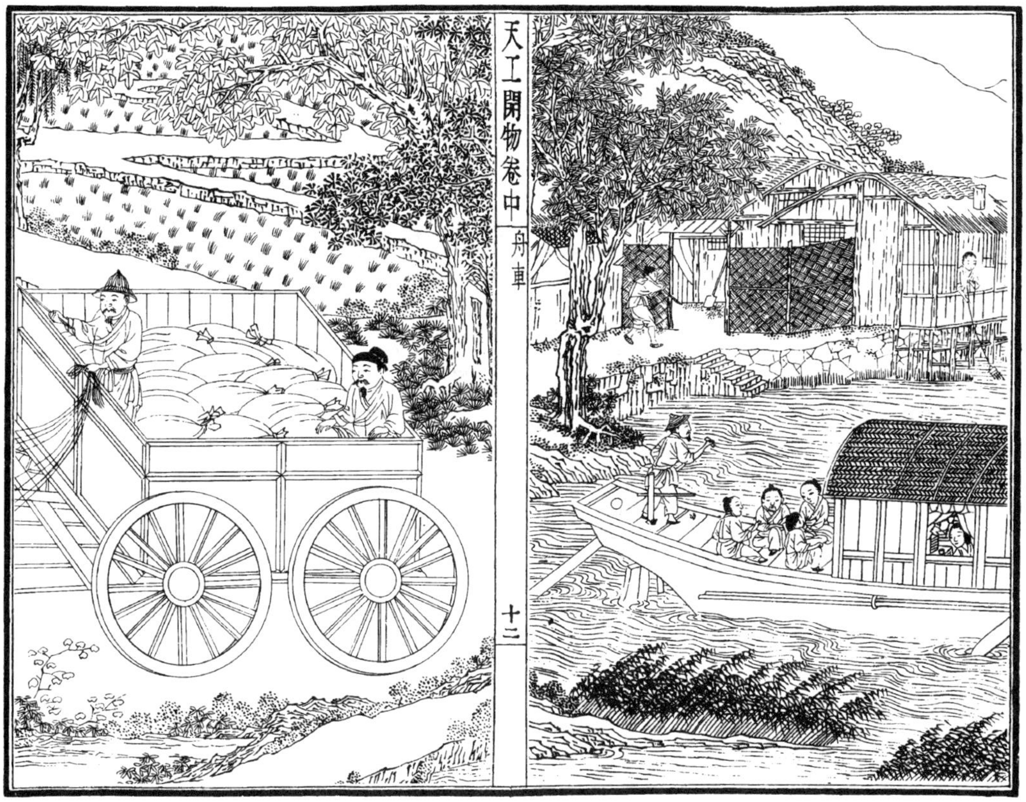
天工開物卷中
舟車
十二

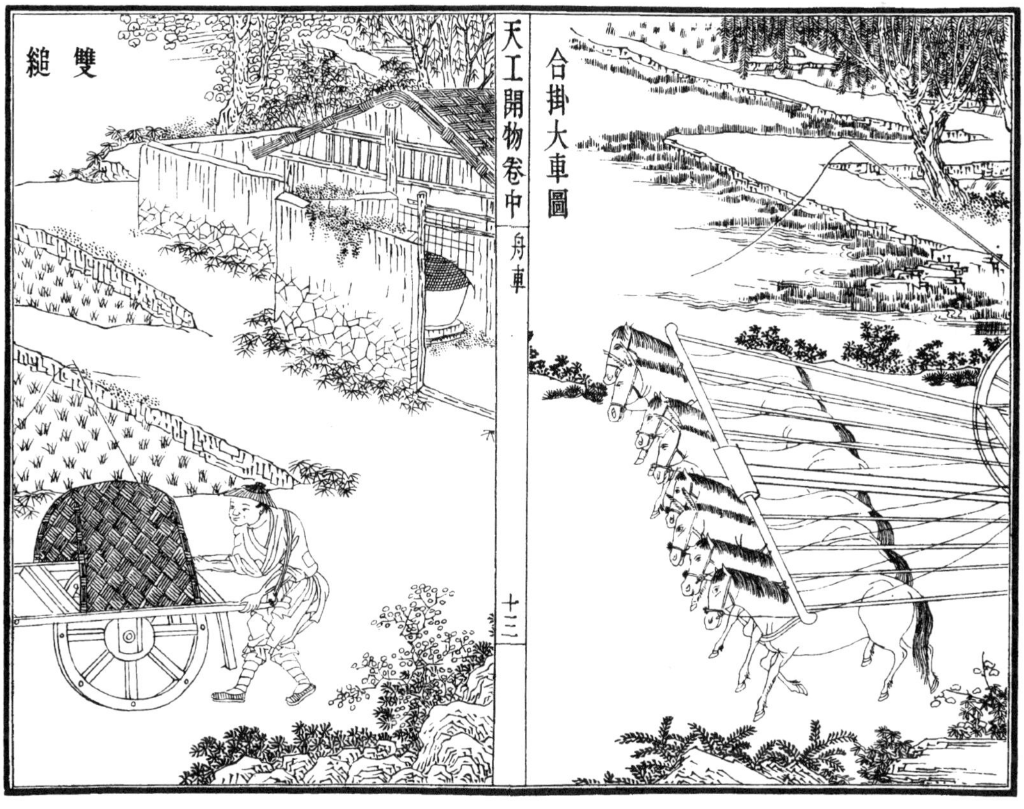
雙縋
天工開物卷中
舟車
十三
合掛大車圖

獨轅車圖

南方獨推車圖

錘鍛第十

宋子曰金木受攻而物象曲成世無利器卽般倕安所施其巧哉五兵之內六樂之中微鉗錘之奏功也生殺之機泯然矣同出洪爐烈火小大殊形重千鈞者繫巨艦于狂淵輕一羽者透繡紋于章服使冶鍾鑄鼎之巧束手而讓神功焉莫邪干將雙龍飛躍毋其說亦有徵焉者乎

治鐵

凡治鐵成器取已炒熟鐵爲之先鑄鐵成砧以爲受錘之地諺云萬器以鉗爲祖非無稽之說也凡出爐熟鐵名曰毛鐵受鍛之時十耗其三爲鐵華鐵落若已成廢器未鏽

爛者名曰勞鐵改造他器與本器再經錘鍛十止耗去其一也凡爐中熾鐵用炭煤炭居十七木炭居十三凡山林無煤之處鍛工先擇堅硬條木燒成火墨（俗名火矢揚燒不閉穴火）其炎更烈于煤卽用煤炭亦別有鐵炭一種取其火性內攻焰不虛騰者與炊炭同形而分類也凡鐵性逐節黏合塗上黃泥于接口之上入火揮槌泥滓成枵而去取其神氣爲媒合膠結之後非灼紅斧斬永不可斷也凡熟鐵鋼鐵已經爐錘水火未濟其質未堅乘其出火之時入清水淬之名曰健鋼健鐵言乎未健之時爲鋼爲鐵弱性猶存也凡銲鐵之法西洋諸國別有奇藥中華小銲用白銅末大

銲則竭力揮錘而强合之歷歲之久終不可堅故大砲西番有鍛成者中國惟恃冶鑄也

斤斧

凡鐵兵薄者爲刀劍背厚而面薄者爲斧斤刀劍絶美者以百鍊鋼包裹其外其中仍用無鋼鐵爲骨若非鋼表鐵裏則勁力所施卽成折斷其次尋常刀斧止嵌鋼于其面卽重價寶刀可斬釘截凡鐵者經數千遭磨礪則鋼盡而鐵現也倭國刀背闊不及二分許架于手指之上不復欹倒不知用何錘法中國未得其傳凡健刀斧皆嵌鋼包鋼整齊而後入水淬之其快利則又在礪石成功也凡匠斧

與椎其中空管受柄處皆先打冷鐵爲骨名曰羊頭然後熟鐵包裹冷者不黏自成空隙凡攻石椎日久四面皆空鎔鑄補滿平塡再用無弊

鋤鎛

凡治地生物用鋤鎛之屬熟鐵鍛成鎔化生鐵淋口入水淬健卽成剛勁每鍬鋤重一斤者淋生鐵三錢爲率少則不堅多則過剛而折

鎈

凡鐵鎈純鋼爲之未健之時鋼性亦軟以已健鋼鏩劃成縱斜文理劃時斜向入則文方成焰劃後燒紅退微冷入水健久用乖平入火退去健性再用鏩劃凡鎈開鋸齒用茅葉鎈後用快弦鎈治銅錢用方長牽鎈鎖鑰之類用方條鎈治骨角用劍面鎈（朱註所謂鑢鍚）治木末則錐成圓眼不用縱斜文者名曰香鎈（劃鎈紋時用羊角末和鹽醋先塗）

錐

凡錐熟鐵錘成不入鋼和治書編之類用圓鑽攻皮革用扁鑽梓人轉索通眼引釘合木者用蛇頭鑽其制穎上二分許一面圓一面剜入傍起兩稜以便轉索治銅葉用雞心鑽其通身三稜者名旋鑽通身四方而末銳者名打鑽

鋸

凡鋸熟鐵鍛成薄條不鋼亦不淬健出火退燒後頻加冷錘堅性用鎈開齒兩頭銜木爲梁糾篾張開促緊使直長者刮木短者截木齒最細者截竹齒鈍之時頻加鎈銳而後使之

鉋

凡鉋磨礪嵌鋼寸鐵露及秒忽斜出木口之面所以平木古名曰準巨者卧準露及持木抽削名曰推鉋圓桶家使之尋常用者橫木爲兩翅手執前推梓人爲細功者有起線鉋及闊二分許又刮木使極光者名蜈蚣鉋一木之上銜十餘小刀如蜈蚣之足

鏨

凡鏨熟鐵鍛成嵌鋼于口其本空圓以受木柄(先打鐵骨爲模名曰羊頭杓柄同用)斧從柄催入木透眼其末麤者闊寸許細者三分而止需圓眼者則制成剜鏨爲之

錨

凡舟行遇風難泊則全身繫命于錨戰船海船有重千鈞者錘法先成四爪以次逐節接身其三百斤以內者用徑尺闊砧安頓爐傍當其兩端皆紅掀去爐炭鐵包木棍夾持上砧若千斤內外者則架木爲棚多人立其上共持鐵鍊兩接錨身其末皆帶巨鐵圈鍊套提起振轉成力錘合

合藥不用黃泥先取陳久壁土篩細一人頻撒接口之中渾合方無微罅蓋爐錘之中此物其最巨者

針

凡針先錘鐵爲細條用鐵尺一根錐成線眼抽過條鐵成線逐寸剪斷爲針先鎈其末成穎用小槌敲扁其本鋼錐穿鼻復鎈其外然後入釜慢火炒熬炒後以土末入松木火矢豆豉三物罨蓋下用火蒸留針二三口插于其外以試火候其外針入手撚成粉碎則其下針火候皆足然後開封入水健之凡引線成衣與刺繡者其質皆剛惟馬尾刺工爲冠者則用柳條軟針分別之妙在于水火健法云

治銅

凡紅銅升黃而後鎔化造器用砒升者爲白銅器工費倍難侈者事之凡黃銅原從爐甘石升者不退火性受錘從倭鉛升者出爐退火性以受冷錘凡響銅入錫參和(法具五金卷)成樂器者必圓成無銲其餘方圓用器走銲炙火黏合用錫末者爲小銲用響銅末者爲大銲(碎銅爲末用飯黏和打入水洗去飯銅末具存不然則撒散)若銲銀器則用紅銅末凡錘樂器錘鉦(俗名鑼)不事先鑄鎔團即錘錘鐲(俗名銅鼓)與丁寧則先鑄成圓片然後受錘凡錘鉦鐲皆鋪團于地面巨者眾共揮力由小闊開就身起弦聲俱從冷錘點發其銅鼓中間突起隆砲而

後冷錘開聲聲分雌與雄則在分釐起伏之妙重數錘者其聲爲雄凡銅經錘之後色成啞白受鎈復現黃光經錘折耗鐵損其十者銅只去其一氣腥而色美故錘工亦貴重鐵工一等云

錘錨圖
天工開物卷中
錘鍛
六
錘鉦與鐲圖

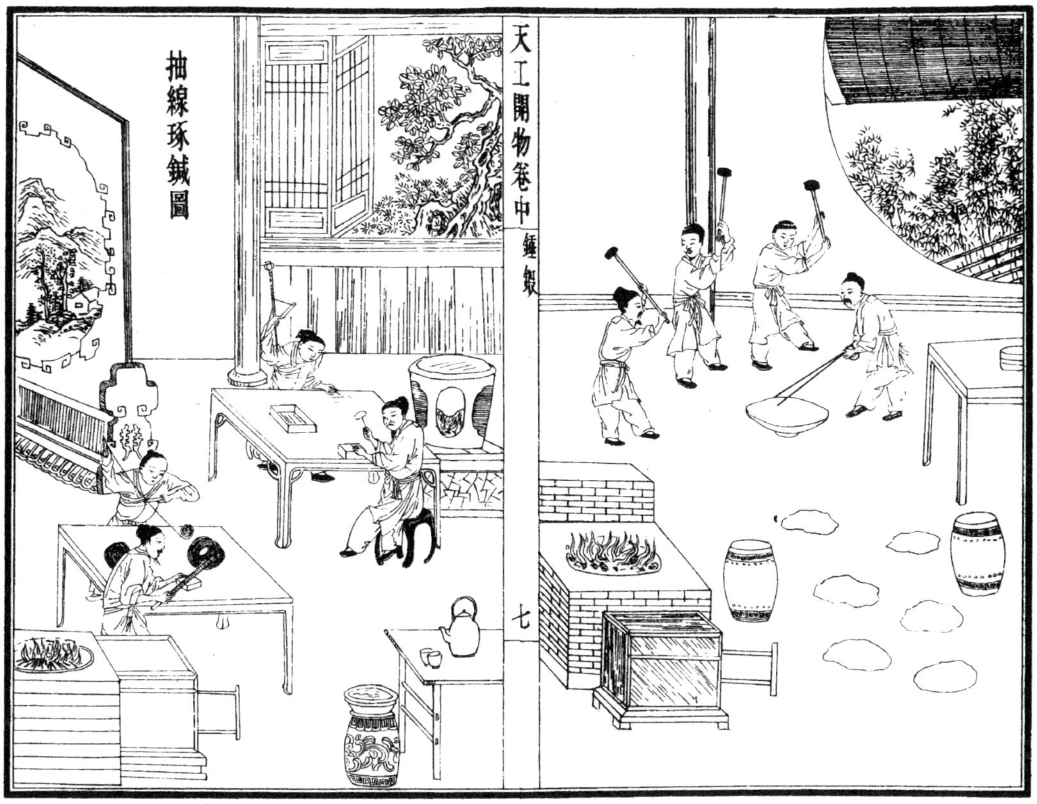
天工開物卷中
錘鍛
七
抽線琢鍼圖

燔石第十一

宋子曰五行之內土爲萬物之母子之貴者豈惟五金哉金與火相守而流功用謂莫尙焉矣石得燔而成功蓋愈出而愈奇焉水浸淫而敗物有隙必攻所謂不遺絲髮者調和一物以爲外拒漂海則衝洋瀾黏甃則固城雉不煩歷候遠涉而至寶得焉燔石之功殆莫之與京矣至于礬現五色之形硫爲羣石之將皆變化于烈火巧極丹鉛爐火方士縱焦勞唇舌何嘗肖像天工之萬一哉

石灰

凡石灰經火焚煉爲用成質之後入水永劫不壞億萬舟

楫億萬垣牆窒隙防淫是必由之百里內外土中必生可燔石石以青色爲上黃白次之石必掩土內二三尺掘取受燔土面見風者不用燔炭火料煤炭居什九薪炭居什一先取煤炭泥和做成餅每煤餅一層疊石一層鋪薪其底灼火燔之最佳者曰礦灰最惡者曰窯滓灰火力到後燒酥石性置于風中久自吹化成粉急用者以水沃之亦自解散凡灰用以固舟縫則桐油魚油調厚絹細羅和油杵千下塞艌用以砌牆石則篩去石塊水調黏合甃墁則仍用油灰用以堊牆壁則澄過入紙筋塗墁用以襄墓及貯水池則灰一分入河沙黃土二分用糯米粳羊桃藤汁和勻輕築堅固永不隳壞名曰三和土其餘造澱造紙功用難以枚述凡溫台閩廣海濱石不堪灰者則天生蠣蠔以代之

蠣灰

凡海濱石山傍水處鹹浪積壓生出蠣房閩中曰蠔房經年久者長成數丈闊則數畝崎嶇如石假山形象蛤之類壓入巖中久則消化作肉團名曰蠣黃味極珍美凡燔蠣灰者執椎與鑿濡足取來（藥鋪所貨牡蠣即此碎塊）疊煤架火燔成與前石灰共法黏砌成牆橋梁調和桐油造舟功皆相同有誤以蜆灰（即蛤粉）爲蠣灰者不格物之故也

煤炭

凡煤炭普天皆生以供鍛鍊金石之用南方禿山無草木者下即有煤北方勿論煤有三種有明煤碎煤末煤明煤大塊如斗許燕齊秦晉生之不用風箱鼓扇以木炭少許引燃熯熾達晝夜其傍夾帶碎屑則用潔淨黃土調水作餅而燒之碎煤有兩種多生吳楚炎高者曰飯炭用以炊烹炎平者曰鐵炭用以冶鍛入爐先用水沃濕必用鼓鞲後紅以次增添而用末炭如麪者名曰自來風泥水調成餅入于爐內既灼之後與明煤相同經晝夜不滅半供炊爨半供鎔銅化石升朱至于燔石爲灰與礬硫則三煤皆

可用也凡取煤經歷久者從土面能辨有無之色然後掘穵深至五丈許方始得煤初見煤端時毒氣灼人有將巨竹鑿去中節尖銳其末插入炭中其毒煙從竹中透上人從其下施钁拾取者或一井而下炭縱橫廣有則隨其左右闊取其上枝板以防壓崩耳凡煤炭取空而後以土塡實其井經二三十年後其下煤復生長取之不盡其底及四周石卵土人名曰銅炭者取出燒皂礬與硫黃（詳後款）凡石卵單取硫黃者其氣薰甚名曰臭煤燕京房山固安湖廣荆州等處間有之凡煤炭經焚而後質隨火神化去總無灰滓蓋金與土石之間造化別現此種云凡煤炭不生茂草盛木之鄉以見天心之妙其炊爨功用所不及者唯結腐一種而已（結豆腐者用煤爐則焦苦）

礬石　白礬

凡礬燔石而成白礬一種亦所在有之最盛者山西晉南直無爲等州値價低賤與寒水石相仿然煎水極沸投礬化之以之染物則固結膚膜之間外水永不入故製糖餞與染畫紙紅紙者需之其末乾撒又能治浸淫惡水故濕瘡家亦急需之也凡白礬掘土取磊塊石層疊煤炭餅鍛煉如燒石灰樣火候已足冷定入水煎水極沸時盤中有濺溢如物飛出俗名蝴蝶礬者則礬成矣煎濃之後入水缸內澄其上隆結曰吊礬潔白異常其沉下者曰缸礬輕虛如棉絮者曰柳絮礬燒汁至盡白如雪者謂之巴石方藥家鍛過用者曰枯礬云

青礬　紅礬　黃礬　膽礬

凡皂紅黃礬皆出一種而成變化其質取煤炭外礦石（俗名銅炭）子每五百斤入爐爐內用煤炭餅（自來風不用鼓鞴者）千餘斤周圍包裹此石爐外砌築土牆圈圍爐巓空一圓孔如茶碗口大透炎直上孔傍以礬滓厚罨（此滓不知起自何世欲作新爐者非舊滓罨蓋則不成）然後從底發火此火度經十日方熄其孔眼時有金色光直上（取硫詳後款）鍛經十日後冷定取出半酥雜碎者另

揀出名曰時礬爲煎礬紅用其中精粹如礦灰形者取入缸中浸三箇時漉入釜中煎煉每水十石煎至一石火候方足煎乾之後上結者皆佳好皂礬下者爲礬滓（後爐用此蓋）此皂礬染家必需用中國煎者亦惟五六所原石五百斤成皂礬二兩斤其大端也其揀出時礬（俗又名雞屎礬）每斤入黃土四兩入礶熬煉則成礬紅圬墁及油漆家用之其黃礬所出又奇甚乃卽煉皂礬爐側土牆春夏經受火石精氣至霜降立冬之交冷靜之時其牆上自然爆出此種如淮北磚牆生焰硝樣刮取下來名曰黃礬染家用之金色淡者塗炙立成紫赤也其黃礬自外國來打破中有金絲者

名曰波斯礬別是一種又山陜燒取硫黃山上其滓棄地二三年後雨水浸淋精液流入溝麓之中自然結成皂礬取而貨用不假煎煉其中色佳者人取以混石膽云石膽一名膽礬者亦出晉隰等州乃山石穴中自結成者故綠色帶寶光燒鐵器淬入膽礬水中即成銅色也本草載礬雖五種並未分別原委其崑崙礬狀如黑泥鐵礬狀如赤石脂者皆西域產也

硫黃

凡硫黃乃燒石承液而結就著書者誤以焚石爲礬石遂有礬液之說然燒取硫黃石半出特生白石半出煤礦燒

礬石此礬液之說所由混也又言中國有溫泉處必有硫黃今東海廣南產硫黃處又無溫泉此因溫泉水氣似硫黃故意度言之也凡燒硫黃石與煤礦石同形掘取其石用煤炭餅包裹叢架外築土作爐炭與石皆載千斤于內爐上用燒硫舊滓罨蓋中頂隆起透一圓孔其中火力到時孔內透出黃焰金光先教陶家燒一鉢盂其盂當中隆起邊弦捲成魚袋樣覆于孔上石精感受火神化出黃光飛走遇盂掩住不能上飛則化成汁液靠着盂底其液流入弦袋之中其弦又透小眼流入冷道灰槽小池則凝結而成硫黃矣其炭煤礦石燒取皂礬者當其黃光上走時仍用此法掩蓋以取硫黃得硫一斤則減去皂礬三十餘斤其礬精華已結硫黃則枯滓遂爲棄物凡火藥硫爲純陽硝爲純陰兩精逼合成聲成變此乾坤幻出神物也硫黃不產北狄或產而不知煉取亦不可知至奇砲出于西洋與紅夷則東徂西數萬里皆產硫黃之地也其琉球土硫黃廣南水硫黃皆誤紀也

砒石

凡燒砒霜質料似土而堅似石而碎穴土數尺而取之江西信郡河南信陽州皆有砒井故名信石近則出產獨盛衡陽一廠有造至萬鈞者凡砒石井中其上常有濁綠水

先絞水盡然後下鑿砒有紅白兩種各因所出原石色燒成凡燒砒下鞠土窯納石其上上砌曲突以鐵釜倒懸覆突口其下灼炭舉火其煙氣從曲突內熏貼釜上度其已貼一層厚結寸許下復息火待前煙冷定又舉次火熏貼如前一釜之內數層已滿然後提下毀釜而取砒故今砒底有鐵沙即破釜滓也凡白砒止此一法紅砒則分金爐內銀銅腦氣有閃成者凡燒砒時立者必于上風十餘丈外下風所近草木皆死燒砒之人經兩載即改徙否則鬚髮盡落此物生人食過分釐立死然每歲千萬金錢速售不滯者以晉地菽麥必用拌種且驅田中黃鼠害寧紹郡

稻田必用蘖秧根則豐收也不然火藥與染銅需用能幾何哉

燒皂礬圖

天工開物卷中 燔石 九

鑿取蠣房

燒砒圖

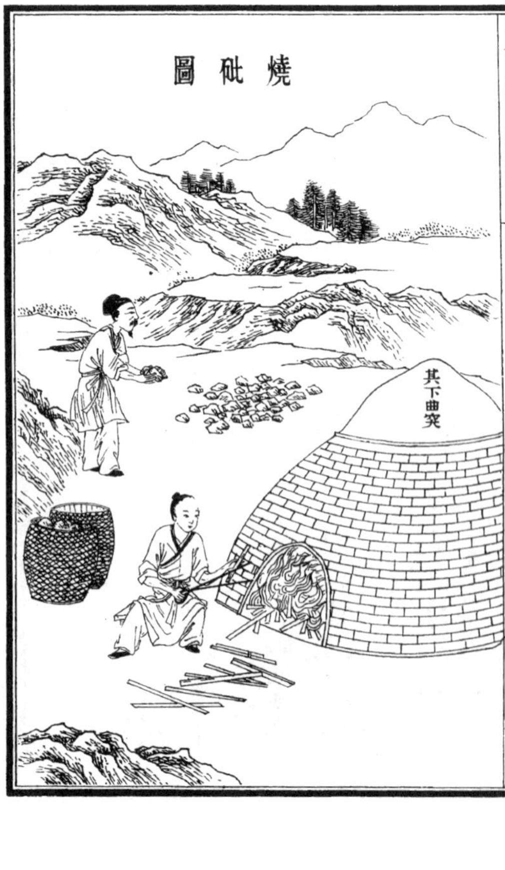

天工開物卷中 燔石 十

燒取硫黃圖

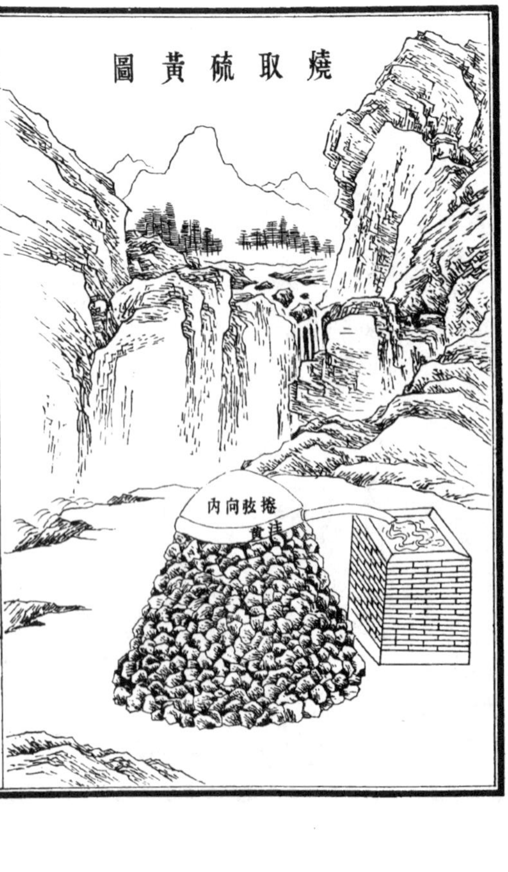

膏液第十二

宋子曰天道平分晝夜而人工繼晷以襄事豈好勞而惡逸哉使織女燃薪書生映雪所濟成何事也草木之實其中韞藏膏液而不能自流假媒水火馮藉木石而後傾注而出焉此人巧聰明不知于何禀度也人間負重致遠恃有舟車乃車得一銖而轄轉舟得一石而舳完非此物之爲功也不可行矣至葅蔬之登釜也莫或膏之猶啼兒之失乳焉斯其功用一端而已哉

油品

凡油供饌食用者胡麻（一名脂麻）萊菔子黃豆菘菜子（一名白菜）爲上蘇麻（形似紫蘇粒大于胡麻）芸苔子（江南名菜子）次之搽子（其樹高丈餘子如金罌子去肉取仁）次之莧菜子次之大麻仁（粒如胡荽子剥取其皮爲緈索用者）爲下燃燈則桕仁內水油爲上芸苔次之亞麻子（陝西所種俗名壁虱脂麻氣惡不堪食）次之棉花子次之胡麻次之（燃燈最易竭）桐油與桕混油爲下（桐油毒氣熏人桕油連皮膜則凍結不清）造燭則桕皮油爲上蓖麻子次之桕混油每斤入白蠟結凍次之白蠟結凍諸清油又次之樟樹子油又次之（其光不減但有避香氣者）冬青子油又次之（韶郡專用嫌其油少故列次）北土廣用牛油則爲下矣凡胡麻與蓖麻子樟樹子每石得油四十斤萊菔子每石得油二十七斤（甘美異常益人五臟）芸苔子每石得三十斤其耨勤而地沃榨法精到

者仍得四十斤（陳歷一年則空內而無油）搽子每石得油一十五斤（油味似猪脂甚美其枯則止可種火及毒魚用）桐子仁每石得油三十三斤桕子分打時皮油得二十斤水油得十五斤混打時共得三十三斤（此須絶淨者）冬青子每石得油十二斤黃豆每石得油九斤（吳下取油食後以其餅充豕糧）菘菜子每石得油三十斤（油出清如綠水）棉花子每百斤得油七斤（初出甚黑濁澄半月清甚）莧菜子每石得油三十斤（味甚甘美嫌性冷滑）亞麻大麻仁每石得油二十餘斤此其大端其他未窮究試驗與夫一方已試而他方未知者尚有待云

法具

凡取油榨法而外有兩鑊煑取法以治蓖麻與蘇麻北京有磨法朝鮮有舂法以治胡麻其餘則皆從榨出也凡榨木巨者圍必合抱而中空之其木樟爲上檀與杞次之（杞木爲者防地濕則速朽）此三木者脉理循環結長非有縱直文故竭力揮椎實尖其中而兩頭無璺拆之患他木有縱文者不可爲也中土江北少合抱木者則取四根合併爲之鐵箍裹定橫拴串合而空其中以受諸質則散木有完木之用也凡開榨空中其量隨木大小大者受一石有餘小者受五斗不足凡開榨闢中鑿劃平槽一條以宛鑿入中削圓上下下沿鑿一小孔剛一小槽使油出之時流入承藉器中其平槽約長三四尺闊三四寸視其身而爲之無定式也

實槽尖與枋唯檀木柞子木兩者宜爲之他木無望焉其尖過斤斧而不過鉋蓋欲其澀不欲其滑懼報轉也撞木與受撞之尖皆以鐵圈裹首懼披散也榨具已整理則取諸麻菜子入釜文火慢炒（凡柏桐之類屬樹木生者皆不炒而碾蒸）透出香氣然後碾碎受蒸凡炒諸麻菜子宜鑄平底鍋深止六寸者投子仁于內翻拌最勤若釜底太深翻拌疏慢則火候交傷減喪油質炒鍋亦斜安竈上與蒸鍋大異凡碾埋槽土內（木爲者以鐵片掩之）其上以木竿銜鐵陀兩人對舉而椎之資本廣者則砌石爲牛碾一牛之力可敵十人亦有不受碾而受磨者則棉子之類是也既碾而篩擇麤者再碾細者則

入釜甑受蒸蒸氣騰足取出以稻稭與麥稭包裹如餅形其餅外圈箍或用鐵打成或破篾絞刺而成與榨中則寸相穩合凡油原因氣取有生于無出甑之時包裹怠緩則水火鬱蒸之氣遊走爲此損油能者疾傾疾裹而疾箍之得油之多訣由于此榨工有自少至老而不知者包裹既定裝入榨中隨其量滿揮撞擠軋而流泉出焉矣包內油出滓存名曰枯餅凡胡麻萊菔芸苔諸餅皆重新碾碎篩去稭芒再蒸再裹而再榨之初次得油二分二次得油一分若柏桐諸物則一榨已盡流出不必再也若水煮法則並用兩釜將蓖麻蘇麻子碾碎入一釜中注水滚煎其上浮沫即油以杓掠取傾于乾釜內其下慢火熬乾水氣油即成矣然得油之數畢竟減殺北磨麻油法以麤麻布袋捩絞其法再詳

皮油

凡皮油造燭法起廣信郡其法取潔淨柏子囫圇入釜甑蒸蒸後傾于臼內受舂其臼深約尺五寸碓以石爲身不用鐵嘴石取深山結而膩者輕重斲成限四十斤上嵌衡木之上而舂之其皮膜上油盡脫骨而紛落空起篩于盤內再蒸包裹入榨皆同前法皮油已落盡其骨爲黑子用冷膩小石磨不懼火煅者（此磨亦從信郡深山覓取）以紅火矢圍壅煅

熱將黑子逐把灌入疾磨磨破之時風扇去其黑殼則其內完全白仁與梧桐子無異將此碾蒸包裹入榨與前法同榨出水油清亮無比貯小盞之中獨根心草燃至天明蓋諸清油所不及者入食饌即不傷人恐有忌者寧不用耳其皮油造燭截苦竹筒兩破水中煮漲（不然則黏帶）小篾箍勒定用鷹嘴鐵杓挽油灌入即成一枝插心于內頃刻凍結捋箍開筒而取之或削棍爲模裁紙一方捲于其上而成紙筒灌入亦成一燭此燭任置風塵中再經寒暑不敝壞也

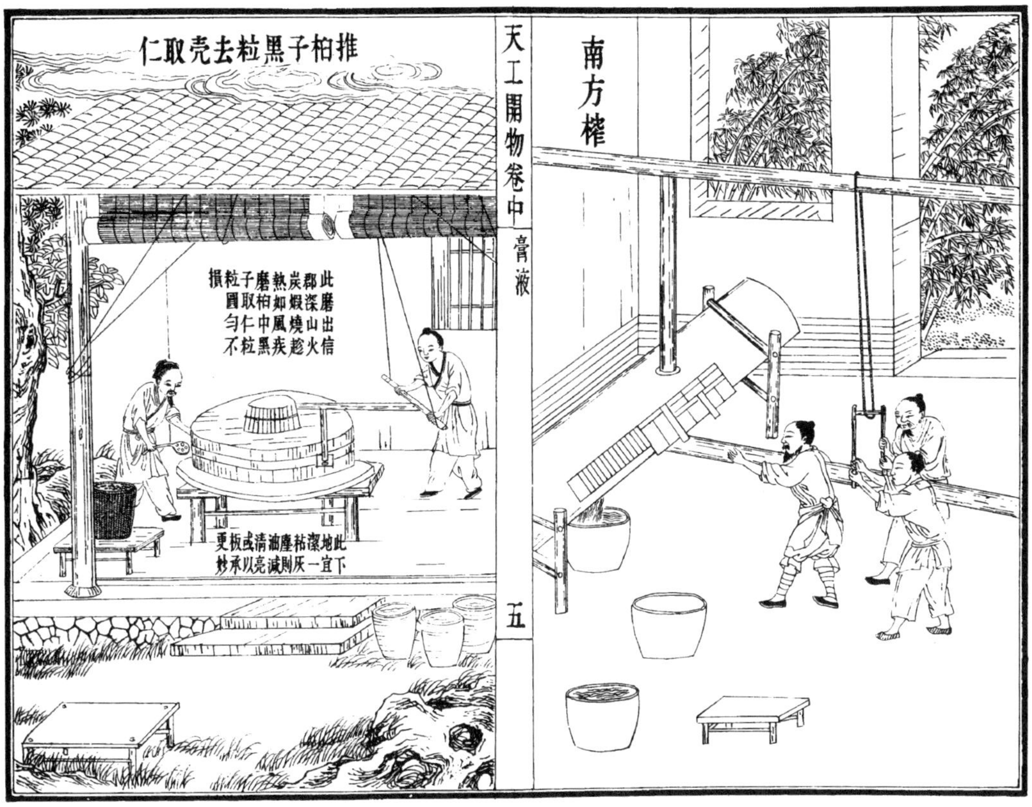
推柏子黑粒去壳取仁
此磨出信郡深山火炭煅燒趁熱如風疾磨柏中黑子取仁粒粒圓勻不損
此下地宜潔一枯灰塵則油減清亮或以板承更妙
天工開物卷中
膏液
五
南方榨

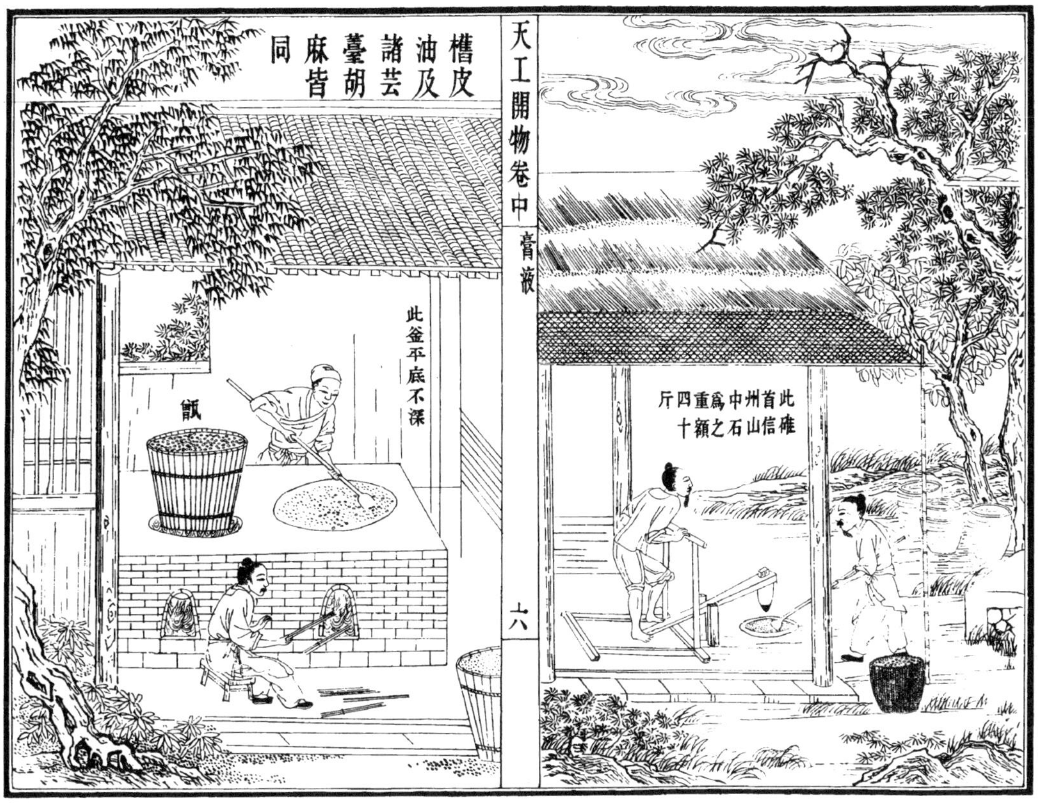
槽皮油及諸芸薹胡麻皆同
甑
此釜平底不深
天工開物卷中
膏液
六
此碓首信州山中石爲之重額四十斤

殺青第十三

宋子曰物象精華乾坤微妙古傳今而華達夷使後起含生目授而心識之承載者以何物哉君與民通師將弟命憑藉呫呫口語其與幾何持寸符握半卷終事詮旨風行而冰釋焉覆載之間之藉有楮先生也聖頑咸嘉賴之矣身爲竹骨與木皮殺其青而白乃見萬卷百家基從此起其精在此而其麤效于障風護物之間事已開于上古而使漢晉時人擅名記者何其陋哉

紙料

凡紙質用楮樹（一名穀樹）皮與桑穰芙蓉膜等諸物者爲皮紙

用竹麻者爲竹紙精者極其潔白供書文印文柬啟用麤者爲火紙包裹紙所謂殺青以斬竹得名汗青以煮瀝得名簡即已成紙名乃煮竹成簡後人遂疑削竹片以紀事而又誤疑韋編爲皮條穿竹札也秦火未經時書籍繁甚削竹能藏幾何如西番用貝樹造成紙葉中華又疑以貝葉書經典不知樹葉離根即焦與削竹同一可哂也

造竹紙

凡造竹紙事出南方而閩省獨專其盛當笋生之後看視山窩深淺其竹以將生枝葉者爲上料節界芒種則登山斫伐截斷五七尺長就于本山開塘一口注水其中漂浸恐塘水有涸時則用竹梘通引不斷瀑流注入浸至百日之外加功槌洗洗去麤殼與青皮（是名殺青）其中竹穰形同苧麻樣用上好石灰化汁塗漿入楻桶下煮火以八日八夜爲率凡煮竹下鍋用徑四尺者鍋上泥與石灰捏弦高闊如廣中煮鹽牢盆樣中可載水十餘石上蓋楻桶其圍丈五尺其徑四尺餘蓋定受煮八日已足歇火一日揭楻取出竹麻入清水漂塘之內洗淨其塘底面四維皆用木板合縫砌完以防泥汙（造麤紙者不須爲此）洗淨用柴灰漿過再入釜中其上按平平鋪稻草灰寸許桶內水滾沸即取出別桶之中仍以灰汁淋下倘水冷燒滚再淋如是十餘日自然

臭爛取出入臼受舂（山國皆有水碓）舂至形同泥麪傾入槽內凡抄紙槽上合方斗尺寸闊狹槽視簾簾視紙竹麻已成槽內清水浸浮其面三寸許入紙藥水汁于其中（形同桃竹葉方語無定名）則水乾自成潔白凡抄紙簾用刮磨絶細竹絲編成展卷張開時下有縱橫架匡兩手持簾入水蕩起竹麻入于簾內厚薄由人手法輕蕩則薄重蕩則厚竹料浮簾之頃水從四際淋下槽內然後覆簾落紙于板上疊積千萬張數滿則上以板壓俏繩入棍如榨酒法使水氣淨盡流乾然後以輕細銅鑷逐張揭起焙乾凡焙紙先以土磚砌成夾巷下以磚蓋巷地面數塊以往即空一磚火薪從頭穴

燒發火氣從磚隙透巷外磚盡熱濕紙逐張貼上焙乾揭起成帙近世闊幅者名大四連一時書文貴重其廢紙洗去朱墨污穢浸爛入槽再造全省從前煮浸之力依然成紙耗亦不多南方竹賤之國不以爲然北方即寸條片角在地隨手拾取再造名曰還魂紙竹與皮精與麤皆同之也若火紙糙紙斬竹煮麻灰漿水淋皆同前法唯脫簾之後不用烘焙壓水去濕日曬成乾而已盛唐時鬼神事繁以紙錢代焚帛（北方用切條名曰板錢）故造此者名曰火紙荆楚近俗有一焚侈至千斤者此紙十七供冥燒十三供日用其最麤而厚者名曰包裹紙則竹麻和宿田晚稻藁所爲也

若鉛山諸邑所造柬紙則全用細竹料厚質蕩成以射重價最上者曰官柬富貴之家通刺用之其紙敦厚而無筋膜染紅爲吉柬則先以白礬水染過後上紅花汁云

造皮紙

凡楮樹取皮于春末夏初剝取樹已老者就根伐去以土蓋之來年再長新條其皮更美凡皮紙楮皮六十斤仍入絕嫩竹麻四十斤同塘漂浸同用石灰漿塗入釜煮糜近法省嗇者皮竹十七而外或入宿田稻藁十三用藥得方仍成潔白凡皮料堅固紙其縱文扯斷如綿絲故曰綿紙衡斷且費力其最上一等供用大內糊窗格者曰櫺紗紙此紙自廣信郡造長過七尺闊過四尺五色顏料先滴色汁槽內和成不由後染其次曰連四紙連四中最白者曰紅上紙皮名而竹與稻藁參和而成料者曰揭帖呈文紙芙蓉等皮造者統曰小皮紙在江西則曰中夾紙河南所造未詳何草木爲質北供帝京產亦甚廣又桑皮造者曰桑穰紙極其敦厚東浙所產三吳收蠶種者必用之凡糊雨傘與油扇皆用小皮紙凡造皮紙長闊者其盛水槽甚寬巨簾非一人手力所勝兩人對舉蕩成若櫺紗則數人方勝其任凡皮紙供用畫幅先用礬水蕩過則毛茨不起紙以逼簾者爲正面蓋料即成泥浮其上者麤意猶存也

朝鮮白硾紙不知用何質料倭國有造紙不用簾抄者煮料成糜時以巨闊青石覆于炕面其下爇火使石發燒然後用糊刷蘸糜薄刷石面居然頃刻成紙一張一揭而起其朝鮮用此法與否不可得知中國有用此法者亦不可得知也永嘉蠲糨紙亦桑穰造四川薛濤牋亦芙蓉皮爲料煮糜入芙蓉花末汁或當時薛濤所指遂留名至今其美在色不在質料也

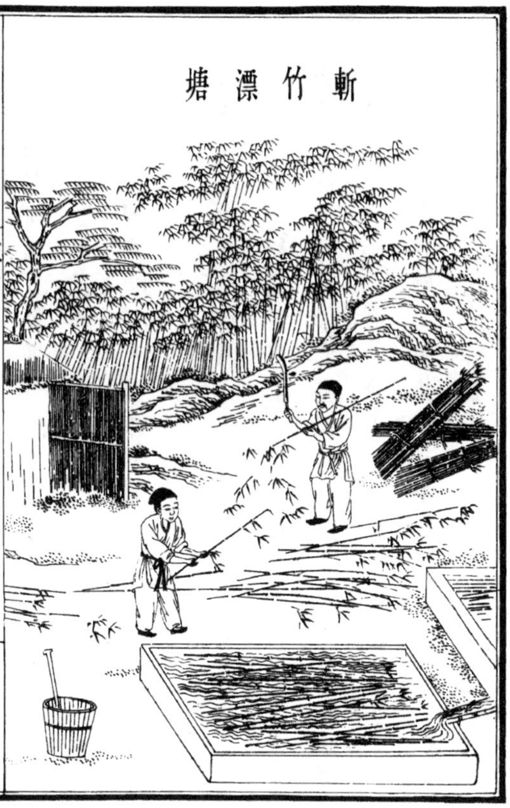

天工開物卷中　殺青　五

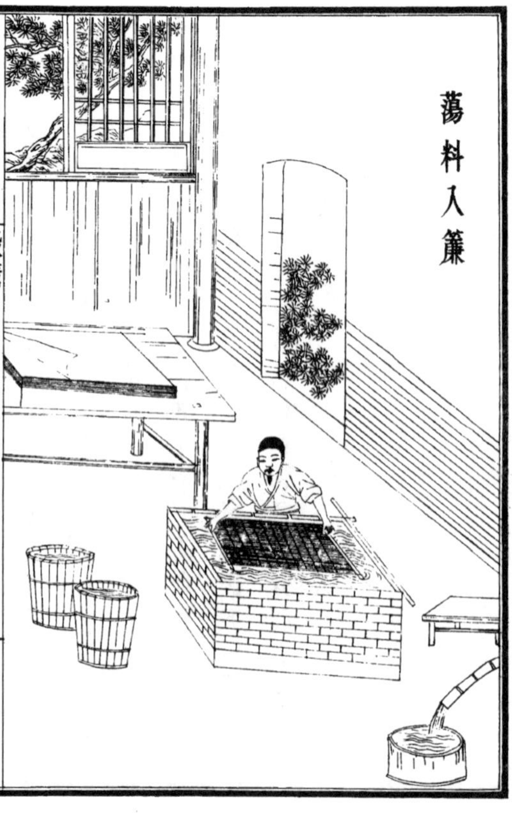

天工開物卷中　殺青　六

天工開物卷中終

天工開物卷下

五金第十四

宋子曰人有十等自王公至于輿臺缺一焉而人紀不立矣大地生五金以利用天下與後世其義亦猶是也貴者千里一生促亦五六百里而生賤者舟車稍艱之國其土必廣生焉黃金美者其值去黑鐵一萬六千倍然使釜鬵斤斧不呈效于日用之間卽得黃金直高而無民耳懋遷有無貨居周官泉府萬物司命繫焉其分別美惡而指點重輕孰開其先而使相須于不朽焉

黃金

凡黃金爲五金之長鎔化成形之後住世永無變更白銀入洪爐雖無折耗但火候足時鼓鞴而金花閃爍一現卽沒再鼓則沉而不現惟黃金則竭力鼓鞴一扇一花愈烈愈現其質所以貴也凡中國産金之區大約百餘處難以枚舉山石中所出大者名馬蹄金中者名橄欖金帶胯金小者名瓜子金水沙中所出大者名狗頭金小者名麩麥金糠金平地掘井得者名麪沙金大者名豆粒金皆待先淘洗後冶煉而成顆塊金多出西南取者穴山至十餘丈見伴金石卽可見金其石褐色一頭如火燒黑狀水金多者出雲南金沙江古名麗水此水源出吐蕃遶流麗江府至于

北勝州迴環五百餘里出金者有數截又川北潼川等州邑與湖廣沅陵漵浦等皆于江沙水中淘沃取金千百中間有獲狗頭金一塊者名曰金母其餘皆麩麥形入冶煎煉初出色淺黃再煉而後轉赤也儋崖有金田金雜沙土之中不必深求而得取太頻則不復產經年淘煉若有則限然嶺南夷獠洞穴中金初出如黑鐵落深𡨋數丈得之黑焦石下初得時咬之柔軟夫匠有吞竊腹中者亦不傷人河南蔡鞏等州邑江西樂平新建等邑皆平地掘深井取細沙淘煉成但酬答人功所獲亦無幾耳大抵赤縣之內隔千里而一生嶺表錄云居民有從鵞鴨屎中淘出片

屑者或日得一兩或空無所獲此恐妄記也凡金質至重每銅方寸重一兩者銀照依其則寸增重三錢銀方寸重一兩者金照依其則寸增重二錢凡金性又柔可屈折如枝柳其高下色分七靑八黃九紫十赤登試金石上（此石廣信郡河中甚多大者如斗小者如拳入鵞湯中一煮光黑如漆）立見分明凡足色金參和僞售者唯銀可入餘物無望焉欲去銀存金則將其金打成薄片剪碎每塊以土泥裹塗入坩鍋中硼砂鎔化其銀即吸入土內讓金流出以成足色然後入鉛少許另入坩鍋內勾出土內銀亦毫釐具在也凡色至于金爲人間華美貴重故人工成箔而後施之凡金箔每金七釐造方寸金一千片黏鋪物面可蓋縱橫三尺凡造金箔既成薄片後包入烏金紙內竭力揮椎打成（打金椎短柄約重八斤）凡烏金紙由蘇杭造成其紙用東海巨竹膜爲質用豆油點燈閉塞周圍止留針孔通氣薰染煙光而成此紙每紙一張打金箔五十度然後棄去爲藥鋪包朱用尙未破損蓋人巧造成異物也凡紙內打成箔後先用硝熟貓皮綳急爲小方板又鋪線香灰撒墁皮上取出烏金紙內箔覆于其上鈍刀界畫成方寸口中屛息手執輕杖唾濕而挑起夾于小紙之中以之華物先以熟漆布地然後黏貼（貼字者多用楮樹漿）秦中造皮金者硝擴羊皮使最薄貼金其上以便剪裁服飾

用皆煌煌至色存焉凡金箔黏物他日敝棄之時刮削火化其金仍藏灰內滴淸油數點伴落聚底淘洗入爐毫釐無恙凡假借金色者杭扇以銀箔爲質紅花子油刷蓋向火薰成廣南貨物以蟬蛻殼調水描畫向火一微炙而就非眞金色也其金成器物呈分淺淡者以黃礬塗染炭火炸炙即成赤寶色然風塵逐漸淡去見火又即還原耳（黃礬詳燔石卷）

銀

凡銀中國所出浙江福建舊有坑場國初或採或閉江西饒信瑞三郡有坑從未開湖廣則出辰州貴州則出銅仁

河南則宜陽趙保山永寧秋樹坡盧氏高嘴兒嵩縣馬槽山與四川會川密勒山甘肅大黃山等皆稱美礦其他難以枚舉然生氣有限每逢開採數不足則括派以賠償法不嚴則竊爭而釀亂故禁戒不得不苛燕齊諸道則地氣寒而石骨薄不產金銀然合八省所生不敵雲南之半故開礦煎銀唯滇中可永行也凡雲南銀礦楚雄永昌大理為最盛曲靖姚安次之鎮沅又次之凡石山硐中有鉚砂其上現磊然小石微帶褐色者分丫成徑路採者穴土十丈或二十丈工程不可日月計尋見土內銀苗然後得礁砂所在凡礁砂藏深土如枝分派別各人隨苗分徑橫空而尋之上榰橫板架頂以防崩壓採工篝燈逐徑施钁得礦方止凡土內銀苗或有黃色碎石或土隙石縫有亂絲形狀此即去礦不遠矣凡成銀者曰礁至碎者曰砂其面分丫若枝形者曰鉚其外包環石塊曰礦礦石大者如斗小者如拳為棄置無用物其礁砂形如煤炭底襯石而不甚黑其高下有數等（商民鑿穴得砂先呈官府驗辨然後定稅）出土以斗量付與冶工高者六七兩一斗中者三四兩最下一二兩（其礁砂放光甚者精華泄漏得銀偏少）凡礁砂入爐先行揀淨淘洗其爐土築巨墩高五尺許底鋪瓷屑炭灰每爐受礁砂二石用栗木炭二百斤周遭叢架靠爐砌磚牆一朵高闊皆丈餘風箱安

置牆背合兩三人力帶拽透管通風用牆以抵炎熱鼓韝之人方克安身炭盡之時以長鐵叉添入風火力到礁砂鎔化成團此時銀隱鉛中尚未出脫計礁砂二石鎔出團約重百斤冷定取出另入分金爐一名蝦蟆爐內用松木炭匝圍透一門以辨火色其爐或施風箱或使交箑火熱功到鉛沉下為底子（其底已成陀僧樣別入爐煉又成扁擔鉛）頻以柳枝從門隙入內燃照鉛氣淨盡則世寶凝然成象矣此初出銀亦名生銀傾定無絲紋即再經一火當中止現一點圓星滇人名曰茶經逮後入銅少許重以鉛力鎔化然後入槽成絲（絲必傾槽而現以四圍匡住實氣不橫溢走散）其楚雄所出又異彼硐砂鉛氣甚少向諸郡購鉛佐煉每礁百斤先坐鉛二百斤于爐內然後煽煉成團其再入蝦蟆爐沉鉛結銀則同法也此世寶所生更無別出方書本草無端妄想妄註可厭之甚大抵坤元精氣出金之所三百里無銀出銀之所三百里無金造物之情亦大可見其賤役掃刷泥塵入水漂淘而煎者名曰淘釐錙一日功勞輕者所獲三分重者倍之其銀俱日用剪斧口中委餘或鞍底黏帶布于衢市或院宇掃屑棄于河沿其中必有焉非淺浮土面能生此物也凡銀為世用惟紅銅與鉛兩物可雜入成偽然當其合瑣碎而成鈑錠去疵偽而造精純高爐火中坩鍋足煉撒硝少許

而銅鉛盡滯鍋底名曰銀銹其灰池中藏落者名曰爐底將銹與底同入分金爐內塡火土甑之中其鉛先化就低溢流而銅與粘帶餘銀用鐵條逼就分撥井然不紊人工天工亦見一斑云爐式併具于左

附硃砂銀

凡虛僞方士以爐火惑人者唯硃砂銀愚人易惑其法以投鉛硃砂與白銀等分入礶封固温養三七日後砂盜銀氣煎成至寶揀出其銀形存神喪塊然枯物入鉛煎時逐火輕折再經數火毫忽無存折去砂價炭資愚者貪惑猶不解併志于此

銅

凡銅供世用出山與出爐止有赤銅以爐甘石或倭鉛參和轉色爲黃銅以砒霜等藥製煉爲白銅礬硝等藥製煉爲青銅廣錫參和爲響銅倭鉛和寫爲鑄銅初質則一味紅銅而已凡銅坑所在有之山海經言出銅之山四百三十七或有所攷據也今中國供用者西自四川貴州爲最盛東南間自海舶來湖廣武昌江西廣信皆饒銅穴其衡瑞等郡出最下品曰獃山銅者或入冶鑄混入不堪升煉成堅質也凡出銅山夾土帶石穴鑿數丈得之仍有礦包其外礦狀如薑石而有銅星亦名銅璞煎煉仍有銅流出不似銀礦之爲棄物凡銅砂在礦內形狀不一或大或小或光或暗或如鍮石或如薑鐵淘洗去土滓然後入爐煎煉其熏蒸傍溢者爲自然銅亦曰石髓鉛凡銅質有數種有全體皆銅不夾鉛銀者洪爐單煉而成有與鉛同體者其煎煉爐法傍通高低二孔鉛質先化從上孔流出銅質後化從下孔流出東夷銅又有托體銀礦內者入爐煉時銀結于面銅沉于下商舶漂入中國名曰日本銅其形爲方長板條漳郡人得之有以爐再煉取出零銀然後寫成薄餅如川銅一樣貨賣者凡紅銅升黃色爲錘鍛用者用自風煤炭（此煤碎如粉泥糊作餅不用鼓風通紅則自晝達夜江西則産袁郡及新喻邑）百斤灼

于爐內以泥瓦罐載銅十斤繼入爐甘石六斤坐于爐內自然鎔化後人因爐甘石煙洪飛損改用倭鉛每紅銅六斤入倭鉛四斤先後入罐鎔化冷定取出卽成黃銅唯人打造凡用銅造響器用出山廣錫無鉛氣者入內鉦（今名鑼）鐲（今名銅鼓）之類皆紅銅八斤入廣錫二斤鐃鈸銅與錫更加精煉凡鑄器低者紅銅倭鉛均平分兩甚至鉛六銅四高者名三火黃銅四火熟銅則銅七而鉛三也凡造低僞銀者唯本色紅銅可入一受倭鉛砒礬等氣則永不和合然銅入銀內使白質頓成紅色洪爐再鼓則清濁浮沉立分至于淨盡云

附倭鉛

凡倭鉛古書本無之乃近世所立名色其質用爐甘石熬煉而成繁產山西太行山一帶而荆衡爲次之每爐甘石十斤裝載入一泥罐內封裹泥固以漸砑乾勿使見火拆裂然後逐層用煤炭餅墊盛其底鋪薪發火鍛紅罐中爐甘石鎔化成團冷定毀罐取出每十耗去其二即倭鉛也此物無銅收伏入火即成煙飛去以其似鉛而性猛故名之曰倭云

鐵

凡鐵場所在有之其質淺浮土面不生深穴繁生平陽岡

埠不生峻嶺高山質有土錠碎砂數種凡土錠鐵土面浮出黑塊形似秤錘遙望宛然如鐵撚之則碎土若起冶煎煉浮者拾之又乘雨濕之後牛耕起土拾其數寸土內者耕墾之後其塊逐日生長愈用不窮西北甘肅東南泉郡皆錠鐵之藪也燕京遵化與山西平陽則皆砂鐵之藪也凡砂鐵一拋土膜即現其形取來淘洗入爐煎煉鎔化之後與錠鐵無二也凡鐵分生熟出爐未炒則生既炒則熟生熟相和煉成則鋼凡鐵爐用鹽做造和泥砌成其爐多傍山穴爲之或用巨木匡圍塑造鹽泥窮月之力不容造次鹽泥有罅盡棄全功凡鐵一爐載土二千餘斤或用硬木柴或用煤炭或用木炭南北各從利便扇爐風箱必用四人六人帶拽土化成鐵之後從爐腰孔流出爐孔先用泥塞每旦晝六時一時出鐵一陀既出即叉泥塞鼓風再鎔凡造生鐵爲冶鑄用者就此流成長條圓塊範內取用若造熟鐵則生鐵流出時相連數尺內低下數寸築一方塘短牆抵之其鐵流入塘內數人執持柳木棍排立牆上先以污潮泥曬乾舂篩細羅如麵一人疾手撒摻眾人柳棍疾攪即時炒成熟鐵其柳棍每炒一次燒折二三寸再用則又更之炒過稍冷之時或有就塘內斬劃成方塊者或有提出揮椎打圓後貨者若瀏陽諸冶不知出此也凡

鋼鐵煉法用熟鐵打成薄片如指頭闊長寸半許以鐵片束包尖緊生鐵安置其上廣南生鐵名墮子生鋼者妙甚又用破草履蓋其上黏帶泥土者故不速化泥塗其底下洪爐鼓鞴火力到時生鋼先化滲淋熟鐵之中兩情投合取出加錘再煉再錘不一而足俗名團鋼亦曰灌鋼者是也其倭夷刀劍有百煉精純置日光簷下則滿室輝曜者不用生熟相和煉又名此鋼爲下乘云夷人又有以地溲淬刀劍者地溲乃石腦油之類不產中國云鋼可切玉亦未之見也凡鐵內有硬處不可打者名鐵核以香油塗之即散凡產鐵之陰其陽出慈石第有數處不盡然也

錫

凡錫中國偏出西南郡邑東北寡生古書名錫爲賀者以臨賀郡産錫最盛而得名也今衣被天下者獨廣西南丹河池二州居其十八衡永則次之大理楚雄即産錫甚盛道遠難致也凡錫有山錫水錫兩種山錫中又有錫瓜錫砂兩種錫瓜塊大如小瓠錫砂如豆粒皆穴土不甚深而得之間或土中生脉充牣致山土自頽恣人拾取者水錫衡永出溪中廣西則出南丹州河内其質黑色粉碎如重羅麪南丹河出者居民旬前從南淘至北旬後又從北淘至南愈經淘取其砂日長百年不竭但一日功勞淘取煎煉不過一斤會計爐炭資本所獲不多也南丹山錫出山之陰其方無水淘洗則接連百竹爲梘從山陽梘水淘洗土滓然後入爐凡煉煎亦用洪爐入砂數百斤叢架木炭亦數百斤鼓鞲鎔化火力已到砂不即鎔用鉛少許勾引方始沛然流注或有用人家炒錫剩灰勾引者其爐底炭末瓷灰鋪作平池傍安鐵管小槽道鎔時流出爐外低池其質初出潔白然過剛承錘即拆裂入鉛製柔方充造器用售者雜鉛太多欲取淨則鎔化入醋淬八九度鉛盡化灰而去出錫唯此道方書云馬齒莧取草錫者妄言也謂砒爲錫苗者亦妄言也

鉛

凡産鉛山穴繁于銅錫其質有三種一出銀礦中包孕白銀初煉和銀成團再煉脱銀沉底曰銀礦鉛此鉛雲南爲盛一出銅礦中入洪爐煉化鉛先出銅後隨曰銅山鉛此鉛貴州爲盛一出單生鉛穴取者穴山石挾油燈尋脉曲折如採銀鉚取出淘洗煎煉名曰草節鉛此鉛蜀中嘉利等州爲盛其餘雅州出釣脚鉛形如皁莢子又如蝌斗子生山澗沙中廣信郡上饒饒郡樂平出雜銅鉛劍州出陰平鉛難以枚舉凡銀鉚中鉛煉鉛成底煉底復成鉛草節鉛單入洪爐煎煉爐傍通管注入長條土槽内俗名扁擔鉛亦曰出山鉛所以別于凡銀爐内頻經煎煉者凡鉛物值雖賤變化殊奇白粉黄丹皆其顯像操銀底于精純勾錫成其柔軟皆鉛力也

附胡粉

凡造胡粉每鉛百斤鎔化削成薄片卷作筒安木甑内甑下甑中各安醋一瓶外以鹽泥固濟紙糊甑縫安火四兩養之七日期足啟開鉛片皆生霜粉掃入水缸内未生霜者入甑依舊再養七日再掃以質盡爲度其不盡者留作黄丹料每掃下霜一斤入豆粉二兩蛤粉四兩缸内攪勻澄去清水用細灰按成溝紙隔數層置粉于上將乾截成

瓦定形或如磊磈待乾收貨此物古因辰韶諸郡專造故
曰韶粉（俗誤朝粉）今則各省直饒爲之矣其質入丹青則白不
減揸婦人頰能使本色轉青胡粉投入炭爐中仍還鎔化
爲鉛所謂色盡歸皁者

附黃丹

凡炒鉛丹用鉛一斤土硫黃十兩硝石一兩鎔鉛成汁下
醋點之滚沸時下硫一塊少頃入硝少許沸定再點醋依
前漸下硝黃待爲末則成丹矣其胡粉殘剩者用硝石礬
石炒成丹不復用醋也欲丹還鉛用葱白汁拌黃丹慢炒
金汁出時傾出即還鉛矣

開採銀礦

圖

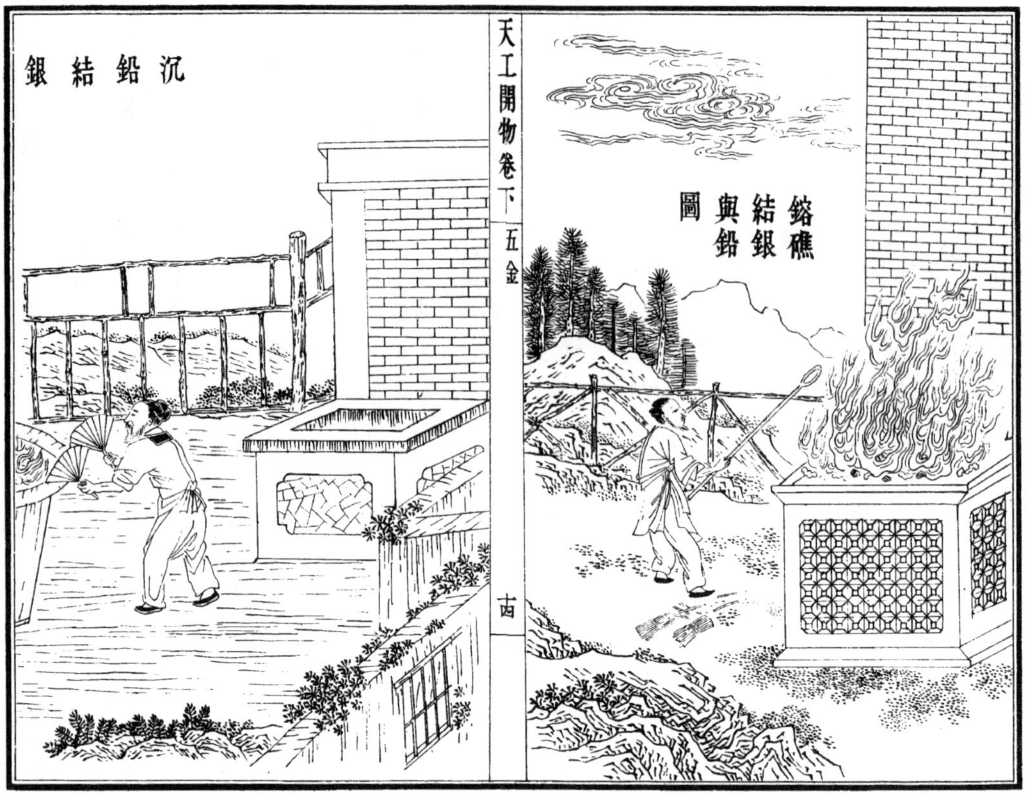
沉鉛結銀
天工開物卷下 五金 十四
鎔礁結銀與鉛圖

分金爐清銹底
天工開物卷下 五金 十五
圖

天工開物卷下
五金
六
化銅
淘淨銅砂
滑泥蓋面
土甑
銅出
鐵條

天工開物卷下
五金
十七
升煉倭鉛

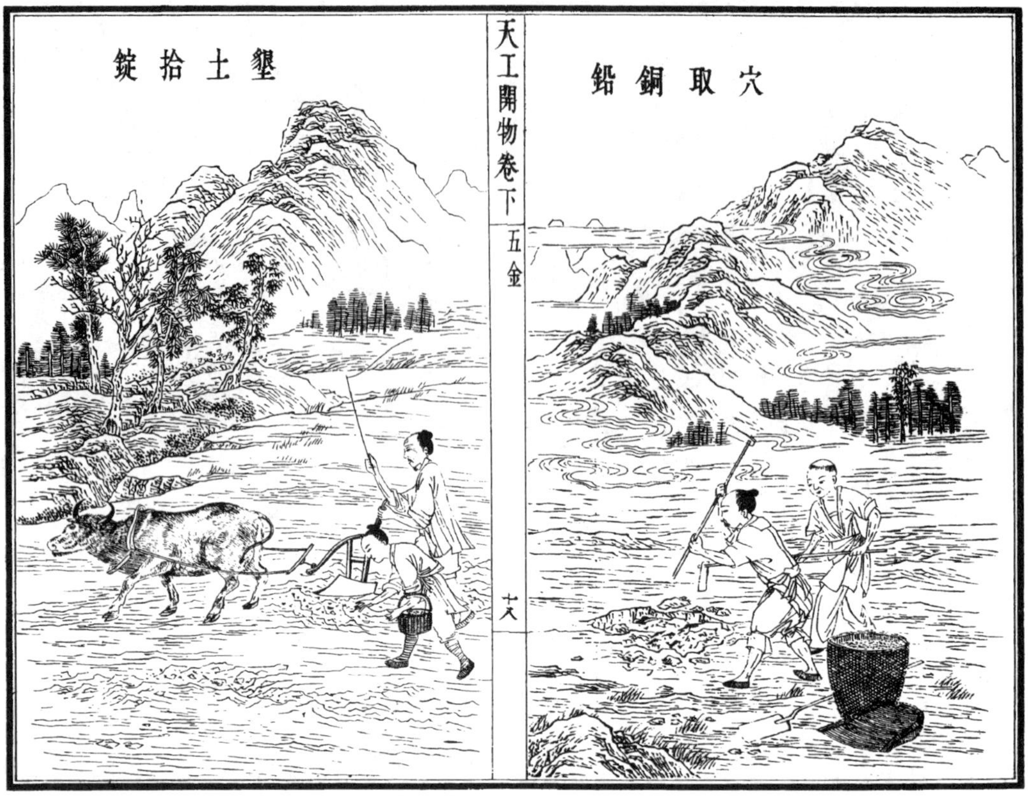
墾土拾錠
穴取銅鉛
天工開物卷下
五金
十八

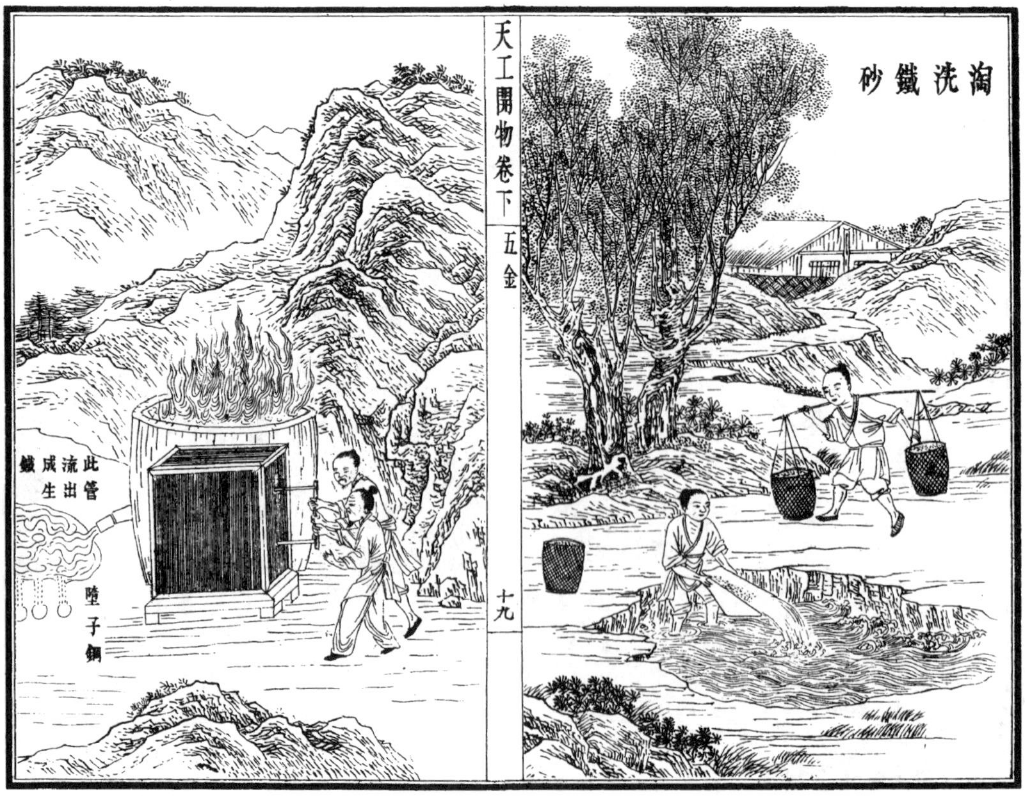
淘洗鐵砂
此管流出成生鐵
墜子銅
天工開物卷下
五金
十九

生熟煉鐵爐
撒潮泥灰
流入方塘
板生鐵
天工開物卷下
五金
二十
河池山錫
水梘

南丹水錫
天工開物卷下
五金
二十一
煉錫爐
點鉛勾錫
流入鐵盤

佳兵第十五卷

宋子曰兵非聖人之得已也虞舜在位五十載而有苗猶弗率明王聖帝誰能去兵哉弧矢之利以威天下其來尚矣爲老氏者有葛天之思焉其詞有曰佳兵者不祥之器蓋言慎也火藥機械之竅其先鑿自西番與南裔而後乃及於中國變幻百出日盛月新中國至今日則即戎者以爲第一義豈其然哉雖然主人縱有巧思烏能至此極也

弧矢

凡造弓以竹與牛角爲正中幹質（東北夷無竹以柔木爲之）桑枝木爲兩稍弛則竹爲內體角護其外張則角向內而竹居外竹

一條而角兩接桑稍則其末刻鍥以受弦彄其本則貫插接筍于竹丫而光削一面以貼角凡造弓先削竹一片（竹宜秋冬伐春夏則朽蛀）中腰微亞小兩頭差大約長二尺許一面粘膠靠角一面鋪置牛筋與膠而固之牛角當中牙接（北邊無修長牛角則以羊角四接而束之廣弓則黃牛明角亦用不獨水牛也）固以筋膠膠外固以樺皮名曰煖靶凡樺木關外產遼陽北土繁生遵化西陲繁生臨洮郡閩廣浙亦皆有之其皮護物手握如軟綿故弓靶所必用卽刀柄與槍干亦需用之其最薄者則爲刀劍鞘室也凡牛春梁每隻生筋一方條約重三十兩殺取曬乾復浸水中析破如苧麻絲北邊無蠶絲弓弦處皆糾合此

物爲之中華則以之鋪護弓幹與爲棉花彈弓絃也凡膠乃魚脬雜腸所爲煎治多屬寧國郡其東海石首魚浙中以造白鮝者取其脬爲膠堅固過于金鐵北邊取海魚脬煎成堅固與中華無異種性則別也天生數物缺一而良弓不成非偶然也凡造弓初成坯後安置室中梁閣上地面勿離火意促者旬日多者兩月透乾其津液然後取下磨光重加筋膠與漆則其弓良甚貨弓之家不能俟日足者則他日解釋之患因之凡弓弦取食柘葉蠶繭其絲更堅韌每條用絲線二十餘根作骨然後用線橫纏緊約纏絲分三停隔七寸許則空一二分不纏故弦不張弓時可

摺疊三曲而收之往者北邊弓弦盡以牛筋爲質故夏月雨霧妨其解脫不相侵犯今則絲弦亦廣有之塗弦或用黃蠟或不用亦無害也凡弓兩稍繫彄處或切最厚牛皮或削柔木如小棊子釘粘角端名曰墊弦義同琴軫放弦歸返時雄力向內得此而抗止不然則受損也凡造弓視人力強弱爲輕重上力挽一百二十斤過此則爲虎力亦不數出中力減十之二三下力及其半彀滿之時皆能中的但戰陣之上洞胸徹札功必歸于挽強者而下力倘能穿楊貫虱則以巧勝也凡試弓力以足踏弦就地稱鉤搭掛弓腰弦滿之時推移稱錘所壓則知多少其初造料分

兩則上力挽強者角與竹片削就時約重七兩筋與膠漆與纏約絲繩約重八錢此其大畧中力減十之一二下力減十之二三也凡成弓藏時最嫌霉濕霉氣先南後北嶺南穀雨時江南小滿江北六月燕齊七月然淮揚霉氣獨盛將士家或置烘廚烘箱日以炭火置其下春秋霧雨皆然不但霉氣小卒無烘廚則安頓竈突之上稍怠不勤立受朽解之患也近歲命南方諸省造弓解北紛紛駁回不知離火即壞之故亦無人陳說本章者

凡箭笴中國南方竹質北方萑柳質北邊樺質隨方不一竿長二尺鏃長一寸其大端也凡竹箭削竹四條或三條以膠粘合過刀光削而圓成之漆絲纏約兩頭名曰三不

齊箭桿浙與廣南有生成箭竹不破合者柳與樺桿則取彼圓直枝條而爲之微費刮削而成也凡竹箭其體自直不用矯揉木桿則燥時必曲削造時以數寸之木刻槽一條名曰箭端將木桿逐寸戞拖而過其身乃直即首尾輕重亦由過端而均停也凡箭其本刻衔口以駕弦其末受鏃凡鏃冶鐵爲之禹貢砮石乃方物不適用北邊制如桃葉鎗尖廣南黎人矢鏃如平面鐵鏟中國則三稜錐象也響箭則以寸木空中錐眼爲竅矢過招風而飛鳴即莊子所謂嚆矢也凡箭行端斜與疾慢竅妙皆係本端翎羽之上箭本近衔處剪翎直貼三條其長三寸鼎足安頓粘以膠名曰箭羽

此膠亦忌霉濕故將卒勤者箭亦時以火烘羽以鵰膀爲上鵰似鷹而大尾長翅短角鷹次之鴟鷂又次之南方造箭者鵰無望焉即鷹鷂亦難得之貨急用塞數即以雁翎甚至鵝翎亦爲之矣凡鵰翎箭行疾過鷹鷂翎十餘步而端正能抗風吹北邊羽箭多出此料鷹鷂翎作法精工亦恍惚焉若鵝雁之質則釋放之時手不應心而遇風斜竄者多矣南箭不及北由此分也

弩

凡弩爲守營兵器不利行陣直者名身衡者名翼弩牙發弦者名機斲木爲身約長二尺許身之首橫拴度翼其空缺度翼處去面刻定一分稍厚則弦發不應節去背則不論分數面

上微刻直槽一條以盛箭其翼以柔木一條爲者名扁擔弩力最雄或一木之下加以竹片疊承其竹一片短一片名三撑或五撑七撑而止身下截刻鍥衔弦其衔傍活釘牙機上剔發弦上弦之時唯力是視一人以脚踏強弩而弦者漢書名曰蹶張材官弦送矢行其疾無與比數凡弩弦以苧麻爲質纏繞以鵝翎塗以黃蠟其弦上翼則謹放下仍鬆故鵝翎可扱首尾于繩內弩箭羽以箬葉爲之析破箭本衔于其中而纏約之其射猛獸藥箭則用草烏一味熬成濃膠蘸染矢及見血一縷則命即絕人畜同之凡弓箭強者行二百餘步弩箭最強者五十步而止即過咫尺不

能穿魯縞矣然其行疾則十倍于弓而入物之深亦倍之國朝軍器造神臂弩克敵弩皆併發二矢三矢者又有諸葛弩其上刻直槽相承函十矢其翼取最柔木爲之另安機木隨手扳弦而上發去一矢槽中又落下一矢則又扳木上弦而發機巧雖工然其力綿甚所及二十餘步而已此民家妨竊具非軍國器其山人射猛獸者名曰窩弩安頓交跡之衢機傍引線俟獸過帶發而射之一發所獲一獸而已

干

凡干戈名最古干與戈相連得名者後世戰卒短兵馳騎

者更用之蓋右手執短刀則左手執干以蔽敵矢古者車戰之上則有專司執干併抵同人之受矢者若雙手執長戈與持戟槊則無所用之也凡干長不過三尺杞柳織成尺徑圈置于項下上出五寸亦銳其端下則輕竿可執若盾名中干則步卒所持以蔽矢并拒槊者俗所謂傍牌是也

火藥料

火藥火器今時妄想進身博官者人人張目而道著書以獻未必盡由試驗然亦粗載數葉附于卷內凡火藥以消石硫黃爲主草木灰爲輔消性至陰硫性至陽陰陽兩神物相遇于無隙可容之中其出也人物膺之魂散驚而魄虀粉凡消性主直直擊者消九而硫一硫性主橫爆擊者消七而硫三其佐使之灰則青楊枯杉樺根箬葉蜀葵毛竹根茄稭之類燒使存性而其中箬葉爲最燥也凡火攻有毒火神火法火爛火噴火毒火以白砒礵砂爲君金汁銀銹人糞和製神火以硃砂雄黃雌黃爲君爛火以硼砂磁末牙皂秦椒配合飛火以硃砂石黃輕粉草烏巴豆配合刼營火則用桐油松香此其大畧其狠糞烟晝黑夜紅迎風直上與江豚灰能逆風而熾皆須試見而後詳之

消石

凡消華夷皆生中國則專產西北若東南販者不給官引則以爲私貨而罪之消質與鹽同母大地之下潮氣蒸成現于地面近水而土薄者成鹽近山而土厚者成消以其入水卽消鎔故名曰消長淮以北節過中秋卽居室之中隔日掃地可取少許以供煎鍊凡消三所最多出蜀中者曰川消生山西者俗呼鹽消生山東者俗呼土消凡消刮掃取時（牆中亦或迸出）入缸內水浸一宿穢雜之物浮于面上掠取去時然後入釜注水煎鍊消化水乾傾于器內經過一宿卽結成消其上浮者曰芒消芒長者曰馬牙消（皆從方產本質幻出）其下猥雜者曰朴消欲去雜還純再入水煎鍊入萊菔

數枚仝煮熟傾入盆中經宿結成白雪則呼盆消凡製火
藥牙消盆消功用皆同凡取消製藥少者用新瓦焙多者
用土釜焙潮氣一乾即取研末凡研消不以鐵碾入石臼
相激火生則禍不可測凡消配定何藥分兩入黃同研木
灰則從後增入凡消既焙之後經久潮性復生使用巨砲
多從臨期裝載也

硫黃詳見燔石卷

凡硫黃配消而後火藥成聲北狄無黃之國空繁消產故
中國有嚴禁凡燃砲撚消與木灰為引線黃不入內入黃
即不透關凡碾黃難碎每黃一兩和消一錢同碾則立成

微塵細末也

火器

西洋砲熟銅鑄就圓形若銅鼓引放時半里之內人馬受
驚死平地爇引砲有關捩前行遇坎方止點引之人反走墜入深坑內砲聲在高頭放者方不喪命 紅夷
砲鑄鐵為之身長丈許用以守城中藏鐵彈併火藥數斗
飛激二里膺其鋒者為齏粉凡砲爇引內灼時先往後坐
千鈞力其位須牆抵住牆崩者其常

大將軍 二將軍即紅夷之次在中國為巨物 佛郎機水戰舟頭用

三眼銃 百子連珠砲

地雷埋伏土中竹管通引衝土起擊其身從其炸裂所謂
橫擊用黃多者引線用礬油砲口覆以盆

混江龍漆固皮囊果砲沉于水底岸上帶索引機囊中懸
弔火石火鐮索機一動其中自發敵舟行過遇之則敗然
此終癡物也

鳥銃凡鳥銃長約三尺鐵管載藥嵌盛木棍之中以便手
握凡錘鳥銃先以鐵挺一條大如筯者為冷骨裹紅鐵錘
成先為三接接口熾紅竭力撞合合後以四稜鋼錐如筯
大者透轉其中使極光淨則發藥無阻滯其本近身處管
亦大于末所以容受火藥每銃約載配消一錢二分鉛鐵
彈子二錢發藥不用信引嶺南制度有用引者孔口通內處露消分

釐撚熟苧麻點火左手握銃對敵右手發鐵機逼苧火于
消上則一發而去鳥雀遇于三十步內者羽肉皆粉碎五
十步外方有完形若百步則銃力竭矣鳥鎗行遠過二百
步制方彷彿鳥銃而身長藥多亦皆倍此也

萬人敵凡外郡小邑乘城却敵有砲力不具者即有空懸
火砲而癡重難使者則萬人敵近制隨宜可用不必拘執
一方也蓋消黃火力所射千軍萬馬立時糜爛其法用宿
乾空中泥團上留小眼築實消黃火藥參入毒火神火由
人變通增損貫藥安信而後外以木架匡圍或有即用木
桶而塑泥實其內郭者其義亦同若泥團必用木匡所以

妨擲投先碎也敵攻城時燃灼引信拋擲城下火力出騰八面旋轉旋向內時則城牆抵住不傷我兵旋向外時則敵人馬皆無幸此爲守城第一器而能通火藥之性火器之方者聰明由人作者不上十年守土者留心可也

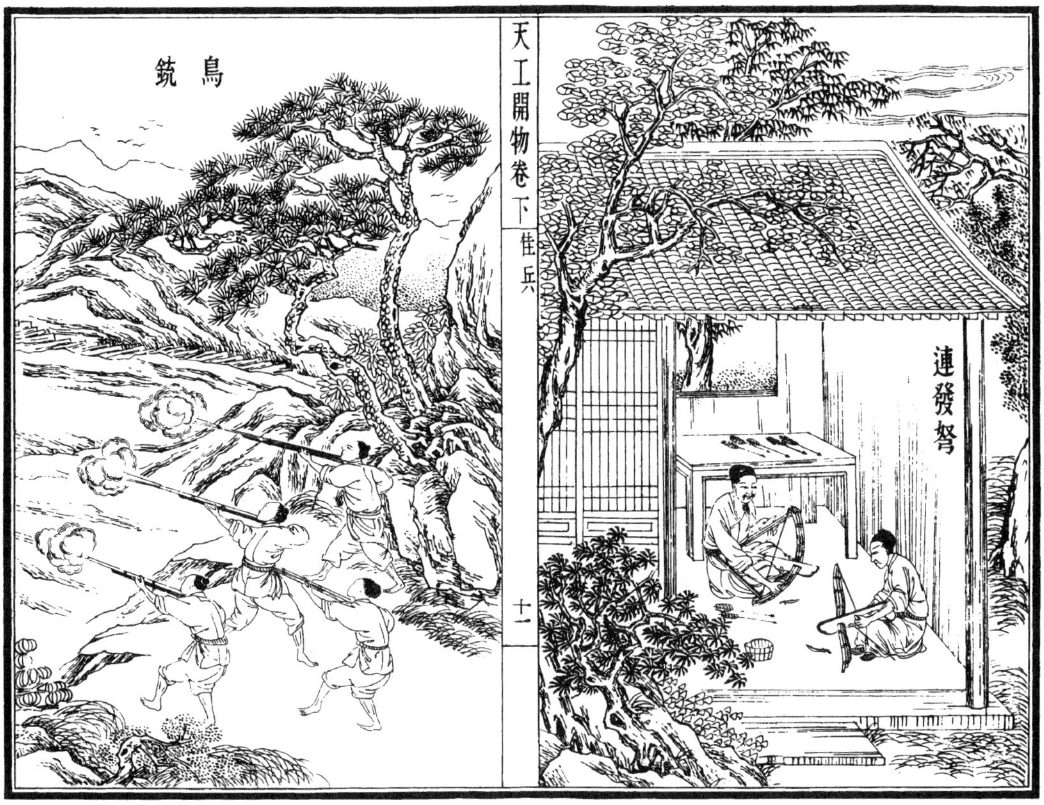
鳥銃
天工開物卷下
佳兵
十一
連發弩

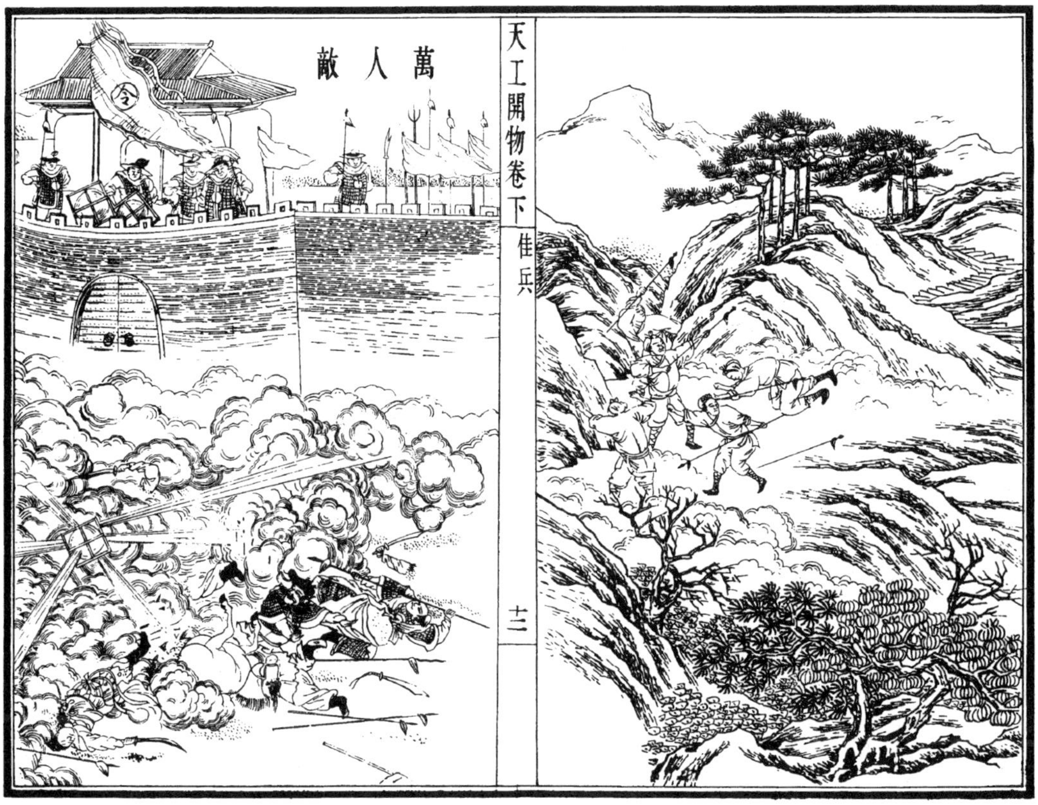
萬人敵
天工開物卷下
佳兵
十二

天工開物卷下 佳兵 十三

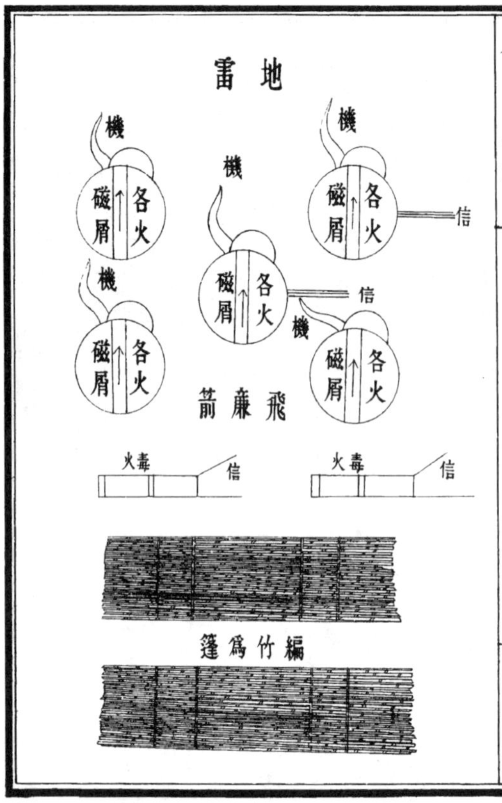

天工開物卷下 佳兵 十四

八面轉百子連珠砲

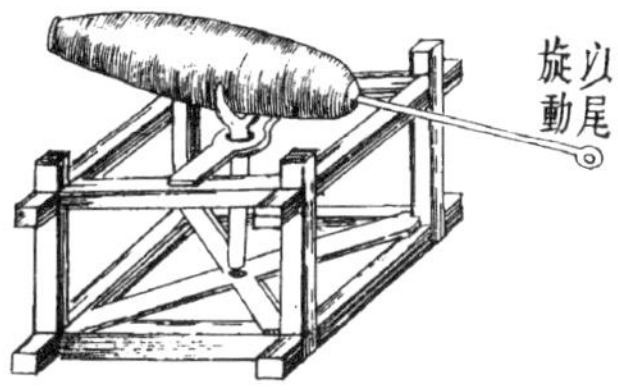

神烟炮

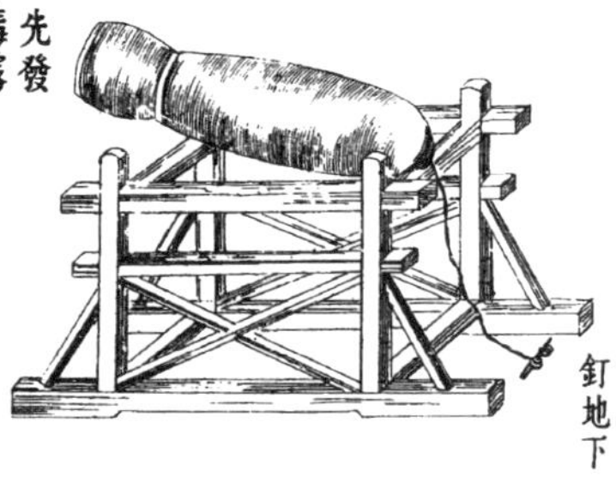

混江龍炸

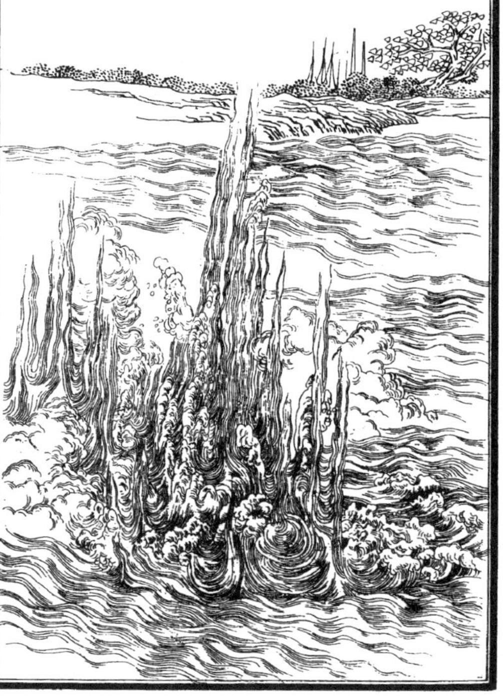

流星砲

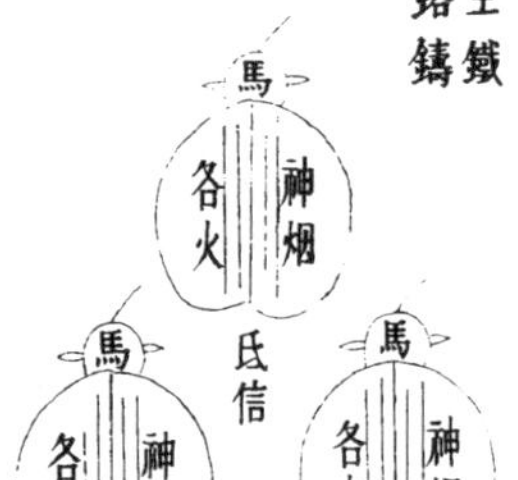

九矢鑽心砲

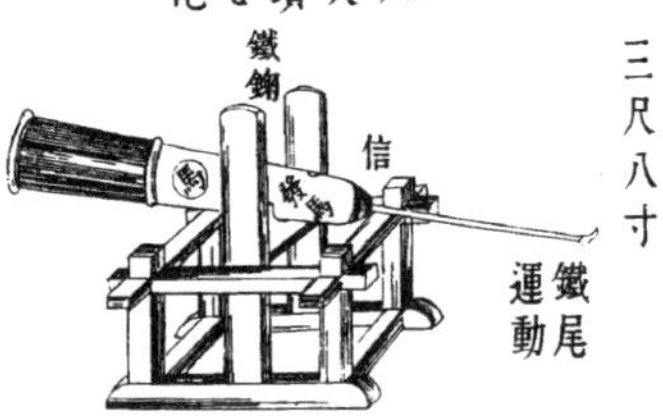

吐焰神毬

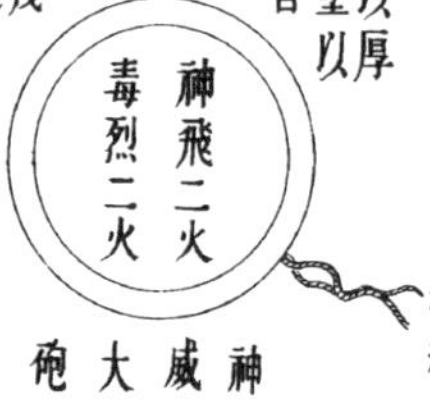

神威大砲

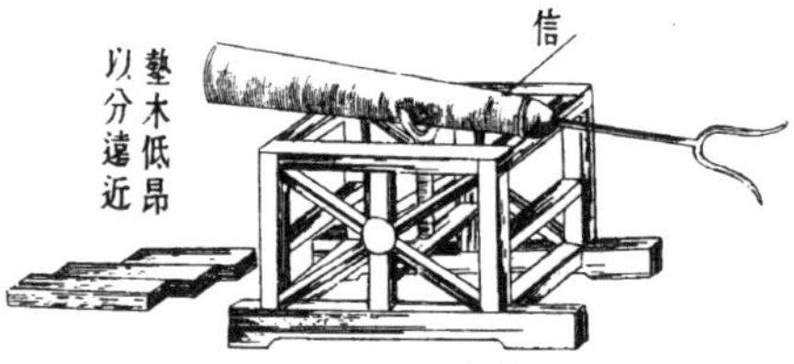

提心

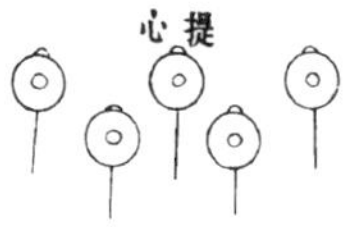

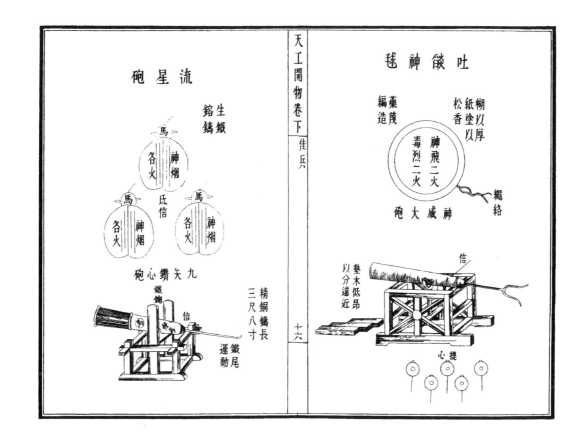

丹青第十六卷

宋子曰斯文千古之不墜也注玄尚白其功孰與京哉離火紅而至黑孕其中水銀白而至紅呈其變造化爐錘思議何所容也五章遥降朱臨墨而大號彰萬卷横披墨得朱而天章煥文房異寶珠玉何爲至畫工肖像萬物或取本姿或從配合而色色咸備焉夫亦依坎附離而共呈五行變態非至神孰能與于斯哉

朱

凡朱砂水銀銀朱原同一物所以異名者由精粗老嫩而分也上好朱砂出辰錦（今名麻陽）與西川者中即孕澒然不以

升煉蓋光明箭鏃鏡面等砂其價重于水銀三倍故擇出爲朱砂貨鬻若以升水反降賤值唯粗次朱砂方以升煉水銀而水銀又升銀朱也凡朱砂上品者穴土十餘丈乃得之始見其苗磊然白石謂之朱砂牀近牀之砂有如雞子大者其次砂不入藥祇爲研供畫用與升煉水銀者其苗不必白石其深數丈即得外牀或雜青黄石或間沙土土中孕滿則其外沙石多自折裂此種砂貴州思印銅仁等地最繁而商州秦州出亦廣也凡次砂取來其通坑色帶白嫩者則不以研朱盡以升澒若砂質即嫩而爍視欲丹者則取來時入巨鐵碾槽中軋碎如微塵然後入缸注

清水澄浸過三日夜跌取其上浮者傾入別缸名曰二朱其下沉結者曬乾即名頭朱也凡升水銀或用嫩白次砂或用缸中跌出浮面二朱水和槎成大盤條每三十斤入一釜內升澒其下炭質亦用三十斤凡升澒上蓋一釜釜當中留一小孔釜傍鹽泥緊固釜上用鐵打成一曲弓溜管其管用麻繩密纏通梢仍用鹽泥塗固煅火之時曲溜一頭插入釜中通氣（插處一絲固密）一頭以中罐注水兩瓶插曲溜尾于內釜中之氣達于罐中之水而止共煅五個時辰其中砂末盡化成澒布于滿釜冷定一日取出掃下此最妙玄化全部天機也（本草胡亂註鑿地一孔於盌一个盛水）凡將水銀再升

朱用故名曰銀朱其法或用磬口泥罐或用上下釜每水銀一斤入石亭脂（即硫黄製造者）二斤同研不見星炒作青砂頭裝于罐內上用鐵盞蓋定盞上壓一鐵尺鐵線兜底細縛鹽泥固濟口縫下用三釘插地鼎足盛罐打火三炷香久頻以廢筆蘸水擦盞則銀自成粉貼于罐上其貼口者朱更鮮華冷定揭出刮掃取用其石亭脂沉下罐底可取再用也每升水銀一斤得朱十四兩次朱三兩五錢出數藉硫質而生凡升朱與研朱功用亦相彷若皇家貴家畫彩則即用辰錦丹砂研成者不用此朱也凡朱文房膠成條塊石硯則顯若磨于錫硯之上則立成皂汁即漆工以鮮

物彩唯入桐油調則顯入漆亦晦也凡水銀與硃更無他出其澒海草澒之說無端狂妄耳食者信之若水銀已升硃則不可復還爲澒所謂造化之巧已盡也

墨

凡墨燒烟凝質而爲之取桐油清油豬油烟爲者居十之一取松烟爲者居十之九凡造貴重墨者國朝推重徽郡人或以載油之艱遣人僦居荊襄辰沅就其賤値桐油點烟而歸其墨他日登于紙上日影横射有紅光者則以紫草汁浸染燈心而燃炷者也凡爇油取烟每油一斤得上烟一兩餘手力提疾者一人供事燈盞二百付若刮取怠

緩則烟老火燃質料併喪也其餘尋常用墨則先將松樹流去膠香然後伐木凡松香有一毛未淨盡其烟造墨終有滓結不解之病凡松樹流去香木根鑿一小孔炷燈緩炙則通身膏液就煖傾流而出也凡燒松烟伐松斬成尺寸鞠篾爲圓屋如舟中雨篷式接連十餘丈內外與接口皆以紙及席糊固完成隔位數節小孔出烟其下掩土砌磚先爲通烟道路燃薪數日歇冷入中掃刮凡燒松烟放火通烟自頭徹尾靠尾一二節者爲清烟取入佳墨爲料中節者爲混烟取爲時墨料若近頭一二節只刮取爲烟子貨賣刷印書文家仍取研細用之其餘則供漆工堊工之塗玄者凡松烟造墨入水久浸以浮沉分精慤其和膠之後以搥敲多寡分脆堅其增入珍料與漱金銜麝則松烟油烟增減聽人其餘墨經墨譜博物者自詳此不過粗紀質料原因而已

附

胡粉 至白色詳五金卷

黃丹 紅黃色詳五金卷

澱花 至藍色詳彰施卷

紫粉 縹紅色貴重者用胡粉銀朱對和粗者用染家紅花滓汁爲之

大青 至青色詳珠玉卷

銅綠 至綠色黃銅打成板片醋塗其上裹藏糠內微藉煖火氣逐日刮取

石綠 詳珠玉卷

代赭石 殷紅色處處山中有之以代郡者爲最佳

石黃 中黃色外紫色石皮內黃一名石中黃子

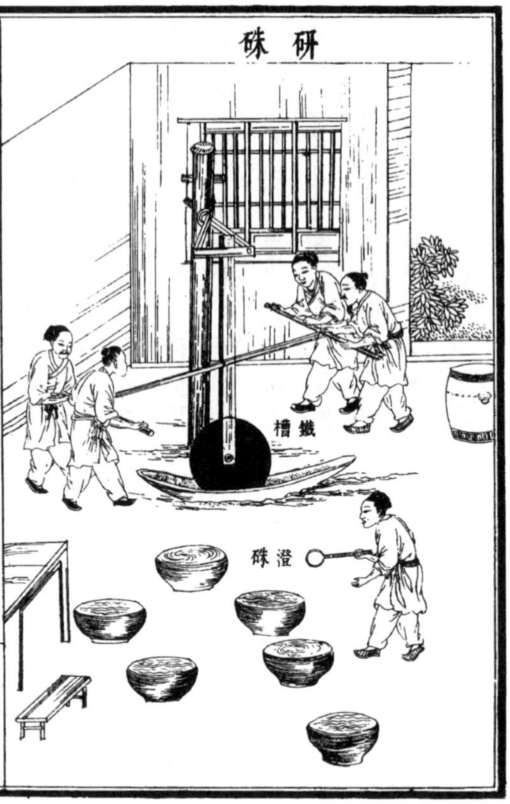

天工開物卷下 丹青 五

天工開物卷下 丹青 六

天工開物卷下　丹青　七

麴蘖第十七

宋子曰獄訟日繁酒流生禍其源則何辜祀天追遠沉吟商頌周雅之間若作酒醴之資麴蘖也殆聖作而明述矣惟是五穀菁華變幻得水而凝感風而化供用岐黃者神其名而堅固食羞者丹其色君臣自古配合日新眉壽介而宿痼怯其功不可殫述自非炎黃作祖末流聰明烏能竟其方術哉

酒母

凡釀酒必資麴藥成信無麴卽佳米珍黍空造不成古來麴造酒蘖造醴後世厭醴味薄遂至失傳則幷蘖法亦亡

天工開物卷下　麴蘖　一

凡麴麥米麪隨方土造南北不同其義則一凡麥麴大小麥皆可用造者將麥連皮井水淘淨曬乾時宜盛暑天磨碎卽以淘麥水和作塊用楮葉包紮懸風處或用稻稭罨黃經四十九日取用造麪麴用白麪五斤黃豆五斤以蓼汁煑爛再用辣蓼末五兩杏仁泥十兩和踏成餅楮葉包懸與稻稭罨黃法亦同前其用糯米粉與自然蓼汁溲和成餅生黃收用者罨法與時日亦無不同也其入諸般君臣與草藥少者數味多者百味則各土各法亦不可殫述近代燕京則以薏苡仁爲君入麴造薏酒浙中寧紹則以綠豆爲君入麴造豆酒二酒頗擅天下佳雄別載酒經凡造酒

母家生黃未足視候不勤盥拭不潔則疵藥數丸動輒敗人石米故市麴之家必信著名聞而後不負釀者凡燕齊黃酒麴藥多從淮郡造成載于舟車北市南方麴酒釀出即成紅色者用麴與淮郡所造相同統名大麴但淮郡市者打成磚片而南方則用餅團其麴一味蓼身爲氣脉而米麥爲質料但必用已成麴酒糟爲媒合此糟不知相承起自何代猶之燒礬之必用舊礬滓云

神麴

凡造神麴所以入藥乃醫家别于酒母者法起唐時其麴不通釀用也造者專用白麪每百斤入青蒿自然汁馬蓼

蒼耳自然汁相和作餅麻葉或楮葉包罨如造醬黃法待生黃衣即曬收之其用他藥配合則聽好醫者增入苦無定方也

丹麴

凡丹麴一種法出近代其義臭腐神奇其法氣精變化世間魚肉最朽腐物而此物薄施塗抹能固其質于炎暑之中經歷旬日蛆蠅不敢近色味不離初蓋奇藥也凡造法用秈稻米不拘早晚舂杵極其精細水浸一七日其氣臭惡不可聞則取入長流河水漂淨（必用山河流水大江者不可用）漂後惡臭猶不可解入甑蒸飯則轉成香氣其香芬甚凡蒸此米成飯初一蒸半生即止不及其熟出離釜中以冷水一沃氣冷再蒸則令極熟矣熟後數石共積一堆拌信凡麴信必用絶佳紅酒糟爲料每糟一斗入馬蓼自然汁三升明礬水和化每麴飯一石入信二斤乘飯熱時數人捷手拌勻初熱拌至冷候視麴信入飯久復微温則信至矣凡飯拌信後傾入蘿内過礬水一次然後分散入篋盤登架乘風後此風力爲政水火無功凡麴飯入盤每盤約載五升其屋室宜高大防瓦上暑氣侵逼室面宜向南防西曬一筒時中翻拌約三次候視者七日之中即坐卧盤架之下眠不敢安中宵數起其初時雪白色經一二日成至黑色

黑轉褐褐轉赭赭轉紅紅極復轉微黃目擊風中變幻名曰生黃麴則其價與入物之力皆倍于凡麴也凡黑色轉褐褐轉紅皆過水一度紅則不復入水凡造此物麴工盥手與洗淨盤簟皆令極潔一毫滓穢則敗乃事也

長流漂米

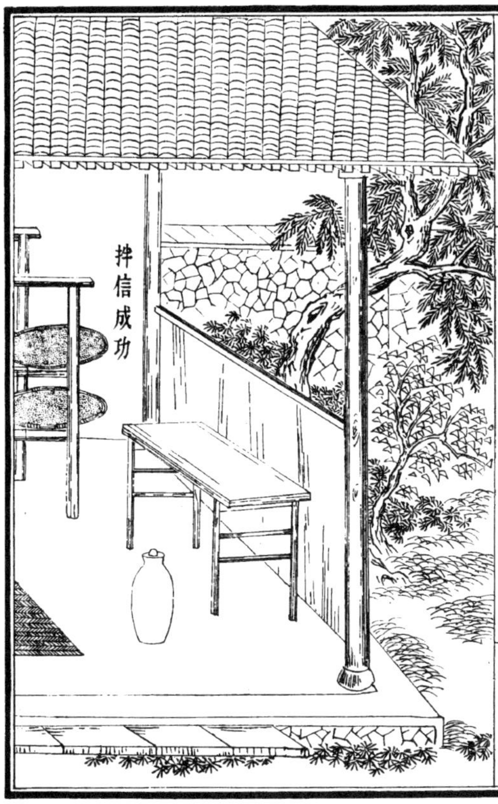
拌信成功

涼風吹變

珠玉第十八

宋子曰玉韞山輝珠涵水媚此理誠然乎哉抑意逆之說也大凡天地生物光明者昏濁之反滋潤者枯澀之讎貴在此則賤在彼矣合浦于闐行程相去二萬里珠雄于此玉峙于彼無脛而來以寵愛人寰之中而輝煌廊廟之上使中華無端寶藏折節而推上坐焉豈中國輝山媚水者萃在人身而天地菁華止有此數哉

珠

凡珍珠必產蚌腹映月成胎經年最久乃爲至寶其云蛇腹龍頷鮫皮有珠者妄也凡中國珠必產雷廉二池三代

以前淮揚亦南國地得珠稍近禹貢淮夷蠙珠或後互市之便非必責其土產也金採蒲里路元採揚村直沽口皆傳記相承之妄何嘗得珠至云忽呂古江出珠則夷地非中國也凡蚌孕珠乃無質而生質他物形小而居水族者吞噬弘多壽以不永蚌則環包堅甲無隙可投卽吞腹囫圇不能消化故獨得百年千年成就無價之寶也凡蚌孕珠卽千仞水底一逢圓月中天卽開甲仰照取月精以成其魄中秋月明則老蚌猶喜甚若徹曉無雲則隨月東升西沒轉側其身而映照之他海濱無珠者潮汐震撼蚌無安身靜存之地也凡廉州池自烏泥獨攬沙至于青鶯可百八十里雷州池自對樂島斜望石城界可百五十里蜑戶採珠每歲必以三月特牲殺祭海神極其虔敬蜑戶生啖海腥入水能視水色知蛟龍所在則不敢侵犯凡採珠舶其制視他舟橫闊而圓多載草薦于上經過水漩則擲薦投之舟乃無恙舟中以長繩繫沒人腰攜籃投水凡沒人以錫造彎環空管其本缺處對掩沒人口鼻令舒透呼吸于中別以熟皮包絡耳項之際極深者至四五百尺拾蚌籃中氣逼則撼繩其上急提引上無命者或葬魚腹凡沒人出水煮熱毳急覆之緩則寒慄死宋朝李招討設法以鐵爲構最後木柱扳口兩角墜石用麻繩作兜如囊狀

繩繫舶兩傍乘風揚帆而兜取之然亦有漂溺之患今蜑戶兩法並用之凡珠在蚌如玉在璞初不識其貴賤剖取而識之自五分至一寸五分經者爲大品小平似覆釜一邊光彩微似鍍金者此名璫珠其值一顆千金矣古來明月夜光卽此便是白晝晴明簷下看有光一線閃爍不定夜光乃其美號非眞有昏夜放光之珠也次則走珠置平底盤中圓轉無定歇價亦與璫珠相彷化者之身受含一粒則不復朽壞故帝王之家重價購此次則滑珠色光而形不甚圓次則磥砢珠次官雨珠次稅珠次蔥符珠幼珠如粱粟常珠如豌豆琕而碎者曰璣自夜光至于碎璣譬均一人身而王公至于氓隸

也凡珠生止有此數採取太頻則其生不繼經數十年不採則蚌乃安其身繁其子孫而廣孕寶質所謂珠從珠還此煞定死譜非眞有清官感召也（我朝弘治中一採得二萬八千兩萬曆中一採止得三千兩不償所費）

寶

凡寶石皆出井中西番諸域最盛中國惟出雲南金齒衛與麗江兩處凡寶石自大至小皆有石牀包其外如玉之有璞金銀必積土其上韞結乃成而寶則不然從井底直透上空取日精月華之氣而就故生質有光明如玉產峻湍珠孕水底其義一也凡產寶之井即極深無水此乾坤

派設機關但其中寶氣如霧氤氳井中人久食其氣多致死故採寶之人或結十數爲羣入井者得其半而井上衆人共得其半也下井人以長繩繫腰腰帶叉口袋兩條及泉近寶石隨手疾拾入袋（寶井內不容蛇蟲）腰帶一巨鈴寶氣逼不得過則急搖其鈴井上人引絙提上其人即無恙然已昏瞢止與白滾湯入口解散三日之內不得進食糧然後調理平復其袋內石大者如碗中者如拳小者如豆總不曉其中何等色付與琢工鑢錯解開然後知其爲何等色也屬紅黃種類者爲貓精靺羯芽星漢砂琥珀木難酒黃喇子貓精黃而微帶紅琥珀最貴者名曰瑿（音依此值黃金五倍價）

紅而微帶黑然晝見則黑燈光下則紅甚也木難純黃色喇子純紅前代何妄人于松樹註茯苓又註琥珀可笑也屬青綠種類者爲瑟瑟珠珇瑁綠鴉鶻石空青之類（空青既取內質其膜升打爲曾青）至玫瑰一種如黃豆綠豆大者則紅碧青黃數色皆具寶石有玫瑰如珠之有璣也星漢砂以上猶有煑海金丹此等皆西番產亦間氣出滇中井所無時人僞造者唯琥珀易假高者煑化硫黃低者以殷紅汁料煑入牛羊明角映照紅赤隱然今亦最易辨認（琥珀磨之有漿）至引燈草原惑人之說凡物借人氣能引拾輕芥也自來本草陋妄刪去毋使灾木

玉

凡玉入中國貴重用者盡出于闐（漢時西國號後代或名別失八里或統服赤斤蒙古定名未詳）蔥嶺所謂藍田即蔥嶺出玉別地名而後世誤以爲西安之藍田也其嶺水發源名阿耨山至蔥嶺分界兩河一曰白玉河一曰綠玉河晉人張匡鄴作西域行程記載有烏玉河此節則妄也玉璞不藏深土源泉峻急激映而生然取者不于所生處以急湍無着手俟其夏月水漲璞隨湍流徙或百里或二三百里取之河中凡玉映月精光而生故國人沿河取玉者多于秋間明月夜望河候視玉璞堆聚處其月色倍明亮凡璞隨水流仍錯雜亂石淺

流之中提出辨認而後知也白玉河流向東南綠玉河流向西北亦力把力地其地有名望野者河水多聚玉其俗以女人赤身没水而取者云陰氣相召則玉留不逝易于撈取此或夷人之愚也（夷中不貴此物更流數百里途遠莫貨則棄而不用）凡玉唯白與綠兩色綠者中國名菜玉其赤玉黄玉之説皆奇石琅玕之類價卽不下于玉然非玉也凡玉璞根係山石流水未推出位時璞中玉軟如棉絮推出位時則已硬入塵見風則愈硬謂世間琢磨有軟玉則又非也凡璞藏玉其外者曰玉皮取爲硯托之類其値無幾璞中之玉有縱横尺餘無瑕玷者古者帝王取以爲璽所謂連城之璧亦不

易得其縱横五六寸無瑕者治以爲杯斝此亦當世重寶也此外惟西洋瑣里有異玉平時白色晴日下看映出紅色陰雨時又爲青色此可謂之玉妖尚方有之朝鮮西北太尉山有千年璞中藏羊脂玉與蔥嶺美者無殊異其他雖有載志聞見則未經也凡玉由彼地纏頭回（其俗人首一歲裹布一層老則擁腫之甚故名纏頭回子其國王亦謹不見髮問其故則云見髮則歲凶荒可笑之甚）或遡河舟或駕橐駝經莊浪入嘉峪而至于甘州與肅州中國販玉者至此互市而得之東入中華卸萃燕京玉工辨璞高下定價而後琢之（良工雖集京師工巧則推蘇郡）凡玉初剖時治鐵爲圓盤以盆水盛沙足踏圓盤使轉添沙剖玉逐忽劃斷中國

解玉沙出順天玉田與眞定邢臺兩邑其沙非出河中有泉流出精粹如麪藉以攻玉永無耗折旣解之後别施精巧工夫得鑌鐵刀者則爲利器也（鑌鐵亦出西番哈密衞礪石中剖之乃得）凡玉器琢餘碎取入鈿花用又碎不堪者碾篩和灰塗琴瑟琴有玉音以此故也凡鏤刻絶細處難施錐及者以蟾酥塡畫而後鍥之物理制服殆不可曉凡假玉以砆碔充者如錫之於銀昭然易辨近則擣舂上料白瓷器細過微塵以白斂諸汁調成爲器乾燥玉色燁然此僞最巧云凡珠玉金銀胎性相反金銀受日精必沉埋深土結成珠玉寶石受月華不受土寸掩蓋寶石在井上透碧空珠在重淵

玉在峻灘但受空明水色蓋上珠有螺城螺母居中龍神守護人不敢犯數應入世用者螺母推出人取玉初孕處亦不可得玉神推徙入河然後恣取與珠宫同神異云

附瑪瑙　水晶　琉璃

凡瑪瑙非石非玉中國產處頗多種類以十餘計得者多爲簪篋鉤（音扣）結之類或爲碁子最大者爲屏風及棹面上品者產寧夏外徼羌地砂磧中然中國卽廣有商販者亦不遠涉也今京師貨者多是大同蔚州九空山宣府四角山所產有夾胎瑪瑙截子瑪瑙錦紅瑪瑙是不一類而神木府谷出漿水瑪瑙錦纏瑪瑙隨方貨鬻此其大端云試

法以砑木不熱者爲眞僞者雖易爲然眞者値原不甚貴故不樂售其技也

凡中國產水晶視瑪瑙少殺今南方用者多福建漳浦產（山名銅山）北方用者多宣府黃尖山產中土用者多河南信陽州（黑色者最美）與湖廣興國州（潘家山）產黑色者產北不產南其他山穴本有之而採識未到與已經採識而官司厲禁封閉（如廣信懼中官開採之類）者尚多也凡水晶出深山穴內瀑流石罅之中其水經晶流出晝夜不斷流出洞門半里許其面尚如油珠滾沸凡水晶未離穴時如棉軟見風方堅硬琢工得宜者就山穴成麤坯然後持歸加功省力十倍云

凡琉璃石與中國水精占城火齊其類相同同一精光明透之義然不產中國產于西域其石五色皆具中華人豔之遂竭人巧以肖之于是燒瓴甋轉釉成黃綠色者曰琉璃瓦煎化羊角爲盛油與籠燭者爲琉璃碗合化硝鉛寫珠銅線穿合者爲琉璃燈捏片爲琉璃瓶袋（硝用煎煉上結馬牙者）各色顏料汁任從點染凡爲燈珠皆淮北齊地人以其地產硝之故凡硝見火還空其質本無而黑鉛爲重質之物兩物假火爲媒硝欲引鉛還空鉛欲留硝住世和同一釜之中透出光明形象此乾坤造化隱現于容易地面天工卷末著而出之

擲薦禦漩

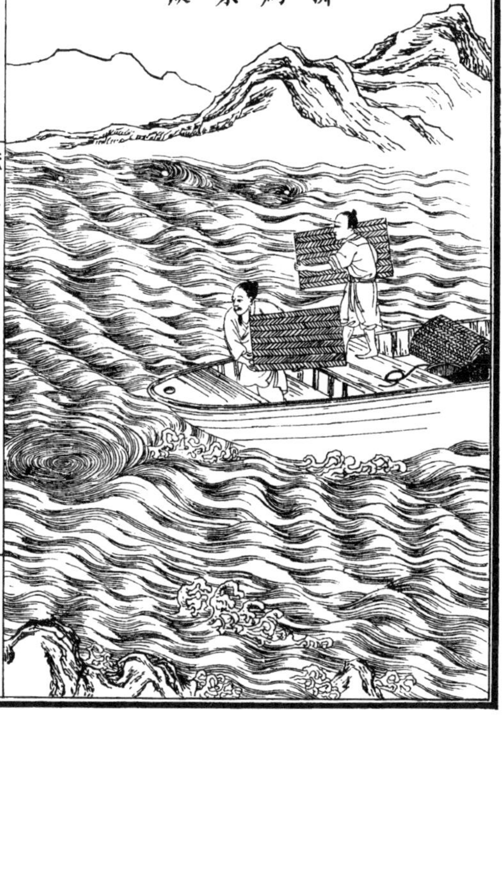

没水採珠船

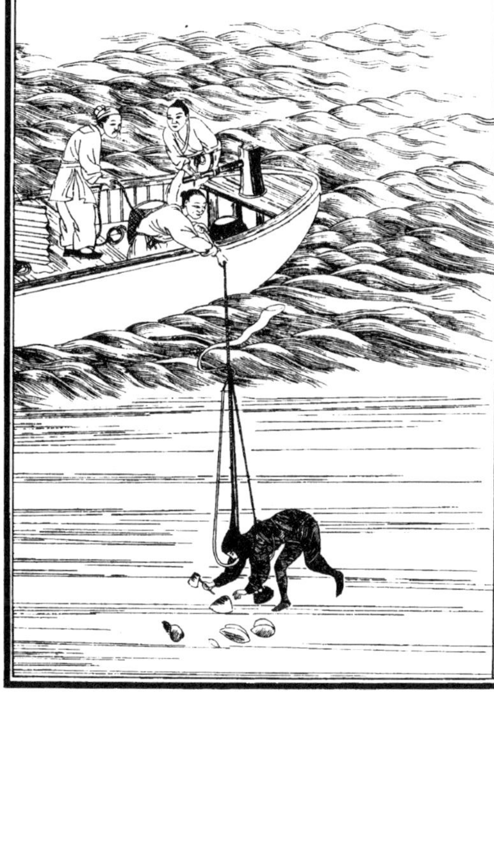

天工開物卷下　珠玉　九

天工開物卷下　珠玉　十

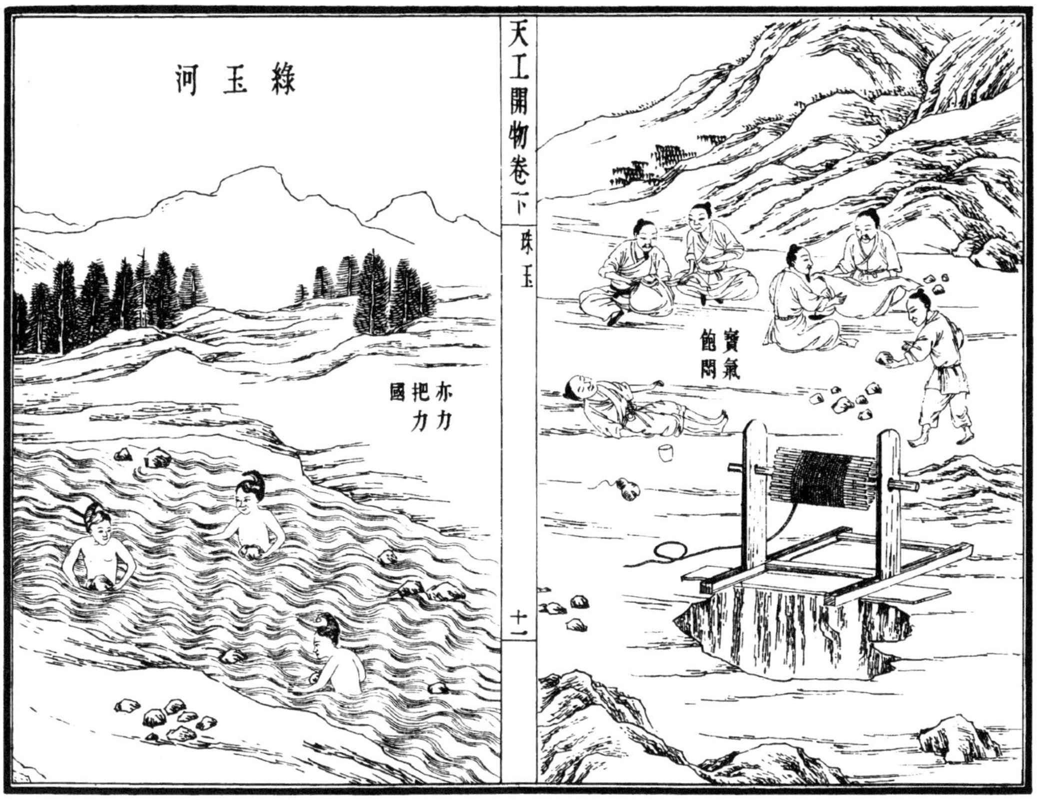
天工開物卷下
珠玉
十一
綠玉河
亦力把力國
寶氣飽悶

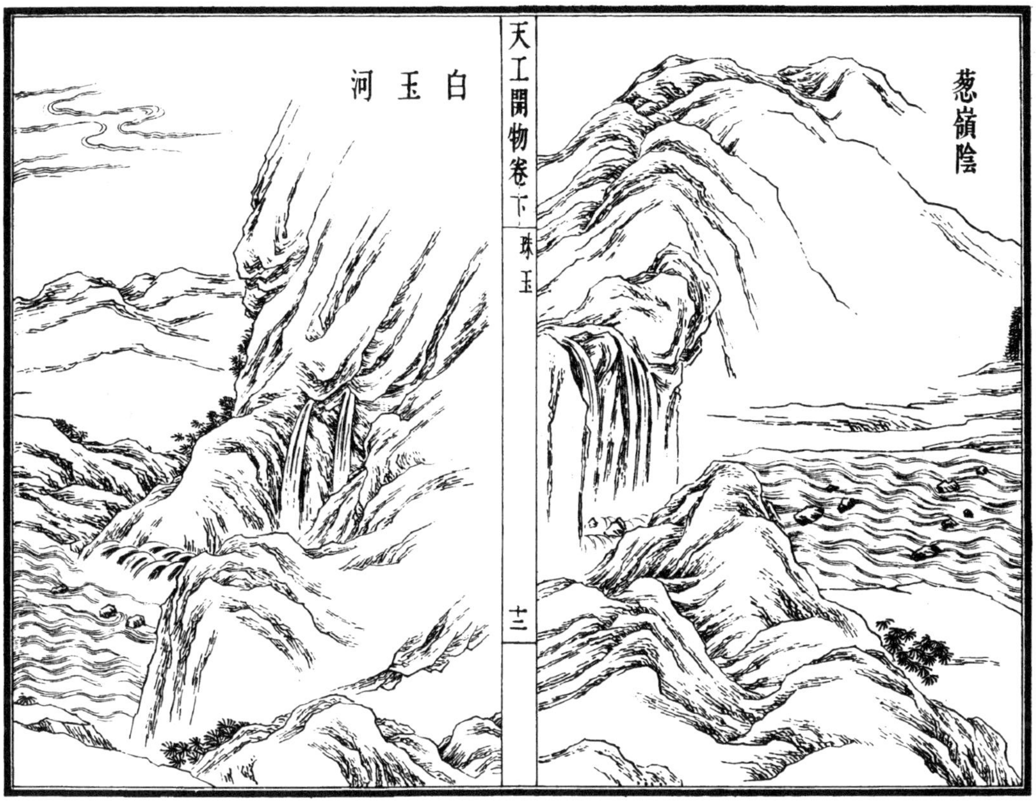
天工開物卷下
珠玉
十二
白玉河
葱嶺陰

天工開物卷下　珠玉　十三

天工開物卷下　珠玉　十四

天工開物卷下終

天工開物卷後序

區別其地易其有無廢於古興於今如自東如自西上下於縱横者維其天乎夫五材廢一且不可食粒之於人也莫急焉設使神農氏倡始亦其時而行則天也自是而外抑亦末矣緩矣降於人而後令爲木鐸輿天意息乎是亦無非天意也哉故多聞之餘不爲無益矣博哉宋子所爲也禾役之於穟穟彼黍之於離離種蓺至春簸磨無不宜若褒服則起枲麻卒機杼揚色章采織絍可就執鍼可用其在餘則舟於深輿於重陶有瓦罌鑄有鍾釜瓊琚瓊瑤可贈可報皆發於篤志得於切問之所致也矣其論食麻

斷殺青也所見遠矣夏鼎之於魑魅硝鉛之於瑠璃可謂能使物昭昭焉一部之業約言若陋雖則若陋有益治事矣豈不謂蜘蛛之有智不如蠶蠶之一綸哉升平年深一方有人專意於民利引水轉研煮樹取瀝燒礬石淘沙金多有取於此焉初頗乏善本也有書賈分篇託於老學不幾乎其取正老學不勤終莫能具而其本今不知所落矣奚爲稗官野乘日以災木今此書晚出者造物惜其秘乎今已在人工者半矣以爲不足惜乎客歲書林菅生堂就而請正一開卷則勿論其善本大改舊觀叩之則出於木氏蒹葭堂之藏江子發備前人也以句以訓旣盡其善於余何爲早春鐫成也又來請言遂不可以辭乎乃舉所從來之者以爲序云

明和辛卯三月望後大江都庭鐘撰

備前　江田益英校訂

明和八辛卯年二月

江戶通本石町十軒店
山崎金兵衞

大坂心齋橋筋北久寶寺町通
柏原屋佐兵衞
同　河內屋八

書林

遵生八箋（農事類）

（明）高 濂 撰

《遵生八箋（農事類）》，（明）高濂撰。高濂（一五二七—約一六〇三），字深甫（父），别號瑞南道人、瑞南居士，又號湖上桃花漁，浙江錢塘（今杭州）人。曾任鴻臚寺官，後隱居西湖，精通養生之術，富於收藏，對詩詞戲曲也頗爲擅長，撰有《玉簪記》《節孝記》以及詩文集《雅尚齋詩草》《芳芷樓詞》等。

全書共十九卷，以『箋』命名各部，八箋即八部。其中《清修妙論箋》二卷，記録儒、釋、道三家名言、語録共二百餘條，重點强調戒心律己，主張培養德行是養生的重要前提。《四時調攝箋》依據春、夏、秋、冬四季分爲四卷，論述各個季節的修養、導引與調攝方法，尤其重視對五臟器官的保健。《起居安樂箋》二卷，主要介紹了起居、床椅、服侍等對養生有益的器物，總結了『恬適自足』『居室安處』『晨昏怡養』『溪山逸遊』『賓朋交接』等過程中的養生方式，凸顯了『節嗜欲，慎起居，遠禍患，得安樂』的養生思想。《延年卻病箋》二卷，叙述了氣功、按摩、導引、八段錦以及養生飲食宜忌等内容。《飲饌服食箋》三卷，介紹了品茶、飲食、蔬菜以及養生藥物，涉及湯品類、熟水類、粥糜類、果實粉面類、脯鮓類、家蔬類、野蔌類、醞釀類、甜食類、法製藥品類、神秘服食類等，對飲食療法多有發揮與創新之處。《燕閒清賞箋》三卷，主要論述古董書畫的鑒賞、文房用具及名香、花卉的賞玩等，用其作爲放鬆身心的休閒之法。《靈秘丹藥箋》二卷是醫藥專論，廣泛收集了膏、丹、丸、散及藥酒方等經驗奇法三十餘種，常見病的治療單方百餘服。《塵外遐舉箋》簡要記載歷代百名隱逸者的修養身心事迹。

該書徵引文獻較豐富，内容廣泛，以養生爲中心，涉及衣、食、住、行等諸多方面。該書雖然常歸爲養生類文獻，但是其對各種飲食的記述卻十分詳細，其中《飲饌服食箋》的卷中解説了野蔌一百五十餘種；《燕閒清賞箋》所收録的『花竹五譜』包含了許多農業技術經驗。由於時代局限，書中不免有怪誕之説，部分藥方也不够科學嚴謹，甚至含有非科學的成分。

該書有明萬曆十九年（一五九一）雅尚齋刊本，崇禎間刊本，清嘉慶十五年（一八一〇）弦雪居重訂本等。今據南京圖書館藏清光緒十年（一八八四）刻本影印。

（熊帝兵）

弦雪居重訂遵生八牋卷之十一

景陵鍾惺伯敬父較閱

飲饌服食牋 上卷

高子曰：飲食活人之本也，是以一身之中，陰陽運用，五行相生，莫不由於飲食。故飲食進則穀氣充，穀氣充則血氣盛，血氣盛則筋力强。脾胃者，五藏之宗，四臟之氣皆禀於脾，四時以胃氣爲本。由飲食以資氣，生氣以益精，

生精以養氣，氣足以生神，神足以全身，相須以爲用者也。人於日用養生，務尚淡薄，勿令生我者害我，俾五味得爲五內賊，是得養生之道矣。余集首茶水，次粥糜、蔬菜，薄敘脯饌、醇醴、麵粉、糕餅、果實之類，惟取適用，無事異常。若彼烹炙生靈，椒馨珍味，自有大官之饌，爲天人之供，非我山人所宜，悉屏不錄。其他仙經服餌，利益世人，歷有成驗，諸方制而用之有法，神而明之在人，擇其可餌，錄之以爲却病延年之助。惟人量已陰藏陽藏之殊，乃進或寒或熱之藥，務令氣性和平，嗜慾簡默，則服食之力，種種奏功。設若六慾方熾，五官失調，雖餌仙方，終落鬼籍，服之果何益哉？識者當自商確。編成箋曰飲饌服食。

序古諸論

眞人曰：脾能母養餘臟，養生家謂之黄婆。司馬子微敎人存黄氣入泥丸，能致長生。太倉公言：安穀過期，不安穀不及期。以此知脾胃全固，百

疾不生。江南一老人，年七十三歲，壯如少者。人問所養，無他術，平生不習飲湯水耳。常人日飲數升，吾日減數合，但只沾唇而已。脾胃惡濕，飲少胃强，氣盛液行，自然不濕。或冒遠行，亦不念水。此可謂至言不煩。

食飲以時，飢飽得中，水穀變化，冲氣融和，精血以生，榮衞以行，臟腑調平，神志安寧，正氣充實於內，元眞通會於外，內外邪沴莫之能干，一切疾患無從而作也。

飲食之宜當候已饑而進食食不厭熟嚼仍候焦渴而引飲飲不厭細呷。無待饑甚而食食勿過飽時覺渴甚而飲飲勿太頻食不厭精細飲不厭溫熱

太乙眞人七禁文其六曰美飲食養胃氣彭鶴林曰夫脾爲臟胃爲腑脾胃二氣互相表裏胃爲水穀之海主受水穀脾爲中央磨而消之化爲血氣以滋養一身灌溉五臟故修生之士不可以不美其飲食所謂美者非水陸畢備異品

珍羞之謂也要在乎生冷勿食麤硬勿食勿強食勿強飲先饑而食食不過飽先渴而飲飲不過多以至孔氏所謂食饐而餲魚餒而肉敗不食等語凡此數端皆損胃氣非惟致疾亦乃傷生欲希長年此宜深戒而亦養老奉親與觀頤自養者之所當知也

黃山谷云爛蒸同州羔灌以杏酪食之以七不以筋南都撥心麪作槐芽溫淘糝以襄邑抹猪炊共成香稻薦以蒸子鵝吳興庖人斫松江鱸鱠繼以廬山康王谷水烹曾坑鬭品少焉解衣仰臥使人誦東坡赤壁前後賦亦足以一笑也此雖山谷之寓言然想像其食味之美安得聚之以奉老人之旨耳

東坡老饕賦云庖丁鼓刀易牙烹熬水欲新而釜欲潔火惡陳而薪惡勞九蒸暴而日燥百上下而湯鏖嘗項上之一臠嚼霜前之兩螯爛櫻珠之煎蜜滃杏酪之蒸羔蛤半熟以含酒蟹微生而帶糟蓋聚物之夭美以養吾之老饕婉彼

姬姜顏如李桃彈湘妃之玉瑟鼓帝子之雲璈命仙人之萼綠華舞古曲之鬱輪袍引南海之玻瓈酌涼州之蒲萄願先生之耆壽分餘瀝於兩髦候紅潮於玉頰驚暖響於檀槽忽纍珠之妙曲抽獨繭之長繅閔手倦而少休疑吻燥而當膏倒一缸之雪乳列百柁之瓊艘各眼灩於秋水咸骨醉於春醪美人告去已而雲散先生方兀然而禪逃響松風於蟹眼浮雪花於兔毫先生一笑而起渺濶而天高

吳郡鱸魚鱠八九月霜下時。收鱸三尺以下。劈作鱠。浸洗布包瀝水令盡散置盤內。取香柔花葉相間。細切。和鱠拌令勻。霜鱸肉白如雪。且不作腥。謂之金虀玉鱠。東南佳味。

雜俎曰。名食有蕭家餛飩。漉去其湯不肥。可以瀹茗。庾宗粽子。白瑩如玉。韓約作櫻桃饆饠。其色不變。能造冷。胡突鱠。鱧魚臆。連蒸。鹿麞皮索餅。將軍曲良翰能爲鱸騣駝峰炙

何胤侈于味。食必方丈。後稍去。猶食白魚䱇腊

糖蟹。鍾岏議曰。䱇之就腊。驟于屈伸。蟹之將糖。躁擾彌甚。仁人用意。深懷惻怛。至于車螯蚶蠣。眉目內缺。慙渾沌之奇。唇吻外緘。非金人愼不榮不悴。曾草木。不若無聲無臭與瓦礫何異故宜長充庖厨。永爲口實。

後漢茅容。字季偉。郭林宗曾寓宿焉。及明旦容殺雞爲饌。林宗意爲已設。既而容獨以供母。自與宗共蔬藿同飯。林宗因起拜之曰卿賢乎哉後竟以孝成德。

苕溪漁隱曰。東坡於飲食作詩賦以寫之。往往皆臻其妙。如老饕賦。豆粥詩是也。豆粥詩云。江頭千頃雪色蘆。茅簷出沒晨烟孤。地碓舂杭光似玉。沙瓶煮豆軟如酥。我老此身無着處。賣書來問東家住。卧聽雞鳴粥熟時。蓬頭曳履君家去。又寒具詩云。纖手搓來玉數尋。碧油煎出嫩黃深。夜來春睡無輕重。壓扁佳人纏臂金。寒具乃捻頭也。出劉禹錫佳話。過子忽出新意。以山芋作玉糝羹。色香味皆奇絶。天酥陀則不可知

人間决無此味也。詩云。香似龍涎仍釅白。味如牛乳更全清。莫將北海金虀鱠。輕比東坡玉糝羹。誠齋蒜羹詩亦云。雲子香抄玉色鮮。菜羹新煮翠茸纖。人間膾炙無此味。天上酥陀恐爾甜

宋太宗命蘇易簡講文中子。有楊素遺子食經羹黎含嗅之說。上因問食品何物最珍。對曰。物無定味。適口者珍。臣止知虀汁爲美。臣憶一夕寒甚。擁爐痛飲。夜半。吻燥。中庭月明。殘雪中覆一虀盂。連咀數根。臣此時自謂上界仙厨。鸞脯

鳳胎殆恐不及屢欲作冰壺先生傳紀其事因循未果也上笑而然之

唐劉晏五鼓入朝時寒中路見賣蒸胡處熱氣騰輝使人買以袍袖包裙褐底啗謂同列曰美不可言此亦物無定味適口者珍之意也

倪正父思云曾直作食時五觀其言深切可謂知慚愧者矣余嘗入一佛寺見僧持戒者每食先淡喫三口第一以知飯之正味人食多以五味雜之未有知正味者若淡食則本自甘美初

不假外味也第二思衣食之從來第三思農夫之艱苦此則五觀中已備其義每食用此爲法極爲簡易且先喫三口白飯已過半矣後所食者雖無羹蔬亦自可了處貧之道也

王逢原思歸賦云吾父八十母髮亦素尚爾爲吏奧焉遐路嗷嗷晨烏其子反哺我豈不如鬱其誰訴惟秋之氣慘慄感人日與愁思側睇江濆憶爲童子當此凜辰百果始就迭進其珍時則有紫菱長腰紅芡圓實牛心綠蔕之柿獨包黃膚之栗青芋連區烏椑五出鴨脚受彩予欲核木瓜鏤丹而成質青乳之梨頳壺之橘蜂蛹醃蟹楂楂漬蜜膳羞則有鵝鵲野鳥澤鳧鳴鶉清江之膏蟹寒水之鮮鱗冒以紫薑雜以菱首觴浮黃菊俎薦青韭坐溪山之松篁撫門前之桐柳僮僕不譁圖書左右或靜默以終日或歡言以對友信吾親之所樂安閭里其滋久切切余懷欲辭印綬固非效淵明之褊心恥折腰於五斗

茶泉類

論茶品

茶之產于天下多矣若劍南有蒙頂石花湖州有顧渚紫笋峽州有碧澗明月邛州有火井思安渠江有薄片巴東有眞香福州有柏巖洪州有白露常之陽羨婺之舉巖丫山之陽坡龍安之騎火黔陽之都濡高株瀘川之納溪梅嶺之數者其名皆著品第之則石花最上紫笋次之又次則碧澗明月之類是也惜皆不可致耳若

近時虎丘山茶亦可稱奇惜不多得若天池茶在穀雨前收細芽炒得法者青翠芳馨嗅亦消渴若眞岕茶其價甚重兩倍天池惜乎難得須用自己令人採收方妙又如浙之六安茶品亦精但不善炒不能發香而色苦茶之本性實佳如杭之龍泓（即龍井也）茶眞者天池不能及也山中僅有一二家炒法甚精近有山僧焙者亦妙但出龍井者方妙而龍井之山不過十數畝外此有茶似皆不及附近假充猶之可也至于北山

西溪俱充龍井即杭人識龍井茶味者亦少以亂眞多耳意者天開龍井美泉山靈特生佳茗以副之耳不得其遠者當以天池龍井爲最外此天竺靈隱爲龍井之次臨安於潛生于天目山者與舒州同亦次品也茶自浙以北皆較勝惟閩廣以南不惟水不可輕飲而茶亦宜愼昔鴻漸未詳嶺南諸茶乃云嶺南茶味極佳孰知嶺南之地多瘴癘之氣染着草木北人食之多致成疾故當愼之要當採時待其日出山霽霧瘴山嵐收淨採之可也茶團茶片皆出碾磑大失眞味茶以日晒者佳甚青翠香潔更勝火炒多矣

採茶

團黃有一旗一鎗之號言一葉一芽也凡早取爲茶晚取爲荈穀雨前後收者爲佳粗細皆可用惟在採摘之時天色晴明炒焙適中盛貯如法

藏茶

茶宜蒻葉而畏香藥喜溫燥而忌冷濕故收藏之家以蒻葉封裹入焙中兩三日一次用火當如人體溫溫則去濕潤若火多則茶焦不可食矣

又云以中罈盛茶十斤一瓶每年燒稻草灰入大桶茶瓶座桶中以灰四面塡滿瓶上覆灰築實每用撥灰開瓶取茶須少仍復覆灰再無蒸壞次年換灰爲之

又云空樓中懸架將茶瓶口朝下放不蒸原蒸

自天而下。故宜倒放。

若上二種芽茶。除以清泉烹。外花香雜果。俱不容入。人有好以花拌茶者。此用平等細茶拌之。庶茶味不減花香。盈頰終不脫俗。如橙茶蓮花茶。於日未出時將半含蓮花撥開。放細茶一撮納滿蕊中。以麻皮略縶。令其經宿。次早摘花傾出茶葉。用建紙包茶焙乾。再如前法。又將茶葉入別蕊中。如此者數次。取其焙乾收用。不勝香美。

木樨。茉莉。玫瑰。薔薇。蘭蕙。橘花。梔子。木香。梅花皆可作茶。諸花開時。摘其半含半放。蕊之香氣全者。量其茶葉多少。摘花為拌。花多則太香而脫茶韻。花少則不香而不盡美。三停茶葉一停花始稱。假如木樨花須去其枝蒂及塵垢蟲蟻。用磁罐。一層花。一層茶。投間至滿。紙箬縶固。入鍋重湯煮之。取出待冷。用紙封裹。置火上焙乾收用。諸花倣此。

煎茶四要

一擇水

凡水泉不甘。能損茶味。故古人擇水最為切要。山水上。江水次。井水下。山水乳泉漫流者為上。瀑湧湍激勿食。食久令人有頸疾。江水取去人遠者。井水取汲多者。如蟹黃混濁鹹苦者皆勿用。若杭湖心水。吳山第一泉。郭璞井。虎跑泉。龍井。葛仙翁井。俱佳。

二洗茶

凡烹茶。先以熱湯洗茶葉。去其塵垢冷氣。烹之則美。

三候湯

凡茶須緩火炙。活火煎。活火謂炭火之有焰者。當使湯無妄沸。庶可養茶。始則魚目散布。微微有聲。中則四邊泉湧。纍纍連珠。終則騰波鼓浪。水氣全消。謂之老湯。三沸之法。非活火不能成也。最忌柴葉烟薰煎茶。為此清異錄云五賊六魔湯也。

凡茶少湯多則雲腳散。湯少茶多則乳面聚。

四擇品

凡瓶要小者易候湯又點茶注湯相應若瓶大啜存停久味過則不佳矣茶銚茶瓶磁砂爲上銅錫次之磁壺注茶砂銚煮水爲上清異錄云富貴湯當以銀銚煮湯佳甚銅銚煮水錫壺注茶次之

茶盞惟宣窑壇盞爲最質厚白瑩樣式古雅有等宣窑印花白甌式樣得中而瑩然如玉次則嘉窑心內茶字小盞爲美欲試茶色黃白豈容

青花亂之注酒亦然惟純白色器皿爲最上乘品餘皆不取

試茶三要

一滌器

茶瓶茶盞茶匙生鉎音星致損茶味必須先時洗潔則美

二熁盞

凡點茶先須熁盞令熱則茶面聚乳冷則茶色不浮

三擇果

茶有眞香有佳味有正色烹點之際不宜以珍果香草雜之奪其香者松子柑橙蓮心木瓜梅花茉莉薔薇木樨之類是也奪其味者牛乳番桃荔枝圓眼枇杷之類是也奪其色者柿餅膠棗火桃楊梅橙橘之類是也凡飲佳茶去果方覺清絶雜之則無辯矣若欲用之所宜核桃榛子瓜仁杏仁欖仁栗子雞頭銀杏之類或可用也

茶効

人飲眞茶能止渴消食除痰少睡利水道明目益思出本草拾遺除煩去膩人固不可一日無茶然或有忌而不飲每食已輒以濃茶漱口煩膩旣去而脾胃不損凡肉之在齒間者得茶漱滌之乃盡消縮不覺脫去不煩刺挑也而齒性便苦緣此漸堅密蠹毒自已矣然率用中茶出蘇文

茶具十六器收貯于器局供役苦節君者故立名管之蓋欲歸統于一以其素有貞心雅

據而旨能守之也。

商象。古石鼎也。用以煎茶。　歸潔。竹筅箒也。用以滌壺。

分盈。杓也。用以量水斤兩。　遞火。銅火斗也。用以搬火。

降紅。銅火筯也。用以簇火。　執權。準茶秤也。每杓水二斤，用茶一兩。

團風。素竹扇也。用以發火。　漉塵。茶洗也。用以洗茶。

靜沸。竹架。卽茶經支腹也。　注春。磁瓦壺也。用以注茶。

運鋒。劖果刀也。用以切果。　甘鈍。木碪墩也。

啜香。磁瓦甌也。用以啜茶。　撩雲。竹茶匙也。用以取果。

納敬。竹茶橐也。用以放盞。　受污。拭抹布也。用以潔甌。

總貯茶器七具

苦節君。煮茶作爐也。用以煎茶。更有行省收藏。　建城。以箬爲籠。封茶以貯高閣。

雲屯。磁瓶。用以杓泉。以供煑也。　烏府。以竹爲籃。用以盛灰。爲煎茶之資。

水曹。卽磁缸瓦缶。用以貯泉。以供火鼎。　器局。竹編爲方箱。用以收茶具者。

外有品司。竹編圓橦提。合用以收貯各品茶葉。以待烹品者也。

論泉水

田子藝曰。山下出泉爲蒙。稺也。物稺則天全。水稺則味全。故鴻漸曰。山水上。其曰乳泉石池慢流者。蒙之謂也。其曰瀑湧湍激者。則非蒙矣。宜戒人勿食。

混混不舍。皆有神以主之。故天神引出萬物。而漢書三神。山嶽其一也。

源泉必重。而泉之佦者。尤重。餘杭徐隱翁嘗爲余言。以鳳皇山泉。較阿姥墩百花泉。便不及五泉。可見仙源之勝矣。

山厚者泉厚。山奇者泉奇。山清者泉清。山幽者泉幽。皆佳品也。不厚則薄。不奇則蠢。不清則濁。不幽則喧。必無佳泉。

山不停處。水必不停。若停卽無源者矣。旱必易涸。

石流

石山骨也。流水行也。山宣氣以產萬物。氣宣則脉長。故曰山水上。博物志曰。石者金之根甲。石流精以生水。又曰山泉者。引地氣也。

泉非石出者必不佳。故楚詞云。飲石泉兮蔭松柏。皇甫曾送陸羽詩。幽期山寺遠。野飯石泉清。梅堯臣碧霄峰茗詩。烹處石泉嘉。又云。小石冷

泉留單味誠可爲賞鑑者矣
泉往往有伏流沙土中者挹之不竭即可食不然則滲瀦之潦耳雖清勿食
流遠則味淡須深潭停畜以復其味乃可食。
泉不流者食之有害博物志曰山居之民多癭腫疾由于飲泉之不流者
泉湧出曰濆在在所稱珍珠泉者皆氣盛而脉湧耳切不可食取以釀酒或有力。
泉縣出曰沃暴溜曰瀑皆不可食而廬山水簾

洪州天台瀑布皆入水品與陸經背矣故張曲洪廬山瀑布詩吾聞山下蒙今乃林巒表物性有詭激坤元曷紛礴默然置此去變化誰能了。則識者固不食也。然瀑布實山居之珠箔錦幙也以供耳目誰曰不宜。

清寒

清明也靜也。澄水之貌寒冽也凍也覆水之貌泉不難于清而難于寒其瀨峻流駛而清岩奥陰積而寒者亦非佳品石少土多沙膩泥凝者必不清寒
蒙之象曰果行井之象曰寒泉不果則氣滯而光不澄寒則性燥而味必嗇。
冰堅水也窮谷陰氣所聚不洩則結而爲伏陰也在地英明者惟水而冰則精而且冷是固清寒之極也謝康樂詩鑿冰煮朝飧拾遺記蓬萊山冰水飲者千歲。
下有石硫黃者發爲溫泉在在有之又有共出一壑半溫半冷者亦在在有之皆非食品特新

安黃山朱砂湯泉可食圖經云黃山舊名黟山東峰下有朱砂湯泉可點茗春色微紅此則自然之丹液也拾遺記蓬萊山沸水飲者千歲此又仙飲。
有黃金處水必清有明珠處水必媚有子鮒處水必腥腐有蛟龍處水必洞黑㵎惡不可不辨也。

甘香

甘美也。香芳也尚書稼穡作甘黍其爲香黍惟

甘香，故能養人。泉惟甘香，故亦能養人。然甘易而香難，未有香而不甘者也。

味美者曰甘泉，氣芳者曰香泉，所在間有之。泉上有惡木，則葉滋根潤，皆能損其甘香，甚者能釀毒液，尤宜去之。

甜水以甘稱也。拾遺記：員嶠山北，甜水遶之，味甜如蜜。十洲記：元洲玄澗，水如蜜漿，飲之與天地相畢。又曰：生洲之水，味如飴酪。

水中有丹者，不惟其味異常，而能延年却疾，須

名山大川，諸仙翁修煉之所有之。葛玄少時爲臨沅令，此縣廖氏家世壽，疑其井水殊赤，乃試掘井左右，得古人埋丹砂數十斛。西湖葛井，乃稚川煉丹所在，馬家園後淘井，出石瓮，中有丹數枚，如芡實，啖之無味，棄之，有施漁翁者，拾一粒食之，壽一百六歲。此丹水尤不易得，凡不淨之器，切不可汲。

煮茶得宜，而飲非其人，猶汲乳泉以灌蒿萊，罪莫大焉。飲之者一吸而盡，不暇辨味，俗莫甚焉。

靈水

靈，神也。天一生水，而精明不淆，故上天自降之澤，實靈水也。古稱上池之水者，非歟？要之皆仙飲也。大瓮收藏黃梅雨水、雪水，下放鵞子石十數塊，經年不壞。用栗炭三四寸許，燒紅投淬水中，不生跳蟲。

靈者，陽氣勝而所散也。色濃爲甘露，凝如脂，美如飴，一名膏露，一名天酒是也。

雪者，天地之積寒也。氾勝書：雪爲五穀之精。拾遺記：穆王東至大䃢之谷，西王母來進嵰州甜雪，是靈雪也。陶穀取雪水烹團茶，而丁謂煎茶

詩：痛惜藏書篋，堅留待雪天。李虛己建茶呈學士詩：試將梁苑雪，煎動建溪春。是雪尤宜茶飲也。處士列諸末品，何邪？意者以其味之燥乎？若言太冷，則不然矣。

雨者，陰陽之和，天地之施，水從雲下，輔時生養者也。和風順雨，明雲甘雨。拾遺記：香雲遍潤，則成香雨，皆靈雨也，固可食。若夫龍所行者，暴而霪者，旱而凍者，腥而黑者，及簷溜者，皆不可食。

潮汐近地，必無佳泉，蓋斥鹵誘之也。天下潮汐

惟武林最盛故無佳泉西湖山中則有之。楊子固江也其南冷則夾石渟淵特入首品余嘗試之誠與山東無異若吳淞江則水之最下者也亦復入品甚不可解。

井水

井清也泉之清潔者也通也物所通用者也法也節也法制居人令節飲食無窮竭也其清出于陰其通入于淆其法節由于得已脉暗而味滯故鴻漸曰井水下其曰井取汲多者蓋汲多

則氣通而流活耳終非佳品養水取白石子入甕中雖養其味亦可澄水不淆。

高子曰井水美者天下知鍾冷泉矣然而焦山一泉余曾味過數四不減鍾冷惠山之水味淡而清允爲上品吾杭之水山泉以虎跑爲最老龍井眞珠寺二泉亦甘北山葛僊翁井水食之味厚城中之水以吳山第一泉首稱予品不若施公井郭婆井二水清冽可茶若湖南近二橋中水清晨取之烹茶妙甚無伺他求。

湯品類 三十一種

青脆梅湯 用青翠梅三斤十二兩生甘草末四兩炒鹽一斤生薑一斤四兩青椒三兩紅乾椒半兩將梅去核擘開兩片大率青梅湯家家有方其分兩亦大同小異初造之時香味亦同藏至經月便爛熟如黃梅湯耳蓋有說焉一者青梅須在小滿前採摘碎核去仁不得犯手用乾木匙擊去打拌亦然摘碎之後攤在篩上令水略乾二用生甘草三用炒

鹽須待冷四用生薑不經水浸擂碎五用青椒旋摘晾乾前件一齊抄拌仍用木匙抄入新瓶內止可藏十餘盞湯料者乃留些鹽摻面用雙重油紙再紙緊扎餅口如此方得一脆字也梅與薑或畧犯手切作絲亦可

黃梅湯 肥大黃梅蒸熟去核淨肉一斤炒鹽三錢乾薑末一錢半乾紫蘇二兩甘草檀香末隨意拌勻置磁器中曬之收貯加糖點服夏月調水更妙。

鳳池湯　烏梅去仁留核。一斤，甘草四兩炒，鹽一兩，水煎成膏。

一法，各等分三味，杵為末，拌勻，實按入瓶，臘月或伏中合，半年後焙乾為末，點服。或用水煎成膏亦可。

橘湯　橘一斤，去殼與中白穰膜，以皮細切，同橘肉搗碎，炒鹽一兩，甘草一兩，生薑一兩，搗汁和勻，橙子同法，㬥乾，蜜封，取以點湯服之，妙甚。

杏湯　杏仁不拘多少，煮去皮尖，浸水中一宿，如磨菉豆粉法，挂去水，或加薑汁少許，酥蜜點。又杏仁三兩，生薑二兩，炒鹽一兩，甘草為末一兩，同搗。

茴香湯　茴香、椒皮六錢，炒鹽二錢，熟芝麻半升，炒麪一斤，同為末，滾湯點服。

梅蘇湯　烏梅一斤半，炒鹽四兩，甘草二兩，紫蘇葉十兩，檀香半兩，炒麪十二兩，均和點服。

天香湯　白木樨盛開時，清晨帶露用杖打下花，以布被盛之。揀去蒂萼，頓在淨器內，新盆搗爛如泥，榨乾甚，收起。每一斤，加甘草一兩，鹽梅十個，搗為餅，入磁罈封固，用沸湯點服。

暗香湯　梅花將開時，清旦摘取半開花頭，連蒂置磁瓶內，每一兩重，用炒鹽一兩洒之，不可用手漉壞，以厚紙數重密封，置陰處，次年春夏取開，先置蜜少許於盞內，然後用花二三朵置於中，滾湯一泡，花頭自開，如生可愛，充其香甚。一云：蠟點花蒂陰乾，如上加汁亦可。

須問湯　東坡居士歌括云：二錢生薑乾用一升棗，乾用去核二兩白鹽，炒黃一兩草，炙去皮丁香木香各半錢，約量陳皮一處搗，去白煎也好，點也好，紅白容顏直到老。

杏酪湯　板杏仁用三兩半，百沸湯二升浸，蓋却候冷，即便換沸湯，如是五度了，逐個掐去皮尖，入小砂盆內細研，次用好蜜一斤，於銚子內煉三沸，看滾，掇起，候半冷，旋傾入杏泥，又研，如是旋添入，所和勻，以之點湯服。

鳳髓湯　潤肺療咳嗽　松子仁　胡桃肉湯浸去皮各用一兩　蜜半兩

右件研爛次入蜜和勻。每用沸湯點服。

醍醐湯　止渴生津。烏梅。一斤槌碎用水兩大碗同熬作一碗澄清不犯鐵器　硇砂二兩研末　白檀末一錢　麝香一字　蜜三斤

右將梅水硇砂蜜三件一處。於砂石器內熬之候赤色為度。冷定。入白檀麝香。每用一二匙點湯服。

水芝湯　通心氣益精髓。

乾蓮實一斤帶皮炒極燥搗羅為細末　粉草。一兩微炒。

右為細末每二錢入鹽少許沸湯點服蓮實搗羅至黑皮如鐵不可搗則去之世人用蓮實去黑皮多不知也此湯夜坐過飢氣乏不欲取食。則飲一盞。大能補虛助氣昔仙人務光子服此得道。

茉莉湯　將蜜調塗在碗中心抹勻。不令洋流每於凌晨採摘茉莉花三二十朵。將蜜碗蓋花取其香氣薰之。午間去花點湯甚香。

香橙湯　寬中快氣消酒。大橙子二斤去核切作片片連皮用　檀香末半兩　生薑一兩切片片子焙乾

甘草末一兩　鹽三錢

右二件。用淨砂盆內碾爛如泥次入白檀末甘草末並和作餅子。焙乾碾為細末每用一錢沸湯點服。

橄欖湯　止渴生津　百藥煎一兩　白芷一錢　檀香五錢　甘草炙五錢

右件搗為細末沸湯點服。

荳蔻湯　治一切冷氣心腹脹滿胸膈痞滯噦逆嘔吐泄瀉虛滑水穀不消。困倦少力。不思飲食出局方

肉荳蔻仁一斤麪裹煨　甘草炒四兩　白麪炒一斤

丁香枝梗只用枝五錢　鹽炒二兩

右為末每服貳錢沸湯點服食前服效。

解醒湯　中酒後服。

白茯苓一錢半　白荳蔻仁五錢　木香二錢

橘紅一錢半　蓮花青皮一分　澤瀉一錢

神麯一錢炒黃　硝砂三錢　葛花半兩
猪苓去黑皮一錢半　乾薑一錢　白术二錢
右爲細末和勻。每服二錢白湯調下。但得微
汗酒疾去矣不可多食
木瓜湯　除濕止渴快氣
乾木瓜去皮淨四兩　白檀五錢　沉香三錢
茴香炒五錢　白荳蔻五錢　縮砂五錢
粉草一兩半　乾生薑半兩
右爲極細末每用半錢加鹽沸湯點服。

無塵湯　水晶糖霜二兩　梅花片腦二分
右將糖霜乳細羅過入腦子再碾勻。每用一
錢沸湯點服不可多多則人厭也
綠雲湯　食魚不可飲此湯
荆芥穗四兩　白术二兩　粉草二兩
右爲細末入鹽點用
栢葉湯　採嫩栢葉線繫垂掛。一大甕中。紙糊
其口經月取用如未甚乾更閉之至乾取爲
末如嫩黃色不用甕只密室中。亦可。但不及
瓮中者青翠若見風則黃矣此湯可以代茶
夜話飲之尤醒睡飲茶多則傷人耗精氣害
脾胃栢葉湯甚有益又不如新採洗淨點更
爲上。
三妙湯　地黃枸杞實各取汁一升蜜半升銀
器中同煎如稀餳每服一大匙湯調酒皆可
實氣養血久服益人
乾荔枝湯　白糖二斤　大烏梅肉五兩用湯蒸去核水
桂末少許　生薑絲少許　甘草少許

右將糖與烏梅肉等搗爛以湯調用。
清韻湯　縮砂末三兩　石菖蒲末一兩
甘草末五錢
入鹽少許白湯點用
橙湯　橙子五十箇　乾山藥末一兩　甘草末一兩
白梅肉四兩
右搗爛焙乾捏成餅子白湯用
桂花湯　焙乾爲末四兩　乾薑少許　甘草少許
右爲末和勻量入鹽少許貯磁罐中莫令出

氣時常用白湯點用

洞庭湯　陳皮去皮四兩　生薑四兩

右將薑與橘皮同淹一宿，晒乾，入甘草末六錢，白梅肉三十箇，炒鹽五錢，和勻，沸湯點用。

木瓜湯　乾木瓜十兩　生薑末二兩　炒鹽二兩　甘草末二兩　紫蘇末十兩

右五味和勻，沸湯點用，手足酸服之妙。

又一方加硇砂二兩為末，山藥末三兩，消食化氣壯脾。

參麥湯　人參一錢　門冬六分　五味二分

入小罐煎成湯服。

菉荳湯　將菉荳淘淨，下鍋加水，大火一滾，取湯停冷，色碧，食之解暑。如多滾則色濁，不堪食矣。

熟水類十二種

稻葉熟水　採禾苗晒乾，每用滾湯入壺中，燒稻葉帶焰投入，蓋密，少頃瀉服，香甚。

橘葉熟水　採取晒乾，如上法泡用。

桂葉熟水　採取晒乾，如上法泡用。

紫蘇熟水　取葉，火上隔紙烘焙，不可翻動，候香收起。每用以滾湯洗泡一次，傾去，將泡過紫蘇入壺，傾入滾水，服之能寬胸導滯。

沉香熟水　用上好沉香一二小塊，爐燒烟，以壺口覆爐，不令烟氣傍出，烟盡，急以滾水投入壺內，蓋密瀉服。

丁香熟水　用丁香一二粒，槌碎入壺，傾上滾水，其香鬱然，但少熱耳。

砂仁熟水　用砂仁三五顆，甘草一二錢，碾碎入壺中，加滾湯泡上，其香可食，甚消壅隔，去胸膈鬱滯。

花香熟水　採茉莉、玫瑰，摘半開蕊頭，用滾湯一碗停冷，將花蕊浸水中，蓋碗密封，次早用時去花，先裝滾湯一壺，入浸花水一二小盞，則壺湯皆香藹可服。

檀香熟水　如沉香熟水方法。

荳蔻熟水　用荳蔻一錢，甘草三錢，石菖蒲五分爲細片入淨瓦壺洗以滾水食之如味濃再加熱水可用。

桂漿　官桂一兩爲末　白蜜二碗　先將水二斗煮作一斗。多入磁罈中。候冷入桂蜜二物攪二百餘遍。初用油紙一層。外加綿紙數層密封罈口五七日。其水可服。或以木楔罈口密封置井中。三五日。水凉可口。每服一二杯。祛暑解煩。去熱生涼。百病不作。

香櫞湯　用大香櫞不拘多少以二十個爲規

切開。將肉穰以竹刀刮出。去囊袋并筋收起將皮刮去白。細細切碎。笊籬熱滾湯中。焯一二次。榨乾收起。入前穰肉。加炒鹽四兩。甘草末一兩。檀香末三錢。沉香末一錢。不用亦可白荳仁末二錢。和勻。用瓶密封。可久藏。用每以箸挑一二匙。充白滾湯服。胸膈脹滿膨氣醒酒化食。導痰開鬱。妙不可言。不可多服。恐傷元氣。

粥糜類 三十八種

芡實粥　用芡實去殼三合新者研成膏陳者作粉。和粳米三合煮粥食之。益精氣強智力聰耳目。

蓮子粥　用蓮肉一兩去皮煮爛細搗入糯米三合煮粥食之。治同上。

竹葉粥　用竹葉五十片　石膏二兩水三碗煎至二碗。澄清去楂。入米三合煮粥。入白糖一二匙食之。治膈上風熱頭目赤。

蔓菁粥　用蔓菁子二合研碎。入水二大碗絞出清汁。入米三合煮粥。治小便不利。

牛乳粥　用真生牛乳一鍾。先用白米作粥煮半熟去少湯。入牛乳待煮熟盛碗。再加酥一匙食之。

甘蔗粥　用甘蔗榨漿三碗。入米四合煮粥。空心食之。治咳嗽虛熱。口燥涕濃舌乾。

山藥粥　用羊肉四兩爛搗。入山藥末一合加鹽少許粳米三合煮粥食之。治虛勞骨蒸。

枸杞粥　用甘州枸杞一合，入米三合，煮粥食之。

紫蘇粥　用紫蘇研末，入水取汁，煮粥將熟，諒加蘇子汁，攪勻食之。治老人脚氣。須用家蘇方妙

地黄粥　十月內生新地黄十餘斤，搗汁，每汁一斤，入白蜜四兩，熬成膏，收貯封好。每煮粥三合，入地黄膏二三錢，酥油少許，食之。滋陰潤肺。

胡麻粥　用胡麻去皮，蒸熟更炒，令香。用米三

合，淘淨，入胡麻二合，研汁同煮粥，熟加酥食之。

山栗粥　用栗子煮熟，揉作粉，入米煮粥食之。

菊苗粥　用甘菊新長嫩頭叢生葉，摘來洗淨，細切，入鹽同米煮粥食之。清目寧心。

杞葉粥　用枸杞子新嫩葉，如上煮粥，亦妙。

薏苡粥　用薏仁淘淨，對配白米煮粥，入白糖一二匙，食之。

沙穀米粥　用沙穀米檢淨，水略淘，滚水內下一滚即起，庶免作糊。治下痢甚驗。

蕪蔞粥　用砂礶先煮赤豆爛熟，候煮米粥少沸，傾赤豆同粥再煮食之。

梅粥　收落梅花瓣淨，用雪水煮粥，候粥熟下梅瓣，一滚即起，食之。

荼蘼粥　採荼蘼花片，用甘草湯焯過，候粥熟同煮。又採木香花嫩葉，就甘草湯焯過，以油鹽薑醯為菜，二味清芬，真仙供也。

河祇粥　用海鲞煮爛，去骨細折，候粥熟同煮

攪勻食之。

山藥粥　用淮山藥為末，四六分配米煮粥食之，甚補下元。

羊腎粥　枸杞葉半斤，米三合，羊腎兩個，碎切，葱頭五箇，乾者亦可，同煮粥，加些鹽味食之。大治腰脚疼痛。

麋角粥　用煮過膠的麋角霜作細末，每粥一盞，入末一錢，鹽少許，食之。治人下元虛弱。

鹿腎粥　用鹿腎二個，去脂膜，切細，入少鹽，先

煑爛入米三合煑粥治氣虛耳聾　一方加蓯蓉　兩酒洗去皮同腎入粥煑亦然

猪腎粥　用人參二分葱白些少防風一分俱擣作末同粳米三合入鍋煑半熟將猪腎一對去膜預切薄片淡鹽醃須刻放粥鍋中投入再莫攪動慢火更煑良久食之能治耳聾

羊肉粥　用爛羊肉四兩細切加人參末一錢白茯苓末一錢大棗二個切細黄芪五分入粳米三合入好鹽三二分煑粥食之治羸弱壯陽

匾豆粥　白匾豆半斤人參二錢作細片用水煎汁下米作粥食之益精力又治小兒霍亂

茯苓粥　茯苓爲末淨一兩粳米二合先煑粥熟下茯苓末同煑起食治欲睡不得睡

蘇麻粥　眞紫蘇子大麻子各五錢水洗淨微炒香同米研如泥取汁將二子汁化湯煑粥治老人諸虛結久風秘不解壅聚膈中腹脹惡心

竹瀝粥　如常煑粥以竹瀝下半甌食之能治痰火

門冬粥　麥門冬生者洗淨絞汁一盞白米一合薏苡仁一合生地黄絞汁二合生薑汁半盞先將苡仁白米煑熟后下三味汁煑成稀粥治翻胃嘔逆

蘿蔔粥　用不辣大蘿蔔入鹽煑熟切碎如豆入粥將起一滾而食

百合粥　生百合一升切碎同蜜一兩窨熟煑粥將起入百合三合同煑食之妙甚

仙人粥　何首烏赤者爲雄白者爲雌大者爲佳　採大者不可犯鐵竹刀刮去皮切成片收起每用五錢砂礶煑爛下白米三合煑粥

山茱萸粥　作麪亦可　採去皮擣研爲泥粉每用一盞入蜜二匙同炒令凝揉同粥攪食

乳粥　用肥人乳候煑粥半熟去湯下人乳汁代湯煑熟置碗中加酥油一二錢旋攪甚美

大補元氣無酥亦可。

枸杞子粥　用生者。研如泥。乾者爲末。每粥一甌加子末半盞。白蜜一二匙。和匀。食之大益。

肉米粥　用白米先煮成軟飯。將雞汁。或肉汁。蝦汁。湯調和清過。用熟肉碎切。如豆。再加茭筍。香蕈。或松穰等物。細切同飯。下湯肉一滾即起入供。以醎菜爲過味甚佳。

菉豆粥　用菉豆淘淨。下湯鍋。多水煮爛。次下米。以緊火同熬成粥。候冷食之。甚宜夏月。適

可而止。不宜多吃。

口數粥　十二月二十五日夜。用赤豆煮粥。同菉豆法。一家之人。大小分食。若出外夜回者。亦留與吃。謂之口數粥。能除瘟疫。辟癘鬼。出田家五行。

菓實粉麪類

藕粉　法取麄藕。不限多少。洗淨截斷。浸三日夜。每日換水。看灼然潔淨。漉出。擣如泥漿。以布絞淨汁。又將藕楂擣細。又絞汁盡。濾出惡物。以清水少和攪之。然后澄去清水。下即好粉。

雞頭粉　取新者曬乾。去殼。擣之成粉。

栗子粉　取山栗切片。曬乾。磨成細粉。

菱角粉　去皮。如治藕法取粉。

薑粉　以生薑研爛。絞汁。澄粉。用以和羹。

葛粉　去皮。如上法取粉。開胃止煩渴。

茯苓粉　取苓切片。以水浸去赤汁。又換水浸一日。如上法取粉。拌水煮粥。補益最佳。

松栢粉　取葉在帶露時採之。經隔一宿。則無粉矣。取嫩葉擣汁。澄粉。如嫩草。鬱蔥可愛

百合粉　取新者擣汁。如上法取粉。乾者可磨作粉。

山藥粉　取新者如上法。乾者可磨作粉。

蕨粉　作餅食之甚妙。有治成貨者。

蓮子粉　乾者可磨作粉。

芋粉　取白芋，如前法作粉。紫者不用。

蒺藜粉　柏中搗去刺皮，如上法取粉。輕身去風。

栝蔞粉　去皮，如上法取粉。

茱萸麵　取粉如上法。

山藥撥魚　白麵一斤，好豆粉四兩，水攪如調糊，將煮熟山藥研爛，同麵一并調稠，用匙逐

條撥入滾湯鍋內。如魚片，候熟。以肉汁食之。無汁，麵內加白糖可吃。

百合麵　用百合搗爲粉，和麵搜爲餅爲麪食亦可。

已上諸粉，不惟取寵爲造，凡煮粥俱可配煮。

凡和麪用黑豆汁和之，再無麪毒之害。

脯鮓類五十種

千里脯

牛羊豬肉皆可。精者一斤，醲酒二盞，淡醋一盞，白鹽四錢，冬三錢，茴香、花椒末一錢，拌一宿，文武火煮，令汁乾，曬之，妙絕。可安一月。

肉鮓 名柳葉鮓

精肉一斤，去筋，鹽一兩，入炒米粉些少，多要酸肉皮三斤，滾水焯，切薄絲片，同精肉切細拌，用箬包，每餅四兩重。冬天灰火焙三日，用蓋上留

一小孔，夏天一週時可吃。

搥脯

新宰圈豬，帶熱精肉一斤，切作四五塊，少鹽半兩擦入肉中，直待筋　不收，日曬半乾，量用好酒和水，并花椒、蒔蘿，　火煮乾，碎搥。

火肉

以圈豬方殺下，只取四隻精腿，乘熱用鹽，每一斤肉鹽一兩，從皮擦入肉內，令如綿軟，以石壓竹柵上，置缸內二十日，次第三番五次用稻柴

灰。一重間一重疊起。用稻草烟熏。一日一夜。掛有烟處。初夏水中浸一日夜。淨洗。仍前掛之。

臘肉

肥嫩獖猪肉十斤。切作二十段。鹽八兩。酒二斤。調勻。猛力揉入肉中。令如綿軟。大石壓去水。晾十分乾。以剩下所醃酒調糟塗肉上。以篾穿掛通風處。又法。肉十斤。先以鹽二十兩。煎湯澄清取汁。置肉汁中。二十日取出。掛通風處。一法。夏月鹽肉。炒鹽擦入勻醃一宿。掛起。見有水

痕便用大石壓去水。乾掛風中。

炙魚

鱭魚新出水者。治淨。炭上十分炙乾。收藏。一法。以鱭魚去頭尾。切作段。用油炙熟。每段用箬間盛。瓦罐內泥封。

水醃魚

臘中鯉魚切大塊。拭乾。一斤用炒鹽四兩擦過。淹一宿。洗淨晾乾。再用鹽二兩。糟一斤。拌勻入瓮。紙箬泥封塗。

蟹生

用生蟹剁碎。以麻油先熬熟。冷。并草果、茴香、砂仁、花椒末、水薑、胡椒。俱爲末。再加葱、鹽、醋共十味。入蟹內拌勻。即時可食。

魚鮓

鯉魚、青魚、鱸魚、鱘魚皆可造。治去鱗腸。舊筅箒緩刷去脂膩腥血。十分令淨。掛當風一二日。切作小方塊。每十斤用生鹽一斤。夏月一斤四兩。拌勻醃器內。冬二十日。春秋減之。布裹石壓。令

水十分乾。不滑不韌。用川椒皮二兩、蒔蘿、茴香、砂仁、紅豆各半兩。甘草少許。皆爲麤末。淘淨白粳米七八合。炊飯。生麻油一斤半。純白葱絲一斤。紅麴一合半。搥碎。已上俱拌勻。磁器或水桶按十分實。荷葉蓋。竹片扦定。更以小石壓在上。候其自熟。春秋最宜造。冬天預醃下。作坏可留。臨用時旋將料物打拌。此都中造法也。鱭魚同法。但要乾方好。

肉鮓

生燒猪羊腿精批作片以刀背勻搥三兩次切作塊子沸湯隨漉出用布内扭乾每一斤入好醋一盞鹽四錢椒油草果砂仁各少許供饌亦珍美

大熝肉

肥嫩在圈猪約重四十斤者只取前腿去其脂剔其骨去其拖肚淨取肉一塊切成四五斤塊又切作十字爲四方塊白水煑七八分熟撈起停冷搭精肥切作片子厚一指淨去其浮油水

用少許厚汁放鍋内先下熝料次下肉又次淘下醬水又次下元汁燒滾又次下末子細熝料在肉上又次下紅麯末以肉汁解薄傾在肉上文武火燒滾令沸直至肉料上下皆紅色方下宿汁略下鹽去醬板次下鰕汁掠去浮油以汁清爲度調和得所頓熱用之其肉與汁再不下鍋

豉汁鵝同法但不用紅麯加些豆豉搗在汁内

捉清汁法以元去浮油用生鰕和醬搗在汁内一邊燒灰使鍋中一邊滾起泛來掠去之如無鰕汁以猪肝搗碎和水傾入代之三四次下鰕汁方無一點浮油爲度

留宿汁法宿汁每日煎一滚停傾少時定清方好如不用入錫器内或瓦罐内封盖掛井中

用紅麯法每麯一酒盞許隔宿酒浸令酥研如泥以肉汁解薄下○麄熝料方用官桂白芷良姜等分不切完用○細熝料方甘草多用官桂白芷良姜桂花檀香霍香細辛甘松花椒宿砂紅豆杏仁等分爲細末用

凡肉汁要十分清不見浮油方妙肉却不要乾枯

帶凍鹽醋魚

鮮鯉魚切作小塊鹽醃過醬煑熟收起却下魚鱗及荆芥同煎滚去渣候汁稠調和滋味得所錫器密盛置井中或水上用濃薑醋澆

瓜虀

醬瓜生薑葱白淡笋乾或茭白鰕米鷄胸肉各

等分。切作長条絲兒香油炒過。供之。

水雞乾

治靜大水雞湯中煮浮。即撈起。以石壓之。令十分乾收。

算条巴子

猪肉精肥各令切作三寸長条。如算子樣。以砂糖花椒末宿砂末調和。得所拌勻曬乾蒸熟。

爍子蛤蜊

用猪肉肥精相半。切作小骰子塊。和些酒煮半

熟。入醬。次下花椒砂仁葱白鹽醋和勻。再下菉豆粉或麵水調下鍋內作膩。一滾盛起。以蛤蜊先用水煮去殼。排在湯鼓子內。以爍子肉洗供。新韮胡葱菜心猪腰子笋茭白同法。

爐焙雞

用雞一隻。水煮八分熟。剁作小塊。鍋內放油少許燒熱。放雞在內略炒。以鍉子或椀蓋定。燒極熱醋酒相半。入鹽少許烹之。候乾再烹。如此數次候十分酥熟取用。

蒸鰣魚

鰣魚去腸不去鱗。用布拭去血水。放盪鑼內。以花椒砂仁醬擂碎水酒葱拌勻。其味和蒸。去鱗供食。

酥骨魚

大鯽魚治淨。用醬水酒少許。紫蘇葉大撮甘草些少煮半日。候熟供食。

川猪頭

猪頭先以水煮熟。切作条子。用砂糖花椒砂仁

醬拌勻。重湯蒸頓煮爛。剔骨扎縛作一塊。大石壓實作膏糟食。

釀肚子

用猪肚一箇。治淨。釀入石蓮肉。洗擦苦皮。十分淨白糯米淘淨。與蓮肉對半。實裝肚子內。用線扎緊煮熟。壓實。候冷切片。煮熟肚子。將紙鋪地。放下。用好醋噴肚。用鉢蓋上。少頃取食。其肚肉皆厚可食。

夏月醃肉法

用炒過熱鹽擦肉。令軟勻。下缸內。石壓一夜。掛起見水痕。即以大石壓乾。掛當風處不敗。

醃猪舌牛舌法

每舌一斤用鹽八錢一方用五錢好酒一碗川椒蒔蘿茴香麻油少許細切葱白醃五日翻三四次索穿掛當風處陰乾紙裝盛藏煮用

風魚法

用青魚鯉魚破去腸胃每觔用鹽四五錢醃七日取起洗淨拭乾腮下切一刀將川椒茴香加炒鹽擦入腮內併腹裏外以紙包裹外用麻皮扎成一個挂于當風之處腹內入料多些方妙

肉生法

用精肉切細薄片子醬油洗淨入火燒紅鍋爆炒去血水微白即好取出切成絲再加醬瓜糟蘿蔔大蒜砂仁草果花椒橘絲香油拌炒肉絲臨食加醋和勻食之甚美

魚醬法

用魚一斤切碎洗淨後炒鹽三兩花椒一錢茴香一錢乾姜一錢神麯二錢紅麯五錢加酒和勻拌魚肉入磁瓶封好十日可用吃時加葱花少許

糟猪頭蹄爪法

用猪頭蹄爪煮爛去骨布包攤開大石壓扁實落一宿糟用甚佳

酒發魚法

用大鯽魚破開去鱗眼腸胃不要見生水用布抹乾每斤用神麯一兩紅麯一兩爲末拌炒鹽二兩胡椒茴香川椒乾薑各一兩拌勻裝入魚空肚內加料一層共裝入罈內包好泥封十二

月內造了至正月十五後開又番一轉入好酒浸滿泥封至四月方熟取吃可留一二年

酒醃蝦法

用大蝦不見水洗剪去鬚尾每斤用鹽五錢淹半日瀝乾入瓶中蝦一層放椒三十粒以椒多爲妙或用椒拌蝦裝入瓶中亦妙裝完每斤用鹽三兩好酒花開澆入瓶內封好泥頭春秋五七日即好吃冬月十日方好

湖廣鮓法

用大鯉魚十斤細切丁香塊子。去骨并雜物。先用老黄米炒燥爲末約有升半。配以炒紅麯升半。共爲末聽用。將魚塊稱有十斤。用好酒二碗鹽一斤。夏月用鹽一斤四兩。拌魚醃磁器內。冬醃半月。春夏十日。取起洗淨。布包榨十分乾。以川椒二兩。砂仁一兩。茴香五錢。紅豆五錢。甘草少許爲末。麻油一斤八兩。葱白頭一斤。先合米麯末一升。拌和。納罈中用石壓實。冬月十五日可吃。夏月七八日可吃。吃時再加椒料米醋爲佳

水煠肉 又名擘燒

將猪肉生切作二指大長条子。兩面用刀花界如磚堦様。次將香油甜醬花椒茴香拌匀。將切碎肉揉拌匀了。少頃鍋內下猪脂熬油一碗。香油一碗。水一大碗。酒一小碗。下料拌肉。以浸過爲止。再加蒜榔一兩。蒲蓋悶。以肉酥起鍋食之如無脂油要油氣故耳。

清蒸肉

用好猪肉煮一滾。取淨。方塊。水漂過。刮淨。將皮用刀界碎。將大小茴香花椒草果官桂用稀布包作一包。放盪鑼內。上壓肉塊。先將雞鵝清過好汁調和滋味。澆在肉上。仍蓋大葱醃菜蒜榔入湯鍋內蓋住蒸之。食時去葱蒜菜并包料食之

炒羊肚兒

將羊肚洗淨。細切条子。一邊大滾湯鍋。一邊熱熬油鍋。先將肚子入湯鍋笊籬一焯。就將粗布紐乾湯氣。就火急落油鍋內炒。將熟加葱花蒜片。花椒茴香醬油酒醋調匀。一烹即起。香脆可食。如遲慢即潤如皮条難吃

炒腰子

將猪腰子切開。踢去白膜筋絲。背面刀界花兒落滾水微焯。漉起。入油鍋一炒。加小料葱花芫荽蒜片。椒薑醬汁。酒醋。一烹即起。

蟶鮓

蟶一斤。鹽一兩。醃一伏時。再洗淨控乾布包石壓。加熟油五錢薑橘絲

五錢鹽一錢葱絲五分酒一大盞飯糝一合磨米拌勻入瓶泥封十日可供魚鮓同

又風魚

每魚一斤鹽四錢加以花椒砂仁葱花香油薑絲橘細絲醃壓十日挂烟熏處

糖炙肉并烘肉巴

猪肉去皮骨切作二寸大片將砂糖少許去氣息醬大小茴香花椒拌肉見日一晾即收將香油熬熟下肉蓋定勿燒火以酥爲度 肉巴用

精嫩切條片鹽少醃之後用椒料拌肉見日一晾炭火鐵床上炙之食

醬蟹糟蟹醉蟹三法

香油入醬油內亦可久留不砂 糟醋酒醬各一碗蟹多加鹽一碟又法用酒七碗醋三碗鹽二碗醉蟹亦妙炭一塊則蟹膏不沙以白芷一錢八醉蟹則膏結實恐有腥氣不佳

晒蝦不變紅色

蝦用鹽炒熟盛籮內用井水淋洗去鹽晒乾色紅不變

煮魚法

凡煮河魚先放水下燒則骨酥 江海魚先調滚汁下鍋則骨堅也

煮蟹青色蛤蜊脫丁

用柿蔕三五箇同蟹煮色青 用枇杷核內仁同蛤蜊煮脫丁

造肉醬法

精肉四斤去筋骨醬一斤八兩研細鹽四兩葱白細切一碗川椒茴香陳皮各五六錢用酒拌

各料并肉如稠粥入罈封固晒烈日中十餘日開看乾再加酒淡再加鹽又封以泥晒之

黄雀鮓

每隻治淨用酒洗拭乾不犯水用麥黄紅麯鹽椒葱絲嘗味和爲止却將雀入匾罈中鋪一層上料一層裝實以箬蓋篾片竿定候滷出傾去加酒浸密封久用

治食有法條例

洗猪肚用麪洗猪臟用砂糖不氣 煮笋入薄

荷。少加鹽或以灰則不𩟗。　糟蟹罎上。加皂角半錠可留久。洗魚滴生油一二點則無涎。煑魚下木香不腥。　煑鵞下櫻桃葉數片易軟。　煑陳臘肉將熟。取燒紅炭投數塊入鍋內則不油𩟗氣。　煑諸般肉。封鍋口用楮實子一二粒同煑易爛又香。　夏月肉單用醋煑可留十日。麵不宜生水過。用滾湯停冷過之。

燒肉忌桑柴火。　醬蟹糟蟹忌灯照則沙。　酒酸用赤小豆一升。炒焦袋盛。入酒罎中則好。

染坊瀝過淡灰。晒乾。用以包藏。生黃瓜茄子。至冬月可食。　用松毛包藏橘子。三四月不乾。菉荳藏橘亦可。

五日以麥麵煑成粥。糊入鹽少許。候冷。傾入甕中。收新鮮紅色未熟桃。納滿甕中。封口。至冬月如生。　蜜煎黃梅時摘蜜。用細辛放頂上。（不生小蟲）

用臘水同薄荷一握。明礬少許。入瓮中。投浸枇杷林檎楊梅于中。顏色不變。味凉可食。

弦雪居重訂遵生八牋卷之十一　終

弦雪居重訂遵生八牋卷之十二

景陵鍾惺伯敬父較閱

飲饌服食牋　下卷

家蔬類

（皆余手製。曾經知味者。筬入。非漫錄也。或傳有不同。悉聽製度。）

配鹽瓜菽

老瓜嫩茄。合五十斤。每斤用淨鹽二兩半。先用半兩醃瓜茄一宿。出水。次用橘皮五斤。新紫蘇連根三斤。生薑絲三斤。去皮杏仁二斤。桂花四

兩。甘草二兩。黃豆一斗。煑酒五斤。同拌入瓮。合滿捺實。箬五層。竹片捺定。箬裹泥（封）。晒日中。兩月取出。入大椒半斤。茴香砂仁各半斤。勻晾。晒在日內。發熱。乃酥美。黃豆須揀大者。煑爛。以麩皮罨熱。去麩皮。淨用。

糖蒸茄

牛奶茄嫩而大者。不去蒂。直切成六稜。每五十斤。用鹽一兩拌勻。下湯焯令變色。瀝乾。用薄荷茴香末夾在內。砂糖二斤。醋半鍾。浸三宿。晒乾

遵滷直至滷盡茄乾壓匾收藏之

蒜梅

青硬梅子二斤。大蒜一斤。或囊剝淨炒鹽三兩酌量水煎湯停冷浸之候五十日後滷水將變色傾出再煎其水停冷浸之。入瓶至七月後食梅無酸味蒜無葷氣也

釀瓜

青瓜堅老而大者切作兩片。去穰略用鹽出其水生薑陳皮薄荷紫蘇俱切作絲茴香炒砂仁砂糖拌勻入瓜內用線扎定成個入醬缸內五六日取出連瓜晒乾收貯切碎了晒

蒜瓜

秋間小黃瓜一斤。石灰白礬湯焯過控乾鹽半兩醃一宿又鹽半兩剝大蒜瓣三兩搗爲泥與瓜拌勻傾入醃下水中。熬好酒醋。浸着涼處頓放。冬瓜茄子同法。

三煮瓜

青瓜堅老者切作兩片每一斤用鹽半兩醬一兩紫蘇甘草少許醃伏時連滷夜煮日晒凡三次煮後晒至雨天留甑上蒸之晒乾收貯

蒜苗乾

蒜苗切寸段一斤鹽一兩淹出臭水略晾乾拌醬糖少許蒸熟晒乾收藏。

藏芥

芥菜肥者不犯水晒至六七分乾去葉每斤鹽四兩淹一宿取出每莖扎成小把置小瓶中倒瀝盡其水并煎淹出水同煎取清汁待冷入瓶封固夏月食

菉豆芽

將菉豆冷水浸兩宿候漲換水淘兩次烘乾預掃地潔淨以水洒濕鋪紙一層置豆於紙上以盆蓋之一日兩次洒水候芽長淘去殼沸湯略焯薑醋和之肉燥尤宜。

芥辣

三年陳芥子。研細水調捺實碗內韌紙封固沸湯三五次泡出黃水覆冷地上頃後有氣入淡

醋解開。布濾去查。又法加細辛二三分更辣。

醬佛手香櫞梨子

梨子帶皮入醬缸內。久而不壞。香櫞去穰。醬皮。佛手全醬。新橘皮。石花。麪筋。皆可醬食。其味更佳。

糟茄子法

五茄六糟鹽十七。更加河水甜如蜜。茄子五斤。糟六斤。鹽十七兩。河水兩小碗。拌糟。其茄味自甜。此藏茄法也。非暴用者。又方中樣晚茄水浸一宿。每斤用鹽四兩。糟一斤。亦妙。

糟薑方

薑一斤。糟一斤。鹽五兩。揀社日前可糟。不要見水。不可損了薑皮。用乾布擦去泥。晒半乾後。糟鹽拌之。入甕。

糖醋瓜

用六月伏。旋摘白生瓜。以五十斤。爲率。破作兩片。去其穰。切作寸許大。厚三分。三刀塊了。然後將籮盛於水洗淨。每十斤用鹽五兩。缸內鹽之

約一個時翻轉。再過半時瀝起。攤在蘆席上。猛日中晒。令半乾。先切橘皮絲。薑絲。花椒皮。炒鹽篩淨。將好醋下鍋煎沸。每十斤用醋二十二兩。五錢。好砂糖十兩。入鹽醋內。傾於器中。候冷。將瓜乾。薑。椒等。入醋拌勻。過宿翻轉。又一宿再翻後收藏。只要泡洗器具乾淨。斷水跡。向陰處收藏。

素筍鮓

用好麩六七個。扯如小指大條子。秤五斤。入湯內煮三四沸。捺在筲箕內。帶熱榨乾。先焙蒔蘿。茴香共半合。碾碎。不可細了。揀花椒片小半合。赤麯米大半合。以湯泡軟。披葱頭須半碗。杏仁一合許。去皮尖。擂碎。用酒調湯。熬油二兩。於鍋內候熟。住火。先傾杏仁、入酒沸過。次下麩及料物。用鐵鏟頻翻三四轉。嘗其鹹淡。逐漸放於器中。將濕赤麯旋摻入。捺實。以荷葉蓋上。用竹片拴定。以石壓之。三四箇時辰可用

又筍鮓方

春間取嫩笋，剝淨，去老頭，切作四分，大一寸長塊，上籠蒸熟，以布包裹榨作極乾，投於器中，下油用。製造與麩鮓同。

糟蘿蔔方

蘿蔔一斤，鹽三兩，以蘿蔔不要見水，揩淨，帶須半根，晒乾，糟與鹽拌過，次入蘿蔔，又拌過，入甕。此方非暴吃者。

做蒜苗方

苗用些少鹽淹一宿，晾乾，湯焯過，又晾乾，以甘

草湯拌過，上甑蒸之，晒乾，入甕。

三和菜

淡醋一分，酒一分，水一分，鹽、甘草調和其味，得所，煎滚，下菜、薑絲、橘皮絲各少許，白芷一二小片，炒菜上，重湯頓，勿令開，至熟食之。

暴虀

菘菜嫩莖湯焯半熟，紐乾，切作碎段，少加油略炒過，入器內，加醋些少，停片時食之。

胡蘿蔔菜

取紅細胡蘿蔔切片，同切芥菜，入醋略醃片時，食之甚脆。仍用鹽些少，大小茴香、薑、橘皮絲同醋共拌，醃食。

胡蘿蔔鮓 俗名紅蘿蔔也

切作片子，滚湯略焯，控乾，入少許葱花、大小茴香、薑、橘絲、花椒末、紅麴研爛，同鹽拌勻，罨一時食之。

又方

白蘿蔔、茭白生切，笋煮熟，三物俱同此法作鮓，

可供。

晒淡笋乾

鮮笋猫兒頭不拘多少，去皮，切片条，沸湯焯過，晒乾收貯。用時米泔水浸軟，色白如銀。鹽湯焯即醃笋矣。

蒜菜

用嫩白冬菜切寸段，每十斤用炒鹽四兩，每醋一碗，水二碗，浸菜於瓮內。

做瓜法

用堅硬生瓜切開去穰揩乾不要犯水切三角小塊以十斤爲率用鹽半斤放在大盆內淹一宿明早以麻布袋之用石壓乾蒔蘿茴香花椒橘皮紫蘇生薑各五錢俱切絲和瓜拌勻好砂糖十兩以醋三碗碾糖極爛以磁器盛之把在日中晒頻翻轉以汁盡爲度乾則入瓶收貯。

淡茄乾方

用大茄洗淨鍋內煮過不要見水擘開用石壓乾趂日色晴先把瓦晒熱攤茄子於瓦上以乾

爲度藏至正二月內和物勻食其味如新茄之味。

十香鹹豉方

生瓜并茄子相半每十斤爲率用鹽十二兩先將內四兩醃一宿瀝乾生薑絲半斤活紫蘇連梗切斷半斤甘草末半兩花椒揀去梗核碾碎二兩茴香一兩蒔蘿一兩砂仁二兩藿葉半兩如無亦罷先五日將大黃豆一升煮爛用炒麩皮一升拌罨做黃子待熟過篩去麩皮止用豆

豉用酒一瓶醋糟大半碗與前物共和打拌泡乾淨瓮入之捺實用箬四五重蓋之竹片廿字扦定再將紙箬扎瓮口泥封晒日中至四十日取出略晾乾入瓮收之如晒可二十日轉過瓮使日色遍遍。

又造芥辣法

用芥菜子一合入擂盆研細用醋一小盞以水和之再用細絹擠出汁置水缸涼處臨用時再加醬油醋調勻其辣無比其味極妙。

芝蔴醬方

熟芝蔴一斗搗爛用六月六日水煎滾晾冷用罈調勻水淹一手指封口晒五七日後開罈將黑皮去後加好酒釀糟三碗好醬油三碗好酒二碗紅曲末一升炒菉豆一升炒米一升小茴香末　兩和勻過二七日後用。

盤醬瓜茄法

黃子一斤　瓜一斤　鹽四兩　將瓜擦原醃瓜水拌勻醬黃每日盤二次七七四十九日入

罈

乾閉甕菜

菜十斤。炒鹽四十兩。用缸醃菜一皮。菜一皮。鹽醃三日。取起菜入盆內。揉一次。將另過一缸。鹽滷收起聽用。又過三日。又將菜取起。又揉一次將菜另過一缸。留鹽汁聽用。如此九遍。完入甕內。一層菜上。洒花椒小茴香一層。又裝菜。如此緊緊實實裝好。將前留起菜滷每罈澆三碗。泥起過年可吃。

撒拌和菜

將麻油入花椒。先時熬一二滾。收起。臨用時將油倒一碗。入醬油醋白糖些少。調和得法。安起凡物用油拌的。即倒上些少。拌吃絶妙。如拌白菜荳芽水芹。須將菜入滾水。焯熟。入清水漂着臨用時榨乾。拌油方吃。菜色青翠不黑。又脆可口。

水豆豉法

將黄子十斤。好鹽四十兩。金華甜酒十碗。先日用滾湯二十碗充調鹽三滷。留冷淀清聽用。將黄子下缸。入酒入鹽水。晒四十九日完。方下大小茴香各三兩 草果 官桂五錢 木香三錢 陳皮絲一兩 花椒一兩 乾薑絲半斤 杏仁一斤各料加入缸內。又晒又打三日。將罈裝起。隔年吃方好。醮肉吃更妙。

倒纛菜

每菜一百斤。用鹽五十兩。醃了。入罈裝實。用鹽滷調毛灰。如乾麵糊。口上攤過。封好。不必草塞

辣芥菜清燒

用芥菜不要落水。晾乾軟了。用滾湯一焯。就起笊籬撈在篩子內。晾冷。將焯菜湯晾冷。將篩子內菜用鬆鹽些少。撒拌入瓶。後加晾冷菜滷澆上包好。安頓冷地上。

蒸乾菜

將大窠好菜擇洗淨乾。入沸湯內焯五六分熟晒乾。用鹽醬蒔蘿花椒砂糖橘皮同煮極熟。又晒乾。并蒸片時。以磁器收貯。用時着香油揉微

用醋飯上蒸食

鵪鶉茄

揀嫩茄切作細縷沸湯焯過控乾用鹽醬花椒蒔蘿茴香甘草陳皮杏仁紅豆研細末拌勻晒乾蒸過收之用時以滚湯泡軟蘸香油煠之。

食香瓜茄

不拘多少切作棊子。每斤用鹽八錢食香同瓜拌勻。於缸内醃一二日取出控乾日晒晚復入滷水内次日又取出晒。凡經三次勿令太乾裝

入罈内用

糟瓜茄

瓜茄等物每五斤。鹽十兩和糟拌勻用銅錢五十文逐層鋪上經十日取錢不用别換糟入瓶收久翠色如新。

茭白鮓

鮮茭切作片子焯過控乾以細葱絲蒔蘿茴香花椒紅麴研爛并鹽拌勻同醃一時食藕梢鮓同此造法。

糖醋茄

取新嫩茄切三角塊沸湯漉過。布包榨乾鹽淹一宿晒乾用薑絲紫蘇拌勻。煎滚糖醋潑浸。收入磁器内瓜同此法。

糟蒜

社前取嫩蒜不拘多少去蘆擦淨。用酒。和糟鹽拌勻。入磁罈中上加砂糖一塊箬葉紮口泥封七日可食

醃鹽菜

白菜削去根及黄老葉洗淨控乾每菜十斤。用鹽十兩甘草數莖以淨瓮盛之將鹽撒入菜丫内擺於瓮中入蒔蘿少許以手按實至半瓮再入甘草數莖候滿瓮用磚石壓定醃三日後將菜倒過扭去滷水于乾淨器内另放忌生水却將滷水澆菜内候七日依前法再倒用新汲水渰浸仍用磚石壓之其菜味美香脆若至春間食不盡者于沸湯内焯過晒乾收之夏間將菜温水浸過壓乾入香油拌勻以磁碗盛於飯上

蒸過食之。

蒜冬瓜

揀大者去皮穰切如一指闊以白礬石灰煎湯焯過漉出控乾每斤用鹽二兩蒜瓣三兩搗碎同冬瓜裝入磁器添以熬過好醋浸之。

醃鹽韭法

霜前揀肥韭無黄稍者擇淨洗控乾於磁盆內鋪韭一層糝鹽一層候鹽韭勻鋪盡爲度醃一二宿翻數次裝入磁器內用原滷加香油少許

尤妙。或就韭內醃小黄瓜小茄兒別有鹽醃去水。韭內拌勻收貯。

造穀菜法

用春不老菜薹去葉洗淨切碎如錢眼子大晒乾水氣勿令太乾以薑絲炒黄豆瓣每菜一斤用鹽一兩入香油相停揉回滷性裝入罐內候熟隨用。

黄芽菜

將白菜割去梗葉止留菜心離地二寸許以糞土壅平用大缸覆之缸外以土密壅勿令透氣半月後取食其味最佳。黄芽韭苗芽蘿蔔芽川芎芽其法亦同。

酒豆豉方

黄子一斗五升篩去麵令淨茄五斤瓜十二斤薑觔十四兩橘絲隨放小茴香一升炒鹽四斤六兩青椒一斤一處拌入瓮中捺實傾金花酒或酒娘醃過各物兩寸許紙箬扎縛泥封露四十九日罈上寫東西字記號輪晒日滿傾大盆

內晒乾爲度以黄草布罩蓋。

紅鹽荳

先將鹽霜梅一個安在鍋底下淘淨大粒青豆蓋梅又作豆中作一窩下鹽在內用蘇木煎水入白礬些少沿鍋四邊澆下平豆爲度用火燒乾豆熟鹽又不泛而紅。

五美薑

嫩薑一斤切片用白梅半斤打碎去仁入炒鹽二兩拌勻晒三日次入甘松一錢甘草五錢檀

香末二錢。又拌晒三日收用。

醃芥菜 每菜十斤用鹽八兩爲則

十月內採鮮嫩芥菜切碎湯焯帶水撈於盆內。與生萵苣熟麻油芥花芝蔴鹽拌勻實於瓮內。三五日吃至春不變。

食香蘿蔔 每蘿蔔十斤用鹽八兩淹之。

切作骰子大鹽醃一宿日中晒乾切薑橘絲大小茴香拌勻煎滾熟醋澆上用磁瓶盛日中晒乾收貯。

糟蘿蔔茭白筍菜瓜茄等物

用石灰白礬煎湯冷定將前物浸一伏時將酒滚熱泡糟入鹽又入銅錢一二文量糟多少加入醃十日取起另換好糟入鹽酒拌入罈內收貯箬扎泥封。

五辣醋方

醬一匙醋一錢白糖一錢花椒五七粒胡椒一二粒生姜一分或加大蒜一二瓣更妙。

野蔌類 余所選者與王西樓遠甚皆人所知可食者方敢錄存非王所擇有所爲而然也

黃香萱

夏時採花洗淨用湯焯拌料可食。入爊素品。如豆腐之類極佳。凡欲食此野菜品者須要采洗潔淨。仍看葉背心料小蟲不令誤食先辦料頭每醋一大酒鍾入甘草末三分白糖霜一錢麻油半盞和起作拌菜料頭或加搗薑些少。又是一製凡花菜采來洗淨滚湯焯起速入水漂一時。然後取起榨乾拌料供食。其色青翠不變如生且又脆嫩不爛。更多風味。家菜亦如此法他若炙煿作虀不在此製。

甘菊苗

甘菊花春夏旺苗嫩頭采來湯焯如前法食之。以甘草水和山藥粉拖苗油煤其香美佳甚。

枸杞頭

枸杞子嫩葉及苗頭采取如上食法可用以煮粥更妙四時惟冬食子。

菱科

夏秋采之去葉去根惟留梗上圓科。如上法熟食亦佳糟食更美野菜中第一品也。

蓴菜

四月采之滚水一焯落水漂用以薑醋食之亦可作肉羹亦可

野莧菜

夏采熟食拌料炒食俱可比家莧更美。

野白薺

四時采嫩者生熟可食。

野蘿蔔

菜似蘿蔔可采根苗熟食。

蔞蒿

春初採心苗入茶最香葉可熟食夏秋莖可作虀

黄連頭

即藥中黄連采頭鹽醃晒乾入茶最佳或以熟食亦美。

水芹菜

春月采取滚水焯過薑醋麻油拌食香甚或湯內加鹽焯過晒乾或就入茶供亦妙。

茉莉葉

茉莉花嫩葉采洗淨同豆腐爊食絶品。

鵝脚花

採單瓣者可食千瓣者傷人湯焯加鹽拌料亦可爊食如大瓜虀炒食俱可春時食苗。

梔子花 一名薝蔔

採花洗淨水漂去腥用麪入糖鹽作糊花拖油煠食

金荳兒 即決明子

採荳湯焯可供茶料香美甘口。

金雀花

春初採花鹽湯焯可充茶料拌料亦可供餜。

紫花兒

花葉皆可食

香春芽

採頭芽湯焯。少加鹽晒乾。可留年餘。以芝麻拌供。新者可入茶。最宜炒麵觔食。佳。燒豆腐素菜無一不可。

蓬蒿

採嫩頭。二三月中方盛。取來洗淨。加鹽少醃。和粉作餅。油煠香美可食。

灰莧菜

採成科。熟食煎炒俱可。比家莧更美。

桑菌　柳菌

俱可食。採以同素品燒食。

鵝腸草 粗者是

採可焯熟。拌料食之。

雞腸草　同上食

綿絮頭

色白。生田埂上。採洗淨。搗如綿。同粉麵作餅食。

蕎麥葉

八九月採初出嫩葉熟食

西洋太紫

七八月採葉。燒豆腐妙品。

蘑菇

採取晒乾。生食作羹。美不可言。素食中之佳品也。

竹菇

此更鮮美。熟食無不可者。

金蓮花

夏採葉。梗浮水面。湯焯。薑醋油拌食之。

天茄兒

鹽焯。供茶。薑醋拌供餕。

看麥娘

隨麥生隴上。春採熟食。

狗腳跡

生霜降時。葉如狗腳。採以熟食。

斜蒿

三四月生。小者全科可用。大者摘嫩頭。湯中焯過晒乾。食時再用湯泡。料拌食之。

眼子菜

六七月採生水澤中青葉紫背莖柔滑細長數尺採以湯焯熟食

地踏菜

一名地耳春夏中生雨中雨後採用薑醋熟食日出即沒而乾枯

窩螺薺

正二月採之熟食

馬齒

初夏採沸湯焯過晒乾冬用旋食

馬蘭頭

二三月叢生熟食又可作虀

茵陳蒿 即青蒿兒

春時採之和麵作餅炊食

雁兒腸

二月生如豆芽菜熟食生亦可食

野茭白菜

初夏生水澤傍即茭芽兒也熟食

倒灌薺

採之熟食亦可作虀

苦麻薹

三月採用葉搗和麵作餅食之

黄花兒

正二月採熟食

野莩薺

四時採生熟可食

野菉荳

葉莖似菉荳而小生野田多藤蔓生熟皆可食

油灼灼

生水邊葉光澤生熟皆可食又可醃作乾菜蒸食

板蕎蕎

正二月採之炊食三四月不可食矣

碎米薺

三月採止可作虀

天藕兒

根如藕而小炊熟作藕菜拌料食之葉不可食

蚕荳苗

二月採爲茹麻油炒。下鹽醬煑之。少加薑葱。

蒼耳菜

採嫩葉洗焯。以薑鹽苦酒拌食。去風濕。子可雜米粉爲糗

芙蓉花

採花去心蒂滚湯泡一二次同荳腐少加胡椒紅白可愛

葵菜 此蜀葵叢生而葉大性温

採葉與作菜羹同法食。

丹桂花

採花洒以甘草水和米舂粉。作糕淸香滿頰。

萵苣菜

采梗去葉去皮。寸切以滚湯泡之加薑油糖醋拌之。

牛蒡子

十月採根洗淨煑。毋太甚取起捶碎。匾壓乾以鹽醬蘿薑椒熟油諸料拌浸一二日收起焙乾如肉脯味。

槐角葉

採嫩葉細淨者搗爲汁。和麪作淘以醯醬爲熟虀食。

椿樹根

秋前採根搗篩和麪作麪塊淸水煑服。

百合根

採根瓣晒乾和麪作湯餅蒸食甚益氣血。

括蔞根

深掘大根削皮至白寸切水浸一日一換至五七日後收起搗爲漿末。以絹濾其細漿粉候乾爲粉和粳米爲粥加以乳酪食之甚補。

凋菰米

凋菰即今胡穄也曝乾礱洗造飯香不可言

錦帶花

採花作羹柔脆可食。

菖蒲

石菖蒲白术煑爲末每一斤用山藥三斤煉蜜

水和入麪內作餅蒸食。

李子

取大李子。剜去核用白梅甘草泡滾湯焯之以白糖和松子欖仁研末填入甑上蒸熟食之

山芋頭

採芋爲片用榧子煮過去苦杏仁爲末。少加醬水或鹽和麪將芋片拖煎食之

東風薺 即薺菜也

採薺一二升洗淨入淘米三合。水三升生薑一

芽頭搥碎同入釜中。和勻上澆麻油一蜆殼再不可動以火煮之動則生油氣也不着一些鹽醋若知此味海陸八珍皆可厭也。

玉簪花

採半開蕋分作二片或四片拖麪煎食若少加鹽白糖入麪調勻。拖之味甚香美。

梔子花 又一法再錄

採半開花礬水焯過入細葱絲大小茴香花椒紅麯黃米飯研爛同鹽拌勻醃壓半日食之。用礬焯過用麪煎之。其味亦美。

木菌

用朽桑木。樟木。楠木。截成一尺長段臘月掃爛葉擇肥陰地。和木埋于深畦如種菜法春月用米泔水澆灌不時菌出逐日灌以三次即大如拳。採同素菜炒食作脯俱美木上生者且不傷人。

藤花

採花洗淨。鹽湯洒拌勻。入甑蒸熟晒乾可作食

餡子美甚葷用亦佳。

江薺

生臘月。生熟皆可食花時勿食但可作虀。

商陸

採苗莖洗淨熟蒸食加鹽料紫色者味佳。

牛膝

採苗如剪韭法可食。

湖藕

採生者截作寸塊湯焯鹽醃去水。葱油少許薑

橘絲大小茴香黃米飯研爛細拌荷葉包壓隔宿食之。

防風

採苗可作菜食。湯焯料拌極去瘋。

芭蕉

蕉有二種根粘者爲糯蕉可食。取根切作手大片子。灰汁煑令熟去灰汁。又以清水煑易以二次令灰味盡取壓乾。以鹽醬大小茴香花椒乾薑熟油研拌蕉根。入磁鉢中醃一二日取出

少焙略猷令軟食之全似肥肉。

水菜

狀似白菜七八月間生田頭。水岸叢聚色青。湯焯醬煑可食。

蓮房

取嫩去皮子并蒂。入灰煑。又以清水煑去灰味同蕉脯法焙乾。石壓令匾作片食之

苦益菜 即胡麻

取嫩葉作羹。大甘脆滑。

松花蕋

採去赤皮取嫩白者蜜漬之。略燒令蜜熟勿太熟極香脆美。

白芷

採嫩根蜜漬糟藏皆可食。

防風芽

採嫩芽如胭脂色者。如嘗菜料拌食之

天門冬芽

川芎芽　水藻芽　牛膝芽　菊花芽

荇菜芽　同上拌料熟食

水苔

春初採嫩者淘擇令極淨更要去沙石虫子。以石壓乾。入鹽油花椒切韭芽同拌入瓶再加醋蘸食之甚美又可油炒加鹽醬亦善。

蒲蘆芽

採嫩芽切斷以湯焯布裹壓乾加料如前作鮓妙甚。

鳳仙花梗

採梗肥大者去皮，削令乾淨。早入糟。午間食之。

紅花子

採子淘去淨者，碓內搗碎。入湯泡汁。更搗更煎汁。鍋內沸。入醋點住。絹挹之。似肥肉。入素供極精。

金雀花

春初開形狀金雀，朵朵可摘。用湯焯作茶供。或以糖霜油醋拌之，可作菜，甚清。

寒豆芽

用寒豆淘淨。將蒲包趁濕包裹。春冬置炕傍。近火處。夏秋不必。日以水噴之。芽出去殼洗淨。湯焯入茶供。芽長作菜食。

黃豆芽

大黃豆如上法。待其出芽些少許。取起淘去殼，洗淨煮熟。加以香蓋、橙絲、木耳、佛手柑絲拌勻，多著麻油糖霜。入醋拌供，美甚。

醞造類　此皆山人家養生之酒，非甜即藥，與常品迥異，豪飲者勿共語也。

桃源酒

白麴二十兩，剉如棗核，水一斗浸之，待發。糯米一斗，淘極淨，炊作爛飯，攤冷，以四時消息氣候，投放麴汁中，攪如稠粥，候發，即更投二斗米飯，嘗之，或不似酒，勿怪，候發，又二斗米飯，其酒即成矣。如天氣稍煖，熟後三五日，甕頭有澄清者，先取飲之，縱令酣酌，亦無傷也。此本武陵桃源中得之，後被齊民要術中採綴編錄，皆失其妙，

此獨真本也。今商議以空水浸米尤妙。每造一斗，水煮取一升，澄清汁浸麴，候發，經一日炊飯候冷，即出瓮中，以麴麥和，還入甕中，每投皆如此。其第三、第五，皆待酒發後，經一日投之。五投畢，待發定訖，一二日可壓，即大半化爲酒。如味硬，即每一斗蒸三升糯米，取大麥蘖麴一大匙、白麴末一大分，熟攪和，盛葛布袋中，納入酒甕，候甘美，即去其袋。然造酒北方地寒，即如人氣投之；南方地煖，即須至冷爲佳也。

香雪酒

用糯米一石。先取九斗淘淋極清。無渾脚爲度。以桶量米准作數。米與水對充。水宜多一斗。以補米脚。浸于缸內。後用一斗米。如前淘淋炊飯埋米上。草盖覆缸口二十餘日。候浮先瀝飯殼。次瀝起米控乾炊飯乘熟用源浸米水澄去水脚。白麯作小塊二十斤。拌勻米殼蒸熟放缸底如天氣熱略出火氣。打拌勻後盖缸口一週時打頭杷打後不用盖半週時打第二杷。如天氣

熱須再打出熱氣三扒打絶仍盖缸口候熟如用常法大抵米要精白淘淋要清淨杷要打得熟氣透則不致敗耳。

碧香酒

糯米一斗淘淋清淨內將九升浸瓮內一升炊飯拌白麯末四兩用篘埋所浸水內候飯浮撈起蒸九升米飯拌白麯末十六兩先將淨飯置瓮底次以浸米飯置瓮內以原淘米漿水十斤或二十斤以紙四五重密封瓮口春數日如天寒一月熟。

臘酒

用糯米二石水與酵二百斤足秤白麯四十斤足秤酸飯二斗。或用米二斗起酵其味醲而辣正臘中造煑時大眼籃二箇輪置酒瓶在湯內與湯齊滾取出。

建昌紅酒

用好糯米一石淘淨傾缸內中留一窩內傾下水一石二斗另取糯米二斗煑飯攤冷作一團

放窩內盖訖待二十餘日飯浮漿酸撩去浮飯瀝乾浸米先將米五斗淘淨鋪於甑底將濕米次第上去米熟略攤氣絶翻在缸內中盖下取浸米漿八斗花椒一兩煎沸出鍋待冷用白麯三斤搥細好酵母三碗飯多少加常酒放酵法不要厚了天道極冷放煖處用草圍一宿明日早將飯分作五處每放小缸中用紅麯一升白麯半升。取酵亦作五分每分和前麯飯同拌勻踏在缸內將餘在熟盡放面上盖定候二日打

扒如面厚三五日打不遍打後面浮漲足再打一遍仍盞下十一月二十日熟十二月一月熟正月二十日熟餘月不宜造榨取澄清併入白檀少許包裹泥定頭糟用熟水隨意副入多二宿便可榨。

五香燒酒

每料糯米五斗細麯十五斤。白燒酒三大罈檀香木香乳香川芎沒藥各一兩五錢丁香五錢人參四兩各爲末。白糖霜十五斤。胡桃肉二百

箇紅棗三升去核先將米蒸熟晾冷照甞下酒法則要落在瓮口缸內好封口待發微熱入糖并燒酒香料桃棗等物在內將缸口厚封不令出氣每七日開打一次仍封至七七日上榨如甞服一二杯以醃物壓之有春風和煦之妙

山芋酒

用山藥一斤。酥油三兩。蓮肉三兩。水片半分同研如彈。每酒一壺投藥一二丸熱服有益。

葡萄酒

法用葡萄子取汁一斗。用麯四兩攪勻入瓮內封口自然成酒更有異香。　又一法用蜜三斤水一斗。同煎入瓶內候溫入麯末二兩白酵二兩濕紙封口放淨處春秋五日夏三日冬七日自然成酒且佳行功導引之時飲一二杯百脉流暢氣運無滯助道所當不廢

黃精酒

用黃精四斤。天門冬去心三斤。松針六斤白朮四斤。枸杞五斤。俱生用納釜中以水三石煮之

一日去楂以清汁浸麯如家醞法酒熟取清任意食之主除百病延年變鬚髮生齒牙功妙無量。

白朮酒

白朮二十五斤。切片以東流水二石五斗浸缸中二十日去滓傾汁大盆中夜露天井中五夜汁變成血取以浸麯作酒取清服除病延年變髮堅齒面有光澤久服延年。

地黃酒

用肥大地黄切一大斗，搗碎，糯米五升作飯，麯一大升，三物于盆中揉熟，相勻傾入瓮中，泥封。春夏二十一日，秋冬須二十五日，開日開看，上有一盞綠液，是其精華，先取飲之，餘以生布絞汁如飴，收貯，味極甘美，功效同前。

菖蒲酒

取九節菖蒲生搗絞汁五斗，糯米五斗，炊飯，細麯五斤，相拌令勻，入磁罈，密蓋二十一日，即開溫服，日三服之，通血脉，滋榮胃，治風痺骨立瘦

黄，醫不能治，服一劑，百日後顏色光彩，足力倍常，耳目聰明，髮白變黑，齒落更生，夜有光明，延年益壽，功不盡述。

羊羔酒

糯米一石，如常法浸漿，肥羊肉七斤，麯十四兩，杏仁一斤，煮去苦水，又同羊肉多湯煮爛，留汁七斗，拌前米飯，加木香一兩同醞，不得犯水，十日可吃，味極甘滑。

天門冬酒

醇酒一斗，用六月六日麯末一升，好糯米五升，作飯，天門冬煎五升，米須淘訖，晒乾，取天門冬汁浸，先將酒浸麯，如常法，候熟，炊飯，適寒溫用煎汁和飯，令相入，投之，春夏七日，勤看，勿令熱，秋冬十日熟。東坡詩云：天門冬熟新年喜，麯米春香并舍聞，是也。

松花酒

三月取松花如鼠尾者，細挫一升，用絹袋盛之，造白酒熟時，投袋于酒中心，井內浸三日，取出，

漉酒飲之，其味清香甘美。

菊花酒

十月採甘菊花，去蒂，只取花二斤，擇淨，入醅內攪勻，次早榨，則味香清冽。凡一切有香之花，如桂花、蘭花、薔薇，皆可倣此為之。

五加皮三骰酒

法用五加根莖、牛膝、丹參、枸杞根、金銀花、松節、只殼枝葉各用一大斗，以水三大石，于大釜中煮取六大斗，去滓澄清，水准凡水，數浸麯，即用

米五大斗炊飪取生地黄一斗搗如泥拌下二次用米五斗炊飪取牛蒡子根細切二斗搗如泥拌飯下三次用米二斗炊飯大草蘇子一斗熬搗令細拌飯下之候稍冷熱一依常法酒味好即去糟飲之酒冷不發加以麯末投之味苦薄再炊米二斗投之若飯乾不發取諸藥物煎汁熱投候熟去糟時常飲之多少常令有酒氣男女可服亦無所忌服之去風勞冷氣身中積滯宿疾令人肥健行如奔馬功妙更多

麯類 造酒美惡全在曲精水潔故曲爲要藥若曲失其妙酒何取焉故錄曲之妙方于後

白麯

白麯一担糯米粉一斗水拌令乾濕調勻篩子格過踹成餅子紙包掛當風處五十日取下日晒夜露每米一斗下麯十兩

內府秘傳麯方

白麵一百斤黄米四斗菉豆三斗先將豆磨去殻將殻簸出水浸放置一處聽用次將黄米磨末入麵并豆末和作一處將收起豆殻浸水傾入米麵豆末內和起如乾再加浸豆殻水以可捻成塊爲準踹作方麯以實爲佳以粗草晒六十日三伏內做方好造酒每石入麯七斤不可多放其酒清冽

蓮花麯

蓮花三斤　白麵一百五十兩　菉豆三斗　糯米三斗俱磨爲末　川椒八兩　如常造踹

金莖露麯

麵十五斤　菉豆三斗　糯米三斗俱磨爲末踹

襄陵麯

麵一百五十斤　糯米三斗磨末　蜜五斤　川椒八兩

紅白酒藥

用草菓五箇青皮官桂砂仁良薑茱萸光烏各二斤陳皮黄柏香附子蒼术乾薑甘菊花杏仁各一斤薑黄薄荷各半斤每藥料共稱一斤配糯米粉一斗辣蓼二斤或五斤水薑二斤搗汁

和滑石末一斤四兩如常法奩之上料更加畢撥丁香細辛三顆益智丁皮砂仁各四兩

東陽酒麯

白麵一百斤桃仁三斤杏仁三斤草烏一斤烏頭三斤去皮可減去其半菉豆五升煮氣木香四兩官桂八兩辣蓼十斤水浸七日瀝母藤十斤蒼耳草十斤二桑葉包同蓼草三味入鍋煎煮菉荳每石米內放麯十斤多則不妙

蓼麯

用糯米不拘多少以蓼搗汁浸一宿漉出以麵拌勻少頃篩出浮麵用厚紙袋盛之挂通風處夏月製之兩月後可用以之造酒極醇美可佳

弦雪居重訂遵生八牋卷十二終

弦雪居遵生八牋卷之十三

古杭高濂深甫氏編次

飲饌服食牋 下卷

甜食類五十八種

起糖滷法

凡做甜食先起糖滷此內府秘方也

白糖十斤或多少任意今以十斤爲率用行竈安大鍋先用涼水二杓半若杓小糖多斟酌加水在鍋內用木爬攪碎微火一滾用牛乳另調水二杓點之如無牛乳雞子清調水亦可但滾起即點卻抽

柴息火蓋鍋悶一頓飯時揭開鍋將竈內一邊燒火待一邊滾但滾即點數滾如此點之糖內泥泡沫滾在一邊將漏杓撈出泥泡鍋邊滾的沫子又恐焦了將刷兒蘸前調的水頻刷第二次再滾的泥泡聚在一邊將漏杓撈出第三次用緊火將白水點滾處沫子牛乳滾在一邊聚一頓飯時沫子撈得乾淨黑沫去盡白花見方好用淨綿布濾過入瓶凡家伙俱要潔淨怕油

賦不潔凡做甜食若用黑沙糖先須不俱多少入鍋熬大滚用細夏布濾過方好作用白糖霜須先晒乾方可

炒麪方

白麪要重羅三次將入大鍋内以木爬炒得大熟上卓古轤槌碾細再羅一次方好做甜食凡用酥油須要新鮮如陳了不堪用矣

松子餅方

松子餅計一料　酥油六兩　白糖滷六兩

白麪一斤　先將酥化開温入瓦合内傾入糖滷擦匀次將白麪和之揉擦匀淨置卓上捍平用銅圈印成餅子上栽松仁入拖盤熯燥用

麪和油法

不拘斤兩用小鍋糖滷用二杓隨意多少酥油下小鍋煎過細布濾淨用生麪隨手下不稀不稠用小爬兒炒至麪熟方好　先將糖滷熬得有絲棍蘸起視之可斟酌傾入油麪鍋内打匀掇起鍋乘熱撥在案捍開切象眼塊

松子海囉嗦方　核桃仁瓜仁同用

糖滷入小鍋熬一頓飯時攪冷隨手下炒麪後下剸碎松子仁攪匀案上抹酥油撥在案上捍開切象眼塊子凡切塊要乘温切若冷硬難切恐碎

白閏方

糖滷少加酥油同熬炒麪隨手下攪匀上案捍開切象眼塊子若用銅圈印之即爲甘露餅

雪花酥方

油下小鍋化開濾過將炒麪隨手下攪匀不稀不稠掇鍋離火洒白糖末下再炒麪内攪匀和成一處上案捍開切象眼塊

芰什麻方

糖滷下小鍋熬至有絲先將芝麻去皮晒乾或微炒乾研成末隨手下在糖内攪匀和成一處不稀不稠案上先洒芝麻末使不沾乘熱撥在案面上仍著芝麻末使不沾古轤槌桿開切象眼塊

黄閏方

家常亦同黑沙糖濾過同糖滷一處熬蜂蜜少許熬成晾冷隨手下炒麪案上仍着酥油捍開切象眼塊

薄荷切方

薄荷晒乾碾成細末將糖滷下小鍋熬至有絲先下炒麪少許後下薄荷末和成一處案上先洒薄荷末乘熱上案面上仍用薄荷末捍開切象眼塊

窩絲方 用細石板上一抹熟香油又用炒麪羅淨預備

糖滷下鍋熬成老絲傾在石板上用切刀二把轉遭掠起待冷將稠用手揉扳扯長雙摺一處越扳越白若冷硬於火上烘之扳至數十次轉成雙圈上案却用炒麪放上二人對扯順轉炒麪隨手傾上扯扳數十次成細絲却用刀切斷分開綰成小窩其扳糖上案時轉折成圈扯開又轉折成圈如此數十遭即成細絲

酥兒印方

用生麪攙荳粉同和用手捍成條如筯頭大切二分長逐箇用小梳掠印齒花收起用酥油鍋內煠熟漏杓撈起來熱洒白沙糖細末拌之

蕎麥花方

先將蕎麥炒成花量多少將糖滷加蜂蜜少許一同下鍋不要動熬至有絲略六些却將蕎麥花隨手下在鍋內攪勻不要稀了案上鋪蕎麥花使不沾將鍋內糖花撥在案上捍開切象眼塊

羊髓方

用羊乳子或牛乳子半瓶攙水半鍾入白麪三撮濾過下鍋微微火熬之待滾隨手下白沙糖或糖霜亦可然後用緊火將木爬打一會看得熟了再濾過入壺傾在碗內入供

黑閏方

黑沙糖熬過濾淨與糖滷對半相攙下鍋熬一頓飯時將酥油半甌在內共熬一回用炒麪隨手加花椒末少許和成一塊上案捍開切象眼

塊

洒孛你方

用熬麽古料熬成不用核桃留上案攤開用江米末閻定銅圈印之卽是洒孛你切象眼者卽名白糖塊

椒鹽餅方

白麪二斤香油半斤鹽半兩好椒皮一兩茴香半兩三分爲率以一分純用油椒鹽茴香和麪爲穰更入芝蔴粗屑尤好每一餅夾穰一塊捏

薄入爐又法用湯與油對半內用糖與芝蔴屑并油爲穰

酥餅方

油酥四兩蜜一兩白麪一斤搜成劑入印作餅上爐或用猪油亦可蜜二兩尤妙

風消餅方

用糯米二升擣極細爲粉作四分一分作孛一分和水作餅煑熟和見在二分粉一小醆蜜半醆正發酒醅兩塊白餳同頓溶開與粉餅捍作

春餅樣薄皮破不妨。熬盤上熇過。勿令焦。掛當風處。遇用。量多少。入猪油中煠之。煠時用筋撥動。另用白糖炒麪拌和。得所生麻布擦細糝餅上。

又一方。只用細熟粉少許。同煑。捍扯攤于篩上晒至十分乾。凡粉一斗。用芋末十二兩此法簡妙。

肉油餅方

白麪一斤。熟油一兩。羊猪脂各一兩切如小豆

大。酒二盞與麪搜和。分作十劑捍開褁精肉。入爐內煿熟

素油餅方

白麪一斤。眞麻油一兩搜和成劑隨意加沙糖餡印脫花樣。爐內炕熟。

雪花餅方

用十分頭羅雪白麪蒸熟。十分白色凡用麪斤。猪油六兩。香油半斤。將猪脂切作骰子塊和少水鍋內熬烊莫待油盡見黃焦色逐漸笊出

未盡再熬再莜。如此則油白。和麪爲餅底熬盤上畧放草柴灰。面鋪紙一層。放餅在上煠。

芋餅方

生芋妳搗碎。和糯米粉爲餅油煎。或夾糖豆沙在內亦可。或用椒鹽糖拌核桃橙絲俱可。

韭餅方

帶膘猪肉作燥子油炒半熟韭生用切細。羊脂剁碎。花椒砂仁醬拌勻。捍薄餅兩箇夾餡子煠之薺菜同法。

白酥燒餅方

麪一箇。油二兩。好酒醅作酵。俟十分發起。卽用揉令十分似芝蔴糖者如前法。每麪一箇糖二兩可做十六箇煠。

黄精餅方

用黄精蒸熟者。去衣驗。和。炒熟黄豆。去殼搗爲末。加白糖滷揉爲團作餅食甚清。

捲煎餅方

餅與薄餅同餡。用猪肉二斤。猪脂一斤。或雞肉亦可。大槩如饅頭餡須多用葱白或笋乾之類裝在餅內捲作一條兩頭以麪糊粘住浮油煎令紅焦色或只煠熟五辣醋供素餡同法。

糖榧方

白麪入酵待發滚湯捜成劑切作榧子樣下十分滚油煠過取出糖麪內纒之其纒糖與麪對和成劑

肉餅方

每麪一斤。用油六兩餡子與捲煎餅同拖盤煠用餳糖煎色刷面。

油餃兒方

麪捜劑包餡作餃兒油煎熟餡同肉餅法。

麻膩餅子方

肥鵝一隻煑熟去骨精肥各切作條子。用焯熟韭菜生薑絲茭白絲焯過木耳絲笋乾絲各排碗內蒸熟麻膩并鵝汁熱滚澆餅似春餅稍厚而小。每捲前味食之。

五香糕法

上白糯米。和粳米二六分。芡實乾一分。人參、白术、茯苓、砂仁總一分。磨極細篩過，用白沙糖滚湯拌勻，上甑。粉一斗加芡實四兩、白术二兩、茯苓各二兩、人參一兩、砂仁一錢，共爲細末，和之。白糖一升拌入。

鬆糕方

陳粳米一斗。砂糖三斤。米淘極淨，烘乾，和糖洒水，入臼舂碎。於内留二分，米拌粉，其粗令盡，或和蜜，或純粉，則擇去黑色米。凡蒸糕須候湯沸，漸漸上粉，要使湯氣直上，不可外泄，不可中阻，

其布宜疎，或稻草攤甑中。

裹蒸方

糯米蒸軟熟，和糖拌勻。用箬葉裹作小角兒，再蒸。

凡用香頭法

沙糖一斤。大蒜三囊，大者切三分。帶根葱白七莖。生薑七片。麝香如豆大一粒。置各件瓶底，次置糖在上，先以花箬扎之，次以油单紙封，重湯内煮過。時經年不壞，臨用旋取少許，便香。

煮砂團方

沙糖入赤豆或菉豆，煮成一團，外以生糯米粉裹作大團，蒸或滚湯煮亦可。

粽子法

用糯米淘淨，夾棗、栗、柿乾、銀杏、赤豆，以茭葉或箬葉裹之。一法以艾葉浸水裹，謂之艾香粽子。凡煮粽子，必用稻柴灰淋汁煮，亦有用些許石灰煮者，欲其茭葉青而香也。

玉灌肺方

真粉、油餅、芝蔴、松子、胡桃、茴香六味，拌和成捲，

入甑蒸熟，切作塊子，供食美甚。不用油入各物粉或麪同拌，蒸亦妙。

燥子肉麪方

猪肉嫩者，去筋皮骨，精肥相半，切作骰子塊。約量水與酒煮半熟，用胰脂研成膏，和醬傾入。次下香椒砂仁，調和其味得所。煮水與酒不可多，其肉先下，肥又次下葱白，不可帶青葉。臨鍋調菉豆粉作糊。

餛飩方

白麪一斤。鹽三錢。和如落索麪。更頻入水搜和爲餅劑。少頃操百遍。摘爲小塊。捍開。菉豆粉爲粰。四邊要薄。入餡其皮堅。塵脂不可搭在精肉。用葱白先以油炒熟。則不葷氣。花椒薑末杏仁砂仁醬調和得所。更宜筍菜煠過萊菔之類。或蝦肉蟹肉藤花諸魚肉尤妙。下鍋煮時。先用湯攪動。置竹條在湯內。沸頻頻洒水。令湯常如魚津樣滚。則不破。其皮堅而滑。

水滑麪方

用十分白麪揉搜成劑。一斤作十數塊。放在水內。候其麪性發得十分滿足。逐塊抽拽。下湯煮熟。抽拽得潤薄。乃好麻膩杏仁膩。鹹筍乾醬瓜糟茄薑醃韭黃瓜絲作蘸頭。或加煎肉尤妙。

到口酥方

用酥油十兩。白糖七兩。白麪一斤。將酥化開。傾盆內。入白糖和勻。用手揉擦半箇時辰。入麪和作一處。令勻。捍爲長條。分爲小燒餅。拖爐微微火焊熟食之。

柿霜清膈餅方

用柿霜二斤四兩。橘皮半斤。桔梗四兩。薄荷六兩。乾葛二兩。防風四兩。片腦一錢。共爲末。甘草膏和作印餅食。一方加川百藥煎一兩。

鷄酥餅方

白梅肉十兩。麥門冬六兩。白糖一斤。紫蘇六兩。百藥煎四兩。人參二兩。烏梅二

兩。薄荷葉四兩。共爲末。甘草膏和勻爲餅。或丸。上加白糖爲衣。

梅蘇丸方

烏梅肉二兩。乾葛六錢。檀香一錢。紫蘇葉三錢。炒鹽一錢。白糖一斤。

右爲末。將烏梅肉研如泥。和料作小丸子用。

水明角兒法

白麪一斤。用滚湯內。逐漸撒下。不住手攪成稠糊。分作一二十塊。冷水浸至雪白。放卓上擁出

水入豆粉對配搜作薄皮內加糖菓爲餡籠蒸食之妙甚。

造粟腐法

罌粟和水研細先布後絹濾去殻入湯中如豆腐漿下鍋令滾入菉豆粉攪成腐凡粟二分豆粉一分芝蔴同法。

麩鮓

麩切作細條一斤紅麯末染過雜料物一升笋乾紅蘿蔔葱白皆用絲熟芝蔴花椒二錢砂仁

蒔蘿茴香各半錢鹽少許香油熟者三兩拌勻供之用各物拌之下油鍋炒爲虀亦可。

煎麩

上籠麩坏不用石壓蒸熟切作大片料物酒醬煮透晾乾油鍋內浮煎用之。

神仙富貴餅

用白术一斤菖蒲一斤米泔水浸刮去黑皮切作片子加石灰一小塊同煮去苦水曝乾加山藥四斤共爲末和麪對配作餅蒸食或加白糖同和捍作薄餅蒸捍皆可自有物外清香富貴

造酥油法

用牛乳下鍋滾一二沸傾在盆內候冷定面上結成酪皮將酪皮鍋內煎油出去粗傾碗內即是酥油。

光燒餅方

燒餅每麪一斤入油兩半炒鹽一錢冷水和搜骨魯槌砑開鏊上煿待硬緩火內燒熟用極脆美。

復爐燒餅法

核桃肉退去皮者一斤剁碎入蜜一斤以爐燒酥油餅一斤爲末拌勻捏作小團仍用酥油餅劑包之作餅入爐內燒熟。

糖薄脆法

白糖一斤四兩清油一斤四兩水二碗白麪五斤加酥油椒鹽水少許搜和成劑得薄如酒鍾口大上用去皮芝蔴撒勻入爐燒熟食之香脆

酥黃獨方

熟芋切片。用杏仁榧子爲末。和麪拌。醬拖芋片入油鍋内煠食。香美可人。

高麗粟糕方

粟子不拘多少。陰乾去殼。搗爲粉。三分之一。加糯米粉拌匀。蜜水拌潤蒸熟食之。以白糖和入妙甚。

荆芥糖方

用荆芥細枝扎如花朶。蘸糖滷一層。蘸芝麻一層。焙乾用。

花紅餅方

用大花紅披去皮曬二日。用手壓匾。又曬。蒸熟收藏。硬大者方好。須用刀花作瓜稜。

豆膏餅方

大黄豆炒去皮爲末。入白糖芝麻香頭。和匀爲印餅食之。

法製藥品類　二十四種

法製半夏

開胃健脾。止嘔吐。去胸中痰滿。兼下肺氣。

半夏八兩圓白者切二片　晉州絳礬四兩

丁皮三兩　草荳蔻二兩　生薑五兩切成片

右件洗半夏去滑焙乾。三藥麄剉。以大口瓶盛生薑片前藥一處。用好酒三升浸春夏三七日秋冬一月。却取出半夏水洗焙乾餘藥不用。不拘時候細嚼一二枚。服至半月咽喉自然香甘。

法製橘皮

日華子云。皮煖消痰止嗽。破癥瘕痃癖。

橘皮半斤去穰　白檀一兩　青鹽一兩

茴香一兩

右件四味。用長流水二大椀同煎。水乾爲度。揀出橘皮放于磁器内。以物覆之。勿令透氣。每日空心。取三五片細嚼白湯下。

法製杏仁

療肺氣咳嗽。止氣喘促。腹脾不通。心腹煩悶。

板杏一斤。滚灰水焯過。曬乾。麩炒熟。煉蜜拌杏仁匀。用下藥末拌。

茴香炒　人參　縮砂仁各二錢　粉草三錢

陳皮三錢　白荳蔻　木香各三錢

右爲細末，拌杏仁令勻。每用七枚，食後服之。

酥杏仁法

杏仁不拘多少，香油煠焦。胡色爲度，用鐵絲結作網兜搭起，候冷定食，極脆美。

法製硇砂

消化水穀，溫煖脾胃。

硇砂十兩，去皮，以朴硝水浸一宿，晾乾，以蘇油焙爆香熟爲度　桂花　粉草各一錢半，已上共碾爲細末

右件和勻爲丸，遇酒食後細嚼。

醉鄉寶屑

解醒寬中化痰

陳皮四兩　硇砂四錢　紅豆一兩六錢

粉草二兩四錢　生薑　丁香一錢剉

葛根三兩，已上共咬咀　白荳蔻仁一兩剉　鹽一兩

巴豆十四粒，不去皮殼，用鐵絲穿

右件用水二碗，煮耗乾爲度，去巴豆，晒乾，細嚼白湯下。

木香煎

木香二兩，搗羅細末，用水三升，煮至二升，入乳汁半升，蜜二兩，再入銀石器中，煎如稀麵糊，即入羅過粳米粉半合，又煎，候米熟，稠硬，捍爲薄餅，切成棊子，晒乾爲度。

法製木瓜

取初收木瓜，於湯內煠過，令白色，取出放冷，于頭上開爲蓋子，以尖刀取去穰了，便入鹽一小匙，候水出，即入香藥官桂、白芷、藁本、細辛、藿香、川芎、胡椒、益智子、砂仁。右件藥搗爲細末，一箇

木瓜入藥一小匙，以木瓜內鹽水調勻，更曝，候水乾，又入熟蜜令滿，曝直候蜜乾爲度。

法製鰕米

鰕米一斤，去皮殼，用青鹽酒炒，酒乾，再添，再炒，香熟爲度，真蛤蚧青鹽酒炙，酥脆爲度，茴香青鹽酒炒四兩，淨椒皮四兩，青皮酒炒，不可過濁煮酒約二升，用青鹽調和爲製，右先用蛤蚧椒皮茴香三味，製鰕米以酒盡爲度，候香熟，取上件和前三味一併拌勻，再用南木香麄末二兩

同和乘熱入器盦四圍封固候冷取用每一兩空心鹽酒嚼下益精壯陽不可盡述

香茶餅子

孩兒茶芽茶四錢檀香一錢二分白荳蔻一錢半麝香一分砂仁五錢沉香一分半片腦四分甘草膏和糯米糊搜餅

法製芽茶

芽茶二兩一錢作母荳蔻一錢麝香一分片腦一分半檀香一錢細末入甘草内纏之

透頂香丸

孩兒茶茶芽各四錢白荳蔻一錢半麝香五分檀香一錢四分甘草膏子丸

硼砂丸

片腦五分麝香四分硼砂二錢寒水石六兩甘草膏丸硃砂四錢爲衣

山查膏

山東大山查刮去皮核每斤入白糖霜四兩搗爲膏明亮如琥珀再加檀屑一錢香美可供又可放久

甘露丸

百藥煎一兩甘松訶子各一錢二分半麝香半分薄荷二兩檀香一錢六分甘草末一兩二錢五分水攥丸晒乾用甘草膏子入麝香爲衣

鹹杏仁法

用杏仁連皮以秋石和湯作滷微拌火上炒香燥食之亦妙

香橙餅子

用黄香橙皮四兩加木香檀香各三錢白荳仁一兩沉香一錢蓽澄茄一錢氷片五分共搗爲末甘草膏和成餅子入供

蓮子纏

用蓮肉一斤煮熟去皮心拌以薄荷霜二兩白糖二兩褁身烘焙乾入供杏仁欖仁核桃可同此製

法製榧子

將榧子用磁瓦刮黑皮每斤淨用薄荷霜白糖

熬汁拌炒。香燥入供。

法製瓜子

燕中大瓜子用秋石化滷拌炒。香燥入供。

橄欖丸

百藥煎五錢烏梅八錢木瓜乾葛各一錢檀香五分。甘草末五錢甘草膏爲丸晒乾用。

法製荳蔻

白荳蔻一兩六錢腦子一分。麝香五厘檀香七分半。甘草膏荳蔻作母。腦麝爲衣。

又製橘皮

塘南橘皮甘兩鹽煮過茯苓四錢丁皮四錢甘草末七錢砂仁三錢共爲末。拌皮焙乾入供。

煎甘草膏子法

粉草一斤。剉碎沸湯浸一宿盡入鍋內滿用水煎至半。濾去楂。紐乾取汁。再入鍋慢火熬至二碗換大砂鍋炭火慢熬至大碗以成膏子爲度共楂減水煎三兩次取入頭汁內併煎。

升煉玉露霜方

用眞豆粉半斤。入鍋火焙。無豆腥。先用乾淨龍腦薄荷一斤。入甑中用細絹隔住上置豆粉。將甑封蓋。上鍋蒸至頂熱甚霜以成矣。收起粉霜每八兩配白糖四兩。煉蜜四兩拌勻搗膩印餅或丸噙之。消痰降火。更可當茶。兼治火症

升霜圖 蓋上火熱手不可按急急收粉隨以合子密封子口勿令出氣泄則氣走成餅莫晒陰乾爲妙梅月勿製多黴

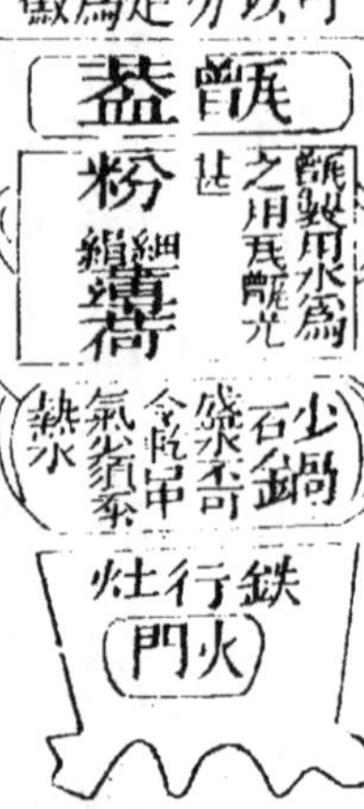

服食方類

高子曰余錄神仙服服方藥非泛常傳本皆余數十年慕道精力考有成據。或得經驗或傳老道方敢鐫入否恐悞人知者當着慧眼寶用。

服松脂法

採上白松脂。一斤即今之松香　桑灰汁一石

先將灰汁一斗煮松脂半乾將浮白好脂攙入冷水候凝復以灰汁一斗煮之又取如上兩人將脂團圓。扯長十數遍。又以灰汁一斗。

煮之以十度煮完遂成白膌研細爲末每服一匙以酒送下空心近午晚日三服服至十兩不饑夜視目明長年不老。

又一法

以松脂一斤八兩用水五斗煮之候消去濁滓取清浮者。投冷水中如此投煮四十遍方換湯五斗又煮凡三次。一百二十遍止不可率意便止煮成脂味不苦爲度其軟如粉同白茯苓爲粉同煉脂乗軟丸如豆大每服三十丸九十日

止久當絶穀自不欲飲食矣。

又一蒸法

上白松脂二十斤爲一劑以大釜中著水釜上如甑甑中先用白茅鋪密上加黄山上一寸厚築實以脂放上以物密蓋勿令通氣灶用桑柴燃之釜中湯乾以熱水旋添蒸一炊久乃接取脂入冷水中候凝又如蒸如此三遍脂色如玉乃止每用白脂十斤松仁三斤栢子仁三斤甘菊五升共爲細末煉蜜爲丸桐子大每服十丸

粥湯下日三服或一服百日已上不饑延年不老顔色瑩潤

服雄黄法

透明雄黄三兩聞之不臭如雞冠者佳。次用甘草　紫背天葵。地胆　碧稜花各五兩　四味爲末入東流水同雄煮砂礶內三日漉出搗如麄粉入猪脂內蒸一伏時洗出又同豆腐內蒸如上二次蒸時甑上先鋪山黄泥一寸次鋪脂蒸黄其毒去盡收起成細粉每黄末一兩和上松脂二兩爲

丸如桐子大每服三五丸酒下能令人久活延年髮白再黑齒落更生百病不生鬼神呵護頂有紅光無嘗畏不敢近疫癘不惹特餘事耳。

又製雄法

用明雄二兩　先將破故紙四兩　杏仁四兩　枸杞四兩　地骨皮四兩　甘草四兩　用水二斗煎至一斗去楂留汁又取灶上烟筒內黑流珠四兩山家灶中百草霜四兩同雄一處研細傾入藥汁內熬乾入羊城礶內上水下火打四炷香取出

冷定收起。每用以治心疾風痺。并膈氣咳嗽。每服一分効。

又一法

以黃八鴨肚。煮三日夜。取黃用者。

服椒法。嘽睥括爲之歌

青城山老人服椒。得妙訣。年過九十餘貌不類期耋。再拜而請之。忻然爲我說。蜀椒二斤淨。揀去梗核。及閉口者淨秤。解鹽六兩潔。其色青白龜背者良。細研。糁鹽慢火煮。煮透滾菊末。糁鹽在椒上。用滾湯泡過椒五寸許。經宿以銀石器慢火煮。止

留椒汁半盞。掃乾地鋪淨紙。鋪椒在紙上。覆以新盆。封以黃土。經宿取眞盆內。將乾菊花末六兩。拌滾令均。更灑所餘椒汁。然後攤于篩子內。眼乾。菊須花小色黃葉厚莖紫氣香味甘。名曰甘菊。苗可作羹者爲眞。陰乾爲末。初服十五圓。早晚不可輟。每月漸漸增累之至二百。初服之月。早十五。日晚如之。次月早晚各二十粒。第三日增十粒。至二百粒止。鹽酒。或鹽湯。任君意所歠。服及半年間。胸膈微覺塞。每日退十圓。還至十五粒俟其無礙時。數復如前日。服半年後覺腑膈間橫塞如有物礙。即每日退十粒。退十五粒。止。俟其無礙所服仍如前。常令氣裏蒸。否則前功失。須終始服之。令椒氣早晚裏蒸。如一日不服則前功俱廢矣。飲食蔬果等

並無所忌節。一年効即見。容顏頓悅澤。目明而耳聰。烏鬚而黑髮。補腎輕腰身。固氣益精血。椒溫鹽亦溫。菊性去煩熱。四旬方可服。服之幸毋忽。逮至數十年。功與造化埒。耐老更延年。不知幾歲月。四十歲方可服。若四十歲服至老。只如四十歲人顏容。此其驗也。嗜慾若能忘。其効尤卓絕。我欲世人安。作歌故但切。

服狶薟法

狶薟俗呼火炊草。春生苗葉。秋初有花。秋未結實。近世多有單服者云。甚益元氣。蜀人服之法

五月五日。六月六日。九月九日。採其葉。去根莖花實。淨洗曝乾。入甑。層層灑酒與蜜蒸之。如此九過則已。氣味極香美。熬搗篩蜜丸服之。云治肝腎風氣。四肢麻痹。骨間疼。腰膝無力。亦能行大腸氣。張垂崖進呈表云。誰知至賤之中。乃有殊常之効。臣吃至百服。眼目輕明。至千服。髭鬢烏黑。筋力較健。効驗多端。陳書林經驗方叙述甚詳。療諸疾患。各有湯使。今人採服一就。秋花成實後和枝取用。酒灑蒸曝杵臼中。舂爲細末

煉蜜爲丸，以服之。

服桑椹法

桑椹利五臟關節，通血氣，久服不飢。多收曬乾，擣末，蜜和爲丸。每日服六十丸，變白不老。取黑椹一升，和蝌蚪一升，瓶盛封閉，懸屋東頭，盡化爲泥，染白如漆。又取二七枚，和胡桃二枚，研如泥，拔去白髮，塡孔中，卽生黑髮。出本草拾遺

雞子丹法

養雞雌雄純白者，不令他雞同處，生卵，扣一小

孔，傾去黃白，卽以上好舊坑辰砂爲末，硃砂有毒毋選豈辨舊砂，豆腐同煑一日爲末。和塊入卵中，蠟封其口，還令白雞抱之，待雛出，藥成。和以蜜，服如豆大。每服三丸，日三進，久服長年延算。

蒼龍養珠萬壽紫靈丹

丹法：入深山中，選合抱大松樹，用天月德金木并交日，匕腰鑿一方孔，方圓三四寸者，入深居松之中。止孔內下邊鑿一深凹，次選上等舊坑辰砂一斤，明透雄黃八兩，共爲末，和作一處，綿

紙包好，外用紅絹囊裹，縫封固，納松樹中空處，以茯苓末子塡塞完滿，外截帶皮如孔大楔子敲上，又用黑狗皮一片，釘遮松孔，恐有靈神取砂，令山中人看守。取松脂升降靈氣，將砂雄養成靈丹。入樹一年，後夜間松上有螢火光；二年漸大；三年光焰滿山。取出二末，再研如塵，棗肉爲丸，如梧子大。先以一盤獻祝天地神祇，後用井花水清晨服一二十丸。一月後眼能夜讀細書，半年行若奔馬。一年之後，三尸消滅，九虫遁

形，玉女來衛，六甲行厨，再行陰功積德，也仙可位。松乃蒼龍之精，砂乃赤龍之体，得天地自然升降水火之氣而成丹，非人間作用，其靈如何。

九轉長生神鼎玉液膏

白朮　氣性柔順而補，每用二斤，秋冬采之，去粗皮。

赤朮　卽蒼朮也，性剛雄而發，每用十六兩，同土

二藥用木石臼擣碎，入缸中，用千里水浸一日夜，山泉亦好。次入砂鍋煎汁一次，收起，再煎一次，絹濾楂汁，去楂，將汁用桑柴火緩緩煉之，熬

成膏磁礶盛貯封好。入土埋一二日出火氣用天德日。服三錢。一次白湯調下。或含化俱可久服輕身延年。悅澤顏色。忌食菘李雀蛤海味等食更有加法名曰九轉。

二轉加人參三兩（煎濃十二次熬膏入前膏內）名曰長生神芝膏。

三轉加黃精一斤（煎汁熬膏加入前膏內）名曰三台益算膏。

四轉加茯苓遠志（志心各八兩熬膏加入前膏）名曰四仙

求志膏。

五轉加當歸八兩。（酒洗熬膏和前膏內）名曰五老朝元膏。

六轉加鹿茸麋茸（各三兩研爲末熬膏和前膏內）名曰六龍御天膏。

七轉加琥珀。（紅色如血者佳飯上蒸二次爲細末。一兩和前膏內）名曰七元歸真膏。

八轉加酸棗仁。（去核淨肉八兩熬膏和前膏內）名曰八神衛護膏。

九轉加栢子仁。（淨仁四兩研如泥入前膏內）名曰九龍扶壽丹。

丹用九法加入因人之病而加損故耳又恐一并煉膏有火候不到藥味有即出者有不易出者故古聖立方。必有妙道。

玄元護命紫芝杯

此杯能治五勞七傷諸虛百損左癱右瘓各色瘋痰諸邪百病昔有道人。上進服之臨欻見二鬼排闥視立久之而去。後憂一人語之曰

道者當然昨有無常二鬼來拘因公服丹砂之靈。四面紅光鬼不能近而去過此公壽無量此道後活三百餘歲仙去。

用明淨硃砂一斤半。先取四兩入水火陽城礶打大火。一日一夜取出研細又加四兩如此加添打火六次足共爲細末將打火鐵燈盞敀打一鐵大酒杯樣摩光作塑懸入陽城礶內鐵杯渾身貼以金箔五層厚礶內裝砂。口上加此杯盞打大火三日夜鐵盞上面時加水擦內結成

杯在於塑上取下。每用仔明雄三厘研入碎杯内。充熱酒服二杯一次收杯再用妙不盡述。

太清經說神仙靈草菖蒲服食法

法用三月三日。四月四日。五月五日。六月六日七月七日。八月八日。九月九日。十月十日。采之須在清淨石上水中生者。仍須南流水邊者佳北流者不佳。采來洗淨。細去根上毛鬚。令盡。復以袋盛之浸淨水中。去濁汁。硬頭薄切。就好日色曝乾。杵羅爲細末擇天德黄道吉日。合之和

法用陳糯米水浸一宿淘去米泔。砂石盆中。研細末火上煮成粥。飲將前蒲末。和溲須多手爲丸免得乾燥難丸。丸如梧桐子大曬乾用。合收貯。初服十丸。一次嚼飯一口。和丸嚥下。後用酒下。便乞點心更佳。百無所忌惟身体覺燥用黍丸一二錢煎湯待冷飲之。即定蓋以丸爲使也服至一月和脾消食。二月冷疾盡除百日後百疾消滅其功鎮心益氣强志壯神塡髓補精黑髮生齒。服至十年。皮膚細滑。面如桃花萬靈侍

衛精邪不干永保長生度世也

神仙上乘黄龍丹方

赤石脂一兩 黄牛肉汁三大升 明乳香一斤

白蜜一斤 甘草末三兩

白粳米三斗五升分作五分炊藥熟爲度

右六味將赤石脂爲末。以生絹夾袋子盛貯于泔水盆内。浸半日。以手揉搓藥袋擺在水中澄底石末刮下紙上控乾取淨細末五兩。入銀盒内盛之無銀用青白磁圓盒亦可第一次須初

七八日淘米七升。上甑以藥盒安米中炊之。以飯熟爲度收去盒蓋星辰下露一宿第二次以月望前後。如上炊飯七升蒸盒夜露月明中一宿第三次以二十四日前後早辰依前法炊米七升將盒安内蒸之去蓋曬干日中取足日月星三光之氣第四次先將牛乳汁三升。入砂鍋炭火逼令如魚眼沸。下乳香末候化。入前三次蒸過赤石脂末。傾入牛汁。内用柳條攪勻傾在乳鉢内。細研復入原蒸盒内。又用七升米炊之

將盒安置米中米熟取起第三次以盒二斤入砂鍋內慢火逼之如魚眼滾起將蒸過盒內藥物傾入鑵內用柳木不住手攪勻入甘草末三兩同熬帶濕便住再用米七升入甑安盒入米中蒸之飯熟取起以盒入水盆內浸盒底半日不令水入盒內取起以淨器收貯初服選天月德黃道吉日清晨空心焚香面東七拜好酒調下一匙此乃稀世延年仙丹無金石之毒亦無燥生之理服食之後乃得四氣調和百骸舒暢

功妙無窮但許度人不得索利則効乃神續此丹服之旬餘自覺臟府通快精神清爽凡風勞冷氣一切雜病悉皆除去若服兩料則壽延百歲凡人須養脾脾養則肝榮肝榮則心壯心壯則肺盛肺盛則元藏實元藏實則根本固是爲深根固蒂長生久視妙道在此藥中得矣豈尋常之藥物也哉合藥器用如左

大小銀盒鍋二具（小容五六兩藥盒子有蓋者大容五斗磁鍋有銀絕妙）新瓦盆三箇盛一斗豆者木甑一箇容斗飯者蓋甑盆一隻　新鍋灶一副　乳鉢一箇　竹木匙大小二箇　柳木鍬三五把　小箒籬一把　柴用一百斤

枸杞茶

於深秋摘紅熟枸杞子同乾麪拌和成劑捍作餅樣曬乾研爲細末每江茶一兩枸杞子末二兩同和勻入煉化酥油三兩或香油亦可旋添湯攪成膏子用鹽少許入鍋煎熟飲之甚有益及明目

益氣牛乳方

黃牛乳最宜老人性平補血脉益心氣長肌肉令人身體康強潤澤面目光悅志不衰故人常須供之以爲常食或爲乳餅或爲乳飲等恆使恣意充足爲度此物勝肉遠矣

鐵甕先生瓊玉膏

此膏塡精補髓腸化爲筋萬神俱足五臟盈溢髮白變黑返老還童行如奔馬日進數服終日不食亦不饑開通強志日誦萬言神識高邁夜

無憂想服之十劑絶其欲修噎功成地仙矣。一料分五處。可救五人癰疾。分十處可救十人癆疾修合之時沐浴至心勿輕示人。

新羅參（二十四兩去蘆）　生地黄（一十六斤取汁）

白茯苓（四十九兩去皮）　白沙蜜（十斤煉淨）

右件人參茯苓爲細末用蜜生絹濾過地黄取自然汁搗時不用銅鐵器取汁。盡去滓用藥一處拌和勻。入銀石器或好磁器内封用淨紙二三十重封閉。入湯内以桑柴火煮三晝夜取出

用蠟紙數重包瓶口。入井中去火毒。一伏時取出再入舊湯内煮一日。出水氣取出開封取三匙作三盞祭天地百神焚香設拜至誠端心每日空心酒調一匙頓服原方如此但癆嗽氣盛血虛肺熱者不可用人參。

地仙煎

治腰膝疼痛一切腹内冷病令人顏色悦澤。骨髓堅固行及奔馬

山藥（一斤）　杏仁（一升湯泡去皮尖）　生牛乳（二斤）

右件將杏仁研細。入牛乳和山藥拌絞取汁用新磁瓶密封湯煮一日每日空心酒調服一匙頭。

金水煎

延年益壽填精補髓。久服髮白變黑。返老還童

枸杞子（不以多少採紅熟者）

右用無灰酒浸之冬六日。夏三日。于砂盆内。研令極細然後以布袋絞取汁。與前浸酒。一同慢火熬成膏于淨磁器内封貯。重湯煮之每服一

匙入酥油少許。温酒調下

天門冬膏

去積聚風痰癱瘓三虫伏尸。除瘟疫輕身益氣。令人不饑。延年不長。

天門冬（不以多少去皮去心去根鬚洗淨）

右件搗碎。布絞取汁澄清濾過用磁器沙鍋或錫器慢火熬膏每服一匙空心温酒調下。

不畏寒方

取天門冬茯苓爲末或酒或水調服之每日頻

服大寒時汗出單衣忘冷

服五加皮說

舜嘗登蒼梧曰厥金玉香草卽五加皮也服之延年故曰寧得一把五加不用金玉滿車寧得一斤地榆不用明月寶珠昔魯定公母單服五加皮酒以致延生如張子聲楊始建王叔才于世彥等皆古人服五加皮酒房室不絕皆壽考多子世世有服五加皮酒而獲年壽者甚衆山東華眞人煮石經

服松子法

不以多少研爲膏空心温酒調下一匙日三服則不饑渴久服日行五百里身輕體健

服槐實法

於牛膽中漬浸百日陰乾每日吞一枚百日身輕千日白髮自黑久服通明

服蓮花法

七月七日採蓮花七分八月八日採蓮根八分九月九日採蓮子九分陰乾食之令人不老

服食松根法

取東行松根剝取白皮細剉曝燥擣篩飽食之可絕穀渴則飲水

服食茯苓法

茯苓削去黑皮擣末以醇酒於瓦器中漬令淹足又瓦器覆上密封泥塗十五日發當如餌食造餅日三亦可屑服方寸七不饑渴除病延年

服食术法

於潛术一石淨洗擣之水二石漬一宿煮减半

加清酒五升重煮取一石絞去滓更微火煎熬納大豆末二升天門冬末一升攪和丸如彈子旦服三丸日一或山居遠行代食耐風寒延壽無病此崔野子所服法天門冬去心皮也

服食黄精法

黄精細切一石以水二石五升一云六石微火煮旦至夕熟出使冷手揺碎布囊榨汁煎之滓曝燥擣末合向釜中煎熬可爲丸如鷄子服一九日三服絶穀除百病身輕體健不老少服而

令有常不須多而中絶渴則飲水云此方最佳
出五符中

又法

取黄精搗捩取汁三升。若不出以水澆榨取之生地黄汁三升天門冬汁三升合微火煎減半納白蜜五斤復煎令可丸服如彈丸日三服不饑美色亦可止榨取汁三升湯上煎可丸日食如雞子大一枚。再服三十日不饑行如奔馬天門冬去心皮

服食萎蕤法

常以二月九日採葉切乾治服方寸匕日三亦依黄精作餌法服之導氣脉強筋骨治中風跌筋結肉去面皺好顔色久服延年神仙

服食天門冬法

乾天門冬十斤杏仁一升搗末蜜溲服方寸匕日三夜一廿始所服名曰仙人糧

服食巨勝法

胡麻肥黑者取無多少簸治蒸之令熱氣周徧如炊頃便出曝明旦又蒸曝凡九過止烈日亦可。一日三蒸曝三日凡九過燥訖以湯水微沾於臼中搗使白復曝燥簸去皮熬使香急手搗下粗篩隨意服日二三升亦可以蜜丸如雞子大日服五枚亦可餡和之亦可以酒和服稍稍自減百日無復病一年後身面滑澤水洗不着肉五年水火不害行及奔馬。

神仙餌蒺藜方

蒺藜一石常以七八月熟收之採來曝乾先入

臼舂去刺然後爲細末每服二匙新水調下日進三服勿令斷絶服之長生服一年後冬不寒夏不熱服之二年老返少。頭白再黑齒落更生服至三年身輕延壽

神仙服槐子延年不老方

常以十月上巳日取在新磁器内盛之以盆合其上密泥勿令走氣三七日開取去皮從月初日服一粒以水下日加一粒直至月半却減一粒爲度終而復始令人可能夜看細書久服此

氣力百倍

辟穀住食方

秋米一斗麻油六兩炒冷　鹽末　川薑　小椒各等分十兩

蔓菁子三升　乾大棗五升

右六味爲細末每服一大匙新水調下曰進三服如饑渴漸有力如喫諸般果木茶湯任意不可食肉大忌也食品大忌有八

走死的馬　飲殺的驢　脹死的牛

紅眼的羊　自死的猪　有彈的鱉

懷胎的兎　無鱗的魚

古書云皆不可食之若食之者生百疾也

辟穀方

永寧二年二月十七日黃門侍郎劉景先表言臣遇太白山隱士得此方臣聞京師米粮大貴宜以此濟之令人不饑耳目聰明顏色光澤如有誑妄臣一家甘受刑戮四季用黑豆五升淨洗後蒸三遍晒乾去皮又用大火麻子三升湯浸一宿漉出晒乾膠水拌晒去皮淘淨蒸三遍碓搗穴下豆黃共爲細末用糯米粥合和成團如拳大入甑蒸從夜至子住火至寅取出於研器內盛蓋不令風乾每服三塊但飽爲度不得食一切物第一頓七日不飢第二頓七七日不飢第三頓三百日不飢容顏佳勝更不憔悴渴即研火麻子漿飲更滋潤臟腑若要重喫物用葵子三合杵碎煎湯飲開導胃脘以待冲和無損此方勒石漢陽軍大別山太平興國寺

紫霞杯方此至妙秘方

此杯之藥配合造化調理陰陽奪天地冲和之氣得水火既濟之方不冷不熱不緩不急有延年郤老之功脫胎換骨之妙大能清上補下升降陰陽通九竅殺九虫除夢泄悅容顏解頭風身體輕健臟腑和同開胸膈化痰涎明目潤肌膚添精蠲疝墜又治婦人血海虛冷赤白帶下惟孕婦不可服其餘男婦老少清晨熱酒服二三杯百病皆除諸藥無出此方用火杯薄以糠皮一椀生杯於中瀉酒取飲若碎破每取杯藥一分研入酒中充服以杯料盡再用另服

真珠一錢 琥珀一錢 乳香一錢 金箔二十張
雄黃一錢 陽起石一錢 香白芷一錢 硃砂一錢
血結一錢 片腦一錢 樟腦一錢傾杯放入 麝香七分半
甘松一錢 三奈一錢 紫粉一錢 赤石脂一錢
木香一錢 安息一錢 沉香一錢 沒藥一錢

製硫法用紫背浮萍於罐內將硫黃以絹袋盛懸繫於罐中煮滾數十沸取出候乾研末十兩同前香藥入銅杓中慢火溶化取出候火氣少息用好樣銀酒鍾一箇周圍以布紙包裹中間

一孔傾硫黃於內手執酒鍾旋轉以勻爲度仍投冷水盆中取出有火症者勿服

昇玄明粉法

好淨皮硝五斤皂角半斤白蘿蔔十數斤切片用水大半鐔煮滾十數次漉出蘿蔔勿用仍切蘿蔔再煮如此三四次以蘿蔔無鹹味爲度再用稀絹濾去滓以鍋盛之露一宿次日鍋中皆牙硝取出以綿紙袋盛裹懸於當風去處自化成粉夏月每粉一兩用甘草末一錢和之每服

一錢沸湯調下大能解暑熱化頑結老痰從後瀉出痰火聖藥

河上公服芡實散方

乾雞頭實去殼 忍冬莖葉揀無蟲汚新肥者即金銀花也
乾藕各一斤

右三味爲片段於甑內炊熟曝乾搗羅爲末每日食後冬湯浸水服一錢七久服益壽延年身輕不老悅顔色壯肌膚健脾胃去留滯功妙難盡久則自知

服天門冬法

取天門冬二斤熟地黃一斤搗羅爲末煉蜜爲丸如彈子大每服三丸以溫酒調下日三服久服强骨髓注容顔去三尸斷穀輕身延年不老百病不生若以茯苓等分爲末同服天寒單衣汗出忌食鯉魚并腥羶之物

服藕食莖法

味甘平寒無毒主補中養神益氣力除百疾久服輕身耐老不饑延年一名水芝丹藥性論云

藕汁亦鼻用味甘能消瘀血不散節搗汁主口鼻吐血不止並皆治之又云蓮子性寒主五臟不足傷中氣絕利益十二經脉血氣生食微動氣蒸食之良又熟去心爲末蠟蜜和丸日服十丸令人不饑此方仙家用爾陳藏器云荷鼻味苦平無毒主安胎去惡血留好血血痢煮服之即止荷葉并蒂及蓮房主血脹腹痛産後胎衣不下酒煮服又食野菌毒用水煮服藕粉水雪深處曾製取麄者洗淨搗爛布絞取汁以密布

再濾過澄去上清水如汁稠難澄添水攪即成爲粉服之輕身延年

硃砂雄黄杯法

碾好辰砂爲細末白蠟溶開入砂傾入酒鍾內如前法取起成杯有寧心安神延年益壽之功用雄黄者亦如此法有解毒辟百虫之力恐二杯皆不如紫霞杯之妙也

神仙巨勝丸方

輕身壯陽却老還童去三尸下九虫除萬病

巨勝酒浸一宿九蒸九晒　牛膝酒浸切焙　巴戟天去心　天門冬去心焙　熟乾地黄焙　柳桂去麄皮　酸棗仁　覆盆子　菟絲子酒浸別搗焙乾　山芋　遠志去心　菊花　人參　白茯苓去黑皮各一兩

右一十四味揀擇淨搗羅爲末煉蜜爲丸如梧桐子大每服空心温酒下二十丸服一月身輕輕體健萬病不侵

服栢實方

古於八月合取栢房曝之令坼其子自脱用清

水淘取沉者控乾輕椎取仁搗羅爲細末每服二錢七酒調下冬月温酒下早晨日午近晚各一服稍增至四五錢加菊花末等分蜜丸如梧桐子大每服十丸二十丸日三服酒下

服食大茯苓丸方

白茯苓去黑皮　茯神抱木者去木　大棗桂去麄皮各一兩　人參　白术　遠志去心炒黄　細辛去苗葉　石菖蒲一寸九節者米泔浸三日日換泔浸碎切曝乾各十二兩　甘草八兩水蘸擘破炙　乾薑五兩泡裂

右十一味搗羅爲末煉蜜黄色掠去沫停冷拌
和爲丸如彈子大毎服一丸久服不飢不渴若
曾食生菜果子食冷水不消者服之立愈五藏
積聚氣逆心腹切痛結氣腹脹肚逆不下食生
薑湯下羸瘦飲食無味酒下欲求仙未得諸大
丹者皆須服之若不絶房室不能斷穀者但服
之去萬病令人長生不老合時須辰日辰時於
空室中衣服潔淨不得令雞犬婦人孝子見之

李八伯杏金丹方

取肥實杏仁五㪷以布袋盛用井花水浸三日
次入甑中以帛覆之上鋪黄泥五寸炊一日去
泥取出又於漿中炊一日又於小麥中炊一日
壓取油五升澄清用銀餅一隻打如水餅樣如
無銀者用好砂罐爲之入油在内不得滿又以
銀圓葉可餅口大小蓋定銷銀汁灌固口縫入
於大釜中煮七復時常攪動看油結打開取藥
入器中火消成汁傾出放冷其色如金後入臼
中搗之堪丸即丸如黄米大空心日暮酒下或

用津液下二十丸入服保氣延年髮白變黑能
除萬病

杏金丹符

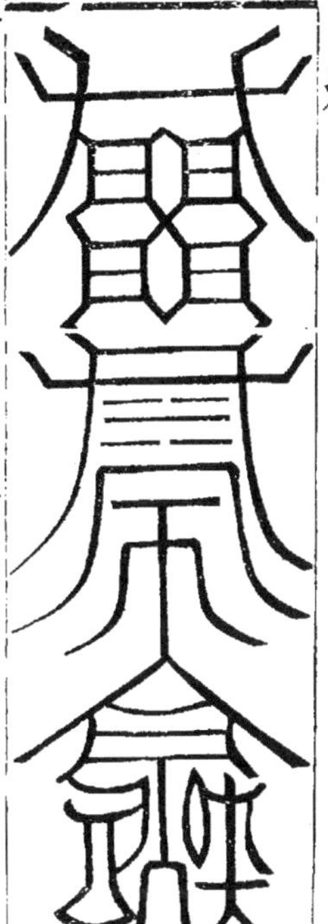

合藥時朱書此符三道衣領中帶之

輕身延年仙术丸方

蒼术米泔浸夏秋三日春七日去皮洗淨蒸半
日作片焙乾石楠搗爲末煉蜜爲丸如梧桐子

大毎日早晨日午酒下五十丸

枸杞煎方

採枸杞子不拘多少去蒂清水淨洗淘出空乾
用夾布袋一枚入枸杞子在内於淨砧上榨壓
取自然汁澄一宿去清石器内慢火熬氣煎取
出瓷器内收毎服半匙頭温酒調下明日駐顔
壯元氣潤肌膚久服大有益如合時天色稍暖
其壓下汁更不用經宿其煎熬下三兩年並不

損壞如久遠服多煎下亦無妨也。

保鎮丹田二精丸方

用黄精去皮　枸杞子各二斤

右二味各八九月間採取先用清水洗黄精一味令淨控乾細剉與枸杞子相和杵碎拌令匀陰乾再擣羅爲細末煉蜜爲丸如梧桐子大每服三五十丸空心食前温酒下常服助氣固精補鎮丹田活血注顔長生不老

萬病黄精丸方

用黄精十斤淨洗蒸令爛熟　白蜜三斤　天門冬三斤去心蒸令爛熟

右三味拌和令匀置于石臼内擣一萬杵再分爲四劑每一劑再擣一萬杵過爛取出丸如梧桐子大每三十丸温酒下日三不拘時服延年益氣治療萬病久服可希仙位

却老七精散方

用茯苓天之精三兩　地黄花地之精

桑寄生木之精各二兩　菊花月之精一兩二分

竹實日之精　地膚子星之精

車前子雷之精各一兩三分

右七種上應日月星辰欲合藥者以四時旺相日先齋戒九日别于静室内焚香修合擣羅爲細散每服三方寸七以井花水調下面向陽服之須陽日一服陰日二服滿四十九日卽能固精延年却除百病聰明耳目甚驗地黄花須四月採竹實似小麥

去三尸滅百蟲美顔色明耳目雄黄丸

用雄黄透明如雞冠不雜石擣羅一兩　松香採明淨純白者水中煮一二次將浮起者取用如前法

右二物和匀杵爲丸彈子大。每早酒下一丸。服十日。三尸百虫自下出。人面紫黑氣色皆除服及一月。百病自瘥常須清淨勿損藥力。

高子論房中藥物之害

高子曰自比覺泥水之説行而房中之術横矣因之藥石毒人其害可勝説哉夫人之稟受父母精血厚者其生壯即多慾尚可支薄者其生弱雖寡慾猶不足故壯者恣慾而斃者有之未有弱者恣慾而壽者矣飲食男女人之大欲也不可已亦不可縱縱而無厭疲困不勝乃尋藥石以強之務快斯慾因而方人術士得以投其好而逞其技矣構熱毒之藥稱海上奇方入於

耳者有耳珠丹入於鼻者有助情香入于口者有沉香合握于手者有紫金鈴封于臍者有保真膏一丸金蒸臍餅火龍符固於腰者有蜘蛛膏摩腰膏含於龜者有先天一粒丹抹其龜者有三釐散七日一新方縛其龜根者有呂公縧硫黃縧蜈蚣帶寶帶良宵短香羅帕兜其小腹者有順風旂玉蟾裩龍虎衣搓其地者有長莖方掌中金納其陰戶者有揭被香煖爐散窄陰膏夜夜春塞其肛門者有金剛楔此皆用於皮

膚以氣感腎家相火一時堅舉為助情逸樂用不已或其毒或流為腰疽聚為便癰或腐其龜首爛其肛門害雖橫焰尚可解脱內有一二得理未必盡虎狼也若服食之藥其名種種如桃源秘寶丹雄狗丸閉精符之類頗多藥毒悞人十服九斃不可救解往往奇禍慘疾潰腸裂膚前車可鑑此豈人不知也慾勝於知甘心蹈刃觀彼肥甘醇厚三餐調護尚不能以日月起人羸瘠使精神充痛矧以些少丸末之藥頃刻間

致痿陽可興疲力可敵其功何神不過仗彼熱毒如蛤蚧海馬狗腎地龍麝臍石燕倭硫陽起蜂房蟻子之類譬之以烈火灼水燔焰煎熯故腎臟一時感熱而發豈果仙丹神藥乃爾靈驗效速也耶保生者可不惕懼以痛絶助長之念客曰某某者每用某藥今以壽考何子之泥也余曰是誠有之也但外用者十全一二內服者無一全於十百若內若外豈真無異術者哉何能得其異傳況比覺為大道傍門得陰陽之妙

用率歸正脉其說匪徒婬姤快慾之謂人之一身運用在於任督二脉督爲陽父任爲陰母尾閭夾脊爲督脉之關中脘膻中爲任脉之竅任炁聚於炁海督炁聚于泥丸故陰陽升降吸即升也起于臍呼即降也轉于腦其行氣交會行之至肛門緊提則炁會行之至地戶緊閉則炁交眞炁一降則天炁入交于地根得土則正眞炁一升則谷氣出接於天根逢土則息此爲陰陽大竅其理最顯最密所謂性與命相守神與

氣相依者此耳故經曰神馭氣氣留形不須則藥可長生如此朝朝并暮暮自然丹滿谷神存生死要關須知窮此妙境爲吾生保命大藥乃於金石虎狼求全造化神靈其謬失不既多乎吾重爲死不知害者戚也

弦雪居重訂遵生八牋卷之十三 終

弦雪居遵生八牋卷之十四

古杭高濂深甫氏編

高子曰心無馳獵之勞身無牽臂之役避俗逃名順時安處世稱曰閑而閑者匪徒尸居肉食無所事事之謂俾閑而博奕樗蒲又豈君子之所貴哉孰知賢可以養性可以悅心可以怡生安壽斯得其閑矣余嗜閑雅好古

稽古之學唐虞之訓好古敏求宣尼之教也好之稽之敏以求之若曲阜之舃岐陽之鼓藏劍淪鼎兌戈和弓制度法象先王之精義存焉者也豈僅剔異搜奇爲耳目玩好寄哉故余自閒日遍考鐘鼎卣彝書畫法帖窯玉古玩文房器具纖悉究心更校古今鑑藻是非辯正悉爲取裁若耳目所及眞知確見另事參訂補遺似得慧眼觀法他如焚香鼓琴栽花種竹靡不受正方家考成老圃備註條

列用助清歡時乎坐陳鐘鼎几列琴書榻排松窻之下展圖蘭室之中簾櫳香靄欄檻花妍雖咽水餐雲亦足以忘飢永日氷玉吾齋一洗人間氛垢矣清心樂志孰過於此編成牋曰燕閒清賞

叙古鑒賞

洞天清錄云人生世間如白駒之過隙而風雨憂愁輒三之二其間得閒者才十之一耳況知之而能享者又百之一二於百一之中又多以

聲色為樂不知吾輩自有樂地悅目初不在色盈耳初不在聲明窻淨几焚香其中佳客玉立相映取古人妙迹圖畫以觀鳥篆蝸書奇峯遠水摩挲鐘鼎親見商周端研湧岩泉焦桐鳴珮玉不知身居塵世所謂受用清福孰有踰此者乎

長慶集云堂中設木榻四素屏二琴一張儒道佛書各數卷樂天既來為主仰觀山俯聽泉旁睨竹樹雲石自辰及酉應接不暇俄而物誘氣隨外適內和一宿體寧再宿心恬三宿後頹然嗒然不知其然而然

澄懷集云江南李建勳嘗畜一玉磬尺餘以沉香節按柄扣之聲極清越客有談及猥俗之語者則起擊玉磬數聲曰聊代清耳一竹軒榜曰四友以琴為嶧陽友磬為泗濱友南華經為心友湘竹為夢友

周公瑾邀趙子固各攜所藏書畫放舟湖上相與評賞飲酣子固脫帽以酒晞髮箕踞歌離騷

傍若無人薄暮入西泠掠孤山艤舟茂樹間指林麓最幽處瞪目絕叫曰此洪谷子董北苑得意筆也鄰舟驚歎以為真謫仙人其鑒賞如此

太宗酷好書法有大王真跡三千六百紙率以一丈二尺為一軸寶惜者獨蘭亭為最置于坐右朝夕觀覽偶一日附耳語高宗曰吾千秋萬歲後與吾蘭亭將去也及奉諱用玉匣貯之藏於昭陵

陶貞白隱具都山嘗寶畜二刀一日善勝一日

寶勝往往飛去人望之如二條青蛇
唐李德裕時有一老叟引五六輩舁巨桑請謁出見叟曰此木某寶之三世矣某年耄感公之德聞公好奇異是以獻耳木中有奇寶須得洛匠斲之後解爲二琵琶槽內生白鴿二羽翼嘴足巨細畢備解失厚薄不中一面鴿失一翼全者已進其一今在民間
李衛公寶一方竹杖來自大宛國堅實而正方節眼鬚牙四面對出因贈甘露寺僧重其道行

一日再過浙右問僧曰竹杖無恙否僧曰已規圓而漆之矣公嗟惋彌日
僞蜀詞人文谷詣劉光祚劉方約二道士看桃核杯二十至取杯出視之濶尺餘紋采燦然眞蟠桃核也劉曰予少年遊華岳逢一道士贈者寶之有年矣座上二道士一出白石圓子上有文采如二童子引仙人眉髮悉備云爲麻姑洞中得之一出石闊一寸長二寸五分上隱蟠龍鱗角爪鬣俱全云爲巫峽中得之文谷嘉曰何幸一日盡覩二奇物
隋僕射蘇威有鏡精好日月蝕幾分鏡亦如之威以左右所污不以爲意他日月蝕其半其鏡亦半昏始寶藏之後櫃中有聲如雷尋之乃鏡聲也
隋末廣州好事僧有三寶一曰右軍蘭亭二曰神龜以銅爲之腹受一升以水貯之四足能行隨在去之三曰如意以鐵爲文光明洞徹色如水晶

歐陽率更出見古碑索靖所書駐馬觀之良久而去數步後下馬佇立疲則布毯坐觀因宿其傍三日而後去
閻立本至荆州視張僧繇舊跡曰定虛得名耳明日又往曰猶是近代佳手明日又往曰名下定無虛士坐臥觀之留宿其下十日不能去
曹公作欹牀臥以視書六朝人作隱囊柔軟可倚備此爲賞識之具
滄浪集云耳目淸曠不設機關以待人心安閑

而體舒放三商而眠高舂而起静院明牕之下羅列圖史琴尊自娛家有門林珍花奇石曲池高臺魚鳥留連不覺日暮

趙子固宋諸王孫家藏圖書鍾鼎寶玩甚富亦善繪事後得五字不損本蘭亭於霅州喜甚乘夜回嘉興棹至昇山大風覆舟子間立淺處手持蘭亭示人曰帖已在此餘不足以介意因題卷尾曰性命可輕至寶是寶

米元章少負英聲以恩補較書郎遷太學博士

東坡云清雅拔俗之文超邁入神之學何時見之以洗瘴毒兒子得寶月賦琅然一誦老夫卧聽未畢蹶然而起恨二十年相從知元章不盡此賦當過古人不論今世也後爱京口溪山之勝遂定居焉作菴城東自號海岳喜蓄書畫古玩尤爲黄太史所重平生好石見有壞奇秀溜者則取袍笏拜之呼爲石丈云

敘古諸品寶玩

十洲記周穆王時西域獻昆吾割玉刀及夜光常滿杯刀切玉如泥杯是白玉之精光明夜照冥夕出杯於中庭向天比明而水汁已滿杯中矣汁甘而香美斯實靈人之器

周靈王起昆陽臺渠胥國來獻玉駱駝高五尺琥珀鳳凰高六尺火齊鏡高三尺暗中視物如晝向鏡則見影應聲

西域折股國能爲飛車從風遠行記里有鼓車上木人執槌行一里擊鼓一槌

戰國時有人盗王子喬墓惟一劔存欲取劔作龍吟俄飛上天

吳王得越三劔一曰魚腸二曰盤郢三曰湛盧

方丈山有龍場龍鬭于此膏血如流水色黑着地堅凝如漆有紫光用作寶器

越王得昆吾之金鑄八劔一名掩日指日日昏金陰物也陰盛陽滅故耳二名斷水畫水開而不合三名轉魄指月則蟾兎爲之側轉四名懸翦飛鳥遊虫觸刃如截五名驚鯢以之泛海鯨鯢遠遁六名滅魂挾之夜遊魑魅潜跡七名却

邪用止妖祟八名眞剛以之切玉如削土木以
應八方之氣
漢時西成獻吉光裘入水數日不濡入火不焦
漢武時西毒國獻連環羈以白玉製之瑪瑙石
爲勒白琉璃爲鞍置暗室中其光如晝
漢武桂宮有四寶七寶牀雜寶案雜寶屏雜寶
帳謂之四寶宮
西渠王獻玉箱瑤杖各一件后殉武帝
元禎秋夕登黃鶴樓遙見江湄有光者星因得

漁人釣鯉剖之得二小鏡大如錢二面相合背
有雙龍隱起鱗甲悉具元薨鏡亦亡去
令狐綯有鐵箭徑不及寸長四寸內取出一小
卷日中視之乃九經並足其紙即蠟蒲團其文
精妙莫逃又領其中有輕綃一疋長四丈稱之
纔及半兩似非人世所造貞陽觀有天降爐自
天而下高三尺下一盤盤內出蓮花一枝十二
葉每葉隱出十二屬蓋上有一仙人帶遠遊冠
披紫霞衣儀容端美左手搘頤右手垂膝坐一
小石石上有花竹流水松檜之狀雕刻奇古非
人所能且多神異南平王取去復歸名曰瑞爐
處士皇甫玄有一避塵針以巾插針可令一身
無塵針金色試之者帶巾針躍馬塵中人馬無
染一點
刺史沈攸之廐中羣馬驚嘶令人伺之見一白
駒以絲繩繫腹直從外入復去直入內閣檢內
人惟愛妾馮月華臂上一玉馬以絲綠穿之置
枕邊夜去曉還試看之足有泥污

邴浪於九田山見赤雞鳴如笙竽射之入石縫
中鑿石得一赤玉鳥
唐玄宗有玉龍子開元中旱帝密投之龍池俄
而雲霧暴起風雨驟作
天寶初安思順進五色玉帶
李國輔有迎涼草榦似苦竹夏堂設之風涼自
至有鳳首木高一尺而刻如鸞鳳雖嚴冬之時
高堂大廈中和煦如春十洲記云二物皆火林
國產也

德宗幸興慶宮於複壁間得軟玉鞭屈之則首尾相就舒之則徑直如繩

陸大鈞從子妻夜寢聞有啁啾鬬聲既覺枕下得二玉猪大數寸刻像妙甚寶之枕中財貨日增

貞觀初林邑獻火珠狀如水晶唐宗賜大安國寺水珠如石一片赤色夜有微光掘地一尺埋之水溢可給千人

漢宮積草池中有珊瑚高一丈二尺一本三柯

上有四百六十三條

吳孫權掘地得白玉如意所執處刻龍虎紋長二尺七寸

寶眞如五寶八寶五之一曰玄黃天符形如笏長八寸濶三寸上圓下方有孔黃玉也辟入間兵疫邪厲二曰玉鷄羽毛悉備王者以孝治天下則現三曰穀璧白玉爲之徑五寸其文粟粒王者得之五穀豐稔四曰王母玉環二枚亦白玉也徑六寸好倍於肉五寶空中照光皆射目

不知所極八寶之一曰如意寶珠大如鷄卵明如滿月二曰紅靺鞨大如巨栗爛若朱櫻視之則碎觸之則堅三曰琅玕其形如環四分缺一四月玉印大如半手其文如鹿曰印中著物形現五月採桑鈎二枚長五六寸其細如筯若金銀銅製六曰雷公石二枚斧形長四寸如青玉八寶置之日中白氣燭天晤室光明如月

魏河間王有赤玉卮水精鉢瑪瑙碗

新羅國獻萬佛山雕沉檀珠玉以爲之其大者

盈寸小者幾分其佛首有如米如菽者眉目口耳螺髻毫相悉具辮金玉水精爲旛蓋流蘇菴植薝蔔羅等樹以百寶爲樓閣殿臺其收雖微形勢飛動前有行道僧數千下有紫金鍾三寸補牢啣之擊鍾則行道僧禮拜至地其中隱隱有聲蓋鍾響處是關捩也雖以萬佛名山其數不可勝計

海外貢重明枕長一尺二寸高六寸潔白類水晶中有樓臺形有十道士持香執簡循環無已

劉耀夜居忽有二童子入跪曰管涔使小臣謁趙皇帝獻劍二口置拜而去以燭炤之劍長二尺光澤異嘗背有銘曰神劍服御除衆毒耀服之隨變五色

范椎奴牧牛澗中獲二鯉化成鐵用以爲刀對大石嶂祝曰鯉魚變化治成雙刀石嶂破者爲有神靈砍之石裂

秦嘉有盤龍鏡韓壽香名爲辟惡生香

劉表有酒器三曰伯雅容七升仲雅容六升季雅容五

升雅酒器也

李適之有酒器九品蓬萊盞海川螺舞仙杯匏子巵幔捲荷金蕉葉玉蟾兒醉劉伶東溟樣蓬萊盞上有三山注酒以山沒爲限舞仙盞有關捩酒滿則仙人起舞瑞香毬子浮出盞外。

仙家有三寶有碧瑤杯紅蕤枕紫玉函

劉守璋贈洪厓先生楊雄鐵硯四皓鹿角枕卞敬家有無患枕。

舜作五明扇石虎作莫難扇又有象牙桃枝扇子建九華扇張融有道士贈以白羽麈尾扇夏昶作雲香扇。

漢有翠羽扇雲母扇孔雀扇九華扇五明扇迴風扇

陶貞白有雀尾爐唐內庫有七寶砥爐至冬寒研凍放上即化不用火炭

咸通開昌公主下嫁有金菱銀粟內藏珍物連珠帳却寒簾犀絲簟牙席蠲忿犀如意白玉九鸞釵辟邪香韋侍御贈杜甫內人夜飛蟬。

武帝賜干闐青錢硯遼西麟角筆南越側理紙

唐賜宰相張文蔚龍鱗月硯寶相枝筆筆也

開元初罽賓國貢上清珠光炤一室內有仙人玉女搖動水旱兵革之災皮視無不克驗。

廉郊池上彈琴荷池中躍跳有鐵一片有知音擊之名蕤賓鐵也。

安祿山獻明皇有玉魚皃鵬。

楊貴妃製綠玉磬佛樓國有青玉鉢盂受三斗許厚可二分咸陽宮有青玉燈檠高七尺孫文

臺有青玉鞍。魏王得一石，胡人識為寶母。真臘
國獻萬年蛤，夜光如月，積雪不化。偶得金牛。祥
符中鑄金龜賜近臣。穆王至崑崙，有銀燭。嵇昌
蓄採星盆，夏月漬果，倍冷。蒲澤國獻蔽日簾，可
以却暑。寶玩中有硫磺瓶、珊瑚玦、女珊瑚、青螺
卮、五色文玉環、金博山爐、琥珀枕、瑪瑙彄、雲母
屏、九龍臺燈、百枝燈、藍田磬、熖夜璣、瑣子帳、紫
玉笛，皆漢唐奇貨。

司空文心中條以松枝為筆，曰幽人筆。

房次律弟子金國十二歲時手持水玉數珠，光
潔熖人。

唐彥猷作紅絲硯，自號為天下第一。

郭從義掘地得綠玉四方小枓，曰四筋，有胡人
坐頂，傍有篆文，借臺秘府小中曰元自誠有抵
鵲盆，色類珉，夏月浸果，果水皆寒，冬月不凍。郭
江洲有占景盤，以銅為之，上出細管，插花可留
十餘日不敗。孫總監千金市綠玉一塊，嵯峨如
山，命工治之，作博山爐，頂上暗出香烟，名不二
山。白樂天詩云：銀花不落從君勸。（不落，酒器。）有水晶
不落。漢隱帝有小摩尼數珠。馮夫人有葡萄鏡。
杜光庭有驕龍杖，紅如猩血，重若玉石，似非竹
木，傳為仙人所遺。葛溪鐵工製剪鑿，字曰三儀
刀。交股屑環，遇物如風。又有地中掘得金鹿、銀
麐，乃昔奴人獻天子於洋水之物。又有銀犺、金
狗之類，皆古駱夷人之物。若小銅豬、狗、牛、羊等
十二肖形，亦墓中物也。

西湖志云：高宗幸張俊，其所進御物有獅蠻樂

仙帶、池面玉帶、玉鶻兎帶、玉璧環、花素玉高腳
鍾子、玉枝梗瓜、玉瓜杯、玉東西杯、玉香鼎、玉盆、
玉古劍璏二十七件、玉犀牛、合白玻璃元盤、玻
璃花瓶、玻璃枕、瑪瑙物二十件、龍文鼎、商彝、高
足彝、商文彝、周盤、周敦、周舉罍、[illegible]耳、周罍、汝窯
酒瓶二對，有御寶。畫：曹霸五花驄、馮瑾霽煙、人
景、易元吉寫生花、黃居寶竹雀、吳道子天王、張
萱戲竹、邊鸞萱草、山鷓、黃筌鵓鴿、萱草、宗婦曹
氏蓼岸、杜庭睦明皇斫膾圖，有趙昌踯躅、鶺鴒

杜竹思鄭蠲母鷄杜霄撲蝶巨然嵐鎖翠峰徐熙扶川易元吉寫生枇杷董源夏山早行李煜林泉渡水人物荆浩山水吳元俞紫氣星皆珍品也。

歐陽通善飾文房其命藏硯室曰紫方館寘光曰發光地𦶇薩研滴曰金小相鎮紙曰小連城千鈞史界尺曰由準氏筆曰畦宗郎君槽曰半身龍裁刀曰治書奴

寶晉齋有天成硯山玉蟾蜍皆希世奇珍

古有神物如禹鼎知興廢瑞應圖寶鼎不爨自沸不炊自熱不汲自滿不舉自藏吳明國貢常燃鼎號州鐵鑊大數圍丁謖作九層博山爐上鑄禽獸自動勃海貢瑪瑙櫃長三尺南昌國貢火玳瑁盆容十斛又貢紫磁盆可容五斗舉之輕若鴻毛中朝有銅澡盆夜有人扣與長樂鍾聲相應漢武帝賜櫻桃以赤瑛盤與桃一色周益公有鶴飛琖注酒則鶴飛乾則就滅唐青王枕冬煖夏涼醉者睡之即醒夢者遊仙孫太醫玉羅漢屏種種飛動漢宣帝有玉人每升西夷之貢水澆無暑火逼無寒唐有十二時盤用之隨時轉換物象子鼠換丑牛之類天帝流光爵置之日中則光氣燭天南海有蝦頭杯陳思王有鵲尾杓欲勸者呼之即指其人王肅造銅鼠丸晝夜自轉南中有風貍杖用指禽獸自斃取食隨指如意含涯縣東岸有聖鼓杖舟中有之波浪不敢冲激徐鳳綰節杖如筆管二十王海年生一節後每年減一節郭休有夜明杖朱色

夜杖有光柳真齡寶一鐵拄杖宛轉天成行則微響明皇有虹蜺屏賜貴妃上刻美人夜能下屏歌舞馬戈山有紫麥席冬溫夏涼秦始皇驅山鐸擊之聲如霹靂內庫有青酒杯紋亂如絲其薄如紙以酒注溫然有煖氣少如沸湯名自煖杯龜茲國進一枕如瑪瑙枕之則十洲三島四海五湖盡入夢中名遊仙枕虢國夫人有夜明枕光炤一室無事燈燭田父得炤室玉王莽有滅瘢玉取玉槌碎許瘢即滅唐順宗時西域

進龍虎玉一方。爲虎置之山岩百獸攝伏。一圓爲龍置之水中。浪捲虹蜺扶餘國有火玉色赤可以燃鼎弄時於河洛中得方尺玉板上圖天地之形得金璧之瑞文字記造化之始禹遊龍門神授玉簡遊東海得碧色玉圭楚州獻玉印伯顏至于闐國鑿井得玉佛高四尺照之筋骨脉絡俱見魏武后有玉鉢相盛轉而不脫爲西域鬼作唐肅宗賜李輔國香玉辟邪形高一尺五寸奇巧無比香聞數里入衣經年不滅唐度

宗朝有十二玉棋子以按十二時字置水中逐時浮出不爽蘇威有應日鏡日蝕幾分則鏡面昏處如之唐有瑞英簾入在簾內影之則遍身有光艷異奪目韓王元嘉有銅鶴樽酒滿其腹則正立酒淺則傾覆長安殿角上有銅雀能鳴沈傳師得玉馬能嘶楊光欣有玉龍腹中財水口瀉有笙簧聲楚漁得禹支祁鎖唐翰林院有索鈴河北用兵鈴動索鈴自鳴周世宗應氣瓦二十四片應氣鼓之寶儀辨之不訛長陵有銅

駝生毛毛上生花鄆縣有銅馬能嘶長州倅廳有銅龜背上應時現文李子長造木囚置葦上理囚獄不差則木囚伏否則木囚奮起周穆王有火齊鏡靈王時有月鏡其白如月漢高祖有表裏鏡可見五內舞溪石窟有方鏡始皇號爲照骨鏡荀諷有鐵鏡隋王度有照疾鏡疫病照之即愈張敞得一鏡照之終身無病名無疾鏡黃巢三方鏡能見三方唐秦淮鏡照人五藏天寶時有水心鏡七歲大旱鏡中龍口吐烟即雨

唐有夷則鏡得之井中燧銅鏡向日則火生以艾就之則燃任中宣有飛精鏡後爲神人持去王宗壽有鐵鏡不明一日發光因見市一青衣小兒欣然來回曰鐵鏡神物當還竟持去王勿臨造方丈鏡照見人馬有百里鏡可照百里即獻呂蒙正鏡也秦寧縣耕夫得鏡照之病熱者心骨生寒故名生寒鏡世有透光鏡以鏡承日光則鏡銘二十字壁上了了分明知來鏡照之則見前途吉凶譙毫有鏡以手循之中心錚然

有聲名曰響鏡史良姊有寶鏡能見妖魅有道士持厭魅鏡狐狸草木爲祟炤之卽見本形如劒若顓頊劒空劒指兵則勝匣中嘗鳴楚王太阿劒一揮則三軍流血漢高祖赤霄劒後主鎮山劒宋青春有青龍劒唐德宗有火精劒夜有光明朱善存家有芝烟劒太平則芝生胡識破山劒錢塘聞人紹有靈寶劒

已上種種皆宇宙間神奇秘寶終爲造化收拾安得流落塵世雖曰兵火變遷恐亦於此無恙

古云玩物喪志此非喪志物也用錄以廣聞見圖畫神異若漢劉褒北風圖見者皆寒雲漢圖見者皆熱王善畫六馬滚塵圖後竟失去唐有龍水圖將練爲服登中二龍飛去周益公畫岳州圖譙樓時時換牌趙顔得畫女障能下障與顔爲妻生子韋叔文畫馬朱色岳神索之改名而第趙滄畫兒啼圖僧夜聞兒哭詰滄以筆作乳點入兒口遂止馮紹正畫龍未終見白氣就廡簷出入池中雷雨大作康廣畫二鬼兵鬪一夕風雨鬼兵交戰張僧繇畫佛夜間發光信州畫羅漢能飛動王元俊畫扇壁上客至遂携去曹不興畫屏汚墨點卽添作蠅孫權視爲眞蠅用手拂去鎮江興國寺苦鴿宿糞汚佛張僧繇於兩壁畫鷹鷂鴿再勿入雲光寺有七鴿圖於西壁未完其一云爲飛去長興成山寺壁畫猿鶴長能飛走顧光寶畫獅絕瘧獅口有血淋漓何尊師畫猫則鼠潛避石恪畫飛鼠張之則鼠不入室楊子華畫馬夜有蹄齧嘶聲韓幹畫馬

神人來索唐吳道子惡僧畫驢壁間一夜僧房家具踏破無留吳畫五龍圖天欲大雨卽生烟霧張璪一手雙筆畫二木枝一枯一榮賈秋壑遇一道人畫蓮風來則蓮葉搖動此皆神妙莫測不可曉也要皆古人元氣所鍾以侔造化

清賞諸論

論古銅色

高子曰曹明仲格古論云銅器入土千年者色純青如翠入水千年者則色綠如瓜皮皆瑩潤

如玉未及千年雖有青綠而不瑩潤此舉本槩未盡然也若三代之物迄今何止千年豈盡瑩潤而青綠各純者也若云入土則青入水則綠其水銀色并褐色黑漆古者此又埋於何地者也凡三代之器入土年遠近山岡者多青山氣濕蒸鬱而成青近河源者多綠水氣滷浸潤而成綠余見一物乃三代欵識半身水浸年遠水痕涸溢數層此爲入水無疑而色乃純青其着水潭底方寸少黃綠色則水土之說豈盡然哉

余思鑄時銅質清瑩不雜者多發青質之渾雜者多發綠譬之白金成色足者作器純白久乃發黑不足色者久則發紅發綠此論質不論製理可推矣他如古墓中近尸者作水銀色然水銀色亦分二種有銀色有鉛色惟鏡居多古者尸以水銀爲殮彼世死者以鏡相遺殮者卽以鏡殉取炤幽冥之義故銅質清瑩者先得水銀沾染年久入骨滿背成銀千古亮白謂之銀背其有先受血水穢汚者受水銀侵入其銅質原雜則色如鉛年遠色滯謂之鉛背其有半水銀半青綠硃砂堆者先受血肉穢腐其半日久釀成青綠其半淨者遁染水銀故一鏡之背二色間雜也今之鏡以銀背爲上鉛背次之青綠又次之又若鉛背埋土年遠遂變純黑爲之黑漆背此價又高而此色甚易爲假至有古銅鼎鼐尊彝亦有水銀色者何也此在墓中得水銀散漫之氣沾染而成故惟一敞一耳一傍有之或地近生水銀處亦成此色所以鼎彝無全身水

銀色者而鍾磬則萬無一二也上古銅器以質厚爲佳年既久遠土銹侵骨質已鬆脆厚者尚有受用薄者若少擊搏不破卽裂又如無青綠而純紫褐色者曹明仲以爲人間流傳之色非也三代之物因入土沉埋後人方得集以傳世若云三代流傳到今方有此色何能在世數千年不爲兵燹銷爍破損沉淪者耶此等器血出自高阜古塚磚宫石室燥地秘藏又無水土侵剝又無尸氣染惹刻之石案問惟地氣蒸潤且

原製精美光瑩變爲褐色純一不雜故鼎彝居多而小物并秦漢物褐色絕少。近見褐色上有青綠點子乃出土之後人以鹹酸之味侵染乃爾非透骨綠色故褐色上有雲頭片芝蔴點朱砂斑并綠翠雨雪點者此爲傳世物也非傳世上三五千年始成褐色故古銅以褐色爲上水銀黑漆鼎彝爲次青綠者又次之也若得淳青綠一色不雜瑩若水磨光彩射日者又在褐色之上。宣廟嘗倣褐色故宣銅此色爲多。凡銅

器出自三代不惟青綠瑩潤其質其製其花紋款識非後人可能彷彿。自不容僞若明仲云必三代之物。方有硃砂斑此大誤矣宋元之物亦有大片硃斑若魚子者更多。蓋受人血氣侵染便成硃斑亦有二三層堆疊者刀刮摩擦不可泯也。豈盡三代物哉不可不攷

新舊銅器辯正

三代之器。鍾鼎居多且大容升斗。雖有商質周文之說然質者未嘗不文文者未嘗不質其質者製度尚象欵識規模鑄法工巧何文如之其文者雕篆雖細文理不繁塡嵌雖工而矩度渾厚質亦在也夏嵌用金銀細嵌雲雷紋片用玉與碧瑱剜嵌美甚曹云商無嵌法非也商亦有之惟多金銀片而少雲雷絲嵌細法今之巧匠僞造夏商塡嵌者以金銀之色古今所同可以即爲而玉與碧瑱礙法土銹似不容假近乃搜索古塚遺棄環珮充珥瑱珈琫珌等物裁爲方圓規製以嵌彝鼎今人眼生雖識者必曰此古

琢玉石豈非三代物哉每得高值孰知古嵌一物周身無一處完整非剝落即爲青綠銹結遮掩或隱或露之妙古雅出自天然若今嵌必鑿完全片段或嵌或遺狀土剝落方以法蠟遮飾何待目力人手可辯唐天寶時有局鑄花紋細密可愛全尚華藻於三代之製或改爲錦地或改夔龍爲螭或改雷紋爲方勝或易篆款爲隸書填青於上古淳朴之意大左更恨質薄取便一時無意千古近有青綠硃砂堆積瓶壺器皿

内有水銹爛孔或鋤擊破裂後人收拾以藥補綴持誘市值此皆唐時局鑄物也原非僞造古鑄工匠精細撥蠟清楚紋内地子光滑即轉角方圓深竅有如刀鎚雕刻花地爽朗周身如一並無砂眼欠缺分地不勻之病夫款爲製度規式識爲紀功銘篆故三代鐘鼎陰識字有百十之多即薛尚功刻鐘鼎篆二十卷其篆文可攷若漢唐以下即陽識矣而銘亦不古間有陰識亦非鐘鼎古文篆法蓋陽識刻印印蠟爲之甚

易陰識以蠟剔起字畫翻砂成陰爲之甚難少有不到字畫泯滅其精神摩弄後迥不及故秦漢之物不及三代唐宋之物不及秦漢也然秦漢不及三代唐宋不及秦漢者非人力不到而質料不精但秦漢之匠拙而不善模三代之精工。唐宋之匠巧而欲變三代之程式所謂世代不及傷拙傷巧故也孰知愈巧愈拙愈工愈失敦朴古雅三代之不可及也反謂已能勝之改式改綾務倘形似所謂醜婦效顰愈逞醜態耳

近有眞正民間之器無功可紀原無識文今以刀刻鐘鼎相似篆文磨熟刀痕加以藥飾反失眞趣賞鑑家入手。即洞識矣可弄愚者我朝宣廟銅器甚有精者製度亦雅摩弄極工。然多小物。如百摺彝爐乳爐雨雪點金片貼鑄戟耳彝爐石榴足者。更佳赤金霞片小元鼎爐象頭鬲爐五供養細腰窠盤鏒金雙螭筋架香合匙瓶蟠螭鎭紙。種種精甚大如鼎爐肉端獸爐方耳壺商從尊精美可愛模式古雅惜不多見

其底識文。用匾方印子陽鑄大明宣德年製眞書字畫完整。印地光滑蠟色可愛他如判官耳雞腿腳扁爐。翻環六稜面鑄鏒金書字花瓶四方直腳爐翻環元瓶蓋鑿錢文漏空桶爐皆下品也宣鑄多用蠟茶鏒金二色蠟茶以水銀浸擦入肉薰洗爲之。鏒金以金鑠爲泥數四塗抹火炙成亦所費不貲豈民間可能彷彿但宣銅花紋者甚少。余在京師僅見一二商鼎式者腰花佳甚後此景泰成化年間亦有此色彝爐用

兩餙頭爲耳。復用赤金厚片。作雲鳥形貼鑄其
底識無印文。惟用藥燒景泰年製等字。隱隱在
內。初玩不辯。較之宣廟迥不及矣。

新鑄僞造

近日山東陝西河南金陵等處僞造鼎彝壺觚
尊瓶之類。式皆法古。分寸不遺。而花紋款識悉
從古器上翻砂。亦不甚差。但以古器相形。則迥
然別矣。雖云摩弄取滑。而入手自麄。雖糚點美
觀。而氣質自惡。其僞製法鑄出。剔摩光淨。或以

刀刻紋理缺處。方用井花水調泥礬浸。一伏時
取起烘熱。再浸再烘。三度爲止。名作腳色。候乾
以硇砂。胆礬。寒水石。硼砂。金絲礬。各爲末。以青
鹽水化淨。筆蘸刷三兩度。候一二日洗去。乾又
洗之。全在調停顏色。水洗功夫。須三五度方定。
次掘一地坑。以炭火燒紅。令遍。將嚴醋潑下坑
中。放銅器入內。仍以醋糟罨之。加土覆實。窨藏
三日取看。卽生各色古斑。用蠟擦之。要色深者
用竹葉燒烟薰之。其點綴顏色有寒煴二法。均

用明乳香令人口嚼濤味去盡。方配白蠟鎔和
其色青。以石青投入蠟內。綠用四支綠。紅用硃
砂。煴用蠟多。寒則乳蠟相半。以此調成作點綴
凸起顏色。其堆疊用鹵銹針砂。其水銀色。以水
銀砂錫塗抹鼎彝邊角上。以法蠟顏色單蓋隱
露些少。以愚隸家用手指摩。則香腥觸鼻。洗不
可脫。或做成入滷鹹地內埋藏一二年者。似有
古意。又若三代秦漢時物。或落一足。或墮一耳。
或傷器體一孔一缺者。此非僞造。近能作冷冲。

熱冲。冷銲軟銅冲法。古色不變。惟熱冲者色較
他處少黑。若用鍛補并冷銲者。悉以法蠟塡飾
器內。以山黃泥調稠遮掩。作出土狀。態此實古
器。惟少周全。較之僞物遠甚。又等肖湊舊器破
敗者。件件皆古。惟做手乃新。謂之改鍬。余在京
師見有二物。一子父鼎。小而可用。花紋製度。人
莫不愛。其僞法以古壺蓋作肚。肖湊古墓碎器
飛龍腳銲上。以舊鼎耳作耳。造成一爐。謂非真
正物也。一方亞虎父鼎。內外水銀無一痕。紋片

初議價值百金製在五寸適用可玩人爭售之
余玩再三識其因古水銀方鏡破碎截爲方片
四面冷銲眉奏古爐耳脚製成工巧可爲精絶
余一識破衆以爲然後竟不知何去若此倣手
技妙入神元時杭城姜娘子平江王吉二家鑄
法名擅當時其撥蠟亦精其煉銅亦淨細巧錦
地花紋亦可入目或作鏒金或就本色傳之迄
今色如蠟茶亦爲黑色人多喜之因其製務法
古式樣可觀但花紋細小方勝龜紋回紋居多

平江王家鑄法亦可煉銅瑩淨撥蠟精細但製
度不佳遠不如姜近日淮安鑄法古塗金器皿
有小鼎爐香鴨等物倣舊頗通入不易識入手
膩滑摩弄之功亦非時日計也外此有大香猊
香鶴銅人燭臺香毬酒爐投壺百斤獸盖香爐
花瓶火盆等物此可補古所無亦爲我
朝鑄造名地。

論宣銅倭銅爐瓶器皿

古無銅小香爐即博古圖爲帝王收藏僅有一
二遺式後有小鼎爐獸爐博山爐高二寸許者
不知漢唐人何用想亦墓中物也亦有中樣鼎
爐獸面脚桶爐止可清供不堪焚香手玩近有
潘銅打爐名假倭爐此匠幼爲浙人被虜入倭
性最巧滑習倭之技在彼十年其鑿嵌金銀倭
花樣式的傳倭製後以倭敗還省在余家數年
打造如倭尺內藏十件文具摺疊剪刀古人未
有其銅合子途利倘彝爐花瓶無一不妙此眞
倭物也故其初出價高煉銅鏒金鑿嵌金銀花

巧精妙與倭無二若近日吳歙之製較潘似勝
但製度花巧與古人彝鼎之義殊無取法又如
以黄銅去腥假名鈎金打造方圓鼎爐彝爐花
紋以博古圖爲式外抹金葉此等置之何地惟
可作神佛供也初年潘銅似不可得有則寳之
後世必有好尚之者外如倭人鑿銅細眼罩盖
薰爐亦美更有鏒金香盤口面四傍坐以四獸
上用鑿花透空罩蓋用燒印香雅有幽致又若
酒鎗水罐吸水小銅中丞抹金銅提盛鐙腰刀

鎗劍五供養蓮花架紫銅湯壺小飯小磬礶盒
合椀椰合石灰礶刮銹銅剔海螺鼻銅鏡銅鼓
供獻盤臺碟子。鏨花金錢鐵花銀錢鏨銀細花
捲叚鏨金大小戒指上嵌奇石種種精妙不能
悉數無地不有機巧信哉近日吳中僞造細腰
小觚敞口大觚方圓大尊花素短觶兩雪金點
戟耳彝爐細嵌金銀碧填鼎爐香奩犧尊團螭
鎮紙細嵌天鹿辟邪象礶水銀青綠古鏡二寸
高小漢壺方瓶鏒金觀音彌勒。種種色樣規式

可觀自多雅致若出自徐守素者精緻無讓價
與古值相半。其質料之精摩弄之密功夫所到
繼以歲月亦非常品忽忽成者置之高齋可足
清賞不得於古具此亦可以想見上古風神孰
云不足取也此與惡品非同日語者鑒家當其
賞之

論古銅器具取用

上古銅物存於今日聊以適用數者論之鼎者
古之食器也故有五鼎三鼎之說今用為焚香
具者以今不用鼎供耳然鼎之大小有兩用大
者陳於廳堂小者寘之齋室方者以飛龍腳文
王鼎為上賞獸吞眞腳亞虎父鼎商召父鼎周
花足鼎光素者如南宮鼎為次賞若周象簠鼎
腹壯而脖腳肖雞腿又如百乳鼎者皆下品也
方之小者有周王伯鼎單從鼎周豐鼎文若方
四五寸許青綠或鏒金小方鼎式法文王王伯
鼎製者可宜書室爇燎皆唐之局鑄元美娘子
鑄也紋片精美製度可觀其圓鼎三獸面者如

商父乙鼎父巳鼎父癸鼎若癸鼎圓腹者若商
子鼎秉仲鼎象形饕餮鼎立戈季媜鼎光素者
如商魚鼎周益鼎素腹鼎口下微束者若商乙
毛鼎蟬紋鼎父甲鼎公非鼎敞口者如飛龍腳
子父鼎皆可入上賞圓之小者如周大叔鼎再
花鼎周䜌鼎唐三螭鼎俱堪入清供但式少大
雅耳他如瓜腹雞腿方耳環耳敞口鼎爐俱不
堪玩為下品也彝爐式如周鄢彝父辛彝商虎
首彝百折彝方者如巳酉彝高者如百乳彝皆

堪爲堂上焚具他如彛敦鬲爐等件雖古不堪清供如得商母乙鬲周蔑放鬲號饕餮鬲周師望敦兒敦貘敦亦可充堂中几筵之供已上式載博古圖中可用按圖索觀卮者古酒器也義取上窮而危知節則無危矣寓去之之意其製如盂雙耳外乘又如腰腹貘耳俗云人面杯者是也杯亦古酒器也以牛首爲製加以龍絡亦戒貪逸之意詩云酌彼兕觥觥以牛角爲之製以此耳今之杯製不一而獨無此式匜者矯口坦腹一靶

捏手或三足或圓足如鴨形者是也古人以爲盥洗注水之具今俗以卮爲匜以匜爲卮名金銀酒器者誤矣盤洗二器盤深而洗淺盤用以承棄水內有銘篆者有招耳上冲者有盤內種種海獸者或用三蹲螭爲足或雷紋圓足者又名彛盤俗指爲軟血盤非也今可用作香橼盤其洗用以盥手故紋用雙魚用菱花有三乳足者有圓足者傍有獸面㘅環者今用以注水爲几筵主賓酬酢滌器似得古人遺意又有似洗

而雙觵作掇手者名杯亦可作洗用觚尊觶皆酒器也三器俱可插花觚尊口儆插花散漫不佳須打錫套管入內收口作一小孔以管束花枝不令斜倒又可注滾水插牡丹芙蓉等花非此花不可久古之壺瓶用以注酒觀詩曰清酒百壺又曰瓶之罄矣若古素溫壺口如蒜榔式者俗云蒜蒲瓶九古壺也極便注滾水插牡丹芍藥之類塞口最緊惟質厚者爲佳他如粟紋四環壺方壺匾壺弓耳壺俱宜書室插花以花

之多寡合宜此五器分置若周之蟠螭瓶螭首瓶俗云觀音瓶者今之酒壺全用此式更變漢之麟瓶形若瓠子稍彎背有提靶此瓶也俗例爲瓠子壺類誤矣另有瓠壺取詩云酌之以匏之義今以此瓶注水灌溉花草雅稱書室育蒲養蘭之具周有蟠虬瓿魚瓶瞿瓶與上蟠螭螭首二瓶俱可爲多花之用又若今之杖頭用鳩老人多咽鳩能治咽之義故三代有鳩鳥杖頭周身金銀瑱嵌又見有飛鳩杖頭周身鎏金用

以作棕竹杖。飾妙甚。若漢之蟠龍蟠螭杖頭形若瓜槌此便不如三代之雅若漢之編鍾小而有韻者頗宜書齋清響但得宮商二音爲最古之布錢有金嵌字者可作界畫軸用小樣提卣可作糊斗。如伯盞瓶盤季姜盂兩耳杯製小可作研傍筆洗鏡爲人所必用若秦陀光背質厚無紋極有受用次如銀背海獸蒲桃荔枝五岳圖形十二生肖寶花雲龍十二符。四靈三瑞。三神八衞六花浮水七乳四乳十六花蟠螭龍鳳

雉馬等背俱妙須用清瑩如水分毫不雜俗謂面無打攪輪轉周圓形影不改爲貴又有如錢小鏡光背花背面無瘢痕更有滿背嵌金嵌銀片子鐵花小鏡極可人意價亦高貴他不易得攜具用之山遊寺宿亦不可少鑒賞以大徑尺外圓鏡并三寸以上至如錢小鏡爲上格其他五七寸者次之。菱花八角方鏡悉不取也軒轅毬鏡可作臥榻前懸挂未必遠邪耶取意耳古銅腰束縧鉤甚多有盈尺長者其製不一。有金

銀碧瑱嵌者有片金商者有等用獸面爲肚者皆三代物。也他如羊頭鉤螳螂捕蟬鉤鏒金者皆秦漢物也無可用處書室中以之懸壁挂畫挂劒挂塵拂等用甚雅若鴈足燈鳳龜燈有柄行燈用以秉燭駝燈羊燈犀燈用以燃油此皆文具一。器又如盈尺淺盤有三足者製極精雅乃古之承盞盤也盞如圓盂有耳環提手此漢物。也古彝皆有舟舟即今之承盞盤也往往有此且紋色甚佳今用爲香櫞橐具別無取用每

有蝦蟆蹲螭其製甚精古人何用。今以鎮紙又有大銅伏虎長可七八寸。重有三二斤者亦漢物。也此皆殉葬之器今以壓書余得一研爐長可一尺二寸濶七寸。左稍低鑄方孔透火炙硯中一寸許稍下用以煖墨閣筆右方置一茶壺可茶可酒以供長夜客談其銘曰蘊離火於坤德兮同春陽於堅冰。釋凋泓凍凌兮。沭清泓於管城是以三冬之業不可一日無此於燈檠間也。凡此數者。豈皆五人所不當急而爲玩物例

哉書齋清賞藉此悅心當與同調鑒家品藻

論漢唐銅章

古之銅章後先出土者何止千萬即顧氏印藪猶云未備余先三入燕市收有千方十年之値高下逈異向無官私之別今則分王侯伯長爲官印而價倍倍於往時以姓氏爲私印價則較常亦倍矣官私之內又多珍尚有玉有金有銀有瑪瑙琥珀寶石有磁燒官哥青東三窑爲多凡此印章㒺用斗鈕間有以鹿爲鈕以兎爲鈕

者其銅章之鈕以龜以螭以辟邪以駝以皃以虎以壇以兔以兎以魚以錢以覆斗以環以四連環以亭以鼻以異獸以鹿以羊以馬以狻猊以象鈕用鏒金塗金細錯金銀商金而製度之妙有如一方六面皆文子母一套母則鈕鑄母獸子則子獸套成如母抱子內中或三方有文余得一印子母二套三印俱文此又官私之中値之最上者也亦不多得其鐫玉之法用力精到篆文筆意不爽絲髮此必昆吾刀刻也即漢人雙鈎碾玉之法亦非後人可擬故玉章寶章更爲鑒家珍重古人印文姓氏之外字及小字（即乳諱也）別無閑散道號家世名位引用成語惟臣某印漢之君臣關防奏啟押以小印又如封之一字古亦無之後人創始古之白記即封字意也曾見一印文曰某氏私記宜身致前迫事無閑願君自發封完印信此唐宋印也漢人無此等語即單字象形禽鳥龍虎雙螭芝草圓印有之子孫永寶宜爾子孫子孫世昌等印爲閑文

矣漢之官印似有印箱佩帶余得一銅箱高下八分方寸五分製若今之官印匣同前後鑄有合扇鎖鈕事件傍有鼻耳可貫繩索擕佩箱外青綠瑩然內藏子母印章一套此亦小銅器中一奇物也近日關中洛下利徒翻鑄假印夥入眞正以愚收藏若軍司馬王任日利不一而足且不易辨今之刻擬漢章者以漢篆刀筆自負至有好奇刻損邊傍殘缺字畫謂有古意可發大噱即印藪六秩內無十數傷損印文即有傷

痕乃入土久遠水銹剝蝕或貫泥沙剔洗損傷非古文有此欲求古意何不法古篆法刀法而乃法其後人損傷形似此又近日所當辦正若諸名家自無此等。又如青田石中有燈光石瑩潔如玉照之真若燈輝近更難得價亦踊貴內有點污者不佳外此有白石有紅黃青黑等石又有黑白間色紅黃間色溫潤堅細可作圖書舊人喜刻此石爲鈕若鬼功毬鈕余曾見有自外及內大小以漸滚動總十二層至中小毬如

菉豆止不知何法刻成真鬼功也吾杭舊有刻銀稱最者惟岑東雲沈葯湖二人極工雕模岑更善於連環三五層疊併奇異錦紋套挽等鈕其刻文亦高於沈而沈之刻文不足取也後有効者甚乏古雅意趣此亦印章中一善技也故并録之若閩中牙刻人馬爲鈕者是爲印章疽毒雖工何爲

刻玉章法

王心齋云刻玉之法剋無藥物烘炙詭異并引用陶隱居蟾酥昆吾刀說余之所受惟用真正花鋼煆而爲刀。濶五分厚三分刀口平。磨取其平尖鋒頭爲用將新舊玉章篆文以木製架鈐定用刀隨文鐫之一刀勿入再鏟一刀多則三鍬玉屑起矣但勿可以力勝勝則滑而難刻運刀以腕更置礪石於傍時時磨刀使鋒鋩堅利無不勝也余見心齋刻玉精妙儼若漢章且此君倣李直表細書并篆文亦佳故具載之

論官哥窰器

高子曰論窰器必曰柴汝官哥然柴則余未之見且論製不一。有云青如天明如鏡薄如紙聲如磬是薄磁也而曹明仲則曰柴窰足多黃土何相懸也汝窰余嘗見之其色卵白汁水瑩厚如堆脂然汁中棕眼隱若蟹爪底有芝麻花細小掙釘余藏一蒲盧大壺圓底光若僧首圓處密排細小掙釘數十上如吹埍收起嘴若筆帽僅二寸直槊向天壺口徑四寸許上加阜蓋腹大徑尺製亦奇矣又見碟子大小數枚圓淺瓮

腹磬口沏足底有細釘以官窑較之質製滋潤
官窑品格大率與哥窑相同色取粉青爲上淡
白次之油灰色色之下也紋取冰裂鱔血爲上
梅花片墨紋次之細碎紋紋之下也論製如商
庚鼎純素鼎葱管空足冲耳乳爐商貫耳弓壺
大獸面花紋周貫耳壺漢耳環壺父已尊祖丁
尊皆法古圖式進呈物也俗人凡見兩耳壺式
不論式之美惡咸指曰茄袋瓶也孰知有等短
矮肥腹無矩度者似亦俗惡若上五製與攸姬

壺樣深得古人銅鑄體式當爲官窑第一妙品
豈可槩以茄袋言之又如葱管腳鼎爐環耳汝
爐小竹節雲板腳爐冲耳牛奶足小爐戟耳彝
爐盤口束腰桶肚大瓶子一觚立戈觚周之小
圜觚素觚紙槌瓶膽瓶雙耳匙筯瓶筆筒筆格
元葵筆洗桶樣大洗甕肚盂鉢二種水中丞二
色雙桃水注立瓜臥瓜臥茄水注匾淺磬口橐
盤方印色池四入角委角印色池有文圖書戟
耳彝爐小方　草瓶小製漢壺竹節叚壁瓶凡

此皆官哥之上乘品也桶爐六稜瓶盤口紙槌
瓶大著艸瓶鼓爐菱花壁瓶多嘴花罐肥腹漢
壺大椀中椀茶盞茶托茶洗提包茶壺六稜酒
壺瓜壺蓮子壺方圓八角酒㪍酒杯各製勸杯
大小圓碟河西碟荷葉盤淺碟桶子箍碟絛環
小池中大酒海方圓花盆菖蒲盆底龜背絛環
六角長遙觀音彌勒洞賓神像鷄頭罐楂斗圓
硯筯擱二色文篆隸書象棋子齊筯小碟螭虎
鎮紙凡此皆二窑之中乘品也又若大雙耳高

瓶徑尺大盤夾底骰盆大撞梅花瓣春勝合棋
子罐大匾獸耳彝敦鳥食罐編籠小花瓶大小
平口藥罈眼藥各製小罐肥皂罐中巢盒子蟋
蟀盆內中事件佛前供水碗束腰六腳小架各
色酒案盤碟凡此皆二窑之下乘品也要知古
人用意無所不到此余槩論如是其二窑燒造
種種未易悉舉例此可見所謂官者燒於宋修
內司中爲官家造也窑在杭之鳳凰山下其土
紫故足色若鐵時云紫口鐵足紫口乃器口上

仰泑水流下北周身較淺故口微露紫痕此何足貴惟尙鐵足以他處之土咸不及此哥窰燒於私家取土俱在此地官窰質之隱紋如蟹爪哥窰質之隱紋如魚子但汁料不如官料佳耳二窰燒出器皿時有窰變狀類蝴蝶禽魚麟豹等象布於本色泑外變色或黃黑或紅紫形肖可愛是皆火之文明幻化否則理不可曉似更難得後有董窰烏泥窰俱法官窰質粗不潤而泑水燥暴溷入哥窰今亦傳世後若元末新燒

宛不及此近年諸窰美者亦有可取惟紫骨與粉青色不相似耳若今新燒去諸窰遠甚亦有粉青色者乾燥無華即光潤者變爲綠色且索大價愚人更有一種復燒取舊官哥磁器如爐欠足耳瓶損口稜者以舊補舊加以泑藥裹以泥合入窰一火燒成如舊製無異但補處色渾而本質乾燥不甚精采得此更勝新燒奈何二窰如葱脚鼎爐在海內僅存一二乳爐花觚存計十數彝爐或以百計四品爲鑒家至寶無惟價之忘値日就增重後此又不知凋謝如何故余每得一覩心目爽朗神魂爲之飛動頓令腹飽豈果耽玩痼僻使然更傷後人聞有是名而不得見是物也慨夫

論定窰

高子曰定窰者乃宋北定州造也其色白間有紫有黑然俱白骨加以泑水有如淚痕者爲最故蘇長公詩云定州花磁琢如玉其紋有畫花有繡花有印花紋三種多用牡丹萱草飛鳳時

製其所造器皿式多工巧至佳者如獸面彝爐子父鼎爐獸頭雲板脚桶爐膽瓶花尊花觚皆略似古製多用巳意此爲定之上品餘如盒子有內子口者有內替盤者自三四寸以至寸許式亦多甚枕有長三尺者製甚可觀余得一枕用哇哇手持荷葉覆身葉形前偃後仰枕首適可巧莫與並瓶式之巧百出而碟製萬狀余有數碟長様兩角如錠皺起傍作四摺又如方式四角從首若蓮瓣而傍若蓮捲或中作水泄傍作

潤邊可作筆洗筆覘此皆上古所無亦燒人物仙人哇子居多而兜頭觀音羅漢彌勒像貌形體眉目衣摺之美克肖生動其小物如水中丞各色瓶罐自五寸以至三二寸高者余見何止百十而製無雷同更有燈檠大小梳粧酒壺茶注式有多種巧者俱心思不及其水注用蟾蜍用瓜茄用鳥獸種種入神若巨觥承盤卮匜盂斝柳斗柳升柳巴其編條穿線模塑毫絲不斷又如菖蒲盆底大小水底儘有可觀更有坐墩

式雅花囊元腹口坦如棗盤中孔徑二寸許用插多花酒囊圓腹撇口如一小碟光淺中穿一孔用以勸酒式類數多莫可名狀諸窯無與北勝雖然但製出一時工巧殊無古人遺意以巧惑今則可以製勝古則未也如宣和政和年者時為官造色白質薄土色如玉物價甚高其紫黑者亦少余見僅一二種色黃質厚者下品也又若骨色青瀏如油灰者彼地俗名後土窯又其下也他如高麗窯亦能綉花蓋甌式有可觀

但質薄而脆色如月白甚不佳也近如新燒文王鼎爐獸面戟耳彝爐不減定人製法可用亂真若周丹泉初燒為佳亦須磨去滿面火色可玩若玉蘭花杯雖巧似入惡道且輪廻甚速又若繼周而燒者合爐桶爐以鎖子甲毬門錦龜紋穿挽為花地者製作極工不入清賞且質較丹泉之造遠甚元時彭君寶燒於霍州者名曰霍窯又曰彭窯效古定折腰製者甚工土骨細白凡口皆滑惟欠潤澤且質極脆不堪真賞往

往為牙行指作定器得索高資可發一哂

論諸品窯器　龍泉窯　章窯　古磁　吉州窯　建窯　均州窯　大食窯　玻璃

定窯之下而龍泉次之古宋龍泉窯器土細質薄色甚葱翠妙者與官窯爭艷但少紋片紫骨鐵足耳其製若瓶若觚若蓍草方瓶若鬲爐桶爐有耳束腰小爐菖蒲盆底有圓者八角者葵花菱花者各樣酒甕骰盆其冰盤之式有百稜者有大圓徑一二尺者外此與菖蒲盆式相同有

深腹單邊甆盆。有大乳鉢。有葫蘆瓶。有酒海。有大小藥瓶。上有凸起花紋。甚精。有坐鼓高墩。有大獸蓋香爐燭臺花瓶。并立地插梅大瓶。諸窑所無。但製不甚雅。僅可適用。種種器具。製不法古。而工匠亦拙。然而器質厚實。極耐磨弄。不易茅蔑。（行語以開路曰茂損失些少曰茅）但在昔色以不同。有粉青。有深青。有淡青之別。今則上品。僅有葱色。餘盡油青色矣。製亦愈下。有等用白土造器。外塗泑水。翠淺影露白痕。此較龍泉製度。更覺細巧

精緻。謂之章窑。因姓得名者也。有吉州窑。色紫與定相似。質粗不佳。建窑器多甓口碗盞。色黑而滋潤。有黄兎毫斑滴珠大者為真。但體極厚薄者少見。有大食窑銅身用藥料燒成五色。有香爐花瓶盒子之類。窑之至下者也。又若坡璃窑。出自島夷倭國中有之。其製不一。奈無雅品惟瓶之小者有佳趣。他如酒鍾高罐盤盂高腳勸杯等物。無一可取。色有白纏絲鴨綠大青黄鎖口。三種俱可觀。但不射用耳。非鑒賞仕器。若

均州窑。有硃砂紅葱翠青。俗謂鸚哥綠茄皮紫紅若臙脂。青若葱翠。紫若墨黑。三者色純無少變露者為上品。底有一二數目字號為記。猪肝色火裏紅青綠錯雜若垂涎。色皆上三色之燒不足者。非別有此色樣。俗即取作鼻涕涎猪肝等名。是可笑耳。此窑惟種蒲盆底佳甚。其他如坐墩爐盒方瓶罐子。俱以黄沙泥為坯。故器質粗厚不佳。雜物人多不尙。近年新燒此窑。皆以宜興沙土為骨。泑水微似。製有佳者。但不耐用

俱無足取

論饒器新窑古窑

古之饒器。進御用者。體薄而潤。色白花青。較定少次。元燒小足印花。內有樞府字號者。價重且不易得。若我

明永樂年造壓手杯。坦口折腰。沙足滑底。中心畫有雙獅滚毬。毬內篆書永樂年製四字。細若粒米。為上品。鴛鴦心者次之。花心者又其次也杯外青花深翠。代樣精妙。傳用可久。價亦甚高

若近時倣效規製蠢厚火底火足略得形似殊無可觀宣德年造紅魚靶杯以西紅寶石爲末圖畫魚形自骨内燒出凸起寶光鮮紅奪目若紫黑色者火候失手似稍次矣青花如龍松梅茶靶杯人物海獸酒靶杯硃砂小壺大椀色紅如日用白鎖口又如竹節靶罩蓋滷壺小壺此等發古未有他如妙用種種惟小巧之物最佳描畫不苟而爐瓶盤碟最多製如嘗品若罩蓋匾罐僘口花尊蜜漬桶罐甚美多五彩燒色他

如心有壇字白甌所謂壇琖是也質細料厚式美足用真文房佳器又等細白茶盞較壇盞少低而瓮肚釜底綫足光瑩如玉内有絶細龍鳳暗花底有大明宣德年製暗款隱隱橘皮紋起雖定磁何能比方真一代絶品惜乎外不多見又若坐墩之美如漏空花紋填以五色華若雲錦有以五彩實填花紋絢艶恍目二種皆深青地子有藍地填畫五彩如石青剔花有青花白地有氷裂紋者種種樣式似非前代曾有成窰上品無過五彩蒲萄甃口匾肚靶杯式較宣杯妙甚次若草虫可口子母雞勸杯人物蓮子酒盞五供養淺盞草虫小琖青花紙薄酒琖五彩齊筋小碟香盒各製小罐皆精妙可入余意青花成窰不及宣窰五彩宣廟不如憲廟宣窰之青乃蘇浡泥青也後俱用盡至成窰時皆平等青矣宣窰五彩深厚堆垛故不甚佳而成窰五彩用色淺淡頗有畫意此余評似確然允哉世宗青花五彩二窰製器悉備奈何饒土入地

漸惡較之二窰往時代不相侔有小白甌内燒茶字酒字棗湯姜湯字者乃世宗經籙醮壇用器亦曰壇盞製度質料迥不及茂陵矣嘉窰如磬口饅心圓足外燒三色魚匾盞紅鉛小花盒子其大如錢二品亦爲世珍小盒子花青畫美向後恐官窰不能有此物矣得者珍之

論藏書

高子曰藏書以資博洽爲丈夫子生平第一要

事其中有二説焉家素者無資以畜書家豐者
性不喜見書故古人因貧日就書肆鄰家讀者
有之求其富而好學者則未多見也即有富而
好書不樂讀誦務得繕本綾綺裝飾置之華齋
以具觀美塵積盈寸經年不識主人一面書何
逸哉噫能如是猶勝不喜見者矣藏書者無問
冊帙美惡惟欲搜奇索隱得見古人一言一論
之秘以廣心胸未識未聞致於夢寐嗜好遠近
訪求自經書子史百家九流詩文傳記稗野雜

遵生八牋　卷十四　燕閒清賞　垩

著二氏經典靡不兼收故常景躭書每見新異
之典不論價之貴賤以必得為期其好亦專矣
故積書充棟類聚分門時乎開函攤几俾長日
深更沉潛玩索恍對聖賢面談千古悅心快目
何樂可勝古云開卷有益豈欺我哉不學無術
深可恥也又如宋元刻書雕鏤不苟較閱不訛
書寫肥細有則印刷清朗況多奇書未經后人
重刻惜不多見佛氏醫家二類更富然醫方一
字差誤其害匪輕故以宋刻為善海內名家評

書次第為價之重輕若墳典六經騷國史記漢
書文選為最以詩集百家次之文集道釋二書
又其次也宋人之書紙堅刻軟字畫如寫格用
單邊間多諱字用墨稀薄雖着水濕燥無湮跡
開卷一種書香自生異味元刻倣宋單邊字畫
不分麁細較宋邊條濶多一線紙鬆刻硬用墨
穢濁中無諱字開卷了無臭味有種官券殘紙
背印更惡宋板書刻以活襯竹紙為佳而蚕繭
紙鵠白紙藤紙固美而存遺不廣若糊褙宋書

遵生八牋　卷十四　燕閒清賞　垩

則不佳矣余見宋刻大板漢書不惟內紙堅白
每本用澄心堂紙數幅為副今歸吳中眞不可
得又若宋板遺在元印或元補欠缺時人執為
宋刻元板遺至　國初或　國初補欠入亦執
為元刻然而以元補宋其去猶未易辯以　國
初補元內有單邊雙邊之異且字刻迥然別矣
何必辯論若　國初慎獨齋刻書似亦精美近
日作假宋板書者神妙莫測將新刻模宋板書
特抄微黃厚實竹紙或用川中繭紙或用糊褙

方簾綿紙或用孫兒白鹿紙筒捲用槌細細敲過名之曰刮以墨浸去嗅味印成或將新刻板中殘缺一二要處或濕黴三五張破碎重補或改刻開卷一二序文年號或貼過今人註刻名氏留空另刻小印將宋人姓氏扣填兩頭角處或糊茅損用砂石磨去一角或作一二缺痕以燎火燎去紙毛仍用草烟薰黃儼狀古人傷殘舊跡或置蛀米櫃中令虫蝕作透漏蛀孔或以鐵線燒紅錐書本子委曲成眼。一二轉折種種

與新不同用紙裝襯綾錦套殼入手重實光膩可觀初非今書彷彿以惑售者或札夥囤令人先聲指爲故家某姓所遺百計瞽人莫可窺測多混名家收藏者當具真眼辨證。

論歷代碑帖

高子曰論古書法有三十六種。又唐玄度論有十體。韋續纂書列爲五十六種。僧夢英又作十八體書何紛紛多也。此好奇者引證傳聞搜剔怪誕兼以臆說附會立爲名目。且内多重複今人學書於大小篆書八分隸書草楷行書工此數者而精之足矣何必多求但諸體書法傳之世間亦少雖欲求工無式可擬擬而無法出自杜撰反爲大方耻也凡帖莫不祖自淳化閣帖而閣帖亦本秦漢晉唐碑刻故有祖石刻本用便觀覽即如閣帖之外有

絳帖 宋潘思旦以淳化帖增入別帖摹於山西絳州計二十卷北紙北墨及有精神帖北淳化高二字

潭帖 慶曆間僧希自亦摹刻於潭州風韻和雅血肉停勻形勢俱圓頗乏峭健之氣

秘閣續帖 元祐中哲宗除淳化帖外增刻他帖於秘閣爲之續帖

淳化祖石刻 后主命徐鉉以所藏法帖勒石名昇元帖在淳化前故名祖刻

太清樓帖 大觀年中徽宗以淳化帖考選數帖重刻於太清樓下横自蔡京恣意草率筆偏手縱無復古意頗刻手精工猶勝他帖

潭熙秘閣續帖 孝宗刻於石禁兩續帖相去不逺工夫精緻肥而多骨乃失之麄遂少風韻

戲魚堂帖 元祐間劉次莊以淳化帖除去篆題年月增入釋文摹於臨江官署在翻刻中頗有骨格淡墨搨尤佳

星鳳樓帖 趙彥約刻於南康曹士冕重摹於南宋趙刻精善不苟曹刻清而不穠亞

於太清樓帖

寶晉齋帖 紹興年閒曹之格刻於無爲理學在諸帖中爲最下米元章又云羲之七帖有雲烟捲舒翔動之氣

百一帖 宋王晏慶刻筆意清遒殊有勝趣刻手不情

利州帖 宋慶元中劉次莊重刻於益昌其釋文字畫稍大

黔江帖 宋秦子明刻於長沙藏入黔江卽僧寶月古帖十卷

東庫帖 世傳潘氏以石本帖二十卷分爲二絳州公庫得其上下卷絳守重刻下十卷以足之靖康兵火俱失金又重刻天淵矣

武陵帖 較諸帖中所增最多中有黃庭經他本所無博而不精殊無可取

賜書堂帖 宋宋綬刻于山陽有古鍾鼎識文絕妙但二王帖俱不精石已不存

一百十七種蘭亭帖 宋理宗內府所藏裝褫作十册希世之寶也

甲秀堂帖 宋廬江李氏刻前有王顏書多諸帖未見後有宋人書亦多今吳中有重模本亦有可觀

二王帖 宋許提舉刻于臨江模勒極精

群玉堂帖 宋韓侂胄刻所載前代遺跡最多後有宋人書

蔡州帖 蔡州重摹絳帖上十卷出于臨江潭帖之上

彭州帖 亦刻歷代法帖不甚精采紙類北紙

鼎帖 石硬而刻手不精雖博而無古意

鍾鼎帖 宋薛尚功編次鍾鼎商彝古銅器銘二十卷刻于九江府庫臨摹極工甚有古意今多聊便抄錄作十卷以市于人

四聲隸韻 書法極工略似嫵媚傳云石刻于琉求其搨法紙色絕佳

玉麟堂帖 宋吳琚模刻濃而不精多雜米家筆法

已上諸帖存者十無一二矣閣帖翻本以泉州爲佳宋搨泉帖亦不可得全州今刻何啻天淵哉又如周國所刻東書堂模刻閣帖而增入蘭亭敘文并宋人書尚有雅趣近復翻刻其去周國又遠甚矣他如濯錦堂帖十卷搨法刻手

不佳寶賢堂十二卷模刻亦工不快衆議近如吳中潘氏顧氏所刻閣帖較時本爲佳吳人又重模刻亂眞矣又見南都新刻閣帖書林稱善近復有翻本紛襍迫甚先年曾見書客舒伯明輩翻刻閣帖一種極其精善但少自然欲求逼眞故耳惜乎止搨數册而毀其刻板將故紙蟬翅搨法假宋閣帖毎册得售百金雖大賞鑒家亦墮術內毀板之意欲人不得指以爲新而無跡可北方耳又見一帖不知何刻其編次之法

似甚得理以帝王之帖作一帙以宣尼古篆作
歷代名臣法書之首以五卷內王坦之王凝之
智永諸王列於獻之帖後乃諸帖所未見者古
今碑刻傳布海內何啻千萬而格古要論中以
兩都十三省碑刻款列為博似亦窄矣余向遊
燕中時與王麟洲梁滄山諸老夥搨西山并內
近碑刻計余所得大小約有二三百種尚云未
盡即法華七卷俱有碑刻以此計之天下可勝
數哉吾人學書當自上古諸體名家所存碑文

兼收竝蓄以備展閱求其字體形勢轉側結搆
若鳥獸飛走風雲轉移若四時代謝二儀起伏
利若刀戈強若弓矢點摘如山頹雨驟而纖輕
如烟霧遊絲使智中宏博縱橫有象庶學不窘
於小成而書可名於當代矣余以書譜所評歷
代神品妙品名家碑刻錄以備考

草書要領　五卷集晉草書為初學法　　草韻　三種各五卷宋元刻吳中重摹

周秦漢碑帖

周石鼓文　史籀篆　　秦泰山碑　李斯篆

嶧山碑　　朐山碑

章帝草書帖　　秦詛楚文

蔡邕夏承碑　　郭有道碑

九疑山碑　　石經隸書

邊韶墓碑　　師宜官八分書

仙人唐君碑　　張公廟碑

韓明府修孔子廟器碑　　劉耀井陰碑

堯母祠碑　　北岳碑

郭香察隸華山碑　　張平子墓銘　崔子玉書

魏碑帖

鍾元常賀捷表　　太饗碑

文皇哀冊文　　受禪碑

劉文州華岳碑　　上尊號碑

吳碑帖

王增恕延陵季子二碑　　吳國山碑

晉碑帖

王右軍蘭亭記　　筆陣圖

黃庭經　　金剛經　僧懷仁集右軍行書

樂毅論　草書心經
集王聖教序　周府君碑
北岳醮告文　東方朔頌
洛神賦較大令書稍大　集右軍書牡丹詩
大草書蘭亭恐非眞蹟　告墓文
集右軍書絳州重修夫子廟堂碑
集右軍書攝山寺碑智永集　裴雄碑
興福寺碑集書　臨鍾繇宣示帖
平西將軍墓銘　集右軍書梁思楚碑

楊承源碑集羲之歐陽詢褚遂良等書　改高樓碑
王涣之陁羅尼經幢　羊祜峴山碑
集右軍書建福寺三門碑　包府君碑
宋齊梁陳碑帖
宋文帝神道碑　齊倪桂金庭觀碑
齊南陽寺隸書碑　梁茅君碑張澤書
梁陶弘景瘞鶴銘　劉靈正隄淚碑
魏齊周碑帖
孝順教戒經　北齊王思誠八分蒙山碑
後周大宗伯唐景碑歐陽詢書
蕭子雲章艸出師頌　天柱山銘
隋碑帖
隋薛道衡書朱廠碑　張公謹書龍藏寺碑
魏瑗書上方寺舍利塔銘
丈陵書禹廟碑　虞世南書陰聖道場碑
開皇三年刻蘭亭記妙絕諸本
唐碑帖
唐太宗書魏徵碑　李邕書李思訓碑

雲麾將軍碑　盧府君碑
僧智永眞草千文　陁羅尼經
玄度十八體書　僧亞栖千文
李陽氷篆先侍郎碑　張旭草書千文
郎官帖　僧懷素三種草書千文
入市詩　自叙帖
聖母帖　心經
藏眞律公二帖　褚河南忠臣像贊
虞世南寶曇塔銘　夫子廟堂碑

破邪論　　龍藏寺碑
褚遂良文皇哀冊　　臨摹蘭亭　枯樹帖
臨聖教序　　蔡孝子墓表
小楷陰符經　　草書陰符經
小楷度人經　　紫陽觀碑
眞草千文　　虞世南龍馬圖贊
李懷琳絶交書　　史惟則隸書千文
于志寧十八學士像贊隸書
薛稷昇仙太子碑　　顏眞卿元次山碑

摩崖碑　　中興頌
北岳廟碑　　草書千文
戒壇記　李含光碑　祭伯文　五言詩圓寂上人
麻姑仙壇記　　爭坐帖稿
家廟碑　　東方朔畫讃
多寶寺碑　　放生池碑
干祿字帖　　顏母陳夫人墓碑
李北海陰符經　　娑羅樹碑
曹娥碑　　秦望山碑

瘞鶴銘碑　　岳麓寺碑
開元寺碑　　李夢徵篆教興頌
歐陽率更化度寺碑　九成宮醴泉銘
皇甫君碑　　虞恭公碑
小楷心經　　眞書千文
金蘭帖　鄱陽銘　歐陽率更夢奠帖
唐太宗屏風帖　　韓擇木荐福寺碑
唐太宗李勣碑　　擇木八分書藏希沈碑
唐玄宗隸書孝經　　歐陽通道因禪師碑

李陽冰篆書千文　　謙卦爻辭
城隍廟碑　　柳公權玄秘塔銘
李晟碑　　薛平碑
武侯祠堂記　　玄度八分書崔守成碑
唐明皇書金仙公主碑　　歐陽詢千文
隴興寺四絶碑李華撰張從申書李陽冰篆法愼師書額
薛稷周封中岳碑　　僧行敦書遺教經
孫過庭書譜　　王維書壽州紫極宮記
牛僧孺隸書陀羅尼經

柳公綽諸葛廟堂碑　歐陽通益州碑
熊君重修先師廟碑隸書
索靖出師表　褚遂良樂毅論
白鶴禪師墓靈記隸書
李北海荊門行　智永草書蘭亭記
宋碑帖
蘇長公書韓文公廟碑
醉翁亭記　馬券
魚枕冠記　王郎帖

歸去來辭　表忠觀碑
洋州園池三十首　金剛經
楚頌帖　黃涪翁書狄梁公碑
此君軒歌　書評行書
晚遊池塘詩　大江東去詞
食時五觀帖　米元章章君表
穹窿山賦　山水歌　龍井記
壯懷賦　天馬賦
行書千文　蔡端明書東園記

書錦堂記　閱古堂記　荔枝譜嚴陵祠堂記
白從矩宣師廟碑　冉宗閔宣廟門碑
周越草書千文　葛剛正續千文
陶穀抄高僧傳　姜夔續書譜
佛印牛頌　袁正巳摩利支天經
朱晦翁富貴有餘樂詩
僧夢英篆書字源千文十八體書
元碑帖
鮮于太常進學解　行書千文

峩子山白石篇　清風嶺詩
宋仲溫竹譜　七姬權厝志
趙松雪小楷度人經　黃庭經
樂毅論　七觀帖
佑聖觀碑　蘭亭十三跋
番陽君廟碑　行書道德經
沈山寺碑　東岳行宮碑
行書千文　大字千文
玄元十子像贊　眞草千文

小楷千文　　洞玄經
歐蘭亭帖　　行書歸去來辭
金丹四百字　　春夜桃李園宴記
趙仲穆義田記　　樂善堂集趙諸帖
雪菴頭陀茶榜　　吳衍篆陰符經
王寵篆四書　　宋克書杜出塞九首
宋燧小楷不自棄文　　周伯溫四體千文
吳志淳千文　　顏輝小楷孝經
僧訥草書文　　張即之金剛經

已上諸帖槩舉行世者言之。余所目及而宋搨今搨各半。但玩物流傳銅玉耐久而多。書帖易敗而少。且寶珠玉者似多。寶金石文者更少兼之兵火銷爍。八世變遷豈容片紙祇礪塵磨其中幸存一二。散落人間好之者力或不足不知者用以覆瓿此又切會業逢不知災害其幾何能得聚古人於一堂與之心設手執接手采於几案故聚玩鑒家。以宋書宋帖爲第一最上珍品今人幸得一二當寶過金玉斯爲善藏余向

會見開皇蘭亭一搨有周文矩畫蕭翼賺蘭亭圖卷定武肥瘦二本。并褚河南玉枕蘭亭四帖寶玩終日。恍入蘭亭社中。飲山陰流觴水一洗半生俗腸頓令心目爽朗。

論帖眞僞紙墨辯正

高子曰。法帖眞僞一時入手。少不用心着眼即不能辯觀唐蕭誠僞爲古帖以示李邕曰。此右軍書也邕忻然曰是眞物也誠以實告邕再視曰果欠精神耳。北海且然況下者乎。南紙堅薄極易搨墨北紙鬆厚。不甚受墨故北搨如薄雲之過青天以其北用松烟墨色青淺。不和油蠟故色淡而文皺。非夾紗作蟬翅搨也南搨用烟和蠟爲之。故色純黑而有浮光。今之膺帖。多用油蠟搨者間有効法松烟墨搨色似青淺而敲法。入石太深。字有邊痕用墨深淺不勻。濃處若烏雲。生雨淺者。如白虹跨天殊乏雅趣。惟取眼生以惑矇瞶古帖受裱數多歷年更遠其墨濃者。堅若生漆且有一種不可稱。比異香發自紙

墨之外若以手指墨色纖毫無痕兼之紙面光采如砑其紙年久質薄觸即脆裂側勒轉摺處並無沁墨水跡。侵染字法。今之濃墨搨者以指微抹滿指皆黑其古帖紙色面有舊意原入摩弄積久自然陳色故面古而背色長新以古紙堅厚不湮今之膺搨大率以川扇紙竹紙用挂灰爐烟瀝和水染成古色表裏湮透兩面如一若以一角揭試薄者即裂厚者性徙不斷如古帖不然薄者揭之堅而不裂以受糊多耳厚者

反破碎莫舉以年遠糊重紙脆故也此俱以形似求之若以字法刻手過目翻閱雖宋搨之妍醜即別矧膺搨可愚人哉雖然近有吳中高手膺爲舊帖以堅簾厚粗竹紙皆特抄也作夾紗搨法以草烟末香烟薰之。火氣逼脆本質用香和糊若古帖嗅味全無一毫新狀入手多不能破其智巧精采。反能奪目鑒賞當具神通觀法

蘭亭邊傍考異

永字無畫發筆處微轉折　和下口字下横筆稍出　歲字有點在之下戈口之右　年字懸筆上湊頂。流字內乙字處就回筆不作點　事在字左入反剔　是字下疋凡三轉不斷　事字脚。斜拂不挑　欣字欠右一筆。作章艸發筆狀不是撩。抱字巳開口。亦大矣。無字是四點。興感字戈邊是直作一筆不是一點　未嘗字反挑脚。處有一闕　殊字挑脚帶横趣字波略少捲向上。

右舉此以觀蘭亭恐亦不大失眼

五字損本者乃湍流帶右天五字損傷也。宋景定咸淳間賈似道命客參較諸本異同擇其字之尤精者輯成一帖用良工王用和刻之經年始成此本後有悅生堂印甚可寶也。

論古玉器

高子曰玉以甘黃爲上羊脂次之以黃爲中色且不易得以白爲偏色時有之故耳。今人賤黃而貴白以見少也然甘黃如蒸粟色佳焦黃爲下。甘青色如新柳。近亦無之余見甘黃玉馬

長四寸。神氣如生。甘靑羊頭鈎。螭玦。素璏等物色嬌可愛。余得一舊物殘缺者。製爲五岳中圈蟾鈕二物。甚佳。碧玉色如菠菜深綠爲佳。有細墨洒點有淡白間雜者次之。墨玉如漆者佳。西蜀有石類之。紅玉色如雞冠者可貴。三玉世不多見。都中亦寶重之。綠玉類碧色少深翠中有飯糝者佳。外此七種皆不足取矣。上古用玉珍重。似不敢褻。故製圭以封諸侯。製璧以祀天帝製黃琮以祀地祇。製璋如半圭。用赤以禮南方

製琥如虎。以禮西方。製璜如半璧。用玄以禮北方。若璁珩雙璜衝牙。珮之飾也。琫珌鹿盧劍之飾也。若指南人串。托軸輅飾諸具。并星虫牛環螳蜋鈎轆轤環螭琉蟠璃環商頭鈎雙螭鈎玉。奩管璩環帶鈎拱璧。皆王侯輿服之飾也。琉珥雜珮步搖笄珈。玉瑱玉琀瓔華璪玉。皆后宮夫人之飾也。又如以玉作六瑞寶璽。剛卯明璫。玉魚玉椀巵匜帶圍弁飾玉辟邪圖書等物。何重如之。後此失古用玉意矣。自唐宋以下。所製不

一。如管笛屬鈫乳絡龜魚帳墜哇哇樹石爐頂帽頂提攜袋挂壓口方圓細花帶板燈板人物神像爐瓶鈎鈕文具器皿杖頭杯盂扇墜梳背玉冠簪珥絛環刀靶猿馬牛羊犬猫花朶種種玩物碾法如刻。細入絲髮。無隙敗矩。工緻極矣盡矣。宋工製玉。發古之巧。形後之拙。無奈宋人爲不特製巧。其取用村料亦多。心思不及。若余見一尺高張仙。其玉綹處布爲衣摺。如畫。又一六寸高玄帝像。取黑處一片爲髮。且自額起面

與身衣純白。無一點襍染。又一子母猫。長九寸白玉爲母。身負六子。有黃黑爲玳瑁者。有純黑者。有黑白雜者。有黃者。因玉玷污取爲形體扳附眠抱諸態。妙用種種佳絕。又一墨玉大玦。全身地子靈芝。俱黑而雙螭騰雲捲方。皆白玉身尾。初非勉強鈕捏。又若瑪瑙蜩蟬。黑首黃背雙翅澀白明亮。又一彌勒。以紅黃纏絲取爲袈裟以黑處爲袋。面肚手足純白。種種巧用。余見大小數百件。皆然。近世工匠何能比方。然漢人琢

磨妙在雙鈎。碾法宛轉流動。細入秋毫。更無疎
密不勻。交接斷續。儼若遊絲白描。曾無滯跡。若
余見漢人巾圈細碾星斗。頂撞圓活。又見螭虎
雲霞層疊穿挽圈子。皆實碾雙鈎。若堆起飛動
但玉色土蝕殆盡。綴線二孔以銹其一。此豈後
人可擬。要知巾圈非唐人始也。又若剛卯有方
者六稜者。其鈎字之細。其大小圖書碾法之工。
宋人亦自甘心。其製人物螭玦鈎環并殉葬等
物。古雅不煩。無意尚形。而物趣自具。尚存三代

遺風。若宋人則克意模擬。求物像形。徒勝漢人
之簡。不工漢人之難。所以雙鈎細碾書法臥蠶。
則迥別矣。漢宋之物。入眼可識。至若古玉存遺
傳世者少。出土者多。土銹尸侵。似難僞造。古之
玉物。上有血侵色紅如血。有黑銹如漆。做法典
雅。摩弄圓滑。謂之尸古。如玉物上徹黃土。籠罩
浮翳。堅不可破。謂之土古。余見一玉玦。半裂青
綠。此必墓中。與銅器相雜。沾染銅色。乃耳。亦奇
物也。余有定窑二瓶。周身亦有青綠。似同此故

近日吳中工巧模擬漢宋螭玦鈎環。用蒼黃雜
色邊皮葱玉。或帶淡墨色玉。如式琢成。僞亂古
製。每得高價。孰知今人所不能者。雙鈎之法。形
似稍可僞。真鈎碾何法擬古。識者過目自別矣。
以僞爲今時玉材較古似多。西域近出大塊者
曰玉料。謂之山材。從山石中槌擊取用。原非于
闐崑岡西流砂水中天生玉子。色白質乾內多
綹裂。俗名江魚綹也。恐此類不若水材爲寶。有
種水石美者。白能勝玉。內有飾糝點子。可以亂

真。又如寶定石。茅山石。階州石。巴璞。嘉璞。宣化
璞。忠州石。萊州石。岡不公石。梳妝樓肖子石。俱
能混玉。但少溫潤。水色當細別之。又如古之異
玉器。具如寒玉。魚溫玉。棋子紫玉。笛紫玉。九雛
釵。五色玉環。玉膏。滅瑕玉。火玉。玉甕紫玉函。此
皆天地間秘寶。今入何處。多在內帑否。歸仙府
令後世徒知有此名耳。奇哉。

論剔紅倭漆雕刻鑲嵌器皿

[illegible]子曰。宋人雕紅漆器如宮中用盒。多以金銀

為胎以朱漆厚堆至數十層始刻人物樓臺花草等像刀法之工雕鏤之巧儼若畫圖有錫胎者有蠲地者紅花黃地二色炫觀有用五色漆胎刻法深淺隨妝露色如紅花綠葉黃心黑石之類奪目可觀傳世甚少又等以朱為地刻錦以黑為面刻花錦地壓花紅黑可愛然多合製而盤匣次之合有蒸餅式河西式簾段式三撞式兩撞式梅花式鵝子式大則盈尺小則寸許兩面俱花盤有圓者方者腰樣者有四入角者

有絛環樣者有四角牡丹瓣者匣有長方四方二撞三撞四式元時有張成楊茂二家技擅一時但用朱不厚漆多敲裂若我朝永樂年果園廠製漆朱三十六遍為足時用錫胎木胎雕以細錦者多然底用黑漆針刻大明永樂年製款文似過宋元宣德時製同永樂而紅則鮮妍過之器底亦光黑漆刀刻大明宣德年製六字以金屑填之其盤盒大小製同宋元然多了髻瓶茶橐勸杯茶甌穿心合拄杖扇柄研匣等物民

間亦有造者用黑居多工緻精美但凡架盤盒春撞各物有之若四五寸香盒以至寸許者絕少雲南以此為業奈用刀不善藏鋒又不磨熟稜角雕法雖細用漆不堅舊者尚有可取今則不足觀矣有偽造者礬朱堆起雕鏤以朱漆蓋覆二次用愚隸家不可不辯穆宗時新安黃平沙造剔紅可比園廠花果人物之妙刀法圓滑清朗奈何庸匠網利效法頗多悉皆低下不堪入眼較之往日一合三千文價今亦無矣何能

得佳金陵之製亦然國初有楊塤描漆汪家彩漆技亦稱善余家藏有一二物件直勝他器漆描用粉數年必黑而楊薑和靖觀梅圖屏以斷紋而梅花點點如雪其用色之妙可知宣德有填漆器皿以五彩稠漆堆成花色磨平如畫似更難製至敗如新今亦甚少有漂霞砂金蜔嵌堆漆等製亦以新安方信川製為佳如効砂金倭盒胎輕漆滑與倭無二今多偽矣漆器惟倭為最而胎胚式製亦佳如圓盒以三子小合嵌

內至有五子盒七子九子盒而外圓寸半許內子盒肖蓮子殼蓋口描金毫忽不苟。小盒等重三分。此何法製。方匣有四子匣、六子九子匣。箱有衣箱文具。替箱有簪匣。有金邊紅漆二替撞盒有酒金文臺手箱塗金粧彩屏風描金粉匣筆匣貼金扇匣灑金木銚角盥桶子。皂盒有罩蓋箱罩蓋大小方匣有書廚之製妙絶人間上一平板兩傍稍起用以閣卷下此空格盛書傍板鏤作絲環洞門兩面鏒金銅滾陽線。中格左

作四面板圍小廚用門啟閉鏒金銅鉸極其工巧右傍置倭龜神像下格右方又作小廚同上規製較短其半。左方餘空再下四面虎牙。如意勾脚其圓轉處悉以鏒金銅鑲陽綫鈐制兩面圓混如一。曾無交接頭緒此亦僅見有金銀片嵌光頂圓盒簇段盒結盒腰子盒腰子研匣有秘閣有一枝瓶有酒注鏒金銅鑲口嘴有折酒盂上如大盞漏空坐嵌一橐以橐蓋六碗碗外泥金花彩用之折酒可免濺漬有大小碟椀紅

如渥丹有描彩嵌金銀片子酒盤有都丞盤內有倭石研水注刀錐拂塵等件有殺鑲口蓋扁小方匣有筆筒有茶橐有漆龕觀音准提馬哈喇等佛有小圓香撞二層四層者有挂吊腰子香撞五格二格者有八角茶盤有茶杯有尖底勸杯有銅罩被燻有鏡匣有金銀蚼嵌山水禽鳥倭几長可二尺濶尺二寸餘高二寸者有高二尺香几面以金銀蚼嵌昭君圖精甚種種器具據所見者言之不能悉數而倭人之製漆器

工巧至精極矣又如雕刻寶嵌紫檀等器其費心思工本亦為一代之絶但可取玩一時恐久則膠漆力脫或匣有潤竊伸縮似不可傳帝取雕刻傳摩可久況今之鑲嵌在在皆是也與周初製何天淵隔也價亦低下。然雕刻之神若宋人王劉九者鐫刻青田石楚石等類壽星洞賓觀音彌勒神像豈特肖生相對色笑儼欲設吐豈後人可能仿彿又如蚼殼鐫刻觀音普陀坐像山水樹石視若遊絲白描目不能以逐髮數

以卽觀音身披法服有六種錦片無論螺殼深窪卽下地物件亦難措手又若刻劃諸天羅漢經面牙板并翻經牙籤種種精細工奪天巧後有効者罕能得其妙處又若　明朝宣德年間夏白眼所刻諸物若烏欖核上雕有十六哇哇狀米半粒眉目喜怒悉具又如荷花九鷥飛走作態成於方寸小核可稱一代奇伎傳之久遠人皆寶藏堪爲往世一物去鑲嵌何如嗣後有鮑天成朱小松王百戶朱滸崖袁友竹朱龍川

方古林輩皆能雕琢犀象香料紫檀圖匣香盒扇墜簪鈕之類種種奇巧迥邁前人若方之取村工巧別有精思如方所製瓔瓢竹拂如意几杖其就物製作妙用入神亦稱　明朝妙技近之倣傚倭器若吳中蔣回回者製度造法極善模擬用鈒鈐口金銀花片蚼嵌樹石泥金描彩種種克肖人亦稱佳但造胎用布少厚大手不輕北倭似遠閩中牙刻人物工緻纖巧奈無置放處不入清賞

卷十四終

弦雪居重訂遵生八牋卷之十五

景陵鍾　惺伯敬父校閲

燕閒清賞牋　中卷

論畫

高子曰畫家六法三病六要六長之說此爲初學入門訣也以之論畫而畫斯下矣余所論畫以天趣人趣物趣取之天趣者神是也人趣者生是也物趣者形似是也夫神在形似之外而

形在神氣之中形不生動其失則板生外形似其失則疎故求神氣於形似之外取生意於形似之中生神取自遠望爲天趣也形似得於近觀爲人趣也故圖畫張挂以遠望之山川徒具峻削而無烟巒之潤林樹徒作層疊而無搖動之風人徒肖尸居壁立而無語言顧盼步履轉折之容花鳥徒具羽毛文彩顔色錦簇而無若飛若鳴若香若濕之想皆謂之無神四者無可指摘玩之儼然形具此謂得物趣也能以人

趣中。求其神氣生意運動。則天趣始得具足。如唐人之畫。余所見吳道子水月觀音大幅。描法粧束。設色精采。寶珠纓絡。搖動梵容。半體上籠白紗袍。衫隱隱若輕綃遮蔽。復加白粉細錦緣邊。無論后世。即五代宋室。去唐未遠。余所見諸天菩薩之像。何能一筆可倣其滿幅。一月月光若黃若白。中坐大士。上下俱水。鵠首以望。恍若萬水滂湃。人月動搖。所爲神生畫外者此也。又若閻立本六國圖。其模寫形容。肖諸醜類狀其

醉醒歌舞之容。異服野處之態。種種神生。得自化外。又見閻大幅四王圖。其君臣俯仰。威儀侍從。朝拱端肅。珍奇羅列。種種生輝。山樹槎枒。層層烟潤。色求形似。而望若堆疊。以指摩之。則薄平絹素。又如李思訓驪山阿房宮圖。山崖萬疊。臺閣千重。車騎樓船。人物雲集。悉以分寸爲工。宛若蟻聚。透迤遠近。遊覽儀形。無不纖備。要知畫者神具心胸。而生自指腕。一點一抹。天指具足。故能省百里於方寸。圖萬態於毫端。松杉歷

亂。峯石嶙峋。且皴染巖壑。數層勾勒。樹葉種種。曹明仲何見以爲山水古不及今。容云。此乃文內翰家物。又如周昉美人圖。美在意外。丰度隱然。含嬌韵媚。姿態端莊。非彼容冶輕盈。使人視之艷想目亂。又如周之白描過海羅漢。龍王請齋卷子。細若遊絲。回還無跡。其像之睛。若點漆作狀。疑生老儼。龍踵少似飛動。海濤洶湧。展卷神驚。水族騎擎。過目心駭。豈直徒具形骸。點染紙墨云哉。又見邊鸞花草昆蟲。花若搖風。嫋娜

作態。虫疑吸露。飛舞翩然。草之偃亞。風動逼似天成。雖對雪展圖。此身若坐春和圍囿。又如戴嵩雨中歸牧一圖。上作綫柳數株。絲絲烟起。以墨灑細點。狀如針頭。儼若一天暮靄。靈雨霏霏。豎子跨牛。冉冉歸意急。此皆神生狀外。生具形中。天趣飛動者也。故唐人之畫。爲萬世法。然唐人之畫。莊重律嚴。不求工巧。而自多妙處。思所不及。後人之畫。克意工巧。而物趣悉到。殊乏唐人天趣渾成。若彼丘文播、楊寧、韋道豐、僧貫休、闕

立德弟立本周昉吳道玄韓求李祝朱瑤[illegible]此為人物神手模疑逼真生神妙足設色白描名臻至極其山水如李思訓子昭道盧鴻王摩詰荊浩胡翼張僧繇關同輩筆力遒勁立意高遠山環水蟠樹烟巒靄黑汁淋漓神氣生旺花鳥如鍾隱郭權輝施璘邊鸞杜霄李逖黃筌子居宷皆設色類生展布有法花之容冶露滴鳥之掀翥風生此皆權奪化工春歸掌握者也又如韓幹之馬戴嵩張符之牛僧傳古之龍韓太尉

之虎袁義之魚皆極一時獨技生意奔逸氣運騫騰神迥蠢動之外雖臨摹未能彷彿若宋之孫知微僧月蓬周文矩李遵梁楷馬和之僧梵隆蘇漢臣顏次平徐世榮盛師顏李早李伯時顧閎中皆工于人物而得其丰神精爽者也如郭忠恕許道寧米友仁趙千里郭熙李唐高克明孫可元劉松年李嵩馬遠馬逵夏珪樓觀胡瓘朱懷瑾范寬董源王晉卿陳珏朱鋭王廷筠李成張舜民此皆工於山水得其泉石高風者

也如楊補之丁野堂李迪李安忠吳炳毛松毛益李永年崔白馬永忠單邦顯陳可久僧希白劉興祖徐世昌徐榮趙昌趙大年王凝馬麟此皆工於花鳥得其天機活潑者也若宋高宗之山水竹石文湖州蘇長公毛信卿吳心玉之竹石枯木閻士安之野景樹石張浮休之烟村此皆天籟動於筆鋒渭川波入硯沼揮灑萬竿雲蒸霧變寘之高齋綠陰滿堂清風四坐豈彼俗工可容措手又如陳所翁之龍錢光甫之魚宋

紹宗劉宗古之猫犬皆得一物骨氣運動狀其形似名擅一時此余因目所及聊述數輩若敘其全當自畫譜繪鑑求之非余所謂清賞要略

余自唐人畫中賞其神具畫前故畫成神足而宋則工于求似故畫足神微宋人物趣迥邁於唐而唐之天趣則遠過於宋也今之評畫者以宋人為院畫不以為重獨尚元畫以宋巧太過而神不足也然而宋人之畫亦非後人可造堂室而元人之畫敢為佂儶駞驅且元之黃大癡

豈非夏李源流而王叔明亦用董范家法錢舜舉黃筌之變色盛子昭乃劉松年之遺派趙松雪則天分高朗心胸不凡摘取馬和之李公麟之描法而得劉松年李營丘之結構其設色則祖趙伯駒李嵩之濃淡得宜而生意則法夏珪馬遠之高曠宏遠及其成功而全不類此數輩自出一種溫潤清雅之態見之如見美人無不動色此故逈絕一代為士林名畫然皆法古絕無邪筆元畫如王黃二趙子昂仲穆倪瓚之士氣陳

仲仁曹知白王若水高克恭顧正之柯九思錢逸吳仲圭李息齋僧雪牕王元章蕭月潭高士安張叔厚丁野夫之雅致而畫之精工如王振朋陳仲美顏秋月沈秋澗劉耀卿孫君澤胡廷輝臧祥卿邊魯生張可觀而閒逸如張子政蘇大年顧定之姚雪心龔皆元之名家足以擅名當代則可謂之能過於宋則不可也其松雪大癡叔明宋人見之亦能甘心服其天趣今之論畫必曰士氣所謂士氣者乃士林中能作隸家畫品全用神氣生動為法不求物趣以得天趣為高觀其曰寫而不曰描者欲脫畫工院氣故耳此等謂之寄興取玩一世則可若云善畫何以比方前代而為後世寶藏若趙松雪王叔明黃子久錢舜舉輩此真士氣畫也而四君可能淺近效否是果無宋人家法而泛然為一代之雄哉例此可以知畫矣

畫家鑒賞真偽雜說

高子曰米元章云好事家與賞鑒家自是兩等

家多資蓄貪名好勝遇物收置不過聽聲此謂好事若賞鑒家天資高明多閱傳錄或自能畫或深知畫意每得一圖終日寶玩如對古人聲色之奉不能奪也名曰真賞然看畫之法須着眼圓活勿偏已見必細玩古人命筆立意委曲玅處不能潦草涉略論山有起伏轉水有隱換顯源流林木求其深邃蓊鬱而深淺分明人物觀其覷面凝眸而顧盼相屬四時之景要分朝暮陰晴烟雲動蕩花鳥之態須觀飲風含露宿

食飛鳴次及牛馬昆虫魚龍水族無一不取神
氣生動天趣渙然筆墨之外斯不失為賞鑒若
專以形似取之則市街貼壁賣畫儘有克肖人
物花草貓狗之圖何取于古且古人之畫豈特
不可以形似物跡求也當無筆跡留滯方見天
趣如書之藏鋒始妙松雪詩云石如飛白木如
籀寫竹應須八法通正謂是也且好畫不宜多
裱裱多失神亦不可洗更不可剪去破碎邊條
當細細補足令人寶惜古畫豈特寶若金玉即

如宋人去此不遠畫之在世流傳便少無論唐
時五代藏畫之家當自檢點不恤勤煩乃收藏
至要畫之失傳其病有五古畫年遠紙絹已脆
不時舒卷略少局促即便折損破碎無救此失
傳之一童僕不識收捲有法即以兩手甲抓畫
捲起不顧邊齊以軸榦着力緊收內中絹素碎
裂此失傳之二或遭屋漏水濕鼠嚙貓溺梅雨
黴白不善揩抹即以麄布擦摩遂片破落此失
傳之三或出示俗人不知看法即便手托畫背

起就眼觀絹素隨折或挂畫忽慢以致墮地折
裂再莫可補雖貼襯何益此失傳之四或遭兵
火水溺歲苦流移此失傳之五有等敗落子孫
無識婦女不知寶藏堆積朽腐或兒女痴頑用
筆塗寫或燈下看玩以致油污透骨或偶墮燭
燒損或推當風狂起吹斷刮裂甚矣古畫難存
類此種種古人名畫更少對軸若高尚士夫之
畫適興偶作天趣生動人即寶傳何能有對若
高齋精舍豈容四軸張挂即對軸亦少雅致世

以無名人畫即塡某人款字深可笑也畫院進
呈卷軸皆有名大家俱不落款何必見牛指戴
見馬指韓又豈如格古論云無名人畫多有佳
者若云無名決無好畫無名款者皆御府畫也
古有善畫花草者多不落墨以色點染自有一
種精神生意又若粉本即舊人畫稿草草不經
意處乃其天機偶發生意勃然落筆趣成多有
神妙當寶藏之唐人紙則硬黃短簾絹則絲粗
而厚有擣熟者有四尺闊者宋絹則光細若紙

指摩如玉夾則如常更有闊五六尺者名曰獨梭紙用鵠白澄心堂居多宋畫迄今其絲性消滅更受糊多無復堅韌以指微跑則絹絲如灰推起表裏一色若豈時絹素以藥水染舊無論指跑絲絲露白即刀刮亦不成灰此古今絹素之辯似不容偽又如元絹有獨梭者與宋相似有宓家機絹皆妙古畫落墨着色深入絹素礬染既多精采迥異其花草紅若初陽綠如碧瑱粉則膩滑如玉黑則點墨如漆偽者雖極力模

擬而諸色間有相似惟紅不可及且求其入絹深厚則不能矣文采索然又如古人之畫愈玩愈佳筆法圓熟用意精到以人趣做模物趣落筆不凡而天趣發越今人之畫人趣先無而物趣牽合落筆粗庸入眼不堪玩賞何用偽為宋人臨摹唐朝五代畫片神采如出一手秘府多寶藏之今人臨畫惟求影響多用已意隨手苟簡雖極精工先乏天趣妙者亦板近如吳中莫樂泉臨畫亦稱當代一絕我　朝名家可宋可

元者亦不乏人高品如文衡山沈石田陳白陽唐伯虎文汶水王仲山錢叔寶文伯仁顧亭林孫雪居沈青門風神俊逸落筆脫塵或隸或行各有天趣元之二趙王黃可與並美如戴文進工山水人物神像雅得宋人三昧其臨摹倣效宋人名畫種種逼真其生紙着色開染草草效黃子久王叔明等畫較勝二家如商喜李在周東村仇十洲山水人物之妙上軼宋人劉范諸輩又如邊景昭呂廷振林以善張秋江沈士容

王牧之陳憲章俞江村周少谷輩花鳥竹石亦得宋之徐黃家法他如謝廷循上官伯達金文鼎金汝清姚公綬王孟端夏仲昭王舜耕陳大章許尚文吳偉蘇致中葉原靜謝時臣朱子朗朱鹿門夏葵夏芷石銳倪端諸輩皆我　明一代妙品士夫畫家各得其趣若鄭顛仙張復陽鍾欽禮蔣三松張平山汪海雲皆畫家邪學徒逞狂態者也俱無足取

賞鑒收藏畫幅

高子曰收蓄畫片須看絹素紙地完整不破清白如新照無貼襯此爲上品面看完整貼襯條多畫神不失此爲中品若破碎零落片片湊成雜綴新絹以色旋補雖爲名畫亦不入格此下品也完整中價之低昂又以山水爲上人物小者次之花鳥竹石又次之走獸蟲魚又其下也冊葉卷子同一論法又如神佛圖像其品不同如宋元并我朝人畫佛像名家多就山水樹石中或坐或行或倚石凭樹畫法不板烟雲流潤神氣儼臨爲上品也其他三尊倂列鬼從猙獰或登寶座諸神衛護者止可爲侍奉香火非流傳品也又如假造佛像畫片以絹搗熟以香烟瀝并竈烟屋梁挂塵煎汁染絹其色雖舊或黃或淡黑可愚隸家孰知古絹一種傳玩舊色嗅之異香可掬豈人僞可到古絹碎裂儼狀魚口橫聯數絲再無直裂今之僞者不橫即直乃以刀刮指甲劃開絲縷堅韌不斷觸目即辯藏畫之法以杉板作匣匣內切勿油漆糊紙反惹黴

濕又當嘗近人氣或置透風空閣去地尺餘便好一遇五月八月之先將畫幅幅展玩微見風月收起入匣用紙封口勿令通氣過此二候方開可免黴白又若以名畫張挂多則三五日一換收起挂久可爲風濕侵損質地若絹素畫尤不可以久挂如前起居牋內溫閣藏畫之法甚佳古畫不可捲緊恐傷絹地單條短軸作橫面開關門扇匣子畫直放入軸頭貼籤細開某畫甚便取看又如宋人綉畫山水人物樓臺花鳥針線細密不露邊縫其用絨止一二絲用針如髮細者爲之故多精妙設色開染較畫更佳以其絨色光彩奪目丰神生意望之宛然三趣悉備女紅之巧十指春風迥不可及元人之綉便不及宋以其用絨粗肥落針不密且人物禽鳥用墨描畫眉目不若宋人以絨綉眉目瞻眺生動此宋元之別以其眉目辯也故宋綉山水亦不多得元人花鳥尚可一二見耳宋人刻絲山水人物花鳥每痕剜斷所以生意混成不爲機

經掣制今人刻絲是織絲也與宋元之作逈異故宋刻花鳥山水亦如宋綉有極工巧者余意刻絲雖速不及綉若大幅舞裀自有富貴氣象元刻逈不如宋矣大率一代之物不及一代凡事皆然何止此也人能以畫自工明牕淨几描寫景物或覩佳山水處胸中便生景象布置筆端自有天趣如名花折枝觀其生趣花態綽約葉梗轉折向日舒笑迎風欹斜含烟弄雨初開殘落種種態度寫入采素不覺學成便得出人

頭地若不以天生活潑者爲法徒竊紙上形似三趣無一得也終爲俗品古之高尚士夫如李公麟范寬李成蘇長公米家父子輩畢不畫臻神妙是以大雅君子於畫收藏賞鑒不可不學一二名筆

論研

高子曰研爲文房最要之具古人以端硯爲首端溪有新舊坑之分舊坑石色青黑溫潤如玉上生石眼有青綠五六暈而中心微黃黃中有黑點形似鴝鵒之眼故以鴝鵒名研眼分三種暈多晶瑩者謂之活眼有眼朦朧暈光昏滯者謂之淚眼雖具眼形內外焦黃無暈者謂之死眼故有淚不如活死不如淚之評又以眼在池上者名曰高眼爲佳生下者爲低眼次之惟北

巖之石有眼餘坑有無相間或有七眼三五眼如星斗排聯者或十數錯落上下四旁生者或有白點如粟貯水方見隱隱扣之無聲磨墨亦無聲爲下巖之石今則絕無有則希世之珍也上巖中巖之石皆灰色而紫如猪肝總有一眼暈少形大如雄雞眼扣之摩之俱有聲質亦麤礪卽今之端石是也歐陽公以端之子石爲佳以子石生大石中爲石之精其發墨光潤貯水不耗爲可貴耳古有端石眞硯無眼其細膩發

墨色青光潤此必下巖石也想貢硯在宋官司取多不暇剪裁取眼故耳貴在發墨何取於眼無眼者但不入於俗眼鑒家何礙歙石出龍尾溪者其石堅勁發墨故前人多用之以金星爲貴石理微糧以手磨之索索有鋒鋩者尤佳歙溪羅紋如羅之紋細潤如玉刷絲如髮之密金銀間刷絲亦細密眉子即拔肩也如甲痕爲舊坑四種石也色俱青黑其新坑者羅紋如蘿菔紋刷絲每條相去一二分眉子或長一二寸金星新

舊坑石色雖淡青質並麄燥銀星新舊坑同故歙石有龍尾金星蛾眉角浪松文等名有種湖廣沅州出石深黑亦有小眼廣人取歸作硯名曰黑端沅人取作犀牛魚龜荷葉八角等式滌溪石淡青色內深紫而帶紅極細潤用久光甚有黄脉相間俗號紫袍金帶有僞造者以藥鑿嵌成之自有痕跡洮河綠石色綠微藍其潤如玉發墨不減端溪下巖出陝西河深甚難得也今名洮者俱滌石之皮乃長沙山谷中石光不

發墨廣東萬州懸崖金星石色黑如漆光潤如玉以水潤之則金星自見乾則無跡極能發墨用久不退在歙之上端之下巖石可侔也浙之衢石黑者亦佳多不發墨他如黑角研紅絲硯黄玉硯褐色硯紫金硯鵲金墨玉石硯皆出山東水晶硯發墨如歙蔡州白石硯浮益山仙石硯丹石硯唐州唐石硯宿州宿石硯吉州紫石硯淄州黄金硯金雀石硯青州石末硯熟鐵硯紫金石硯用不發墨青石硯蘊玉石硯戎石絳

石硯淮石硯寧石研宣石研吉石研夔石研如漆發墨明石研萬州磁洞石硯相州銅雀瓦硯未央宮瓦頭硯柳州柳石硯出龍壁下成州成石硯出栗亭瀘研濰研南劍州曾水研宿州樂石硯虢州澄泥硯登州駝基島石硯歸州大陀石研江西寧府陶研形背銅雀高麗研上鑿花巧梁公硯銀研銅研磚硯漆研砆研磁硯硯之出處不可勝紀衆研中龍尾發墨池水積久不乾端溪美惡俱能發墨中有受水燥濕之別羅紋過于龍

尾銅雀硯沉水千年，原質亦細，故易發墨而不甚燥，然不壞筆，他則無足議也。唐之澄泥研品爲第一，惜乎傳少，而今人罕見。古之名硯，如陳省躬仙翁研，陶穀有兩池圓研，名曰璧友；和魯公有雪方池硯；周彬公友人有金稜玉海研；徐闓之有小金成硯；宣城有四環皷研；李后主有生水硯，内有黄石子，子在則水，無子則涸；孫之翰有呵水研，一呵水流；丁晉公有水硯，一泓墨水，盛暑不乾；劉義叟造瓦硯；丁寶臣綠石硯卽綠豆端也，謂之玉堂新製，送王介甫，故介甫詩有「玉堂新製世爭傳，況是蠻溪綠石鐫」之句。蘇長公研銘曰：「千夫挽綆，百夫運斤，篝火下縋，以致斯珍。」此言下巖端石，在宋亦難採取如此，況後數百年矣，何能易得？若余所見硯有百方，皆名硯也，不能一一悉記，舉其可寶者言之，如端溪天生七星硯、綠端石硯、玉兎朝元硯、子石硯、山字子石研、天成白玉風字研、漢碧玉圭研、唐澄泥八角大硯、未央宫磚頭研、德壽殿犀紋石硯、天

潢硯、龍尾石筒瓦小硯、洮河綠石硯、銀絲石研、古瓦鴛研、靈璧山石硯、龍尾石段硯、與和磚硯、石渠瓦硯、豆斑石硯，此皆研之極少而致精妙者，圖其形體，共海内鑒家賞之。噫！有硯存，尚如范喬之遺子者，能幾人哉？人能賤金玉而寶硯石者，又幾人哉？況佳硯之不得其主，又不知其幾矣。他如沉於深淵，掩於厚土，毁於兵燹，敗於顛覆，災於記算之傍，困於學究之側，其幾又何勝於千百計也，惜哉。

滌藏硯法

佳硯池水不可令乾，每日易以清水，以養石潤，不可一日不滌。若用二三日不滌，墨色差減。滌者不可磨去墨銹，此爲古硯之徵。滌以皂角清水爲妙，滾水不可滌硯。以半夏切片擦研，極去宿墨；以絲瓜穰滌洗，總不如蓮房殼，收起以水浸歘，滌硯去垢起滯，又不傷硯。不可以毡片故紙揩抹，恐霑毛紙屑以混墨色。大忌滾水磨墨，茶亦不可。新墨初用，膠性并稜角未伏，不可重

磨。恐傷硯質。冬月當預藏佳硯，以粗研用之。可以敵凍寒時，以火炙水，當用四脚拌爐架火硯上，微煖逼之。或用研爐，亦可得青州熟鐵研用之甚宜。春夏二時，霉濡蒸濕，使墨積久，則膠泛滯筆，又能損研，精采須頻滌之，以文稜為囊韜避塵垢，藏之筒匣，不可以研壓研，以致傷損。研之佳者最為難得，今所尚者未必佳品，人俱貴耳賤目，以愚肆家彼所為寶，豈真寶哉，又不可以不察。

後硯圖，皆余十年間南北所見，或在世家，或在文客，或落市肆，重索高資，鑒家未見按圖未必盡許為奇，即內中一二易得之石，亦異常品，故余賞其諸研，質之堅膩，琢之圓滑，色之光采，聲之清冷，體之厚重，藏之完整，傳之久遠，豈世俗所謂硯哉。海內必有見者，見則必以余為藻鑑的確。余雖未傳，目中見此為佳，第恐沉沒，圖志不忘，媿余筆拙，未盡形容，若為浮借，余素不善。

天成七星研

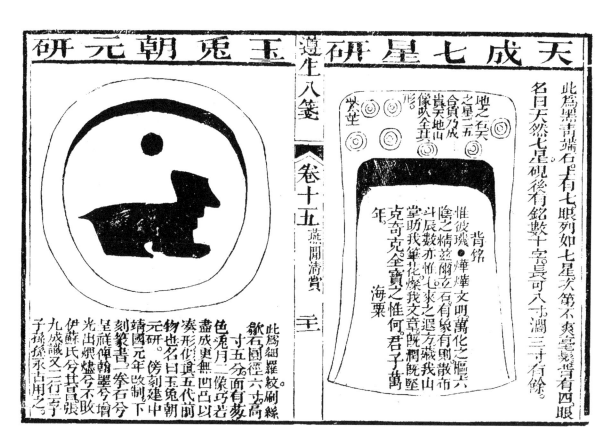

此為黑青端石，上有七眼，列如七星次第，不爽毫髮，背有四眼，名曰天然七星硯，後有銘數十字，長可八寸，濶三寸有餘。

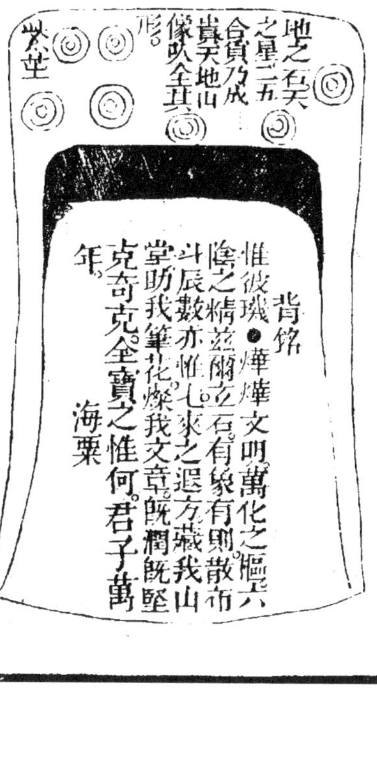

玉兎朝元研

此為細羅紋刷絲歙石，圓徑六寸，高寸五分，面有蒙色兎月二像，巧若畫成，更無凹凸以湊形似，真五代前物也，名曰玉兎朝元研。傍刻建中靖國元年改制，下刻篆書：一拳石兮呈祥，伴翰墨兮增光，出烟爐兮不敗，伊蘇氏兮其昌。張九成識。又二行云：子子孫孫永吉用之。

子石研

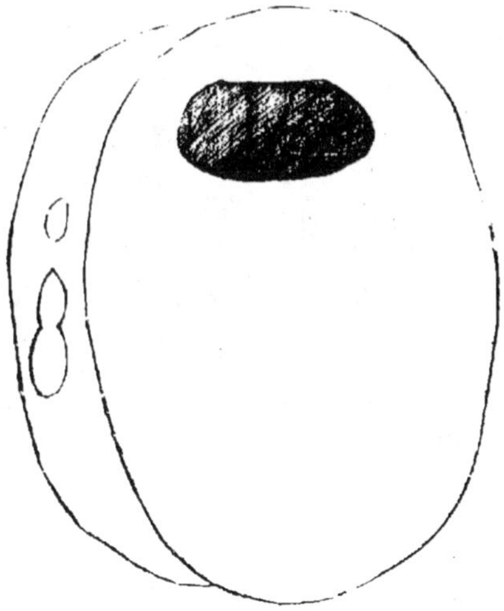

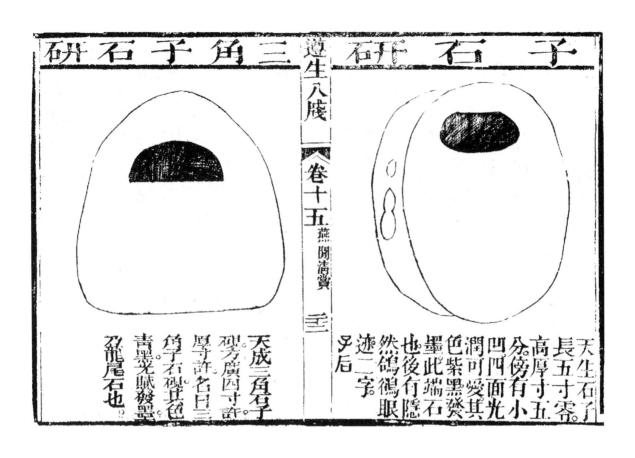

天生石子長五寸零。高厚寸五分。傍有小凹四面光潤可愛。其色紫黑發墨。此端石也。後有隱然鴝鵒眼迹。二字。子后

三角子石研

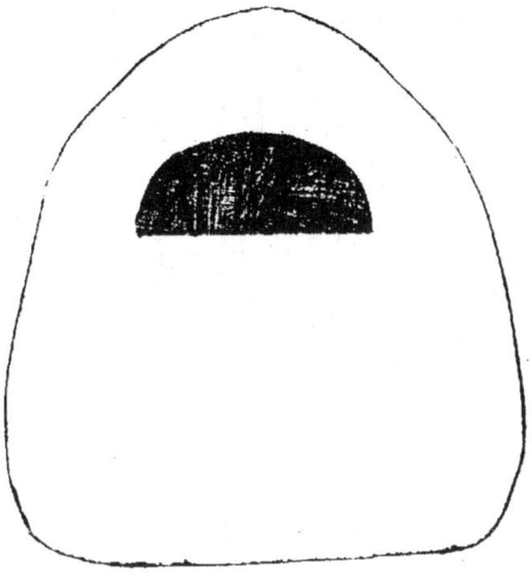

天成三角子石硯。方廣四寸許。厚寸許。名曰三角子石硯。其色青黑。光膩發墨。乃龍尾石也。

天成風字研

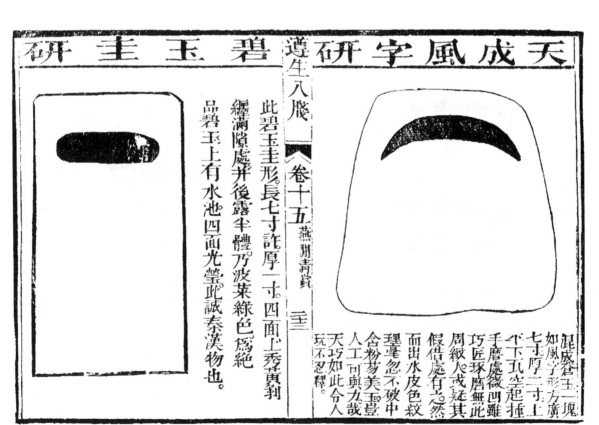

混成蒼玉一塊。如風字形。方廣七寸。厚二寸。上半下孔空。起插手磨處微凹。雖巧匠琢磨無此周緻。人或疑其假借處有之。然而出水皮色紋理。毫忽不破。中含粉瑒美玉。豈人工可與力哉。天巧如此。令人玩不忍釋。

碧玉圭研

此碧玉圭形。長七寸許。厚一寸。四面上秀黃剝纏滿隙處。并後露半體。乃波菜綠色。爲絕品碧玉。上有水池。四面光瑩。此誠秦漢物也。

古瓦鷺研

此古片瓦之半。就形琢爲鷺研。其製甚佳質細而堅牢厚半薄長七寸闊四寸尾上有元章二字。上扣米氏印章。

天壁龍尾石段研

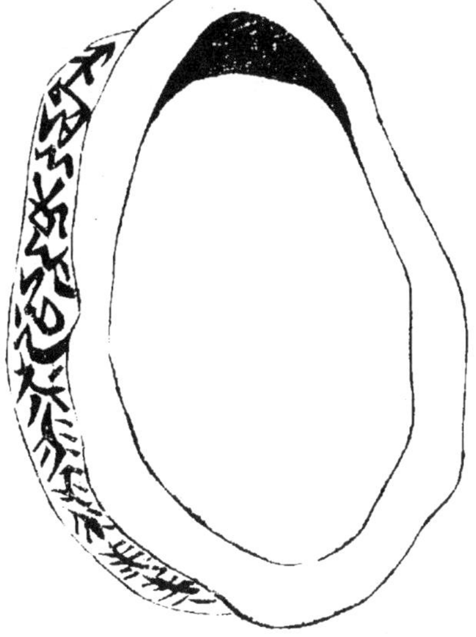

此龍尾石塊爲天生形製無可容墨後人琢平底面四傍皆天生石紋如圖。長六寸闊三寸中厚一寸有多。下有身玉二字。

八稜澄泥研

此唐之澄泥研。池以泥水澄濾而爲研。品佩以爲第一。其質細如石用堅如玉聲。方廣九寸厚二寸。下有篆字明理宣墊。水圖隱建武庚子共十二字。上水池外皆海水波浪出躍鯉與馬二物刻法精妙乃隱隱然真稀世物也。

石渠閣瓦研

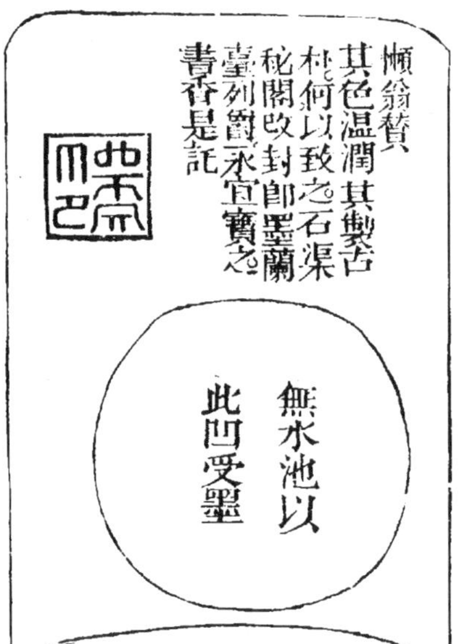

此瓦硯背篆石渠閣瓦四字研上有銘質堅聲清扣之如玉長一尺闊六寸厚一寸。後傍又書云。嘉靖五年。改製下有小印。

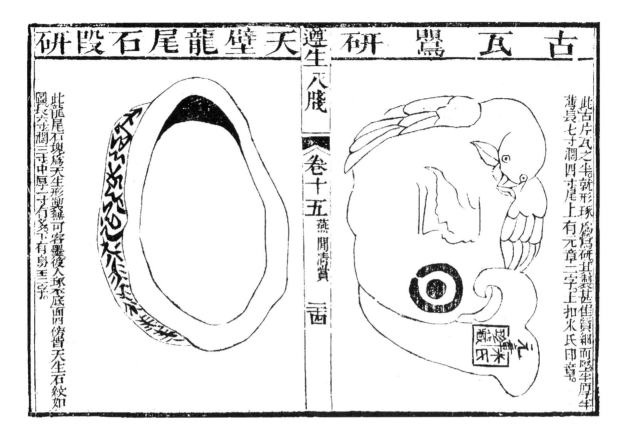

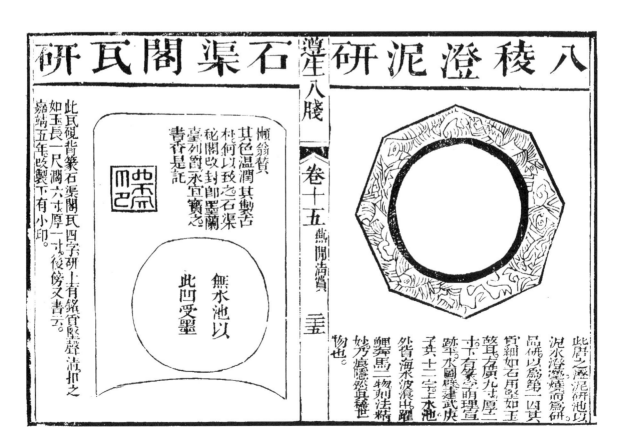

德壽殿犀紋石研

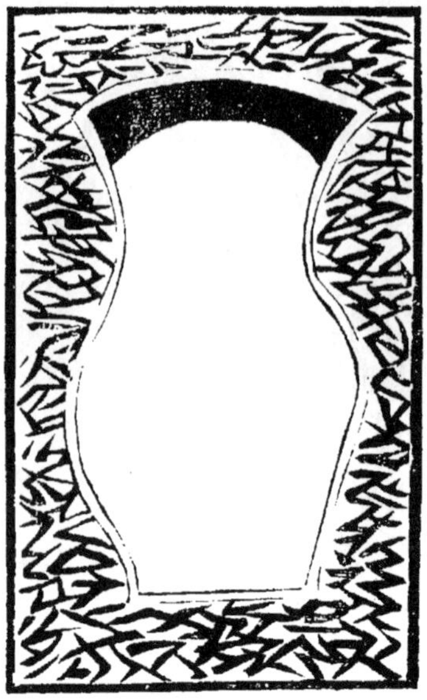

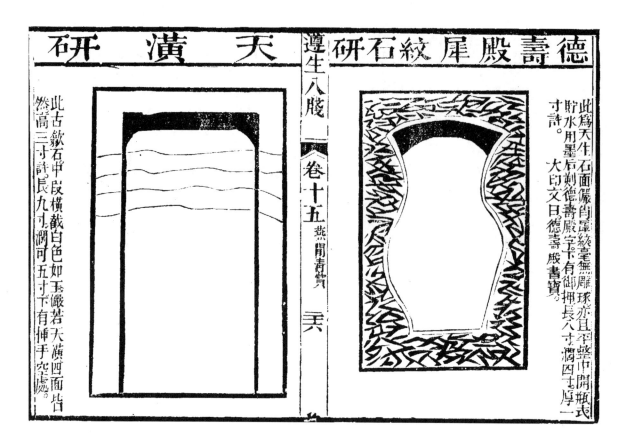

此爲天生石，面儼肖犀紋，毫無雕琢，亦且平整。中開瓶式貯水用墨。右刻德壽殿字，下有御押。長八寸，濶四寸，厚一寸許。大印文曰德壽殿書寶。

天潢研

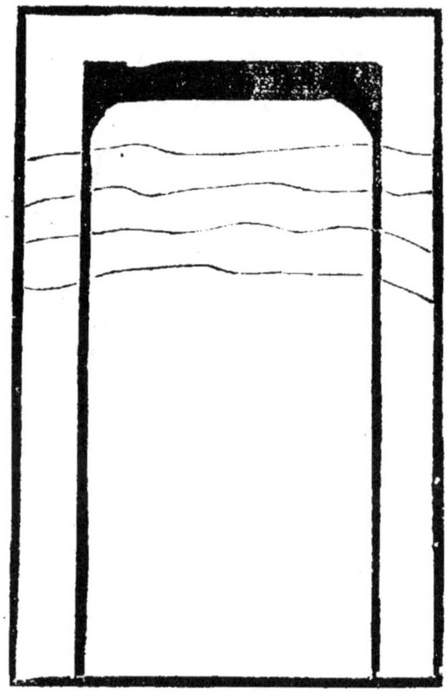

此古歙石中段橫截，白色如玉，儼若天潢，四面皆然。高三寸許，長九寸，濶可五寸，下有捧手空處。

亞斑石研

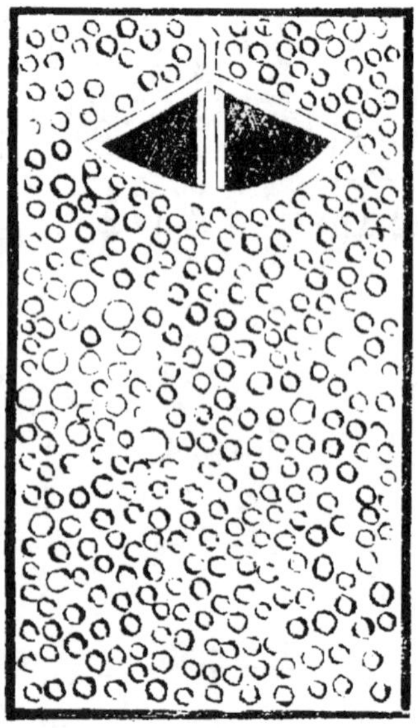

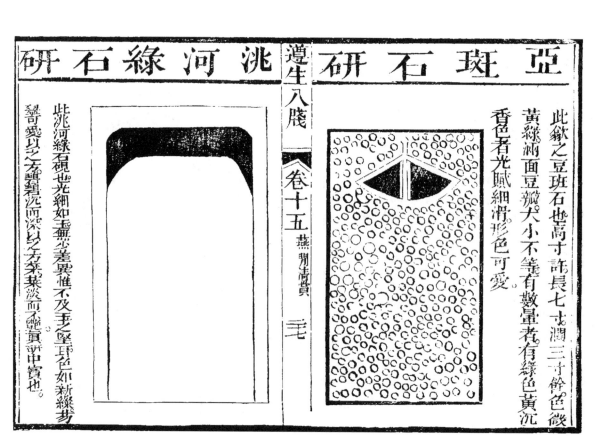

此歙之豆斑石也。高寸許，長七寸，濶三寸餘。色微黃綠，滿面豆瓣，大小不等，有數暈者，有綠色黃沉香色者，光膩細滑，形色可愛。

洮河綠石研

此洮河綠石硯也。光細如玉，無少差異，惟不及玉之堅耳。色如新綠芽蘚可愛。以之方端，碧沉而深；以之方歙，葉淡而不艷。眞硯中寶也。

靈壁山石研

此靈壁石山面平如畫形可以受墨。傍背皆天生皺文。長七寸高三寸。上尖中肥下歛。置之几上甚隱。

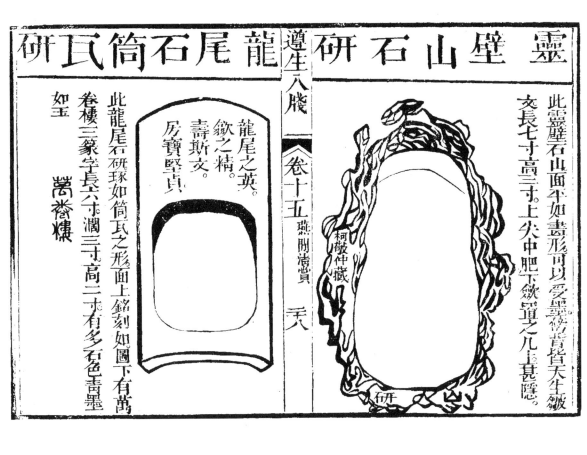

龍尾石筒瓦研

此龍尾石研。琢如筒瓦之形。面上銘刻如圖。下有萬卷樓三篆字。長六寸。濶三寸。高二寸。有多石色青墨如玉。

萬卷樓

未央宮磚頭研

此未央磚頭研也。色黃黑形如腎。長六寸。濶四寸。厚一寸。扣之聲清而堅。上有 建安十五年 長條陽字海天初月四字。

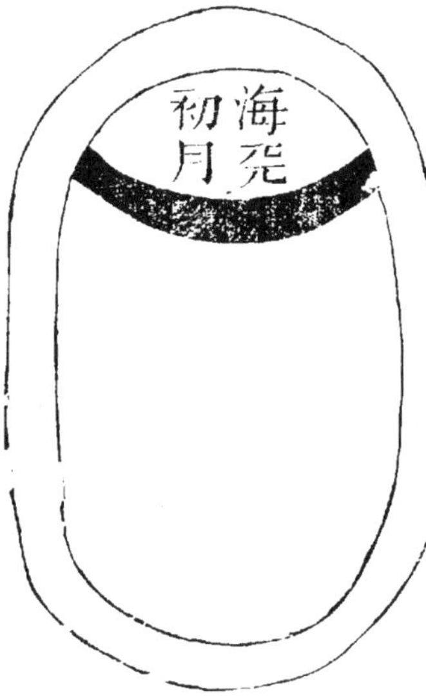

綠端石研

此綠端石研。背有紹海銘。左篆綠玉二字。長七寸。厚一寸。濶五寸。色正綠如玉。扣之鏗然。於斯翁傳。萬穀取端友。華清樓苑亭池剖結綠。慎砥礪。華嶙嶙。宣豪隸正。慷沛支沐。綿世守。衍芬郁。 吴郡周天球銘。

興和磚研

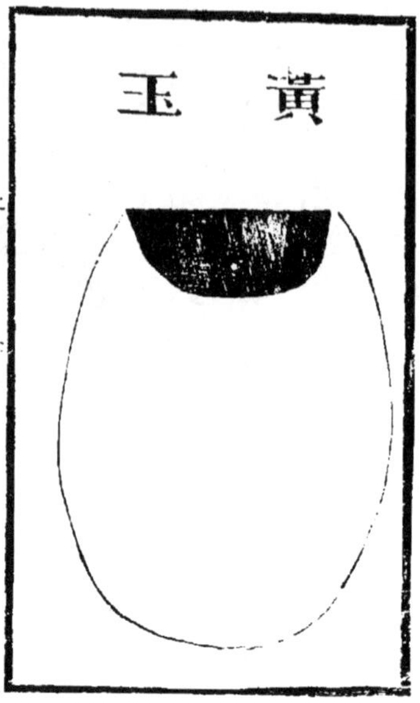

此魏時磚硯，質細聲堅，扣之如金石，肽長七寸，厚一寸許，濶四寸，色黃淡如焼香。一方內篆大魏興和年造，又一方有蟲獸篆書者，此其形想磚大而得萃也。

銀絲石研

此銀絲石研長五寸，濶寸半，高一寸許，石色如漆，上有銀絲紋如畫，橫經石中，溫潤如玉，呵氣成水。硯譜不錄，此必歙石龍尾石類也，紋甚可愛。

高似孫硯箋諸式

鳳池硯　玉堂硯　玉臺硯　蓬萊硯　圭研
辟雍硯　房相硯　郎官硯　風字研　鼎研
八面研　曲水硯　八稜硯　四直研　院研
蓮葉研　馬蹄硯　鳳池硯　圓池硯　天研
玉環硯　舍人硯　水池硯　大師硯　蟾研
東坡硯　都堂硯　內相硯　葫蘆硯　鐵研
隻履硯　雙履硯　月池硯　方池硯　笏硯
斧形硯　瓢硯　壁研

續硯式

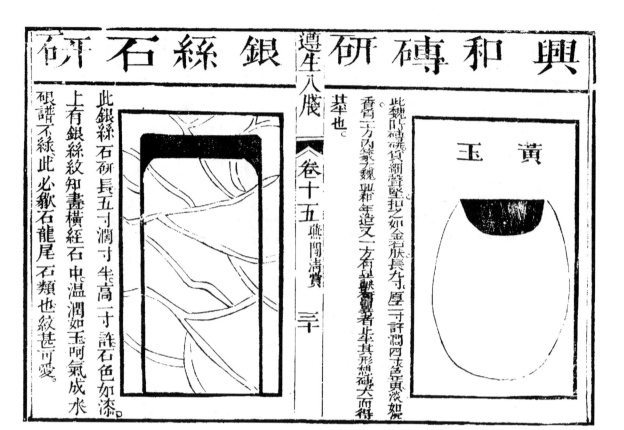

琴硯　鷹揚硯　鶯研　山字硯　太極硯
箕硯　漢壺硯　鳳嗉硯　松段硯　山石硯

論墨

高子曰古之尚墨若徐鉉墨名月團價值三萬唐玄宗墨名龍香劑致墨精幻形李廷珪龍紋墨雙脊墨千古稱絶漢時月給尚書令渝麋大墨范丞相一墨表曰五劍堂造裏曰天關第一煤金章宗蘇合油烟墨后欲得之者以黄金倍易無可覓處景煥墨名香璧副墨子五代時有朱君得柴珣小墨韓熙載化松堂墨名玄中子麝香月龍煤張遇造易水貢墨懷民遺東坡墨

名青烟煤又如供堂墨淵雲墨兌州陳郎墨淵有潘雲谷墨松九墨狻猊墨松烟墨九子墨魚吐墨天雨墨陽山石墨化墼墨浮提國金壺墨雷公墨又若仲將之墨一點如漆等類皆古名墨也若今世所尚以羅小華爲最羅之墨固善矣余所見國初查文通龍忠迪墨碧天龍氣墨水晶宮墨新安方正牛舌墨石青塡字赤金爲衣者蘇眉陽幼年所製祖李遺法臥蠶小墨世宗時邵格之墨如方于魯參天一九玄三極

國寶非烟等墨亦皆精品前如汪中山翰史初時製墨質之佳美不亞羅墨其精品以豆瓣楠爲匣內用朱漆籤以中款表曰太極兩猊三猿四象五雀六馬七鷳八仙九鶯十鹿皆以鳥獸取義又有玄香太守小長墨四種一曰鋶文二曰臥蠶三曰亞字四曰玉階有客卿四種小元墨曰太極曰八卦曰圓璧曰瓊樓有松滋侯四種小方墨一亞字二羅文三九雲四螭環有墨挺墨杜余先得其數種試之質輕烟紫可爲九

玄三極矣似在羅上眞神品也今人所見皆其次品式樣雖一而墨質不佳又如二十八宿元墨更其下矣故名卽湮沒不傳至後墨印尚存而墨質愈下特爲中山表焉余爲典客時高麗使者餽墨上有梅花印紋其墨色甚黑而濃厚以余論之墨之妙用質取其輕烟取其青嗅之無香磨之無聲新研新水磨若不勝言不可用力磨也忌急則熱熱則抹生用則旋硯硯無久停塵埃汚墨膠力泥凝用過則濯墨積勿盈藏久膠宿

墨用乃精用墨之法無出余數語也若治墨之精模式之巧方于魯所刻墨譜似盡善也奇哉方之墨哉客曰墨惟適用足矣何以奇爲噫匪好奇也墨品精者不特于今爲佳存于後世更佳不特詞翰藉美于今更藉傳美于後若晉唐之書宋元之畫傳數百年墨色如漆書畫神氣賴墨以全若墨之下品用濃見水則沁散湮污用淡重褙則神氣索然未及數年墨跡以脫鎵此觀之則墨之爲用果好奇也知此則可與言

墨矣故李廷珪詩云贈爾烏玉玦清泉硯須潔避暑懸葛囊臨風度梅月其寶惜可知又云墨藏石灰中過梅不黴是亦一法

附硃墨法

法用好辰砂一兩三紅硃二兩用秦皮水煮膠清浸七日夜傾去膠之清水於日色漸漸晒至乾濕得所以墨印印之硯中研用甚佳一法以花朱同臙脂磨點　成嘉年內硃砂墨妙法

論紙

高子曰上古無紙用汗青者以火炙竹令汗出取青易于作書至漢蔡倫始製紙爲萬世利也初鴻漁網爲紙曰網紙以布作者曰麻紙以樹皮作者曰穀紙蜀有凝光紙雲藍牋花葉紙十色薛濤牋名曰蜀牋有側理紙松花紙流沙紙彩霞金粉龍鳳紙綾紋紙短簾白紙硬黃紙布紙縹紅紙青赤綠桃花牋藤角紙縹紅麻紙桑根紙六合牋魚子牋苔紙建中年有女兒青紙卵紙宋有澄心堂紙蠟黃藏經牋白經牋碧雲

春樹牋有龍鳳印邊三色內紙有印金團花并各色金花牋紙有藤白紙研光小本紙李僞主造會府紙長二丈濶一丈厚如繒帛數重陶穀家藏有鄱陽白數幅長如匹練西山觀音簾紙鵠白紙蠶繭紙竹紙大牋紙元有黃麻紙鉛山紙常山紙英山紙臨川小牋紙上虞紙又若子邑之紙妍妙輝光皆世稱也今之楚人粉紙松江粉牋爲紙至下品也一黴即脫陶穀所謂化化箋此爾止可用供溷材一化也貨之店中包

麪藥菓之類二化也。甚言紙之不堪用者類此。
若今之大內細細密、灑金五色粉箋、五色大簾
紙灑金箋、有等白牋、堅厚如板、兩面砑光如玉
潔白、有印金花五色牋紙、又若紫青紙、如段素
堅韌可寶、多用寫泥金字經、有等藍色者、薄而
不佳。高昌國金花箋、亦有五色、有描金山水圖
者。高麗有綿繭紙、色白如綾、堅韌如帛、用以書
寫、發墨可愛、有等皮紙、用以爲簾、爲雨帽、爲書
夾、堅厚若油、爲之中國所無、亦奇品也。近日可

用作書者、吳中無紋灑金箋紙爲佳、松江近日
譚牋、不用粉造、以荆川簾紙褙厚、砑光用蠟打、
各色花鳥、堅滑可類宋紙。又新安新造倣宋藏
經箋紙亦佳。吳中近亦爲之、但不知宋箋抄成
堅韌如段帛、有性、數百載流傳、尚有揭開受用
若今倣效者、紙性終脆、久徽糊懈必鬆。時尚花
邊格子、白鹿牋、用以作柬寫詩甚便。其式余家
有數十種、但白鹿紙以綠子水併槐黃水、微煎
印者、雅甚。以青以紅、俱不佳也。又如蠟砑五色

箋、亦以白色、松花色、月下白色、羅紋箋爲佳、餘
色不入清賞。兩人砑者精美、又不壞板、若用水
濕一紙、以間十紙砑者不佳。然以白蠟砑者受
墨、宿蠟者遇墨成珠、描寫不上、深可恨也。并錄
以共鑒賞。

造葵箋法

五六月戎葵葉和露摘下、擣爛取汁、用孩兒白
鹿堅厚者、裁段葵汁內、稍投雲母細粉、明礬些
少、和勻、盛大盆中、用紙拖染挂乾、或用以砑花

成就、素用其色綠可人、且抱野人傾葵微意。

染宋箋色法

黃柏一斤、搥碎、用水四升浸一伏時、煎熬至二
升止、聽用。橡斗子一升、如上法煎水聽用。胭脂
五錢、深者方妙、用湯四碗浸榨出紅。三味各成
濃汁、用大盆盛汁、每用觀音簾堅厚紙、先用黃
柏汁拖過一次、復以橡斗汁拖一次、再以胭脂
汁拖一次、更看深淺加減、逐張晾乾可用。

染紙作畫不用膠法

紙用膠礬作畫，殊無上氣，否則不可着色開染。法以皂角搗碎，浸清水中一日，用沙罐重湯煮一炷香，濾淨，調勻，刷紙一次，挂乾，復以明礬泡湯，加刷一次，挂乾，用以作畫，儼若生紙。若安藏三二月用更妙。折舊裱畫卷綿紙作畫甚佳，有則宜寶藏可也。

造搥白紙法

法取黃葵花根搗汁，每水一大碗，入汁一二匙，攪勻，用此令紙不粘而滑也。如根汁用多，則反

粘不妙。用紙十幅，將上一幅刷濕，又加乾紙十幅，累至百幅無礙。紙厚以七八張相隔，薄則多用不妨。用厚板石壓紙過一宿，揭起俱潤透矣。濕則晒乾，否則平鋪石上，用打紙搥敲千餘下，揭開晒十分乾，再疊壓一宿，又搥千餘，搥令發光與蠟牋相似方妙。余嘗製之，甚佳，但跋涉耳。

造金銀印花牋法

用雲母粉同蒼朮、生薑、燈草煮一日，用布包揉洗，又用絹包揉洗，愈揉愈細，以絶細為佳。收時以綿紙數層置灰缸上，傾粉汁在上，晾乾。用五色箋，將各色花板平放，次用白芨調粉，刷上花板，覆紙印花，紙上不可重塌，欲其花起故耳。印成花如銷銀。若用薑黃煎汁，同白芨水調粉，刷板印之，花如銷金。二法亦多雅趣。

造松花牋法

槐花半升，炒焦赤，冷水三碗，煎汁，用銀母粉一兩，礬五錢，研細，先入盆內，將黃汁煎起，用絹濾過，方入盆中，攪勻，拖紙以淡為佳。文房用牋外

此數色皆不足備。

論筆

高子曰：蒙恬創筆，以枯木為管，以鹿毛為柱，以羊毛為被，所謂毫者，非今之竹兎也。故製筆之法，桀者居前，毳者居後，强者為刃，耎者為輔，參之以檾，束之以管，固以漆液，澤以海藻，濡墨而試，直中繩，勾中鉤，方圓中規矩，終日握而不敗，故曰筆妙。柳帖云：近蒙寄筆，出鋒太短，傷於勁硬。所要優柔，出鋒須長，擇毫須細，管不在大，副

切須齊齊則波切有溺管小則運動有力毛細則點畫無失鋒長則洪潤自由筆之玄樞當盡於是故筆偈曰圓如錐捺如鑿只得入不得卻言縛筆須緊不令一毛吐出即不堪用又曰心柱硬覆毛薄尖似錐齊似鑿故伯英之筆窮神盡意于雲稱之漢末一筆之匣雕以黃金飾以和玉綴以隋珠文以弱翠非文犀之楨必象之管豐狐之柱秋兔之翰則古人重筆之意慇矣南朝有姥善作筆用胎髮爲心開元中筆匠名

鐵頭能瑩管如玉今俱失傳右軍筆經曰諸郡毫惟中山兔肥而毫長可用先入髮杪數十莖雜青羊毛并兔毳裁令齊以麻紙裹柱根令治次取上毫薄布柱上令柱不見此皆古人格論若今之爲筆所貴在毫東郡以青羊毛爲之雉尾爲蓋五色可觀有用豐狐毛虎毛鼠鬚羊毛麝毛羊鬚胎髮造者皆不如兔毫爲佳香狸毫次之兔以崇山絕壑中者毫足秋毫取健冬毫取堅春夏之毫則不堪矣筆以尖齊圓健爲絕毫堅則尖毫多則色紫而齊用礬貼襯得法則毫束而圓用以純毫附以香狸角水得法則用久而健此外無法今人毫少而狸礬倍之筆不耐寫豈筆之咎哉爲不用料耳余取杭人舊製筍尖筆極最佳後因湖州紫縛筆頭爲細腰葫蘆樣製杭亦效之最爲可恨初寫似細宜作小書用後腰散便成水筆即爲棄物杭筆不如湖筆得法湖筆又以張天錫爲最惜乎近無傳其妙者然書筆向以杭之張文貴首稱而張亦不

妄傳人今則分而爲三美惡無准世業不修似亦可惜揚州之中管鼠心畫筆用以落墨白描佳絕水筆亦妙古之王者以金管銀管斑管爲筆紀功其重筆如此向有牙管玳瑁管玻瓈管鏤金管綠沉漆管及棕竹花梨紫檀管等此何意耳以其爲可貴耳如持用何惟取竹之薄標者爲管筆之妙用盡矣又何尚焉冬月以紙帛衣管以避寒者似亦難用悉不取也收筆以十月正二月收者爲佳妙筆書后即入筆洗中以

去滯墨則毫堅不脫可耐久用然須洗完即加筆帽免挫筆鋒收筆以黃連調輕粉蘸筆頭候乾收之則筆不蛀而毫純又法川椒黃柏煎湯磨松烟染筆藏之亦可這蛀古人重筆用敗則葬故趙光逢濯足襄漢溪上見一方磚上題兔友退鋒郎功成鬢髮霜家頭封馬鬣不敢負恩光後顯獨孤貞節立磚上積有苔痕此蓋好事者葬筆所在

論文房器具

高子曰文房器具非玩物等也古人云筆硯精良人生一樂余以所見評之如左

文具匣

匣製三格有四格者用提架總藏器具非爲觀美不必鑲嵌雕刻求奇花梨木爲之足矣亦不用竹絲蟠口鑲口費工無益反致壞速如蔣製倭式用鉛鈐口者佳甚

研匣

用古研一方以豆瓣楠紫檀爲匣或用花梨亦可硯不在大適中爲美可入藏匣再備朱硯一匣故研譜有雙履製者爲便二色用也研以端歙爲佳或用白端石爲朱硯者不耐久用沾染不落亦得舊石一方爲幅始佳

筆格

有玉爲山形者爲卧仙者有珊瑚者有瑪瑙者有水晶者有刻犀者俱宜新製舊做亦多有宣銅鎏金雙螭挽格精甚余見哥窑五山三山者製古色潤又見白定卧花哇哇瑩目精巧舊玉

子母六猫長七寸以母横卧爲坐以子猫起伏爲格眞奇物也目中罕見有古銅十二峰頭爲格者有銅螭起伏爲格者余見友人有一老樹根枝蟠曲萬狀長止七寸宛若行龍鱗甲爪牙悉備摩弄如玉此誠天生筆格余齋一石蟠屈狀龍不假斧鑿亦奇物也可架筆三矢

筆牀

筆牀之製行世甚少余得一古鎏金筆牀長六寸高寸二分闊二寸餘如一架然上可卧筆四

矢此以爲式用紫檀烏木爲之亦佳。

筆屏

宋人製有方玉圓玉花板。內中做法省生山樹禽鳥人物。種種精絕此皆古人帶板燈板。存無可用以之鑲屏。插筆覺甚相宜大者長可四寸。小高三寸者。余齋一屏如之製此似無棄物有大理舊石儼狀山高月小者東山月上者萬山春靄者皆余目見初非扭捏俱方不盈尺大生奇物寶爲此具作毛中書屏翰。似亦得所。

水注

有玉爲元壺方壺者。其花紋甚工又見吳中陸子岡製白玉辟邪中空貯水。上嵌青綠石片。法古舊形滑熟可愛有玉蟾蜍注擬寶晉齋舊式者。古銅有青綠天雞壺。有金銀片嵌天祿。妙甚有半身麒麟鵰杓。有鎏金鴈壺。其類生無二。以兩足立地口中出水有江鑄眠牛以牧童騎跨作注管。磁有官哥方元水壺。有立瓜臥瓜壺有雙桃注有雙蓮房注。有筆格內貯水。兩用者有牧童臥牛者有方者定窰之注奇甚有枝葉纏擾爪壺有蒂葉茄壺有駝壺又可格筆有蟾注有青東磁天雞壺底有一竅者宣窰五采桃注石榴注雙爪注采色類生有雙鴛注有鵝注工緻清極俱可入格。

筆洗

銅有古鎏金小洗。有青綠小盂有古小釜有小卮匜其五物原非此製今用作洗玉有鉢盂洗長方洗玉環洗或素或花工巧擬石磁有官哥

元洗葵花洗磬口元肚洗有四捲荷葉洗有捲口簾段洗有縧環洗有長方洗類多但以粉青紋片朗者爲貴古龍泉有雙魚洗有菊瓣洗有鉢盂洗百折洗定窰有三箍元桶洗梅花洗有中盞作洗邊盤作筆覘者有縧環洗有方池洗有柳斗元洗有元口爪稜洗菊瓣洗惟定洗多甚宣窰有魚藻洗有葵瓣洗有磬口洗有鼓樣青剔白螭洗近人多以洗爲杯孰知厚捲口而匾淺者洗也豈杯有此製外此新作商銀流金

銅洗諸窑假均州紫綠二色洗與水中丞多甚製亦可觀俱不入格。

水中丞

銅有古小尊罍其製有敞口元腹細足高三寸許墓中葬物今用作中丞者余有古玉中丞半受血侵元口瓮腹下有三足大如一拳精美特甚古人不知何用近有陸琢玉水中丞其碾獸面錦地與古尊罍同亦佳器也磁有官哥瓮肚元者有鉢盂小口式者有瓜稜肚者青東磁有

菊瓣瓮肚元足者定有印花長樣如瓶但口敞可以貯水者有元肚束口三足者有古龍泉窑瓮肚周身細花紋者有宣銅雨雪沙金製法古銅瓿者樣式美甚近有新燒均窑俱法此式奈不堪用。

研山

研山始自米南宮以南唐寶石爲之圖載輟耕錄後即效之不知此石存否大率研山之石以靈璧應石爲佳也石紋片粗大絶無小樣曲折屼峍森聳峯巒狀者余見宋人靈璧研山峯頭片段如黄子久皴法中有水池錢大深半寸許其下山脚生水一帶色白而起碌河若波浪然初非人力僞爲此眞可寶又見一將樂石研山長八寸許高二寸四面米晒包裹而巒頭起伏作狀此更難得他如應石近有佳者天生四面不加斧鑿透漏花皴俱好但少層疊巒頭水池深遠望之一拳石也又若燕中西山黑石狀儼應石而峯屼巉巗紋片皴裂過之可作研山者

爲多但石性鬆脆不受激觸多以此亂應石有僞爲者將舊磚雕鏤如寶晋齋式用錐鑿成天生紋片用茭實浸水煮如壁色持以思人每得重價然以刀刮山底磚質即露有等好事者以新應石肇慶石燕石加以斧鑿修琢巖竇摩弄瑩滑名曰硯山觀亦可愛。

靈壁石研山圖

將樂石研山圖附左

靈壁研山

山色淡青峯巒四起遂有二層中一水池大若小錢深可半寸為天生成傍小池高寸八分長六寸厚二寸許下有元章二字

山足天生水波一帶若浸山於中其六脚色白黄相映四面皆然

將樂研山

色白如米栖磥砢兩面皆然長八寸高二寸許巒頭五起下簇小乳二三似亦奇矣

印色池

印色池以磁為佳而玉亦未能勝也故今官哥窰者貴甚余見二窰印池方者尚有十數四八角并委角者僅見一二色亦不佳余齋有三代玉方池內外土銹血侵四裹不知何用今以為古玉文具中印池似甚合宜又見定窰方池佳甚外有印花紋此亦少者有陸子岡做周身連蓋滚螭白玉印池工緻侔古今多效製近日新燒有蓋白定長方印池并青花白地純白磁者此古未有當多蓄之且有長六七寸者佳甚

印色方

麻油二斤　牙皂角三箇　蓖麻仁半斤去殼取仁搗爛　花椒四十粒取色不變　藤黄一錢取不落色　明礬五分取其發亮　黄柏五分助色　黄蠟五分　白蠟五分　胡椒二十五粒　辰砂二兩　二紅二兩　水花硃四兩

右件先將蔴油同蓖子熬數滾再下皂角二椒熬至滴水成珠方下蠟礬等物取起去渣用蘄艾為骨加三朱拌紅為度

雅尚齋印色方

京師草麻油較菜油價賤取同罈裝埋土內三二年。用色白如水。每用斤數。大日內翻曬至熟次下黃蠟一錢。白礬末一錢白芨末二錢。金箔沙細五十片。入瓶聽用。將舊坑豆瓣朱砂。研至極細用水飛過三五次。去黃標與末後砂脚。只用中間水飛細者。入甆碗中。用燒酒傾入微火煑一炷香。隨其色變酒乾取起將朱又研。如麪方和前油拌艾入匣。愈久愈紅不變黑色油取

曬熟。至久不乾。其胚用眞正蘄艾。搓揉百次。仍煑數遍。務去黑星。一點不存。如綿絮然方用。此至妙秘法。刻同鑒家共之。

糊斗

用銅者爲佳以便出洗有古銅小提卣。如一拳大者。上有提梁索股有蓋盛糊可免鼠竊又有古銅元瓮肚。如酒杯式下乘方座且體厚重不知古人何用。今以爲糊斗。似宜有建窑外黑內白長罐。定窑元肚。并蒜蒲長礶俱可作糊斗。又見哥窑方斗如斛中置一梁。亦可充此又見古銅三箇長桶。下有三足高二寸許。甚宜盛糊

法糊方

白麪一斤浸三五日。候酸臭作過。入白芨麪五錢黃蠟三錢。白芸香三錢。石灰末一錢。官粉一錢明礬二錢用花椒一二兩。煎湯去椒。先投蠟礬芸香石灰官粉。熬化芨麪作。糊粘褙不脫。又法飛麪一斤。入白芨末四兩。楮樹汁調亦妙。

鎮紙

有古銅青綠蝦蟆虛置銅坐重有斤餘又有虎蹲銅坐。一塑鑄者。乃上古物也。且見必成對壓紙妙甚。有古銅坐臥哇哇亦佳有古銅蹲螭眠麗有塗金辟邪臥馬。有六銅虎遍身青綠重三二斤者。用以壓書。玉有古鎮。古人用以挣肋殉葬者。每見二條有白玉獵狗。有臥螭有大樣坐臥哇哇。有玉兎玉牛。玉馬。玉鹿玉羊蟾蜍日月瑪瑙柱鼓柏枝瑪瑙蹲虎水晶石鼓酒黃水晶眠牛。捧瓶玻斯。其做法精妙如畫皆宋物也有

哥窰蟠螭，有青東磁獅鼓，白定生產狻猊。余自燕中得玉蟾一枚，其背斑點如灑墨，色同玳瑁，無黃暈，儼若蝦蟆背狀，肚下純白，其製古雅肖生，用為鎮紙，摩弄可愛。又見紅綠瑪瑙二大蟹，可為絕奇。有白玉瑪瑙辟邪，長三四寸者，皆鎮紙佳品。

壓尺

有玉作尺，余見長二尺，厚六分，濶一寸五分者。人云尺璧為寶，然玉有徑二三尺者，一時同見

有二尺長玉如意，三尺六寸長玉劍，皆奇貨也。有玉碾雙螭尺，有以紫檀烏木為之，上用古做蹲螭、玉帶抱月、玉兎獸為鈕者。又見倭人鏒金銀壓尺，古所未有，尺狀如常，上以金鏒雙桃銀葉為鈕，面以金銀鏒花，皆絛環細嵌，工緻動色。更有一盒，透開內藏抽斗，中有刀錐、鑷刀、指鎚、刮齒、消息、耳剪子，收則一條，拜開成剪，此製何起，豈人心思可到，謂之八面埋伏，盡於斗中。收藏非倭，其孰能之？余以此式令潘銅做造，亦妙。潘能得其眞傳，故耳論尺，無過此者。有金銀石嵌秘閣界尺、圖匣、文具等物，終是不雅。有竹嵌尺，傍四轉內以黃楊烏木、紫檀象牙挽嵌如意形，製雖工，久則必敗。

圖書匣

有宋剔紅三撞者，二撞者，有罩蓋者，新剔紅黑二種，亦有二撞者，但方匣居多。有塡漆者，有紫檀雕鏤鑲嵌玉石者，有古人玉帶板鐙板鑲匣面者，有倭匣四子、六子、九子，每子匣內藏以漢

人玉章一方，或藏銀章，替下藏以寶石琥珀官窰青東磁舊人圖書，為傳玩佳品。若常用以豆瓣楠為佳，新安製有堆漆描花螺嵌圖書，精者可愛。近日市者惡甚。又如黑漆描花方匣，何文如之，亦堪日用。

秘閣

秘閣有以長樣古玉璏為之者甚多，而雕花紫檀者亦常有之。近有以玉為秘閣，上碾螭文、臥蠶、梅花等樣，長六七寸者，有以竹雕花巧人物

爲之者亦佳。而倭人黑漆秘閣。如圭元首方下濶二寸。餘肚稍虛起恐惹字墨長七寸。上描金泥花樣其質輕如紙。此爲秘閣上品。

貝光

多以貝螺爲之。形狀亦雅。但手把稍大不便用使。余得一古玉物中。如大錢元泡高起半寸許傍有三耳可貫不知何物余用爲貝光雅甚。又見紅瑪瑙製爲一桃稍區下光研紙。上有桃葉枝梗此亦爲研。而設水晶玉石當倣爲之。

裁刀

桃刀之外。無可入格。余有古刀筆一把青綠裹身上尖下環長僅盈尺古人用以殺青爲書。今入文具似極雅稱近有崇明裁刀亦佳。

書燈

用古銅駝燈羊燈龜燈諸葛軍中行燈鳳龜燈有元燈盤定窰有三臺燈檠宣窰有兩臺燈檠俱堪書室取用又見青綠銅荷一片檠架花朶坐土想取古人金荷之意用亦不俗古有燭奴即今鑄波斯作燭臺者是也似不堪供。

筆覘

有以玉碾片葉爲之者。古有水晶淺碟亦可爲此惟定窰最多匾坦小碟宜作此用更有奇者

墨匣

以紫檀烏木豆瓣楠爲匣多用古人玉帶花板鑲之。亦有舊做長玉螭虎人物嵌者爲最有雕紅墨漆匣亦佳

臘斗

古人用以炙蠟緘啟銅製頗有佳者。皆宋元物也。今雖用糊當收以備數。

筆船

有紫檀烏木細鑲竹篾者精甚有以牙玉爲之者亦佳此與直方並用不可缺者。

琴劍

琴爲書室中雅樂不可一日不對清音居士談古若無古琴新琴亦須壁懸一床無論能操總不善操亦當有琴淵明云但得琴中趣何勞絃

上音吾輩業琴不在記博惟知琴趣貴得其真若噩聖操懷古吟志懷賢也古交行雪窗夜話思尚友也漪蘭陽春鼓之宣暢布和風入松御風行操致涼颸解慍瀟湘水雲鴈過衡陽起我興薄秋霄梅花三弄白雲操逸我神遊玄圃樵歌漁歌鳴山水之閒心谷口引扣角歌抱烟霞之雅趣詞賦若歸去來赤壁賦亦可以咏懷寄興清夜月明操弄一二養性修身之道不外是矣豈以絲桐爲悅耳計哉自古各物之製莫不

有法傳流獨鑄劍之術不載與籍故今無劍名而世少名劍以劍術無傳且刀便于劍所以人知佩刀而不知佩劍也吾輩設此總不能用以禦寇敵强亦可壯懷志勇不得古劍即今之賓劍如雲南製者懸之高齋俾豐城隱氣化作紫電白虹上燭三台斗垣介熒熒夜光爍彼攙槍彗孛不敢横焰逞色豈果迂哉

香几

書室中香几之製有二高者二尺八寸几面或大理石岐陽瑪瑙等石或以豆柏楠鑲心或四入角或方或梅花或葵花或慈菰或圓爲式或漆或水磨諸木成造者用以閣蒲石或單玩美石或置香櫞盤或置花尊以插多花或單置一爐焚香此高几也若書案頭所寘小几惟倭製佳絶其式一板爲面長二尺濶一尺二寸高三寸餘上嵌金銀片子花鳥四簇樹石几面兩横設小擋二條用金泥塗之下用四牙四足牙口鏒金銅滚陽線鑲鈐持之甚輕齋中用以陳香

爐匙瓶香合或放一二卷冊或置清雅玩具妙甚今吳中製有朱色小几去倭差小式如香案更有紫檀花嵌有假模倭製有以石鑲或大如倭或小盈尺更有五六寸者用以坐烏思藏鏒金佛像佛龕之類或陳精妙古銅官哥絶小爐瓶焚香插花或寘三二寸高天生秀巧山石小盆以供清玩甚快心目

書齋清供花草六種入格

春時用白定哥窑古龍泉均州鼓盆以泥沙和

木稀齋中置奇石一塊。夏則以四窰方圓大盆種夜合二株。花可四五朶者，架以朱几。黃萱三二株亦可看玩。秋取黃蜜二色菊花，以均州大盆或饒窰白花元盆種之。或以小古窰盆種三五寸高菊花一株，傍立小石上。几冬以四窰方元盆種短葉水仙，單瓣者佳。又如美人蕉立以小石，佐以靈芝一顆，須用長方舊盆，始稱六種花草。清標雅質，疎朗不繁。玉立亭亭，儼若隱人君子。置之几案，素艷逼人，相對啜天池茗，吟本色古詩。大快人間障眼外，此無多可入清供。

論香

高子曰：古之名香，種種稱異。若蟬蠶香，交趾所貢，唐禁中呼爲瑞龍腦。茵犀香，西域獻漢武帝，用之煑湯辟癘。石葉香，魏時題股國貢，狀雲母題股。白濯香，孫亮四姬四烝衣香，百濯不落。鳳體香，穆宗藏眞島焚之崇禮。紫述香，述異記云，又名麝香草。都夷香，洞冥記云，香如棗核，食之不飢。荼蕪香，香出波弋國，中侵地則土石皆香。辟邪香、瑞麟香、金鳳香，皆異國所貢，公主乘出，挂玉香囊中，則芬馥滿路。月支香，月支國進，如卯，國之梓度百里，焚香九月不散。振靈香，十訓記云，窋州有樹如楓葉，香聞數百里。

返魂香、五名香、馬精香、返生香、却死香，死埋地下者，聞之卽活。千畝香，述異記云，以林名香。飜齊香，出波斯國，香氣入藥治百病。龜甲香，述異記云，節桂香之義者。兜末香，本草拾遺曰，武帝西王母降，燒是香。沉光香，洞冥記云，塗魂國貢，燒之有光。沉榆香，黃帝封禪焚之。蘅蕪香，李夫人受漢武帝。百蘊香，遠條館祈子，焚以降神。月麟香，元宗愛妾號裒裡春。辟寒香，焚之可以辟寒。龍文香，武帝時外國進香。千步香，南郡所貢。薰肌香，薰人肌骨，百病不生。九和香，三洞珠囊曰，玉女擎玉爐焚之。九眞香、清水香、沉水香，皆昭儀上姐飛燕香也。罽賓國香，楊收席間焚香，上如樓臺之狀。拘物頭花香，拘物頭國進，香聞數里。昇霄靈

香，唐賜紫尼焚之昇遐。祇精香，出塗魂國，焚之鬼魅畏避。飛氣香，三洞曰眞人所燒。金磾香，金日磾造香，薰衣以辟胡氣。五枝香，燒之十日，上徹九重之天。千和香，峩嵋山孫眞人焚之。兜樓婆香，楞嚴經云，浴處焚之，其炭猛烈。多伽羅香、多摩羅跋香，釋氏會要曰，卽根香、藿香。大象藏香，因龍闘而生，若燒一丸，興大光明，味如甘露。牛頭旃檀香，華嚴經曰，從離垢山，以塗身。羯布羅香，西域記云，樹如松，色如水雪。須曼那華香、闍提華香、赤青蓮香、華樹香、果樹香、拘鞞陁羅樹香、曼陀羅香、殊沙華香，出法華經。明庭香、明天發日香，出胥池寰國。迷迭香，出西域，焚之去邪。必栗香，內典云，焚去一切惡。

氣。木蜜香（焚之辟惡）。藹車香（本草云焚之去蛀辟臭病）。刀圭第一香（昭宗賜崔徽一粒焚終日旖旎）。乾饈香（江西山中所出）。曲水香（香盤印文似曲水像）。鷹嘴香（番牙與舶主贈香焚之辟疫）。乳頭香（曹務光理趙州用盆焚云財易得佛難求）。助情香（明皇寵妃含香一粒助情發興筋力不倦）。夜酣香（迷樓所焚）。水盤香（出舶上上刻山水佛象）。都梁香（荊州記云都梁山上有水水中生之）。雀頭香（荊襄人謂之莎草根）。龍鱗香（薇香之薄者其香尤勝）。白眼香（和香用之）。平等香（僧人貨香于市無貴賤貧富皆一價也故云）。山水香（王旭奉道士于山中月給焚香謂之山水香）。三勻香（三物煎成焚之有富貴氣香亦清妙）。伴月香（徐鉉月夜露坐焚之故名）。此皆載之史冊而或出

外夷或製自宮掖其方其料俱不可得見矣余以今之所尚香品評之妙高香生香檀香降眞香金線香香之幽閒者也蘭香速香沉香香之恬雅者也越鄰香甜香萬春香黑龍挂香香之溫潤者也黃香餅芙蓉香龍涎餅內香餅香之佳麗者也玉華香龍樓香撒馥蘭香香之蘊藉者也棋楠香唵叭香波律香香之高尚者也幽閒者物外高隱坐語道德焚之可以清心悅神。恬雅者四更殘月興味蕭騷焚之可以暢懷舒

嘯。溫潤者。晴窗搨帖。揮麈閒吟。篝燈夜讀。焚以遠辟睡魔。謂古伴月可也。佳麗者。紅袖在側。密語談私。執手擁爐。焚以薰心熱意。謂古助情可也。蘊藉者。坐雨閉關。午睡初足。就案學書。啜茗味淡。一爐初爇。香靄馥馥撩人。更宜醉筵醒客。高尚者。皓月清宵。水絃戛指。長嘯空樓。蒼山極目。未殘爐爇。香霧隱隱遶簾。又可祛邪辟穢。黃煖閣。黑煖閣。官香。紗帽香。俱宜爇之佛爐。聚仙香。百花香。蒼朮香。河南黑芸香。俱可焚於臥榻

容曰諸香。同一焚也。何事多岐。余曰幽趣各有分別。薰燎豈容槩施。香僻甄藻。豈君所知。悟入香妙。嗅辯妍媸。曰余同心。當自得之。一笑而解

焚香七要

香爐　官哥定窯。豈可用之。平日爐以宣銅潘銅彝爐乳爐。如茶盃式大者。終日可用。

香合　用剔紅蔗段錫胎者。以盛黃黑香餅。法製香。磁盒用定窯或饒窯者。以盛芙蓉萬春甜香。倭香合。三子五子者。用以盛沉速蘭香

祺楠等香外此香撞亦可若遊行惟倭撞帶之甚佳。

爐灰　以紙錢灰一斗。加石灰二升。水和成團入大灶中燒紅。取出又研絶細。入爐用之。則火不滅。忌以雜火惡炭入灰。炭雜則灰死。不靈。入火一蓋卽滅。有好奇者用茄蒂燒灰等說太過。

香炭墼　以雞骨炭碾爲末。入葵葉或葵花。少加糯米粥湯和之。以大小鐵塑槌墼成餅。以

堅爲貴。燒之可尺。或以紅花楂代葵花葉。或爛棗入石灰和炭造者亦妙。

隔火砂片　燒香取味。不在取烟。香烟若烈則香味漫然。頃刻而滅。取味則味幽。香馥可久不散。須用隔火。有以銀錢明瓦片爲之者。俱俗不佳。且熱甚不能隔火。雖用玉片爲美。亦不及京師燒破砂鍋底。用以磨片。厚半分。隔火燒香妙絶。燒透炭墼。入爐以爐灰撥開。僅埋其半。不可便以灰擁炭火。先以生香焚之謂之發香。欲其炭墼因香爇不滅故耳。香焚成火。方以筯理炭墼四面攢擁。上蓋以灰。厚五分。以火之大小消息。灰上加片。片上加香。則香味隱隱而發。然須以筯四圍直搠數十眼。以通火氣。週轉炭方不滅。香味烈。則火大矣。又須取起砂片。加炭再焚。其香盡。餘塊用瓦合收起。可投入火盆中。薰焙衣被。

靈灰　爐灰終日焚之則靈。若十日不用。則灰潤。如遇梅月。則灰濕而滅火。先須以別炭入

爐暖灰。一二次。方入香炭墼。則火在灰中。不滅可久。

匙筯　匙筯惟南都白銅製者適用。製佳。瓶用吳中近製短頸細孔者。插筯下重不仆。似得用耳。余齋中有古銅雙耳小壺。用之爲瓶。甚有受用。磁者如官哥定窯。雖多而日用不宜。

香方

高子曰。余錄香方。惟取適用。近日都中所尚鑒家稱爲奇品者。錄之。製合之法。貴得料精。則香

馥而味有。餘韻識嗅味者。知所擇焉可也。

玉華香方

沉香四兩　速香四兩黑色者　檀香四兩　乳香二兩

木香一兩　丁香一兩　郎胎六錢　唵叭香

麝香三錢　氷片三錢　廣排草三兩出交趾者妙

蘇合油　大黃五錢　官桂　黃烟即金顏香二兩

廣陵香一兩用葉

右以香料爲末。和入合油揉勻。加煉好蜜再和。如濕泥。入磁瓶錫蓋蠟封日固。燒用二分一次。

聚仙香

黃檀香一斤　排草十二兩　沉速香各六兩

丁香四兩　乳香四兩另研　郎台三兩

黃烟六兩另研　合油八兩　麝香二兩

欖油一斤　白芨麪十二兩　蜜一斤　以上作末爲骨。先和上竹心子作第一層。趂濕又滾。

檀香二斤　排草八兩　沉香各半斤　爲末作滾第二層。成香。紗篩眼乾。　都中自製佳香萬枝工銀二錢竹棍萬枝工銀一錢二分。香袋紫龍力紙每百足數五錢

沉速香方

用沉速五斤　檀香一斤　黃烟四兩　乳香二兩

唵叭香三兩　麝香五錢　合油六兩　白芨麪一斤八兩　蜜一斤八兩　和成滾棍

黃香餅方

沉速香六兩　檀香三兩　丁香一兩　木香一兩

黃烟二兩　乳香一兩　郎台一兩　唵叭三兩

蘇合油二兩　麝香三錢　氷片一錢　白芨麪八兩　蜜四兩　和劑用印作餅

印香方

黃熟香五斤　速香一斤　香附子　黑香

藿香　零陵香　檀香　白芷各一兩

柏香二斤　芸香一兩　甘松八兩　乳香一兩

沉香二兩　丁香一兩　馥香四兩　生香四兩

焰硝五分　其爲末入香印印成焚之

萬春香方

沉香四兩　檀香六兩　結香　藿香

零陵香 甘松各四兩 茅香四兩 丁香一兩
甲香五錢 麝香 冰片各一錢
用煉蜜爲濕膏入磁瓶封固焚之

撒馩蘭香方

沉香三兩五錢 冰片二錢四分 檀香一錢 龍涎五分
排草鬚二錢 唵叭五分 撒馩蘭一錢 麝香五分
合油一錢 甘麻然二分 榆麪六錢 薔薇露四兩 印作餅燒佳甚

芙蓉香方

沉香一兩五錢 檀香一兩二錢 片速三錢 冰腦三錢
合油五錢 生結香一錢 排草五錢 芸香一錢
甘麻然五分 唵叭五分 丁香二分 郎台二分
藿香二分 零陵香二分 乳香一分 三柰一分
撒馩蘭一分 欖油一分 榆麪八錢 硝一錢
和印或散燒

龍樓香方

沉香一兩二錢 檀香一兩三錢 片速五錢 排草二兩
唵叭二分 片腦二錢五分 金銀香二分 丁香一錢
三柰二錢四分 官桂三分 郎台三分 芸香二分
甘麻然五分 欖油五分 甘松五分 藿香五分
撒馩蘭五分 零陵香一錢 樟腦一錢 降香二分
白荳蔻二分 大黃一錢 乳香三分 硝一錢
榆麪一兩二錢 印餅散用蜜和去榆麪

黑香餅方

用料四十兩加炭末一斤 蜜四斤 蘇合油六兩
麝香一兩 白芨半斤 欖油四斤 唵叭四兩
先煉蜜熟下欖油化開又入唵叭又入料一

半將白芨打成糊入炭末又入料一半然後
入酥合麝香揉勻印餅

炒香

近以蘇合油拌沉速入火微炙放起乘熱以冰
末撒上入瓶收用謂之法製其香氣比常少濃
反失沉速天然雅味恐知香者不取

日用諸品香目

棋楠香有糖結有金絲結糖結鋸開上有油若餳糖焚之初有羊羶微氣糖結黑白相閒黑如墨白如糯米金絲者惟色黃上有綹若金絲惟糖結爲佳 黑角沉香重實

劈開如墨色佳者不在沉水好速亦能沉也片速香俗名鯽魚片雉雞斑者佳有僞爲者亦以重實爲美唵叭香一名黑香以軟淨色明者爲佳手指可撚爲丸者妙甚惟都中有之鐵面香生香俗名牙香以面有黑爛色者爲鐵面純白不烘焙者爲生香其生香之味妙甚在廣中價亦不輕降眞香紫實爲佳茶煮出油焚之黃檀香黃實者佳茶浸炒黃去腥白膠香有如明條者佳茅山細梗蒼朮句容茅山產如蒲黃者佳蘭香以魚子蘭蒸低速香牙香塊者佳近以末香滾竹棍蒸者惡甚安息香都中有數種俗名總曰安息其最佳者劉崔所製越鄰香聚仙香沉速香三種百花香卽下矣龍挂香有黃黑二品黑者價高惟內府者佳劉崔所製亦可甜香惟宣德年製者清遠味幽可愛燕市中貨者鐔黑如漆白底上有燒造年月每鐔二斤三

斤有錫罩蓋罐子一斤一鐔者方眞今亦無之矣近名諸品合和香料皆自甜香改易頭面別立名色云耳芙蓉香劉崔製妙萬春香內府香龍樓香內府香玉華香雅尙齋製也黃煖閣黑煖閣劉崔製佳黃香餅王鎭住東院所製黑沉色無花紋者佳甚僞者色黃惡極黑香餅都中劉崔二錢一兩者佳前門外李家印各色花巧者亦妙河南黑芸香短束城上王府者佳京線香前門外李家二分一分一束者佳甚

金猊玉兎香

用杉木燒炭六兩配以栗炭四兩擣末加炒硝一錢用米糊和成揉劑先用木刻猊兎子二

塑圓混竹形。如墨印洪大小隨意。當獸口。處開一斜入小孔。獸形頭昂尾低。是訣。將炭劑一半。入塑中作一凹。入香劑一段。再加炭劑築完。將鐵線針條作鑽。從獸口孔中。搠入至近尾止。取起晒乾。撥猊用官粉塗身。遍上蓋黑墨。兎子以絕細雲母粉膠調塗之。亦蓋以墨。二獸俱黑。內分黃白二色。每用一枚。將尾就燈火上焚灼。置爐內。口中吐出香烟。自尾隨變色。樣金猊從尾黃起。焚盡形若金粧。蹲踞爐內。經月不敗。觸

之則灰滅矣。玉兎形儼銀色。甚可觀也。雖非人雅。亦堪幽玩。其中香料美惡。隨人取用。或以前印香方取料。和以榆麵爲劑。捻作小指粗段長八九分。以獸腹大小消息。但令香不露出炭外爲佳。更有金蟾吐焰。紫雲捧聖。仙立雲中。種種雜法。內多不驗。卽金蟾一方。不堪淸賞。故不錄

香都總匣

嗜香者。不可一日去香。書室中。宜製提匣。作三撞式。用鐵鑰啟閉。內藏諸品香物。更設磁合磁

礶銅合漆佈木而隨宜置香分佈於都總管領以便取用須造了。日緊密勿令香泄爲佳。俾總管司香出。入謹密隨遇爇爐甚愜心賞

論琴

高子。曰琴者禁也。禁止於邪以正人心。故記曰君子。無故不去琴瑟。孔門之琴。今則絕響。信可貴矣古。人鼓瑟。起風雲而來玄鶴通神明而阜民財者以。和感也今徒存其氣。古意則亡。歐陽公云器存而意。不存者此耳夫和而鳴者聲也。

察敍相應者韻。也韻中成文謂之爲音故音之哀樂邪。正剛柔喜怒發乎人。心而國之理亂家之廢興道之。盛衰俗之。成敗聽於音聲可先。知也豈他樂云乎。知琴者以雅音爲正。按絃須用指分。明求音當取捨無迹運動。閑和氣度溫潤故能操高山流水之。音於曲中得松風夜月之。趣於指下。是爲君子。雅業豈彼心中。無德腹內無墨者可。與聖賢其語世。人悅於聽樂而無味於琴者悅其聲之淫耳樂用。七音而二變。與宮

徵聯用故聲淫而悅耳。琴用五音變法甚少。且空聯用他調。故音雖雅正。不宜于俗。然彈琴惟三聲散聲按聲泛聲是也泛聲應徽取音不假按抑得自然之聲。法天之音。音之清者也散聲以律呂應於地絃以律調次第。是法地之音音之濁者也按聲抑揚于人人聲清濁兼有故按聲爲人之音清濁兼備者也。介人不究意指。不親明師不講譜法。不閑手勢。遂使聲之曲折。手之取音緩急失宜。起伏無節。知聲而不知音運

指而不運意奚取彈爲有等務尚花巧。急驟誇奇逞高不求法度準。繩之中。有敷暢悠揚之致。操多散聲以類箜篌巧取按聲以同箏阮。大失雅音。重可笑耳。孰知散按間出清以泛聲謂得中道。今之俗彈更易不常變朴爲澆求異於人。不知法古。是爲抱琵琶而同伶人豈古聖賢所謂修身養性理其天眞意哉。

臞仙琴壇十友

冰絃　玉軫　軫函　玉足　絨剅　琴薦

錦囊　琴床　琴匣　替指以鶴翎造火烙爲之

五音十三律應絃合調立成

黃鍾　律　黃太姑林南黃太清清

音　宮商角徵羽少少宮商

絃　一二三四五六七

右調絃按徵以五音調法慢三𢎞慢角調也。黃清云者，黃鍾之輕清音也。如少宮少商之意，後例此。

絃　一二三四五六七

大呂　律　太夾仲夷無大夾清清

音　宮商角徵羽少少宮商

右調絃按徵同黃鍾

絃　一二三四五六七

太簇　律　太姑蕤南應太姑清清

音　宮商角徵羽少少宮商

右調按絃徵同黃鍾

絃　一二三四五六七

夾鍾　律　黃夾鍾林無黃夾清清

音　宮商角徵羽少少宮商

右絃以十徵應四緊七應散二緊五以十徵應七緊三以十徵應五𢎞今之清商調也

絃　一二三四五六七

姑洗　律　大姑蕤夷應太姑清清

音　羽宮商角徵少少羽宮

右調按同夾鍾

絃　一二三四五六七

仲呂　律　黃太仲林南黃太清清

音　徵羽宮商角少少徵角

右按調𢎞今五音調法

絃　一二三四五六七

蕤賓　律　太夾蕤夷無太夾清清

音　徵羽宮商角少少徵羽

右按調同仲呂

絃　一二三四五六七

林鍾　律　太姑林南應太姑清清

音　徵羽宮商角少少徵羽

右調按同仲呂
絃　一二三四五六七
夷則　律　黃夾仲夷無黃太清清
音　角徵羽宮商少少角徵
右以夾鍾絃緊四以十應二郎今慢宮調也
絃　一二三四五六七
南宮　律　太姑蕤南應太姑清清
音　角徵羽宮商少少角徵
右調按徵同夷則

絃　一二三四五六七
無射　律　黃太仲林無黃太清清
音　商角徵羽宮少少商角
右以仲呂絃加緊五以十一徵應七郎今蕤賓調也蕤賓自有正律以無射爲蕤賓俗名也
絃　一二三四五六七
應鍾　律　太夾蕤夷應太夾清清
音　商角徵羽宮少少商角
右調按同無射律有八十四調琴該正調六十

變音二十四是以按絃取聲不可立調

古琴新琴之辯

高子曰琴惟仲尼列子二式爲古製餘皆後世式樣凡觀古琴先觀漆水漆光退盡黯若烏玉按之堅瑩如水上發斷紋肖梅花紋者爲最牛毛紋者次之蛇腹紋者爲下品也且宜僞爲僞法以火逼熱以雪罨上隨皴成裂儼若蛇腹寸許相去一條或以雞子清入灰作琴用甑蒸之懸於風日燥處亦能斷紋少細又僞作牛毛斷

者以數針劃絲復以髮磨然僞者以手摩之裂紋有痕真者有紋可見而拂之則無次觀合縫無隙不散斷紋過肩此漆灰琴也若上下有紋兩傍光漆者此開而復合重漆補者此料灰琴也似非全玩次觀琴材以桐面梓底者爲上純桐者次之桐面杉底者又次之琴取桐爲陽木梓爲陰木木用陰陽取其相配以召和也然古人純用桐木之意亦取桐之陽面爲面陰面爲底以分陰陽恐梓性紐烈不用爲底故以桐木

向日者沉之水中其陽面向上背陰者向下陽浮陰沉反復不易取上爲陽爲面用下爲陰爲底是亦法陰陽也故琴有陽材者旦濁而暮清晴濁而雨清陰材者旦清而暮濁晴清而雨濁也次用九德一曰奇輕鬆脆滑是也輕謂材輕鬆謂聲透脆謂聲之清矣老桐木也滑謂聲之澤潤近水材也二曰古淳淡中有金石韻也三曰透年雖久遠膠漆不敗清亮而不咽塞四曰靜謂無欶颯以亂正聲五曰潤謂發聲不燥韻

長不絕六曰圓謂聲韻渾然而不破散七曰清謂聲如風中鐸也八曰勻謂七絃無三實四虛之病九曰芳謂愈彈愈發久無乏聲此九德也外此又須左不按浮右不抗指音清不空音實不洪面無撲欶身無亞皺伏手可彈落指音發此美琴也雖售高資亦不可捨近有銅琴石琴以紫檀烏木爲琴者皆失琴旨雖美何取毛詩云椅桐梓漆爰伐琴瑟其意何居又如百衲琴者亦近製也偶得美材短不堪用因而裁成片

段膠漆綴長非好奇也今做製者以龜紋錦片錯以玳瑁象牙香料雜木嵌背爲紋鋪滿琴體名曰寶琴與廣中滇南螺嵌琵琶何異更可笑也求古不得如我　明高騰朱致遠惠桐岡祝公望諸家造琴中有精美可操纖毫無病者奈何百十之中始得一二若祝海鶴之琴取材斲法用漆審音無一不善更是漆色黑瑩遠不可及其取蕉葉爲琴之式製自祝始余得其一寶惜不置終日操弄聲之清亮伏手得音莫可逾

美何異古琴且價今重矣眞者近亦難得

琴譜取正

琴師之善者傳琴傳譜而書譜之法在琴師亦有訛者一畫之失指法即左以訛傳訛久不可正琴調遂失眞矣故琴非譜不傳譜非眞反失其傳也近世以寧藩神奇秘譜爲最然須得初刻大本臞仙命工校訂點畫不訛是爲善譜可寶若翻刻本不足觀矣又如風宣琴譜亦可外此何止數十家刻譜無不訛者余自燕中得故

家琴譜抄録精細調法俱善欲刻未得若欲求譜勾剔字法全備并手勢形像飛動在臞仙所刻太古遺音一書最爲精到奈坊中僅存翻本使人恨不多見臞仙留心音律無不窮奇索隱若詞曲之太和正音譜按律正腔知音孰能過之宜手琴譜之精莫之與侔也

琴窻雜記

彈琴取古郭公磚上有象眼花紋方勝花紋出自河南鄭州者佳用鑲琴臺長過琴一尺高二

尺八寸闊容三琴以堅漆塗之彈琴於上其聲冷冷可愛或以瑪瑙石南陽石永石鑲者亦徒

古琴無聲者以布囊炒熱砂罨之冷即又換或以甑蒸之令汗出透懸當風處吹乾其聲如舊

琴無新舊宜置卧床内以近人氣爲佳

琴絃久而不鳴者繃定以桑葉捋之鳴亮如初

蓄琴不論琴暑不可挂風露并日色中可於屋内不近墻壁煖處懸之則聲不澁滯琴無變病

唐有雷張越二家製琴擅名其龍池鳳沼有舷餘處悉窪令關聲不散宋有琴局製有定式謂之官琴餘悉野斵後以京中樊氏路氏琴爲第一

余在都中見一琴臺以錫爲池於臺中實水蓄魚上以水晶板爲面其魚戲水藻儼若出聽誠爲世所希有其價亦高余一見後不知何去令人念之耿耿天下奇貨信不易得

挂琴不可近墻并泥壁之處恐惹濕潤則琴不發聲惟宜近紙格板壁當風透氣處挂之加以

囊盛以遠塵垢入匣則不用囊

梅月須先將琴入匣中鎖閉以紙糊口不令濕徽着琴匣之製亦貴窄小止可容琴不使有空摇動爲佳

抱琴當諭僮僕勿令横抱恐觸物傷損護軫焦尾直抱頭上尾下無失

露下彈琴不可久坐不惟潤絃抑且傷人且陽材鼓之有聲陰材則無聲矣

張琴須先盥手手潔則絃不受污夏月惟宜早

晚午則不可非惟汗濕恐太燥脆絃

焚香鼓琴惟宜香清烟細如水沉生香之類則清馥韵雅若他合和艷香不入琴供

對月鼓琴須在二更人靜萬籟無聲始佳對花宜七巖桂江梅茉莉薝蔔建蘭夜合玉蘭等花香清色素者爲雅臨水彈琴須對軒窗池沼荷香撲人或竹邊林下清漪芳沚俾微風灑然游魚出聽自多塵外風致

琴用金徽玉軫不爲之華然玉軫有花則易轉

素不受污若用紫檀犀角者可避損失然金徽每爲琴崇不若瑩白螺蚌者燈前月下取音了然觀亦不俗若橫之膝上對月則光彩射目似更宜人膝上鼓琴惟純熟小操則可否亦不能

養鶴要略

高子曰鶴仙禽也於物爲多壽感於陽故鳴於子雉則聲聞數里雌則聲下而不揚華亭下沙之鶴蓋自海東飛集於下沙非華産也相鶴但取標俗奇古啄聲清亮頸欲細而長足欲瘦而節身欲人立背欲直削聲雄則類鶴鶩頸肥則類鵝鴈矣觀其隆鼻短口則少眠高腳疎節則多力頂若未紅則善鳴眼露赤色則視遠回翎亞膺則體輕龜背鱉腹則善産鳳翼雀尾則善飛輕前重後則善舞洪髀纖指則善步畜之者可以其清高助清興當居以茅菴隣以池沼飼以魚穀鰍鱔勿以熟食飽其腸胃使乏清采而塵俗仙骨欲教以舞俟其饑餓置食於空野使童子拊掌歡顛搖手起足以誘之彼則奮翼而

唳逆足而舞矣習之既熟一聞拊掌即便起舞謂之食化空林別墅何可一日無此忘饑清友聞鶴糞可以化石成灰鶴有長水石自隨故能畜魚於滿漬不涸且能千年一變蒼色再變黃玄百年之后則脫硬羽而生柔毛色白鮮潔真異類也而靑松白石之下更宜此君

弦雪居重訂遵生八牋卷之十五終

弦雪居遵生八牋卷之十六

古杭高濂深甫氏編次

燕閒清賞牋 下卷

瓶花三說

瓶花之宜

高子曰瓶花之宜有二用如堂中插花乃以銅之漢壺大古尊罍或官哥大瓶如弓耳壺直口厰瓶或龍泉蓍草大方瓶高架兩傍或置几上

與堂相宜折花須擇大枝或上茸下瘦或左高右低右高左低或兩蟠臺接偃亞偏曲或挺露一幹中出上簇下蕃鋪蓋瓶口令俯仰高下疎密斜正各具意態得畫家寫生折枝之妙方有天趣若直枝鬔頭花朶不入清供花取或一種兩種薔薇時即多種亦不爲俗冬時插梅必須龍泉大瓶象窑厰瓶厚銅漢壺高三四尺已上投以硫黃五六錢砍大枝梅花插供方快人意近有饒窑白磁花尊高三二尺者有細花大瓶俱可供聖上插花之具製亦不惡若書齋插花瓶宜短小以官哥膽瓶紙槌瓶鵝頸瓶花觚高低二種八卦方瓶茄袋瓶各製小瓶定窑花尊花囊四耳小定壺細口匾肚壺青東磁小蓍草瓶方漢壺圓瓶古龍泉蒲槌瓶各窑壁瓶次則古銅花觚銅觶小尊罍方壺素溫壺匾壺俱可插花又如饒窑宣德年燒製花觚花尊蜜食罐成窑嬌青蒜蒲小瓶膽瓶細花一枝瓶方漢壺式者亦可文房充玩但小瓶插花折宜瘦巧不

宜繁雜宜一種多則二種須分高下合插儼若一枝天生二色方美或先凑簇像生即以麻絲根下縛定插之若彼此各向則不佳矣大率插花須要花與瓶稱花高於瓶四五寸則可假如瓶高二尺肚大下實者花出瓶口二尺六七寸須折斜冗花枝鋪撒左右覆瓶兩傍之半則雅若瓶高瘦卻宜一高一低雙枝或屈曲斜裊較瓶身少短數寸似佳最忌花瘦於瓶又忌繁雜如縛成把殊無雅趣若小瓶插花令花出瓶須

較瓶身短少二寸如八寸長瓶花止六七寸方妙若瓶矮者花高于瓶二三寸亦可插花有態可供清賞故插花挂畫二事是誠好事者本身執役豈可托之僮僕爲哉客曰汝論僻矣人無古瓶必如所論則花不可插耶不然余所論者收藏鑒家積集既廣須用合宜使器得雅稱云耳若以無所有者則手執一枝或採滿把即插之水鉢壁縫謂非愛花人歟何俟論瓶美惡又何分於堂室二用乎哉吾懼客嘲孰矣具此以

解

瓶花之忌

瓶忌有環忌放成對忌用小口甕肚瘦足藥罈忌用葫蘆瓶凡瓶忌雕花粧彩花架忌置當空几上致有顛覆之患故官哥古瓶下有二方眼者爲穿皮條縛於几足不令失損忌香烟燈煤燻觸忌猫鼠傷殘忌油手拈弄忌藏密室夜則須見天日忌用井水貯瓶味鹹花多不茂用河水并天落水始佳忌以插花之水入口凡插花水有毒惟梅花秋海棠二種毒甚須防嚴密

瓶花之法

牡丹花　貯滚湯於小口瓶中插花一二枝緊築塞口則花葉俱榮三四日可玩芍藥同法一云以蜜作水插牡丹不悴蜜亦不壞

戎葵　鳳僊花　芙蓉花　凡折枝花已上皆滚湯貯瓶插下塞口則不憔悴可觀數日

梔子花　將折枝根槌碎擦鹽入水插之則花

不黃其結成梔子初冬折枝插瓶其子赤色儼若花蕊可觀

荷花　採將亂髮纏縛折處仍以泥封其竅先入瓶中至底後灌以水不令入竅竅中進水則易敗

海棠花　以薄荷包枝根水養多有數日不謝

竹枝　瓶底加泥一撮　松枝　靈芝同吉祥草俱可插瓶

後錄四時花紀俱堪入瓶但以意巧取裁花性宜水宜湯俱照前法幽人雅趣雖野草閑

花無不採插几案以供清玩但取自家生意
原無一定成規不必拘泥
靈芝僊品也山中採歸以籮盛置飯甑上蒸熟
晒乾藏之不壞用錫作管套根插水瓶中伴以竹葉吉祥草則根不朽上盆亦用此法
冬間插花須用錫管不惟不壞磁瓶即銅瓶亦
長冰凍執質厚者尚可否則破裂如瑞香梅
花水仙粉紅山茶臘梅皆冬月妙品插瓶之
法雖曰硫黃投之不凍恐亦難敵惟近日色
南牕下置之夜近臥榻庶可多玩數日一法

用肉汁去浮油入瓶插梅花則蕚盡開而更
結實

四時花紀

牡丹芍藥建蘭菊花四種

四種品類數多栽培不易俱錄全譜當按譜栽
植以供佳賞

甌蘭花三種

三種惟杭城有之花如建蘭香甚一枝一花有
紫花黃心有白花黃心者紫若臙脂白如羊脂
花甚可愛出法華山採其原墩者種背陰處可
活開花紫白者名蓀葉較蘭稍潤

玉蘭花

花未開者澆以糞水則花大而香其瓣擇洗精
潔拖麵蘇油煎食牡丹新落瓣亦可煎食蜜浸
古名木蘭

迎春花

春首開花故名每於花放時移栽土肥則茂燖
牲水灌之則花蕃二月中旬分種

杏花

本有梅杏沙杏之分根生最淺以大石壓根則
花盛果結核種

桃花十種

桃花平常者亦有粉紅粉白深粉紅三色其外
有單瓣大紅千葉紅桃之變也單瓣白桃千葉
碧桃之變也有緋桃俗名蘇州桃花如剪絨者
北諸桃開遲而色可愛有瑞仙桃花色深紅花
密有絳桃千瓣有二色桃色粉紅花開稍遲千

瓣極雅

山礬花

生杭之西山三月着花細小而繁香馥甚遠故俗名七里香。

笑靨花

花細如豆一條千花望之若堆雪然無子可種根窠叢生茂者數十條以原根劈作數墩分種易活。

蝴蝶花

草花儼若蝶狀色黃上有赤色細點瀾葉秋時分種

金莖花 一云即黃蝴蝶花

金莖花如蛺蝶風過花如飛舞搖蕩婦人採之爲飾諺曰不戴金莖花不得入仙家

紫荊花

花碎而繁色淺紫每花一蒂若柔絲相繫故枝動朶朶嬌顫不勝俗名怕癢是指此耳亦以根分

李花

有靑碧李御黃李李之上品也若紫粉小靑皆下品也有麥李紅甘麥熟而實可食矣俱花小而蕃

映山紅

本名山躑躅花類杜鵑稍大單瓣色淺若生滿山頂其年豐稔人競採之外有紫粉紅二色。

鹿葱花

花儼蛺蝶三大圓瓣而三小尖瓣色葱藕色中

心白地紅黃點點搖風弄影手顫可人根枝叢發

萱草花

俗名金盞花也色金黃細瓣攢簇宛若盞當春初即開獨先衆花

金雀花

春初開黃花甚可愛儼狀飛雀且可采以滾湯入鹽焯過作茶供一品。

粉團花二種

麻葉花開小而色邊紫者爲最其白粉團卽繡毬花也宜種牡丹臺處與牡丹同開用爲襯色甚佳俱用八僊花種於盆內削去半邊架起就接

薔薇花 同類七種

有大紅粉紅二色壺屏結肥不可多腦生莠虫以熊銀店中爐灰撒之則虫盡斃正月初剪枝長尺餘扦種以下數種類此花可蒸茶

寳相花

花較薔薇朶大而千瓣塞心有大紅粉色二種

十姊妹

花小而一蓓十花故名其色自一蓓中分紅紫白淡紫四色或云色因開久而變有七朶一蓓者名七姊妹云花甚可觀開在春盡

金沙羅

似薔薇而花單瓣色更紅艷奪目

黃薔薇

色蜜花大亦奇種也剪條扦種近廣於昔態嬌韵雅薔薇上品

金鉢盂

似沙羅而花小夾瓣如甌紅鮮可觀

間間紅

花似薔薇色紅瓣短葉差小於薇

羊躑躅

生諸山中花大如杯盞類萱黃色羊食生疾若癇

梨花二種

有香臭二種其梨之沙者花不作氣醉月欹風含烟帶雨蕭洒丰神莫可與儷

郁李花二種

有粉紅雪白二色俱千葉花甚可觀如紙剪簇成者子可入藥

玫瑰花二種

出燕中色黃花稍小於紫玫瑰種紫玫瑰多不久者緣人溺澆之卽斃種以分根則茂本肥多悴黃亦如之紫者乾可作囊以糖霜同搗收藏

謂之玫瑰醬各用俱可。

麗春花

罌粟類也其花單瓣瓣營飛舞儼如蝶翅扇動亦草花中之妙品也

錦帶花

花開蓓蘂可愛形如小鈴色粉紅而嬌植之屏籬可折供玩

水香花三種

花開四月水香之種有三。其最紫心白花香馥

清潤高架萬條望若香雪其青心白水香黄水香二種皆不及也亦以剪條插種不甚多活以條扳入土中一段壅泥伺月餘根長自本生枝外剪斷移栽可活。

棣棠花

花若金黄一葉一蘂生甚延蔓春深與薔薇同開可助一色

辛夷花

花如蓮外紫内白蘂若筆尖故名木筆一名望春俗名猪心。本可　就接玉蘭。

紫丁香花

木本花如細小丁香。而瓣柔色紫蓓蕾而生接種俱可自是一種非瑞香别名

野薔薇花二種

色有雪白粉紅二種採花拌茶瘧病烹食即愈

荼蘼花二種

大朶色白千瓣而香枝梗多刺詩云開到荼蘼花事盡爲當春盡時開耳外有蜜色一種

金絲桃花

花如桃而心有黄鬚鋪散花外若金絲然亦以根下劈開分種。

海棠花七種

海棠有鐵梗色如殊紅有木瓜粉紅有西府有樹海棠二種一紫一白。有垂絲海棠吐絲美甚冬至日用糟水澆。則來春花盛若秋海棠嬌冶柔軟真同美人倦粧此品喜陰。一見日色即瘁九月收枝上黑子撒於盆内地上。明春發枝當

年有花老根過冬者花發更茂

纅絲花

花葉儼似玫瑰而色淺紫無香枝生刺針時至夏爛花盡開放亦以根分

結香花

花色鵝黃較瑞香稍長花開無葉花謝葉生枝極柔軟多以蟠結上盆香色俱無可取

枳殼花 藥花頗有可觀者若茉猉菉荳之類不能悉載

花細而香聞之破鬱結籬傍種之實可入藥

橙花

花細而白香清可人以之蒸茶向為龍虎山進御絕品園林種之可收作此橙用更多

紅蕉花二種 種盆短蕉即芭蕉所出者掘起根蒲去用油籍腳橫刺二眼即不長高可玩

種自東粵來者名美人蕉其花開若蓮而色紅若丹中心一朵曉生甘露其甜如蜜即嘗芭蕉亦開黃花至曉瓣中甘露如飴食之止渴

海桐花

花細白如丁香而嗅味甚惡遠觀可也

金錢花 俗名夜落金錢

出自外國梁時外國進花朵如錢亭亭可愛俗魚弘以此賭賽謂得花勝得錢可為好之極矣

史君子花

花如海棠柔條可愛夏開一簇葩艷輕盈作架植之蔓延若錦

杜鵑花三種

有蜀中者佳謂之川鵑花內十數層色紅甚出四明者花可二三層色淡總名杜鵑喜陰惡肥

天旱以河水澆之樹陰下放置則茂葉色青翠可觀有黃白二色奇甚

茉莉花二種

有千葉初開時花心如珠有單瓣者喜肥以米泔水澆之則花開不絕或皮屑浸水澆之亦可又云宜糞但欲加土壅根為妙惟難過冬若天色作寒移置南牕下每日向陽至十分乾燥以水微濕其根或以朝南屋內泥地上掘一淺坑將花缸存下以缸平地上以篾籠罩花口傍以

泥築實無隙通風。此最妙法也。至立夏前方可去罈，盆中週遭去土一層，以肥土填上，用水澆之。芽發方灌以糞。次年和根取起，換土栽過，無不活者。如此收藏，多年可延。又云：賣花者惟欲花瘁，其中有說，夏間收囘即換土種之，去其故土，雜糠亦是一法。

凌霄花

蔓生，花黃，用以蟠繡大石，似亦可觀。花能墮胎。

吉祥草花

吉祥草易生，不拘水土中、石上俱可種。惟得水為佳。用以伴孤石靈芝，清甚。花紫，蓓生，然不易發。如家居種之，有花，似云吉祥。

真珠蘭花

真珠蘭，色紫，蓓藟如珠，花開成穗，其香甚穠。以之蒸牙香、棒香，名曰蘭香者，非此不可。廣中極盛，攜至南方則不花矣。又名魚子蘭。

月季花二種

俗名月月紅。凡花開後即去其蒂，勿令長大，則花隨發無已。二種：雖雪中亦花，有粉白色者，甚奇。月季非長春，另是一種，按月發花，色相妙甚。

秋牡丹花

草本，遍地延蔓，葉肖牡丹，花開淺紫，黃心，根生分種。

朱蘭蕙蘭二種

花開肖蘭，色如渥丹，葉闊而柔，粤種。蕙葉細長，一梗八九花朵，嗅味不佳，俗名九節蘭也。

楝樹花

苦楝發花如海棠，一蓓數朵，滿樹可觀。

挂蘭二種

產浙之溫台山中，巖壑深處，懸根而生。故人取之，以竹為絡，挂之樹底，不土而生，花微黃，肖蘭而細。不可缺水，時當取下水中浸濕，又挂，亦奇種也。閩粤一種，紅花，黃邊，紫粉心者，美甚。

淡竹花

花開二瓣，色最青翠，鄉人用綿收之，貨作畫燈，青色，并破綠等用。

金燈花二種

花開一簇五朶金燈色紅銀燈色白皆蒲生分種

紫羅襴花

草本色紫翠如鹿葱花秋深分本栽種四月發花可愛

四季花

花小葉細色白午開子落自三月開至九月其枝葉搗汁可治跌打損傷又名接骨草剖根分種。

遵生八牋　卷十六　燕閒清賞　七

剪秋羅花五種

花有五種春夏秋冬。羅以時名也春夏二羅色黃紅不佳獨秋冬紅深色美亦在春時分種喜肥則茂又一種色金黃美甚名金剪羅

含笑花

產廣東其花如蘭形色俱肖。花開不滿若含笑然隨即凋落。余初得自廣中。僅高二尺許。今作拱把之樹矣且不懼冬

紫薇花五種

紫色之外有大紅色有白色。有粉紅色有茄色。

榴花八種

燕中有千瓣白。千瓣粉紅千瓣黃大紅者北他處不同中心花瓣如起樓臺謂之重臺石榴花頭頗大。而色更紅深余曾四種俱帶回杭至今芳郁有四色單瓣。

蓮花六種

紅白之外有四面蓮千瓣四花兩花者名並蒂

遵生八牋　卷十六　燕閒清賞　六

總在一蒂發出有臺蓮開花謝後蓮房中。復吐花英亦奇種也有黃蓮又云以蓮子磨去頂上些少浸靛缸中。明年清明取起種之花開青色有此法而未試

佛桑花四種

有大紅有粉紅有黃有白。四色自四月開至十月方止花之可愛妙莫與北但無法可令過冬是大恨也

罌粟花三種

罌粟千瓣。五色虞美人。瓣短而嬌滿。園春夾瓣飛動。俱以子。種在八月中秋日下土。宜大肥則明年。夏月花茂。否不及矣亦宜蓋以毛灰免令虫食其子。

夾竹桃花

花如桃葉如竹故名然惡濕而畏寒。十月初宜置向陽處放之。喜肥不可缺壅。

玉簪花二種

春初移種肥土中則茂其花瓣拖麪。入少糖霜

煎食香清味淡可入清供紫者花小。葉上黃綠間道喜水分。種盆石栽之可玩。

種盆荷花

老蓮子裝入鷄卵殼內將紙糊好。開孔與母鷄泥罨子中。同伏候雛出取開收起蓮子。先以王門冬爲末和羊毛角屑拌泥安盆底種蓮子在內勿令水乾則生葉開花如錢大可愛。

指甲花

出杭之諸山中。花小如蜜色而香甚用山土移上盆中。亦可供玩。

梔子花三種

有三種有大花者。結山梔甚賤有千葉者有福建矮樹梔子可愛高不盈尺梅雨時隨手剪扦。肥土俱活。

火石榴花三種

上盆小株。花多色紅有粉紅白色三種甚可人目然無他法。以其嫩頭長出即摘去烈日當午以水澆之則花茂肯發是即大株分本（外有細葉一種亦佳）

慈菰花

水中種之每窠花挺一枝上開數十朵色香俱無惟根至秋冬取食甚佳

鼓子花

花開如傘不放頂幔如缸鼓式色微藍可觀又可入藥

孩兒菊花

花小而紫不甚美觀但其嫩頭採帨置之髮中衣帶。香可辟汗作氣夏月一種佳莖有二種梗紫者香甚。

紫花兒

遍地叢生花紫可愛柔枝嫩葉摘可作蔬春時子種。

夜合花二種

紅紋香淡者名百合蜜色而香濃日開夜合者名夜合分二種根可食一年一起去其最大者供食小者用肥土排之則春發如故

番山丹花

有二種一名番山丹花大如碗瓣俱捲轉高可四五尺一種花如硃砂本止盈尺茂者一榦兩三花朶更可觀也亦須每年八九月分種方盛

石竹花二種

石竹二種單瓣者名石竹千瓣者名洛陽花二種俱有雅趣亦須每年起根分種則茂。

紅萱花

花開一穗十蕋蘂藂下垂色妍桃杏其葉瘦如蘆亦可觀也。

戎葵 即蜀葵

出自西蜀其種類似不可曉地肥善灌花有五六十種奇態而色有紅紫白墨紫深淺桃紅茄紫雜色相間花形有千瓣有五心有重臺有剪絨有細瓣有鋸口有圓瓣有五瓣有重瓣種種莫可名狀但收子以多爲貴八九月間鋤地下之至春初删其細小苗雜者另種餘留本地不可缺肥五月繁華莫過於此。

紅麥

麥種花妙如剪子大於麥數倍色紅可愛。

錢葵 即錦茄花

花葉如葵稍矮而叢生花大如錢止有粉間深紅一色開亦耐久

萱花三種 俗名鵞腳花

有三種單瓣者可食千瓣者食之殺人惟色如蜜者香清葉嫩可充高齋清供又可作蔬食之不可不多種也且春可食苗夏可食花比他花更多一事

山丹花三種

花如朱紅外有黃色有白色花者二種稱奇亦在春時分種

雙鸞菊

草本挺生花開多甚每朵頭若尼姑帽然折去此帽內露雙鸞併首形似無二外分二翼一尾天巧之妙何肯生物至此根可入藥名曰烏頭春分根種

芙蓉花四種

有數種惟大紅千瓣白千瓣半白半桃千瓣醉芙蓉朝白午桃紅晚改大紅者佳甚不必力根記在十一月中將嫩條剪下砍作一尺一條向陽地上掘坑埋之仍以土掩至正月後起條遍插水邊林下無不活者當年即花

蓼花

花開蓓蘂而細長二寸枝枝下垂色粉紅可觀惟水邊更多故俗名水紅花也花葉用以煎汁洗脚瘋癢良

金鳳花六種

金鳳花有重瓣單瓣紅白粉紅紫色淺紫如藍有白瓣上生紅點凝血俗名灑金六色花開一落即去其蒂則花茂與月季同法其子可收入藥作種

十樣錦四種

十樣錦枝頭亂葉有紅紫黃綠四色故名其鴈來紅以鴈來而色嬌紅老少年至秋深脚葉深紫而頂紅少年老頂黃而葉綠收子撒於耨熟

肥土中加毛灰蓋之恐防蟻食二月中即生

鷄冠花四種

鷄冠有掃帚鷄冠有扇面鷄冠有紫白同蒂名二色雞冠扇面者以矮爲佳帚樣者以高爲趣然下子時撒高則高撒低則低也若三色鷄冠一朵同蒂色分紫白粉紅亦奇種也俱收子種

金銀蓮花二種

湖中甚多園林盆泥蓄水種之但取二色重臺者可愛

纏枝牡丹花

柔枝倚附而生花有牡丹態度甚小纏縛小屏花開爛然亦有雅趣。

水梔花四種

有四種金黃花白花黃花結子四季花惟金桂爲最葉邊如鋸齒而紋麗者其花香甚灌以猪糞則茂鷄沙壅之亦可

槿花二種

籬槿花之最惡者也其種外有千瓣白槿大如

勸杯有大紅粉紅千瓣遠望可觀即南海朱槿邪提槿也且插種甚易

水木樨花

花色如蜜香與木樨同味但草本耳亦在二月分種。一名指甲，用葉搗加礬泥染指，紅於鳳仙葉。

秋葵花

色蜜心紫秋花朝暮傾陽此葵是也秋盡收子移種

白菱花

木本花如千瓣菱花葉同梔子一枝一花葉托花朶七八月開色白如玉可愛亦接種也。

茗花

即食茶之花色月白而黃心清香隱然瓶之高齋可爲清供佳品且蕋在枝條無不開遍

茶梅花

開十一月中正諸花凋謝之候花如鵝眼錢而色粉紅心黃開且耐久望之雅素無此則子月虛度花。

梅花七種

壽當紅白之外有五種如綠蕚蒂純綠而花香亦不多得有炤水梅花開朶朶向下有千瓣白梅名玉蝶梅有單瓣紅梅有練樹接成墨梅皆奇品也種種可觀

臘梅花三種

今之狗英臘梅亦香但臘梅惟圓瓣如白梅者佳若瓶一枝香可盈室余見洪忠宣分山庭有之後竟滅殁今之元瓣臘梅皆如荷花瓣者

有微尖僅兔狗英則可。客云楚中荆襄產者最佳想忠宣宅中亦得自彼處故今不復見也。

山茶花六種（別名甚多以可觀玩世所廣者錄之）

如磬口外有粉紅者十月開二月方已有鶴頂茶如碗大紅如羊血中心塞滿如鶴頂來自雲南名曰滇茶有黃紅白粉四色爲心而大紅爲盤名曰瑪瑙山茶花極可愛產自浙之溫郡有白寶珠九月發花其香清可嗅

番椒

叢生白花子儼禿笔頭味辣色紅甚可觀一種

水僊花二種

有二種單瓣者名水僊千瓣者名玉玲瓏又以單瓣者名金盞銀臺因花性好水故名水仙單者葉短而香可愛用以盆種上几其法云五月不在土六月不在房栽向東籬下花開朶朶香五月取起以人溺浸一月六月近竈處置之七月種則有花甚不然也余嘗爲之無驗且杭之近江水處菜戶成林種者無枝不花未嘗用此法也惟土近鹹則花茂。

瑞香花四種

有紫花名紫丁香有粉紅者名瑞香有白瑞香有綠葉黃邊者名金邊瑞香惟紫花葉厚者香甚他如桂林有象蹄花（似葉）枸那花（夏開浅紅）白崔花（花如崔立）上元花（上元時開）似茶花（清香素色）俱名花惜不可得

白花之外更有結子花草青紅蓓蘂可移盆中蟠簇雖嚴冬不凋者有二十二種俱堪齋頭清玩并錄附之外此他省所產更多未見者不錄

虎茨

產杭之蕭山白花紅子而子性甚堅雖嚴冬厚雪不能敗也畏日色百年者止高二三尺不甚易活

枸杞子

諸山中有之老本虬曲可愛結子紅甚點點若綴雪中可觀

地珊瑚

產鳳陽諸郡中藤本其子紅亮克肖珊瑚狀若

筆尖下懸不畏霜雪初青後紅收子可種又名
海瘋藤子未詳
茅藤菓
藤本亦可移植盆中結縛成盆其子紅甚采掛
蘡薁甚可入目
雪下紅
一種藤本生子類珠大若芡實色紅如日粲粲
下垂積雪盈顆似更有致故名
野葡萄

生諸山中子細如小豆色紫蓓蕾而生狀若葡
萄蟠之高樹懸挂可觀
山梔子
大葉梔子花至秋結子儼狀薔薇花甚經霜由
黃而紅盆種插瓶可助十一月中無花之趣
金燈
草本結子儼若燈籠薄衣爲罩內包紅子大若
龍眼去衣看子俱可
無花菓
木本不花生菓狀若林檎色青可久收菓陰乾
燒灰治痢甚良
羊婆奶
木本細葉其子狀乳頭蘡薁而生入口酸甜可
食色帶青紫
闌天竹
生諸山中葉儼似竹生子枝頭成穗紅如丹砂
經久不脫且耐霜雪植之庭中可避火灾
金豆橘

橘種生子一蠶豆秋深顆若金樹小子多清
玩妙品可入糖蜜供食
牛奶橘
生子儼同牛奶秋時結實看至明年三月子尚
垂金不落收入蜜食生可食矣
金彈橘
橘種子生若彈丸而色紅冬殘收以充供
天茄兒
草本狀若茄子差小色青長寸許熟時抹以鹽

湯焯過可供茶品甚佳

平地木

高不盈尺葉色深綠子紅甚若棠梨下綴且托根多在甌蘭之傍巖壑幽處似更可佳。

霸王樹

產廣中本肥狀生如掌色翠綠。上多米色點子葉生頂上稱爲奇樹可也

錦荔枝

草木藤蔓種盆結縛成藍。生菓若荔枝少大色

金紅肉甜可食子入藥用。

盆種小葫蘆

以葫蘆秧種小盆得土甚淺至秋結子。形僅寸許。擇其周正者止留一枝垂掛可觀霜後收乾佩帶用爲披風鈕子。有物外風致但難於成功。亦難美好。爲可恨也

青珊瑚

產廣中結實如珊瑚鈎色青翠可玩

鐵樹

產廣中。色儼類鐵其枝了穿結甚有畫意又聞有鐵樹花葉密而花紅想又一種也未見

種大葫蘆

先春以肥糞壤土堆疊尺原將大葫蘆子。種入土內相去三四寸埋一二粒待苗長三五尺時內選本粗一株作主次將傍株去皮一片兩株結縛若就花法以泥塗封稍長去其一苗留本又將傍株再就以三根株并作一株延蔓則三本之力歸一苗矣其結實成形又恐刪去衆多

止留壯者一枚。至秋成實。大北壽嘗數倍。用作酒尊攜帶山遊誠物外清品宜多種之擇其形似完整可用

花竹五譜

高子曰花品若牡丹芍藥蘭竹菊。類俱有全譜即余所編菊譜名曰三徑怡閒錄是也不能全舉以煩卷帙聊述諸譜切要并種花雜說錄爲山人園圃日考不敢云備要亦不外是也藝花者當自取裁。

後爬鬆根土以宿糞濃澆一次二次餘澆河水春分後不可澆水待穀雨前又澆肥水一次日澆不宜緊六月暑中不可澆水旱則以河水黑早澆之不可濕了枝葉北方土厚不宜糞澆亦不宜井水此澆花法也

培養法

八九月時用好土根上如前法培壅一次北根高二寸須隔二年一培穀雨時設簿遮蓋日色兩水勿令傷花則花久花落即前花枝嫩處一

二寸六月時亦須設簿勿令晒損花芽冬以草薦遮雪此培養法也

治療法

冬至前後以鍾乳粉和硫黃一二錢掘開泥培之則花至來春大盛種時以白歛拌土欲絶蠐螬土蠶食根有蛀眼處以硫黃末入孔杉木削針針之虫斃若有空眼處折斷捉虫亦一法耳此爲治療法也

牡丹花忌

春芽發葉長是子活矣六月須備箔遮夜則受露二年八月移栽别地則茂此護子法也

分花法

揀大墩茂盛花本八九月時全墩掘起視可分處剖開兩邊俱要有根易活用小麥一握拌土栽之花茂此分花法也

接花法

芍藥肥大根如蘿蔔者擇好牡丹枝芽取三四寸長削尖扁如鑿子形將芍藥根上開口插下

以肥泥築緊培過一二寸即活又以單瓣牡丹種活根上去土二寸許用礪刀斜去一半擇千葉好花嫩枝頭有三五眼者一枝亦削去一半兩合如一用麻縛定以泥水調塗麻外仍以瓦二塊合圍墳泥待來春花發去瓦以草薦護之茂即有花此接花法也

灌花法

灌花須早地凉不損根枝八九月五日一澆積久雨水爲妙立冬後三四日一澆糞水十一月

牡丹花譜

種牡丹子法

六月時候。看花上結子微黑。將綻開口者。取置向風處晾一日。以瓦盆拌濕土盛起。至八月取出以水浸試。沉者開畦種之。約三寸一子。待來春當自得花。

牡丹所宜

牡丹宜寒惡熱。宜燥惡濕。根窠喜得新土則旺。懼烈風炎日。栽宜寬敞向陽之地。爲牡丹所宜。

種植法

栽宜八月社前。或秋分後三兩日。若天氣尚熱遲遲亦可。將根下宿土緩緩掘開。勿傷細根。以漸至近。每本用白斂細末一觔。一云硫黃。腳末二兩。猪脂六七兩。拌土擁入根窠。塡平不可太高。亦不可築實腳踏。塡土完。以雨水或河水澆之滿臺方止。次日土低凹。又澆一次。塡補細泥一層。若初種不可太密。恐花時風鼓互相抵觸損花之榮。此爲種花之法也。其種子落地。亦至

北方地厚。忌灌肥糞油䊧肥壅。忌觸麝香桐油漆氣。忌用熱手搓摩搖動。忌草長藤纏以奪土氣傷花。四傍忌踏實。使地氣不升。忌初開時即便採折。令花不茂。忌以烏賊魚骨針刺花根。則花弊凋落。此牡丹之所忌也。

古亳牡丹花品目

黃類

御衣黃 千葉色似黃葵

淡鵝黃 初開微黃色如新鵞黃後漸白

平頭間有太頃黃未見

大紅類

大紅舞青猊 千葉樓子胎短花小中出五青瓣宜向陽

石榴紅 千葉樓子胎類王家紅

曹縣狀元紅 千葉樓子宜成樹背陰

金花狀元紅 大瓣平頭微紫每瓣上有黃鬚故名宜陽

王家大紅 千葉樓子胎紅而長尖微曲宜陽

大紅剪絨 千葉平頭其瓣如剪

大紅繡毬 花類王家紅葉微小

大紅西瓜瓤 千葉樓子宜陰

小葉大紅 千葉頭小難開

金絲大紅 平頭不甚大瓣上有金絲毫謂之金絲紅

硃砂紅 千葉樓子宜陽

映日紅 千葉樓子細瓣宜陽

錦袍紅千葉平頭　羊血紅千葉平頭易開
九蕊珍珠紅千葉花中有九蕊　石家紅千葉平頭不甚緊
七寶冠千葉樓子難開又名七寶旋心　醉胭脂千葉樓子莖長每開頭垂下宜陽

桃紅類

魏紅千葉　大葉桃紅千葉樓子宜陰
桃紅舞青猊千葉樓子中出五青瓣河南名睡綠蟬宜陽
壽安紅平頭黄心有粗細葉二種粗者香　壽春紅千葉平頭胎瘦小宜陽
殿春芳千葉樓子開遲　醉桃仙千葉花外白內紅難開宜陰
美人紅千葉樓子　皺葉桃紅千葉樓子葉圓而皺難開宜陰

梅紅平頭千葉深桃紅　蓮蕊紅千葉瓣似蓮
海天霞千葉平頭開大如盤宜陽　桃紅西瓜穰千葉樓子胎紅而長宜陽
翠紅粧千葉樓子難開宜陰　陳州紅千葉樓子
桃紅西番頭千葉難開宜陰　桃紅線千葉
四面鏡有旋瓣　桃紅鳳頭千葉花高大
嬌紅樓臺千葉淺桃紅宜陰　輕羅紅千葉
淺嬌紅千葉樓子　花紅繡毬千葉細瓣開圓如比
嬌紅色如魏紅不甚千葉　醉嬌紅千葉微紅
出莖紅桃千葉大尺餘其莖長二尺許　西子紅千葉開圓如毬

紫玉千葉白瓣中有紅絲紋大尺記　海雲紅千葉色紅如朝霞

粉紅類

玉芙蓉千葉樓子成樹則開宜陰　素鸞嬌千葉樓子宜陰
水紅毬千葉叢生宜陰　玉兔天香二種一早開頭微小一晚開頭極大中出二瓣如兔耳
醉楊妃二種一千葉樓子宜陽一平頭極大不耐日色　赤玉盤千葉平頭外白內紅宜陰
回回粉西施細瓣樓子外紅內粉紅
粉西施千葉甚大宜陰　醉西施千葉開久露頂
觀音面千葉開緊不甚大叢生宜陽　粉嬌娥千葉白色帶淺紅即細

西天香開早初甚嬌三四日則白矣　彩霞紅千葉平頭
玉樓春千葉多雨盛開　鶴翎紅千葉
醉春容色似玉芙蓉開頭差小　醉玉樓千葉色白起樓
一百五千葉過清明即開又名滿園春　合歡花千葉一莖兩朵未見
倒暈檀心千葉外深紅近萼皮淺白　肉西施千葉樓子
三學士千葉三色

紫類

紫舞青霓千葉中出玉青瓣　腰金紫千葉有黃鬚繞一圍
葉底紫千葉莖短葉覆其花　卽墨紫千葉樓子色類黑葵

丁香紫千葉樓子　瑞香紫千葉大瓣
平頭紫千葉大徑尺　徐家紫千葉花大
茄花紫千葉樓子又名藕絲合　紫姑仙千葉樓子大瓣
紫繡毬千葉花同　紫羅袍千葉又名茄色樓
紫重樓千葉難開　紫雲芳千葉又名多叢樓
駝褐裘千葉　淡藕絲千葉樓子淡紫色宜陰
烟籠紫千葉淺淡交映

白類

白舞青猊千葉樓子中出五青瓣　萬卷書千葉花瓣皆卷筒又名波斯頭

又名玉玲瓏一種千葉桃紅亦同名　玉重樓千葉樓子宜陰
無瑕玉千葉　水晶毬千葉粉白
白剪絨千葉平頭瓣上如鋸齒又名白紅絡難開　綠邊白千葉雖有綠色
羊指玉千葉樓子大瓣　慶天香千葉粉白
玉天仙千葉粉白　玉繡毬千葉
玉盤盂千葉平頭大瓣　蓮香白千葉平頭瓣如蓮花香亦如之
青心白千葉心青　伏家白千葉
鳳尾白千葉　遲來白千葉　平頭白千葉盛者大尺許難開宜陰
金絲白千葉白色　佛頭青千葉樓子大瓣群花謝後始開瓣有綠色汴名綠蝴蝶西名鴨蛋青

芍藥譜

本草一名黑牽夷。韓詩曰：芍藥離草也。詩曰：伊其相謔，贈之以芍藥者，何也？董子荅曰：芍藥一名可離，將別，故贈之，亦猶相招贈之以文無，故文無一名當歸。芍藥榮於仲春，華於孟夏。傳曰：驚蟄之節後二十有五日，芍藥榮是也。素問王冰注：雷乃發聲之下，有芍藥榮。芍藥香草，制食之毒者，莫良於芍藥，故獨得藥之名，所謂芍藥之和，具而食之。岑樓

愼氏曰句出于虛賦草謂之榮，與此不同。況今芍藥四月始榮，故知其僞也。其華有至千葉者，俗呼小牡丹。今群芳中牡丹品第一，芍藥品第二，故世謂牡丹爲花王，芍藥爲花相，又或以爲花王之副也。

崔豹古今注云：芍藥有二種，有草芍藥，有木芍藥。木者花大而色深，俗呼爲壯，非也。安期生服鍊法云：芍藥有二種，有金芍藥，有木芍藥。金者色白多脂，木者色紫多脉，此則驗其

根也即赤芍白芍之分云

種法

種法以八月起根去土以竹刀剖開勿傷細根先壤猪糞和礱糠黑泥入盆分根栽種勿蜜更以人糞灌之來春花發極盛然須三年一分俱以八月爲候所爲芍藥洗腳是也

培法

種後以十一二月用鷄糞和土培之仍澆以黄酒一度則花能改色開時須以竹條扶之不令

傾側有雨則以薄遮蔽免速零落勿犯鐵器

修法

每至花謝後用剪剪去殘枝敗葉勿令討力使元氣歸根十月九月時出根洗時去老梗腐黑之根易以新壤肥土栽之三二年一分不分則病分頻花小而不舒花之繁盛色之淺深皆出培壅剖根之力

芍藥名考

孔常父云唐詩人如盧同杜牧張祜之徒皆居廣陵日久未有一語及芍藥者是花品未有若今日之盛也

芍藥花譜總別四十二種其色則世傳以黄者爲貴餘皆下品也君子謂此花獨産於廣陵者爲得風土之正亦猶牡丹之品洛陽外無傳焉

宋劉攽揚州芍藥譜凡三十一種

冠群芳　賽羣芳　寶妝成　盡天工

曉妝新　點妝紅　疊香英　積嬌紅

已上皆上品也

醉西施　道妝成　菊香瓊　素妝殘

試梅妝　淺妝勻　醉嬌紅　凝香英

石嬌紅　縷金囊　怨春紅　妬鵝黄

藹金香　試濃妝　已上皆中品也

宿妝殷　取次妝　聚香絲　簇紅絲

效殷妝　會三英　合歡芳　擬繡韉

銀含稜　已上皆下品也

孔武仲揚州芍藥譜凡三十三種

御衣黄　青苗黄　樓子尹黄二色黄

樓子絳　州子茁　峽石黃　樓子圓黃
鮑家黃　石壕黃　楊家花　袁黃冠子
龜地紅　湖纈　黃樓子　壽州青茁
黃絲頭　道士黃　白纈子　金線樓子
金𩍐腰　沔池紅　紅纈子　青苗旋心
玉逍遥　紅樓子　緋子紅　楊花冠子
胡家纈　二色紅　髻子紅　茅山紫樓子
茅山冠子　柳浦冠子　軟條冠子　當州冠子
蓬頭緋　多葉鞍子　髻子紅　多葉紹熙

廣陵志芍藥譜凡三十二種

御愛黃　御衣黃　玉盤盂　玉逍遥
紅都勝　紫都勝　觀音紅　包金紫
黃樓子　尹家黃　黃壽春　出羣芳
蓮花紅　瑞𨒅紅　霓裳紅　柳浦紅
芳山紅　延州紅　綴珠紅　玉板纈
玉冠子　紅冠子　紫鮹盤　小紫毬
鎮淮南　倚欄嬌　單緋　胡纈玉樓子
粉綠子　紅旋心見維揚志　芍藥譜完

菊花譜

高子曰：菊譜海內傳有數種，其種植相去不過一二，訣法不同，其名花何彼此之不侔也。在杭之種菊者，有以花之舊名，好奇更易，惟紫、白、牡丹、金銀、芍藥四名不變耳。若蜜芍藥，又云蜜鶴翎，若寶相、褒姒、西施，互相指是，似可笑耳。今以古本舊譜，摘其要略，以備採擇。名則不能隨人鼓舌，爭執是否，姑存其舊，以俟賞識。若余所著《三徑怡閒錄》中，其說似無遺漏，惜乎刻者所傳

不廣，亦無繕本，為可惜耳。

分苗法

凡菊開後，宜置向陽，遮護水雪，以養其元。至穀雨時，將根掘起，剖碎，揀壯嫩有根者，单種。有秃白者，亦可種活，但要去其根上浮起白鬚一層，以乾潤土種，築實，不可雨中分種，令濕泥着根，則花不茂。分早不宜。一云正月後即可分矣。

和土法

土宜畦高，以遠水患；寬溝，以便水流。取黑泥去

瓦礫用鷄鴨糞和土在地鋪五七寸厚插苗上盆則去舊土易以新土每年須換一番則根株長大花朶豐厚否則必瘦削矣

澆灌法

種後早晚用河水天落水澆活苗頭起暫止待長五七寸長用糞汁澆一次再用燖鷄鴨毛湯帶毛用缸收貯待其作穢不臭後取澆灌則花盛而上下葉俱不脫夏月日未出時每早宜澆根洒葉每雨後三二日卽以濃糞澆一次花至

豆大聯澆糞水二次花放時一次則花大而豐厚耐久

摘苗法

四五月間每雨後菊長亂苗每株卽摘去正頭使分枝而上若枝本瘦者止摘一次七八月茂者再摘一次每枝下小枝俱用摘去

删蕋法

八月初時菊蕋以生如小豆大每頭必有四五須耐心用指甲剔去旁生留中一蕋更看枝下傍出蕋枝悉令删去則花大如剔傷中蕋則不長矣

捕蟲法

初種活時有細蟲穿葉微見白路宛廻可用指甲刺殺又有黑小地蠶齧根早晚宜看四月麻雀作窠啄枝啣葉宜防又防節眼內生蛀蟲用細鐵線透眼殺蟲五月間有蟲名菊牛有鉗狀若螢火雨過後菊頭忽折可於三四寸上尋看去其折枝不然和根斃矣又於六七月後生青蟲難見須在葉下見有蟲糞如蠶沙卽當去之

又有鑽節蝨蟲去之泥塗其節

扶植法

諺云未種菊先扦竹菊苗長至三四寸長卽立小細竹一枝於傍以棕線寬縛令直否則風雨欹斜花長屈曲

雨暘法

黃梅霪雨其根易爛雨過卽用預蓄細泥封培大生新根其本益固夏日最惡若能覆蔽秋後

葉終青翠過此二時方可言花矣

接菊法

接菊以菴閭根或小花菊本接着如接樹法恐亦不佳

菊之名品

御袍黃　大師紅　綠芙蓉　赤金盤
瓊芍藥　金芍藥　蜜芍藥　紫牡丹
白牡丹　黃牡丹　紅牡丹　病西施
黃西施　賽西施　醉西施　白西施

醉楊妃　剪霞綴　合蟬菊　賽楊妃
太眞紅　太眞黃　狀元紅　狀元黃
玉寶相　金寶相　鶴頂紅　紫玉蓮
佛座蓮　勝金蓮　金佛蓮　西番蓮
太液蓮　錦芙蓉　玉芙蓉　金芙蓉
粉雀舌　蜜雀舌　紫蘇桃　黃疊羅
白疊羅　一傘雪　青心白　鸎羽黃
金絡索　玉玲瓏　紫霞觴　瑞香紫
蘸金盤　相袍紅　僧衣褐　火煉金

黃茉莉　白茉莉　黃薔薇　荔枝紅
勝緋桃　勝瓊花　琥珀盤　黃鶴翎
紫鶴翎　白鶴翎　瑪瑙盤　一捻紅
金鳳仙　玉蝴蝶　錦雲紅　白粉團
紫粉團　粉鶴翎　金鎖口　銀鎖口
綿絲桃　粉絲桃　紫絨毬　檀香毬
白絨毬　蜜絨毬　殿秋香　黃綉毬
剪金毬　象牙毬　本紅毬　錦綉毬
水晶毬　晚黃毬　十采毬　粉綉毬

大金毬　小金毬　銀紐絲　二色楊妃
紅萬卷　黃萬卷　粉萬卷　二色西施
錦牡丹　粉褒姒　紫褒姒　出爐金鋌二名
錦褒姒　白褒姒　紅牡丹　蠟瓣西施
縷金粧　蘸金白　洒金紅　劈破玉
海雲紅　錦雀舌　金孔雀　紅剪絨
紫剪絨　黃剪絨　白剪絨　無心對有心
鄧州白　鄧州黃　福州紫　錦心繡口
賓州紅　黃都勝　順勝紫　大小金鈴

錦丁香　金紐絲　臣公袍　黃白木香菊
麝香黃　波斯菊　試梅粧　紫袍金帶
粉鵝瓣　白鵝瓣　黃羅繖　金盞銀臺
紫羅繖　紅羅繖　玉盤盂　垂絲粉紅
桃花菊　芙蓉菊　石榴紅　金章紫綬
玉樓春　海棠春　紫羅袍　鳳友鸞交
觀音面　玉堂仙　頭陀白　黃五九菊
玉連環　倚闌嬌　金帶圍　四面鏡白菊
玉帶圍　五月白　纓枝菊　五月翠菊

白佛頂　黃佛頂　九煉金　六月菊一名滴露
玉指甲　紅荔枝　紫荔枝　七月菊一名鐵錢
金荔枝　銀荔枝　錦荔枝　白五九菊
紫金鈴　紅粉團　黃粉團　樓子佛頂
紫粉團　紅傅粉　雙飛燕　墨菊
勝緋桃　荷花毬　紫萬卷　甘菊
藍菊

菊譜完

蘭譜

敘蘭容質第一

陳夢良　色紫每榦十二蕚花頭極大爲衆花之冠至若朝暉微照曉露暗濕則灼然騰秀亭然露奇歛膚傍榦團圓四向婉媚嬌綽竚立凝思如不勝情花三片尾如帶微青葉三尺頗覺弱黯然而綠背雖似劒脊至尾稜則軟薄斜撒粒許帶緇最爲難種故人希得其真

吳蘭　色深紫有十五蕚榦紫英紅得所養

則岐而生至有二十蕚花頭差大色映人目如翔鸞翥鳳千態萬狀葉則高大剛毅勁節蒼然可愛

潘花　色深紫有七五蕚榦紫圓匝齊整疎密得宜疎不露榦密不簇枝綽約作態窈窕逞姿真所謂艷中之艷花中之花也視之愈久愈見精神使人不能捨去花中近心所色如吳紫艷麗過於衆花葉則差小於吳峭直雄健衆莫能及其色特深

仙霞　乃潘氏西山於仙霞嶺得之故更以爲名

趙十四　色紫有十五萼初萌甚紅開時若晚霞燦日色更晶明葉深紅者合於沙上則勁直肥聳超出群品亦云趙師博蓋其名也

何蘭　紫色中紅有十四萼花頭倒壓亦不甚緑

品外之奇

金稜邊　色深紫有十二萼出於長泰陳家

色如吳花片則差小幹亦如之葉亦勁健所可貴者葉自尖處分三邊各一線許直下至葉中處色映日如金線其家寶之猶未廣也

白蘭甲

濟老　色白有十二萼標致不凡如淡妝西子素裳縞衣不染一塵葉似施花更能高一二寸得所養則岐而生亦號一線紅

竈山　有十五萼色碧玉花枝開體膚鬆美顒顒昂昂雅特閑麗真蘭中之魁品也每生並

蔕花幹最碧葉緑而瘦薄開生子蔕如苦蕒菜葉相似俗呼爲緑衣郎

黃殿講　號爲碧玉幹西施花色微黃有十五萼合并幹而生計二十五萼或迸於根美則美矣每根有萎葉朶柔不起細葉最緑肥厚花頭似開不開幹雖高而實瘦葉雖勁而實柔亦花中之上品也

李通判　色白十五萼峭特雅淡追風浥露如泣如訴人愛之或類鄭花則減一頭地位

葉大施　花劒脊最長真花中之上品惜乎不甚勁直

惠知客　色白有十五萼賦質清癯團簇齊整或向背嬌柔瘦潤花英淡紫片尾凝黃葉雖緑茂細而觀之但亦柔弱

馬大同　色碧而緑有十二萼花頭微大間有向上者中多紅暈葉則高聳蒼然肥厚花幹勁直及其葉之半亦名五暈絲上品之下

鄭少舉　色白有十四萼瑩然孤潔極爲可

愛葉則修長而瘦散亂所謂蓬頭少舉也亦有數種只是花有多少葉有軟硬之別白花中能生者無出於此其花之資質可愛爲百花之翹楚者

黄八兒　色白有十二蕚善於抽幹頗似鄭花惜乎幹弱不能支持葉綠而直

周染花　色白十二蕚與鄭花無異但幹短弱耳

夕陽紅　花八蕚花片凝尖色則凝紅如夕

陽迄炤

觀堂主　花白有七蕚花聚如簇葉不甚高可供嬌女時粧

名弟　色白有五六蕚花似鄭葉最柔軟如新長葉則舊葉摸入多不種

弱脚　只是獨頭蘭色綠花大如鷹爪一幹一花高二三寸葉瘦長二三尺入臘方花薰馥可愛而色有餘

魚魷蘭　十二蕚花亦澄澈宛如魚魷采而沉之水中無影可指葉頗勁綠此白蘭之奇品也

品蘭高下第三

余嘗謂天下凡幾山川而支派源委於人迹所不至之地其間山坳石潭斜谷幽竇又不知其幾何多邁古之修竹蠹之危木雲煙覆護溪澗盤旋萬蘿蔽道陽暉不燭冷然泉聲磊乎萬狀隈圮之異則所產之多人賤之蔑如也倏然輕采於樵牧之手而見駭然識者從而得之則必

擕持登高岡涉長途欣然不憚其勞中心之所好者不能以集凝而置之也其地近城百里淺小去處亦有數品可取何必求諸深山窮谷每論及此往往啟識者雖有不辯之誚毋乃地邇而氣殊葉萎而花蠹或不能得培植之三昧者耶是故花有深紫有淺紫有深紅有淺紅與夫黄白綠碧魚魷金稜邊等品是必各因其地氣之所種而然意亦隨其本質而產之耶抑品皇穹儲精景星慶雲翳光遇物而流形者也噫萬

物之殊亦天地造化施生之功豈予可得而輕議哉切嘗私合品第而數之以謂花有多寡葉有強弱此固其因所賦而然也苟惟人力不到則多者從而寡之弱者又從而弱之使夫人何以知蘭之高下其不誤人者幾希嗚呼蘭不能自異而人異之耳故必執一定之見物品藻之則有淡然之性在況人均一心心均一見眼力所至非可誣也故紫花以陳夢良爲甲吳潘爲上品中品則趙十使何蘭大張青蒲統領陳八

斜淳監糧下品則許景初石門紅小張青蕭仲和何首座林仲孔莊觀成外則金稜邊爲紫花奇品之冠也白花則濟老竈山施花李通判惠知客馬大同爲上品所謂鄭少舉黃八兄周染爲次下品夕陽紅雲嶠朱花觀堂主青蒲名弟弱腳玉小娘者也趙花又爲品外之奇

天下養愛第三

天不言而四時行百物生者何蓋歲分四時生六氣合四時而言之則二十四氣以成其歲功

故凡穹壤者皆物也不以草木之微昆虫之細而必欲各遂其性者則在乎人因以氣候而生全之者也被動植者非其恩乎及草木者非其人乎斧斤以時入山林數罟不入汙池又非其能全之者乎夫春爲青帝回馭陽氣風和日暖蟄雷一震而土脉融暢萬彙蘩生其氣則有不可得而掩者是以聖人之仁則順天地以養萬物必欲使萬物得遂其本性而後已故爲臺太高則衝陽太低則隱風前宜面南後宜背北蓋

欲通南薰而障北吹也地不必曠曠則有日亦不可狹狹則蔽氣右宜近林左宜近野欲引東日而被西陽夏遇炎烈則蔭之冬逢沍寒則曝之下沙欲疏疏則連雨不能淫上沙欲濡濡則酷日不能燥至於插引葉之架平護根之沙防蚯蚓之傷禁螻蟻之穴去其莠草除其絲網助其新篦剪其敗葉此則愛養之法也其餘一切窠虫族類皆能蠹害並可除之所以封植灌溉之法詳載于後

堅性封植第四

草木之生長亦猶人焉何則人亦天地之物耳
閒居暇日優游逸豫飲膳得宜以蘭而言之且
一盆盈滿自非六七載莫能至此皆由夫愛養
之念不替灌溉之功愈久故根與壤合然後森
鬱雄健敷暢繁麗其葉藹有得於自然而然者
合焉欲分而拆之是裂其根荄易其沙土況或
灌溉之失時愛養之乖宜又何異於人之饑飽
則燥濕干之邪氣乘間入其榮衛則不免侵損

所謂向之寒暑適宜肥瘦得時者此豈一朝一
夕之所能仍舊者也故必於寒露之後立冬以
前而分之蓋取萬物得歸根之時而其葉則蒼
根則老故也或者於此時分一盆吳蘭各其盆
之端正則不忍擊碎因剔出而根已傷蹔三年
培植尤至困培于今深以爲戒欲分其蘭而須
用碎其盆務在輕手擊之亦須緩緩解拆其交
互之根勿使有拔斷之失然後逐箆輳取出積
年腐蘆頭只存三年者每三箆作一盆盆底先

用沙填之即以三箆輳之互相枕藉使新箆在
外作三方向却隨其花之好肥瘦沙土從而種
之盆面則以少許瘦沙覆之以新汲水一勺以
定其根更有收沙曬之法此乃又分蘭之至要
者尚預於未分前半月取土篩去瓦礫之類曝
令乾燥或欲適肥則宜於淤泥沙可用使糞夾
和曬之候乾或復濕如此十度視其極燥更須
篩過隨意用蓋沙乃久年流聚雜居陰濕之地
而蘭之驟爾分折失性假以陽物助之則來年

輳箆自長爾與舊葉比肩此其効也夫苟不知
收曬之且用彼積損之沙或憚披曝必至羸弱
而黃葉者有之箆之不發者有之積有日月不
知體察其失愈甚俟其已覺方始滌根易沙加
意調護冀其能復不亦後乎抑又知其果能復
焉如其稍可全活有幾何時後而獲遂本質邪
故爲深嘆惜之因併爲之言曰與其既既損之
後而欲復全生意寧若於未分之前而必欲全
其生意豈不省力今逐品所宜沙土開列于後

陳夢良　用黃淨無泥瘦沙種而忌用肥恐有腐爛之失。
吳蘭　潘蘭　用赤沙泥。
何蘭　蒲統領　大張青　金稜邊　各用黃色麄沙和泥更添些少赤沙泥種爲妙。
陳八斜　淳監糧　蕭仲弘　許景初　何首座　林仲　孔莊觀成　乃下品任意用沙
濟老　施花　惠知客　馬大同　鄭少舉　黃八兄　周染　宜溝壑中黑沙泥和糞壤種

之
李通判　霞山　鄭伯善　魚魫　用山下流聚沙泥種之
夕陽紅　以下諸品則任意栽種此封植之槩論也

灌溉得宜第五

夫蘭自沙土出者各有品類然亦因其土地之宜而生長之故地有肥瘦或沙黃土赤而瘠有若山之巔山之岡或近水或附石各依而產之要在度其本性何如爾不可不謂其無肥瘦也苟性不能別曰何者當肥何者當瘦强出已見混而肥之則好膏腴者因得所養之法花則轉而繁葉則雄而健所謂好瘦者不因肥而腐敗吾未之信也一陽生於子荄甲潛萌我則注而灌溉之使蘊諸中者稍獲强壯迨夫萌英迸沙高未及寸許從便灌之則戢然而卓錐暨南薰之時長養萬物又從而濟潤之則修然而高鬱然而蒼若者精於感遇者也秋八月之交驕陽

方熾根葉失水欲老而黃此時當以濯魚肉水或穢腐水澆之過時之外合用之物隨宜澆注使之暢茂亦以防秋風肅殺之患故其葉弱拳拳然抽至出冬至而極夫人分蘭之次年不發花者蓋恐泄其氣則葉不長爾凡善於養花切須愛其葉葉聳則不慮其花不發也

紫花

陳夢良極難愛養稍肥隨即腐爛貴用清水澆灌則佳也。

潛蘭雖未能受肥須以茶清沃之糞得其本生地土之性。

吳花看來亦好。肥種當灌溉以一月一度

趙花何蘭大張青蒲綻鎭金稜邊半月一用其肥則可

淳監糧蕭仲和許景初何首座林仲孔莊觀成縱有太過不及之失亦無大害於用肥之時當時沙土乾燥遇晚方始灌溉候曉以清水碗許澆之使肥膩之物得以下積其根廣新來未發

發箭自無勾蔓逆上散亂盤盆之患更能預以瓮鋼之屬儲蓄雨水積久色綠者間或澆之而其葉則浡然挺秀濯然而爭茂盈臺簇檻列翠羅青縱無花開亦見雅潔

白花

濟老施花惠知客馬大同鄭少舉黃八兄周染愛肥一任灌溉。

李通判竈山鄭伯善肥在六之中四之下又朱蘭亦如之

魚魫蘭質不瑩潔不須以穢膩之物澆之

夕陽紅雲嶠青蒲觀堂主名第弱腳肥瘦任意亦當觀其沙土之燥晚則灌洋曉則清水澆之儲蓄雨水沃之令其色綠為妙

惠知客等蘭用河沙撿去泥塵夾糞壅泥種底用麄沙和糞方妙。

鄭少舉用糞壅泥和便曬乾種之上面用紅泥覆之

竈山用糞壤泥及河沙內用草鞋屑鋪四圍種

之累試甚佳大凡用輕鬆泥皆可。

濟老施花用糞及小便澆泥擺曬用草鞋屑圍種

種蘭奧訣

分種法

分種蘭蕙須至九月節氣方可分栽十月時候花已胎孕不可分種若見雪霜大寒猶不可分栽否必損花

栽花法

花盆先以麄碗或麄碟覆之於盆底次用杼炭鋪一層了然後却用肥泥薄鋪炭上栽之㯾泥擁根如法栽時不可以手捺實否則根不舒暢葉不長發花亦不繁茂矣乾濕依時用水澆灌

安頓澆灌法

春二三月無霜雪安放花盆在露天四面皆得澆水日晒不妨逢十分大雨恐墜其葉則以小繩束起如連三四日須移避暑通風處四月至八月須用疎密得所篾籃摭護容見日氣最要

通風。

梅天忽逢大雨須移花盆向背日處若逢大雨過又逢日晒盆內熱水則盪害葉亦損根花開時若枝上花蕋多候開次有未開一兩蕋頭便可剪去若留開盡則奪了來年花信。

九月看花乾處用水澆灌則不可濕而又怕濕或用肥水培灌一兩番不妨冬十月十一月十二月及正月不澆不妨最怕霜雪須用密籃摭護安頓朝陽有日炤處南窻簷下極美花盆畢竟兩三日一番旋轉取其日晒均匀則開時四面皆有花若晒一面則一處有之。

澆水法

用河水或池塘水或積留雨水最佳其次用溪澗水切不可用井水大抵井水性陰恐致凍損澆時須於四畔匀灌不可從上澆下恐壞其葉也四月若有梅雨不必澆若無雨澆五月至須是早起五更日未出時澆一番至晚黃昏澆一番又須看花乾濕則不必澆十分濕恐爛根

種花肥泥法

栽蘭用泥不管四時收蕨萊草待枯於空地鋪放以山泥薄覆草上復再鋪草於泥上又將泥覆如此相間三四層則發火煨之却用糞入前土稍乾又以糞澆入如此又數次安放閑處聽栽時用或用拾舊草鞋積浸水糞中日久拌黃泥燒過又用大糞澆放空地儘令雨打日炤雨三月過收起聽栽亦佳

去除蟻蝨法

肥水澆花。必有蟣蝨在葉底。恐壞葉則損花。若生此虫。即研大蒜和水。以白筆蘸拂洗葉上。乾淨其虫自無。

雜法

盆下有竅。不可着泥地安頓。恐蚯蚓從孔中潛入。損侵花根。蟻穴亦忌。猶須防之。

盆須架起。底令風從底入。以得透氣爲佳。又免蚯蚓蟻虫之患。

蘭之壯者有二三十葽。弱者只有五六葽。或種

時無肥泥故也。必須及時換泥。如法栽過。以獲茂盛耳。

欲分直須交過九月節氣。始可。如遲至十月中又非其節也。分時須㦬其根之易分。不可不察。其交互甚者。渾擘折之。非惟分種不盛。抑亦斷迸其天年也。

常盆面併實。則用竹片挑剔泥鬆。又不可撥損了根。

葉紫紅。恐因受霜打以致耳。急須移向南簷。背霜雪處安頓。則仍復自清。

葉黃。惟用苦茶澆之。最忌春雪。一點着葉。則一葉斃矣。可將雞鵝燖湯。用缸盛貯。待其作臭。去毛澆之。或以皮屑浸水。或以洗魚腥水澆之。絶妙。

培蘭四戒

春不出宜避春之風雪 夏不日避炎日之銷爍 秋不乾宜常澆也 冬不濕宜藏之地中不當見水成冰

弦雪居重訂逐月護蘭詩訣

正月相宜置坎方。好將枝葉趂陽光。更須避冷藏簷內。勿使春風雪打傷。

二月須令竹作闌。風摧葉變鷓鴣班。庭前移進還移出。避雪迎陽護更難。

三月新條出舊叢。此時却更怕西風。隄防地濕多生虱。根下休教壅着濃。

四月盆泥日晒焦。微微着水灌根苗。先須虎浸河池水。煎過濃茶亦可澆。

五月新抽葉更青。樹陰竹底架高擎。須防蟻穴

根窠下老蕟凋殘盡莫驚
六月驕陽暑正炎青青新葉怕煩煎却宜樹底
并遮箔清曉須教水接連
七月雖然暑漸消更須三日一番澆却防蚯蚓
傷根本肥水還令和溺調
八月西風天氣凉任他風雨又何妨便澆糞水
能肥葉雞糞壅根花更香
九月將殘防早霜堦前南向好安藏若生白蟻
兼黄螘葉洒雞油庶不傷

十月陽生煖氣囘明年花蕊以胚胎玉莖不露
須培上盆滿秋深急换栽
子月庭中宜向陽更宜籠罩土埋缸若還在外
根須濕乾燥須知葉要黄（燥音燥）
臘月風高氷雪寒却宜高卧竹爲籠直教二月
陽和日夢醒教君始出關

竹譜

竹譜曰竹之品類六十有一述其常品記之志林云竹有雌雄雌者多笋故種竹半擇雌者物不逃於陰陽可不信歟凡欲識雌雄當自根上第一枝觀之雙枝是雌即出笋若獨枝者是雄冬至前後各半月不可種植蓋天地閉塞而成冬種之必死若遇火日及西南風則不可花水亦然凡種竹處當塘上令稍高於傍地二三尺則雨潦不侵損錢塘人謂之竹脚竹有醉日即

五月十三日也齊民要術謂之竹醉日岳州風土記謂之龍生日種竹以五月十三日為上是日遇雨尤佳一去用辰日山谷所謂根須辰日斸笋看上番成又一云宜用臘日杜少陵詩東林竹影薄臘月更宜栽子觀諺云栽竹無時雨過便移多留宿土須記南枝則三說皆拘也又法三兩竿作一本移種其根自相扶特尤易活也凡竹與菊根皆長向上添泥覆之爲佳竹留三去四蓋三年留四年者伐去竹以五月前血

忌日。三伏內及臘月斫者不蛀。竹之滋澤。春發於枝葉夏藏於榦冬歸於根如冬伐竹。經日一裂。自首至尾不得全完夏伐之最佳但鞭皆爛然要好竹。非盛夏伐之不可。七八月尚可。自此滋澤歸根而不中用矣說文竹節曰約古云渭川千畝竹其人與千戶侯等。史記竹得風其體夭屈謂之竹笑竹筍。陸佃云。字從竹從旬從日。包之日為筍解之日為竹又曰字從竹從旬旬內為筍。旬外為竹也其上番下番言竹有上番下番

即今言大番小番也番去聲謂大年生筍多。小年生筍少也杜詩會須上番看成竹蔡夢弼注不知此義乃云上番音上筤蜀名竹叢曰林筤誤之甚矣既不識竹又不識詩真瞎子也何以注為非萬玉主人不知此妙

竹復死曰箹。觀山海經曰竹生花其年便枯竹六十年易根易根必花結實而枯死實落復生六年而成町。子作藂似小變其治法於初米時擇一竿。稍大者截去近根三尺許。通其節以糞

實之則止又一種法先將竹斫去本。止留二三寸。塡土硫黃在管內覆轉根反居上用土覆之當年生筍又種竹訣曰深種淺種稀種密種謂之四法深種者土要培厚淺者以墩置地上種之不必掘潭稀者每墩排開密者須擇竹叢三五枝一墩者移來此亦巧妙語乃善種法也

蘄竹

蘄竹黃州府蘄州出以色瑩者為簟節疎者為笛帶鬚者為杖唐韓愈詩蘄州笛竹天下知鄭

君所寶尤瓌奇攜來當晝不得臥一府爭看黃琉璃

斑竹湘妃竹

斑竹甚佳即吳地稱湘妃竹者其斑如淚痕杭產者不如。亦有二種出古辣者佳出陶虛山中者次之土人裁為筯甚妙余攜數竿回乃陶虛者故不甚佳

方竹

澄州產方竹。杭州亦有之體如削成勁挺可堪

爲杖亦不讓張騫筇竹杖也其陽州亦出大竹數丈。

孝竹

杭産孝竹冬則筍生叢外。以衛母寒。夏則筍生叢內。以凉母熱。其竹榦可作釣竿。叢生可愛。

黃金間碧玉竹

杭産竹身金黃每節直嵌翠綠一條不假人爲出自天巧也

碧玉間黃金

杭産竹身全綠每節直嵌金黃一條亦天成也二竹絕然。

雪竹

廣西産者。斑大而色紅如血有暈

飯竹

西蜀所産。下有尺許。花文可愛。即邛竹也

椶竹

廣之東西成産之葉如棕櫚畏寒不宜於南

桃竹 俗名桃絲竹也

古姚有之。似棕竹而花紋粗質鬆色淡於椶竹

紫竹

杭産色紫黑可作笙簫笛管諸用俱可故雅尙者多畜之。

異竹一十一種

涕竹

南荒有涕竹長數百丈圍三丈六七尺厚八九寸。可以爲船。其筍甚美。可療瘡癘。

棘竹

一名笆竹。節皆有棘。數十種爲嵌南夷種以爲城堅不可攻或自崩根出。大如酒甕。縱橫相承狀如繰車食之人髮盡落。

䈽簩竹

䈽竹皮薄而空徑不餘二寸。皮上有粗可爲銼子。銼甲利腹於鐵若鈍以漿水澆之如舊快利

篩䉲竹

篩大如腳指腹中白幕攔隔狀如濕麪將成而筒皮未落輙有細蟲齧處成赤跡似繡畫可愛

慈竹

夏月纔雨滴汁下地生蓐似鹿角色白食之痢。

筋竹

南方以爲茅刃笋未成竹堪爲弩弦

百葉竹

一枝百葉有毒

桃枝竹

東官有蕪地西接大海有長洲多桃枝竹緣岸

而生。

瘦竹

東洛近溪忽有竹生瘦大如李

羅浮竹

羅浮有巨竹萬千竿連至岩谷圍二丈有餘有三十九節節二丈許南竹以竹爲甑類見之矣

童子寺竹

唐李衛公言北都童子寺有竹一窠纔長數尺相傳其寺綱每日報竹平安

卷十六終

宋氏樹畜部

（明）宋詡 撰

《宋氏樹畜部》，（明）宋詡撰。宋詡，字久夫，南直隸松江府華亭縣（今屬上海）人。書前自序題於弘治甲子（一五〇四），應當是此書的成書時間。

全書四卷，前三卷爲樹藝部分：卷一先總論樹木栽種，接着分别叙述各種果木的栽培方法；卷二是種花卉、種竹、蘆法，記述了各類花卉一百三十六種、竹類二十二種以及可供編織的經濟植物蘆、荻、席草等八種；卷三爲種五穀法和種蔬菜法。卷四爲畜養法，着重記述蠶、畜禽、魚、蜜蜂的飼養管理與疾病防治經驗。全書所記載的多種植物栽培與加工方法，細緻具體，許多都是第一手資料。

該書單行的有明刻本，現藏於國家圖書館，著録書名《宋氏樹畜部》。另外還有《竹嶼山房雜部》本及《百川學海》本等。今據國家圖書館藏明刻本影印。

（惠富平）

樹畜部一

杭州汪氏飛鴻堂藏本

宋氏樹畜部自叙

樹畜者非君子所當務而學者亦當知也家之事萃於一身非二事不足以濟之然禮義生於富足天下事恒若此者況家乎故當秦之耕孔子之稱教太公

之釣漢陰丈人之抱甕灌畦皆不得已也予之法豈予之得已耶嗚呼閨門合轍行於家尤可驗於天下雖曰小道能助聖人之大道而為仁矣夫古先聖王之治天下制其田里教之樹畜

未嘗不以此為務焉予之志在行其道予之時未可知也非固務此以為道也欲於家而小試之使少者不饑不寒老者衣帛食肉而禮義所由興事宜之用不於此而備乎遂求老農老圃

而學之陶朱猗頓而法之視家之事與天下之事果為何如也予觀聖人之心固不欲天下之無家有家而無法徒為家也欲天下之治不可得也故先遂之以法窮天下之所有識天下之所產盡水土之所宜殆欲京衛文公之心假部案驗之手而成聖人之仁予待時者也非欲以小道為是鏡也得小道則得大道故不得已而行之蓋將以望聖人之為治而將予治之也

弘治甲子六月既望白沙宋詡識

宋氏樹畜部目錄

卷一　樹類

移木　種木
灌木　接木
寄枝　插木
種子　壓枝
脫木　善木
修木　縮木
通論
種木渠法

松　天目松
欏松　娑羅
長葉羅漢松 短葉附見　檜
纓絡　桐
梓　漆
柟　楸
温杉 刺杉附見　楓
樠　樟
柏 翁柏附見　檫
青楊 白楊附見　長葉黃楊 短葉附見
赤楊　吳茱萸
梧桐　榆 倒垂榆附見
大葉柳 長葉柳倒垂柳附見　槐 倒垂槐附見
檀　椐榆
椿　榛
黃楝　椶櫚
桑　柘
冬青 水冬青附見　柏
水槿　木槿
肥皂 皂角角香皂猪牙皂並附見　棡

樸　白皂
海桐　楮
榕　桂
青松　榛
荔枝　龍眼
橄欖　人面果
椰子　梅
杏　桃
玉桃　李
枝頭乾　柰棠果

櫻桃　柰
林檎　頻婆
楸子　榅桲
枇杷　優曇鉢
羊桃　餘甘子
馬金囊　波羅蜜
楊梅　黃彈
梨　棗
柿　橘
柑　金豆

香櫞　柚
橙　枸橘
栗　胡桃
石榴　火榴
餅子榴　銀杏
榧　木蜜
木瓜　無花果
郁李　羊棗
蒲萄　八檐仁
必思答　君遷子

大藥　鮮子
蕉　椒
茶　茶荳
荷　菱
芡　蓮心
鸚哥舌　地栗
苷蔗

卷二

種花卉法

山茶　茶梅

繡球花　玉蘭
木筆　玉盞花
山礬　七里香
八仙花　銀毬
海棠　棠梨
八寶妝　紫薇花
金松　紫荊花
刺桐花　紫槐
樫　牡丹
衣羅花　剪羅花

佛桑花　茉莉
菊梅　杜鵑花
映山紅　梔子
蠟梅　棣棠
金絲桃　金梅
錦帶　茶蘼
刺蘼　含笑花
月季花　玫瑰花
繡停針　瑞香
丁香　結香

鬢邊嬌　芙蓉
金鳳花　珍珠珮
天竹　虎刺
葉下紅　雪裏紅
木香　金沙花
寶相花　佛見笑
十姊妹　薔薇
素馨　迎春
錦闌干　潑雪藤
辟麝香　芍藥

蘭　懸蘭
箬蘭　蕙
萱　芭蕉
水仙　寶蓋花
金蓮花　長春菊
剪金羅剪黃羅　剪春羅　剪秋羅並附見　紫河車
石菊　洛陽花
百合　渥丹
玉簪花　鶯花
滿園春　菊

秋牡丹　秋海棠
蜀葵　錦葵
黃葵　夜落錢
鳳仙花　露水菊
觀音菊　紫柳
三春柳　雞冠花
金蟹花　蛺蝶花白　青　紅
凉織花紫　肉紅　黃　白　金燈花
山慈菰　觀音芋
補錦衲　北蜀葵

野黄花　辟雪
蓼（深紅淺紅）　二至花
水金蓮　凌霄
枸杞　紫藤（黄藤附見）
西番蓮　挂棚紅（挂棚金附見）
纏枝牡丹　黑牽牛（白牽牛附見）
錦荔枝　萬歲藤
薜荔　石菖蒲
珊瑚子　鳳尾草
長生草　翠雲草

金絲荷葉（銀絲荷葉附見）　水葱
萬年松　頭陀草
吉祥草　蘭草
香草　景天
藍　紅藍
茜　縈
苧　綿花
萬年青
種竹蘆等法
猫竹　台竹
班竹　筀竹
猫筋竹　筱竹
水筋竹　黄狐竹
石淡竹　大箕竹
碧玉間黄金竹　黄金間碧玉竹
紫竹　方竹
燕竹　慈孝竹
箣竹　觀音竹
欆竹　鳳尾竹
東坡竹　箬竹

蘆　荻
蒲　菅
蓑　蓆草
燈草　杞柳
卷三
種五穀法
稻　黍（稷）
大小麥　蕎麥
大豆　米豆
赤豆　菉豆

豇豆　扁豆
刀豆　龍爪豆
羊角豆　大小豌豆
回回豆子　芝麻
黄麻　青麻
種蔬菜法
白菜　羊角菜
黄矮菜　蓮花白菜
塞心菜　菘菜
夏白頭菜　冬白頭菜

宋氏樹畜部　目録　九

夏青菜　瓢兒菜
八斤菜　葵菜
芥菜　百頭芥菜
白芥菜　芥藍菜
冬菾菜　夏菾菜
菠薐菜　萵苣菜
萵生菜　苦藚菜
[illegible]生菜　莧菜
同蒿菜　甕菜
芹菜　西洋菜

苜蓿　薺菜
胡荽　筆管菜
龍鬚菜　蒪菜
縛菜　藤菜
蕺菜　羅漢菜
香菜　薄荷
赤米菊　紫蘇
蕈　寒萊菔
夏萊菔　胡萊菔
茄蓮　根子菜

宋氏樹畜部　目録　十

葱　韭
蒜　薤
蕎　黄瓜
生瓜　熟瓜
冬瓜　西瓜
絲瓜　瓠
茄　山藥
土瓜　旱芋
水芋　慈菰
菰　甘露子

土露子　香芋
黃獨　薑
蒟蒻　黃精
地筍　羊婆菜
葛　天茄
山花　頂刻菜

卷四　畜類

畜蠶
畜獸
馬　驢

騾　牛
羊　豕
狗　猫
象　駝
鹿　兎
玉面貍
畜禽
鵝　鴨
雞　鶴
青鸞　鵁鶄
鸚鵡　孔雀
雉　錦雞
雁　白鷴
天鵝　鸕鷀
野鴨　野鳧
鴛鴦　王雎
鴿
畜魚
總論　鯔魚
青魚　鰱魚　鯿魚　白魚

畜蜂

宋氏樹畜部目錄終

宋氏樹畜部卷之一

華亭宋　詡久夫甫著
從玄孫懋澄稚源甫挍

樹類總法

移木

凡移種木時傷動木根則菑翳開根外故上須大上用約繩纏匝下用濶厚木板襯而扛舉之雖拱把皆生也（詩皇矣注曰菑木立死者也翳自斃者也）

種木

凡種木先開一坎比原木根土須寬以糞水調成濘泥乃立其根皆令舒直沾遍方實以乾壤又使糞水灌透則活根宜平其身不得太深深則不長不活又不可令風偃人扳之蓋下生細根上長萌櫱細根新得水土而生意方回一動必損若今年欲移先於去年春前開斷木之四週謂之轉垛木大先三年每年輪開一方乃可移其果木種則宜踈每一丈二尺一株者方為適中惟八月至正月皆可種之時吾松之地肥瘠不同惟雜以沙土最得春氣之先易於發生

灌木

凡灌木最不宜其發萌時灌之灌則遂為菑翳灌亦宜早涼之候其糞及焊猪湯退雞鵝翎湯（投以荔枝龍眼之核則經腐）皆不宜親木附必生蛀至灌果木結實時灌之以俟其來春發育糞必久宿者必雜以水亦視其宜乾宜濕不宜頻灌也如松檜之在盆者土氣淺薄必每年去根面故土一重而加以客沃土則宜土乾則灌自與在地生者不同

接木

（陳瑩中曰色紅可使紫葉單可使千花小可使大子少可使繁黃廷堅曰雍也本犂子仲由元鄙人）

必視其時或將發生時或將黃落時在春分之前秋分之後是其候也接之必先舉手定準執刀端直不至重傷則易成活木生至一二年者可接其接枝識剪其已生果發及二年有旺氣者過脉乃善接法甚多不能殫述

腰接木之盈把者近附一尺或七八寸許間執細齒鋸截之為枯又用利刀裁枯使之光平則不沁水遂以枯之二傍裁開其皮微連其膜長約一小寸先取剪下之枝裁去兩傍亦僅一寸置口含之使熱連唾插掩於所開枯傍皮膜之間（人忌食欽腥酒）先以紙封次以箬封通務以麻皮緊縛之每枯對接兩枝相同外取乾壤以箬載於所接之處少潤以水

復不宜灌又以濶箬高跨其接枝上不容日暴之俟其成體而始宜開揭也　根接木身小者連䠊截去如前法裁開枯頭中央以木貼照前插之縛之以土封之　匕頭接取一木枝及一木根各帶斜裁去使半以人唾兩相粘掩之用紙及麻皮緊縛埋根於土以瓦規定露枝於上灌使少潤雖遇晴陰皆以器覆稍密俟成形體而方開也木液濃者其榦亦堪接

寄枝

先一年前移其相似之木種大木側既盛活於春分前後屈大木之枝與新種相方之木近其根䠊間各

裁去其皮與膜如接貼同紐合相定以過其氣仍用紙及麻皮封縛甚緊不令顛揭直俟次年八月候視膚理已平乃剪離大木之枝俟寄下者全活始宜移種有取種於盆盎中立架以就其大木惟欲深支勿使搖動則生也

插木

視木之宜時用地開一寬穴斬木榦輕手插入須深實以沃土灌以糞水或插於芋魁蘿蔔中埋之盖榦之上芭發爲體下芭行爲根慎勿振揠鳥八切以稿之也

種子

用木子於臘時先浸於宿糞穢中半月許取出於沃壤間播種比則脊之使直長則以時而出土移之子須帶肉者爲良

壓枝

春間或秋間屈木枝以石壓之於地用土封之俟芭間生根遂移種也枝䠊須斷其半焉

脫木

凡果木於八月間和牛羊之滓包其鶴膝處先微傷其膚使氣流行取紙麻皮緊縛之復以杖支之不令

搖振從其開花結實至明年夏秋間啓視如根生滓間則斷其本植之於土宛然一故木也

善木

臘月間於木下側開坎寬深揉攢心釘地之根斫斷止留四散生者仍以土覆之以糞水灌透則生子碩大也

修木

必自其秋冬枝葉零落時始宜修平攘剔大者斧鏟小者刀剪亦視其繁冗及散逸者可去裁痕向下不受雨漬自無食心之腐無顛頂者則取其直生向上

一枝留其成長有枯朽皆宜擢拉須盡則不引蛀以妨盛枝欲木身之直者則從其不足處每年以刀劙（音離）其膚氣行則傷痕先滿而身漸能直也（劙說文曰直破也）

縮木

必視木之巳長發萌未久而枝幹易於轉屈順其性而攀挽之也若枝大則用鉗碎而曲折之取麻皮約寬縄縛（音榻）縮不宜太緊刺斷其膚氣脉不貫通亦不能活矣（縛以索罥物也縮亦罥也）

通論

凡移種接脫花木等最貴及時又不宜使凡草根荄（古哀切）雜長以分其肥沃奪其生意至於其腓也

凡果木多生蠹蝎（胡葛切）蛣（去吉切）蝠（丘物切）之類齧之必探其穴以杉木栽爲針關塞其氣則自亡又以焰硝硫黃合紙線紙穴口火然走其臭皆亡坋百部內穴中亦能殺蠹治魚腥水洒蔬果等癩蟲自消滅（海魚勝池魚）蟲能飛動者取江橘竊以膠焉（啄木善啄蠹）

凡果木花卉最忌麝香熏觸則花葉遂皆枯厭宜多種葱薤則能解之

凡接寄之木必用枝體相似與氣味相合者如桃與李梅與杏梨與棠橘與枸方可接也如木筆與木蘭繡毬與八仙檜與纓絡方可寄也牡丹與芍藥方可七頭接也

凡伐木不宜亂伐惟視其性之易生者如桑如柳必伐而髡且用其肄是也（斬而復生曰肄）

有在土之果木畏冷如橘畏熱如梨松宜乾檜宜濕各適其性而封護培植之

有在盆之花卉畏冷如茉莉愛日如火榴喜水如菖蒲無失其宜

有相害之物木插桂而枯烏賊骨而斃有相益之物牡丹得鍾乳粉而茂海棠得糟水而花鮮宜識其由（一云桂矸木上則茂矸木下則枯）

凡果實結一年至二年自必歇枝譬如人家有桃李三十株俟其開花結實悉摘去十五株上者止留十五株成熟殆明年乃摘去今年成熟者留前年摘去者結實則床不傷而常年得其果實用也（漢大夫曰李梅實多者來年爲之衰）

凡花卉蔬果所產地土不同在北者則耐寒在南者則喜煖故種植之時亦各不同開花結實先後亦不同有在高山者有在平地者有宜早者有宜晚者又有在北者移於南則盛在南者移於北則變如果木

之類在淮南爲橘淮北爲枳而蔬菜之屬在北爲蔓菁有根在南則爲菁菜惟葉龍眼荔枝之類生於南方閩粵南粵榛松之類盛于北方胡遠梅李之實食於初春南部皆不能越其地土而長茂學稼圃者又如柳子厚云順木之天以致其性而後壽且孳音字也斯得乎種植之法矣

種木果法漢書食貨志曰果蓏應劭曰木實曰果草實曰蓏音裸

松細葉每五鬛爲一葉或有兩鬛七鬛者膚形片解有如鱗次

春用子種之材宜爲器爲明子細茸香堪食春後收採松黃爲餅餌需冬半則每鬛葉中生茸露凝若小珠食甚茸美其脂爲香埤雅曰松命根遇石則偃

六目松即松種產於天目山巖罅間得雨露所潤而生非由土而滋養其松針麤短甚堅歲久亦止數寸自含古意鏬虛訝切

宜種入盆翫之可以常玩亦復畏濕

羅松松身葉甚柔

春月宜種

娑音梭羅葉長子如栗 子八九月因摘之下即埋于土内明春方出名 而子至春下土則不出矣

有心痛病者宜食之但未曾試

子種之苞體漸爲大木詩行葦注曰苞甲而未拆也體成形也

長葉羅漢松　短葉羅漢松種佳皆柏身

子種之苞體漸爲木歲久亦材大

檜體香同柏葉細短而或銳刺爾雅曰柏葉松身

子種之大材甚堅宜爲舟

纓絡形體皆檜條弱倒垂如線風動裊娜裊奴鳥切娜奴可切

宜寄枝用檜體有子亦可種爲木

桐大葉疎榦子若胡桃埤雅曰閬桐

臘月種子榨油爲黏舟飾器之材甚多其木材中爲琴瑟一種矮身止長四五尺生子三年即甏用子再種

梓楸身大葉即櫝埤雅曰梓爲木王

琴瑟材也種於林則令諸木皆內拱之斷其根瘞於

土能遂長條枚取以分種

漆長葉身短朝鮮國有黃漆樹似棕六月取汁漆物如金

臘月種取液以飾器物失取其液液滿則菑翳惟取於霜降後者爲良樊重欲作器先種漆樹人嗤之後皆得用向之笑者咸求假焉貲至鉅萬

柟木最長大爾雅疏曰木理細緻放豫樟子赤者材堅子白者材脆年深向陽結成旋紋者爲鬭柏楠

臘月種材宜爲居室亦宜於爲舟及家具

楸似梓長大釋名云楸梧早脫故謂楸美木也爾雅云大而皵楸小而皵榎皵音昔榎音檟

臘月種材可爲器物理有雲朶紋

温杉（葉細）刺杉（葉麤爾雅曰被杉身皆竦直一種檉木似杉而硬被卑彼切）

材理不腐可爲居室爲器用芒種時遇雨只斬其肄

以插之

楓（格物論曰樹似白楊）

其脂爲白膠香易長根側分其小木種之

櫧（小葉似茶木色似桝少黑結實小狀似栗掾蝟自裹味有甘苦）

材最堅白蟻不能齧而房之利爲居室實甘苦皆可

食可種

樟（體甚香葉似楊陳藏器云縣名豫章因木爲名相如賦注豫章二木生至七年乃可分別）

材可爲居室器物易長根側分小木種之老則出火

宋氏樹畜部　卷之一　九

自焚種不宜近家室

柏（體香葉細埤雅曰世云柏之指西猶磁之指南也）蓊（烏孔切）柏（葉容又名側柏）

材最利於造舟歲久不能磷（方忍切）敝苓堪爲合香者

所需宜以子種

檫（葉小而岐）

材善爲舟楫根側取小木種之

青楊（膚青）白楊（膚白）

材善雕刻伐其木則根能再發條肄移而種之（諺云一株死有百株楊）

長葉黃楊（種佳）短葉黃楊

材理細緻宜鏇器物子可種難長（東坡云只有黃楊厄閏年）

赤楊（即水楊）

材同楊臘月宜斬小條爲栵（音例）而插之於河壖（而緣切）

根深耐水藉以護堤（詩皇矣注曰栵行生者也）

吳茱萸（葉有紋惠民要術云種井上葉落井中飲此水者無溫病）

春月分小木種之子可種

梧桐（枝竦而疏葉大而歧膚青而細爾雅曰櫬桐）

材中琴瑟有子小堪食可種（莊子以爲桐乳）

榆（細葉膚內長而外脆種多皮細者佳字說榆瀋滑故謂俞瀋充甚切）倒垂榆（枝柔）

材堅可爲家具子可種

宋氏樹畜部　卷之一　十

大葉柳（似楊）長葉柳（枝弱有線）倒垂柳（長線麴塵旖旎又曰宮柳旖於蟻切旎女綺切）

材同於楊臘月斬大榦燔下焦而深插之稊（音題）則歲

可以髡而復條肄也（諺云根要焦埋到腰陷朱公云可髡以足柴）

槐（葉細色青綠結子角如豆春秋說曰槐者虛星之精）倒垂槐（枝脆爾雅注曰槐有數種葉大而黑者名櫰槐葉晝日聶合而夜炕布者名爲守宮槐櫰石回切）

材堅宜爲器倒垂宜接用直槐體其芽可芼其子可

種其花藍和石灰蒸之可以供染（埤雅曰弱槐初生不能自立即於槐下種麻脅槐令長旣植移而蒔之亭亭若一）

檀（葉似槐詩曰坎坎伐檀疏注曰檀可爲車者）

本草云椿木葉有毒令人口椿芽爲羹味不知其性也

材最堅臘月分根側小木種之

椐榆枌蜀

材理甚細可爲居室爲家具宜斬大幹揷之

椿葉長而疎格物論曰椿與樗相似然樗木疎而氣臭椿木實而葉香身大而榦端直有壽

根側分小木種之弱芽可蒸爲茹亦可生食

楝細葉踈榦圖經曰楝實即金鈴子也

材可爲器不裂取其子聯栩而窨種之長則騈部田切

結如垣墻然其本芒種時始種則每本有成紫花者

爲佳種也收子浸臘水貯甕中至夏月滌器蠅永不近取其子晒乾雜冬春米內不生蛀能殺百蟲

黃楝

春月種弱芽宜燖焐堪食居家必用以黃楝芽爲木蓼

椶櫚木膚爲椶一節生一匝葉從頂起甚堅韌而散頭杈㧞周出如張蓋子生於葉底漢書曰并閭

春月取子種任其椶自纏匝俟木大方裁脫之遂發

而長且大若栽之早形雖長而不復大矣木盛時止

宜春分栽其六葉秋分栽其六葉其子未透而苞者

名木魚肥穉堪葅畏雞糞經之則朽椶與木材皆利

於用東坡云斵我木魚三百尾

桑荊公夏詩云綠成白雪桑重綠

春間斷其枝瘞於地生條至臘月移種之平其根剪

去俟次年離跗四五寸剪去至後年又離舊痕四五

寸剪去始成木采葉以飼蠶自後每歲蠶老時皆剪

髠其榦令遂發條肄生葉採飼再蠶常鋤其園使熟

壅則惟以蠶椄莊子注云椄蠶糞壞也不宜於灌糞方俗云灌糞壽長根不長枝葉也種宜葉大而厚者良其膚堪爲紙材其黚堪

食亦堪種

柘多叢生條踈而直葉豐而厚

春月種子亦可種葉宜蠶其葉隔年不採者春再生

必毒蠶採不盡者夏月宜擊脫須盡

冬青葉光潤經霜雪亦不凋脫木理細而堅重本草曰女貞謝元暉詩云風動萬年枝徽宗試畫院諸生以萬年枝上太平雀爲題無中程者或容扣中貴曰萬年枝冬青樹也

水冬青葉細利於養蠟子

子可種堪入酒至長盛時五月養以蠟子七月收蠟

不宜盡採留迨來年四月又得生子取養蠟晒乾以

越布蒙於甑口置蠟布上置器甑中釜內水沸蠟遂

鎔下入器凝則堅白而爲燭材其滓盛之以絹囊復

投於熱油中則蠟盡油遂可爲燭凡養蠟子經三年

停亦三年巴蜀摘其子漬淅米水中十餘日搗去膚種之蠟生則近跗伐去發肄再養蠟養一年停一年採蠟必伐木無老榦

本草云橡子最益人可以賣食

柏 綠葉似杏經秋發赬色可愛木無直幹本草曰烏桕赬音蟶

子可種亦可接接於本體其子外白膜蒸鎔之凝爲燭材其子内肉杵榨之爲清油而然燈飾盖又用其材也

水槿 細葉小黄花又名水楊

臘月斬其條而揷之易成大木材可爲器宜養蠟子以取蠟

木槿 詩曰舜爾雅注云齊魯之間謂之王蒸 紅花 槿曰朱 白花 黄花 重葉花 四季花

臘月斬取小條爲栵而揷之可以編爲樊籬

肥皂 子形短而肥色紫 皂角 子形長如刀色黑木有長刺名天丁 豬牙皂角 子形小如豬牙色黑 香皂 子形圓小而香色白四木形葉不相似惟子氣味同

子可種材可爲器子可洗泊膩甚益粉黛

栩 音許即柞櫟木身長大伐則叢生而葉大爾雅曰其實梂釋曰梂盛實之房也其實橡也

子可種其斗爲染皂材其葉大用以苴物

樸 榆類即白駁木大而膚皴

子可種惟葉沙可磨滑牙角器材脆不堪大用

白皂 葉似楊

子可種其材中鏤刻

海桐 葉滑澀圓長

取子爲栵種之可爲藩障可接楊梅

楮 葉大而歧漏膚中有液能粘一名穀

子可種惟膚爲造紙材

榕 柳宗元詩云榕葉滿庭鶯亂啼

鳥銜其子寄生他木初如蔦蘿緣之根鬚沿木自垂得土氣則過所寄卷曲臭惡不可爲材然多清樾

桂 葉豊厚凌冬不凋枝條甚繁木無直體又曰木犀以其材理有花如犀角也 丹色 黄色 白色 古詞云狀元紅是黄爲榜眼白探花郎 早花 晚花 四季花 結子種

種宜高阜不宜灌以糞穢花時堪移屈其條壓土中

能自生根得取種之子可種不如壓者亦宜以冬青體接花甚香遠多所須於食物材亦中爲器

青松 鬣葉似松針則麤短而翠能守歲寒膚青内長而外遂浮疏之諺云括子松結一房數十葉一葉梂一子子外有殼有皮仁甚甘香滇南種子色黑遼種子色黄滇音顛

冬月種高阜處不堪修伐大枝修後必出脂液流盡遂爲枯翳小枝修時隨然烙鐵通紅烙之更以人糞調濘泥塗之能禦其脂液春間用沃壤篩潔細取其子種於小盆盎中以大器蓄水隔離之停貯於内杜蟻不能進齧其根愛乾雖常灌水使之微潤則止俟成形體漸以移種

榛灌生大葉其實核實外有笠有皮仁甘美

宜胡地南方間有之子可種

荔枝子殼紅鮮肉甚甘美蔡襄譜有紅鹽白晒之法

宜閩粵南粵楊誠齋三山生荔枝詩云甘露落來雞子大曉風凍作水精團

龍眼一曰荔奴子殼圓色青黃肉甚甘美

宜閩粵南粵

橄欖形似生訶子無稜瓣青可食味初酸澀後甘香王元之詩云良久有回味始覺甘如飴　烏欖仁大而甘香　綠欖

宜閩粵南粵

人面果肉甘酸核如人面其仁甚甘香美

宜南粵

椰子大如瓠皮若椶皮內有殼殼內有肉肉內有漿肉漿可食殼可爲器有大小材

宜南粵接椰子漿自然作酒氣飲之亦微醉名爲椰酒

梅實青酢黃甘花甚香　種有　鶴頂梅實大而紅　消梅實青可啖雖酢甚鬆脆無滓白花重者小單者大　冠城梅花白實甚大五月熟　時梅花白實大五月六月皆有　早梅花白實四月熟　冬梅花白實小十月用不能熟　綠萼梅花白萼綠實大五月熟　紅梅花紅重葉二種或結並蒂小實不堪啖方子通詩云紫府與丹來換骨春風吹酒上凝脂韓死後詩云錯認天桃有蹜香　玉蝶梅

春分前秋分後可接接用桃杏體及其本體

杏花粉紅實熟紅甘　名之著者　沙杏　油杏　文杏

金杏　小杏　梅杏一名交和子埤雅曰梅至北方多變而成杏

晚杏

宜燕薊

春分前秋分後接於本體及梅桃體化書曰梅接杏而本強者其實甘

桃家語孔子曰果屬有六而桃爲下　種多名之著者　金桃實皮肉色如金上有朱點味甚香甘實大時用油紙護之　銀桃實色白甘　王母桃實圓大甘　襄陽桃實圓大甘　半斤桃實圓大甘　鷹嘴桃實大端香甘

香桃木矮不宜澆糞其實香甘　綿桃實甘　匾桃實宜油紙護　墨桃實皮黑而肉如胭脂甘亦有匾者　早桃實甘五月可用　晚桃實甘八月十二月皆有　杏桃實甘無毛亦有匾者有曰油桃　緋桃千葉無紅花不結實暫結

雙實不甚用　碧桃千葉白花不結實單葉者有實　孩兒桃亦曰芙蓉桃千葉肉紅花不結實　瑪瑙桃千葉紅白相間花不結實

春分前秋分後接接於本體畏水十年後則脂凝而木枯以刀直劃其膚而流去之又延其有十年盛也

化書曰李接桃而本強者其實甘

玉桃實似櫻桃而大肉紅色熟甘

宜燕薊

李李肇國史補云李直方嘗第果實名如貢士者以綠李爲首今美者曰嘉慶子　種多名之著者　御黃李實熟肥甘　金沙李實熟甘　蜜李實熟甘　青脆李實青甘快　白李實熟甚甘　綠李實甘晚　紫李實熟

甘

早李實熟甘　晚李實熟甘

根側分其小木種之亦宜春分前秋分後接接於本體桃杏體壅便猪糞埤雅云性頗難老雖棘枯子亦不細

枝頭乾實如李乾熟於樹

宜大名南樂

柰棠果如李而無核

宜肇慶

櫻桃一名含桃子肥甘也　深紅子早熟　深紫子早熟　淺紅子遲熟

宜閩州　桃　曰蠟

枝榦節目間有根鬚常下垂春前帶枝插之子將肥

時得糞氣則易甘熟月令仲夏天子羞以含桃先薦寢廟

柰北方曰火剌賓實甚甘一統志云紅黃白三種陳子良云大長者柰圓者林檎刺膚達切

秋分後接接用林檎體及本體

林檎花似鐵梗海棠子半熟甘有漿又名來禽俗名花紅一種多紅者曰海紅

秋分後接接用棠梨體與本體春間以草稕之閏切之懸於枝端復支昂其條使長而下俯生子繁盛最易生蠹秋前皆善藏於木杪剖之可得過時則避入根斛間矣子將肥時得糞氣則熟遲久

頻婆似林檎而大南粵一種形如肥皂其核亦可煮食花書以色之鮮紅者爲頻婆

接用林檎與棠梨體

楸子熟甘酸似柰而小

宜陝西慶陽府及各衛所同林檎擣其汁熬之以爲果單

榲桲木如林檎花白綠色其實頗櫨但膚慢而多毛味酸甘

宜關陝

枇杷實味甘有漿古名盧橘按司馬相如游獵賦盧橘與枇杷並列又郭璞注云蜀中有盧橘通歲食之非一種也韻府云盧橘皮厚大小如柑九月結實正赤明年二月更青黑

不接者壽接者結實核少接於本體宜水淋淡草灰以壅於根側糞穢非其所便

優曇鉢似枇杷無花而實

宜肇慶

羊桃其實五瓣色青黃肉甘酸非萇楚之曰羊桃也萇丈羊切

宜閩粵

餘甘子又名菴摩勒狀如川楝子初食味苦澀少頃甚甘陳剛中使安南集云盧都子餘甘子皆珍味可食

宜南粵

馬金囊實似松子而殼薄肉皆細條而盤結食之甚香甘津溢齒頰又曰馬檳榔

宜金齒

波羅蜜實大如斗剖之若蜜其香滿室子練悉如冬瓜核可煮食能飽人

宜瓊州安南

楊梅實熟甚甘紫色楊誠齋詩云玉肌半醉生紅粟墨暈微深染紫裳白色曉揚州曰聖僧

宜潤處

春分前接接用海桐及本體壅便水淋淡草灰

黃彈似枇杷無核甘

宜閩粵

梨花白實甘香有槃埤雅曰百損一益朱子曰梨名快果安南有菴羅果似北梨四五月間熟多食無害一種相梨味酢澁故張敷曰相何比梨種之著者香梨

青消梨　瓶梨　綿梨　鵝梨　紫梨　水梨　金花梨　黃梨　紅梨　雪梨　寒梨

春分前接接用桑體過時則桑液濃融浮其貼而不

能固矣亦宜棠梨體摘去繁實實大顆用油紙護之則皮薄而不蹄駁實時旱喜恒灌水

棗實熟甚甘太平廣記曰木蜜棗子也哈烈有巴旦杏似棗而甜又名忽鹿麻種多名之著者瓠棗棗即壺甜棗　梭棗　雞心棗　細核棗　長棗又曰三寸棗　圓棗　大棗　小棗五熟龍棗枝榦卷曲如攀束然結實不堪食

種宜高阜不接者壽根側分小木種之詩曰八月剝棗

柹俗作柹非實熟甚甘格物論曰柹朱果也種多名之著者海門其經久雨即脫用油紙護體重大立竹木以支之銅盆　方蒂　匾花蒂火珠　圓珠　牛妳　步帶　杵頭　蓋

柹有蓋如盤皆朱色綠柹耐久藏閒居賦云梁侯烏椑之柹不澁可啖脆柹生而皆綠色

春分前接接於本體白露時柹生繁而摘下者碎擣每升水半升釀四五時沸液爲造雨蓋材實時雨多從蹠至尺許以膚間横裁斷之不脱

橘花葉枝榦皆香種多名之著者沙橘九月採實至春藏可經盛夏皮亦可用形大可食肉甚甘遠衢橘實皮薄香肉甘早黃實皮薄香肉甘蜜橘一種形甚匾肉皆少核甘甚實有皮薄而細者而麤者又小橘實皮薄囊少肉甘穿橘露至頂肉甘實皮薄心穿透塘南橘實名豬肝者肉甘名鱓血者肉匾橘實形大皮細青時遂可啖甘次綠橘實皮厚肉甘耐久藏金

橘實一種形如小彈丸皮香甚甘肉酸一種形如大蓮菂體長圓不一圓者皮香甘肉酸長者皮香甘肉亦甘少核花遲熟早

三月後四月前接接宜枸橘體畏乾生實時常以水灌之則肥畏豬糞易生蠹蠹化蝴蝶蝴蝶胎子還育於木爲孩蟲時得探去盡不接者壽惟難繼佳種也至冬下積秔稻穰壅之上織秔稻草包護之以死鼠浸糞中發肥瘗見橘根則生實繁盛釋書云如橘得鼠

柑花葉枝榦皆香廣東有種多名之著者香柑宜母子狀類柑橘味酸實形小而圓囊甚甘皮甚香甜柑實形甚麤大皮甘於囊乾柑實皮細囊少漿味甘耐藏至夏蜜曇柑實比乾柑有漿一種形小甚香脆花甜柑

實皮細青遂可啖囊最甘牛乳柑實形長如牛乳皮甘囊酸波斯柑實皮
蠹囊微若能耐久藏佛手柑狀兩手作和南禮有狀一手問訊禮無囊用皮青
柑實皮細囊酸惟青可啖廣柑實大皮辛囊酸酒柑形長皮苦囊酸得酒甘香

同種接橘法李衡種柑曰有千頭木奴及成歲得輸絹數千疋

金荳實形如荳皮辛香大核肉甚酸

同種接橘法

香櫞實又名枳皮甚香其囊酸

三月以核種之甲拆漸爲木

柚實皮香可食囊甚酸朱文公柚花詩云春融百卉茂素榮敷綠枝

三月以核種甲拆漸爲木亦宜同種接橘法列子云食其皮

汁已憤厥之疾

橙實囊酸皮可用杲木志橙似橘而非似柚而香韓子謂之瓌橙

三月核種遂苞體之亦宜同種接橘法自橘以下畏寒

枸橘實皮囊皆無用

二月取核索於穰絪間開泥溝種之成長時爲樹而
齊每年裁髡其頭枝葉從根生而比密且多棘針甚
能屏障散種者可接柑橘

栗其實梂有刺如蝟實有殼有皮肉甘有大小埤雅云北方之栗也

二月種子亦可接於本體子種其在梂中而方匾者他日生子豐滿

胡桃實有肉核有仁仁有皮去肉用仁甘香博物志張騫使外國還始得種

十月種子宜大石重壓其根使實生子不脫落

安石榴實有百數子成梂紅子甚明潤白子名水晶榴皆甘美酉陽雜俎曰丹若陸機
與弟書云張騫爲漢使外國十八年得塗林安石榴紅花結子甘黃花

肉紅花　四季花　並蒂花　白花

芒種時取小枝插之宜深能灌生亦可分小木種宜
伐盡留一幹則茂暑月烈日中亦宜淖音鬧以水糞又
喜旱喜肥以石置於枝間則宜結實視其花苞底尖
者不實惟可摘而簪戴其實以油紙護之雖經霜日
不能開裂詩皇矣注曰灌叢生者也

火榴

宜入盆翫五六月間置烈日中以水日浸日晒間以
糞穢淖之則花恒開不絕畏寒芒種以小條插俟活
遷入盆子酸細不堪食可種

餅子榴　黃花　紅花王禹偁詩云誰家巧婦殘針線一撥生紅熨不
開撥子葛切　白花　肉紅花　樓子花

芒種插其條宜肥澆法同火榴

銀杏實外有肉內有皮殼仁去肉用仁又名鴨脚

木大二月種子亦可接於本體大則隨其榦多寡各
裁枯以貼接之其材制爲家具雖久燥不裂不結實
從木對開小穴補以結實木遂結也

榧實有肉殼皮仁用仁東坡云玉山果本草云去三蟲

木大甚材爲器甚滑二月種子王右軍有榧几近時周公瑕有榧几寫七此几存王百谷家中

木蜜實紫黑色形似珊瑚屈曲成叢又名枳枸朱子謂俗言癩漢指頭是也曲禮曰婦人之摯椇榛埤雅以椇即木蜜也椇俱禹切

春前分小木種之種不宜近酒室使酒味薄材爲盛酒器遂敗酒作枕卧醉者易醒

木瓜實似桃而大味酸澀老稱有所須埤雅曰剪紙作花粘實得日露之氣乃紅其文如生一蓮香粗色黄本草云生壓汁和玄參甘松末作濕香

秋分後根側分取小木種之喜陰喜肥埤雅曰楙木瓜百益一損楙音茂

無花果葉似榖實味甘

根側分取小木種之

郁李灌生子如櫻桃甘若李爾雅疏云常棣一名棣

春月分小木種之

羊棗實如小柹今人謂之羊矢棗

春月取子種之

蒲萄張騫遺種劉禹錫詩云繁葩組綬結圓實珠璣壓　紫實　水精實皆有圓有長甚甘有鬆

二三月之間斬其藤插於芋頭或於萊菔頭中種之造高架以承受其藤葉一日以冷茶灌間兩日復以

水灌一度茶二度水又宜灌以肥肉汁同於灌茶生子逼側亦爲酒材宜根接

八檐仁味甘仁似杏子仁而甘香

宜回回田地

必思答味甘仁似榧仁而色赤酸甘有香

宜回回田地

君遷子有汁如乳汁味甘平吳都賦云平仲君遷皆木也南粵今爲牛妳子

宜南粵

大欒有大如斗者味極甘美

宜滇南鎮康州

鮮子大如棗味酸

宜滇南鎮康州

朱蕉　黄蕉　水蕉　牙蕉皆花色葉似芭蕉而微小花如蓮而繁密日放一瓣放後即䕺而結子䕺儒誰切品類甚多不能盡載

畏寒至冬以柔穰密護不令着霜雪氷凍有故體則能開花結子名蕉黄春間勾萌時分種之出閩粵者佳灣甸州志開花結實味甘可食一統志名蕉黄韓文荔子丹兮蕉黄霏雪錄云蕉黄如柹味極香美勝瓜

椒爾雅曰檓大椒檓欣詭切

取帶目未開子雜乾壤同入罌中密封口倒置垂堂下有南日之地每日須令晒之至二月開種皆生臘

月移蓺其子油甚香美能宜食物

茶（本草云茗苦茶）

一月間凡一坑下子數粒俟長耘種之每株離三四尺爲行惟以水灌不便於糞三年遂可採造之矣（茶被不可移植移必不茂世俗婚聘用茶蓋取一定不移之義云）

茶蘉（葉如茶而長大五六寸食之有檄欖餘甘之味本草曰皋蘆是也）

宜南粵

荷（蓮藕皆甘美有粱葉用鹽點其蒂晒乾亦堪用爾雅云荷芙蕖其莖茄其葉蕸其本蔤其華菡萏其實蓮其根藕其中菂菂中薏）　黄荷　紅荷　白荷

碧荷　富荷　四面荷　並蒂荷（皆以香名之有藕又有蓮者有蓮而藕小者有花重多而無蓮藕亦小者）

立夏前宜淺池種之先放池水令竭斸以種稻腴土築使平實以卧其藕遠去四五尺爲一本覆以濘泥而後以水没焉須立露其萌勿着流下隨形體漸以水加之也宜糞秋冬視水旱漸取其藕疎而易大種於缸器中疏者則壅以酒糟皮角等末屑甚畏婦人入水經之遂作㾪（於爲切）腐

喜雨（王荆公詩云新荷挾雨驕墨娥小録云用蓮實裝於雞子空殼中紙糊其口與雞母伏候雞兒出日取出以天門冬爲末和肥泥安盆中將蓮實磨穿一頭種之勿令水乾自然生葉開花如錢）

菱（實殼澀肉肉甘有粱酉陽雜俎曰武陵記四角三角曰芰兩角曰菱）　種有紅色

青色　長　圓　大　小　早　晚

宜淺水清明時置水中養取長萌者用蘆竹斷之插肥水土中上露顛體遂依蘆竹識其本可以着糞（仇池筆記菱花背日開故菱寒）

[redacted]

旱種宜膏腴地種之纏以架灌以水糞

芡（實又名雞頭一名水硫黄）　無刺（殼不苦澀肉味香甘柔膩）　有刺（殼苦澀肉味次）

宜淺水中留帶膜者五月種之凡摘時須認記結實之日如巳七日可摘過八日則遂堅老矣（仇池筆記芡花向日開故芡暖）

蓮心（子角柔肉甘香浙人又名茶菱）

宜茂水五月種之俟其結子成連根葉收取晒乾擊落其子若種則留其帶角者

鸚歌舌（范石湖虞衡志云即紅鹽草果之珍者）

宜桂林

地栗（子甘有粱即葧薺）

四月時先種於濕土間令已成形體五月盡以腐草壅水田移蒔之必理其根平覆於淺泥上行宜甚疎壅便狗糞恒蓄以水至九月開土中視其子色已紅則樵去其莖以養其子氷霜後可鋤得甚甘嫩老者

擣其汁堪作粉再種曰蒋

甘蔗長短不齊長者五六尺短者三四尺狀似竹有節無枝實中直理葉似荻聚頂上膚粘于肉味甚甘有漿因横出故曰蔗生子虛賦曰諸柘本草云赤色名崑崙蔗容齋五筆載蔗有四色本草云廣州一種數年生如大竹長丈餘續記云交趾蔗圍數寸長丈餘世說扶風蔗一丈三節見日即消見風即折

三月沃土横種之節間生苗去其繁者至七月取土封壅其根加之以糞穢遂成長而可收矣雖常灌水不宜久蓄俾水勢流滿濕潤則已今飲食所須甚廣杵濾其漿水煎之爲赤砂餹易以一法煎之爲白砂餹又易以一法煎之爲餹霜也

宋氏樹畜部卷之一

宋氏樹畜部卷之二

華亭宋　詡久夫甫著
從玄孫懋澄稚源甫校

種花卉法

山茶葉似木樨而豐厚經冬不少脆　寶珠蘇子瞻詩云葉厚有稜犀甲健花深少態鶴頭丹　楊妃花肉紅色開早　四季花宜寄枝寄用本體　黃花香　宜寄枝寄用茶體若山茶體花仍爲紅色　白花宜寄枝同黃花一種玉茗如山茶而色白黃心綠萼　磬口花　磬口花宜子種　茶梅花萼如山茶而小凌冬不彫

宜寄枝寄用山茶體

繡毬花大葉皺體屈折一花五瓣百花成叢一叢如毬其毬滿樹

宜寄枝寄用山茶體

紅花　白花宜寄枝寄用八仙花體

玉蘭按木蘭翠葉紫房今玉蘭花白而香如蓮亦有黃者相傳即爲木蘭大理府志木蓮花樹高大葉如枇杷花如蓮有青黃紅白四種形與玉蘭相似今疑即其黃白花者耳

宜寄枝寄用木筆體花香似蘭故名陸龜蒙詩不知元是此花身

木筆灌生花紫白深淺二種即辛夷甘泉賦曰新雉

宜根側分小本種之宜斬小條插之

玉蘂花周必大云條蔓如荼蘼冬凋春茂柘葉紫莖花苞初甚微經月漸大暮春方八出鬚如垂絲上綴金粟花心後有碧筩狀類膽瓶其中別抽一英出衆鬚上散爲十餘蘂猶刻玉然花名玉蘂曾端伯以爲瑒花李衛公以爲瓊花黃山谷以爲山礬皆非也王建詩云一對玲瓏玉刻成楊巨源詩云蘂珠宮上玉花香此與玉蘂花傳神也一統志瓊花下曰一名玉蘂花今以八仙比之似非必大之論

今無州土　不曉必有差悞

山礬花白江南取以供染故曰山礬

宜根側分小木種又宜以小條插必存其故土

七里香碎白花又曰九里香

壓其枝俟生根分種之葉能染黃

八仙花體葉似繡毬白花八朶爲叢橫分出之形似瓊花然瓊花不結子瓣厚而香八仙花結子瓣薄而不香雲南一種鄧花亦八蕋有五色

宜分種其小本體可寄繡毬瓊花種絕後人以此代之

銀毬花白似毬形小葉似桑

宜脆木法

海棠賈耽著百花譜以海棠爲花中神仙無香惟大足縣產者有香　垂絲梅聖俞詩云胭脂色欲滴紫蠟蔕何長　宜寄枝用櫻桃體　西府東坡詩云朱唇得酒暈生臉翠袖卷紗紅映肉林深霧暗曉光遲日暖風輕春睡足　臘月開其根外爲小溝只長條本可以移種亦可以枝插不花發其已花之木爲針內於根跗間則花也　四季鐵梗又曰祝家桃花同西府枏微堅　宜根側分小本種　貼梗灌生犬木小花　宜根側分小本種　黃海棠海棠譜洪适有詩

棠梨花似海棠色白子白者曰棠赤者曰杜
根側分小本種子亦種遂苞體體可接梨又可接林
檎頻婆材細中於鏤刻
八寶妝葉如椿白花結子青紅碧綠如寶石之錯雜然
春月種
紫薇花花碎色紅開甚久格物論曰俗名怕癢花今名百日紅
春月根側分小本種之
金松垂條如弱柳結子如碧珠三年子乃一熟每歲生者相續一年新舊生熟皆綴於條上嶊錯相間嶊七罪切
出台州

紫荆花大葉花繁碎紫色灌生
春月根側分小本種之
刺桐花小葉身有刺今又曰海榴
紅花枝幹堅大成木歲寒集曰晴烘鶴頂丹　白花條柔　以春月分其根側
小本種之
紫槐似槐幹弱而花紫即守宮槐
春月從其根側分小本種
檉葉甚細條花粉紅枝弱下垂風中裊娜又名西河柳
春前斬其榦插之
牡丹花甚肥大多葉高簇者曰樓子埤雅曰世謂牡丹爲花王周濂溪曰牡丹花之富貴者也花葉單者曰山丹
花品甚衆歐陽文忠公及今　周府皆有譜記之詳
而種植灌溉之法不同蓋余家松江薄音博下隰之處
土中常有瀦音猪水多灌則土冷淖而寒生意根更蝕
朽初分者天久晴燥間十日灌一次至立冬灌一次
臘月終灌一次纔得春意遂挾春驕後不宜灌怯春
風護着花豐秋分逼起出於土面視根盛析而種之
或劚竹足切　芍藥剪牡丹枝兩裁爲七頭接之至來秋
驗其本體生根裁去芍藥即眞也花過速剪去則花
床無傷霏雪錄云張茂卿嘗接牡丹於椿樹之杪花開時延賓客推樓觀焉

衣羅花長葉有紋如羅花粉紅一名間竹芿花
畏寒壅便雞糞澆燖猪退雞鵝等湯宜脫木法宜根
側分小本種
剪羅花花甚紅
畏寒澆法同衣羅出南粤
佛桑花葉似桑而小
黃花　紅花蘇東坡詩云焰焰燒空紅佛桑　白花　紫花　淡紅花
畏寒澆法同衣羅出南粤
茉莉葉如茶而大江奎詩曰他年我若修花史列作人間第一仙
白花甚香　重葉白花甚香　澆法同衣羅出南粤墨娥小錄云在盆者

立冬時必入房內遮風常置有日之處至立夏乃出外去上面舊土一層再加新土培之不宜太肥至長葉而後澆肥也黃氏日抄云以米漿日澆之則花可耐一夏六月六日以治魚腥水一澆益佳

荊梅條似梅花似菊一名仙梅一名鐵杜梅

澆法同衣羅

杜鵑花廣記南方多躑躅花照耀如火即今杜鵑花本草言羊躑躅花黃似鹿葱躑丈隻切躅馳祿切

鮮紅花東坡詩云披香殿上紅氍毹氍巨俱切毹山于切　粉紅花皆重葉而小　性喜陰澆宜天雨水井水畏煙油

映山紅全類杜鵑

肉紅花　白花　淺深數種花皆單葉　春時從根側分小

本種

梔子葉圓長有紋一名越桃子虛賦曰鮮支杜工部詩曰紅取風霜實青看雨露柯

單花生子　重花子小而少　四季花皆白色　五月芒種時穿腐木板為穴塗以污泥剪其枝分板穴中浮水面候根生破其板為客栩而種之可以樊圃有每枝以沃壤一團插而置之鬆畦內常灌水候生根移種之亦宜芒種時其子為染黃材貨殖傳云梔茜千石亦比千乘之家茜此見切

蠟梅灌生葉長而沙涪翁花詩云色染薔薇露體熏山麝臍

磬口花宜子種芒種時　檀香花　狗蠅花宜從根側分小本種

棣棠灌生葉有紋如麻冀越集曰黃花開上旺時春季則棣棠夏季則黃葵秋季則菊冬季則蠟梅余觀棣棠遇季月即開今亦有白花者

花時從根側分小本種之輔以屏架

金絲桃灌生葉長花黃多鬚

春半秋半宜從根側分小本種

金梅灌生短葉花黃似梅

春時芒種時從根側分小本種

錦帶灌生花粉紅若桃王元之名曰海仙

春月根側分小本種

荼蘼灌生作酴醾酒山谷詩云露濕何郎試湯餅日烘荀令炷爐香東坡詩云分無素手簪羅髻且折霜蕤浸玉醅

白色花　鵝黃色花春月分根側小本種以屏架輔之

刺蘼灌生細葉多刺紅花重葉狀玫瑰而大無香

春時分根側小本種

含笑花形葉似梔子霏雪錄云花若菡萏未開時故名

紫花　白花楊廷秀詩云大笑何如小笑香紫花不似白花妝不知自笑還相笑笑殺人來惱斷腸

春月移種

月季灌生小葉

紅花　白花春前剪其枝深插於肥土中俟生根移

種之輔以屏架花謝結子即摘去花開恒不絕
玫瑰花灌生多刺細葉
黃色花　紅色花唐詩云蘸粘宮額粉花勝醉仙妝　白色花皆香堪入酒入茶入蜜春時從根側分小本種輔以屏架
繡停針灌生小葉似郁李俗名馬鞭花
粉紅花　白花皆重葉　春雨時分根側小本種
瑞香葉光潤有黃邊者枝頭甚繁體幹柔韌
黃花　紫花楊萬里詩云紫茸翻了白花枝　白花　二色花一體有紅白又日數本　樓子花　單頭花　串子花皆有香　帶花枝插於
背日處或於初秋時插於水稻側俟生根移種之

丁香花白葉如瑞香
春月分根側小本種之
[illegible]香枝葉如瑞香而大花淡黃無所奇惟枝柔可以束結毬物之形
春月分根側小本種之　花木中之至多惡者
鬢邊嬌灌生紫花又名柳穿魚
春月分根側小本種之
芙蓉灌生花葉俱大一名拒霜唐太宗詩云游鸜無定曲驚鳧有亂行
轉觀花紅白相間次第開謝深淺數榮　紅花　肉紅花　黃花　白花　四面花七月遂開　十月花謝後則髡其條斬成尺許之段卧置向南日墻下覆以乾壤候來春見節目間

勾萌有體則爲坎深插於中皮柔靭連條風戾之至春漚於池以糾緶索徽纆甚能勝水歲可髡用也
金鳳花灌生細葉黃花俗名金雀晏殊詩云九苞顏色春霞萃丹穴威儀秀氣殫
春雨時根側分小本種花堪芼食
珍珠珮灌生白重花如繡停針而小有單花而細張舜民詩云千璣萬琲照庭除
春時分根側小本種
天竹葉小銳而耐冬開碎白花結紅子成叢
冷茶或退雞鵝翎水澆春時每株分移之子亦可種
秋後裁髡其幹留孤根俟春遂長條肆而結子則身低矮其子蕃衍

虎刺葉潤而細枝間有刺子紅養生雜纂云壽庭木也
子可種喜陰退雞鵝翎水并臘糞澆之培護年久層層葉綠如蓋結子若綴火齊然
葉下紅一幹數枝橫出綠葉結子於葉底經歲常紅新舊相續
澆同虎刺法
雪裏紅葉細柔結子至冬始紅
澆同虎刺法
木香灌生條長有刺花香甚清遠
黃花　紅花　白細朵花紫心者佳　白中朵花　白大朵花宜臘月斬其條插之立屏架以爲輔

金沙花灌生條長有刺紅色微香王介甫詩云海棠開後數金沙高架層層吐絳葩咫尺西城無力到不知誰賞魏家花
宜冬盡斬其條插之輔以屏架
寶相花灌生似金沙花亦紅色差大
宜冬盡斬其條插之輔以屏架
佛見笑似金沙肉紅花大朶一種花小而開遲曰玉堂春
宜冬盡斬其條插之輔以屏架
十姊妹似金沙花數朶成叢肉紅花色即錦被花霏雪録曰錦團兒
宜冬盡斬其條插之輔以屏架
薔薇灌生有刺本草以花單葉白者結子爲營實花單白者香

黃花大朶花 紅花 紫花 肉紅花 白花香皆有重葉而厚疊者
宜冬盡斬其條插之輔以屏架
素馨灌生即那悉茗花生王素馨冢故名
黃花細小香而醞藉莖葉綠肥而梢堅 白花細小香而醞藉葉青而微柔 春雨時
分根側小本種宜撏猪湯退雞鵝翎湯澆立屏架以
輔之
迎春細葉柔條花黃小又名金鎖玉連環花二瓣一紅一白自相勾挽
春前從根側分小本種以屏輔之或取其枝壓地中
節目間即生根可移
錦闌干葉長條柔小黃花又名金釵

近時建蘭皆一莖數花也又今漳浦所宜二三月間賣此花者甚是上皆一莖數花者惟杭州來有一莖一花

同迎春種法
潑雪藤一葉一花甚繁而白朶若梨花經春至夏
春雨時取枝條壓土中生根移種之輔以屏架
辟麝香
春月從根側分小本種於園庭中能祛麝氣
芍藥苞生花似牡丹埤雅曰芍藥爲花相
品類甚衆劉攽王觀皆有譜今不重叙秋分時分其
苞根種者交春即花春分時分者次年方花澆如牡
丹喜肥向陽畏陰濕詩下泉註曰苞草叢生也
蘭苞生一莖一花清香石門山有春蘭秋蘭鳳尾蘭素蘭石蘭竹蘭又福建有建蘭

花時種之喜陰宜皮屑浸水澆壅便雞糞楚詞余既滋蘭之九畹又樹蕙之百畝山谷云蘭似君子蕙似士大夫大槩山林中十蕙而一蘭
懸蘭
束以銅絲懸於架簷間不着以土惟宜取冷茶清潠
蘇困切之自生自花
箬蘭濶葉紫花無香
蕙苞生香同蘭一莖數花
春雨時種之喜陰
春花 秋花 四季花種同蘭法
萱苞生一名鹿葱一名宜男傳玄賦曰令草宜男花也

春花　夏花　秋花　冬花有紅黃重葉單葉　麝香萱二色花甚
香淺黃者又曰金萱白者又曰銀萱雨中分勾萌種之其稈芽花𣢾皆
可食芽𣢾春宜夏秋不宜潁濱詩曰呀然黃鵠嘴
芭蕉苞生葉甚長大漢書曰巴且草
畏寒冬以柔穰苴之護其霜雪能開花花倒俯花瓣
中積水如蜜名甘露侵晨取食發時分其勾萌爲種
根堪作脯
水仙苞生根有囊花清香山谷詩云水沈爲骨玉爲肌
金盞銀臺花　重葉花六月時其根囊自出土上通
鋤起晒六七日收至九月浸糞中亦如日晒數取瓦

規沃壤用露芽向上苞種之則花繁密而葉短少
寶蓋花苞生花紅下垂結細子
春間宜分其苞根種之
金蓮花苞生開花結子霏雪録云似蓮而小色黃如金六七月開
春間宜分其苞根種之
長春菊苞生又名倭菊花黃
子落即苞體遂花花後即結子花恒不絕
剪金羅花黃色　剪黃羅花紅色　剪春羅花丹色　剪秋羅
花紫色皆苞生
三月分其苞根種之或春以其子稀播於絕細濕糞

壤中遂勾萌也
紫河車本草曰蚤休黃紫花蕋赤色上有金線垂下俗呼重樓金線
春時從根側分其子種之
石菊苞生又名瞿麥
紅花　肉紅花　紫花　白花芒種雨中分根葉種
之
洛陽花花似石竹而色嬌艷苞生
紅花　肉紅花　紫花　深紫花　白花春雨中分
根葉種之
百合長四五尺葉小而花大一名摩羅

麝香花色微黃有香　珍珠花色紅有黑點莖葉中有紫珠　根有囊可剖春取
其囊甲分種之囊可蒸食
渥丹本草曰中庭花亦百合也古名山丹花小於百合
紅花楊廷秀詩云怫紅一色明羅袖金粉羣蟲集寶簪　白花根有囊種同百
合
玉簪花苞生大葉花香白色又名白萼涪翁詩云玉簪墜地無人拾化作東南第一花
紫萼有葉青白名間道花紫色　黃萼花黃色
春雨時分其勾萌種之
鶯花莖長四五尺花甚大嬌好本草曰罌粟又曰米囊花
花色數十品紅白紫淺深重葉單葉之異八月種子

以墨緇之有雜以萊子熟屑皆能制蟻不銜子可食
蘿以糞壤肥則有重葉

滿園春 似鶯花而小即虞美人

花色數種紅白深淺重葉單葉之異治沃壤臃八月
種其子以糞水澆之肥有重葉

菊 色青肥盛長有五六尺本草云一種莖紫氣香而味甘葉可作羮食者爲眞一種青莖而大作蒿苦氣味苦不堪食

花類百餘種劉蒙范至能史正志皆有譜不能盡品
第其花之色後有好事者又喜用其巧意而一種易
二三名呼之季秋時月得翫此花亦爲美景非必爲

隱逸花也濂溪謂陶之愛亦寓言耳菊本苞生清明
時毎莖分析預以猪糞更番爲沃土取瓦規之而種
雖怯水亦常喜陰又須三五日澆以糞水長約八九
寸則斷其中頭留二三頭令齊長捕椏 爲春切 爲倚倈
至秋又長枝蕋必摘去其繁衍毎枝帶花一朶不過
八朶九朶則花大而茂耐久觀翫擊瓦礫覆其土不
使淺點葉上葉從根對而青容也

秋牡丹 苞生花小而形如牡丹色紅

苞體時雨中分而種之

秋海棠 葉大俗名斷腸草花狀海棠雖四瓣亦嬌美

二三月取子種於背日巖谷之間喜陰有毒

蜀葵 葉微大爾雅曰戎葵

花深紅淺紅紫白色數種皆有重葉單葉秋間花後
只宜種子淩冬不凋春雨時移澆之肥則多重葉

錦葵 葉大而肥厚花小爾雅曰荍曰蚍衃註曰今荊葵也荍音翹蚍音毘衃音浮

深紅色花 淺紅色花 葉皆單 種同蜀葵

黃葵 葉如芙蓉花色正黃而大

二月以子播種

夜落錢 葉長綠

純紅花 石懋詩云春來買斷深紅色燒得人心似火然 肉紅花種同黃葵

子能逐下敗血故催生用之

鳳仙花 葉長莖肥花嬌北人名海衲花一種川鳳仙花開早

子名急性子可以催生

花色紅紫肉紅白點紅數種重葉單葉之異二月以
子播種搗花葉同礬可以飾指甲作絳色莖亦可以
爲葅

露水菊 長葉又名滴滴金花如黃菊即旋覆之重葉花也

乘露重滴入土自生生而遂花

觀音菊 苞生花藍色如盞頭有心如人

春間分其勻萌種之

紫柳 苞生葉綠如蓼花細紫而長穗又名水紅花

春月分其勻萌種之

三春柳苞生花細紅而穗長

春雨時分其勾萌種之

雞冠花葉長莖肥長有止長一尺許者蘇子由爲綬雞冠

紫紅花　肉紅色　白色有匾濶者有鋭長者二月以子播種之

金蟹花苞生翠葉黄花又名金蝴

春時播其子或雨中分其勾萌種之

蛺蝶白花　青花即烏扇　紅花皆苞生

春雨時分其勾萌種之

涼繖紫花　肉紅花　黄花　白花數長朵爲叢橫開如張盖皆苞生

春雨時分其根種之

金燈花苞生根名石蒜花紅數朶爲一叢橫開如張盖李商隱詩云蘭膏爇處心猶淺銀燭燒殘焰不馨

野生秋深蕊挺出土中葉至花盡乃發移植宜春雨後

山慈菰花淺紫如萱

春雨時種根有囊皮中有綿綿肉有肉堪食

觀音芋花大一瓣如蓮有心如人坐者

春雨時分其根種之

補錦衲形葉似莧而長詩曰邛有旨鷊爾雅曰虉注曰小草雜色如綬又有深紅間淺紅曰老少妍者曰秋紅者鷊音逆

二月以子播種

北蜀葵葉肥又名山芥菜即地黄花紫紅

二月分其根葉種之

野黄花花萼如錦葵黄色

二月以子播種

辟雪苞生小白花

初春分其根葉種之

深紅蓼條花爾雅曰紅蘢古　淺紅蓼皆花色蘇東坡詩云旰雨幽花無限思抱叢寒蝶不勝情

二月以子播種

二至花苞生花小紫白色夏至花開至冬至止月至巳時則舒故又名巳時花

春勾萌時分種之

水金蓮葉滑而肥小黄花

春盡分其根莖種淺水中根亦可蒸爲茹

凌霄花大紅黄色詩曰苕又名紫葳苕音條

春間分根側小本種緣於他木酉陽雜俎曰花中露水損人目

枸杞小葉紅子

春間分根側小本種緣於他木其枝最多曲折子可爲金髓煎有截短莖束把爲畦種之漸刈其頭苐以

金髓煎甘草
枸杞也本地生者
長生自備生力

不宜爲服食之列

爲茹

紫藤 白樂天詩云藤花紫蒙茸藤葉青扶疎 黃藤 亦花色

春月時分根側小本種之緣於堅木方能耐纏花可蒸爲茹

西番蓮 小岐葉花微綠色

春雨時種立屏架纍之以枝卧地則節節有根生用而分移

挂棚紅 子紅色 挂棚金 子黃色又名毛藤

春月時分根側小本種緣於他木霜後結圓子纍纍若聯珠

纏枝牡丹 莖葉俱柔花色粉紅即米䉵根重葉花又名皷子花鄭谷詩曰落日風吹皷子花

黑牽牛 子黑花碧秦少游詩云仙衣染得天邊碧乞與人間向曉看 白牽牛 子白花紫皆岐葉柔莖

春雨時分其勾萌立屏以纍之

錦荔枝 莖葉皆柔即苦瓜長短二種有土瓜結子如肥棗熟紅多瓣甘酸

春以子播種結椏與扶向晨則花鮮見日則甤

春月時以子播種立屏架以纍之結瓜色青綠老熟而紅黃皮肉磥砢 磥力罪切砢力可切 斑斑如錦生時可麤熟而淹以爲葅 詩曰蒸在栗薪

萬歲藤 即天門冬杜子美詩曰天棘

春時取其勾萌分種立屏與纍之蘿葉過密真如檜柏插椏亦宜 文公朱先生詩云高蘿引蔓長插椏垂碧絲

薜荔 纍木者木薜荔纍石者石薜荔名木蓮者子可食有大葉細葉皆小白花味香

春雨時分其根葉種之藤蔓交錯根鬚繁密纍依墻壁間凌冬不凋秋間紅葉帖帖有如畫景 柳柳州曰密雨斜侵薜荔墻

石菖蒲 有虎鬚者有旋如錢者一名昌陽楚辭曰蓀

芒種時種於拳石間石須上水者爲良根宜蓄水而葉不宜近水以木板刻穴架置寬水甕中停陰所葉

則向上而立居室內亦見明而向當更移轉置之怯熱手炙怯酒氣腥味見日霜雪煙火皆甤喜雨露遂挾而驕夜息至天明葉端有綴珠宜作綿捲小杖抯去則無黃葉杪愛滌根若留以泥土則肥而麤須恒易去水滓取清者續以新水養之久則細短油然葱蒨 音茜 水用天雨惟嚴冬經凍根浮矮腐即去水藏於無風寒密室中常墐其戶遇天日煖少用水澆

珊瑚子 小草枝柯不長葉大而疎子肥而紅陵寒不凋

喜陰春時雨天移種

鳳尾草 小草色青葉紋

喜陰春雨時移種
長生草即金釵石斛開小白花甚馨
根荄間纏以人髮鐵絲絡之懸風日中自生
翠雲草小草
喜陰春雨時分其勾萌種於幽厓深谷之間發細葉
柔莖重重碎蹙儼若翠鈿
金絲荷葉有毛絲紅銀絲荷葉絲白
喜陰春雨時移種
惟治耳中之疾茁神効
水葱葉圓青潤直生又名一丈青
喜陰春雨時移種於濘泥中蓄水養之

萬年松寸許如松亦有如檜肥大而佳蜀有五色琅玕樹儼若珊瑚有枝無葉
冬宜乾收夏宜水養拳石之間喜陰
頭陀草即麥門冬有葉無莖結子青碧若瑟瑟之珠
雨取根葉分種而蓧之向陰則葉色常青
吉祥草綠葉柔莖世云花開則有赦結小紅子
雨過分根葉種於陰厓處色常青
蘭草有葉無莖似麥門冬稍矗紫子
雨中分其蓧種於陰崖處色常青漢書草叢生曰蓧
香草小葉柔莖結細子
俗名杭引香草也
出丹陽八月種四月刈以湯焯之以稻穰覆五七日

晒乾其香能匹零陵香
景天小草色青肥嫩即愼火草
宜陰植之無火灾雨中分其蓧而種植之
藍大青難生少刈小青易生多刈
二月以子播種用灰糞覆肥至五六月則刈其葉餘
𣍿二三寸取葉水浸缸中停晝夜去葉存水每缸計
礦灰八兩或九兩以把器擊撞攪之澄清去水下積
者即靛也以爲染青材其根𣍿間復灌之以糞水俟
葉盛時再刈取靛一年可刈五次七次子陳久者播之則刈次多每畝計子二斗

紅藍綠葉有刺長四五尺即紅花
八九月播種其子五月侵晨採花微擣之以囊盛入
河水洗去黃汁取青蒿覆一宿成薄餅晒乾爲染絳
材擣其子煎𤋱膏爲蔬筭家所須
茜葉似棗葉而頭尖下濶三五對生節間蔓生一名茹藘一名茅蒐茹音如藘音閭蒐音搜
齊人作畦種時採根以染絳自齊西之地尤多
檾音絅大葉
三月以子播種六月刈取其皮堪爲繩索需
苧大葉
二月種五月刈取其皮以績凡越布之潔白者皆此

洴音屏澼音霹而爲之也七月再刈九月又刈其穉頭堪苎和米粉爲餅餌績者以首苧柔木苧脃惟二苧能治爲細布

綿花長四五尺葉青花黄結鈴有綿亦曰花有白紫藍之色

立夏前用水潤其子染以草灰播於犁鋤旱地之間爲溝宜深既甲拆有體當芒種時須經三番鋤過則茂其冗者皆令鋤茠音薅去之惟一尺近一株爲得中秋前又逼摘去其散頭則開花繁結子多八月收鈴穰紡織以爲布其子亦可榨油爲黏舟材南粤有攀枝花木亦曰木綿花開甚爛熳其穰止可實卧褥

萬年青苞生葉甚綠厚

四時雨中分其根葉種之喜陰

余觀花卉曾端伯取爲十友張祠部圖爲十客者皆欲寄一時之趣向耳今余此法非有幻胡辦切世絶藝能變易花色惟樹藝及時灌溉適宜而種種色相聚於一所爭芳鬬妍自有天然生意存焉不惟可窺造化生育之妙而亦以爲養生衣食之需如周子庭前青草不除雖無幾多奇花異卉於目前各寓自家一箇意思也觀物者其必泥迹哉

種竹蘆等法

猫竹體甚大色青有節枝葉生節間葉尖長滿筍可愛凡竹之生隨筍而長大一去籜脚見稱葉遂無俗思

作器用材甚廣筍可食潭筍沙筍皆此竹也

台竹體大

作器用材甚廣筍可食

斑竹體大博物志云舜崩娥皇女英二妃淚下染竹成斑

作器用材小大皆宜

筀古惠切皮厚竹

作器用材筍可食

猫筋竹皮韌

作器用材

篾竹皮韌色甚青

用材甚廣

水筋竹皮韌厚

作器用材

黄孤竹皮韌厚

作器多用材

石淡竹節疎

作器用材居多

大箕竹竿長皮薄

材宜爲器筍宜食

碧玉間黃金竹 色青每節間一道色黄

作器用材筍遲晚宜食

黃金間碧玉竹 色黄每節間一道色青

材脆不堪作器筍可食

紫竹 初年色青二年色改紫黑

作器用材大小皆宜筍味歛

方竹 體方葉長而密

材不大無用於器宜燕土種之充玩

燕竹 春社時燕來即有筍故名有紫白籜二種

材脆薄無用於器筍皆可食

慈孝竹 夏筍出於竹內冬筍出於竹外有夏凊冬溫之情故陸機草木疏曰慈竹又曰孝竹述異記漢章帝三年子母竹生白虎殿前時謂之孝竹

密種爲籬能絕人行迹用大釘先實以土幾半取石墊平又實土種之經十餘年後其根縱横貫結錯綜 子宋切 盈缸鋸解爲臺面其紋可愛

已上竹如種木法自八月至正月皆堪移移須記南枝不改其向則易茂有以五月十三日爲竹醉日可移竹然雖過暑月移則帶其故土殆數人舉之者易生也諺曰十人種竹一年成林一人種竹十年成林此之謂也

箭竹 節長三尺堅靭

春雨時移種

觀音竹 形細小

春雨時移種庭除間以供清翫

椶竹 形狀椶櫚大者徑寸長者過一丈許即漢賜孔光靈壽杖也又曰桃竹

出南粵畏寒怯春風芒種時從根側分析之或一竿或二三竿須根盛者種盆盎中置陰所則葉青柔可翫

鳳尾竹 形甚小葉甚細長丈許

每春未筍前伐去計二三竿爲一本分種之出筍則細幾尺者入盆中可供翫

東坡竹 形細小葉如大竹長者三四尺儼有長竿秀麗之態

同鳳尾竹種法宜入盆供翫

箬竹 形細小葉甚長大

雨中移種近河壖能防岸不虧葉材可爲舟篷等禦雨之具造茶所尤珍寶之

凡竹壅便人糞不便猪糞有袓竹生花者已不筍矣則斫之灌漑以人糞或盡斫之重以其苞根種或薙之壅以稻稈下泥皆能致茂挑劉 鋤銜切 去筍時遂以

腐草覆蓋又灌以糞則竹不能衰畏水又畏大旱凡沿入別地則開深溝斷絶或溝中卧之以芝麻稈蓋竹所忌也瘞以死猫則能引過鄰墻釋書云如竹見猫音戴凱之有竹譜已備竹之名狀性質此但記所植之竹有此數等耳大槩種法亦不異於此也劉寬夫剝竹詩云有清風瀑處之効無皦日明姦之機檀欒風生韻合宮徵黄山谷種竹詩云程嬰杵臼立孤難伯夷叔齊食薇瘦剝古火切微陟里切

蘆色青老則黄爾雅曰葭其萌爲虇又名葦埤雅曰葭葦之未秀者也今名蘆葭古遐切虇丘遠切

春半勾萌時取之種於淺水河壖有收其花絮沾於濕土中遂苞體之也材用甚廣其筍堪食詩曰方苞方體維葉

泥泥蘇東坡詩云蘆筍生時柳絮飛

荻色青老則黄爾雅曰菼似葦而小實中埤雅曰菼薕之未秀者也今名荻菼他敢切

有一種名蒯蒞蒯居滑切蒞罔方切者荻之類種於土墻足可護墻種於河壖可護岸又名苫墻二月至三月皆可種霜後則樵樵後遂以河泥覆壅之至來春又盛發也

蒲色青老則黄

以花沾於泥土中四月自生水旱皆宜經旱則細經水則肥皆刈爲簍器之材刈不逼蔀恐傷其本五月刈一番七月又刈一番也花可以實褥蒻黄皆可食入泥深處白者呼蒲白即蒻花上黄粉即黄

菅賈顔切似蒲而細色青老則黄

四月種水旱皆宜老則刈之堪爲簍器繩索芒屩居勺切之材左傳曰雖有絲麻無棄菅蒯然又有黒箭類草皆菅之屬種蒔以時樵刈爲用亦能生廣平財利也一種黄草捆屨尚之亦治爲越布蒯古怪切蕢閭遂切

蓑爾雅曰夫須詩曰臺

四月種宜淺水老則刈爲襏襫襏音八襫音式之材襏襫蓑雨衣褮

蓆草色青葉圓長體輕柔本草曰龍鬚草

九月間鋤起擇去老根去苗稍分種如插稻法壅則

河泥糞穢芒種後則不宜壅惟與草灰不便壅則生蟲退色今姑蘇蓆其材織之

燈草色青老則黄圓長有心甚輕白

三月間即分其種至九月移種之與蓆草同小暑樵晒之最宜腴田其心材非止用於燈火而陶植家用亦廣也其膚殼宜爲襏襫簞等材

杞柳葉如柳條長五六尺去膚形似木而色白實中

二月間用糞壅田水耕平之取柳鬚斷爲三寸許條分種頻以濃糞壅有草茠去田勿令水蝎八月刈以爲篋笥杯棬丘圓切等品之材掃去敗葉不蚛音仲欲細

者則宜客種取糞滞膏壅則能不蚛幹

凡木竹之類出於他國者見家規

漢書曰山居千章之楸安邑千樹棗燕秦千樹栗蜀漢江陵千樹橘淮北滎南河濟之間千畝萩陳夏千畝漆齊魯千畝桑麻渭川千畝竹其人皆與千戶侯等

宋氏樹畜部卷之三

華亭宋　詡久夫甫著

從玄孫懋澄稚源甫校

種五穀法太和戊申大有年詔百官觀稼劉禹錫詩曰王燭調寒暑金風報順成文公朱先生有勸農文非一通法制甚備知之有所指歸矣

稻秔糯之名甚多詩曰豐年多黍多稌注曰稌稻也稌宜下濕而暑

治水田芟柞須盡耕犁須深膏以糞草須勻入土易朽則發苗也詩曰載芟載柞其耕澤澤

浸種生民詩曰實方實苞播種載芟詩曰播厥百穀實函斯活不拘秔糯以稻稈爲包至清明時懸浸於水閒日舉而擊濯防有淤於去切泥淀音汙芽因帶包晒之催其芽發夜復浸於水宁既見甲拆露芽遂以亂穰覆於煖室中其芽已長乃播於既耕平整田內必欲水滿以防驟雨霍音濁入於泥俟其芽立更看水之深淺無爲熱日所鬱各種田中界開每畝計種一斗江南治田早者皆於驚蟄時浸種

蒔秧芒種時拔取稻秧蒔之蒔令根直須以六科一行不疎不密凡後爲耘錫等務皆以此行爲則

耘苗載芟詩曰緜緜其麃注曰緜詳密也麃耘也麃音標苗色已青則逐行耘之耘去耗稻履於泥中使腐尤能發苗惟稗似苗難別不得遺留此時工密不妨苗長若一遲誤後難

宋氏樹畜部　卷之三　一

助力大田詩曰不稂不莠又云去其螟螣及其蟊賊捕蝗焚而瘞之稂音郎莠音酉螟音冥螣音特蟊音矛

錫稻耘後則以錫逐行錫之務使草根悉去不得害苗

壅稻秋前必下膏壅柴灰爲上芝麻萍壓油已枯之餅爲次菜子餅荳餅又次皆能助其發實亦視其田之肥瘠而加之太肥則稈盛而實更秕太瘠則稈少而穟亦短

抓音蛙稻左傳曰是穮是蔉注曰壅苗也穮音標蔉音袞錫後舉兩手逐行抓之必動其根而封以熱土見草則去至此時則去水數日使稻根復重固不發苗而發秀將見其穎栗也生民詩曰實穎實栗

穫稻稻實必俟天晴逐行以鎌乂㓻之于田得晒至二三日者必乾可以穧才計切束而歸礱取其米若糯稻必晒米改白色方可爲酒醴糗丘九切餈之材稼穛之功於斯畢事積之倉之正此時也

黍　穄皆有秔秫詩注曰黍穀名稷亦穀也一名穄注曰黍宜高燥而寒

黍宜高田故曰黍心未生雨灌其心心傷無實初生時畏露次日早用縈麻絞下長繩上令兩人對持於黍上抹過以去其露則不傷黍刈穄欲早黍欲晚二

宋氏樹畜部　卷之三　二

月可播種

大麥 惟黃穬種爲肥

小麥 詩曰貽我來牟注曰小曰來大曰牟種色甚衆牟惟青穬種爲肥來

八月內田宜耕犁須熟作畦播種之有爲淺坑撮種之畏水開溝宜深麥已勾萌則碎擊其土以覆其子此即播種而耰之之理也至冬又用土覆其根膏之以糞以草灰四月內沙霧下則傷麥用縈麻繩侵晨令兩人對持而抹去之五月內大麥先收小麥後收必立稍晒絕乾乘伏中落其子閉而藏之

蕎麥

七月種八月收播種稠則結實多稀則少

大荳 色有黃黑褐紫青白瑪瑙羊眼之類詩曰荏菽

立夏至夏至二十日後皆得播種肥地宜疎瘠地宜密也纔長遂耘莢赤莖蒼遂收種早者早種之種晚者晚種之

米荳 枝葉如槲花如烏荳一穭之後數年收實淮南子曰荳之美者有米荳是也出雷州思霧島

赤荳 色紅又有白玽紫綠等之類

五月種其子長盛時去其繁蔓結子良多

菉荳 滇南一種紅荳鮮紅可愛大小不一有綴爲垂旒以飾首不堪食

立秋前播種種早不生莢盛茂去其繁蔓

豇豆 有長莢有短莢

穀雨前爲淺坑種之一坑三四子六月收子遂種八月又收子其長莢穉嫩者可以入蔬須灌水糞則常結子宜架之而生

藊荳 有長莢短莢寸莢龍爪早晚軟硬殼之異

穀雨前爲淺坑種之一坑二三子宜架之而生

刀荳

穀雨前種其子重宜淺置浮壤間灌水俟其甲拆有體而始以沃壤掩覆之插長棱而引其蔓令不倒俯則多花莢穉老皆堪用也

龍爪荳

穀雨前種其子宜架之而生

羊角荳 一名草夾明諺名望江南杜子美詩開花無數黃金錢

四月種其子孕婦食之生兒令矮穉嫩者則可摘 居家必用云花忌泡茶令人患風

大豌豆 小豌荳 陸放翁以爲大巢小巢小巢之生於野田中者蘇東坡以爲元修菜也一種廣豌荳如石蓮菂而堅色青白從海中飄至不堪食

八月中種其子作淺坑下三四顆四月收

回回荳子 苗似荳味井

一云以臘雪水臨播種時將子浸一宿然後播則不癩又法以冷坑中糞將石灰攪勻在内浸子亦不癩

出回回田地
芝麻白色黑色
四月播種其地宜膏腴宜高旱七月帶青收
黃麻葉長而紋
二月間播種其子六月收漚其皮析之可以辟纑音盧椎柔之可以絞索櫛理之可裨以粘舟子堪爲食油骨堪爲蠟炬心材以秋麻洴澼之遂爲白色麻也
青麻又曰絡麻
五月播種其子八月收皮可索綯不畏水其子鶩食
腐腸

種蔬菜法宋宇種菜三十品曰天苗此徒助我畏俎
先治沃壤入糞鋤之又入糞鋤之經三番而種蔬菜爲良法也凡播子宜昧爽時易於勾萌子須陳久不癩其蔬菜根荄細柔與木不同移種時必於乾壤中種之而方灌水種則理其根荄務直墨娥小錄云用桐油脚入糞内一順攪十分勻澆菜根横蟲殺盡再不生
白菜葉青莖白
四時皆可移種七月種者爲冬菜九月杵淺坑種者四月收子爲榨油之需冬月以雞鵝鴨糞或芝麻莘覆護其根則不凍萎臘前後灌糞至花時壅及三番則茂盛春時摘其臺心枝遂旁發結子繁衍也
羊角菜似白菜而葉捲性柔
四時宜種九月移種者子榨油較多於白菜其霜雞甚適口春臺最肥東坡云味含土膏氣飽風露雖粱肉不能及也
黃矮菜似白菜而短性柔而肥
八月播子九月移種冬月漸摘霜雞而用春臺肥甚
四時亦宜種
蓮花白菜似黃矮而色白性柔葉容
九月播子十月移種四時皆宜
塞心菜似蓮花菜而葉又容

九月播子十月移種
菘菜莖潤白葉端青碎蹙而密埤雅云菘性凌冬不凋四時常見有松之操故名在北爲蔓菁有根在南則爲菘爲菁無根
四時宜種九月種者至三月甚肥周顒曰[illegible]末晚菘
夏白頭菜似白菜色微黃
八月移種四月再種
冬白頭菜
七月播其子八月移種
夏菁菜葉青短莖白肥長又名箭幹菜
七月播子八月移種者肥脆春夏皆可種

橘用備云莧葵菁也一名天葵不知菁是何物

瓢兒菜（似夏菁菜色微黄性柔）
七月播子八月移種四時亦宜種
八斤菜（葉似白菜而大方言云春不老）
四時皆種漸摘葉爲用
葵菜（似蜀葵而小爾雅曰莧葵）
三月六月可種八月九月亦可種或生於田野中滋
雨露之膏乳不勞人力（凡物之稱葵者甚多唐詩云南園露葵朝折究不知是誰）
芥菜（大葉碎葉晚早青紫之異埤雅曰辛菜也）
九月移種三月收子爲芥醬需堪榨油
百頭芥菜

宋氏樹畜部　卷之三　七

八月播子九月種摘一頭旁發數頭漸摘之
白芥菜（子色白本草曰從西戎來）
八月播子九月種子甚宜爲芥醬
芥藍菜（似芥菜色藍）
八月播子九月種
冬菾菜（葉青潤豐肥即莙薘菜有一種如藤蔓者）
八月播子九月種三月收
夏菾菜
二月播子四月移種
菠稜菜（葉尖色青根赤韋絢云盖由頗能國來後人訛爲菠稜也）

南京七八月間所食者即此亦不易得之物

七月内用水潤其子殼柔漉少乾播之宜膏腴地其
根甚茸止堪挑取於冬霜甦益美移種肥
萵（音窩）苣菜（白而長葉者筍甚肥紅者白者皆圓葉亦有筍杜工部比君子之晚得祿）
十月播子十二月移種三月摘筍生可食其葉苦四
時亦可種
萵生菜（形如萵苣色微白）
十月播子十二月移種有筍不肥葉可生食
苦蕒菜（青色肥長有鐵葉尖葉抱朴子曰龍葵）
十二月播子二月種暑月摘其頭用漸長漸摘之八
月留其子

宋氏樹畜部　卷之三　八

長生菜（葉如苦蕒菜）
十二月播子二月種味不苦可生食
莧菜（古曰人莧葉圓而豐有紅白莧陸即馬齒莧野生）
四月種摘其頭漸長漸摘之
同蒿菜（葉碎青若蒿黄花若菊甚香肥）
七月播子八月種摘其頭爲用
甕菜（圓葉肥長色青）
三月種沃土中能節生根復以土壓之即蔓而遍畦
漸摘其頭用之畏寒冬月收其根種盆盎内置煖竈
側根須久在器者爲良（亦壯 此在南京曾見種之遇一老圃其言）

芹菜小青葉而蔓味香爾雅曰楚葵一種馬芹無蔓其子入大料

二月中移其根莖種於沃壤間常灌以水則長大而肥多有芹白

西洋菜長葉細蔓本草曰落葵又曰蘩露

五月以子種結援扶蔓摘葉用之子能染紫

苜蓿漢張騫在大宛國採歸種之又名鶴頂草秋後結實黑房纍纍可爲飯亦可釀酒其葉可烝爲茹

三月以子種

薺菜細葉小本旋貼於地

冬月自生於野田草地之間唐高力士謫承山有薺菜詩曰兩京作斤賣五

谿無人採夷夏雖有殊氣味都不改蘇東坡詩曰時遶麥田求野薺

胡荽辛青葉而香張騫遺種今人謂之芫荽

七月擊裂其子殼而播之稀則葉短而貼地根跗美於莖葉冬暮春早其霜𦍑甚茸經夏則花不堪用也

龍鬚菜青翠細長今北人曰肥狠草

春月種自生於山土中燕薊之地甚多

筆管菜即筆管黄精一種菜名老鸛嘴味尤香辣

春月種燕薊野生尤多

綽菜葉類茨菰根如藕條食之令人思睡

出南海夏月生於沼中

蔊音漢菜形似水芹味辛故名雲南大理府高河泉出一菜莖紅葉青味甚辛辣

出江西建昌府谿澗中

蕺音疾菜蔓生莖紫赤色葉如蕎麥而肥關中謂之菹菜可生食

出山谷陰濕地

藤菜滑美大類蓴

出惠州豐湖

羅漢菜葉如豆苗

出蘄州三角山舊傳有異僧種之而去若雜以葷物即無味南昌西山亦出

香菜青小葉甚辛香羅勒之類

三月勾萌時分種常以洗魚水灌之則香而茂溝泥

浙水皆宜灌也堪取於盛夏初秋時

薄荷方莖葉青而香

三月播種其子至六月刈莖葉日晒之長則再刈一年共刈二次

赤米菊小青長葉辛香碎花作叢又名孩兒菊諺云醒頭香

二月取根移種摘其葉可合爊料

紫蘇大葉碎葉皆方莖而香有紫色青色爾雅曰桂荏

三月播種子成穗時可蒸爲茹至實可榨油

蕈爾雅曰大者名中馗蓋下無紋揩者能傷人大毒小者名菌亦有毒凡中毒者必笑宜苦茗雜白礬勻新水併咽之無不立愈馗音逵菌奇隕切

看來有寒夏二種須覓夏種〻之

生於茅田者曰肉蕈遇雷鳴而生者曰雷蕈皆形小而肥美出松根際者曰松菌又有生柳木腐中者常以淅水澆之能頻生而用

寒萊菔 莖葉似萊根色白根美於莖一曰土酥有芉而脆者有辣而實者

白露前地必先壅以糞耕墾甚鬆疎播其子則大有體而繁則薅之使疎其頭則大也

夏萊菔 有形長而肥者有形短而鋭者

宜三月播子用膏腴地耕治甚鬆作畦種之一畦先十數日一畦後十數日必計口而種得食盖易於開花結子食未盡而頭皆老枯矣

宋氏樹畜部 卷之三 十二

胡萊菔 形有黄色者有紅色者味甚芉苗不堪用

三伏内種宜肥地稀播其子頻灌則大

茄蓮 葉似藍根似蘿蔔味芉脆

出陝西各衛

根子菜 葉似蔓青而大又似蘿蔔

出德安府安陸縣

葱 色青中虚而圓種多又有樓葱

諸月宜種六月不宜喜晒根圃中作畦畦中作溝深種於溝壖依之常以沃壤覆盖之則白踰長惟胡葱幾三月種一番不然則孩子可種

四子種有良

旁宜此土

韭 色青葉長厚本草曰菜鐘乳

九月分其種𦵏而種之空其中漸生而進二月種子取椀覆土上從椀外落子長及五年則根必滿蟠步安切虯奇樛切而不長須復分種也地宜膏腴不容凡草雜出有艿而證切遂芟去漸長漸剪惟留根踰灌之而生冬以雞鴉等糞與亂稿覆盖春信一回遂挾而發

韭黄 埤雅曰凡剪不用日中周顒答太子問曰春初早韭

蒜 本草曰葫有冬蒜夏蒜一種山蒜野生又曰小蒜

八月開其囊種之沃壤中冬蒜來春取其苗遂折束其葉使下養其囊盛夏取之夏蒜無肥苗未秋亦取其囊也

宋氏樹畜部 卷之三 十三

薤 似韭而大

八月九月種

蕎 葉青中虛如葱外棱三脊頭似蒜而一囊即本草之曰蒚蕎也

五月自土中起其根晒之至八月分種春間結子亦可收種用則刈其葉令再長根美於葉

黄瓜 有綠色白色本草曰胡瓜是也

造架依之留近踰老瓜淘其子晒乾收早秋再種中秋再實栽竹匕開其根踰間納以大麥一顆瓜生久而碩大郭璞云瓜中黄甲小蟲喜食瓜葉宜蒙纊以

夫謂之菜瓜即此

冬瓜性寒治水脹利小便止渴故宜于夏秋之月食之

胥去瓜類放此爾雅曰守瓜列子曰腐蠸

生瓜種有斑白長短本草曰越瓜是也

種於地而生留近根老瓜水淘子晒乾收

熟瓜有青有斑有稜有圓有長有金色有銀色本草曰甜瓜

種於地而蔓取瓜味甘美者灰浥子收之其金銀色

瓜造架與依則體圓

冬瓜有長短種本草曰白瓜 一云霜後宜食又云霜後不宜食二說不同何以遵從

視瓜蒂之彎弓貼肉者是母俟老留其子種之而延

蔓於地

西瓜有黑有白有長有圓有小有大五代時蕭翰入契丹破回紇得西瓜種以牛糞西域

種之大如斗盎其味甘美春種秋熟故曰西瓜契音乞紇下沒切

耕治深畦每離六尺起一淺坑用狗糞和灰土瘞之

於四週中則餘以鬆土揷其子於內不宜復移瓜易

活而甘美長則以其藤葉牽連互覆不令日色下晒

瓜則易大灌宜晡後須透灌一日糞間五日灌一番

水二番水一番糞天旱則依此法天雨則更在斟酌

灌之摘瓜露經一宿又候露乾始收其味之甘者留

子晒乾爲種其體小者可揷棙引蔓而生埤雅云瓜性惡香尤忌麝麝氣觸之乃至一蒂不收又云瓜亡煮漆

絲瓜有短而肥者有長而瘠者色綠醫方大成曰虞刺草木記曰一名天羅絮又名布瓜有苦甜二種黃花結實如瓜狀內結成網

造高架與依之宜背陽向陰九月留瓜老收子體長

而稺嫩者可食

瓠埤雅曰長而瘦上曰瓠短頸大腹曰匏瓠類小者名瓢

有延於地者有扶於棙者開其根蔸間納竹針使分

之其生尤多八月則斷其藤勿復花實以堅其壺爲

器子爲種墨娥小錄云瓢藤蔸剖之揷巴荳一粒二三日後瓢柔可紐隨去巴荳瓢復鮮活又云用筆蘸芥辣界瓢其界處永不長如刻成又云瓢頸有細長者有卷曲者於瓢頂刳空一二寸以巴荳二三粒去殼搥碎水調納之不數日蝕透瓤膜自空酉陽雜俎曰牛踐苗則子苦埤雅曰瓠死燒瓤

茄種有紫白斑色大蒂小蒂圓長不同亦有蔓種又名落蘇

宜踈種灌漑及時則茄生多九月留近蔸老茄以水

淘其子視沈者晒乾收之有摘其種遂覆藏於根側

土中來春視其子既勾萌取水淋播灰土中易生且

得早種早生酉陽雜俎云欲其子繁待其花時取葉布於過路以灰規之人踐之子必繁也川廣地煖茄本如木以梯摘實老則復令種之

自黃瓜至此數種預於正月取糞和灰土或瓦盆或

木桶盛貯候發熱過以瓜茄等子揷於灰土中恒以

水洒之晝間移對日色夜間移就爐竈煖處既見生

甲分種于膏腴之地又法每子以灰泥爲小團種於中乾

則灌漑寒則覆護有葉蔓連團移之今用布苴下浸

最有益于老人且易種決宜廣植之以爲扶助衰邁之物

以水上覆以灰置温所方甲而種尤簡省也

山藥 形體長圓不一皮黃紫肉白色先名薯蕷事物紀原云避唐代宗名改爲薯藇避宋英宗名改爲今名

二月内先治地令深鬆三四尺許和匀以灰即以圓木徑三四尺者探直下一穴實以鬱棲用其種之老而可苞體者解寸段種之覆以沃壤輔以長椶令施蔓而長及冬依椶下認其本倚一方開長坎輕手取得之在土二三年者愈長大有圓種者惟種於肥鬆地不必探穴也

土瓜 形似山藥短而兩端皆鋭味甚甘脆

二月内視其有敦音團聚可苞體處枚取裁數塊種之治地膏壅與山藥同九月土中鋤取之

旱芋 形微長皮紫肉白色味甘有二種紫莖者味不麻

先冬前取其根側小芋藏糠穩中不凍傷至二月時取起作畦種之宜旱地恒喜灌水壅以鬱棲凡葉上盛下不生魁至七月間長盛時則轉屈紐束其葉使下長其魁冬取之也

水芋 形圓皮紫肉微青漢書曰蹲鴟音存鴟

今冬前預取其根側小芋晒乾藏收糠穩中俟明春三月時取出以頂向上密布於鬆土之内惟灌以水

候成體則移蒔於水田用芝麻萁等膏之至五六月取根側土封護其根䟦間而停止其水八月取芋可和糯米粉煮爲蓼花材其莖亦可蒸之爲茹劉靜修種芋詩云糞壤荳萁爛南風緑雲平

慈菰 形圓匾色微黄本草曰剪刀草

本草名烏芋最損人不宜食

五月取其種先種水田中俟其有體則易田以腐草耕釋於内而移蒔之若蒔稻然惟宜挿淺行疎不宜竭水中秋則樵去其葉令養子碩大冬則鋤開土以取用

菰 即茭其臺有四季種今曰茭白瑣碎錄云如小兒臂味甘嫩

小寒能傷脾胃余最惡之

二月至五月漸取其種種於淺水之田或河壖之沃土中生臺則剖取之其烏鬱不堪用種時採時無犯鐵器犯之不生臺也

茸露子 形長如聯珠色白味甘脆即蘘荷楚辭曰苴蓴

二三月鋤沃土於向陰之處或清樾之間疎種之葉上得雨滴入土則生子苗甚長雨中遂以灰雜鬆土覆而偃焉成子甚繁至冬鋤取出潘岳閑居賦曰蘘荷依陰柳子厚詩曰紛敷碧樹陰

味極甘香但種之不易得之之不易甘美之實

土露子 形圓長不一皮黃肉微黄又名落花生

二三月治地作畦當畦兩壖種之離二尺一本環覆

種也

本草無土卵此有土芋不知是否 味不美不必種也

以棚花落土則成子常以灰雜土播而耰之必俟凍雪嚴霜後土中起用味始甘香

香芋形圓銳顛皮紫肉白色味甘甚香

三月取其芋上鬚珠種鬆畦間造棚依其蔓畏糞以水淋淡草灰壅之冬從土中鋤取其子

黄獨形圓大皮紫肉黄色本草曰土卵

三月取其子種造棚延其蔓冬半土有大魁鋤而取之虞伯生曰雪深深斸黄獨

蘁葉似蘆根生盤錯叢若搦指味甚辛子虚賦曰茈蘁朱子曰通神明去穢惡茈音紫

三月析其種種之宜膏腴地作高下畦倚於畦壖纔有形體遂造低棚覆蓋五月從畦高處劚去其母七月取新根傳曰千畦蘁韭其人與千戶侯等

本草名蒟蒻有毒之物不可食

蒟蒻莖葉與南星絶相類大如芋惟蒟蒻白莖而有紫點南星紫莖而有白點爲異

四月種宜膏腴地天露重時擊其葉間之露滴土中遂生子鋤大者以刀切用留其心爲種一枚有二三心者酉陽雜俎云秋露在葉滴下即爲子

以其益人也 宜竟種之 本草列于上品之第一

黄精相對花青白如小荳花子白如黍亦有無子者根如嫩生蘁黄色本草云黄精益壽鉤吻殺人其形相似鉤吻有毛鉤子二箇可別圖經云苗高一二尺葉如竹葉而短兩兩

三月間開其根長二寸許種於膏腴之地一年以後極稠冬冬取其根

宜品

地笋形長似竹根有密節即澤蘭

二月取根種冬冬鋤其根之稺嫩者

羊婆菜似蘁下多肥鬚味甚辛又曰地蘁本草曰廉蘁也

八月種四月用土壅封其跗則長根劚取之

葛與蕨相似 但葛性溫益人 蕨性寒損人

葛形肥而長大皮黄肉白色味甘野葛有毒

二月種其根蔓生延于木根之黄色而糯者可食皮可績擣爲布穮堪稗灰油以黏舟也詩曰施于條枚施音異

天笳葉花藤蔓似白牽牛莫辨惟結毬樹有肥苞無苦可分別也一名丁香茄

三月間種其子蔓生造架以延之用採其毬之稺嫩者

山花似胡蘿蔔

苞生根莖皆可生食亦可蒸

項刻菜法

用新雞首生子從頂中擊小竅去黄白納菜子紙封固之與雞伏四十九日一雞不能畢再與他雞伏足其數取濕地播之須臾菜出可用凡種瓜瓠皆如此法一法以菜子在三伏中晒過須雜麻莖内心播之項刻即出晒一年長一寸晒過三年即長三寸若五年七年有五七寸也凡天花菜羊肚菜雞棕燕窩麻菇之類非可種植者見遺制　卷之三

樹畜部　一四止

宋氏樹畜部卷之四

華亭宋　詡久夫甫著

從玄孫懋澄稚源甫挍

畜類

畜蠶法

擇繭種　開簇時視近上向陽者爲强良好繭雄繭尖細緊小雌繭圓慢厚大居簇上者多雄居簇下者多雌俱摘布簾箔之上俟日數已足而蛾自出擇配精徤者用厚紙收其子爲連

浴蠶種　五月五日以菖蒲艾採井水浸浴蠶連頃之

去穢陰乾無令煙氣熏損（祭義曰浴種于川鄭云蚕爲龍精月直大火則浴其種）至臘月八日復以水浴之遇雪水則佳也歲除夜用馬齒莧桃符木查水煎停冷於元日五更又浴則辟諸惡厭魅而宜蠶盛

生蟻　清明之候一月前先用蠶所泥補無令濕氣透入將生時又令火氣熏煖預稱蠶連之數俟蠶生足鋪以蓐（音辱）紙則細切稱桑葉散於蓐紙間隨取蠶連覆於葉上蟻自下連有不下者輕手振下之復稱空連遂知蠶之分兩蟻三兩計布一箔至老可布三十箔

蠶室涼煖之法自蟻初生時將二眠時蠶室最宜溫煖寒必添火熱遂去火一眠之後見天氣晴明於巳午時間開捲窗簾以通風日至大眠後天氣已熱又宜室內清涼高潔亦不得使濕氣上蒸

飼養之法蠶必晝夜宜飼飼以頓數多者蠶必早老少者後老二十五日老一箔計可得絲二十五兩二十八日老一箔計可得絲二十兩若月餘或四十日老一箔計止得絲十餘兩飼蠶須勻若值陰雨有寒則束乾草點火繞箔通照熘去寒濕之氣然後飼之凡一眠俟十分眠方可住食至十分起方可投食若

八九分遂投葉飼之直到老不能齊且多損失停眠至大眠蠶欲向黃時見黃光即住食擡解直候起齊飼之葉宜薄散厚則多傷經雨露濕葉風戾之以飼祭義曰世婦桑于公桑風戾以食之淮南子曰蠶食而不飲蠶書曰飼蠶勿用雨露濕葉

分擡之法蠶住食時即時分擡去其燠沙若先眠之蠶久在燠底濕熱重蒸後變為風蠶擡蠶時不得將蠶堆聚蠶受鬱熱後必病損多作薄繭又蠶眠初起若值煙熏即多黑死蠶食冷露濕葉必成白殭食舊乾濕葉則腹結頭大尾瘠倉卒開門暗值賊風必多紅殭或高撒遠撒蠶身與箔相擊後多不旺有赤蝙

嫩老翁也

初飼法宜切極細桑葉一時辰可頻飼四頓一晝夜可頻飼四十九頓或三十六頓第二日飼至三十頓第三日飼至三十頓分理擡飼之時正宜極煖極暗

頭眠飼法頭眠擡飼一晝夜可飼六頓次日則漸加葉向黃之時極煖眠起時宜微煖

停眠飼法停眠擡飼起齊投食一晝夜可只飼四頓次日又漸加葉眠起時宜溫和

大眠飼法大眠起直候十分起齊投食一晝夜可飼三頓次日加葉至七八頓午後天氣晴煖取預磨菉

荳粉白米粉或黑荳熟粉與切下桑葉一處微用溫水和勻一箔可飼粉十餘兩則減葉三四分至三日再如此飼一頓不惟解蠶熱毒又省葉仍得絲多易繰堅韌有色自眠起喫食十五六頓即老得絲多少全在此數日不得怠慢埤雅曰再蠶謂之原蠶又曰蠶自馬迹蠶與馬同氣物莫能兩大後世無禁一歲至于三蠶是以桑弱而馬耗也王者之治禁之有食柘之蠶居家必用云柘葉蠶先繭以冷水繰之其絲作琴絃清明響徹勝於凡絲遠矣

○畜獸法走者爲獸獸曰牝牡

馬八尺以上爲龍七尺以上爲騋六尺爲馬良曰天馬曰驥曰駿鈍曰駑駘曰欵叚騋力才切駑乃乎切駘大來切

相馬訣云三十二相眼爲先次觀頭面要方圓眼似垂鈴鮮紫色滿腔凸出不驚然白縷貫瞳行五百斑如撒荳不同看面顱倒擊如鎌背鼻如金盞可藏拳口又須深牙齒遠舌如垂劍色如蓮口無黑靨須長命脣似垂箱蓋一般食槽寬濶腮無肉咽要平分筋有關耳如楊葉刀批竹燕骨高兮髀不堅八肉分弓彎左右龍會高兮上古傳項長如鳳須彎曲鬃毛茸細要如綿鬐長膊濶槍風小臆高胷濶脚前寬膝要高兮圓似捯骨細筋麤節要攢蹄要圓實須卓立身中充濶要平安肋骨彎弓須緊吝排鞍肉厚穩金鞍

三峰壓壓須藏骨卧如猿落重如山鶻鼻曲直須停穩尾似流星散不連膂筋大小須匀壯下節攢筋緊一錢羊髭有距如雞距能奔急走日行千以上貴相三十二萬中難選一俱全祖李伯樂相馬經

相馬旋歌云項上雖生旋有之不用誇還緣不利長所以號騰蛇後有喪門旋前縢有挾屍勸君不用畜無事也須疑生額并銜禍非常害長多古人如是說此事不虛歌帶劍渾閑事喪門不可當的盧如入口有福也須防黑色耳全白從來號孝頭假饒千里足亦勸不須留背上毛生旋驢騾亦有之生當鞍貼下此者是駝尸銜禍口邊銜時間禍必逢古人看是病焉敢不言凶眼下毛生旋遥看是淚痕假饒福也病無禍亦防侵毛病深知害妨人不在占大都如此類無禍也宜嫌檐耳駝鬃項雖然毛病殊若然兼抱尾有實不如無

馬畏暑不畏寒編以皂棧時以贅何間切荳間雜以貫衆抹之使肥充不瘏音塗病宜洗濼不宜日曬常閑之以走法不騰劣也易胎駒生時遂以乾土塵滦於其體遍揉捻之能馴而不蹄嚙以銀簪分界其鬃則兩開埤雅云馬走順風韓鄂四時纂要云常係獼猴於馬坊内辟惡消百病令馬不着疥元雲南行省言

亦乞不辟之地所牧國馬歲給鹽以每月上寅日啖之則馬俱無病

驢忽里謨斯國有福祿似驢而花文可愛

次於馬食不易肥生子同馬法

騾說文騾驢父馬母駃騠馬父驢母漢匈奴傳曰竒畜即騾驢也又驢父牛母曰馲駋駃古穴切騠丁奚切馲陟格切駋莫百切

耐走不多病病則難治生騾同馬法段成式云騾不孳乳

牛水牛黄牛

相牛法耕牛眼去角近眼欲大眼中有白脉貫瞳子頸稍長大後脚股濶並快使毛欲短密疏長不耐寒齒牙欲白耳角欲近角欲得細身欲得麤尾稍長大

無帶抱喉及臨耳者並吉面短毛赤暨尾稍亂毛轉並主命夭凡毋牛毛白乳紅孶子多乳踈黑無子生子時子卧面相向吉相背子踈一夜便糞三次一年生一子一夜一次三年生一子（祖甯戚相牛經酉陽雜俎云毛少骨多有力弱射前良牛也埤雅云牛走順風又曰牛性前順）

牛忌眼下有旋毛名淚滴主喪服齒齺（口斤切）有緣招官灾兩角間有亂毛妨主耳後有旋毛招盜賊

牛畏熱又畏寒草食雜荳飼之俾息而齝（丑之切）肥潤耳濕冬以牛衣則無病也牛草脹以醋灌之或從後探去其毒牛瀉痢煎人參敗毒散黃連解毒湯飲之

羊（山羊綿羊類說曰韃根）

臘月孶者良牡羔三日即綸絲結㾬（於危切）其外腎食草雜糯穀荳則易肥齛（私列切）則無病春夏早放早收收晚遲巳午時熱必汗出有龍塵入膚即生疥癩秋冬晚放放早食露水草口生瘡又鼻生膿又腹瀉則去表而墳首也羊棧宜高宜乾久在泥中則生爛蹄亦作瘋癩易害群性好鹽常以鹽啖之綿毛至四月剪之遇夏不熱至八月再剪其毛令長氄（音冗）毛以禦冬寒（埤雅曰羊性前逆）　羊疥癩用蕎麥子炒爲黑灰雜白礬硫黃末油調先刮其癩至傷擦之即愈　羊夾蹄用羖羊脂熬熟去滓取鐵篦子一枚燒火燔令熱將脂勻於篦上烙之勿令入水次日即愈（猗頓聞陶朱公富往問術焉告之曰子欲速富畜五牸乃適西河大畜牛羊于猗氏之南十年之閒子息萬計貲擬王公漢翁伯販脂而至千金富傾縣邑）

豕（埤雅曰豕喜卑穢左傳母猪曰婁猪小說曰以其食不潔故謂之豕豚彘皆其名也）

取短項無柔毛者良一廂有三牙者難留難肥稚時食糟不長用麻子二升擣十餘杵鹽一升同煮和糠三升食之立肥豕必積（符文）而必以牢然懷胎甚衆止宜二三育久則氣血不全而胎殰（徒木切）者多矣（易曰豶豕之牙漢書五行志曰豕闌也）　豕熱病斷其尾尖刺其耳令血流啖

以生萊菔朴硝驅浴于水愈豕疥癩用荳油滓調百草霜擦之復以百草霜摻於食上飼之愈

凡馬牛羊豕遇初六日十六日二十六日生者必夭亡不宜畜養

狗（詩注曰長喙曰獫短喙曰歇驕爾雅曰犬狗之有縣蹄者也喙音灰獫音險）

暮夜食之自稱不缺其食則易肥焚艾煙熏其鼻長則善捕貍鼠食竹茹則聲啞食木鱉子則死（雜五行志曰白犬虎文畜之致萬石黑犬白耳畜之令富貴黑犬白前兩足宜子孫白犬黃頭家大吉黃犬白尾代有衣冠黃犬白前兩足利人瑣碎錄曰黑犬能辟伏虎舌青斑者識盜賊則吠）

猫（爾雅云舊傳猫目旦暮目睛皆圓及午即從斂如線其鼻端常冷惟夏至一日煖滇南有棠

毨音銑毛更生也又理也
狘音穴走也

貴似猱捕鼠善於猫猱乃刀切

且耆食之病則磨烏藥灌之生蚤擣桃葉觸之獅子猫炙猪肝與食令毛彨如時切潤爾雅曰世云薄苛醉猫死陸務觀詩云裹鹽近得小貍奴令人乞猫以鹽易之遺風也瑣碎錄云猫一產止一子急棄之一產三四皆雄皆雌不可畜

本草云用蕎麥稈灰淋汁抹六畜瘡愈容齋隨筆云莊子載徐無鬼見魏武侯告之以相狗馬荀子論堅白同異云曾不如相狗馬可以爲名也史記褚先生於日者傳後云黄直丈夫陳君夫婦人也以相馬立名天下留長孺以相彘立名滎陽褚氏以相牛立名皆有高世絕人之風今時相馬者皆有之相牛者殆絕所謂雞狗彘者不復聞之矣劉向七畧相六畜三十八卷謂骨法之度數今無一存

象埤雅曰舊説象之所在其土必豐又云象性久識能浮水出沒體具十二肖肉惟鼻是其

本肉膽不附肝隨月轉在諸肉假令正月建寅膽在虎肉鼻端有小爪可以拾鍼

草食

駝埤雅云駝卧腹不貼地屈足漏明則行千里背有肉鞍如峯長頸高脚善負知泉脉所在過處輒停不行又知風候有野駝

草食

馬牛象駝皆有獸醫

鹿大曰麋牝曰麀有馬鹿白鹿玄鹿其天鹿則純霧之獸五色光耀洞明

性畏熱飼以草或飼以穀閒飼以菉荳常令入水浴之睎華毛毨蘇典切時又甚明麗好奔逸項下縋以木杖疾走可擊膝使馴伏不狘許月切牡者游羣甚廣

而牝者亦易胎也吞叡則如牛而齸於亦切之

兎今有畜者牡牝交媾凡十八日即孕育一子論衡云兎舐雄毫而孕非也有白兎黒兎

畜之以穽飼以草食逸放則不能馴

玉面貍

以柙畜之以猪脂和米飯食之肥腯而弗瘠也

凡初獮息淺切山牛麞麂皆草食稚則可畜若水獺馴之能使捕魚田獵名春蒐夏苗秋獮冬狩野馬之類不能畜者見遺制

○畜禽法飛者爲禽曰雌雄

鵝爾雅曰舒鴈

宜以一歲再伏者爲種大率三雌一雄雄宜少雌宜

老尾之力全而卵不殈況必切六七月之間穀食豐足八月生卵可菢至九月初即有子鵝以供冬至五六月生卵熱不堪菢則拔去其兩翅十二翮以停之三月間生卵不已亦拔之皆留積其卵于腹以俟時也鵝毋頭欲小口上齕痕没切有小珠滿五者生卵多滿三者爲次冬宜入棧夏宜散逸而以熟食飼之易肥

鴨即鶩又曰舒鳬

種鴨宜六雌一雄春時生卵至四月菢出者良每五月五日不得放棲只乾食不得與水則日日生卵不然或生或不生常令入水探食魚鰕可以代穀食雄

者去其勢食之易肥新生曰孔鴨

雞風俗通曰雞本朱氏翁所化故呼曰朱朱冀越集云西土有兜雞大十餘斤足似駝

霜降時尾之者艮母雞下卵時逐月內雞以麻子與

食永不肯菢常生卵以油和麪成指尖小顆日食十

數枚易肥雄雞善者毛色自文而多脂肯忌柳柴煙

能損目有病灌以清油愈瘟之傳者磨鐵漿染米與

食愈水眼以白礬傅之愈陶朱公養雞法以地作兩所隔越之更酒麥糜取草覆化爲蟲以食雞常有蟲食易成長也瑣碎錄云雞生子皆雛者必有蟲由

凡雞鵝鴨伏卵慮有擊聲卵㲉徒玩切故雷震必以鐵

置其巢爾雅曰雞鶩伏卵忌磨若聞磨磨之聲必不生矣凡雞鵝鴨初生饑

之而不久多成內閉蓋原其卵中之白結爲皮骨卵

中之黃結爲肝腸㲉古候切之早其肝腸方全弱不能

以磨化故必候其三晝夜肝腸已實而方漸㲉之則

不病而易長也

鶴玄鶴白鶴唐溪詩話云衆禽中惟鶴標致高逸浮丘伯有相鶴經

鷇食畜之亦卵生常宜佐以魚鮮其雛能保護其首

起丹頂乃得長壽彭淵材以爲胎生非也

青鸞決錄注云鳳多青色者爲鸞今名鸞者鵁鶄之類

鷇食

鶖鶬似玄鶴而身小無丹頂而頰赤

屬玉水鳥畜之
能辟火災故漢
武帝柏梁殿災
後改名屬玉觀

鷇食亦鮮食

鷺鷥詩注曰一名舂鉏一名屬玉歐陽子詩曰風格孤高塵外物性情閑散水邊身

魚食惡露埤雅云畜之極有馴擾者每至白露降日則定飛揚而去不可復畜矣

孔雀元命苞曰火離爲孔雀

鷇食立宿須高則不殺敝其尾畜之亦能鷇雛如雞

之孳生也

雉漢書五行志曰雉雞有白雉黑雉說文曰長尾雉曰鷮音嬌

鷇食善猗計必切而避宜畜以笯音奴

錦雞有時綬金頭之屬

鷇食

鴈太白鴻有五色鴈有白鴈有朱鴈

鷇食喜水

白鷴太白詩云白鷴白如錦有黑鷴紫鷴

鷇食亦肉食太白又云黃山胡公有雙白鷴蓋是家雞所伏自小馴狎了無驚猜

天鵝即鵠莊子曰白鵠之相視眸子不運而風化輟耕錄曰頭鵝

鷇食喜水

鸕鷀水鳥即鵜今淘河鵜音啼

魚食馴則能令捕魚

野鵝廣志曰駕鵝鮑明遠賦曰斂雙翮於水裔翹孤趾於林隈駕音哥

鷇食喜水畜之鷇雛

野鳧種類大小不一甚小者曰鷉鷉有鵁鶄似鳧脚高有毛冠辟火灾鷉步覓切鷉天兮切鵁音交鶄音晴

鷇食喜水取其卵與家雞伏之鷇雛遂馴

鴛鴦埤雅曰匹鳥有思者也鸂鶒同類

鷇食喜水

王雎詩曰雎鳩注曰狀類鳧鷖生有定偶而不相亂偶常並游而不相狎故毛傳以爲摯而有別列女傳以爲人未嘗見其乘居而匹處者蓋其性然也今一種名黄鴛者羽毛正黄色亦類鳧鷖

鷇食喜水

鵁羽色甚衆

鷇食飼以硝水能取食而復嘔之積其餘可以再飼易伏卵鷇雛凡病用古墻中螺螄朽殼并續隨子銀杏擣爲丸每飼十丸愈

凡初羅野禽不馴須鎩所拜切其翮而得久畜之若鸂鵜倒挿之屬則樊籠以飼之也鸗雞之類見遺制

畜魚法陶朱公對齊威公問其富曰治生之法有五水畜第一所謂水畜者魚也其池有九洲九島水深八尺洲高六尺池共六畝帶子鯉魚二十頭雌鯉六頭自生自育春夏納以神守龍不將魚去鯉在池遶游日行千里則肥按龜名神守

今余處江南之地薄海有沙宜養鯔魚鄰湖無沙宜養青魚鰱魚若他鱸鱧之類啖魚者多不宜畜養惟飛魚鬐鬣舒揚善於出水畜之能辟獺而魚不淰音淰鑿池欲淺而向陽中作一區深者至冬間積椮與居使得以隱藏避寒池之周圍若尤勝魚在池如處江湖中晝夜遠逝悠然而相忘焉則易長也最忌桐油投水中魚即死如池泥汙穢致魚浮呧魚容切擲芭蕉葉碎棄於池自止藥毒者宜易新水水發又有魚貫之患宜開溝而編竹爲門以洩之也金鯉金鯽惟堪觀玩今有飼金魚以水面紅蟲其色愈明桯史云中都秦魚者能變魚以金色鯽爲上鯉次之其術以闤市汙渠之小紅蟲飼凡魚百日皆變初白如銀次漸黄久則金矣

鯔魚

養於有沙之池畏寒冬月居池底聚首相處網之即殭惟沙鯔不畏寒且易長大

青魚有黑白　鰱魚一名鱮　白魚　鯿魚

白青魚食草鰱魚三種細頭大頭即鱅金絲皆食青魚之穢必宜並畜三月至八月常用樵採稗弱青草食之如用一擔令其食盡則食以第二擔不然積草腐氣尤能敗魚其名黑青魚者食螺螄并畜於池與食易肥白魚鯿魚易長

凡初網得魚秧時開方一二丈深二三尺小池瀦水

納之恒飼以細米粉或舂米糠順風舉颺浮於水面令其食盡又復取飼一日可二次待其長至五六寸時移畜大池每尾有成也魚一年長至一尺者則次年即有二尺善水畜者治生誠亦庶矣（江海魚種類不一非池所畜見遺制）

畜蜜蜂法

〔置蜂房〕松江之蜂人家善畜之者其蜜甘美不下於閩廣之産先造方木箱三四層爲其房每層內縱橫以小竹板二條上層爲之以蓋下層爲之以底立一架承其底層而其底爲一箱可移出者置之室中向

南壁開壁外通一小隙以篾編一簞作數日者掩之每日僅容一蜂出入喜順惡逆以左置右則盛以右置左則衰也凡置箱立架又必順而稍下皆不得過敵祖房

〔收蜂〕三四月間蜂生息蕃衍必自分處俟其作衙成聚時用箱之上層有蓋者少塗以蜜攪置蜂上又聚紙焚煙從蜂下漸漸熏之又束艾從蜂後推之其蜂皆鱗次以進上層箱中則取置於底層之上以濘泥密墐諸隙止通其數日出入常移其底視蜂有凡蟲來盜蜜侵害者悉爲滅除之門外出入所有蜘蛛網當之者欲網蜂常纏去之俟其釀滿蜜脾一層直候昏夜蜂息時不出蠆（丑介切）則輕舉上層接入第二層下續其底上續其蓋視前窩墐既又釀蜜脾已滿三層四層皆若此接入也（埤雅云蜂有兩衙應潮其主之所居衆蜂爲之旋遶如衛誅罰徵令絶嚴有君臣之義丁文果對吾太宗曰蜂無官職一日兩衙埤雅又云採取百芳釀蜜其房如脾故曰蜜脾歐陽公詩云花蕊新成滿蜜脾蘇子由詩云蜂人傳蜜延客住後人乘艾催客奔）

取蜜夏初或秋初視蜜脾已滿數層計其三冬有蓄亦於甲夜用薄大刀當房上層接縫中蜜多則二層接縫中切下不使蜂知則以布絹沸潔蜜藏應所須用則煎去其沫其滓則以水滌蜜去易水煎浮水上

者取而壓乾復入乾釜內煎水竭入滑器脫下即黄蠟也其所滌水濾潔置日中晒亦能成醯（墨娥小錄云用地丁花皂角花百合花等分窨乾爲末鍊黄蠟爲丸如彈子大每蜜一斤入砂銚內煎沸下藥一丸攪碎竹篦不住攪勻成蠟傾出得十兩羅隱曰採得百花成蜜後爲誰辛苦爲誰甜火州羊刺草上生蜜曰刺蜜味甚佳）

〔食蜂〕臨冬則用泥墐其房罅至蜜衣以綿著甚煖外目仍留其出入視其蜜少不及至春採花割雞退毛去內臟懸於房中食之

〔去蜂子〕造一王臺常蜜脾中至春覷其王臺上惟王蜂居之而衆子亦居之多則分房不盛以長針刺其

衆子止留一子與分而祖房則常殷富有餘也埤雅云其王之所居疊積如臺王元之云山畊患其分也以棘刺關於王臺則子盡死漢書曰陸地牧馬二百蹄牛千蹄角千足羊澤中千足彘水居千石魚陂其人皆與千戶侯等

宋氏樹畜部卷之四

宋氏樹畜部卷之四

陶朱公致富全書

（明）佚　名　撰
（清）石巖逸叟　增定

《陶朱公致富全書》，(明)佚名撰。該書又名《重訂增補陶朱公致富全書》《增補致富奇書全集》《增補致富奇書》《重訂致富全書》《蘊古堂增補陶朱公致富奇書廣集》《農圃六書》等。是明末以叙述農桑生産爲中心，兼及果蔬、竹木、花卉、家畜、家禽、農産品加工和日常生活、醫藥衛生等内容的民間實用通書。該書内容切實可行，深受民間歡迎，坊間書商以有利可圖，便不斷變換書名，增添材料，託名於古人。因此該書傳世版本很多，著者亦難斷定。所謂陶朱公著，純屬僞託之詞。

全書共四卷，卷一分穀、蔬、木、果四部；卷二分花、藥、畜牧三部，另附農家曆、每月栽種書；卷三包括占候和詩賦兩大部分，占候諺語和文字記述是長期觀察氣象變化規律的經驗結晶，對於日常生活和農事安排，有一定指導意義，但也不免夾雜有迷信内容；卷四内容龐雜，其中『衛生至要』收按摩、氣功諸法，『四時調攝』及『服食方』記養身保健、食品烹飪加工方法等。

書中的内容大多摘引自前人文獻，講栽種、畜牧的幾個部分作了精當安排。書的體裁雖類似《多能鄙事》和《便民圖纂》，但迷信材料很有限，因此該書的實用價值也比較高，同以前的各種通書相比有所進步，並且流傳較廣。

該書的版本有康熙丙戌(一七〇六)本、乾隆己亥(一七七九)本、嘉慶戊寅(一八一八)本、道光元年(一八二一)本等二十種之多。一九八七年河南科學技術出版社出版孫芝齋校勘點注本，便於利用。今據南京大學圖書館藏經國堂刻本影印。

(惠富平)

致富全書 卷壹

陶朱公原本

石巖逸叟增定

增補致富全書

經國堂梓行

致富全書序

致富亦多術矣而世之艷稱者必曰陶朱公其以不遂時而責於人有所以致之道也觀其自言曰計然之策七越用其五而得意旣用之國欲施諸家乃治產積居擇人任時而家遂饒是由此言之治家之道通於治國豈尋常意計所能及哉況格物之性辨出之宜一人之識有窮而野老牧豎或反得傲以所知至庸皆至奇之所寄不有其書後之别師其智者將焉取之致富奇書由來舊矣雲閒陳先生儒雅君子也性嗜山林閒暇無事得以窮究漏牒訂正編集廣爲命書然猶惜其於方藥之用尚未及採且有遺失使後之攷者不能無憾乎此余不揣以蕪閒之日復爲增其未備雖於古之作者未敢云有功要其于世之讀是書者亦不無小補云時

康熙戊午春月鍾山逸叟漫識

重訂增補陶朱公致富全書卷之一目錄

穀部

耕種總論　開荒　鋤田　淩種

墾田　播蒔　耘壅　閣稻

收穫　留種　稻品　種麥

收麥　藏麥　蕎麥　黍穄

蘆穄　芝麻　麻　苧

棉花　藍

蔬部

山藥　芋頭　香蕈　落花生

白蘿蔔　胡蘿蔔　薑　薄荷

紫蘇　韭　蒝荽　蒜

葱　薤　芥菜　菠菜

莧菜　萵苣　茄　茭白

西瓜　甜瓜　南瓜　王瓜

生瓜　菜瓜　冬瓜　絲瓜

瓠　扁蒲　豆　菉豆

豌豆　蠶豆　赤豆　穭豆

刀豆　豇豆

木部

種樹總論　松　栢　杉

槐　榆　楊柳　梧桐

椶櫚　冬青　梔子　楮

桕　梓　漆　皂莢

椿　椒　榕　茶

竹　桑

果部

梅　桃　李　杏

梨　柹　林檎　葡萄

銀杏　橘　棗　胡桃

栗　榛　柿　香圓

木瓜　枇杷　櫻桃　石榴

荔枝　龍眼　橄欖　檳榔

藕　菱　茨菰　荸薺

芡實　甘蔗

卷之二　花部

栽花總論　物性土性異同

山茶　香　紫荊　珍珠

海棠　秋海棠　玉蘭　牡丹

杜鵑附川鵑　繡毬附八仙　桂花　蠟梅

薇花　茉莉　玫瑰　合歡

郁李　山礬　甘州枸杞　芙蓉

白菱　紫丁香　虎刺　西河柳

凌霄花　金絲桃附金梅　夾竹桃　柳穿魚

天竹　迎春附金雀　棣棠　薔薇附刺蘼

十姊妹　荼蘼附木香　錦帶　佛桑

芭蕉　菖蒲　千年蒀　吉祥草

翠雲草　金錦草　蘭花附蕙蘭　菊花

芍藥　水仙　蓮花　罌粟
麗春　剪春羅（剪秋羅附）　鳳仙　葵花
百合　金盞　萱草　金錢（附銀錢）
雞冠　雁來紅（十樣錦附）　白萼　蝴蝶花
決明　紅蕉　石竹（附洛陽）　映山
淡竹葉　秋牡丹附　花柳分春　京參　龍腦草附　金蓮
珊瑚　半枝蓮（笑靨附）　竹葉蘭（金桂蓮附）
紫茉莉（錦荔枝　觀音蓮附）　罌麥　滴滴金（萬壽菊附）
素馨　紫萱　曼倩花　二金花
金燈　虎耳　金鳳（玉簪　鳳仙?）　番椒（佛頭青附）
僧鞋菊（萬壽菊　五九菊）　夜落金錢?（剪秋菊　金鈴菊）　寶相?　[illegible]
指甲花　蓼花

致富〈目錄〉　三

藥部
貝母　地黃　天門冬　甘菊
藿香　稀簽草　牛膝　小茴香
麥門冬　黃精　五味子　薏苡
吳茱萸　紫草　五加皮　桔梗
防風　紅花　枸杞　紫花地丁
畜牧部
養蠶　養魚　養鶴　養牛
養馬　養猪　養羊　養雞
養鵝　養鴨　養蜜蜂　養猫
附
耕種吉凶　田家曆　每月栽種書

卷之三　占候部
風雨總占　又風雨占　四季二十八宿分占
二十八宿風雨歌　𧉮星占　四季占雨
風濤占　十二月總占　山川地土占
草木魚鳥占
詩賦部
題十二月耕圖 趙子昂　題十二月織圖 趙子昂
田園即事 趙子昂　四時田園雜興 康太和
勸農一律 虞奎章　[illegible]亭記 白玉蟾
梅花賦 宋廣平　戲題採蓮詞 唐伯虎
清平樂詞 陳眉公　浣紗溪 陳眉公
臨江仙詞 陳眉公　山居自樂詞 陳眉公

致富〈目錄〉　四

題馬跡山 錢[illegible]　漁樵問答歌 唐伯虎
山居吟 陳眉公　田家樂 沈石田
題莊伯容畫 陳叔達　題畫 唐伯虎
風花雪月四闋 唐伯虎　山居樂事集諸名公語
茶具十咏 陳諷蒙　姑蘇八景詩 唐伯虎
卷之四　四季備攷
立春　春分　立夏　夏至
立秋　秋分　立冬　冬至
孟春　仲春　季春　孟夏
仲夏　季夏　孟秋　仲秋
季秋　孟冬　仲冬　季冬
藝花備考

梅花　蘭花　蓮花　桂花
水仙　牡丹　芍藥　菊花
海棠　玉蘭　茉莉　合歡
萱花　棃花　杏花　桃花
李花　石榴　山茶　山礬
木槿　櫻桃　木蘭　瑞香
紫丁香　荼蘼　薔薇　木香
芙蓉　玉簪　金錢　鳳仙
芭蕉　菖蒲　竹　松
柏　檜　椿　槐
梧桐　楊柳
衛生

按摩總訣　按摩背上一穴　先左手做
按摩頭上諸穴　按摩面上諸穴　按摩胸腹諸穴
按摩兩足諸穴　却病要訣　重陽祖師功行說
治心氣法　治肝氣法　治脾氣法
治肺氣法　治腎氣法　太上玉軸六字氣訣
延年六字歌　運氣法　行持法
十二段錦　清心說　逸仙子遊感論
真仙總論　固精訣　真空篇
內丹三要論　養生雜錄
服食方　春季調攝　細辛散　菊花散　延年散
黃芪散　夏季調攝　荳蔻散　橘紅散
香薷飲　秋季調攝　威靈仙丸

二[illegible]丹　冬季調攝　禦寒湯　陳橘丸
服松子法　服柏實法　服茯苓法　服黃精法
不畏寒方　服枸杞法　牛乳益氣方　五加皮酒
服蓮子法　仙朮丸　芡實粥　竹葉粥
蔓菁粥　甘蔗粥　沙穀米粥　山藥粥
扁豆粥　百合粥　茯苓粥　糖蒸茄
醃瓜　蒜苗乾　藏芥菜　製芥辣
糟茄子方　糟姜方　糟蒜薹方　三和菜
十香豆豉方　芝麻醬方　乾閉甕菜　水豆豉方
茭白鮓　造穀菜方　蒜冬瓜　五美姜
五辣醋方　枸杞頭　莧菜　葦菜
野莧菜　蔞蒿　茉莉菜　鵞脚花

紅花子　竹菇　金蓮花　芙蓉花
玉簪花　梔子花　木菌　藤花
芭蕉　蓮房　松花蕊　水苔
鳳仙梗　莪蒿　蕎麥葉　鵞腸草
雞腸草　蟹生　炙魚　水醃魚
肉鮓　爐焙雞　夏月醃肉方　風魚法
肉生法　魚醬　酒醃蝦法　煮蟹青色蛤蜊脫丁
造肉醬法　治食鯗有毒法　救荒方　辟穀方
又辟穀方　又辟穀方　防儉餅　避難飲食方
服蒼朮方　又方　又方　黃山谷煮豆帖
休糧方　大道丸　辟穀休糧方　休糧學道方
食生黃豆法　服白礬法　淡黃虀煮粥法　療垂死飢

八卷終

重訂增補陶朱公致富全書卷之一

鍾山石巖逸叟增定

地財莫禁勤者致富百穀有秋名花維茂枯然漢陰草茅非陋

集種植

耕種總論

周禮太宰以九職任萬民一曰三農生九穀二曰園圃藝草木三農平地農山農澤農也九穀黍稷秫稻麻大小豆大小麥也園圃謂在田畔樹菜蔬果蓏蓏音裸者李時珍曰木實曰果草實曰蓏張晏曰有核曰果無核曰蓏○楊泉物理論曰粱者黍稷之總名也稻者溉種之總名也菽者衆豆之總名也三穀各二十種爲六十種蔬果之實助穀各二十種爲百穀百穀者衆種之總名也○周禮職方氏辨九穀之數揚州荊州其穀宜稻豫州并州其穀宜五種黍稷菽秫稻青州其穀宜稻麥兗州其穀宜四種黍稷稻麥雍州冀州其穀宜黍稷幽州其穀宜三種黍稷稻○王氏農書云耕地之法未耕曰生已耕曰熟初耕曰塌再耕曰轉生者欲深而猛熟者欲廉而淺○氾勝之云春地氣通可耕堅硬彊地黑壚土輒平磨其塊以殺草草生復耕天有小雨復耕和之勿令有塊以待時所謂彊土而弱之也杏始華榮輒輕耕弱土望杏花落復耕耕輒藺之草生有雨澤耕重藺之土甚輕者以牛羊踐之如此則土強所謂弱土而彊之也○齊民要術云秋耕宜早春耕宜遲遲者以春凍漸解地氣始通方可犁鋤早者乘天氣未寒將陽和之氣掩在地中也

開荒

先燒去野草犁過種芝蔴一年使草根腐爛然後種五穀俗云荒地種芝蔴一年不出草蓋芝蔴葉上滴下雨露最苦草木沾之必萎凡嘉花果之旁勿種芝蔴

鋤田

殘年鋤平地使水凍堅實至來春以灰糞灌之引水浸過然後撒種則種子不陷土易生發耳

浸種

早稻清明前晚稻穀雨後將稻種揀去粒長色紅者浉水浸之瓦器盛之晝浸夜收芽長二三分候晴明天氣抖鬆撒種蓋以稻草灰農書云以雪水浸種倍收且不生虫

壅田

河泥灰糞爲上麻豆餅次之先勻入田內然後揷秧各隨土性所宜統志云雷陽稻十一月下種揚雪耕耘次年四月熟與他地迥異栽園雜記云新昌嵊縣有冷田不宜早禾夏至前後始揷秧秧成棵便不用水在烈日暴土坼裂無妨至七月盡八月初得雨則土蘇滋而禾茂長此時無雨然後汲水灌之若日暴未久而得水太早則稻棵冷瘦多不荒生山陰會稽之田溝塘鹵或壅鹽草灰不然則不茂寧波台州近海處田禾犯鹹潮則死故作壩堰以坉之嚴州經田都用石灰台州則煅螺蚌蠣蛤之灰不用人畜糞蓋人畜糞壅田禾草皆茂蠣灰則草死而禾茂故用之

揷蒔

芒種後三時內拔秧洗根去泥揀出稗草遇天陰時候急忙揷蒔約六莖爲一叢六棵爲一行棵行宜直以便耘擋淺揷則易發稗與秧宜辨葉上光滑色微黑者爲稗葉有鋒芒色微黃者爲秧凡種五穀宜成收滿平定日忌辰日

耘擋

稻初發時用□鋤于稞行中耪鬆稻根則易旺倘所隙恨則根直生向下五六日後耘去稗草再隔五六日又耘一次諺云一鋤一飯饑不殺一耘一攪荒不殺

擱稻

稻苗壯時將灰糞或麻豆餅肴撒入田內立秋後不滲水俟十餘日謂之擱稻　乾裂復引水浸潤之養稻至成熟將方可去水

收穫

八九月間築場圃以木爲架或編竹作城門樣深丈許高六七尺十月收稻穀堆積在上夜間就內安臥不難看守可避寒兼以夜能防警

留穀

擇選穀之美者曬乾篩淨分別種類各自包裹仍須記號明白高懸屋梁去處以防鼠耗

稻品各種　粳米皆能補脾胃益五臟壯氣力止泄痢○糯米補中益氣暖胃腸多食發熱

□□□□□□□□□青葉□錢服

稻性宜水說文謂之稌徒音沛國謂之稬稻黏者爲糯又謂之秫黏不黏者爲秔稻又謂之粳汜勝之云三月種秔四月種秫糯無芒粳有芒粳之小者爲秈秈早熟故曰早稻粳晚熟故曰晚稻京口大稻謂之粳小稻謂之秈○其粒細長而白者爲箭子○其粒大而芒紅皮赤五月種九月熟者爲八十日稻遲者爲八十日稻又遲者爲百日赤毗陵亦有六十日稻八十日稻百日秈之品皆自占城來太平則曰稀梨歸問地無芒而粒細者爲占城稻○其粒尖色紅而性硬四月種七月熟者爲金城稻乃高仰之所種松江謂之赤米西湖次于占城即百日赤也○其粒長而色斑白□□

孕婦胎動不安腹痛下黃水糯米一升黃芪川芎各五錢煎□八分二次

謂之勝紅蓮性硬而皮莖俱白者爲籠擺稻音擺○其粒大色白稈軟而有芒者爲雪裏揀○其粒白無芒而稈矮者爲師姑秔○其粒赤而稃芒白八月熟者爲早白稻松江謂之小白四明謂之細白九月熟者爲晚白又謂之蘆花白松江謂之大白○其三月種六月熟者爲麥爭場○其再蒔而晚熟者爲烏口稻色黑而耐寒松江謂之冷水結○其粒白而大四月種八月熟者爲中秋稻松江謂之早中秋又謂之閃西風○其粒白而穀紫者爲紫芒稻○其秀最易者爲下馬看又謂之三朝齊其松江七月熟粒小稍來有紅芒白芒之別者爲香秔○其粒小色斑以一撮和米炒之馨香異常者爲香子又謂之香糯○其粒斑爛一穗三百餘粒者爲三穗子○其粒長而釀酒倍多者爲金釵糯○其色白而性軟者爲羊脂糯○其芒長而穀多白斑者爲胭脂糯太平謂之秋風糯○其太平厚稃紅黑斑者爲虎皮糯○其粒最長稃而有芒四月種七月熟者爲趕陳糯太平謂之趕不着又謂之仙糯○其粒大而色白者爲矮兒糯○其稃黃而芒赤已熟而稈微青者爲青稈糯○其粒大而色白芒長而熟最早釀酒極美者爲蘆黃糯湖州謂之泥裡變言其不待日之曬也○其粒圓白而稃黃大暑而收不宜于釀酒者爲秋風糯可以代粳稌糯又謂之瞞官糯松江謂之冷粒糯○其不耐風水四月種八月熟者爲小娘糯○其湖州色烏而香者爲香糯其稈挺而有芒者爲鐵梗糯芒如馬鬃而色赤者爲赤馬鬃糯

種麥　大麥味甘溫寬腸胃調中益氣化穀食壯氣血　小麥味甘寒除煩止渴養心氣心病宜食之

大小麥秋種冬長春秀夏熟具四時中和之氣比入浸撒南人多撒北麥花晝發故宜人南麥花夜發故發病白露後將田鋤□

殺蟲消積用蕎麥麵炒過泡服

溝以灰拌勻齊種諺云無灰不種麥又云大麥不過年小麥不過冬又一種穬麥名𪍿麥色青皮厚磨粉蒸食孫真人云麥甘入目煮大麥湯洗之小麥苗食之除熱消酒毒除黃疸利小便

收麥

麥半黃時趁天晴收割過熟則拋費農家忙促無如蚕麥諺云收麥猶如救火遲恐過雨則傷

藏麥

三伏烈日之中曬極乾先將稻草灰鋪倉底乘熱而收復以灰蓋之用紅錫封固則不蛀或以蒼耳入其中亦免化蛾

苦蕎麥味甘平寒實腸胃益氣力續精神煉五臟滓穢久食○小兒丹毒用蕎麥麵醋調敷之良驗

一名烏麥秋種冬春花實而小尖有三稜老則烏黑霜立秋前後下種稀穩撒子結實則多八九月收刈性畏霜烈日曬令口開舂簸宜取作飯亦可磨麵其稭燒灰淋汁洗牛馬瘡癬

黍稷味甘溫微寒能補脾胃養五臟

陶弘景曰稷米與黍米相似而粒殊大李時珍曰黍有赤白黃黑數種春分前後將灰土和子種之黍心初生畏露每早將苗麻散絲長繩上令兩人對持于黍苗上牽拽抹去其露陳蔗齋曰稷穄一物也唯祠事用之諺云刈黍欲早刈稷欲晚黍可釀酒稷可作飯李時珍曰稷為五穀之長而屬土故祠穀神者以稷配社

蘆稷味甘性與黍稷同○難產用根煎服

一名蜀黍春月種秋月收莖高丈許似蘆荻而內實葉亦似蘆穗大如帚粒大如椒紅黑色米性堅實黏者可和糯秫釀酒不黏者可作糕煮粥稍可作帚莖可織箔席編籬札色搏物志云地種蜀黍年久多蛇

芝麻生則寒炒則性熱治虛勞去風氣潤肌膚與乳母食之小兒永不生病

一名脂麻一名巨勝即胡麻也有黑白黃三色莖方花白節節結角四稜六稜者房小而子少七稜八稜者房大而子多宜肥地春麥俱可下種榨油存滓可打餅壅田

蔴蔴味苦平治赤白痢疾炒研為末蜜湯服一錢即愈

春間以灰拌子撒種肥地蓋以土灰薅草密則細疏則粗葉生後帶露掐去稍遇天陰晴糞忌浸日五六月開細黃花成穗結實如胡荽子有雌有雄雄者為枲雌者為苴其稭可作燭心又一種苘頭麻葉似苧而薄實殼如蜀葵子黑色皮可作布打索

苧味甘寒治痰熱○蛇虫咬傷用根搗汁敷之立效

二月子種宿根亦自生葉如楮葉花如白楊而長一朵凡數十穗青白色其子茶褐色九月收之凡種先鋤地作溝用河泥填壅每溝約疏五六尺或一尺撒子勻種五月刈者為頭苧七月刈者為二苧九月刈者為三苧皮可績以為布若過時不刈而生傍枝則苧皮不長生花則皮老而粘干骨不可剝矣

棉花血崩用白綿子燒灰服之○子油治惡瘡疥癬若以點燈損目

穀雨時下種入簇開黃花如秋葵而小結實如桃中有白棉綿中有子亦有紫棉者凡種先將種子用水浸片時漉出以灰拌勻每穴種五六粒待苗出時密者芟去止留盛者二三棵其鋤草不厭頻白露後收取紡織為布李時珍曰不蠶而綿不麻而布利被天下其益大哉子可榨油渣可打餅飼牛肥田吳錄所謂交州永昌木棉樹高過屋丈花色紅如山茶子如楮實綿出子中者即今攀枝花貯茵褥甚軟雲間通志以為木棉花甚謬蔡氏之誤耳

鬱金味中○瘡毒服一口一次○痔白濁以水三升煎汁每

凡五種蓼藍五六月開花成穗淺紅色子亦如蓼歲可三刈故名
英如白菘馬藍莖如苦蕒即大葉冬藍也吳藍長莖如蒿花白色
木藍莖如決明葉如槐葉七月開淡紅花結角如小豆角諸藍不
同作澱則一也臘月下種每日早上水灑至苗長二寸許肥地打
灣成行分栽仍每日澆水五六次夏至前後看葉上有破紋方可
收割每五十觔用石灰一石下大缸內水浸次日變黃色去梗用
木爬打轉粉青色變至紫花色然後去清水成靛准月令曰藍
芟落時可種藍五月可刈藍六月可種冬藍

山藥 味甘溫平補諸虛百損去頭面遊風腰膝潤毛髮益氣寬中下氣強陰長肌精

負暄雜錄曰山藥本名薯藥唐代宗諱豫故名薯藥宋英宗諱署
遂名山藥非二物也種法先鋤肥地鋤鬆作坑揀取美種以竹刀
切段約二寸許耕列種之覆土五寸許旱即澆水牛糞麻餅壅之

禁口痢用山藥半生半炒為末每服二錢○手足凍瘡山藥一錢磨泥敷之

致富　【卷之一　蔬部】　七

入夏生苗後以竹扶之蔓延故菜葉有三尖開花成穗淡紅色其
子引結子一二有亦可食今人以種薯遠則濟寧近則嘉定嘉定雖
小于濟寧而味更甘美他處種者皆不及也

芋 味辛平有毒寬腸胃充肌膚多食困脾滯氣○葉敷諸般瘡毒療蛇及諸蟲咬傷神效

一名蹲鴟有水旱二種旱芋山地種水芋水田種水芋味勝旱芋亦
可食種法先于南檐掘坑以礱糠鋪底將芋種放下用稻草蓋之
三月埋肥地苗發數葉移栽近水處區行欲寬寬則透風芋本欲
深深則根大壅以河泥或用灰糞霜降拔葉使液歸根當心出苗
者爲芋頭四邊附之而生者爲芋子又一種野芋有毒能殺人

香蕷

味淡甘大者如雞卵小者如彈丸種法二月鋤地成溝入種用雞
糞灰蓋覆間發藤以竹引之十月起土煮數滾熟食甚好

婦人乳癰疼痛寒熱以白蘿蔔用鹽少許搗和敷患處可急愈○解臭姜汁除根塗○御犬咬傷用姜汁

落花生

蔓延莖葉似扁豆開花落地一花就地結一果其形與香芋相類
亦二月內種高鬆土用糞肥灰壅宜栽背陰處秋盡冬初取之
若未經霜則味苦與香芋山藥俱出嘉定瀕海之地

白蘿蔔 辛溫利五臟氣利大小便制麵毒中止渴消食下氣與生菜治痢同

一名萊菔六月下種以土農秋深苗冬掘根以湖邊出者甘而
鬆又一種紅皮者辣而堅發闊有之鬆土頻澆易活帶露勿鋤
肥頭生蟲○胡蘿蔔元時始自胡地來宜潮沙地六月下子七月
分栽十月取根生熟皆可啖根有黃赤二種開碎白花攢簇如金
子如蛇床子又如蒔蘿子稞色

薑 味辛溫治痰嗽通神明去穢惡寒利九竅開胃止嘔解留皮則涼去皮則熱

通州出者良宜沙地清明後三日取母薑種之培以蠶沙壅以灰

致富　【卷之一　蔬部】　八

糞立夏後蠶大眠時芽出避烈日秋社採之遲則漸老成絲矣
小雪前後將種藏在窨內免致凍損諺云養羊種薑子利相當

薄荷 辛苦氣涼溫主賊風消宿食惡氣發汗去頭腦風及小兒風心腹脹霍亂骨蒸勞熱

蘇郡有此龍腦薄荷爲佳者故名龍腦其香味辛涼直透人頂門
較他處產者果勝種法于清明內取舊根發芽者移栽不甚喜肥
止用清糞澆三四次亦若後曬乾用之

紫蘇 辛溫寬中下氣治胃脹胎腹脹霍亂轉筋逐風暑濕氣消痰利大小腸療脚氣解諸魚蟹之毒

莖葉俱紫與之有香三月下子四月分秋初種先澆河水後活澆
糞水十月收子入藥伏天採其莖葉入梅醬○白蘇莖葉俱淡綠
色種法與紫皆同可以其糞種頻澆味淡而鬆但可作糖纏食別有
野蘇取煎湯盥浴而已

韭 辛溫微酸歸腎心安五臟除胃熱補虛壯陽○止洩精暖腰膝子爲末空心溫酒調服

治蒜白打爛 菜油搗爛敷 熱封貼患處

一名草鐘乳一名起陽草隨處皆有崑山圓明村出者味絕勝又稱出者為松毛韭菜二七月子種八月根分栽高三寸便剪切忌日中一歲不過五剪收子者只可一剪冬盡春初生芽謂之韭黃黃而不出土者周顒云春初早韭秋末晚菘其言其味美也剪而復生久而不乏其根當剔分栽不須撒子矣○薤與韭可類薤出諸門入為薤露之歌曰薤上露何易晞明朝還復落薤之美在白韭之美在黃

胡荽 味辛溫微毒利五臟補不足消穀化氣通大小腸通心竅辟魚肉毒久食多忘

一名荽菜一名胡荽俗作芫非也道家五葷之一八月種肥地蓐日光房開細花成簇淡紫色五月收子味亦辛香王氏農書云胡荽于蔬菜中子葉皆可用生熟皆可食

蒜 辛溫有毒治霍亂 久食損目光生痰動火昏神

葫即大蒜因別有一種小蒜故以名別之八月初鋤地成隴逐瓣分擘栽於水澆之春食苗夏初食薹五月食根秋時收取再種獨瓣者治鼻衄搗塗脚心即止以蒜

蔥 辛溫治傷寒骨節痛 治面目浮腫 安胎止血解魚肉毒

冬蔥無子漢蔥春末開花浮黲色龍爪蔥莖上生根不拘時種先去冗鬚陳行密排以蔥糞壅之一名和事草忌與蜂蜜同食

菘 味溫主通利腸胃 消食解酒

隨處皆有種類甚多總謂之蔬食之腸胃宜暢有疏通之義焉又以其四時不乏有菘之操故名菘春曰春菜又名白菜夏曰夏菜秋曰冬菜又名秋菜冬藏為百藥長種于秋起于冬則為冬菜早冬者家家醃藏過冬曰藏菜此有二種一名箭竿菜幹長渾而白葉少一名挖菜幹扁短而青葉多宜潮地鎮江出者極大一棵有數

各種癰瘡疔腫毒 用馬齒莧子生搗汁一碗服之可消

婦人乳裂用秋茄裂開者陰乾燒存性水為末調塗之

斤味美無滓晚冬者為蹋菜愈經霜雪其味愈甜藏於窖內以馬糞壅之苗葉皆嫩黃色謂之黃芽菜蓋倣韭黃之法也又一種四月花因其子多油種者甚廣菜心可食

芥 辛溫溫中利九竅除腎經邪氣忌同兔食

芥菜亦有幾種八九月下子十月移栽濃糞頻澆則茂

菠菜 甘寒利五臟 解熱毒酒毒

出自西域頗陵國訛呼菠薐根赤色葉如蒺藜之狀四月收子八月種肥地此菜性與他菜不同種後必過月朔乃生假如今月初二三種與廿六七日種者皆過來月初一方出驗之信然

莧 甘寒主寒熱利九竅治赤白痢下血 ○馬齒莧酸寒 止煩渴殺諸虫

莧有紅白兩種八月收子二月初旬先鋤地成隴將子拌細泥同撒稍長摘嫩葉煮食老則無味矣野莧比家莧味更勝馬齒莧葉

青莖赤花黃根白子類一名醬瓣草遍地有之

萵苣 苦寒 利五臟 解熱毒 白

六月收子八月下種十月分栽冬間濃糞澆七八次培壅其本肥大三日起土削皮和鹽醃入醬作蔬京口最盛花亦繁族可玩

茄 甘寒食之動風發瘡 多食損

一名落蘇有紫有白有青寒露耐後下種以糞水頻澆苗生三五葉帶土移栽肥地宜稀寬得其性畏日須有雨時或陰開栽之二云根邊納硫黃一塊結子大而且多有鄰耶其帶曬乾歲朝和菜花煮食名安樂菜劉埇云交趾茄樹經冬不凋二三年漸成大樹其實如瓜

茭白 甘寒 止渴利小水 腸胃積

一名雕胡菰菜 五月取以裹粽中心生白臺如藕董素皆

用糟食醬食亦佳晉張翰思吳中蓴菰。卽此類也逐年移栽心切
生黑灰犯鐵器卽成野茭種法淸明前分秧插池塘邊或水田內
不用澆灌

西瓜 甘寒北人稟厚食猶慣南人稟薄多食患霍乱冷病○閃挫腰痛西瓜皮陰乾爲末調服

西瓜種類不一。出自西域者時稱故名姑蘇志云吳縣出薦福瓜
崑山出楊莊瓜蜀明村瓜婁江之雙鳳井亭瓜更勝于他邑種法
清明時下種肥地掘坑如斗大每坑納子四粒芽出後根下壅土
作盆多鋤則饒子不鋤則無實結花掐去則瓜易大

甜瓜 生冷味寒多食下痢○發狂欲走瓜蒂末井水調一錢卽愈

甜瓜有綠有黃香而小者佳出崑山圓明村。小暑後方熟疑卽御
平所謂五色子母瓜也

南瓜 甘溫多食發脚氣黃疸與羊肉同食令人氣壅宜忌之

南瓜一蔓十餘丈實如甜瓜而扁有棱經霜可採肉色黃本草不
載

王瓜 甘寒有小毒食之滑泄多食發病○小兒熱痢嫩王瓜同蜜食十餘枚良

王瓜本名黃瓜有青有白皮上有瘖瘰閩人二月食之至夏枯矣

生瓜 甘寒生食發諸病熟食益人○口吻瘡及臉上熱瘡燒灰敷之

生瓜。亦蔓生有青白二種白者絕類扁蒲青者色類田雞種法亦
與王瓜同

菜瓜 甘寒有毒利腸胃消渴不可多食

菜瓜又名醬瓜圓者如甜瓜之狀甜醬漬之爲蔬中佳品

冬瓜 味甘微寒人不宜多食○面黑令白用冬瓜一个竹刀去皮切酒一升米水一升煮爛去滓熬膏每夜塗之

冬瓜。三月生苗頻澆糞一生花不可再澆八月取食初生青綠經
霜則粉白

[illegible]

絲瓜 甘平食之除熱利腸胃固氣○酒痔用絲瓜燒存性研末酒服二錢

絲瓜細長者良老則大如杵筋絡如織可滌釜器子黑而扁花黃
色不結瓜者爲狂花啖之頗有味凡瓜種法與種茄同

瓠瓜 甘平消渴利水道下熱氣

本名壺蘆壺酒器也盧飯器也蓋乃蒜名蘆乃葦屬俗作葫蘆者
非矣委巷百卉志曰瓠瓜也葉大盈尺實青白色吳中槩謂之葫
蘆圓扁如石鼓者爲合盤葫蘆上細下墜者爲長柄葫蘆上尖中
細者爲捻頸葫蘆又名藥葫蘆名種不一種法掘坑深五尺許每
坑納子十餘粒蔓長搭架引之擇肥好者兩莖相貼用麻纏縛如
接樹法。待莖粘連如前再貼如是者幾次併爲一棵結實後取其
周正者留之經霜用以爲器一個可盛米一斗圓扁者嫩時可作
羹或刺絲曬乾同雞肉共煮味極甘美

扁蒲 味性與瓠同

質似葫蘆上帶尖小以下漸大。擇子多實者秋初收子冬盡鋤地糞
酵二月再鋤打穴下子每穴二三粒蓋以薄土四月可採味亦平
淡也

豆 黃豆甘溫寬中下氣利大腸消水脹治腫毒○黑豆甘寒平散五臟結積內寒消腫脹散瘀血

有黑白黃褐青斑數色二月至四月皆可下子不必澆灌肥地宜
疎瘦地宜密苗出卽耘有草則剷開小白花莢長寸餘經霜乃枯
汜勝之云夏至種豆不用深耕豆至見日則黃爛而根焦矣黑豆
喂馬極肥人食補腎農書云大豆忌申日卯豆忌卯日

菉豆 甘寒除煩熱消風疹解一切藥草虫魚牛馬金石毒和五藏安精神作枕治頭風明目

三四月下種六月收子再種八月再收子早種者爲摘綠可頻摘
也遲種者爲拔綠一拔而已圓小者良用之甚廣一名綠豆以足

中砒霜毒白稨豆生絞汁服

名也古驗書云其年李不生則此豆有收

豌豆（甘平調榮衛益中平氣治寒熱吐逆止泄痢利小便消腹脹滿下乳汁）

九月下種苗弱如蔓葉兩兩對生花似蛾形淡紫色莢長寸許子圓如藥丸吳俗呼為豌豆大豌豆為小豌煮湯汁鮮香美又一種（種植）想三月開小花紫白色結角子似豌豆而小麥熟時摘取嫩莢煮食

蠶豆（甘溫主快胃利五臟多食則發脹可合醬炒食）

豆莢狀如老蠶又以其蠶時熟故名方莖中空一枝三葉二月開花如蛾狀紫白色又如豇豆花結角連綴如大豆種法同豌豆採食亦同時一面開花多收三面開花少實亦可充飢種可壅田

赤豆（酸平主下水排癰腫血去熱毒通小便消脹除煩渴下乳汁久食令人虛黑瘦枯燥）

夏至後種小而赤黯色者入藥其稍大而鮮紅淡紅色者並不治病但可作粥飯餡餌耳

稨豆（甘平下氣治霍乱吐利不止鴻生留解河豚毒及酒毒）

一名沿籬豆一名羊眼豆清明下種以灰覆之不宜土益其枝蔓生紫花紫豆白花白豆花如小蛾莢生花下白者入藥又一種狀如龍爪者殼色淡白子則亞稨豆煮湯湯與豆味皆香美

刀豆（甘溫溫中下氣利腸胃止呃逆益腎補元）

清明時鋤地作穴每穴下種一粒以灰蓋之芽出方以糞澆其枝蔓生花如蛾形莢扁長似刀嫩時煮食蜜煎皆好醬漬尤佳此豆俱食子惟豇豆與刀豆連莢食而刀豆味全在莢

豇豆（紫甘鹹理中益氣補腎健胃和五藏調營衛生精髓止消渴吐逆泄痢小便數）

與稨豆同時種而生豆則早于稨豆蔓不甚長竹架引之莢有青赤二種嫩時帶莢食秋枯收子青莢者子黑赤莢者子紅亦有黑

者其莢紅長如裙帶故名裙帶豆子和米蒸飯亦香

種樹總論

眉公秘笈曰種樹之法莫妙於東坡曰大者不能活小者老大不能待惟擇中材而多帶土碌者為佳○張約齋曰春分和氣盡接不得夏至陽氣盛種不得○浣花雜志曰壓枝必在秋分移栽必在春分鑿根則不拘時矣○史氏圃經曰凡一半月移栽者多實望後者實少宜收日忌日○种樹論曰世間一切名花木有不以太陽為祖皆然而木中起火復見天心冬月之日尤為樞要至如初夏深秋皆宜近日惟盛夏初秋大熱之時須就東墻而避西照○汝南圃史曰大抵植物莫不以土為母況芳草在盆受氣有限全賴良土滋養但能于土留心揀擇栽花之道思過半矣

松（以松葉細切更研每日食前以酒調服二錢令人輕身不老久服辟穀不飢又能辟瘟疫）

截去大根唯留四旁根鬚春分前浸子點種二年後帶土移栽百株百活法與種竹同天日松不用糞喜陰處采松落子秧出松秧尤宜山土剔牙松鼠忌傷木修法以豬毯湯糞土密封附物志曰松脂入地千歲為茯苓茯苓千歲為琥珀

柏（五月五日采九方瀨柏葉三斤遠志去心二斤白茯苓去皮一斤為末煉蜜和丸用仙靈脾酒下日服二十丸可以延年益壽）

柏有四種扁柏質黃易長易茂山地峻壠並相宜檜柏體堅葉尖質赤一名檜尖又名血柏難長亦難茂瓔珞柏亦難長可植庭際側柏種貴惟園圃中植之俱無花有子春分下子或清明或秋後移栽列仙傳曰赤松子好食柏實齒落更生

杉（諸瘡煮湯洗之尤不壞○風毒霍乱煮湯服○煮水浸脚氣）

幹直葉細易長江浙閩最盛徽州婺源者質最堅旨棟梁以至器

用小物無不需之山中植者斬伐後放火燒山駆牛耕轉則火灰壓下。土氣漸肥然後播種其中但植于近墓園圃中。法宜驚蟄前後斬取新枝揷土中天陰即揷過雨尤妙。

槐以槐子入冬月牛胆中漬陰乾百日每日食後一枚久服明目通神髮白還黑有痔漏尤宜服之

收槐子晒乾夏至前以水浸生芽和麻子撒肥地當年即與麻齊刈麻留槐別竪木竿以繩割定來年復種麻護之三年後移栽花[illegible]黄色以染[illegible]槐花黄畢子花之謝子可染色又可入藥

榆斷穀不飢用榆皮爲末日服數合。榆胎死腹中榆白皮煮汁二升服之即下。

榆有幾種某與[illegible]二種白榆未生葉時枝間先生莢形似錢而小俗呼榆錢又名莢[illegible]于肥地三年可移栽栽將莪去上截用箬包裹下土[illegible]以防人畜旋轉搖動。

〖卷之二　木部〗　十五

楊柳小兒走馬[illegible]楊柳之小[illegible]九名[illegible]

陶朱公云種柳千株[illegible]可足柴炭[illegible]取青柳枝高如馬低如[illegible]地扦揷則活[illegible]春初生葉在春晚葉長花老絮出因風而飛著衣物生[illegible]化爲虫入池沼則化爲萍又一種赤柳宜栽河坎之所冬月水涸[illegible]堤之黄泥春凍[illegible]則三寸長枝條栽之引水停留[illegible]可爲[illegible]而[illegible]河柳白而韌

梧桐治發背以[illegible]梧桐[illegible]葉焙乾[illegible]

二三月畦種如種[illegible]既發長移栽背陰處地宜實不宜浮子生于葉大如胡椒多者五六粒。少或二三粒。八月方可摘下香而有味立秋之刻必脫一葉王逸曰。松栢冬茂陰木也梧桐夏茂陽木也風俗通曰桐生于峇石之上採東南孫枝爲琴聲極清麗古詩云葉茂正宜栖鳳侶孫枝九好長棄材者言梧桐者也遁甲書云梧桐生十二葉邊有大葉從下數一葉爲一月有閏則十三葉視葉小者即知閏何月也

小兒發熱飢瘦用葉煎湯洗之

棕櫚鼻血不止棕櫚皮灰隨左右吹之。婦人血崩不止用棕櫚皮燒存性空心淡酒服三錢即止

秋分移栽宜園亭塚墓內葉如車輪有皮纏之二旬一剝轉復上生八月開黄花九十月結子隨地即生小樹種法先掘地作坑用狗屎鋪底再用肥土蓋之初種月餘以河水間日一澆以後不須澆矣。[illegible]其色紫[illegible]亮者結鞋甚韌其樹又可造戽水車軸。

冬青治痔瘡[illegible]冬至日采冬青子[illegible]酒浸一宿九蒸九晒用[illegible]每日空心酒吞七十粒至臨臥時再服

村庄及墓道多植之即女貞別種也葉微圓而子赤者爲冬青葉長而子黑者爲女貞一名蠟樹其花皆繁子並纍纍滿樹立夏前後取蠟虫種子置于樹間半月虫化延枝上造成白蠟[illegible]刮取以水煮溶濾過[illegible]器中凝如石膏致富

〖卷之二　木部〗　十六

梔子吐血[illegible]飯前[illegible]用梔子二十個[illegible]去皮[illegible]梔子[illegible]和[illegible]濃搗之

一名詹蔔葉者[illegible]其可以染衆子葉者不結子。色白而香烈[illegible]于冬初取子晒乾[illegible]用灰土如種茄法次年三月移栽第四年開花結實[illegible]本扦插止用土壓旁生小枝[illegible]年自生根分栽易活花性[illegible]以蕃水澆之

楮目昏[illegible]楮實[illegible]爲末[illegible]食後[illegible]日三服

楮即穀[illegible]作楮[illegible]晉時亦浙人[illegible]皮造紙用之甚廣種法春間將子淘晒同麻子漫撒。秋冬留麻[illegible]爲楮護暖。明春放火燒之一歲即長大三年可採樹有雌雄雄者皮白而葉有椏。又開碎花結實如楊梅種三十畝者歲斫十畝三年一遍歲收絹百匹

桕牛馬六畜肉生疔腫欲死者用葉搗自然汁一二盆頓服得大利去毒即愈冬用汁

一名鴉臼葉似梨杏五月開細花黄白色子黑色冬月取子水磨

樟葉飼豬肥大三倍可搗敷諸瘡

肉脫之後篩出核煎成為蠟仍將核磨碎蒸熟取脂澆燭或和桐油內製傘存渣打油餅可壅田子上皮脂勝于仁也種法必須接否則不結子雖結亦不多。

梓 [illegible]用梓木削去黑皮取肉白者切一升水二升五合煎汁每服八合

木似桐而葉小花紫其角細長冬後葉落而角猶在樹秋冬子種三年移栽為百木之長又名木王蓋木莫良于梓故書以梓名篇禮以梓人名匠朝廷以梓宮名棺也。

漆 九種心疼用乾漆一兩炒烟盡研末醋糊丸梧子大每服五丸至九丸熱酒下

嚴州諸處皆有金州者最佳故名金漆春分前移栽葉如椿花如槐六七月間以利斧斫其皮以竹管承其汁。

皂莢 自縊將絕用皂莢末吹鼻中即醒○虎[illegible]烟熏入廚房[illegible]合蒼朮燒辟[illegible]氣

枝間多刺[illegible]黃花結實有三種一種小如豬牙一種長而肥薄枯燥不粘一種長六七寸長而肥厚者多脂而粘以為長者佳採時以篾箍其樹一夜自落若不結角者于南北二面去地一尺鑽孔用木釘釘之泥封數日即結

椿 苦溫[illegible]蒼朮洗[illegible]風[illegible]之[illegible]

香者名椿實而[illegible]臭者名樗[illegible]八[illegible]之椿作也根[illegible]出小樹移栽二分栽即活

椒 辛溫有毒治邪氣咳逆[illegible]寒冷[illegible]

產自蜀川其葉對生尖而有刺四月開小花五月結實秋深採之收揀粒大者陰乾收于來春種于肥處可死雖不用糞澆冬月以草覆之最易蕃衍詩云椒聊之實蕃衍盈升。

榕

閩廣多植之葉如木麻實如冬青樹幹拳曲不可以為器也其木

密理而澀不可以為材也燒之無焰不可以為薪[illegible]以其不材故能久而無傷其蔭十畝故人以為息焉而枝條既繁葉又茂細軟條如藤垂下漸及地藤梢入土便生根節或一大株有根四五處而橫枝及鄰樹即連理[illegible]人以為常不謂之端木

茶 苦甘微寒治瘻瘡利小便去痰熱令人少睡有力悅志下氣消食久服令人瘦宜熱治則聚痰酒後不宜多飲

宜斜坡陰處近水二月下種每坎數粒蓋土一寸糞水常澆或蠶沙壅之三年可採成不可移栽三年後採之採時須候天色晴明不必太細細則芽初萌而味欠足不可太青青則葉已老而味欠香只在穀雨前後花色白而心黃微香茶品殊多止就近地者論之虎丘為吳中第一惜不多產伏龍天池翠而香殊亦屬上品陽羨郎長興又名羅岕浙中第一荊溪稍下天安可入藥但不甚妙味苦而不發香龍井不過數十畝以外皆不及天目雖次之亦不亞于六安也志云山氣寒暖冬來多霧此茶萌芽較晚凡茶俱宜炒焙不宜見日色屠公云茶見日而味奪墨見日而色灰松蘿宜藏錫餅內新舊雜和則茶之味更鮮美

竹 竹葉治[illegible]上氣煩熱風痰喉痺嘔吐○根治[illegible]氣止渴[illegible]竹葉治口瘡目痛酒毒

竹類甚多有毛竹蓬萊竹燕竹貴竹紫竹斑竹金竹方竹慈竹鳳尾竹水竹各種譜云種竹無時雨過便移齊民要術云五月十三為竹醉日是日種者易生勿以腳踏只用鎚打謂以馬糞礱糠次年便出笋然竹性向西南須移種東北角忌火日每年冬初宜用田泥壅根若生花結實如稗謂之竹米即枯死于初時擇一大竿截留二三尺鑽通其節以糞實之則止一云宜辰日黃山谷云根須辰日劚笋看上番成一云宜臘月杜少陵云東鄰竹影薄臘月更宜栽

能治目赤利肺去熱止□

桑以殺虫血用解白皮一斤米泔浸三宿刮去黄
新之嘉湖等處徧地植之。吳郡亦有種法，二月撒子，苗長尺
許，鞭擬冬月，燒去其稍，以草蓋之。來春發出，止留旺者一枝，餘皆
芟去。明年鋤熟地覓行栽之。行不可正。對壓法：春初以長枝攀下
覆土，壓之則根易生。臘月斷斷移栽，修去正月間削去枯枝及低
小亂枝，隨分掘開痛以益之。接法：仲春擇桑木大如臂者，約去地
二三尺，以刀剔起樹皮，取桑枝大如筋長一尺者，削如馬耳，插入
皮中，即以桑皮繫定，糞土包縛，令不洩氣，即活。有互名桑牛，急尋
其穴，桐油抹之即死。占蠶葉貴賤，只看正月之上旬，木在一日，則
為蠶食一葉，為甚貴；木在九日，則為蠶食九葉，為甚賤。又占：三月
三日有雨，葉貴；四日有雨，葉尤貴。諺云：三日尤可，四日殺我。陰雨
不雨，則蠶大利。遇午日不宜鋤桑園。

梅 酸平 中風 作汁 梅子 能 敗之 核

有五種：綠萼、照水、玉蝶、鴛鴦、紅梅。練樹接成，墨梅皆妙品也。春間
取核埋之，雙迎候長三尺許，以桃接之。若欲移種，須去其枝稍，大
其根盤，沃以溝泥，無不活者。王敬美梅疏云：蘭中梅樹，月便開，吾
地稍遲。紅梅最先發花，日有開者。園中有梅，深二種，次則杭之玉
蝶，本地之綠萼為佳。吾地梅可置竹林水際，過植梅種園中。取果
不足登几案也。若而可食者曰消梅、脆梅、梅酒梅，梅為上，以其
入口即消也。熟而可食者曰鶴頂梅、菊梅，鶴頂最佳，以其紅大如
鶴頂也。梅甫梅，置梅酥，一歲之用。園林中不可少。○又有茶梅
一種，花如鵝眼錢，粉紅色，黃心，雜素酣，以十一月中開。正諸花凋
謝之候，無此則予月虛度矣。

桃 甘酸微毒 除鬼宗益顏色 花利大小便 下三尸虫 桃仁代祭止痛 心疼 仁七個炒研

宜擇向陽處作坑，春間以核埋其中，尖頭向下，覆上尺餘，待長三
尺許移栽。不宜肉地，以爛豬頭汁冷澆之，則子不蛀。以年久竹燈
檠挂樹上，則百鳥不落。大約十年輒枯，經云：本少則花盛，不虛也。

李 甘微酸 中不可 同雀 食

樹能耐久，臘月中取根上發起小條移種別地。種樹書云：李接桃
則為李桃，結實紅甘。諺云：桃宜密，種李宜稀。少實，于元旦五更
以火把四面照之。常年一□生，謂之嫁李。

杏 熱有毒 多食傷筋骨 小兒忌食

此花先赤後白。此樹多花少實，將殘帶肉埋于糞土中，至春移栽。
不移則實小味苦。栽宜近人家，不可密。少實，將處子裙繫樹上，結
子無數。陝西出者為金杏，惟取其仁。又一種金杏，大如梨，黃如
橘。李時珍曰：凡杏桃諸花皆五出，若六出必雙仁，以其反常故有

毒。

梨 甘微酸寒 多食 小 熱 產婦 金瘡 乳婦忌之

二月開白花如雪。六出者分下，待三尺許移栽，或分根上小棵栽
之。其核每顆有十餘子，唯一二子生梨，餘皆生杜。杜即棠梨
也，必須棠梨、桑樹接過者，結子早而佳。上巳無風則結實。好古詩
云：上巳有風梨有蠹，中秋無月蚌無胎。史記云：淮北、滎南、河濟之
間，千株梨，其人與千戶侯等也。

楊梅 酸溫 去痰止嘔 消食下酒 不宜多食 痢者宜忌 刀傷 燒楊梅 者搗 傷處立效

楊梅為吳中名品，光福山銅坑出者第一，聚塢次之，洞庭所產尤
多。西湖志云：烟霞嶺東，蔡嶺十八澗皇亭山者，肉鬆核小，味尤甜
美。閩廣八盛梅荔枝，无此物可比，或以西涼蒲萄當之，然總不及吳
越楊梅也。柯正平詩曰：五月楊梅已滿林，初疑一顆價千金，味方

荷蘭葡萄重色比瀘南荔子深則古人已有是而今之矣種法六
月間烘池浸核取出收起二月鋤種待長尺許次年三月移栽三
四年後接以別樹生子枝條復栽山地多留宿土臘月開溝于根
旁離四五尺許以糞土壅之不宜着根每遇雨肥水滲下則結子
肥大或云桑上接楊梅生子不酸樹若生癩以甘草釘之。

林檎 性溫治消渴下氣多食生痰澀血閉生瘡

俗呼爲花紅唐高宗時李謹得五色林檎以貢帝悅賜謹爲文林
郎果爲月將繁條移栽接法與接梨同樹似李二月開粉紅花子
亦如李面差圓五月中熟物類相感志云林檎樹生毛虫埋蚕蛾
于樹下或澆以魚腥水即止。李子似李外青內紅其枝可接海
棠林檎

葡萄 甘平久食令人強志輕身延年不老。孕婦胎上衝心煎湯服之即下。無實。根藤可代

致富　卷之一　果部　卅

俗呼葡萄張騫從大宛移來隴西河東諸郡皆有紫者名馬乳味
甘白者名水晶味濃江南產者終不如北二月間取藤枝插肥地
蔓長作架承之結子時剪去繁葉使受雨露之潤則子易肥大張
芳洲詩云聞道乘槎客相攜到漢庭何緣嘗草日先自入醫經。
瑣瑣葡萄形甚細如胡椒大出土魯番性熱可發痘疹並葡萄別
種也亦云葡萄

銀杏 熟食溫肺益氣定喘嗽止白濁降痰消毒殺虫嚼漿塗鼻面手足去皶皰黯䵳皴皺以及疥癬等瘡

花八種爲白果南人稱爲鴨腳宋初始入貢改呼銀杏春初種肥
地過年移栽葉如鴨腳其花夜開晝落人罕見之實大如枇杷八
九月熟搗而腐之獨取其核即銀杏也瑣碎錄云其木有雌雄雄
者三稜雌者兩稜須雌雄同種方結實或雌樹臨水種照影亦結
或將雌樹鑿一孔以雄木填之此果性寒本草云白果食滿千個

者宜同鰻魚食

者死小兒尤不宜食歐陽公詩云始摘總三四歲久子漸多

橘 甘者潤肺酸者聚痰消渴開胃除胸中膈氣。核治小腸疝氣陰核腫痛去皮炒研五錢酒煎服

橘樹白花赤實皮香肉美閩浙吳楚間皆有之春初取核撒地長
三尺許移栽忌猪糞冬月以河泥壅其根自時澆灌糞水則葉茂
而實繁爲橘蜜橘貴品其橘以金橘可藏三月晚花甜早紅福
橘並佳洞庭山有漆碟紅乳即福橘種也別有一種柑名曰木
奴有朱柑有乳柑早熟金柑去核可蜜浸蒸美陽十月便以稻草縛柑
橘上經冬公曰此爲木奴看著又有一種柚紅者甘酸白者不足貴。
閩廣有之橙樹似橘而葉大八月早熟皮厚而皺可蜜浸蜜漬皆宜
種法與種橘同。

棗 甘平補中益氣堅志強力潤心肺補五勞治虛損十二經氣久服輕身延年小兒患秋痢與蛀棗食之

北列郡皆有而青晉絳州者佳今鮮棗通謂之白蒲棗其乾者李

致富　卷之一　果部　卅一

生棗多食令人發寒熱羸弱人更不宜食

自河南山東諸處來蜜雲棗核細形小金華出南棗甘膩似蜜雲
而形長大南都姚坊門棗是有名者皆棗中之佳品也種法擇味好
者春間種之候葉始生而移栽行欲相當候蠶入簇時以杖擊其
枝間振去狂花則結實繁亦大

胡桃 性溫食之潤肌膚黑鬚髮多食傷肺動風能脫人眉毛。外青皮搗爛取汁可染鬚髮

一名羌桃又名核桃出羌胡故名之漢張騫植之秦中漸及東土
今陝洛間甚多大株厚葉多陰花如栗花實亦有房秋冬時熟採
之出殼有名殼厚味澀不脫肉薄殼者殼薄味甘脫肉

栗 鹹溫食之益氣厚腸胃補腎氣。生食治腰腳不遂。須曬乾稍研細蒸熟食之有效。

栗生山陰今處處有之而兗州宣州者最勝春初種濕地冬月以
草裹之枝間綴花青黃色實有房中開子必三五小者若桃李中
開子惟一二霜降將熟其苞自裂而子出一云花落收之照火風

雨不滅。行義云。栗欲乾。莫如曝。欲生收。莫如潤沙中藏。至春末夏初。尚如新收。

脾。甘平。食之益氣力。寬腸胃。能令人肥白

叢生。葉如麻而潤大。四月開花。色白如栗花。結實作毬。毬中有核。即榛也。榛中有仁。白色甘味。種法與種栗同。本草云。主益氣力。寬腸胃。令人不飢。生遼東山谷。開胃。行食之當粮

柿 甘寒。生肺。通耳鼻氣。治腸胃不足。解酒毒。去胃熱。止口乾。與蟹同食。令人腹痛作瀉。同酒食易醉

葉似山茶。四月結實。九月中。皮黃即摘下。以漸自熟。多用梗種。移栽不如春分後用椑柿接。接三次則全無核。接桃枝則成金桃。聞見後錄云。柿有七絕。一壽。二多陰。三無鳥巢。四無蟲蠹。五霜葉可玩。六嘉實。七落葉肥大。本草云。柿不可與蟹同食。

香圓 當作蜂。螫下絞痛。用木瓜三片。桑葉七片。大棗三枚。水三升。煮半升。頓服

致富 卷之一 果部 三三

有大小二種。小者香。皮粗而形大者。乃朱欒。非香圓也。葉尖長。枝間有刺。實正黃色。清香襲人。酥可作湯。皮可作丁。葉可療病。口木瓜種子。種枝及栽。皆得法。與桃李同。秋社前後移栽。春栽更盛。

枇杷 甘酸平。止渴下氣。利肺氣。止吐逆。潤五藏。葉治咳後口乾。肺風瘡。反胃。面上瘡。葉煮汁服之

梗種。即出。背長。移栽。春三月。用本色接。不宜澆糞。以淋過淡灰雍之。初蓋冬花。春結子。夏成熟。其本陰密。枝葉婆娑。飾蔣不凋。謝瞻賦云。見金秋之青條。抱東陽之枯氣。敢寒花于結霜。成炎果乎露。漳州志。大春果已過。夏果未成。此果適熟。故諺有枇杷黃果子荒之謠。

櫻桃 性熱。調中益脾。美顏色。口多食發虛熱。喘嗽之疾。小兒尤忌

二月間。種陽中者還種陽處。陰種者還種陰處。結實之時。宜張稚網。遮之以護鳥雀。果時葦箔。覆之以蔽風雨。王維詩云。總是寢園春薦後。非干御苑鳥銜殘。

石榴 性滯。能損肺氣。病人忌食。多食傷齒。筋骨有風。邪。腰脚不遂。及道者用皮搗汁。飲之忌鐵器

張騫出使西域十八年。得塗林安石榴種以歸。今隨處有之。有紅黃白三種。單葉者結子。二月初。折嫩枝頭。肥土中。河水頻澆。自然生根。以石壓根上。則實繁而不落。潘岳賦云。榴者天下之奇樹。九州之名果。千房同膜。千子如一。療飢療渴。解酲止醉。

荔枝 甘平。健氣生液。通神益智。多食發熱。諸痛痛不可忍。取核炒燒。爲末。空心白湯調下。可愈

閩廣蜀中俱產。閩中爲第一。樹高二三丈。冬夏常青。實如初生。松毬。肉色淡白如肪玉。味甘而多汁。夏至將中。翕然俱赤。便可食矣。大樹下子可百斛。人未採。百蟲不敢近。一經染指。鳥烏蝙蝠之類。俱來傷殘。熟時必趁日中。併手採擇。一日色變。二日味變。三日色味俱變。古詩云。色味不踰三日變。蓋其性然也。

致富 卷之一 果部 三四

龍眼 甘平。治五臟邪氣。益智寧心。通神除蠱。

樹似荔枝而枝葉略小。春末開白花。七月實熟。肉白有漿。甘如蜜。每枝二三十顆。作穗如葡萄。荔枝纔過。龍眼即熟。故謂之荔枝奴。食品以荔枝爲貴。而資益則龍眼爲良。蓋荔枝性熱。而龍眼性平也。

橄欖 甘平。開胃下氣。止渴。消酒。解諸魚毒。○唇燥裂。泡湯食之。肉。其核磨研爛。傅裂唇。立效

樹大數圍。實長寸許。深秋方熟。味雖澀而芳馥勝于雞舌香。將熟時以木釘釘之。或納鹽于皮內。其實自落。中河豚魚毒者。此果能解之。

椰子 甘溫。益脾。止吐。水和椰皮爲末。空心滾湯調服。小兒頭瘡。水磨糊粉。和油塗之。耳出膿。汁吹之

生南海及嶺外州郡。其實春生至夏乃熟。但形雜心狀。破之有錦文者佳。嶺南人啖之以當果食。亦以祛瘴。蔣廿浹喻益則賤云。子

既非常木亦特異葉叢樹端房結葉下花秀房中子結房外皮似
椰而皮節似竹而概其內空其外勁其屈如伏虹其伸如縋絲謂
直亭亭千百如一。鶴林玉露云其功有四醒能使醉醉能使醒飢
能使飽飽能使飢

藕（寒。主補中益氣消食解酒去熱毒一切血症宜食。○產後忌血不盡忌鐵中止血除悶痛搗汁溫服）
高郵者皮斑黃如鐵鏽節短壯而多殼土人食之不以爲美過江
則味愈妙且久藏不變西湖藕甘脆扁眼者尤佳姑蘇志云黃山
有物者食之無滓他產不滿九竅此獨過之鎮江志云金壇爲勝
花時所取白花下藕一月間取單瓣白蓮根小藕栽淺水中葉既
勝用養蒔之

菱（甘寒食之無益且傷脾胃發瘧痢損陽事。多食腹脹用熱酒和薑汁服之即消）
一名芰俗謂之菱角葉似荇。武陵記云四角曰芰兩角曰菱其花

白色晝開夜炕隨月轉移猶葵之隨日。有青紅二種紅者最早青
而大者曰雞腿菱皮甘香唐東廟詩云芰遊荏荇侶菰蒲懷玉藏
珍似隱儒只因所異露此生不得老江湖種法重陽後收老
菱沒河內二三月發芽撒入水中葉盛時有萍荇相雜即撈去其
最小而四角刺人者曰野菱花紫色暴其實以爲菱光可以點茶

茨菰（甘寒。產後血悶攻心。搗汁一升服之）
一名白地栗三月間種淺水中如插秧法葉如剪刀形開小白花根
大者如杏小者如栗正二月採食味甘而微苦莖葉搗爛可傅諸瘡
毒

葧薺（甘微寒。消風毒止五淋瀉胃熱治/多食發病孕婦宜忌食）
吳俗呼爲地栗正月留種待芽生埋泥缸內二三月復移水田中
小暑前分種冬至前後起之耘擁與種稻同豆餅糞皆可壅。

芡（甘平。止渴益堅除遺精白濁帶下久服耳目聰明輕身耐老）
俗名雞頭至秋作房如雞頭實藏其中圓白如珠爾雅翼云芡花
向日菱花背日姑蘇志云吳江出者殼薄色綠味腴長洲車坊出
者色黃有粳糯之分秋間熟時收子包浸水中二三月撒淺水內
待葉浮而移栽深水以麻豆餅屑拌勻河泥種之梅聖俞詩云蝟
毛蒼蒼磔不死銅盤蠹蠹釘頭生吳雞鬬敗絳幘碎海蚌抉出珍
珠明

蔗（甘平止渴解酒毒○反胃吐食取蔗汁一升和薑汁二合溫熟作五六次服）
叢生身似竹而實高六七尺葉似蘆葉而大長三四尺其莖有節
忠雅云其味在根梢以淡而濟故顧愷之啖蔗自梢至根漸入佳
境搗汁煮之則成黑糖又以黑糖煮之則成白糖之精入成糖
霜又一種紅蔗本草所謂崑崙蔗也只堪生啖種隱曰十月初取

節密者連梢葉入窖來年二月用豬毛稀土犁長溝以蔗卧于溝
內鬆土蓋之三月間苗出鋤以麻餅或大糞壅之旁邊小苗止留大
苗宜種漸沙地

致富全書

卷二

鍾山石巖逸叟增定

栽花總錄

灌園一事其畧有十難云小道百質大方一曰下種核宜排子宜撒其法收枝頭乾實懸通風處臨種少晒擇向陽之所以肥土鋪半將核尖向上排定再以肥土蓋之種蓮實亦如此法子則不然須以灰泥合半將子雜拌于中按法撒之乾濕得所爲妙二曰分插先築肥地以水滲定擇根旁小枝連處截斷次年移之或用木鉤將條鉤地以肥土壅之或將猫竹一節劈開納泥于中合縛枝上或剪尺許以濕紙包裹及插芋艿內埋土中置陰處勿令乾即活三曰接換必須相稱貼大宜高截貼小宜低截對接上下各正去半片偶接上下各斜去半片插接截平木根削斜分枝插皮內

合接同種兩枝各削去半邊俱用麻縛氣帮泥封擇裹四圍扦棘以防鳥雀常將水洒更避日色若遇狂風大雨急宜遮護否則不活四曰接種先記枝之所向將竹刀掘起下勿傷根土勿損葉如前種之再加肥土填滿四邊又以石竹扦定麻皮縛牢以防風搖又以石子鋪面以防泥濺如泥一濺葉即黄脱仍須澆灌得宜謹避風日數日即活或云移栽果不宜在望前則子繁多五曰修補須得意趣去澀水枝向下者刺身枝向內者驕紇枝連結者冗雜枝多亂者風枝細長者剪枝新發者仍將大枝截去以馬糞和泥罨其潤處或用魚腥水澆之便生苔蘚尤助野趣如欲曲折將割其皮隨意轉摺以棕縛之六曰保護務令適時倘風日相侵寒熱暴至當以布帳遮之或篾篷覆之如遇霪陰細雨澹口和風出架庭中勿令着地恐致根長及引虫蟻盆花之法莫過于此或云花

果忌麝當雜種葱蒜若爲所觸于上風燒硫黄氣以解之七曰催養須于冬月將樹掘起洗淨勿傷根芽當量樹之老嫩于日中晒數日乾極則酒水復用肥泥拌宿糞種之若天暖澆糞數次亦可但不可晒一面花則三面無花矣又于元旦子時將斧斑駁椎之則結子不落澆社酒則子繁又以社日杵百果根則子大又以却腳每于元旦將火遍照植物上或清明子時將稻草一根縛樹上或將將大蒜一枚甘草一寸先放根下亦无諸虫之患若有蛀眼以硫黄或芫花塞之有蟻窠以香油或羊角引之有蚓穴以鴨糞或灰水澆之九曰貯土須鋤青草以糞澆之堰過再澆如此數次搗碎篩淨揀去塼瓦草根收藏缸内每頭日照雨酒處或將黄泥浸臘糞中年餘取出晒乾用之復將炭屑及瓦片浸糞窖中以鋪盆用十日澆灌必分早晚早宜肥水澆根其法鋤嫩青草拌

泥同糞缸内久則自然流出清水澆之晚宜清水酒糞其法取洛水或河池水置缸内投石子數枚澄過酒之若晚間驟雨切勿澆見烈日晒後熱氣蒸花故也或云如欲催花以馬糞浸水澆之數日後開者次日即開〇一法于臘月之内掘地埋大缸或甕入地三四尺許積貯濃糞上蓋以板填土密固至來春渣滓俱化止存清水名爲金汁凡花草經之无不向榮山園必當預辦

物性土性異同

花蔬俱宜早鋤而蘿蔔帶露鋤則虫百穀皆宜人糞而山藥獨忌人糞萬木皆宜向陽而桑茶杜鵑秋海棠則宜陰去移竹木俱連宿土。而牡丹不宜留土。百花木皆畏桐油蓮花尤甚而花椒獨沃桐油猪糞宜培蒜及諸草木而橘獨畏之諸草木根或露之而瑞香獨不宜露根風蘭則懸空而秀卷丹則拔心不死又如桂不宜

帶芽移栽玫瑰最怕人溺杜鵑不宜肥地取黄楊黑暗多百木于雨中此物性不同然也百花忌日中澆灌獨石榴宜澆于烈日之午又石榴喜于東稷橘柚渡江而化枳南國牡丹甚茂而蘋婆之果絶无北方則無荔枝龍眼枇杷楊梅之類此土性不同然也譬如衆竹心虚而桃竹之心獨實萬木實中而娑羅之樹楞心海棠不香而昌州者獨馥治業者必察土性審物性因其利而利之彼鴟夷三徙猗頓五牸郭橐種樹桑弘牧羊皆緣事制宜因材擇理取其自然之利耳

山茶　治吐血衂血腸風下血者用紅者爲末以童便姜汁及酒調服〇湯火傷者用花爲末麻油調塗之

有寶珠楊妃瑪瑙各種喜燥冬春之間俱可移栽二月接以单葉接千葉則花盛而樹久不宜糞今人家園圃所植多单葉深紅花中有黄心者即寶珠茶已自难得白者未之見也

瑞香　急喉風用白色花研水服之立效

有紫白二色紫者香勝白種時剪取嫩條破開放大麥一粒用亂髮纏之插入土中根易透勿令見日以爛猪湯澆之或云左手折下隨即扦插勿換右手無不活者又云澆以小便可殺蚯蚓大凡香花忌糞瑞香尤甚不若掩以頭垢或用浣衣灰汁爲妙但香氣烈能損群花世謂之花賊宜令獨處張祠部詩云曾向廬山睡裡聞香風占斷世間春竊花莫撲枝頭蝶驚覺南窓半夜人又云山中瑞彩一朝出天下名花獨見知

紫荊　猘犬咬傷用皮爲末沙糖調塗留口退膿口中嚼杏仁去毒〇癰疽發背用皮爲末酒調箍住自然撮小不潰

叢生花深紫色二月盡始開花罷葉出根旁生枝分種性喜肥此花或與棣棠並植金紫出映。

珍珠

一名玉屑。葉如金雀。而枝幹長大。三月中開花。花細而白。綴于皮上。繁密如孛娄。狀俗名孛娄花。春初發芽時分栽。張舜民詩云。千璣萬琲照庭除。細雨斜風拂座隅。莫道長官貧似鑿。綠階繞砌盡珍珠。

海棠 秋海棠附

花計三種。昌州香海棠難得。西府爲上。貼梗次之。垂絲又次之。二月間將貼梗海棠攀枝著地以肥土壅之。自能生根。來冬截斷。春半移栽。以櫻桃接之。則成垂絲。以棠梨接之。則成西府。以木瓜頭接之。則成白色。欲其鮮盛。于冬至日侵晨以糟水或酒腳澆根下。後剪去花子。則來年花茂。而無葉。或云木瓜花似海棠花。故亦有木瓜海棠。但木瓜花在葉先。海棠花在葉後。爲差別耳。別有譜本

秋海棠。舊傳昔有女子懷人不至。涕泣灑地。遂生此花。色嫩如婦面。名斷腸花。性喜陰濕。有種者勸之。謂之海棠。蓋取其色之相似也。陸東攄詩云。宿葉翠瑶濕。薄英紅粉香。鋪陳秋苑下。窺覷見春光。陳石亭詩云。六曲屏風秋姿膩。風回宮袂涼。無緣被春色。猶得向秋陽。此花盛于金陵。二公金陵人。故賦詩特工。古人咏花多未及此。

玉蘭 木筆辛夷治五臟身体寒熱久服輕身明目

出馬跡山紫府觀。花開碧白。絕無柔條。隆冬結蕾。尚未放。集花落葉從蒂中生。以辛夷作植。秋後接之。澆以糞水。花開晃曜。辛夷郎木筆也。周端允詩云。靈卉無根寄別枝。免爛一笑遲幽姿。形遏棲禽林見氣。蘊蘭藻楚客知。鶴寺可令神女降。兎園偏與月華宜。倉芳從倚無人會。憑仗東風細細吹。

牡丹 人家種者唯取觀玩其根皮[illegible]入[illegible]不能療疾

牡丹世稱花王。事物紀原云。唐武后冬月遊後苑。百花俱開。而牡丹獨遲。遂貶于洛陽。故洛陽花爲天下冠。宜秋社前或秋分後。移去宿土。勿傷細根。先于壇內用土壅實。卻以雨水或河水灌之滿壇方止。候次日土乾。低凹填滿。復澆如初。和土白歛末。能殺諸虫。每花一本用末一斤。或云牡丹宜用生甘草。移栽必直。須直其根。屈之則死。此栽花之法也。種子。則于六月收子時黑子。風眼下日曬以濕土。八月以水試之。取沉者畦種。約二寸一粒。來年芽長次年八月可移種。性畏日炙。夏月須用簟箔遮之。此種花之法也。分花須揀棵大枝多者。八九月間全根掘出。視可分處用手勞開以小麥一握拌土。栽如前法。此分花之法也。接花亦宜秋社前後。將木枝及分枝各斜削去半。合如一枝。用麻縛定。調泥塗之。以西瓦固合內填細泥。待來春去瓦。隨以艸蓆圍之。或塼石籬護。根肥大

如藕荷者。削尖如馬耳。將牡丹枝劈開如燕尾插下。縛定以肥泥培之即活。或云立春如過子日。于茄根上接牡丹花。亦云一月即爛矣。此接花之法也。澆花亦有候。八九月旬日一澆。立春雨水立冬後五日一澆。宜糞水。十一月後擣懸根土。以宿糞澆一次。或二三次餘宜河水。冬天地凍。春分花發。夏際天炎。俱不可澆。上之則花開不齊。且多損根。鬚或遇旱。清晨以河水澆之。勿濕其枝葉。亦云牡丹芍藥俱可酒澆。此澆花之法也。培養須八九月時。壅土三寸。三年以內。春暮風日覆以葦箔。秋冬霜雪際以棘枝。花未放。去其小蕊。位之打剝。花謝落。剪其殘枝。勿傷花芽。又于冬至日以鍾乳粉和硫黃少許。置根下。或蛇蠲花根以水中。若白衣蟲之。則來春花盛此壅花之法也。所枝插。鋸先燒斷處。鎔蠟封之。可浸數日不萎。或用蜜養。芍藥亦然。如已萎者。剪去下截爛處。用竹架起于水缸中

覆其枝，便一夕復鮮。此養花之法也。花所畏忌，如酉[illegible]
蒜作藉以壅之。十餘日不蔫。擇白斂硫黃以殺之。老年宮婦庸借[illegible]
尾所剪折。設絕交論以防之。此醫花之法也。九月取角用硫黃
如麵拌細土。挑動花根。壅瘖入土一寸。出土三寸。地脈既暖。立春
漸有花蕾。即摘去。唯留中心一蕊。氣聚則不肥。則時花大如椀。
云。以白朮放根下。諸般顏色悉是腰金。則又幻花之法也。諺云。弄
花一年。看花十日。何可不珍惜哉。白樂天詩云。明朝風起應吹盡。
夜惜衰紅把火看。別有草木纏枝牡丹。纏縛所立闌。亦有雅趣。牡
丹花種數最繁。不能備載。今始錄其最著者五十餘種。

姚黃　金帶腰　愛雲黃　黃氣球　日草黃　禁苑黃
御衣黃　狀元紅　朱砂紅　大紅剪絨　紅繡球　西瓜穰
映日紅　錦袍紅　石家紅　醉胭脂　壽春紅　醉仙桃

美人紅　海天紅　赤玉盤　鶴頂紅　胭脂樓　雙頭紅
玉樓春　醉楊妃　醉西施　粉霞　輕羅紅　粉繡球
嬌紅　觀音面　政和春　魏紫　紫繡球　朝天紫
乾道紫　葛巾紫　腰金紫　紫仙姑　烟龍紫　潑墨
無瑕玉　玉繡球　羊脂玉　白剪絨　玉天仙　水晶球
玉版白　一捻紅　玉帶腰　青心白　佛頭青　綠邊白
白鶴青猊

杜鵑　川鵑附

花極爛熳。以杜鵑啼時開。故名。高止尺許。先花後葉。性喜陰畏熱。宜山澗擇土。種在牆陰。浸水澆之。宜置樹下陰處。則花葉青茂。春鵑長尺許。枝幹繁茂。五六臺者。石岩先葉後花。其色丹如血。川鵑一名映山紅。花之相似。人皆誤呼為杜鵑。然[illegible]川也。

[illegible]

繡球　八仙附

繡球花蔓生。初青後白。與牡丹同時開。又一種花小而葉繁者。謂之麻葉繡球。開亦同時。又八仙花。祗八蕊簇成一朵。接法。先將八仙梗離根約七八寸。刮去半邊皮。將繡球枝亦刮去半邊。用麻縛定。頻以澆水。俟其皮連。截斷。次年開花甚茂。眉公秘笈云。蜀中有紫繡球。

桂　今人家所栽者乃木樨。非真桂。不可入藥。○刮麻油蒸熟。可潤髮及作面脂。

凡三種。唯深黃者花繁而香尤烈。俗呼為球子木樨。早開為蛋黃。有結子者。子如青蓮子。樹甚大。不發者。余在閩省日。覩法于初夏攀枝著地。以土壓之。逾年截斷。合蔸移栽。灌以猪糞。壅以蚕沙。如蛀損。用芝麻梗懸之樹間。能殺諸蟲。汝南圃史云。木樨接石榴。其花必紅。即丹桂也。古詩云。月宮移就日宮栽。引得輕紅入面來。好

向幽香承雨露。舟心一點為君開。又云。秋入幽巖桂影團。香深粟粟照林丹。應隨王母瑤池宴。染得朝霞下廣寒。別有草本一種名木樨。春開。分種。花色氣香味不減。　月桂一種。別名月季。俗呼月月紅。韓魏公詩云。牡丹殊絕委春風。露菊蕭疏怨晚叢。何似此花榮艷足。四時常放淺深紅。花謝時摘去其蒂。亦如鳳仙花發無已。葉被蟲蝕。以魚腥水澆之。

蠟梅　花食之解暑生津。○皮浸水磨墨有光彩。

本非梅類。因其與梅同時而香又相近。色似蜜蠟。故名。凡三種。根旁自生。不經接者。花小香淡。俗呼狗蠅梅。或作九英。以其花九瓣故也。經接而花疏。開時常半含者。名磬口梅。色深黃如紫檀。花簇香濃者。名檀香梅。又名荷花梅。此品最佳。結實如垂鈴。俟熟採取試沉者種之。浣花雜志云。蠟梅不宜接。单宜過枝。以狗蠅小本栽

大木邊彎其枝用麻反縛緊從皮帖枯下截斷候已[illegible]作木春分移栽澆糞水異地花開時無葉已落則花已盡矣東川葉落始開峽中地暖花開而葉不落豈風土不同而草木亦因之以異耶。

薇花

薇花四種紫色之外有紅者有白者曰銀薇又有紫帶藍色者曰翠薇。搔其膚枝葉搖動又名怕癢樹。四月開花九月歇俗名百日紅山園植之亦可作耐久朋也。

茉莉 取根酒磨一寸服之昏迷一日二寸二日三寸三日令人[illegible]接骨則不知痛

此花喜子煖地性極畏寒冬春風即枯南風尤忌江奎詩云雖无艷態驚群目幸有清香壓九秋應是仙娥宴歸去醉來[illegible]上玉搔頭種法先除去盆底鬆糠易以新泥剪去枯枝老葉其旁另插小竹籬以米泔水澆芒種後八月六日以魚腥水澆之霜降以後移在南窗下若太[illegible]曬日中或于向陽處內掘一坑將盆埋下以竹籠罩上泥寬其旁勿使通氣或以煖花于窖根半尺仍罩竹籠用紙封密數日一開以煖冷茶穀雨方可開戶立夏方可出戶。[illegible]宜以漸而密出亦以漸而敝有如乍寒而遽重裘微暄便袒裼其為中寒之症也必不輕矣俟芽長始用糞次年起根換土另栽若要扦插于梅雨時從節折斷插肥地即活如扦瑞香法閩廣人家悉知之又法秋後收取皮枝開眼別種結芽為棚可以蔽其風雪過有日色開簾曬之每[illegible]十頭夜宿其下花根甕煖禁後經之來年花發其息十倍。

玫瑰

花類薔薇而色紫艷麗馥郁真奇品也正月杪二月初分[illegible]以瘠泥大凡花木不宜常分獨此花嫩條新發勿令久存移別地則茂倍呼為離娘草若根本太肥反致憔悴矣眉公秘笈云天台有白色者燕中有黃色者

合歡 肺癰吐濁涎夜合皮一掌大水三升煮取一半分二服。葉洗衣垢易去

一名夜合植之庭除鬪令人不忿稽康云合歡蠲忿萱草忘憂似梧桐枝甚弱葉似皂莢細而繁互相交連其葉至暮而合故名五月開花上半白下半肉紅散垂如絲為花之異品冬月分栽

郁李 皮膚血汗用郁李仁去皮研一錢鵝梨汁調服

一名喜梅子葉繁花有純紅純白粉紅各種結子如荚實微酸春間移栽高燥處又名郁李

山礬 用葉三十斤同老姜三片浸水蒸熟洗風弦爛眼。其子熟則可食

出杭州西山葉生不對節凌冬不凋正月開白花細而繁香甚烈

古名七里香黃山谷水仙賦云山礬是弟梅是兄

甘州枸杞 婦人陰腫或生瘡枸杞根煎湯頻洗。目赤生翳枸杞子搗汁日點三五次神效

花紫色清晨澆水則子不落春間分種長至半尺時摘去其頭。

芙蓉 癰疽發背乳癰惡瘡已成未成用葉或根皮或花生研蜜調塗于腫四圍中間留頭乾則頻換

種紅者先開淡紅與白者次之醉芙蓉朝白暮紅花極早與紅者同開冬月剪去嫩條截作一尺掘坑埋之即以土掩來春于池塘四圍將木釘打穴頭糞令滿然後插入土露寸許遮以爛草方易活王介甫絕句云水邊無數木芙蓉露滴胭脂色未濃正似美人初醉着強擡清鏡照妝慵白芙蓉葉霜降後收之陰乾為末可合圍藥

白菱 紫藤作煎如飴服之下水癃病

花如千瓣十花葉如梔子一枝一花葉比花朵七八月開花[illegible]

玉•紫藤春間取根上小枝分種蔓長附于喬木花紫色垂條綽
約可人

紫丁香 結香附

有紫白二種花如丁香而小春間將根土小枝栽活來年分種○
結香花色鵝黃比瑞香稍長花謝葉生葉最賤而性喜清陰春間
取根下小枝分栽即活不宜糞

虎刺

杭之蕭山者佳宜陰濕地春初分種四月間開細白花花四出花
開時子猶在樹花落又結子至冬紅如丹砂遇霜雪不萎

西河柳 腹中痞積用西河柳煎湯露一宿五更空心飲數次痞自消

名觀音柳一名垂絲柳又謂之檉柳小幹弱枝插地即活葉細
如絲猗娜可愛花穗長三四寸水紅色如蓼花之狀其花遇雨即

濇多致病用此物曬乾爲末每服一錢温酒調服

開宜植之水際

淩霄花 婦人血崩以花爲末每酒服二錢後再服四物湯○耳聾[illegible]取葉搗自然汁滴之

蔓生附木高樹貴梅時扦或冬月分種花金黃色花間露水能傷
目孕婦尤當遠避

金絲桃 金梅附

金絲桃高二三尺五月初開花花六出中有長鬚花瓣大於桃狀
如桃花但色黃耳春分時候分栽又一種似梅者名金梅其花差
小比金桃更勝

夾竹桃 其性治[illegible]

夏間開淡紅花一朶數十萼至秋深猶有之謂之夾竹桃者以其
花似桃葉似竹也性惡濕畏寒宜于向陽處肥土栽之冬初取置
室中否則凍死唐荆川詩云桃竹昔傳生碧海竹闌今見映朱闌

春至芬香能共遠秋來花葉不同幾取與灼灼分紅紫寧逐菲菲
對節攢不信千年將結子錯疑竹實待鵷鶵

柳穿魚

花甚細色微紅謂之柳穿魚者以其枝似柳而花似魚也喜陰燥

天竹 人家栽之可辟火災

四五月間開細白花至秋結實成穗色紅如丹砂性喜陰用山黃
泥壅背陰處不宜糞澆

迎春 腫毒惡瘡用葉陰乾研末酒服二三錢出汗便瘥

春初開花一枝三葉花淡黃色花放時移栽以退牲水澆之○金
雀花枝柯似而有小刺二月盡始花有色亦黃其葉如爵嫩時採下
用沸湯焯過泡醬醃之焙乾點茶甚香可口

棣棠

叢生三月開花如小菊色深黃遇雨即凋以發條時分栽或春
分行嫩枝扦于肥地餘活

薔薇 刺蘼附

蔓生青莖多刺立春時折當年枝條插肥地即活澆花雜志云壓
枝爲上扦枝次之謝泥爲發芽泥次之如生蟲以魚腥水澆之
紅花則有金沙寶相刺紅紫玫瑰五色薔薇等又有金櫻子佛見
笑等皆薔薇類也又有黃者格韻尤高刺蘼葉細多刺四月中開
花粉紅色亦有白者皮白然之角詩所謂淺深還看白薔薇者益
指野薔薇耳生水邊香更濃郁 茶煎服可驅瘧鬼

十姊妹 七姊妹附

花小而一蓓十花故名有紅紫白淡紫四色正月移栽八九月扦
插又有七朶一蓓者名爲七姊妹似薔薇而小舊載詩云紅羅卿

結同心小七藥參差弄春晚盡是東風兒女魂蛾眉一樣言兒
三妹嫦婷四妹嫣絲窗虛度可憐宵八姨秦虢休相妒腸斷江東
大小喬

酴醿木香附

酴醿一名雪海墩多刺四月初開花古詩云開到酴醿花事了種法扳條入土壅泥月餘俟其枝長剪斷移栽○木香開花同時種法亦同紫心白花者爲最青心白不香皆不及也

錦帶

三月開花形如鋼鈴內白外粉紅亦有深紅者一樹常二色姑蘇志云長枝密花如錦帶王禹偁云海棠爲花中仙此花品在海棠之上宜名海仙詩云何年移植在仙家一簇尖條綴彩霞錦帶爲名且自俗爲君題識海仙花花繁嬌癡惜乎不香古詩云春憎恕教無子天爲妖嬈不與香秋分後剪枝插土即活春分移栽

佛桑（樹高四五尺用花或紫似芙蓉葉及牛角紅白海棠數種之即劫）

木槿別種葉類桑花如牡丹而差小紅有淡紅淡黃者有單瓣重瓣者海槎餘錄云佛桑花枝葉類紅木槿樹花類中州芍藥而輕柔過之開時當二三月五色婀娜可愛今吳地亦有此花自南方移來但易凍死藏法與茉莉同

芭蕉

芭蕉花實兩廣極多他處偶見遂一名奇貨種法將至霜降即用稻草覆之來春芽發時分取小根用糟脚橫刺二眼終不長大可作盆玩

菖蒲（蚤虱入耳菖蒲末炒熱袋盛作枕即出○飛絲入目石菖蒲捶碎左目塞右鼻右目塞左鼻即愈）

菖蒲九節仙家所珍其種有六曰金錢牛頂臺蒲劍脊虎鬚香苗

……則細見土則烟夏初竹剪修淨細沙盆深水著不……再剪勿染塵垢及犯油膩霜降收藏以缸蓋之春末方開防遊風霜年久不分漸成細密矣若石上蒲尤宜洗根澆以雨水勿見風烟夜移就露日出即收如患葉黃鋒以鼠糞或蝙蝠糞用水調之若欲其面以酒果筋頭每朝將之或云四月十四菖蒲生日宜修剪根葉積以瓶蘇微褻自髮則青翠易生尤堪清目餘子瞻云無鼻何由識香窗有花兮始信菖蒲古有四季訣云春遲出（春分出窖）夏不惜（須剪一次）秋水深（深水養之）冬藏密（冬藏密室更避寒霜）又有總訣云添水不換水（添水以取其新不換水以取其元氣）見天不見日（見天沾雨露見日則焦黃）官剪不宜分剪去細而短（頻剪則細分則粗）浸根不浸葉（浸根則潤浸葉則爛）其法用俗矣

千年蒀

一名萬年青葉洞叢生深綠色冬夏不凋吳中家家植之以盛蓋

古休咎造屋者連根葉置頂上以爲祥瑞結姻聘幣者剪紋捐首其形與吉祥草及葱蒜四色並列盆中種法于春秋二分時分栽死盆置背陰處四月四日俗傳神仙生日剛剪舊葉擲之通衢令人踐踏則新葉發生盛則再分喜加肥土澆用冷茶

吉祥草（家居植之有花則爲吉祥）

葉如漳蘭四時青翠不凋夏開紫花成穗王元章詩云得名良不惡滿酒在山房生意無休息存心固久長風霜徒自老蜂蝶爲誰忙歲晚何人問山空莫雨荒

翠雲草

翠雲草止可供玩而無香非芸草也其根遇土即生見日則消性好陰栽于虎刺芭蕉秋海棠之下極有雅趣

金線草

金線草俗名重陽柳莖類莖紅葉圓重陽時發枝條生紅花附于枝上雁山志云對䕶穀草葉圓如蟹殼節間有紅線長尺許或生岩石上與井泖邊擇實能治湯火瘡

蘭花 建蘭 箬蘭 杭蘭 真珠蘭 興蘭 賽蘭 風蘭

花有數種一曰建蘭莖葉肥大蒼翠可愛若葉生斑點開之蘭蕊用魚腥水灑之二曰杭蘭取大葉種以黃土用羊鹿糞澆之三曰興蘭又名九節蘭花有餘香不足蕙蘭亦然一幹一花爲蘭開在冬初之交一幹數花爲蕙開在春末夏初四月風蘭幹短勁花黃白不用沙土取竹籃貯之懸于有露處或盛以敝髻用頭髮襯之五曰箬蘭其葉如箬似蘭無香六曰真珠蘭其花色紫蓓蕾如珠又名魚子蘭宜濕喜陰二月取出五日一澆別有一種名賽蘭者佛家謂之伊蘭樹如茉莉花如金粟好事者易名金粟蘭殆非蘭

種亦猶蠟梅之於梅花也相傳培蘭四戒曰春不出宜避春之風雪夏不日避炎日秋不乾宜常濕也冬不濕宜藏地中不當見水成冰種法梅雨後取出土入火煆過搗碎俟九月終挑起舊本剛去老根分種盆內摻泥壅之長滿復分三歲爲度蘭性畏寒暑尤忌塵埃葉中有塵當即洗去又忌春雪著點即枯須以竹籃罩盆計日轉晒風雪既却日色稍勻迨至花發周劃如一澆用雨水河水或皮屑魚腥水須四畔勻灌葉黃但以清茶沈之斷斷乎不可用者井水也黃山谷云培以沙土則茂沃以茗汁則芳或云盆須水盎可隔螻蟻分宜毀盆不傷花根最爲得之李延平訣曰正月相宜置坎方黎明相對接陽光更須避冷藏簷外勿使春風雪打傷○二月栽培更是難須愁葉被鵓鴣斑庭前移進還移出惜葉猶如惜玉環○三月新條出舊叢雨多切忌向西風隄防濕處多生蝨根下猶嫌著糞濃閉忌春風何似仙境寬宜全戒豈怕嫌濃○四月盆泥日晒焦微微著水滿根苗先須皮浸河池水煎過濃茶亦可澆○五月新條葉更青綠陰深處架高欄須防蟻穴根窠下老葉凋殘盡莫驚○六月驕陽曝可加芬芳枝葉正開花涼亭水閣堪安頓否則勞前作架遮○七月雖然暑漸消更須三日一番澆却防蚯蚓傷根本肥水還令和溺調○八月之時稍覺凉任他風日也何妨經年污水尤爲妙却用雞毛浸水良○九月之時有薄霜階前移向好安藏若生白蟻兼黃蟻堆灑清油定不妨○十月陽生暖氣回來年花箭已胚胎玉根不露須培土盆滿猶宜土换栽○子月庭中宜向陽夜間須用窖收藏長教土面生微濕乾燥須知葉要黃○臘月風高霜雪寒漸收要閉避風霜直須解凍春前動移向庭前對日看

菊花 甘菊花 滁菊最良

菊性喜陰而畏陰處又不發菊性喜溫而有積水又枯槁其法有九一曰養胎冬初菊殘折去枝葉掘地作暖坑埋其內摻以新泥澆糞勿炙菊本既壯春茁乃發二曰傳種凡遲者種用朽木鋸眼插其上浮之水缸候其生根移栽陰地或泥丸埋之土中中依法澆灌數日即活若得接來須于花後將枝按下橫埋肥土每近節處自然生苗收其中幹花本不變三曰扶值倒鬆肥土加以濃糞堆土令高移苗種之仍覆碎瓦以防泥濺蒔苗既活扶以小竹四曰修葺仲春取老根淨去宿土雨過分之上不宜肥肥則癱頭仍以箬覆勿經日色清晨水澆僅之分秧分秧後俟高數寸摘去其頭令生岐枝繁者勿刪多存以備蟲傷長及一寸用籃蓋覆月覆九日有出蕊者則摘其腦秋分方止夜去其籃出以承露花開平齊謂之摘頭既摘葉開生眼亦須摘去勿使奪力位之捐眼

菊花貴少枝留一蕋拂去細蕋氣方厚花開倍大謂之剔蕋五
曰培護剝蟻佐霜實則摧之俟蕋未開移至宇下根縛紙條就蕋
引水根潤花消可戳月餘若有黃葉以韭汁澆根則青茂如故六
曰幻芽先於春初擇取老艾剪其枝葉故土培之接以諸菊將本
上揭開接頭俟其枝茂然後去之秋深花開各依本色或于九月
收霜貯瓶埋之土中菊有含蕋調色點之透變各色或取黃白二
菊名披半邊用麻紮合則開花半白半黃如欲催花先將龍眼殼
罩菊蕋土隔夜澆硫黃水欲早去殼花即大開七曰土宜須擇好
地大糞晒三次收之室○春初出晒揀去蟲蟻蒸雞既淨以俟登
盆之需過而根露覆以餘土不使根爛八曰澆灌春用蚕沙夏用
毛水立秋後酌用糞水初次糞一水三二次水倍之三次糞水相
半花苗既結始用純糞九曰除害夏至前後有黑色蟲名曰菊虎

又名菊牛宜于早間及巳午未三時尋殺之如被齧傷此葉偏垂
急摘去之庶免毒侵致生秋蟲又有傷根者曰蚯蚓以石灰水澆
河水解之癥頭者曰菊蟻以鱉甲置旁引出棄之瘠枝者曰黑蚰
以麻裹筋頭輕捋去之賊葉者曰象幹蟲以鐵線磨銳尋穴殺之
菊有粗葉細葉不同粗葉如七色鶴翎狀元紅狀元紫福州紫酒
金香倚蘭嬌羅傘紫袍芙蓉鈹綠鎮口佛頭二喬金菊之類最愛
肥濃除六月外間三四日一澆愈肥愈盛細葉如飛金萬葺大小
攢花萬綃銀簪什月蘇桃繡毬嫦娥獅窠撮頭等類只可在初種
時用淡糞水澆一二次稍以濃肥者澆之反致腐敗至于月下蝋
嫩荷荷西施四種切不可見糞一澆即葉大頭籠消乏無蕋矣九
當瓣之技菊譜有品第說或問菊奚先曰先色與香而後態曰然
則色奚先曰黃黃者中央之色易曰黃中通理詩曰綠衣黃裳土

旺季月而菊以九月花金土之應相生而相得者也其次莫若白
西方金氣之應菊以秋開則於氣爲應鍾焉紫爲白之變而紅又
紫之變也紫爲白之次而紅又紫之次也有色矣而後有香有香
矣而後有態是爲花之尤者也或又曰花以艷媚爲悅而子以態
爲後歟曰吾嘗聞諸古人矣如丹兒花爲小人而松柏菊爲君
子安有君子而以態爲悅歟若有香有色而又有態是君子而有
威儀也又嘗聞昔之譜菊者每稱勝爲最勝故在也擬之金鶴翎
非其所彷彿耶抑見愛者衆而遲詭獻奇耶班志有曰小說家流
千三百八十三篇蓋出於神官道塗之說也

芍藥　婦人赤白帶下取白芍炒黑研末酒服之

洛陽牡丹廣陵芍藥古來並傳故芍藥亦號花相治花之法八九
月時悉出其根滌以甘泉隨用竹刀剖開剝去老腐宂將猪糞和

泥分種約與盆然分不欲數數則花小種不欲深深則花衰種後
培以雞糞澆以黃酒則花能改色開時扶以竹條則花不傾倒有
雨遮以箔則花堪耐久花既委落亟剪其子屈盤條使不離
散則脉氣皆歸于根明年花繁而色潤芍藥之名雖藏于牡丹然
總計之豈下數十種亦藏其最著者

御衣黃　御愛黃　青苗黃　尹家黃　飽家黃　硤石黃
道士黃　黃樓子　縷金囊　瑪瑙黃　紅都勝　霓裳紅
紅樓子　二色紅　髻子紅　緋頭緋　冠羣芳　簇紅絲
盡天工　醉嬌紅　怨春妝　寶妝成　紫都勝　包金紫
玉盤盂　玉逍遙　玉版纈　玉冠子　玉樓子　取次妝
金纏腰　金帶圍　合歡芳

水仙　根治癰腫及魚骨硬婦人五心發熱用花同乾荷葉赤芍藥等分爲末白湯每服二錢

水仙有凌波之名，俗呼金盞銀臺。單瓣者佳，千[illegible]起根小
便栽之。逾月取出，懸近灶烟處，至八九月間，純用猪糞拌土植之。
蒔園史云：和土晒，緩半月方種，覆以肥土，霜降後遮蓋，清明仍留
南向小戶，天暖即開晒之。黃山谷詩云：何時持上紫宸殿，乞與宫
梅尤等差。其見重如此。凡花忌小鹹，惟梅花、水仙插瓶用鹽無妨。
便民圖纂曰：六月不在土，七月不在房，栽向東籬下，寒花朵朵香。

蓮花（雌生，用花一瓣寫人字吞之。○天泡瘡，用蓮蓬殼燒存性，井泥調塗。○凍瘡裂，拆蒸熟藕搗塗。）

蓮花種色甚繁，有分枝蓮、攢蓮、金蓮、衣鉢蓮、碧蓮、十丈蓮、黃蓮、藕
合蓮、四季蓮，惟釣仙池分香蓮為冠。大約白者香而藕勝，紅者艷
而蓮勝。種法：驚蟄後，先取田泥築實缸底，復將河泥平鋪其上，日
晒開裂，再則益之。直至春分，將秧分種，枝頭向南，避好勿露，夏日
酷烈，勿令水乾，冬天凍結，宜遮稻草。一説：藕根下略掺硫黃少許。

種盆蓮法：將乾黑蓮實裝入雞殼中，令雞母同抱，候了雛出，取天
門冬、馬糞和泥安甕盆內，取蓮實種之，花開如錢。蓮花宜瓶，斷泥
湯以紙蒙之，削尖花枝[illegible]，手急插。

罌粟（斤不發勤，飲食不下，用于和竹瀝汁食。）

罌粟者，麗春別種也。種具數色，宜中秋夜或重九日裸形種之。兩
手交換撒子，復以竹帚掃勻，則花重臺而千葉。須先糞地肥鬆，後
以黑汁拌撒，以泥益之，可免蟻食。苗出後，始澆清糞。長則以竹條
扶之。若土瘦種遲，變為單葉矣。單葉者，子必滿，取其滴味蘇子。由
居潁川，家貧不能辦肉，每夏秋之交，菘芥未成，則盤中索然，或教
種罌粟、決明以補其匱。作詩云：築室城西，中有圖書，窗戶之餘，松
竹扶疏，拔棘開畦，以毓嘉蔬。唯夫告予：罌粟可儲。罌小如罌，粟細
如粟，與麥皆種，與稔皆熟。苗堪春菜，實比秋穀，研作牛乳，烹鉢佛
粥。老人氣衰，飲食無幾，以防不消，食菜寡味，糊餅不為，煎以當水，
便口利喉，調養肺胃。三斗杜門，莫違徙遷，問人禍僧，相對忘言。飲
之一杯，欣然一笑。我來潁川，如遊廬山。

麗春（黃疸，用根搗汁一盞，空心頓服，須臾即行三次，其疾立已。一劑不效，再服一劑，永瘥。）

叢生，莖葉實皆似罌粟，而莖有毛，一本數十花，又名蝴蝶滿園春。
鎮江呼為百般嬌，吳俗呼為虞美人，蓋罌粟之別種也。一云此花
不可移，一移遂成單瓣。

剪春羅（[illegible]上者效。）

剪春羅一名[illegible]，五月開花，雄黃色，花瓣類剪刀痕，似葉一花。
○剪秋紗一名漢宮秋，八九月開花，深紅色，亦如刀剪之狀。宜壁，
忌糞肥土，澆清水。

鳳仙（[illegible]入咽，骨鯁[illegible]。○[illegible]用子二錢，研末水服。[illegible]搗塗足心，即下。○[illegible]白鳳仙花，帶根葉搗膏，[illegible]甘草[illegible]，須臾即愈。）

一名金鳳花，形如飛鳳，故名。春間撒子，五月開花，至秋子落復
出。又有花開藕色、深紅、紫、灑金、純白六七餘品，又有雙瓣
重臺之異。

葵花（小便血淋，葵花根二錢，車前子一錢，水煎服之即愈。）

蜀葵花似木槿而大，八月下種，十月移栽，明年四月始花，有深紅、
淺紅、有紫、有白。若插瓶中，以紙塞口，則不憔悴。秋葵與蜀葵別種，
葉尖多缺，如龍爪，花淡黃色，紫心，五瓣而側，朝開午收，暮落，結角六
稜，有毛，子如芥，葉子繁，每雇生之。丁葵即錦葵，即荊葵也，稍矮而叢
生，花大如五銖錢，亦有粉間深紅一色。一種向日葵，花大如碗，其
心向陽，故名。又一種名蜀葵，一名山芥，即芭也。春間移種。

百合（陰毒傷寒，用百合煮濃汁，服一升。○天泡瘡生，百合搗塗，白者可用。）

根小者如蒜，大者如碗，數十片相累，如白蓮花，故名百合，言百片

婦人白帶白雞冠花酒乾為末每日空心酒服三錢赤帶用紅者

合哉也有一種白者極香花重常傾側名天香中有檀心花色初青黃後純白百合之最上乘也又一種名麝香其花葉與天香相似但短而緊又一種如萱花紅斑而小者名曰虎皮百合不香法於二月取根大者呼種如種蒜法壅以雞糞或六移在開花時則來年復有花一種山丹又名渥丹花深紅色亦百合之類

金盞 治腸痔下血不止煮食之甚良

花如小盞與葉香同故名金盞葉淺綠花金紅色八月中下種即出叢生隨花隨落盛四時相繼不絕又名常春花結子著長與蒲齊滿實子落自出不必分栽

萱草 令人歡樂無憂輕身明目。大便後血萱草根同生姜油炒酒調服之。

一名忘憂一名宜男蔬食九種解毒之草萱乃其一又名鹿葱春間移植畦中一年發繁鋪黃花葉即萱花也花六出朝開暮蔫至

秋深乃盡今并地皆有紅花葉名石榴萱種金萱五月初開花花小而香穠有紫色名麝香萱

金錢 銀錢附

一名子午花午開子落吳人呼為夜落金錢又名川蜀葵花在葉間類黃蜀葵而小黃者蜀葵之名花深紅色亦有玉色者高僅尺許三月下子苗長二寸許以小竹七月中開花結黑子玉色者名銀錢白氏集云能買三日景難供九府輪

雞冠 痔漏下血雞冠花并子炒煎服。五痔肛腫用雞冠苗根各一兩水二碗煎湯頻洗

清明撒子撒高則高低則低盛扇撒之則如團扇散髮撒之則成纓珞白者治婦人症 赤痢用紅花白痢用白花皆酒煎服可効

雁來紅 十樣錦附

雁來紅俗呼老少年。分下種出後移栽其葉初生時即純紅又一種葉綠初出時與莧無異秋深秀出新葉紅黃相間者名為十樣錦周子發題雁來紅詩云翔雁南來塞草秋未霜紅葉已先愁綠珠宴罷歸金谷七尺珊瑚夜不收說者以為絕唱

草秋白萼 乳癰初起內消用白萼根搗爛絞汁酒服以渣敷之

一名玉簪花未開時其形如簪潔白如玉清香襲人春初移於肥土內好水盆石中尤宜含蕊之時納粉少許女子清晨傅面尤能助嬌又一種花葉俱小色淺紫名為紫萼先白萼一月開花不香

蛺蝶花 咽喉腫痛用射干根搗汁嚥之即愈

即射干其花六出色黃上有紅點中抽一心心外黃鬚三莖莖之結莢有子葉類萱而扁以花似蝴蝶故名蛺蝶花雜志云開花於春末結子於夏初變以鬆灰雜黃熟亦不宜久淹八月下子二月移栽高阜處博用刑書云羅世昆栽就漆園羅始通何言金翅色翻

在碧林中赤族道旁錢爭妙舞蝶工採春蜂粉蜜為暫垂易濕綠多紛飛飛詐步驟美人笑來撲誤使傾芳叢

決明 目赤腫痛羞明隱澀痛作決明子炒研茶調敷兩太陽穴乾則易之一夜即愈

夏初下種苗高四五尺六七月開黃白花秋深結角初出苗及嫩葉皆可食俗名望江南蘇子由云閉居九年藥不代耕肉食不足藜藿養多求異苗以佐晨齋秋種罌粟春種決明決明明目功見本草食其花葉亦去頭風有能益人翎可以飽三嗅不食笑杜陵老翠雲錄云人家園圃中四旁宜種決明蛇不敢入

紅蕉

種自閩粵中來一名曇蕉俗名美人蕉花若蘭而色若榴二月下子冬初放向陽屋內掘坑種之如乾燥潤以冷茶來春取出然種子不如分根當年即花

石竹　洛陽附

二種相類開亦同時千瓣者名石竹單瓣者名洛陽石竹收葉如苔如剪碎者洛陽將開如捲苛以漸舒展八月下子土肥根潤則變色極多

映山紅　夾山紅花小兒宜食之○小兒瘧疾史君子一兩去殼焙五錢炙盡爲末每食後服一錢

本名山躑躅花似杜鵑稍大單瓣淺色若生滿山其年豐稔又有紫粉紅二色以羊屎浸水澆之○史君子夏間開花柔條豔質豔絢如海棠扶以小竹

淡竹葉　去煩熱利小便清心根能墮胎催生

處處有之三四月生苗莖似竹葉花如蛾形兩葉如翅碧翠可愛盡二採其花取汁作畫○秋牡丹嗅之微臭春分移栽九月中先菊而開單葉紫色有類于菊以葉似牡丹故名

化柳分春　京參　金燈　龍膽草

春間分栽宜燥土○京參紅白二種白者爲白蘋二月下子○金莖花態輕盈美人取以夢熟○龍膽草一名陵游花極順

珊瑚

葉如山茶而小夏開白花秋結紅實與子可愛二三月分栽別有一種雪裡珊瑚蔓生莖有毛秋結子經霜紅如珊瑚

半枝蓮　蛇傷咬傷搗汁飲之以渣塗于四圍

小草也生陰濕塞壁邊就地引蔓生細葉秋開小花淡紅紫色止有半邊如蓮花狀故名又名急解索○笑靨一名御馬鞭根旁發生春間分栽花細如豆一條千花望之若堆雪

竹葉蘭　破所斷筋用鼓子花根搗汁塗傷中乃以滓敷之三月一換半月所傷即續也

一名鈴兒草花似銅鈴隨地有之○掛金燈一名鼓子花其花如

風虫牙疼用羊躑躅一錢草烏頭二錢半爲末化蠟丸豆大綿之一九安包一患咬之

卷不放頂慢如缸鼓式色微藍昔有狀元佳讖云風吹不響鈴兒草雨打無聲鼓子花

紫茉莉　錦荔枝　觀音蓮

一名狀元紅春間下子花紫葉繁早開午收三日後結子○錦荔枝蔓生紅黃色狀似荔枝故名瓤如血塊味雖甜不可啖○觀音蓮一名旱金蓮一名一丈蓮葉如大芋秋間開白花止一大瓣如蓮瓣葉中花蘂類佛像故名

瞿麥　子死腹中敗口難產不下以瞿麥煮濃汁服之即下

一名大蘭一名大菊葉似初生竹葉而細莖有節稍間開花有紅白紫赤各種正月下子或分栽○鐵線蓮一名番蓮喜燥地○珠蘭一名珍珠佩春間分栽○青鸞一名紫鸞春間分種冬藏向陽之處時以冷茶澆其根

滴滴金　中風癱瘓用花先淨蒸乾煉蜜爲梧子大每服五丸七九十九

一名旋覆花葉如柳花附莖而生如單葉菊而色黃其花上露滴地即生最易茂○藍菊一名荷蘭八九月下子至春採食花如單瓣甘菊深黃色一花結子近百

素馨　黃馨　金鐘　纏絲　九龍　羊躑躅　天蓼

一名六月雪喜陰畏寒春間分種或黃梅時扦○黃馨一名黃茉莉花極繁盛種法與素馨同○纏絲一名刺桐柔條白花○羊躑躅有紅黃各種宜山地○金鐘臘月間扦插地即活○九龍春開或黃梅時移栽○天蓼一名萬歲藤葉如絲絲

紫草　即紫果茉園當種只可摘葉供食餘無所取

莖生附小竹引上葉圓而肥滑嫩時可食和蟹肉同煮其味尤美七八月生果蕃衍熟時汁可染物色甚紫但易褪耳經霜子墮地

霍亂嘔吐不止用高良姜根生剉二錢大棗三枚水煎冷服方

向春自出移栽肥地即活

曼倩花

一名諸葛菜秋間撒子性喜霜春初移栽亦可花之狀似菜花而紫色莢長子多相傳孔明行軍令士卒隨地栽之人馬俱食

二至花

枝柔葉細花紅紫開于夏至斂于冬至故名浣花雜志云性易栽好蘖患蟻熟豆壅之則茂

金燈

花開一簇五朵金燈深紅銀燈蛋色獨莖透土即開花太倉志云金燈俗呼忽地笑穿山甚盛重九登高燦若丹霞亦奇卉也

虎耳 治痔瘡腫痛乾燒桶中熏之○瘟疫擂酒服○聤耳搗汁滴之

俗呼金絲荷葉其葉類荷而有金絲繚繞故名三四月間開白花小孩耳病取汁灸許滴入耳中即愈浣花雜志云春初栽于花砌間陰處常以河水澆之即活性喜濕乾久則槁

含笑　玉簇　佛頭青　番椒　高良姜

出粵中花似蘭而開不滿足若含笑之狀○玉簇出閩中冬初蘂向陽室內土燥略澆酒殘茶仲春取出○番椒叢生花似禿筆頭紅如血味辣可充花椒用○高良姜一名紫羅欄俗名牆頭草花紫色○佛頭青一名三醉

僧鞋菊　萬壽菊　波斯菊　五九菊　金鈴菊

苗如蒿艾開花碧色狀如僧鞋故名○萬壽菊春間下子宜肥○五九菊五月九月開花故名○波斯菊一名番菊花茶褐色氣味甚惡其裂日○金鈴菊一名佛頭金

寶相

花較罌粟微大而千瓣一朵心有大紅彩紅二色

樹殼

花細而香聞之破鬱結蘊傍種之實可入藥

指甲花

生杭之諸山中花如蜜色而香甚烈山川土移栽盆中亦可供玩

蓼花 治腳氣風痰用莖葉煎汁洗之甚良

花開紅白而細長二寸枝垂色彩紅可觀惟水邊更多俗名水紅花

貝母 冷嗽貝母一兩胡椒七粒為末點之 月子生瘡貝母香等分為末乳汁調點

一名苞草川浙出者形極尖細亦產莖葉俱似百合花類銅鈴淡綠色花心內裝白色米粒花心無異昔年同鄰叟劉鳳來宿支硎間楊姓古塚有此花冒土而生取有根者植之盆中次年發花無根者插於水甕鮮妍不凋遊如昨知已云古爲之一觀

地黃 主男子五勞七傷女子傷中胞漏下血去胃中宿食補五臟利耳目久服輕身不老良

葉如小芥菜有細毛花紅黃色實如小麥粒根如手指曬乾乃黑古人種子今惟種根○取地黃切二寸長分畦種之蓋以熟土覆以稻草爛草自春至秋凡五六耘不得鋤本草云二月八月採殊未窮物性也八月殘葉猶在葉中精氣未盡歸根二月新苗已生根中精氣已滋不如正月九月採者妙江浙出者受南方陽氣質性光潤而力微惟慶出者稟北方純陰皮有疙瘩而力大食其葉亦大有益

天門冬 其功與麥冬同赤松子食之齒落更生細髮復出 甘始食之在人間三百餘年補益之功莫大

兗州温州出山谷俱生種肥地其根易茂夏秋取根須留一分以者隨即栽之不時上糞培

麥門冬 治心腹結氣腹中傷飽五勞七傷安魂定魄久服明目輕身不老不飢令人肥健有子

一名階前草一名羊韭葉如韭又如莎草四時不凋根黃白色似麥而有鬚花如紅蓼實碧圓如珠四月初收根栽肥地每年六月九月十一月三次上糞○鋤夏至前採取

黃精 補中益氣潤心肺益脾胃補五勞七傷久服輕身延年與九蒸九曝食之良

山谷十肥俱有茅山嵩山者良苗類桃枝斑柔一枝單長葉如竹葉略短兩節對生花開似赤豆結實如白黍米陶隱居曰葉不相對者為偏精一云即萎蕤偏精不如正精之有効種法與地黃同冬月宜根與姚姜一般忍有一種鉤吻即野葛似之能殺人

五味子 陽事不起服新五味子一斤為末酒方寸匕日三服

江北二良分根種當年即旺子種者次年旺苗長引上葉似杏

而尖圓花若蓮而黃白結子蒼如本實搗細

薏苡 其補益之功不亞於枚與山宜居淮之

出交趾者子最大葉類黍春開紅白花內必種霜降後收碾去殼取仁色白如糯米可作粥又一種圓而殼厚者為菩提子

吳茱萸 冬月感寒吳茱萸五錢煎湯服之取汁嚥吐上攻與茱萸一合水三盞煎七分頻服神効

產吳地者入藥故有吳之名枝柔而肥葉長而皺實結子稍頭纍纍成簇而無核春間種高燥處重陽採收陰乾勿使烟薰用時揀去中間閉口者云合衆種柴黃白陽增年除害

甘菊 治諸風頭眩腫痛除胸中煩熱作枕明目久服輕身延年其葉之功亦同

甘菊莖紫氣香味甘陸龜蒙採杞菊春苗以供左右盃案因作杞菊賦嘗服却老延年採花去帶入盆鉢密浸沸湯花浹濟香解酒殺兩前後分栽摘去長根使不宜密山野間味苦莖青者名曰苦

薏勿用

藿香 暑月吐瀉藿香三錢半滑石一兩丁香五分為末每服二錢米泔調暑熱口臭煎湯嗽解

春間下子六七月開花花紫色有薄荷紫蘇二種紫稿藿香入藥摘青葉炮湯飲之可除霍亂

豨薟草 入喉痰癮搗汁取吐虎傷搗敷蛇咬午收酒乾為末每服半兩熱酒調下出汗治癱瘓

入家園中處處有之五月五日七月七日九月九日刈取曝乾九蒸九曬製為蜜丸或以蜜酒時時服之仙方云長生保命莫妙于豨薟草其功不可殫述

牛膝 治風不止用牛膝一握生切以水六升煮取三升分三服痛者膝末酒煎一服亦一服

色衣不 山牛膝 入兩葉 子一合 水九升 煎三升 分三服

葉如夏藍莖本赤壯作穗結實甚細一名百倍一名對節東懷慶出者良雌者節細莖青根短瘦脆無力雄者節大莖紫根長柔潤有功二月種肥地秋間採根

小茴香 辛溫下氣消食治小兒氣脹霍亂嘔逆久煮令下食

一名茴香三月中下子初種之時遇熱用麥以遮夏日八九月收子陰乾十月將去枯梢鋤土壅根則來春復發分種亦可其葉細八角茴香與中國迥別但氣味同耳

紫草 瘡毒以根一錢蟬皮五錢蔥白三根服水煎服小兒白禿用根煎汁塗之

宜種鬆沙地三月採去根取葉煎汁染紫苗生時拔去根旁之草若用鋤恐傷其根耳

五加皮 治疝氣腹痛益氣療躄治小兒三歲不能行及女人陰癢久服補中益精輕身耐老

性喜肥春分移栽秋分後掐亦佳清明時取未放葉嫩芽鹽滷爆乾緑色可愛用以點茶皮可釀酒昔有玉屋山人云寧得一把五加不用金玉滿車

桔梗 治牙疳臭爛用桔梗茴香等分燒研末敷之

一名薺苨一名利如有紫白二種春間下子或分栽亦可以灌溉〇
枳殼花細而香聞之破鬱結莖多刺
防風治男子一切勞劣補中益氣〇偏正頭風用防風白芷等分爲末蜜丸彈子大每嚼一丸茶下
葉似青蒿而矮根與蜀葵相類種法與種菜同五月開細白花花
心攢聚如蒔蘿子如胡荽苗可食爽口去風
紅花味辛治腹中惡血及婦人產後敗血又能補血虛補血暈
二月八月十二月皆可種雨後邊撒肥勻如種麻法五月開花乘
露收之曬乾染真紅博物志云張騫得種於西域今處處有之
枸杞治五内邪氣寒熱頭痛内傷大勞補精不足久服堅筋骨明目安神輕身長壽
二月移栽即活苗嫩時可食開紫花秋結紅果採取曬乾入藥堅
筋骨補虛勞諺云去家千里勿食枸杞謂能助陽也老本虬曲可
愛吳中好事者植盆中爲几案供玩

紫花地丁治一切癰疽發背疔瘡腫毒用紫花地丁草白麪和一搗敷之神效
一名箭頭草一名獨行虎處處有之葉似柳而微細夏開紫花結
角平地生者起莖溝壑邊生者起蔓又一種吾蘇秋開小白花如鈴
兒倒垂微似木香花之葉者此與紫花者相戾紫花治無名諸腫
〇牽牛有黑白二種黑者碧花白者紫花蔓藟高樹又有白朱二
色者名曰黑白江南花

兒夜啼黑牽牛一錢水調敷臍上即止

養畜蕃滋功侔種植諳爱求水陸生生不匱三徙陶朱無往不
利集畜牧
養蠶治酒後咳嗽用白殭蠶焙研末每服一錢耳聾用蠶蛻紙作撚入麝一錢入筆筒燒烟熏之三次
蠶法有十薗種爲先陳志弘云薗之尖細緊小者爲雄圓慢厚大
者爲雌開簇時相兼而收七日而蛾生若有禿翅禿眉焦尾赤肚
無毛及先出末後生者各揀出不用止留同時出者雌雄相配自

辰至亥方析厥氣乃全生子既足三日後移蛾下連至十八日後
清晨汲井水浴一次沒去蛾之便溺毒氣夏秋於通風處房内連
皆相靠釣掛至十月内捲收於無烟淨屋内頓放臘月八日依法
浴畢用竿高掛于中庭以受日精月華之氣此擇種之法也
蠶未生之前須淨蠶室勿令南風吹地氣蒸蟻生四五日後用炭
火薰暖室中蠶變白色以全干無烟處捲放東方白時將連鋪箔
上候黑蟻全生和蟻秤連記號分兩多寡此生蟻之法也
蟻生足勻鋪細軟稈草切細桑葉摻于薦上隨將蠶連翻搭葉上
蟻自下連有不下者以□毛輕輕拂下却秤空連便知蠶分兩三
兩蟻可布一箔老可三十箔量葉放蟻慎勿貪多此下蟻之法也
蟻初生將次兩眠蠶屋正要暖蠶母須着单衣可知涼煖自身覺
寒蠶亦寒便添熱火若自身覺熱量去火一眠之後天氣晴明於

巳午時間捲起窗薦以過風日至大眠後天氣炎熱却要屋内清
涼務須臨時斟酌此涼煖之法也蠶必晝夜飼若頓數多者早老
少者遲老二十五日老一箔可得絲二十五兩二十八日老得絲
二十兩若月餘或四十日老止得絲十餘兩葉要均勻若值陰雨
天寒用火照箔逼出寒濕之氣然後飼之則蠶酥快而無疾候十
分眠纔可住食至十分起方可投食若八九分起便投葉飼之到
老不齊又多損失停眠至大眠見蠶有黃光便住食此養之法也
蠶住食即分擡去其燠沙不然則先眠之蠶久在燠底濕熱薰蒸
必變傷風蠶擡蠶時不可將蠶堆聚若受鬱熱必病損作薄繭眠
初起時值烟薰必多黑死食冷露濕葉必成白殭食舊乾熱葉則
腹結頭大尾尖倉卒開門暗值賊風必多紅殭若高撒遠擲蠶身
與箔相擊後多不旺俱宜防之此分擡之法也

切極細桑葉微篩不住頻飼一時辰可飼四頓一晝夜飼四十九頓或三十六頓第二日飼至三十頓第三日飼至二十頓凡擡飼宜一此初飼之法也。

擡飼一晝夜可飼六頓次日可漸加桑葉向黃之時宜極暖此頭眠之法也。

擡飼起齊投食宜薄撒桑一晝夜只可飼四頓次日漸〻加葉此停眠之法也

蟻十分起齊投食一晝夜可飼三頓次日七八頓午後天氣晴煖磨菉荳粉白米粉或熟黑豆粉與切下桑葉將溫水拌勻一箔用粉十餘兩却減葉三四分隔一日再如此飼一頓不惟解蠶熱毒抑且絲多而堅勁有色此大眠之法也

二眠起每日再吃十五六頓約四五日即老上山時候以稻草成

簇布蠶於其上令其作繭七日可摘。取長而瑩白者絲細大而晦色青葱者絲粗繰絲莫精于南潯人。繂以蛾口爲最上岸次之黃繭爲次之繭衣爲下蛾口者出蛾之繭也上岍者繰湯無緒撈出者也繭衣繭外之蒙戎蚕初作繭而營者也自蟻而三眠。俱用切葉三眠之後不用切忌油鐽氣煤氣。尤忌零陵香蚕室不可用生人入內蠶婦不可食莧食蚕豆方筐。縱八尺廣八尺閩箔山蘇州盤門張公橋。大率三眠之後一斤分作一筐一筐可得繭八。斤爲一車絲約車十五六兩養蚕入以筐計凡二十筐傭金一兩線絲入以日計每日傭金四分或一車六分

養魚 鯉魚孕婦宜食。胎氣不長 鰤魚肉同韭菜煮汁飲之

一曰種古法畜鯉魚以其不相食而易長耳今人惟購魚秧汎大小乘潮布網取之初時如針鋒然飼以雞鴨之卵黃或大麥麩

[illegible]魚膾骨哽喉中硬咽連魚多食發熱發瘡鯿食之令人肥健

或豆末稍長與置池中鎮錄云仲春取子於江口魚苗與丁小池稍長入蘼堤曰蘼鯇入蘼從之爲池月以草九月可取○鯇魚戶闊而盆首以蝦而身頭又謂之草魚食草易長爾雅翼曰鯇魚食草○曰鯉魚之貴者白蕩左右始可納池中前一月或後一日皆不育漁人獲於溪澗汲氣觸之則目瞎京口錄云巨首細鱗池塘中多畜之○鯿魚肚納泥塘仲春捕盈寸者養之秋而盈尺腹背皆肥此魚不食他物惟食泥與百藥無忌吳王論魚以鯿為上京口錄云頭扁而骨軟闊縮云目赤身圓口小至冬能薄破白鹹

二曰宜地不宜太深太淺深則水寒而魚難長淺則即汎遭鳥害及日曬多而白食之亦汎以蘆葦覆之○食楊花則病亦以糞解之○魚行逆水夜不息有洲島環轉則易長○池之旁樹芭蕉則露

子滴而可以解泛樹棟木則落子池中可以飽魚樹葡萄則架于上可以免鳥雀種芙蓉則蔽生蚺蟒可以避水獺○池之正北三面有白魚宜聚焉投食時深飼草亦宜北方一日兩番至冬水寒可不食矣○鹹魚不可浸水草恐有黑魚鰱魚等子在草上大來能食魚黑魚鱺魚也食鱺四首戴斗鯰魚頭魚也即鱖魚也大首方口背青線無鱗多涎

鯽魚食之補虛溫氣不宜久食

三曰品江海之產有鱘鰉魚長丈餘身嘴有肉骨兩頰之肉可以爲鮓京口錄云有二種鱗魚兩色白鰱魚兩色黃鱅魚而鱅魚廣州謂之鯨龍魚○鱸魚惟松江者四腮巨口細鱗非江海之產則二腮金谷圖說曰秋仲出海而入江可以作膾京口錄云有二種曰脆鱸曰爛鱸閩志曰身有黑文○鰣魚腹下之骨如鋸可勒故名與石首同時出海入肥故謂之勒鯗○鯧魚身廣而口小

[illegible]

鱏鮎咬傷白鯗又貼之　白魚忌與棗仝食　鯽魚補胃功　鯽魚補虛勞　鯽魚功多食之　河豚雖美但不如不必食之爲

細而骨軟出于海○石首魚其色如金俗名黃魚海人以水養之
謂之水鯗…石首鯗也首有小石故
名海族志云其初生未如龍鳴夜龍之有光…則曰白鯗
閩人謂之金鱗及謂之黃瓜○白魚出于大湖避暑錄云伏後十
有五日入時白魚最盛謂之時裡白鯿魚縮項穹脊細鱗博腹其
味腴其色青白即魴魚也古稱漢水槎頭之鯿太湖中多有之○
銀魚其形纖細明瑩如銀長者不過二寸最細者爲之湖鱭○鱭
魚狀似銀魚而大仲春將出于海湖…子○鱭魚盛于四月
鮮白如銀其味甘美鎮州謂之三鮮魚○…而首大長者
盈尺其形如刀俗呼爲刀鱭初春出于海…今之…魚也亦
呼爲刀魚○鮬子魚生而帶子○鱘鰉魚巨口細鱗肉味鮮美背
上有斑本草云鯽化人常食石桂魚鄉人至今有桂之呼焉○鱖

魚鮒魚也此魚旅行躍…則鯽…相附…至冬味美○鰕虎魚
頭上附而腮紅形若虎善食鰕俗謂之鰕…○土附魚似鰕虎
而短小附土而行不似他魚浮水故名爲…云首大而身小細
之吐蚊○鱨魚其色黃謂之黃鱨○針口魚首…針芒身長四五
寸土人多取爲鮓○河豚魚出于江海烹調者須去其腹之子目
之精脊之血其毒在肝洗宜潔淨煮宜極熟其白名曰西施乳然
八珍內若有斑疵及獨肝燕見之類偶當棄之其毒者橄欖滿
解之又有一種斑魚狀似河豚而小實非同類食之無害○凡魚
蛸子必沿水痕雖乾涸十年遇水相生其最甚易補子時候以丑
月惟銀魚鱭殘魚有子子冰水解三日即生也○捕魚鰕宜亥日
又宜危日

養鵝白鵝卵一枚與小兒食之能預解痘毒多皆今少少者今不出○頃血食之稱八

牛下痢用牛…馬齒莧和胡粉…三　犬永除　牛肚痞用…生…中…疫…治調服…腸…

鶴一名仙客一名胎仙揚州呂四場澤者爲佳…
履跡而孕又云雄鳴上風雌鳴下風聲交而孕…四月雞
鶴伏卵雌鶴往來爲儀見雌起則啄…而…之
鶴生三年頂赤七年羽具十年十二時鳴三十年鳴中律舞應節
六十年褪毛生泥不能活一百六十年雌雄相視而孕二千六百
年形始定飲而不食相胎生謂鶴之…鼻短口則少眠高腳疏
節則多力露眼赤睛則視遠鳳翼雀毛則善飛
龜背鱉腹則能產輕前重後則善舞洪髀纖指則能行物毛能潔
舉則高而遠若養以屋必近水竹給以料必餘魚稻若蓄必能飼
以熟食則塵濁而乏精采非鶴俗也入…之耳

養牛牛肚中痞積用牛肉四兩切片以風化石灰…蒸熟食常食其痞自消凡自死病死瘟牛肉等生食不可食

牛者農之本諺云家有一牛可代七人之力每日本草不可失時

新草未生之際藏斷稻草和以糠豆之類拌勻微鹽令飽飼之有
草時放牧先令飲水然後食草則腹不脹夏閘不為熱冬閘要暖
暖忌霜露勿凍餓相法眼要去角近又要眼大白脈貫瞳于頸骨
長大後腳股闊並能快便毛欲短密疏者不耐寒角欲細身欲短
尾稍長大者生尾稍亂毛牽曲角短勿用相乳牛法毛白尾紅多
子乳頭黑無子生時子同而相向爲吉相背于前一夜下糞三次
一年生一子一夜只一堆三年生一子若疫燒蒼朮置欄內以鼻
吸香則止牛噎以皂末吹入

養馬馬肉食之無益有損小兒夜啼馬蹄末敷乳上食之即止被傷成病欲死馬糞研汁飲之立愈

馬者火畜也其性惡濕利居高燥忌作厩于午位仲春放淫順其
性也季春必啗惡其退也盛夏必浸恐傷于暑也季冬必溫恐傷
于寒也久步則筋勞久立則骨勞久汗不乾則皮勞汗未燥而飲

打傷青腫用炙猪肉罨之

飼則氣勞驅馳無節則血勞此五勞宜時調治夏月料草新草
飾蒜穀豆若熟料用新汲水浸冷方可喂之若熱不宜如熟料飲
以新水一日三次尋常飽是也冬月飲水亦須騎騾摘卸不宜
當風空處毛焦肉麻子一升飼之生疥癬用生胡麻葉搗汁灌之
春夏月黃丹末之湯水先燒乳香薰兩鼻後用川烏草烏白芷胡
椒豬牙皂角各等分麝香少許為細末用小竹管吹入鼻中加瓜
蒂藜蘆一切中結病症後喂冷鼓葱薑各五兩水五盞煎半盞和
酒灌之尿血用黃芪烏藥芍藥山茵陳地黃兜鈴枇杷葉為末漿
水調灌之

養猪 猪肉食之令人暴肥蓋虛風所致也宜少食為妙 日鼠狂發熱用煅猪矢煮豆和鹽食之

母猪取短喙無柔毛者良喙長則牙多一廂三牙以上則不須畜
以其難肥耳牝者子母不同圈若同圈則喜相聚而不食牝者圈

致富　【卷之二　畜牧】　三十四

圈無害圈不厭小處不厭穢亦須小廠以避雨雪春夏草多隨時
放牧糟糠之類當食則與八九月放而少飼有病割去尾尖出血
即愈瘟疫以蘿蔔葉飼之

養羊 廿日 世醫補用白羊肉一斤切坐度甚妙春蝦蟆剝猪羊血灌之即出

羊種以臘月正月生者為上每羊十隻羝羊只用二隻少則不孕
多則亂羣羊性惡濕棚棧宜高燥常掃除糞穢已時放之未時
收之二日一飲水緩驅行勿停息春夏早放秋冬晚放食熱物則
腹脹不能轉草以水洗眼及鼻中膿汚令淨再用鹽擦其舌立愈

養雞 雞瘟疫冬至日取赤雄雞作脯至立春日煮熟食至晝百虫入耳雞冠血滴入耳即出

雞種霜降時收形小毛淺腳細短者佳雞棲宜據地為籠籠內著
棧可免狐狸之害若焚柳柴小者死大者盲以油和麪捻成指尖
大塊日與數十枚以土硫黃研細同飯拌勻喂數日即肥

蜂螫痛白蜜塗之

生雞初到家便以淨溫水洗其足放之自然不走

養鵝鴨 白鵝無毒者殺者食 用白鵝尾毛燒灰酒服一錢治噎食病

相雌雄鴨其頭欲小口內齒有小珠五者生卵多三者為次凡母
鵝三雌一雄鴨五雌一雄生卵則收置煖處以桑葉覆之令母雞
代哺雛出先以粳米磨粉切苦菜煮熟和水喂之次以清水淘
有泥恐小鵝塞鼻孔則死入水不宜停久須宜驅高處喂細草令
寢處籠中令月之後乃出籠鵝惟食五穀稗子及青草嫩葉不食
生蟲鴨則雜所不食也鵝鴨無令雜雄者令食足一鴨可生百卵
每年五月五日不得放棲只乾喂不可與水則日日生卵

蜜蜂 蜂蜂之立下 用蜂窩真麻油各半碗煎 香錢陳蜜二升服之可出

菜花盛時於古穴山野間收取或編荊囤或造木匣兩頭泥封開
一二小竅使通出入另開一小門時時開却掃除令淨不使他物

致富　【卷之二　畜牧】　三十五

所侵相近處畜養蜘蛛及防山蜂土蜂蠹蝕九十月間天氣漸
寒百花已盡宜留蜂冬月所食之蜜餘者割取作蜜蠟春三月掃
除仍如前法養之蜂盛一窩止留一王遇蜂王分窩群蜂來輔飛
出用碎土撒而收之別置一窩兩蜂忌火日割蜜法先照蜂窠樣式
再做方匣一二將抽去底舊將方匣接放舊窩仍以底板觀之令
蜂做蜜脾子于下停數日乘夜蜂伏而不動之時用刀割取或用
細繩勒斷卸封其窠然後以蜜脾子用新生布濾淨磁器盛之濾
存蜜渣入鍋內慢火熬煎滚溶化捞出渣再蒸用錫鏇或瓦盆先
盛冷水次傾蠟在內以蠟盡為度昔陸佃埤雅云蜂有王三四月
生黑色蜂名曰將蜂又名相蜂老王乃相蜂所生也相蜂不能採
花但能釀蜜若無此蜂不能成蜜至七八月間相蜂盡死相蜂不
死則羣蜂飢矣云相蜂進冬草蜂必空蜂王大如小指不螫人蜂

無王則死有二王則分分時乃老王遜位而出均分其半未嘗多
寡從王出者不復回飛止必衆衛其王皆有隊伍行列採花時一
半守房一半採花少者受罰每日必三朝汝南圃史云蜜
蜂採他花俱用股足挾二珠惟採蘭花則但背負一珠以此頂獻
蜂王古人謂蜂有君臣之義信然哉

養猫 對日勢咬頭骨燒存性研末每服五錢酒下猫咬以薄荷汁擦之即愈

辟鼠之猫不待聲威鼠自避藏相法純黃純白純黑者佳身上有
花四足及尾俱花謂之繩得過亦佳口中三坎捉一季五坎捉二
季七坎捉三季九坎捉四季耳薄者不畏寒訣曰露爪能翻瓦腰
長會走家尚長雖種絕尾大懶如蛇有病烏藥投水灌之踏傷蘇
木煎湯療之餵火疲瘦鮮黃少許納猪腸中煮熟喂之○凡納
畜宜用龍虎日正月巳日二月亥日三月午日四月子日五月未

日六月丑日七月申日八月寅日九月酉日十月卯日十一月戌
日十二月寅日是也

耕種吉凶宜忌

耕田吉日

乙丑　巳巳　庚午　辛未　癸酉　乙亥　丁丑　戊寅
辛巳　壬午　乙酉　丙戌　丁亥　巳丑　辛卯　癸巳
甲午　巳亥　辛丑　壬寅　甲辰　乙巳　丙午　巳酉
癸丑　甲寅　丁巳　巳未　庚申　辛酉

耕田凶日

月大忌　初六　二十二　二十三
月小忌　初八　十一　十二　十七　十九　二十七

燒田吉日

巳未

燒田凶日

火隔 此日亦忌燒山少

薙田吉日

用火為吉如丙寅丁卯甲戌乙亥之類

薙田忌土鬼有九日

癸巳　甲午　乙酉　辛丑　壬寅　巳酉　庚戌　丁巳
戊午

浸穀種吉日

甲戌　乙亥　壬午　乙酉　壬辰　乙卯

下秧吉日

辛未　癸酉　壬午　癸未　甲申　甲辰　乙巳　丙午

丁未　戊申　巳酉　乙亥　辛酉　巳亥　乙未

種秧吉日

甲子　乙丑　丁卯　巳巳　癸酉　乙亥　丙子　巳卯
庚辰　辛未　甲申　乙酉　巳丑　辛卯　癸巳　乙未
丙申　戊戌　巳亥　庚申　辛丑　壬寅　癸卯　丙午
戊申　巳酉　癸丑　戊午　巳未　庚申　辛酉　癸亥

種五穀總忌

丁亥

種麥吉日

庚午　辛未　辛巳　庚戌　庚子　辛卯
八月三卯日種麥為上

種麥忌日

十二月丁日

種粟吉日

丁巳　己卯　乙卯　己未　辛卯

三月三卯日種粟爲上

種豆吉日

甲子　乙丑　壬申　丙子　戊寅　壬午　壬寅

六月三卯日種豆爲上又六月戊日爲忌

種黍吉日

戊戌　己亥　庚子　庚申　壬申

種蕎麥吉日

甲子　壬申　辛巳　壬午　癸未

種麻吉日

己亥　戊申　壬申　甲申　辛亥　庚申

正月三卯日種麻爲上

種麥吉日

九月　甲子　丙寅　庚午　辛未　壬申　丙子　辛巳

癸未　甲申　癸巳　甲午　丙申　己亥　庚子　丙午

戊申　丁巳　己未　庚申　壬戌　癸亥

十月　甲子　乙丑　丁卯　庚午　壬申　癸酉　丙子

丁丑　己卯　壬午　癸未　甲申　戊子　己丑　辛卯

乙未　戊戌　己亥　庚子　癸卯　丙午　壬子　丙寅

乙卯　己未　庚申　壬戌

十一月　甲子　乙丑　丁卯　壬申　癸酉　甲戌　丙子

甲申　己丑　丁酉　壬寅　癸卯　甲辰　癸丑　甲寅

辛酉　壬戌

種麥忌日

年月執破二方

種麥年月忌方

年月執破二方

穀米入倉吉日

庚午　甲戌　乙亥　丙子　己卯　辛巳　壬子　癸未

己酉　戊子　己丑　庚寅　乙未　壬寅　癸卯　甲辰

乙酉　丙辰　癸亥

典田買田佃田吉日

開荒成收及黄道日

典田買田佃田凶日

戊己及春□日

田家通忌

田祖節神農甲寅死　田主乙巳死辛亥葬

田父丁亥死丁未葬　田母丙戌死丁亥葬

田夫丁亥死辛亥葬　以上諸日並忌開田種作耕耘

后稷癸巳死是日尊忌播種凡九穀不避忌必冬傷□

種菜吉日

壬戌　辛卯　戊寅　庚寅

種菜凶日

秋社前逢庚日　秋社後逢己日

種瓜吉日

甲子　乙丑　庚子　壬寅　乙卯　辛巳

種葱吉日
甲子　辛未　己卯　庚申　辛巳　辛卯
種蒜吉日
戊辰　辛未　丙子　辛巳　壬辰　癸巳　辛丑　戊申
種芋吉日
庚子　壬戌　壬申　辛巳　壬午　辛卯　戊申
種韭吉日
甲子　乙丑　辛未　壬申　壬午　癸巳　辛卯
種果吉日
丙子　戊寅　己卯　壬午　癸未　己丑　辛卯　戊戌
庚子　壬子　癸丑　戊午　己未　己亥　丙午　丁未
乙卯　戊申　己巳

種樹吉日
甲戌　丙子　丁丑　己卯　癸未　壬辰
種樹凶日
丙戌　壬戌　又云乙忌栽木
種花果飛蟲不食日
成滿天象生炁黄道豐旺等日　又每月巳亥甲午癸未日
種花果避蛀
甲子旬中乙丑日蛀　甲戌旬中己卯日蛀
甲申旬中無蛀日　甲午旬中前五日蛀
甲辰旬後五日蛀　甲寅旬中無蛀日
田家曆
正月
豎籬落　糞田　開荒　修蠶屋　織蚕箔　造桑机　造[illegible]
舂米　築墻
二月
栽柳　舒葡萄上架　解栗裹縛　去石榴裹縛　寒食前後收
柴灰　造布　浣冬衣　採桑螵蛸
三月
利溝瀆　葺垣墻　治屋室以待霖雨　脱擊　移茄子　造酪
四月
收蔓菁芥蘿蔔等子　收乾[illegible]　鋤葱　收乾笋藏笋
此月伐木不蛀　修防堤　開水竇　正屋漏以備暑雨
五月
灰藏毛羽物　收蚕種蔬豆蜀芥胡荽子

六月
命女工織紬絹　收芥子　收花椒子　收李核便種　收苜蓿
收槐花曝乾　斫竹此月不蛀及入　漚麻　晒氈褥書裝　種小蒜
種蘿蔔
七月
收楮子　浣故衣製新衣　作夾衣以備秋涼　刈蒿草　種蜀芥
分薤　漚晚麻　耕菜地　收荷葉陰乾　收瓜蒂　收蒺藜
八月
收薏苡　收角蒿　收韭花　收胡桃　收棗子　開蜜
收油麻秫豆　備冬衣　刈莞草
九月
收豕　收皂角　貯麻子油　採菊花　收木瓜

十月

築垣墻墐北戶、繕甍、遮掩牛馬屋、收楮實、收牛膝、地黃、造牛衣、備蒲萄包裹蒲萄石榴樹不爾即凍死、收諸般穀種大小豆種

十一月

貨薪柴綿絮、伐木作竹箭此月堅成、造什物農具、折麻放麻、刈蒿棘、貯年支草于燥處至六月及秋深時俱倍利

十二月

造車、貯雪水、收臘糟、[illegible]、[illegible]、造農器、收蓋種、收牛糞

每月栽種書

正月

元旦雞鳴以火照桑果無蟲○辰日將斧斑駁斫樹則結子不落○此月栽樹爲上時○以甎石放李樹歧枝多結子○凡栽果上半月栽者多結子○南風火日不可栽○下茄瓜天蘿子薏苡仁諸般花草扦楊柳木香長春佛見笑薔薇石榴梔子種松桑榆柳棗○蒔葵韭麻瓞牛蒡子竹宜初二日種樹木宜上旬○下綿花苦蕒山藥冬瓜、接諸般花果宜三十日○移諸般花果樹以上凡種時並忌南風火日○鋤芸麥宜用此月過則失時○修果木法低小亂枝條勿令分力

二月

此月丙申埋諸般樹條則活○下麻子山藥○扦芙蓉石榴木槿○種槐茶莧蘿蔔瓜、桐樹夾則百合胡麻黃精竹茄瓜枸杞萱草蒼术鳳仙茄苣地栗茼蒿莧菜生菜芋宜雨後葫蘆王瓜東瓜○宜下棗葡萄烏頭豇豆甘蔗茱萸、移玉簪石菊山茶山丹桃李梅梨柑柿諸般花果俱忌南風火日○種椒種茶○壓桑條

三月

種綠豆山藥王瓜早芝麻冬瓜匏胡蘆梔子地黃靛青瓜甜瓜扁豆芋紫蘇黃獨苧蕁木棉麻子菱○移椒茄秧芍藥百合剪金花、白楊枸杞蒲○梔子帶花移則活○樹宜扦接梅杏豇豆收蔬菜花

四月

此月伐木不蛀○下芝麻○種夏蘿蔔松菜豇大豆紫蘇晚王瓜蒔蓮豆白莧枇杷荷根麻○扦梔子茶薜荔木香○收蘿蔔子蠶豆蔥子

五月

下夏秧菜○種晚大豆菖蒲晚小豆[illegible]桃杏梅核○種竹斬桑○收菜子大蒜紅花槐花小麥[illegible]蘿蔔子芥蘇收蠶種○收蠶種

六月

種小蒜冬葱葫蘆早蘿蔔晚越瓜油蘇夏葱菜○收椒紫蘇斫竿麻○花開盡柑橘橙○鋤竹劚地芟麻地

七月

種小蒜葱韭菜蘿蔔亦可是月是萵苣早菜蕎麥胡荽萵苣菜芥菜收藏椒紫稻瓜芙蓉葉

八月

種大蒜菖蒲寒豆生菜苦蕒芋森諸般菜葱子大麥牡丹芍藥匠子罌春紅花椒諸色菜子○移早梅木犀橙橘枇杷木香○分牡丹芍藥根并諸色花果○鋤竹園地

九月

種椒菜莧地黃蠶豆槐蒜芥菜藏矮黃菜〇移山茶蠟梅雜果木

十月

種大小豆春菜生菜萝葡諸色菜〇接花果壓桑條澆灌花木〇

收茶子山藥子桑葉芋頭冬瓜

十一月

種小麥油菜萵苣桑萝蔔種〇移松柏檜接木夾籬澆菜伐竹木

收藏〇窖芙蓉條

十二月

種菊松花樹桑大麥〇扦柳〇壓桑條壓果樹〇添桑土〇壅牡丹皮〇浴蠶種

重訂增補陶朱公致富奇書卷之二終

致富全書

卷叁

重訂增補陶朱公致富全書卷之三

鍾山石巖逸叟增定

一消一息。兆端微渺。以時致之。貞晦在握。天何言哉。雨暘先覺。

集占候。

風雨占賦　苗公達著

高明上覆，日月星辰；沉濟下載，風雨龍神。言天高明在上，有日月星辰照麗之；地厚載在下，有風雨龍神主宰之。

戴君之德，五徵不亂，以維新在相之賢，十義無虧于勁古。五徵者雨暘燠寒風也，皆及時而有徵，乃人君盛德所致，天下維新之兆也。十義者君仁臣忠父慈子孝兄友弟恭夫和妻柔朋友有信，各協于義而無虧，此在相之賢而措天下于唐虞三代之盛也。

紫烏白兎，降未升而雨霈；素日丹曦，升未降而災旱。天氣下降，地氣未升，晝則日色紫，夜則月色白，主有陰雨。天氣未降，地氣未升，晝則日色日，夜則月色赤，主炎旱晴明。

陽碧映綠未變，而景色將寒；奇黑禍青未容，而虹蜺欲現。天地之氣不通，則日色青而月色綠，此將寒而氣未凛冽之象；天地之氣相交而日黑月青，將雨不雨而虹蜺欲現。

日辰雨宿非其所以無多，月宿十精是本方而遍普。若斗□日氣應有雨而無雨者，是雨應于各方位故也。如甲為齊，乙為東夷，丙為楚，丁為南蠻，戊為韓魏，己為中州，庚為秦，辛為西戎，壬為燕，癸為北狄。又曰辰干支年月皆同，如十二辰子為齊屬青州，丑為吳屬揚州，寅為燕屬幽州，卯為宋屬豫州，辰為鄭屬兗州，巳為楚屬荊州，午為周屬三河，未為秦屬雍州，申為晉屬益州，酉為趙屬冀州，戌為魯屬徐州，亥為衛屬并州也。月宿十精者，春三月丙丁日，夏三月戊己日，秋三月壬癸日，冬三月甲乙日，土王用事後庚辛日，是名月宿十精也。不問有無雲氣，但逢此日必大風雨陰害，十定或有陰雨，若不應者，是春三月應于丙丁方，夏三月應于戊己方，秋三月應于壬癸方，冬三月應于甲乙方，而土王用事後應于庚辛方，故此處不應也。

月初雨曜，青黑潤則旬當數雨，黃赤乾晴。雨曜日月光，月初生之，如青黑而明潤，則月內多雨；如黃赤而乾枯，則月內多晴。每月初一日管上旬十日，初二日管中旬十日，初三日管下旬十日，斗光而色占法相同。

無雲掩映，當旬之草水不滋；有氣經過，逐限之田疇盡潤。五卯六甲日看天河中有雲氣，則所管日內晴明，但有雲氣往來，所管日內多風有雨。

青龍風急，大雨將來；朱雀風回，烈日晴燥；白虎風生，必有雨霧；玄武風急，雨水相尋。寅卯時為青龍，巳午時為朱雀，申酉時為白虎，亥子時為玄武，隨方起風，應于雨晴。

且候孤光，雲帶中央而不動；日高丈五，雨灑四面以頻行。孤光日也，日出時有雲帶在日中，或橫蔽日不見，或隨日不散；日高丈五時有雨，日高一二丈時有此雲氣，日中午時雨降。

戊己六龍，若魚行而大灑；斗間五色，如龍動以長津。戊辰己巳名曰六龍，自旦至日下，夜占北斗，若雲氣碧閃如魚龍鱗狀，或行掩斗，主當日或當夜大雨。斗間五色雲氣或變若色如龍之形而動者，主當日或當夜有大雨。

初白氣而大灑風雨，節丹霞而甚益農人。白氣掩北斗并日月廣者，大風惡雨之象。每月初一日看北斗間有白氣潤澤，主月內多風雨。每月交節氣日早晨有丹霞之氣，主節內風雨順時。

若當炎旱，熒惑星少於河津；或淫霖霪，辰象躍燿于漢泊。熒惑火星也，火星守天河及天河中星象稀少，皆主旱。辰星水星也，漢泊即天河，乃天之餘氣也，水星守天河及天河中星象頗多，皆主雨。

黑牛夜半如龍，在震以辰期；青龍晨前似馬，當離而午。癸丑日為黑牛，夜有黑雲如龍形在震上，主辰日雨。甲辰為青龍，早有雲氣如馬形在離上，主午日有雨。

朝視東方積土之雲，形便濡；暮觀西上聚雨之氣，象尋傾。早看東方日初出處有黑雲積土之狀，主雨；晚看西南方日入之處有黑雲氣狀似粟而積起，主雨。

占斗光之明晦，辨月色之初新。黃昏時看北斗上雲氣之有無，初夜時看新月邊雲氣之輕重。

魁畔黑雲見沛滋於當夜，罡前黃氣知潤澤于來晨。北斗前方四星名魁，有黑雲掩之，主當夜雨。北斗後三星名杓，第七星曰大罡，罡前黃氣，主明日來晨有雨。

徧掩映而三日，獨濱濛而半旬。

□□□□□□五三日內有雨斗間或一二星有雲遮蔽至五日內有雨又曰晝望無雲惟斗中上下有雲氣潤者五日為雨□當時作有雨應

運鏡天漢蛇經而霧集雲屯界覩銀河豬越而風調雨順

天漢銀河天河也中有雲氣黑積形如豬蛇往來主當夜有雨

類南炎而炎旱同中岳以飄塵

南炎者赤色氣也斗間有赤雲氣主旱一日赤雲蔽斗明日大熱中岳者黃色氣也如黃雲昏黑蔽斗或在日月上下不應者多風土塵候之象又占但看青龍亥子壬癸黃雲有雨

甲日晴明一旬竭澱雲氣如出五行逐酉

一甲管十日陰晴若甲日晴明則旬中多旱甲日雨旬中有雨此乃五行逐酉也

卯日同甲四方之氣象為因且有從甚諸子之期程定變

五卯日與六甲日同占東方有雲甲乙日有雨餘倣此凡卯日有雲掩日當日必入雨

壬子至丁各轄三翻高燥則宜藏計數丙子終辛每管五日低濕則雨遍諸鄉

壬子至丁巳各五日每一日各管三日陰晴其日雲氣低濃所管三日內有雨若高燥晴明則三日內皆晴壬子管戊午己未庚申也癸丑管辛酉壬戌癸亥也甲寅管甲子乙丑丙寅也乙卯管丁卯戊辰己巳也丙辰管庚午辛未壬申也丁巳管癸酉甲戌乙亥也又丙子丁丑戊寅己卯庚辰辛巳每一日各管五日丙子管壬午癸未甲申乙酉丙戌也丁丑管丁亥戊子己丑庚寅辛卯也戊寅管壬辰癸巳甲午乙未丙申也己卯管丁酉戊戌己亥庚子辛丑也庚辰管壬寅癸卯甲辰乙巳丙午也辛巳管丁未戊申己酉庚戌辛亥也

晨候北方雲多黃黑曉望南行雨來驟疾

日看北方有黃黑雲色者小南行者壬癸日必雨

躍躍豬氣由奔南七子之期劈劈離風乾去以人辰之測

早看北方黑氣如豬向東北行丙子日必雨七數應在七日內。早看北方有雲劈劈若者向西北行乙卯日必雨乙數人應在八日內。

午未之間見應戊巳日以無差坤申之位行雲庚辛日而不易

午未方見有黑雲戊巳日有雨坤申方上見黑氣庚辛日必有雨

五色交錯赤黑相兼天威雷聲怒雲象

且古雲氣有五色交錯赤黑相兼者天之威怒必有人雷雹風雨之象者雲暗色也立有災害一說旺相日雨主生萬物死囚日雨主殺萬物

鎮逆入河法令急而淋潦熒惑犯水政理乖而旱炎

七星曰鎮星逆行入河主大雨火星若犯水星主大旱水星令辟也

四仲加變朝中夕半以興雲六千癸轉龍虎十支而致雨

四仲子午卯酉也凡四仲之午月日時大乙初移宮有雲掩日者黑暗闇必雨朝中書午時也夕半夜子時也

金水出入起風霧以連天畢月相逢布雲雷于下土

金水二星初出初八之日多言風雨月犯畢星分野主雨又云月離箕宿則風月離畢宿則雨所謂畢宿好風雨也

銅雀屏氣池枯而徵鳥翅張石燕翔空用溢而商羊鼓舞。

銅雀鳥名長安西域有之鳴則五穀熟屏氣是不鳴也又有鉄蛇有四翼一名徵鳥見處主三歲大旱謀者種大荳以防饑石燕巢名中岳少雲山有之石燕飛則主雨齊國有一足之鳥名曰商羊舒翅躍舞則主水災。

又風雨占

春雨過陰涼雨下把風防秋後逢陰熱雲雷風雨烈西北黑雲生

雷雨必聲洶東南北海晌風雨漸漸長朝看天頂穿夜看四邊懸。

朝暮海雲起當晨東風雨日出卯遇雲無雨天必陰日出紅雲暗

東風雨即見日暮若暗紅無雨定是風日暮黑雲接風雨不須說

雲暗過東風滂沱雨下沖雲隨東風起風定雨立至雲布滿山低

東風雨亂飛雨過東風至晚來越添勢午後遇雲遮東風夜雨瀉

雲隨龍門起颶風連急雨但遇起東風雨水必相從黑雲暮生雨

半夜雨風催蝃蝀出自東無雨必生風斷虹當晚見不明天必變

雷光若亂明大雨隨風傾訊頭風不長訊後風雨狂滿海起荒浪

潮隨風雨漲鳥鱗忽弄潮風雨急如梭

凡先風後雨爲風先，雨後風爲雨先。風雨作止，無雲霧不散者，主有災傷。先雷後雨，其雨必小；先雨後雷，其雨必大。

占太陽

太陽未出將晨之先，看東方黑雲，如雞頭、如旗幟、如山峰、如陣鳥、如星懸、如龍頭、如魚、如蛇、如靈芝、如牡丹，當日未申時有雨。或紫黑雲貫穿，或在日上下者，並應當日雨。

占太陰

月色紅明，日當雨；青色亦同。有圓光大如車輪者，來日大風，或三日後應。迄有白雲結成圓光不甚圓者，明日亦有風。

占北斗

日雲遮北斗，則其天變，應未申時。白雲罩二星、三星、四星，明日大雷雨。北斗下有白雲氣，若色如冰波，明日大風。斗中上下有雲如龍架其間，天罡斗中有雲如魚鱗，明日變風雲。斗下有黑雲湧上

者，當夜風雨至。如斗下有紫色黑氣，三日後有雷雨，青色應木，日赤色，雲大旱；黃色應土，日白色應金，日黑色應水，日雲氣與罡彩相同。於斗下有黑雲圍過斗，及斗口者，當夜有雨；若陰不過斗，應在明日。黃紫雲，主來日大雨，赤雲氣不過三日。雨白雲氣亦然。黑雲即日有雨。

占天罡斗杓三星

紅色搖動，有雷雨。青色搖動，明日有霹靂。星上起白雲，明日大雷。星上黃雲貫文曲星，大雷雨。星上雲氣風景盛，有白雲自斗中出，明日申時大雷雨。白光恬靜，明日或無。

河漢 即天河

黑雲成塊，其形若豬渡河，或如爛綿枯木，或如霞戍，遮太陰，或雜太陰上下，並應來日雷雨。白雲如綿，如小魚鱗，面頭向南腳北者，明日南風至，俱日落後。女天河中有大片雲者，止有風。

雷脚

拂曉看南方黑雲最高，謂之雷頭，應明日巳午時。中天而止，應未申時。東方雲頭東方至，餘倣此。

龍氣

拂曉看東方五色氣，如飄過西者，當日風雨。如雲與霧起至中天而止者，應三日雨。日落時看五色氣，自西過東者，亦應二三日雨。

白虎

早看東方有雲氣，遮太陽上下不遠者，應巳午時有雷雨。日午時隨太陽，應未申時；隨太陽應有殘時。

風雨訣

天地妙用本難知，風雨陰晴只一機。四七天禽隨日動，推明容易

達玄微。

角木蛟兮亢金龍，疾風暴雨落長空。將晴過水多風勢，水日便值入廟逢春大雨風。大廟指辰日

氐房入廟夏多晴，入廟軫胃若逢春時定雨，須終到江湖雷迸雨不歇，雲霧塞天庭。

箕心春見無晴色，尾箕逢寅風雨多，箕觜廟宫逢朔望，須教霖雨勢滂沱。亦須丑寅日則然

斗牛二宿多主晴，九夏須知少雨聲。日入廟官逢丑日，辰申亥子水盈盈。

女星好滋多成就，暮雨朝雲仔細看。亥子日官逢屬水，夏春多是作陰寒。

危星亥子狂風至，辰日相逢亦有之。甲申戊子并巳酉卯辰雷雨

應天時

日逢室壁多陰雨秋夏奎星偏喜晴先遇大風兼疾雨三朝兩日又雲蒸

婁星水大無雲霧奎木相逢只主陰水入子辰微有雨終須帶快值于金

胃昴之星二八輪直衝本命最相嫌天作雲不過坎辰風雨少南方相遇亦如焚南方指巳午未丙丁日

畢觜之宿不尋常八廟之時大雨霈夏日江河成巨海接到參星雨更長八廟指未日江河指亥子

井鬼之宿若日頭八廟最相逢之時亦不憂天色多晴風亦少總然陰雨也何愁

柳星當事切須忌知有狂風終日吹連日天陰其日雨片雲千里日遲遲

張宿陽明天不開陰日相逢雨便來申子辰宮同水日滂沱定是徧埏垓

軫翼相逢切要明翼日多晴軫雨傾宿前若已經雲雨雨日淋漓夜不停

四季二十八宿分占

春角日晴夜雨○亢風起○氐房心尾箕斗牛女微雨○虛危風起夜晴○室壁多雨○奎婁晴○胃雨○昴畢晴○觜參風○井風○鬼陰○柳星雲起○張翼熱○軫日陰夜雨

夏角亢晴○氐房心尾雨○箕斗牛女晴○虛危室壁半晴○奎婁胃雨○昴畢晴○觜參井微雨○危柳大雨○餘皆晴。

秋角亢大雨○氐房心尾箕斗牛女微雨○虛危室壁晴○奎婁胃昴雨○畢觜參井半陰半雨○鬼柳陰雲○星張翼軫雨

冬角亢晴○氐房心尾雨○箕斗牛女陰○虛危室壁陰○奎大雨○婁胃昴畢觜俱半晴○觜參井有雨或陰○鬼柳心張晴○翼軫陰凍。

續占二十八宿風雨歌

日逢角宿狂風生亢氐偏能暴雨晴房心尾宿其宜霽箕斗風波斗宿沉牛女先晴後風雨虛危日晴見光明逢室壁多風雨交侵奎星天氣晴婁胃有風雨昴畢陽光漸漸分觜參颯颯揚揚下井鬼陰陰天色昏柳星暮捲殘霞日張翼揚雲接地風軫水飄風多細隔俗人看得是仙翁。

占流星

東向西移主來日有雨○東向南移主來日炎火○東向北移主

境內有盜○西向東移主三日內有雨○西向南移主當年水是火傷○西向北移主來日風雨大作○南向東移主旱○南向西移主秋霜行雪○南向北移主來日有霧○北向東移主連日雨不斷○北向西移主水災○北向南移主來日陰而不雨○星碎碎散火而行當年蝗蟲生○星大而帶黑暈行大民災厄○星昏而行江河泛濫。

四季占雨

春甲子雨乘船入市夏甲子雨赤地千里秋甲子雨禾頭生耳冬甲子雨飛雪千里凡甲子日晴則久晴雨則久雨若甲子遇雙日謂之雌甲子雨則不妨○論壬子日春雨人無食夏雨牛無食秋雨魚無食冬雨鳥無食又云春雨壬子秋雨蠶死若甲寅日晴謂之拘得過。諺云壬子是哥哥爭奈甲寅何凡甲申日雨主久雨米貴乙酉日更要緊諺云甲申猶自可乙酉怕殺我。春雨乙卯夏雨丁卯秋雨辛卯冬雨

癸卯皆爲不宜。此四日若雨主多疫。○凡雷雨作于巳午陰生之後者主止
者草木沾之榮茂若作于子丑寅卯之時至午而晴者主有收也

風濤占

日暈則雨月暈則風何方有缺何方有風日沒胭紅非雨即風星光閃爍必定風作海沙雲起謂之風潮名曰颶風大雨相交暴風日暮夜起必大風急雲起愈急必雨雲若車形大主風聲雲下四野如霧如洞名曰風花是有風天水生靛青主有風行海燕成群風雨便臨白肚風作烏肚雨淋海猪亂起風不可已逍遥夜叫風雨即到一聲風二聲雨三聲四聲斷風雨蝦籠得鰻必主風水蛇盤蘆上水漲高若干頭垂立至頭高稍延廿五六若無雨初三四莫行船春有廿四番花信風楝花風打頭蓼花風打尾正月忌七八北風必定發二月忌初二三月忌清明五月忌夏至正月落雲

起箕至百廿日期內必難已欲知彭祖忌六月十二日前後三四宵必不爽此朝七八三日南必有北風過九九當前後三四日內難十月忌初五三四之後前冬至風不寒臘月廿四開

正月占　焦坎在辰　荒蕪在巳　九種稻忌之

元日有雷禾麥皆吉有雪夏秋大旱日出時有紅霞主絲貴天晴爲上西北風主米貴每月初之諺云歲朝東北好種田壬癸亥子之方謂之水門其方風來主水諺云歲朝西北風大雨定妨農之有風主米貴東南及南風皆主旱立春日同占○古卜牛頭色青至春多瘟赤主春多旱黄主歲熟白主多風黑主春多水○東方朔。新春八日占晴爲祥雨爲殃一雞二犬三羊四猪五牛六馬七人八穀是也○正月上旬攤水卜一年之水旱初一日起用一瓦瓶每朝取水秤之重則雨多輕則雨少初一日占正月初二占二

月餘做此○量月影以卜水旱初八晚立一丈竿於平地看月綫合竿影量之隨其短長移于水面就橋坊社或樹柱上記之梅水至則所記之處○初八夜看參星七簇星是也在月西相去丈許以下謂之參得過以上爲大過主大旱在月東謂之參不過主水○上旬干日占歲事甲子豐年丙子旱戊子蝗蟲庚子散壬子水酒潤俱在正月上旬看○元宵晴主一春水少諺云上元無雨多春旱又云風吹上元燈雨打寒食墳○十六日謂之落燈夜晴主高低皆熟東南風水鄉好西北風主旱○二十日晴主秋成○雨水後陰多主少水高下大熟月內雷多主人民不安月蝕栗賤虹見主七月穀貴。

詩曰

歲朝東北好晴田。初八參星月影占。
十六二十風光好。高低歲熟麥豐年。

二月占　焦坎在卯　荒蕪在酉

朔日值驚蟄主蝗蟲值春分主歲歉風雨主米貴○初二爲上工日雨主妨農是朝見水主旱○初八張大帝生日前後必有風雨謂之請客風送客雨東南風謂之上山旗主水西北風謂之下山旗主旱逢壬上天○驚蟄前後有雷謂之發蟄雷聲初起從乾方來主人民災坎方來主水艮方來主米賤震方來主歲稔巽坤方來主蝗蟲離方來主旱兌方來主五金長價一云驚蟄聞雷米似泥○又云未蟄先雷須見水○十二日爲花朝夜裡要晴大抵二月怕夜雨若此夜晴雖雨多不妨○春分雨人有災諺云春分無雨病人稀占風色東主麥賤歲豐西主麥貴南主五月先水後旱北主米貴十五爲勸農日晴和主年豐風雨主歲歉○十九觀音生日晴爲上雨則諸物少收○月內虹見在東主秋米貴在西主蠶

貴。又云：虹見秋成好，雷多主旱。
詩曰　初二天晴泉作典。　初七八日看年成。
花朝此夜晴明好。　何慮連綿夜雨傾。
三月占　焦坎在戌　荒蕪在丑
朔日值清明，主草木榮茂。值穀雨，主年豐，有雷主五穀熟。○初三
日爲上巳，田家無五行，水旱卜蛙声：上晝叫，上鄉熟；下晝叫，下鄉
熟；終日叫，上下皆熟。諺云：雨在石上流，桑葉好喂牛。○清明前一
日爲寒食，荆楚歲時記云：冬至後一百五日，必有疾風甚雨，是日
雨，必有梅雨。彦云：清明無雨旱黄梅。又云：雨打墳頭錢，一年好種
田。○十六爲黄鮎浸種日，西南風主大旱。又主桑葉貴。彦云：三月
十六晒晒晒，桑樹頭上掉人情。○穀雨前一兩朝霜，主大旱。是日
雨，主雨多。○月内有雨，位之桃花水，主梅雨多。虹見，主九月米貴

致富　《卷之三　占候》　十一

有霜主大旱。
詩曰　誰謂田家無五行，　也須水旱卜蛙鳴。
清明插柳篇前雨，　四野農人作賀聲。
四月占　焦坎在未　荒蕪在申
朔日值立夏，主地動。值小滿，主人災，大風雨，主大水，小則小水，蟲
主旱。農家位此日最要緊，不宜有雨。○初八日看陰晴。諺云：四月
初八晴燎燎，高田好張釣。四月初八烏漉禿，不論高低一槩熟。是
夜有雨損小麥。彦云：小麥是個鬼，只怕四月初八夜裏雨。立夏後
夜雨多，多損麥。蕎麥花夜上雨，多花必損也。○十四呂洞賓生日，
晴，主歲稔。○十六日看月上早，主大旱。嘉靖辛酉年日臨于酉而卻見月落上行人日月照
日光水浸床，慨是年五月大水浸田船行田中，而此云大旱，何也？故記之。月上遲而色白者生水。雲黑
有蟹一。一云：四月十六雨飄飄，高鄉擂種鄉撈澇，主旱。又云：四月十

六多雨點，鄉人只把脚來償，主水。○二十日乃小分龍[illegible]分灘
皂，主旱。雨分健皂，主水。東南風分黑皂，主旱。正南風分赤皂，主大
旱。西南風分黄皂，主上下大熟。西北風分白皂，主大水。東北風分
青龍，主小水。○月内日煖夜寒，主少水。諺云：日煖夜寒，東海也乾。
虹見，主米貴。
詩曰　朔雨還栽雨度禾，　初八陰霏禾麥多。
十四十六陰不雨，　農夫齊唱太平歌。
五月占　焦坎在卯　荒蕪在子
朔日值芒種，主六畜災。值夏至，主冬米貴。大風雨，主牛貴，人飢，來
年春米貴。○芒種逢壬是立梅，夏至逢庚出梅。上記云：夏至前芒
種後雨爲黄梅雨。梅裡西南風，主時雨多。諺云：梅裏西南，時裡潭
潭。芒種後半月，位之禁雷天。諺云：梅裏一声雷，時裏一陣雨。立梅

致富　《卷之三　占候》　十二

日雨，謂之迎梅雨，主旱。諺云：雨打梅頭，無水飲牛。一云：雨打梅頭
跛轆哏牛。又云：迎梅一寸，送梅一尺。未知孰是。又云：高田只怕迎
時雨，低田只怕送時雷。若雷，主旱。諺云：梅裏寒，井底乾。○端午日
晴，主水。雨，主絲貴。諺云：端陽晒得蓬頭乾，十片高田九片浮。○夏
至在月初，主水；是日雨，主風水多。諺云：夏至無雲三伏熱。夏至日
雨，其年必豐。諺云：夏至日的雨，一點值千金。夏至前，岸上有蝌蚪，
主大水。諺云：夏至前，蝌上岸；夏至後，水到岸。夏至前晒得田裏小
魚死，主水。若死魚開口，雨即至。○夏至後半月爲三時，頭時三日，
中時五日，三時七日。諺云：時裡一日西南風，准抵黄梅兩日雨。又
云：時裏西南，老鯉奔潭。二說相反。又云：朝西暮東正是旱天公。中
時腰爆，雖潑低田，未時得雷，位之送時，主久晴。諺云：迎梅雨，送時
雷。又云：三時三送，低田白弄。○十三爲白龍生日，當有風雨。○二十

十日為大分龍與小分龍同占彥云二十分龍廿[illegible]秋
便種豆。二十分龍廿一雨。水車閣在弄堂。廿二廿三日雨。位之間
龍雨。一百廿日分龍來。主旱。○冬青花占水旱。冬青花已破黃梅
雨未過。冬青花已開黃梅雨弗來。○月內虹見。主米貴。有霧主水。
諺云。五月裡有迷霧。行船弗要問路。

詩曰

端午晴乾農喜歡。　絕交夏至怕西南。
分龍廿一天如雨　折起車輪向屋懸。

六月占　焦坎在子　荒蕪在辰

朔日值大暑人多病。風雨。主米貴。○六月初三晴。竹篠楷盡枯。○
六月初三一陣雨。夜夜陣頭到立秋。○小暑日雨。位之倒轉黃梅。
主水。東南風及成塊白雲起。主有半月舶棹風。主退水天必亢旱。
○初六日晴。主收乾稻。雨。主有秋水。○伏裏西北風。主秋稻旱。冬

水堅。彥云伏裡西北風。臘月船弗通。月內不熱。五穀不結。虹見主
麥貴。日蝕及有霧俱主旱。彥云六月裏迷霧。要雨直到白露。西南
風主搖拆

詩曰

小暑東南風作旱。　伏天西北蕩水堅。
初三有雨田難稿。　米價平平只一般。

七月占　焦坎在酉　荒蕪在戌

朔日值立秋。或處暑主人多病。立秋日天晴萬物少成熟。小雨吉
大雨傷禾。又云晴主歲稔。二說未知孰準。有雷主晚稻傷損。朝
立秋涼颼颼。夜立秋熱到頭。○處暑內喜雨。諺云秋前無雨水。白
米淋又云。處暑若還天不雨。縱然結實也無收。○七夕西南
金風無粃穀。微雨主五穀成實。○十五日謂之籌竿生日
水稻有雷。謂之打折竿頭撈不成。○十六日雨。謂之沈

飯高主年荒諸十方大利每年四月十六結夏上[illegible]
雲散堂若雨。來年荒歉。必停堂也○月內有蝕。主來年牛馬貴。虹
見。主米貴。彥云。秋前熱。米穀來。秋後熱。米穀去

詩曰

雨落中元水滿田。　定然割稻用籌笟。
月中若有虹呈彩。　米價多增不待言

八月占　焦坎在午　荒蕪在酉

朔日晴主連冬旱。宜姜。暑得雨宜麥。一云月月初一要晴。惟此月
初一要雨。彥云八月初一雖得雨。九月初一難得晴。○白露過水
日有雷鳴。雨為若雨。稻米沾之大粃。蔬菜沾之味若。彥云白露前
是雨。白露後是鬼。稻花見日方吐。其時雨來不及收花。所以多粃。
○十二醮生日。東北風為鹹潮風。主稻粃。有雨亦粃。○十五夜有
雲來。歲元宵無燈。彥云八月十五雲遮月。來歲元宵雨打燈。○十

六夜有月色。萬里無雲。來年大熟。一云十六雲遮月。來年防水沒。
嘉靖三十九年八月十六夜雨[illegible]　[illegible]四十年見然水沒大荒　○秋分日占風色東南風主
歲稔民安東北西北風謂之開粃穀皆主稻粃微雨或陰天最
妙。秋分宜在社前。諺云分後社。穀米遍天下。社後分。穀米上錦墩。
得雨。則米粒圓滿多收。彥云。雨怕秋旱人怕老窮。旱必熱。熱必損
稻○俗傳八月廿四夜。灶君生日。若雨。柴荒米貴。○月內雨多。牛
貴。虹見。米貴。○彥云三庚三卯。高鄉麥好。三卯二庚。麥出低鄉。

詩曰

白露天晴稻似雲。　有時雲氣應秋分
中秋月皎來年熟。　月大終須少菜根

九月占　焦坎在寅　荒蕪在未

朔日值寒露。主寒煖不時。值霜降主多雨。來年饑。歲有風雨。主來
春旱。晏水兩子貴。東風主米麥皆貴。○重陽日晴[illegible]　主元日上。

元清明皆晴雨則皆雨諺云重陽無雨一冬晴是日[illegible]中米年豐歉西北風名范丹口裡風主凶東北風名石崇口裡風主吉○十三為稻羅生日雨則久雨主米貴諺云十三晴不如十四霜十四晴釘靴掛斷繩寒露前後有雷電主次年有水

詩曰

重陽無雨一冬晴　月內雷聲米價增
月內雨天柴定貴　風生東北慶年成

十月占　焦坎在亥　荒蕪在寅

朔日值立冬主有灾異晴則一冬晴雨則一冬雨俗云賣絮婆子看冬朝無風無雨哭號啕東南風為閼倉風主來年夏米貴一云十月初一西北風耀了瓏糠羅冬春○立冬日西北風主來年大熟○一云冬前霜多來年旱稻好冬後霜多晚稻好是日以斗量米若有水綴斗外主來春米貴○十六日為寒婆生日晴則冬暖○小雪日見雪塌米的折一節有雷主疫諺云十月雷路自雨來征

詩曰

月中有霧水連天　雷不收聲疫氣纏
十六天晴冬看暖　貧民好過不須綿

十一月占　焦坎在申　荒蕪在午

朔日值大雪或冬至皆主有灾風雨宜麥○冬至日觀雲子時至平旦觀之若青雲北起主歲稔民安赤雲主旱黑雲主水白雲主灾黃雲大熟無雲主凶占風北風為上南風主穀貴西風主禾熟若東南風及有重霧主水飢者感霧之毒氣則生疫癥西南風主久陰諺云冬至西南百日陰半晴半雨到清明俗云冬前米價長窮人男女到好養冬前米價落窮人家越蕭索○十七彌陀生日西北風米賤○月內雨雪多主冬春米賤有雷主春米貴有霧主來年旱月令云仲冬行夏令主大旱每日有風主來年長少水

詩曰

月中虹見貴魚鹽　雷響來春米長錢
冬旦黑雲多有水　若還有霧主塘乾

十二月占　焦坎在巳　荒蕪在戌

朔日值小寒主有祥瑞東風半日不止主六畜灾風雨主春旱○立春在殘年主冬煖諺云兩春合一冬無被煖烘烘又云立春日暖殺百鳥卵冬至第三戌為臘臘前得雨三番雪謂之臘前三白諺云若要麥見三白又主凍殺蝗蟲子又云臘雪是被春雪是鬼○俗傳廿四夜竈君朝天奏人間善惡事與下家家禱祀黃昏時鄉人束稻草於竿燃火遍走田間名曰照田蠶火色白主水色赤主旱猛烈年豐歲熟截北風為上除夕夜燒盆爆竹與照田蠶看火色同是夜安靜為吉諺云除夜犬不吠新春無疫癘占風東北為上諺云今夜東北來年大熟東南風主來年水大○月內有霧主來年有水一說臘月有霧露無水做酒醋未知孰是雨主來年七月內有水

詩曰

雪落中旬及上旬　農夫拍手盡歡忻
田蠶預卜二盆火　除夜晴明雨水勻

山川地土占

遠山之色清明主晴昏暗主雨○小山不出雲者忽然雲起主非常大雨○地面濕并出水珠如汗主暴雨石礎水流四野雲蒸亦然得西北風解散則無雨○夏月水底生苔主有暴水水作藍青色亦然諺云天公作變水面生靛○水或香氣或腥氣皆主雨水驟至

草木魚鳥占

草屋入背菌生其上可古風雨朝出晴暮出雨○莎草火芋也村人剌其小白嘗之甘主水辣氣主旱○頭芋生子沒殺二芋二芋生一旱殺三芋○桐花初生時赤色主旱白色主水○藕花開之小花魁開在夏前主水○冬青花未破黃梅雨未過冬青花一開黃梅雨便來○扁豆鳳仙五月開花杞夏月開結野薔薇開在立夏前麥花晝放皆主水槐花開一遍糯米長一遍價○鵓浴風鵲浴雨○三月三日田雞上晝叫上鄉熟下晝叫下鄉熟終日叫上下皆熟○八哥兒洗浴斷風雨鳩鳴有還聲者謂之呼婦主晴無還聲謂之逐婦主雨○鵲巢低主水高主旱海燕成羣來主河雨○鸛鳥仰鳴則晴俯鳴則雨○朝雀晴暮雀雨○吃鷄叫主晴俗謂賣蓑衣○夏秋雨陣將至忽有白鷺過不下雨謂之截雨○雞上宿遲喚○母雞負雛而行主雨○圖蹊生野鼠爬池主大水

必到所爬之處乃止○鼠咬稻麥苗主不收○狗爬地主陰雨狗吃青草主晴貓吃青草主雨狗向河邊吃水主水退○六月無蒼蠅其年穀必登○蚯蚓朝出晴暮出雨○北見龍下即雨見黑龍下不雨即雨亦少○魚躍離水面謂之秤水躍高幾許水增幾許

名公詩

題耕織圖　趙子昂

正月以下咏耕

田家重元日置酒會鄰里小大易新衣相戒未明起老翁年已邁含笑弄孫子老嫗惠且慈白髮被兩耳杯盤且羅列飲食致甘旨相呼團欒坐聊慰衰暮齒田硗藉人力糞壤要鋤理新歲不敢閑農事自茲始

二月

東風吹原野地東亦已消早覺農事動荷鋤過田疇星明自上炊烟出林稍土膏脈既起良耜利若刀高低遍翻墾宿草不待燒幼婦頗能家井臼常自操散灰緣舊俗門逕環周遭所冀歲有成殷勤在今朝

三月

良農知土性肥瘠有不同時至萬物生芬芳由地中秉耒向畝畔忽偏西與東舉家往于田勞苦在顓農春雨及時降彼野何濛濛乘茲各布種庶望西成功始制秋實仰天望年豐但使陰陽和自然倉廩充

四月

孟夏土加潤苗生無近遠漫漫冒淺陂芃芃被長阪嘉穀雖已植惡草亦滋蔓君子與小人並處必爲患朝朝荷鋤往薅薅忘疲倦

且隨鳥雀起歸與牛羊晚有婦念將飢過午可無飯一飽不易得念此獨長嘆

五月

仲夏苦雨乾二麥先後熟南風吹隴畝息氣散清淑是爲農夫慶所望實其腹酤酒醉比鄰語笑聲滿屋紛然收穫罷高廩起相屬有周成王業后稷播百穀皇天貽來牟長世自茲卜願言仍歲稔四海盡蒙福

六月

當晝耘水田農夫亦良苦赤日背欲裂白汗灑如雨匍匐行水中泥淖及腰膂新苗抽利劍割膚何痛楚夫耘婦當饁奔走及亭午無時暫休息不得避炎暑誰憐萬民食粒粒非易取願陳知稼穡無逸傳自古

七月

大暑既西流凉風日淒厲古人重稼穡力田在三匠擗郊行省農事禾黍何旆旆穫以他山石玉粒使人愛大祀須粢盛一一稽古制是爲五穀長與彼稊與稗炊之看山泉可用享上帝豈惟足食人一飽有所待

八月

白露下百草華葉日紛委是時禾黍登充積徧都鄙在郊既千庾入邑復萬軌人言田家樂此樂誰可比租賦已輸官所餘足儲峙不然風雪至滿餒及妻子愛護芽壁下庶可以卒歲太平元有象治世乃如此

九月

大宋鏡來迄何啻百室盈復入力多春磨常不停激水轉大論致富禮儀亦易成古人有饞用之可厚生朝出運百車暮入還滿庭勿論設多少必假布簽情人姓爭利晝夜心營營君子貴知足知足萬慮輕

十月

孟冬農事畢穀粟既已藏補葺四壁空禾稭亦在場朝廷政方理庶事亦陰陽所以須歲登不憂旱與蝗置酒燕鄉里尊老列上行肴羞不厭多庶羞復烹羊歡飲窮日夕爲樂殊未央禱天祝聖人萬年長壽昌

十一月

農家值豐年樂事日熙熙黍可釀酒在牢羊豕肥東鄰有一女西鄰有一兒兒年十五六女大亦可笄財禮不求備多少取隨宜冬前與冬後婚嫁利此時但願子孫多門戶可扶持女當力蠶

男當力耘耔

十二月

一日不力作一日食不足慘淡歲云暮風雪入破屋老農氣力衰傴僂腰背曲索綯民事急晝夜互相續飯牛欲牛肥裝畚亦須蓄塞向墐窮彌步挽車致百斛農家極勞苦歲豈恒稔熟能知稼穡艱天下自蒙福

正月以下蠶織

正月新獻歲最先理農器女工並時興蠶室臨坍治初陽力未勝早春尚寒氣窗戶當與密分使風雨至田疇耕耨動敢不修耒耜經冬牛力弱相戒勤飯飼萬事非預備倉卒恐不易田家亦良苦舍此復何計

二月

仲春凍初解陽氣方滿盈旭日照原野萬物皆欣榮是時可種桑插地易抽萌列樹徧阡陌東西各縱橫豈惟目前計采葉桿遠行大哉皇元化四海無交兵種桑日已廣彌望綠雲平匪惟錦綺謀祇以厚民生

三月

三月蠶始生纖細如牛毛婉孌閨中女素手握金刀切葉以飼之擁紙散周遭庭樹鳴黃鳥發聲和且嬌蠶飢當采桑何暇事游遨田時人力少丈夫方種苗相將挽長條盈筐不辭勞數口望無寒敢辭終歲勞

四月

四月夏氣清蠶大已屬眠高首蹇馬昂蛾眉復嬋娟不憂桑葉少徧野如綠烟相呼攜筐去迢遞立遠阡梯空伐條枚葉上露未乾

蠶飢當早歸秉心靜以專飭躬修婦事勉當盛年慇作苦女伴笑語方呀然

五月

五月夏已半谷鶯先弄晨老蠶成雪繭吐絲亂紛紜伐葦作薄曲束縛齊榛榛黃者黃如金白者白如銀爛然滿筐筥交此顏色新欣欣舉家喜稍慰經時勤有客過相問笑聲聞四鄰論功何所歸再拜謝蠶神

六月

釜下燒桑柴取繭投釜中纖纖兒女手抽絲疾如風田家五六月綠樹陰相蒙中閨繅車響遠接村西東旬日可經絹弗憂杼軸空婦人能蠶桑家道當不窮更望時雨足二麥亦稍豐沽酒及時飲醉倒婦與翁

致富　卷之三　詩　三

七月

七月暑氣熾長日弄機杼頭蓬不暇梳揮手汗如雨嚶嚶時鳥鳴灼灼紅榴吐何心娛耳目徒來忘傴僂織爲機中素老幼要紉補青燈照夜梭蟋蟀窗外語辛苦亦何有身體衣無縷嫁爲田舍婦終歲服勞苦

八月

池水何洋洋漚麻水中央數日麻可取引絲兩手長織絹能幾時織布已復忙依依小兒女歲晚嘆無裳布襦不掩脛念之熱中腸朝絹滿一筐暮絹滿一筐有看機中布計日漸可量我衣苟已成不憂天降霜

九月

季秋霜露降凜凜寒氣生是月當授衣有布織未成天寒催刀尺寒不可無裳女學勤紡織舉足疾且輕令爾與兒時學刀尺工君不見都富豪家華屋將婢兒被服綾羅綺五色相照明聰說□□何如當勤情

十月

豐年禾黍登農心稍逸樂小兒漸長大終歲苟飽暖目不識一字甘令心作惡東鄰方迎師收拾令入學後月日南至相賀仍備餚爲女裁新衣修短巧量度嫁于事家向熊禁托處人生真可嘆至老長力作

十一月

冬至陽來復草木潛滋萌君子重其然吾道自此亨父母坐堂上子孫列前榮再拜稱上壽所願百福并人生屬明時四海方太平民無札瘥者康濟繫情衣食苟給足禮義自此生願言與學校

致富　卷之三　詩　三

庶幾教化成

十二月

忽忽歲將盡人事可稍休寒風吹桑林日夕聲颼颼牆南地不凍墾闢爲坑溝斫桑埋其中明年芽早抽是月昔猶獲自古相傳流雁出易脫殼絲纖亦倍收及時不努力知有來歲否手懶不足惜異兒號寒憂

田閑即事

入水無含沙入田無猛虎司馬不徵兵丁口罷編戶中河不飛蝗尺寸皆完土版圖雖下下版譜自中古耕鑿賀于家歌哭同一鄉少小勝握筆老人畏官府有田盡地力果茁已安樂未敢闕供賦庶幾近婦節

共二

斷際心難曉妙訣卧卧房避傑五化上九遊世果無闕卧衲數十載
黄花三四寸見真不論卷熟睡不論蚯蚓腹笑習太識時作危論

其三

樹老常傳年屋老難踏鳥入門恐伺欲客至俱宿草薄酒三二盃丹
取時不取尖笑指東隣花桃李日果果此是何所吹來故人好

其四

五月天地昏水滿河横溢桔槔欲夜臨追逐行及處處有出雨
雲族不待冠帶躬勤踏忽生理已盡蠶乳飛出飛喘摸龍發及
摘底掛甚無頭對錢其四滿果三鍾歸指自得了

其五

田家多比鄰不設屋與隣闇頭百雜花縱横自成圃更問子與孫
也問族與居族去猶退刷相邀祭田祖子孫無姓石但鳴年益數

致富　卷之三　詩賦

疲疲麥上收麥枯稱稻果夜坐甘偶人新苗又何為若天亦太難
今免斷氏前

其六

買山先種松買地先種柳豆者無齊唐大者已分脉穿地市滿池
秋日壞數畝落穀不苦飢歲檢齋餘酒父老言此中戶口初八九
年來漸成聚皆無今日有翁何遠近飛兔掩兒子百再填鳴對
婦者貧及西氣鋪益偶然得若散花手

其七

切肉不用正斷葱不用寸炊酒不用麯醅飲不用尊滿亦何所當
蔡亦何所恨最苦健倖肥再肯論貴　有子孫多食人安思飽
散髮親物間京風所煩鬭

其八

揮箭炎鄉或種魚鵝水深魚行不疑花落冰日淨山徑而今可耳
垂柳復森森其上有黄鳥其中張素琴素琴且莫彈黄鳥好音
交交未終聽曳響入東琴

其九

舊葉辭故柯新霜射殘月田車逞怪場徐錢計無闕呼兒關雨澗
所樹傳危於獨步行林取上塵相背小者有為大闕取非越
三復原入章如愚保濁愛

其十

入林何必密入山何必深受屋兩三區四顧垂清陰耕稼既已便
來泝痛足任贖家閑處蟋蟀落孫丘麥中有荷篠叟傴僂髮未整
野逸無戚寬寒拙能謳吟沈者不羨飛飛者不顧沈萬類各有適
愛物皆同心俄嗟白水大遺恨到於今

致富　卷之三　詩賦

康太和四時田園雜興

春

前村水綠後山青主伯驅牛載鋤耕日日農忙還飽餐不知明月
是清明。○含苞朱蕊門掩柴荒村不見賈人來春田水滿須農婁
好游青錢簇蝶○月暖風和淑氣催桃花含笑向人開女兒鬬
爨逐嬉戲折得花枝插鬢來。○春日踏青發上翅露滋芳草甫肥
梅田苗秀山雲成陣村醒新霧飛作孟

夏

鋤禾當午汗成漿水向風來粳稻香跣足裸身猶苦熱濯池臨髮
快生涼。○織絹初成復絹忘盡輪租稅入公家室餘田畔二三地
學種東陵五色瓜。○炎輪西降水東流浪暖波平滿灣溝山前務
閑生事定老農發趣起料理。○年兩年晴變漁海條陰樹底鷗來

幾三杯酒盡眠芳草又五日賞遊煙嶺

秋

西北陰濃雨那頭好風吹散晚晴留連枷打穀忙如節一日看雲
十二時○日照湖光掌樣平秋朝未可定陰晴猶聞里正催租急
長夜寥寥坐到明○禾稼黃時四野底沙鷗汀鷺晚飛飛築場有
暇聊娛目笑看兒童學打鬮○歲時行樂在田家畏道殘生亦有
涯猶日當空場事畢甕開綠酒對黃花

冬

索綯當夜督子茅簷屋寒聲正緊家何處朱門豪貴客紅爐煖閣
坐吹簫○夜叩柴門租吏催不聞恩詔自天來殘冬欲盡寬期限
沽酒市魚醉一迴○野人放鶴自開籠栗烈寒飄雪入櫳藉草爐
煙眠正穩起看東海日初紅○嫩葉香芽雪裡烹烹冰吐霜勝酒

致富　卷之三　詩賦　丟

釀田家自有清風味不羨膏粱卒歲供

虞淳熙勸農二律

冀八州衙與縣衙勸君勤墾舊生涯池塘多放鰱添稅田地深耕
足養家教子教孫須教讀栽桑栽柘勝栽花閒非閒事都休管渴
飲清泉困飲茶

花事紛紛春欲酣杖藜隨步過村斜田翁開野徑新播溪女分流
洛種秧稗犬吠人依竅樹鬧鳥照影立晴灘偶逢江客傳鄉信歸
臥楓堂菱石舫

湧翠亭記　白玉蟾

藕翁逸人品藻山水平章風月皆曰江南山水窟江西風月窟嘉
定戊寅瓊山白玉蟾攜劍過玉隆訪富川道紹武城雙鳧凌風一
鶴披月憩武城之西望大江之東撫劍而長吁覷天而長嘯環武

城皆山也君岩樂聳青松白石寒猿叫樹古澗生風峭壁數層斷
岩千尺巖然如無天之鷄嵷然如罩烟之龍者柳山也白鼎紅蓼
紫竹蒼沙魚浮碧波鷗臥素月琉璃萬頃舳艫千艘杳然如霞錦
之帆湛然如湘娥之縠者修江也山之下而江之上而亭亭曰
湧翠蓋取東坡山爲翠浪湧之句覩其風物披其景象如章貢之
鬱孤臺如潯陽之琵琶亭者湧翠亭也飛簷聳天倒影醮水天光
水色上下如鏡烟柳雲絲高低帘幕綺窗漏蟾朱簷蛟雨華椽躍
鳳鱗九鋪鸑四榻無塵一開如畫玉闌截勝銀海凝青鷗鷺不驚
魚鳥自樂適其酒量任其詩懷者亭中人也若夫風開柳眼露浥
桃腮黃鸝呼春青鳥送雨海棠嫩紫芍藥嫣紅宜其春也碧荷鑄
錢綠柳繅絲龍孫脫殼鳩婦喚晴雨襞黃梅日蒸綠李宜其夏也
槐陰未斷信雁初來秋英無言曉露欲結蓐收避席青女辦裝宜

致富　卷之三　詩賦　夫

其秋也杜子風高蘆花月老霜毛碧瘦山骨蒼寒千岩見梅一雪
欲膽宜其冬也復何所宜哉朝陽東昇萬山青紅夕鳥南飛羣木
紫翠桐花落盡柏子燒殘閒中日長靜裏天大漁舟唱晚樵笛驚
霞有時而琴胸中猿啼指下泉愁有時而碁劉嫁玉聲縱橫星點
有時而書春蚓入草暮雁歸蘆有時而畫溪山改觀草木生春以
此清興以此清幽收拾酒生涯摧歸詩世界蓋有得于斯亭而不
知有身世矣山光浩蕩江勢澎湃松聲如濤月華如水螢火萬點
俯仰浮光禽鳥一聲前後應和飛青舞碧凝紫流蒼於是而曰湧
翠藹湧不盡是名無窮挽回亭前酌以玄酒招人酒裏咏入新詩
名公鉅儒鱗瑚疊副縣板如柳囀韻如霜前者唱後者和亦莫聲
其極也最是春雪浮坐高下玉樹夜月浸水表裏水壺漁歌斷處
碧沚浮大帆影落時綠蕪一片苹蒲蕭瑟舟楫往來樂自無窮也

胥亭者誰李亞天桐一日桐城譚元振上清黃日新與余抱琴而憩其下風吹雁秧人詠水仙槃薄數篇酣醐百觴月影在池馬樸候門援筆不思聽迷山水風月之滋味耳如此味者然後可以觴詠于斯亭主人曰然乎亦酩酊明日追思其事如電沫人生如雲萍蓬萊在何處黃鶴杳不來抱琴援劍復起舞于斯亭之上神霄散吏書

梅花賦 宋璟

垂拱三年余春秋二十有五戰藝再北隨從父之東川授館舍時病連月顧瞻圯墻有梅一本敷葩于榛莽中喟然嘆曰斯梅托非其所出群之姿何以別乎若其貞心不改是則可取也已感而成興遂作賦曰高齋寥閴歲晏山深景翳翳以斜度風悄悄以亂吟坐窮檐以無朋命一觴而孤斟步前除以躑躅倚藜杖于墻陰蔚有寒梅誰其封殖未臘而先花發青枝于宿幹擢秀敷榮冰玉一色胡雜深于眾草沒于叢棘匪王孫之見知羌潔白其何極若夫瓊英綴雪絳萼霜儼如傅粉是謂何郎清馨潛襲疎蕊暗臭又如竊香是謂韓壽凍風晚濕飄露朝滋又如英皇泣于九疑愛日烘晴明蟾照夜又如神人來自姑射烟晦晨昏陰雲晝閉又如通德掩袖擁髻狂飆捲沙飄素擁咽又如綠珠輕身墜樓半含半開非默非言溫伯雪子目擊道存或俯或仰匪笑匪顰若東鄰之子正容多態或憔悴若靈均或歆傲若曼倩或嫵媚如文君或輕盈若飛燕口吻雌黃擬議難遍彼其藝蘭兮九畹采蕙兮五柞緣之以芙蓉贈之以芍藥玩小山之叢桂掇芳洲之杜若是皆出于地產之奇名著于風人之托然而艷于春者望秋先零盛于夏者未冬已萎或朝華而莫謝或夕秀而遽衰曷若茲卉歲寒特妍

冰凝霜沍寔美專權相彼百花孰敢爭先鶯語猶澀蜂房未喧獨步早春自全其天至若棲遲隱深寓形幽絕恥隣市廛甘遯巖穴江僕射之孤燈向寂不怨棲遲陶淵明之三徑投閒曾無情結諒不移于本性方可儷乎君子之節聊染翰以寄懷用垂示于來哲

戲題愛菜詞 唐伯虎

我愛菜我愛菜傲珍饈欺鼎鼐多吃也無妨少吃也無奈商山芝也在西山薇也在可惜顏子蔬有菜不肯賣顏子居陋巷孔子厄陳蔡飲水與絕糧無菜也自耐菜之味兮不可輕人無此味將何得士知此味事業成農知此味倉廩盈技知此味藝業精商知此味貨利增但願人人知此味此味安能別蒼生我愛菜人愛肉肉多不入賢人腹廚中有碗黃虀粥三生自有清閑福

清平樂詞

有兒事足一把茅遮屋若使薄田耕不熟添個新生黃犢閒來也教兒孫讀書不爲功名種竹澆花釀酒世家閉戶先生

減字浣溪沙 前人

梓樹花香月半明棹歌歸去蟪蛄鳴曲曲柳灣茅屋矮掛魚罾晃指吾廬何處是一池荷葉小橋橫燈火紙窗修竹裏讀書聲

臨江仙調 前人

姚巒北山松樹下石根結個巖阿巧藏精舍恰無多尚餘簷隙地種竹與栽梧高臥不須愁客至客來野簌山蔬一瓢濁酒儘能活絲將呼鶴舞醉後倩僧扶

山居自樂詞

背水臨山門在松陰裏草屋數間而已土泥墻聰糊紙曲床木凡回而攤書史若問主人誰姓灌園者陳仲子○不彩不履短髮蓬

雙耳攜得釣竿筐背九寸鱸三鯉、菱香酒美醉酣笑談底今宵
兒童大笑喚先生看月起

又

紅蓮米紫蓴羹飯後摩腹東村行村中有古寺松竹多縱橫與僧
傳來鐘磬忽秋聲網三魚射三鶯殺既啤酒復清泉菱剝藕供
先生不移復不震無姓亦無名卻此真率味休傳到市城來

桃源山漁歌

七十二峯震澤中有一峯名馬跡云是神龍神馬經、四蹄石上
加雕畫西青岸畔畫桃花暖風遲日蒸紅霞柴門流水自村塢幽
花籠晝春長嘉行行兩間相咫尺大月風吹楊柳陌千古猶傳避
秦宮鴦諸往事空陳跡誰家種竹滿塢深窗留書日常陰杏行人
過此消塵慮行邊唯聽鳴溜以長橋幽水村塢小茅屋人家往來

少繚陰黃鳥啼一聲落花滿地無人掃亭亭午日正昏炘方塘水
淺犢牛眠禾黍高低家富足百年漆水遺風傳日隨西岩村欲暮
殘紅返照林間樹鶴頭肩樵子歸去來山路雲深不知處越王敗鍼
城已覆故城知是何年築夜深人有讀書聲月上女墻猶未宿樹
西山山流芳泉汴濱月前漁人贈魚艇朝來争作市酒家門巷高
帘懸蓬坑寂寂村無主歎落花落閑亭千山瀑流水澗東西茅屋
藏春春幾許層次一派清泉分各崖白石波浤浤臨流艳完坐綠
月知是當年誰隱君若竹叢深橫古渡渡頭芳草迷烟霧魚龍噴
沫水雲腥十里風帆送朝暮東谷盡處是鈕琦村深地僻行人稀
日長無事門半掩白鶴不飛水滿溪月崖翠壁千仞渺瑤草琪花
四時好山中別是一乾坤尋真何必蓬萊島

漁樵問答歌　唐伯虎

漁翁舟泊東海邊樵夫家住西山裏兩人活計山水中東西路隔
萬千里忽然一日來相逢滿頭短髮皆蓬松盤桓坐到日卓午互
相說話情何濃一云深山有大水中有猛獸喚人兩不如平闊采
短薪無慮無憂更無辱一云江水有巨鱗滔天波浪驚殺人不如
蘆花水清淺波濤不作無恐心吾今與汝要知止凡事中間要離
婷生意宜從隱處求莫入高山與深水

山居吟　眉公

樹居好樹居好竹籬茅舍清溪遶山深地僻無塵埃幽居靜日無
啼鳥有聲聞農事皆負耒乘早趁天曉攜籃江上買鮮魚桂子
庄前繁箆路豬鵝鴨與牛羊晚來園中鬧炒炒春垂楊夏蔭亭
冬白楊秋爺蓼不須圖畫與良工横影四時光景好嶙翁沽酒類
相邀老死漁樵沉醉倒不思炮鳳與烹龍淡飯黃虀充一飽堂上

白髮壽高堂兒兒孫賢膝男婚女嫁不出村步步相隨直到
老桃源洞假神仙何須更覓蓬萊島莫非叢裏休去鑽名利窮
中自要計較兒孫休弄巧廣栽麻多種棗衣食足而禮義生饑寒
至日生奸狡古及今皆稽考事敗者多成者少堪嘆韓彭不見機
惟有范張歸去早窮下凡篇樹居吟推崇風光真可羨人來問我
甚生涯卻世世傳家寶

田家樂　沈石田

田家快樂沒愛愁門前稻子香成樓主人遇客先呼酒童僕逢人
復可留雨落兒童拖木屐晴乾嫂子帶烏兜有時一曲繼堪聽月
子彎彎照幾州田家快樂沒嗟吁數椽茅屋儘安居春養花蠶夏
衣服夏日焚香簡佛書秋養萵蘆肥豕冬春白米有剩餘肌女
歡招東客酒山肴野簌也相宜田家快樂真不俗沉醉高歌自樂

叟門前鷄犬亂紛紛地上桑麻花碌碌父慈子孝兩心寬兄友弟
恭如手足日高丈五睡正濃古漸人間天上臨我見黎農兩三八
咨背勾肩嬉笑行山歌拍手更相和傍花隨柳過前村我見黎農
快活因自說村居不厭貧自有家邊田數畝不用低頭俯仰人雖
無柏葉珍珠酒也有清醪三五斗雖無豬羊大常肴也有魚蝦供
素口雖無龍眼與荔枝也有荸薺共菱藕雖無異味奴朶蔬也有
燒菜共醃齏雖無歌唱美女娘也有村婦伴相守雖無錢米來積
蓄不少飯分不少粥蘸鹽鹹似肉樂有餘自知足不能琴地彈
行孝也爽心不能棋五花大直慢能移不能書牛契田由寫有餘
不能畫日念佛圖滿壁掛花朝節年年賞花不曾缺花前不放酒
杯歌風雨時唱歌酌酒掩柴扉牧童騎犢過村西風生箬笠橫笛
韻月明夜皓彩螢蟲光影射有肴無酒鄰家借雪落天江上漁翁

致富　　卷之三　詩賦　　圭

罷爲遊地無根酒坐園劉片片飛來不覺寒回時快活容易過饑
來喫餘肉來眠來自春酒自釀新棉花織大布對菜蹲蝕似肉香
炒豆鬆甜見叫眠有時車田要水捕鳥竹鄉魚大小有軟骨鮮甜
眞個肥常似數魚共石首桂花鮓爐葫蘆燒莧菜補落蘇蜆子清
湯煮淡蘿蔔花細粟麥田鵝鶏比爐羊與爐肉時常也得口頭肥
自說村居無限好自有田段種瓜黃自種槐花染轆黃自種紅花
染紅顔自有菜油能照讀自有麥豆能羅醬自有山園種細茶不
用城斤與擁雨鄰家遊說家務不願小小貧不願大大富船大小
儘可渡牛自有不用催且吃葷莫吃素蕃脚雞鍋裏炮添些醋用
些醋買斤肉細切剁爛芋艿煎豆腐沉沉吃到日將暮深缸湯歇
草鋪且留一宿到明朝這般快活恒千古

題莊伯字焉　陳枚鐙

故八秦嶺山中住狗吠鷄鳴萬家聚畫圖畑景彷彿同索我新詩
寫幽趣我憐此山如削玉波光平浸嵐光綠勢如萃騎争後先
一峯欲斷一峯續樓臺掩映湖水邊簾月長松澗有泉亞筆絶勝
嚴陵灘載酒頻來賀二船君家結商山之趾究學爲農又爲上枕
風承黍春桑麻自書琴桐後經史客來不肯開軒忘箇觴不用呼
紅粉雲鬟對面列屏幃松濤與鳥鳴笙簧恣嗅暇日訓兒郎華饌
經營無不預興來隨意坐易者一盃酣醉倒鮮衣無官鐵身忘竈
屏有了承家萬事足水分可鑿山可爨田可耕分書可讀有時放
歌出柳洛買得鮮鱗就谿煮白鷺飛去水如天黃鳥鳴時花似雨
當年訪君會倫寫一別於今幾春夏莫毛變盡鏡中霜不見湖山
見圖畫我回親老先歸田君未盡望外引手卜隣倘許營屋共
綠青山綠水綠

致富　　卷之三　詩賦　　圭

題畫　唐伯虎

水色山光明几上。蛙聲竹影夢窗前。蕉香紉坐渾無事自與詩書
結靜緣

山隱幽居草木深鳥啼花落岸沉沉行人莫厭多迷路不是青樓
何處尋

風花雪月四闋　唐伯虎

詠風

風嫋嫋風嫋嫋冬嶺秀孤松春郊播嫩草收雲月色明捲霧天光
早清秋暗送桂香來極夏頻將炎氣掃風嫋嫋野花亂落令人老

詠花

花艷艷花艷艷妖嬈巧似錦鎖碎渾如剪露凝色更鮮風送香常
遠一枝獨秀當庭萬朵爭妍含笑倚欄花艷艷上林富貴真堪羨

詠雪

雪飄飄、雪飄飄、翠玉對梅夢青、幽壓竹稍。酒空。飛絮浪積、檻聳銀橋。千山渾駭鋪鉛粉、萬木依稀樹素袍。雪飄飄、長途遊子恨迢遙。

詠月

月娟娟、月娟娟、乍缺鈎橫。野方圓鏡掛天、斜移花影亂、低映水紋連。詩人舉盞搜佳句、美女推窗遲夜眠。月娟娟、清光千古照無邊。

白樂天云、僕去年秋始遊廬山、到東西二林間香爐峯下、見雲水泉石勝絕、愛不能捨。因置草堂、堂前喬松十數株、修竹千餘竿、青蘿為墻垣、白石為橋道、流水周於舍下、飛泉落于簷間、紅榴白蓮羅生池砌、每一獨往、動彌旬日、平生所好盡在其中、不惟忘歸、可以終老。

羅景倫曰、余家深山之中、當春夏之交、蒼蘚盈堦、落花滿徑、門無剝啄、松影參差、禽聲上下。午睡初足、旋汲山泉、拾松枝、煮苦茗啜之。隨意讀周易、國風、左氏傳、離騷、太史公書及陶杜詩、韓蘇文數篇。從容步山徑、撫松竹、與麛犢共偃息于長林豐草間。坐弄流泉、漱齒濯足。既歸竹窗下、則山妻稚子、作筍蕨、供麥飯、欣然一飽。弄筆窗間、隨大小作十數字、展所藏法帖、墨跡、畫卷縱觀之。興到則吟小詩、或草玉露一兩段。再烹苦茗一杯、出步溪邊、邂逅園翁溪友、問桑麻、說秔稻、量晴較雨、探節數時、相與劇談一餉。歸而倚杖柴門之下、則夕陽在山、紫綠萬狀、變幻頃刻、恍可入目。牛背笛聲、兩兩歸來、而月印前溪矣。

屠赤水曰、蓬戶掩兮三逕荒、青苔滿兮履綦絕。園種邵平之瓜、門栽先生之柳。曉起呼童子開山、桃落乎辛夷開、乃手甕灌花、除去蟲絲蛛網。時不巾不履、坐北窗、披涼風、焚好香、烹苦茗、忽見異鳥來鳴樹間。小倦、竹床藤枕、一覺美睡、蕭然無夢。門數亦不離竹塢花塢之旁。醒而起、徐行數十步、則霞光零亂、月在高梧。妻孥來告話朝厨中無米矣、而答之、明日之事有明日在、且無負梧桐月色也。婦亦頗領此意、相對怡然。

夢溪筆談曰、生民之本、要當稼穡而食、桑麻以衣、蔬菓取給于園場、雞豚取給于畊圃、棟宇器械材蘇取給于山林、是閉門而養生之具已足、優游卒歲、可免饑寒矣。

言志書曰、閒闊有優游之樂、朝廷多榮寵之憂、豈如知足知止、蕭然無累。北山之北、棄絕人間、南山之南、超踰世網、而修原而帶流水、倚郊甸而枕平皐、巢園在後、開窓以臨蔬圃、居前坐簷而看灌。畛二頃以供饘粥、鉏地十畝以給絲麻、侍兒可充紝織、家僮足代耕耘、沽酪牧羊、畜雞種黍、烹羔豚而介春酒、迎伏臘而俟歲時。田畯相過、劇談稼穡、斯亦足矣。

黃山谷曰、僦居城南、雖小屋而完潔、舍後亦有三二畝閒地、畦蔬植菓、亦有飯後逍遙之致。

眉公云、予不能卜居名山、祇于崗阜迴複及林水幽翳處、闢地數畝、築室數楹、插槿作籬、編茅為亭、以一畝蔭竹樹、一畝栽花菓、二畝種瓜菜。四壁清曠、空諸所有、畜山僮灌園薙草、置二三胡床著亭下、挾書硯以伴孤寂、携琴奕以遲良友、凌晨杖策、抵暮言旋、此亦可以娛老矣。

蘇東坡云、吾借王參軍地種菜、不及半畝、而吾與子過終年飽菜。夜半飲醉、無以解酒、擷菜煮之、味含土膏、氣飽霜露、雖梁肉不能及也。

蘇舜欽云、此雖與兄弟相遠、而伏臘稍足、居室清寬、耳目清曠、不設机榻三商而坻高森而起淨院明窗之下羅列圖史琴樽以自愉悅興至則汎小舟出盤閶二門矚覽古于江山之間諸家野釀足以消憂蓴鱸稻蟹足以適口又多高僧隱君子相游從共樂家有園林珍花奇石曲沼高臺魚鳥流連不覺日暮

屠長卿云予宅西半畝園壘一池如掌大池中多栽芙蕖繞堤雜藝薔薇香藤蔓延於架小樓一閣中僅可坐四人安一几一爐四面闢窗東望鍾山雲峯西眺夕景峰陰上臨高城飛觀下走長江巨波四顧眺視俱詣其中薰風南來冷然飄爽于金碧黃庭明論數過帝座非蓬萊宮闕觚稜肩不小六合爾臨

白香山池上篇云十畝之宅五畝之園有水一池有竹千竿勿謂土狹勿謂地偏足以容膝足以息肩有堂有庭有橋有船有書有酒有歌有絃有叟在中白鬚飄然識分知足外無求焉如鳥擇木姑務巢安如蛙居坎不知海寬靈鶴怪石紫菱白蓮皆我所好盡在吾前時飲一杯或吟一篇妻孥熙熙雞犬閑閑優哉游哉吾將終老乎其間

王無功云弊居南渚將來北山兄弟以俗外相期鄉閭以狂生見待歌去來之作不覺情親詠招隱之詩惟憂句盡羅含宅內自有幽蘭數叢孫楚庭前無空對長松一樹

釋如曉云予幻寄山庵庵有竹門有松砌有閑花庭有怪石墻角有梅籬落有菊中有蒲團旁有瓶爐行則隨行臥則隨臥額之曰閒閒處更歌之曰祗有白雲閑不得時時出沒萬峯頭

吳國倫云溪山主人之還大叶氣色有陶亮桃菊之園而三徑不如其荒有杜甫壽春之酒而春衣不如其典食甘寢寧不復欲言天下事

紅潤凝脂花上露過微雨翠勻淺黛柳邊煙拂輕風問熱恐遲茗有新芽呼童煮茶門前好客元生此時情致何如也

陸龜蒙茶具十詠

茶塢

名地曲隈回野行多繚繞向陽就中密背澗差還少茶盤雲髻慢亂簇香篝小何處如幽期滿岩春露曉

茶人

天賦識靈草自然鍾野姿閑來北山下自與野老期雨後探芳去雲間幽路危惟應報春鳥得共斯人知

茶筍

所孕和氣深時抽玉苕短輕烟漸結花嫩蘂初成管尋來青靄曙欲去紅雲暖秀色自難逢傾筐不曾滿

茶籝

金刀劈翠筠織以波文斜製作自野老携持伴山娃昨日鬪烟粒今朝貯綠華爭歌調笑曲日暮方還家

茶舍

旋取山上材架為山下屋門因水勢斜壁任岩隈曲朝隨鳥俱散暮與雲同宿不憚採掇勞祗憂官未足

茶竈

無突抱輕嵐有烟映初旭盈鍋玉泉沸滿甑雲芽熟奇香襲春桂嫩色凌秋菊煬者若吾徒年年看不足

茶焙

左右擣凝膏朝昏布烟縷方圓隨樣拍次第 層取山謠縱高下火候還文武見說焙前人時時炙花脯

茶鼎

新泉氣味良，古鐵形狀醜。那堪風雪夜，更値烟霞友。曾過[illegible]石下，又住清溪口。且共薦皋盧，何勞傾斗酒。

茶甌

昔人謝塸埞，徒爲妍詞飾。豈如圭璧姿，又有烟嵐色。光參筠席上，韻雜金罍側。直使于闐君，從來未曾識。

煮茶

閒來松間坐，看煮松上雪。時于浪花裏，併下藍英末。傾餘精爽健，忽似氛埃滅。不合別觀書，但宜窺玉札。

唐伯虎姑蘇八景詩

天平山

天平之山何其高，巖巖突兀凌青霄。風迴松壑烟濤綠，飛泉激石[illegible]。[illegible]茶[illegible]東家[illegible]相[illegible]立，范公祠前秋夕暉。盤[illegible]

姑蘇臺

高臺築近[illegible]，千年不改姑蘇名。[illegible]盈結[illegible]，面面青山如畫屏。[illegible]稱絕色，誰知一笑傾人國。可憐遺址但荒坵，[illegible]林落日寒[illegible]鴉。

百花洲

昔傳洲上百花開，吳王遊樂花承來落。紅雨點點泛流碧，歌喉舞袖相參和。王孫一去春無主，望帝春心歸杜宇。啼向空山不忍聞，凄凄芳草迷烟雨。

浣花塢

花開爛熳滿村塢，風烟酷似桃源古。千林映日鶯亂啼，萬樹圍春燕雙舞。青山寥絕無烟埃，劉郎一去不回來。此中應有[illegible]，何須遠去尋天台。

響屧廊

麋花漫道當年甚，舉目荒涼秋色黯。寶琴已斷鳳凰吟，碧井空留麋鹿飲。響屧長廊故幾間，於今惟見草斑斑。山頭只有舊時月，曾照吳王西子顏。

寒山寺

金閶門外楓橋路，萬家月色迷烟霧。譙閣更殘角韻悲，客船夜半鐘聲度。樹色高低混有無，山光遠近成模糊。霜華滿天人怯冷，江城欲曙聞啼烏。

長洲苑

長洲苑內饒春色，[illegible]光尋如濕銀攢玉。[illegible]春臺多少道人[illegible]，此中集蒲暮山池。風日和，燕[illegible]鶯嘲歌。[illegible]年[illegible]事空陳迹，至今遺恨流滄波。

洞庭湖

其區浩蕩波無極，萬頃湖光淨凝碧。青山點點望中微，寒空倒浸連天白。鴟夷一去經千年，至今高韻人猶傳。吳越興亡付流水，空留月照洞庭船。

致富全書卷肆

重訂增補陶朱公致富全書卷之四

鍾山石巖逸叟增定

草莽流風農而兼士耕耨之餘涉獵經史有典有則歷歷可指

集論攷

一年氣候歌二十四氣七十二候

【春】立春正月春氣動東風能解凍蟄蟲始振魚涉負冰

初歲過半月交得雨水後獺祭魚時隨應候雁時催也北鄉那

堪草木萌芽透驚蟄二月節氣浮桃始開花放樹頭鶬鶊鳴動無

休歇鷹得期鷹化作鳩

【分】春色平分總一半向時玄鳥重相見雷乃發聲天際頭閃閃雲間

始見電芳菲三月節清明梧桐枝上始含英田鼠化駕人不覺虹

橋始見雨初晴三月中時交穀雨萍始生遍間洲渚鳴鳩自拂其

羽毛戴勝降於桑樹鳴

【夏】立夏四月節相爭知他螻蟈為誰鳴無端蚯蚓縱橫出有意王瓜

取次生小滿四月中時更迭至間苦菜爭榮處靡草千村死欲枯麥

看初暗麥秋至芒種一番新換五不謂螳螂生如許鵙者鳴時聲

不休反舌無聲沒半語

【至】夏至經交陰始生鹿乃角解養新茸陰陰蜩始鳴長日細細陰中

半夏生小暑午來渾不覺溫風時至寒簾櫳蟋蟀避居屋壁詣下

涯又見鷹始鷙大暑目炎猶自好且看腐草為螢秒勻勻土潤溽

暑蒸大雨時行蘇枯干

【秋】大火西流又立秋涼風至透內房幽一庭白露微微降幾個寒蟬

鳴樹頭一躍中間處暑至鷹乃祭鳥誰教汝天地始肅清禾

乃登[illegible]收[illegible][illegible]無可奈何白露秋大鴻小雁來南洲循時玄鳥返

歸去教令諸禽各養羞。

分　白八秋分八月中雷始收聲。歛震宮。蟄蟲坯戶先爲禦。水始涸。勢向東寒露八言晚節佳鴻雁來賓爵不落雀入大水化爲蛤之看籬菊有黃花休言霜降非天意豺乃祭獸此時草水皆黃落葉天蟄蟲咸俯迎寒氣。

冬　誰着書來立冬信水始成冰寒日進地始凍。分坼裂。雉入大水爲蜃淺小雪年虹藏不見知何處天升地降兩不交閉塞成冬如紛紛飛大雪鶡鴠不鳴馬背啼虎始交後風生荔挺出時霜滿溪

至　短日漸長冬至矣蚯蚓結。泉更不起漸漸林間麋角解水泉動有溫非前之盛小寒今歲又鴈北鄉春去舊巢鵲巢枝上始爲巢入寒烟時一雊一年時謂大寒水雞始乳今如乳孩征鳥當旗士

應時還作翻聲鳴不聞五朔一候如鱗次一歲從頭七十二迭人觀此發天機多少乾坤。無限事。

孟春之月建寅日在虛其帝太皡其神句芒木正辰名陬訾律中太簇爲端月陬月孟陽孟陬（春者蠢也物蠢生而動也青陽東皇斗柄東指日青陽）

漢文帝二年正月詔開籍田上躬耕以率天下之民

宋紹興辛巳正月夜風雷雨雪交作汪莊敏公澈言春秋魯隱公時大震電繼以雨雪孔子以八月之間再有大變謹而書之今一冬之間三遇交合陰盛也。月令云狐性多疑而善聽冬至河冰合聽其堅固踐冰以渡及立春冰泮則聽知水聲遂不渡由是行人渡水必視狐跡。正月初一日爲天臘。唐宮月令令曰正月一日爲三元六合之始子婦曾孫各上椒酒于家廟稱觴賀壽。首祚正始元正。放鳩椒花頌辟邪九桃符椒花酒屠蘇酒。風土記曰楚人元日造五辛盤以發五臟之氣。涵考日元日不借火不汲水不掃地。列子曰邯鄲之民正日獻鳩于簡子簡子欲厚賞之客曰民知君欲放之必競捕鳩死者衆矣君欲生之不若禁民弗捕捕而放之恩過不補也。

立春故事負青幡出土牛五辛盤翻雲麵剪綵花宜春酒。瑣碎錄曰打春時拾牛身上土撒簷下不生蚰蜒。上辰日塞鼠穴可以絕鼠。續齊諧記曰正月半作白粥膏祀蠶姬。十修囊日正月十四至十六日放登三夜創自唐玄宗。十五日爲上元爲元夕。荊楚曲金吾弛禁傳柑鰲山。顯異錄曰紫姑萊陽人姓何名媚字麗卿壽陽李景之妾景妻妒正月十五陰殺姑於廁中天帝憫之命爲廁神俗呼爲三姑今人於是日召

問一年蠶禾之事。宋乾德五年詔增十七十八兩夜謂之增上元。唐玄宗天寶六年正月十八詔重門夜開以達陽氣。吳俗元宵以糯米穀爆釜中名爲爆孛婁以卜一年收成。天中記曰淮陽風俗正月二十九日掃除室中塵穢投之水中謂之送窮。師曠占曰歲欲豐甘草先生（甘草薺也）歲欲苦苦草先生（謂葶藶也）歲欲惡惡草先生（謂水藻也）歲欲旱旱草先生（謂蒺藜也）歲欲病病草先生（謂艾也）歲欲流流草先生（流謂流蓬也）

仲春之月建卯日在營室辰大降婁律中夾鍾爲卯月令月仲陽古禮成親取建卯之月謂之三星在期（三星心星也在卯宮第三有尊卑夫婦之象）。周禮媒氏掌之。明太祖以海運戰船所用油漆棕纜悉出於民命種桐漆棕於鍾山之陽。明制每歲二月朔欽天監奏進明年曆式頒行各布政司刊布九月朔進呈嘉靖年間啟

二月節〇初二爲中和節天正節〇進農書上春服曲江宴〇
初二爲蜡書節〇玄樞經曰二月初八乃佛生日周建子以子
月爲歲首甚以十一月爲正月也周昭王二十四年四月初八
日釋迦生于月至卯月是今之二月也今人不攷周時歲首建
支錯認四月初八何其謬與瑞應經曰天竺國淨飯王妃摩耶
氏臨生太子悉達即行七步入涅槃大慧禪師浴佛上堂偈曰
今朝正是四月八淨飯王宮生悉達吐水九龍天外來捧足蓮
花隨地發〇秀春節〇千金月令曰驚蟄日取石灰糝門限外
可絶蟲蟻〇十二日爲百花生日無雨百果熟〇十五日花記
撲蝶會出郊歛民〇邵康節在洛中每歲春二月出四月天漸
熱即止八月出十一月天漸寒即止有句云時有四不出大風大雨
大寒大暑會有四不赴公會葬會生會醮會〇春分後戊日爲春社秋分後戊

日爲秋社此二日祭后土名曰社會春社燕來秋社燕去社神
曰句芒又曰句龍〇書云祀高禖〇宋孝宗時兩淮久荒野沃
壤蕪爲茂草辛次膺奏云方種藝時乞招集遺民歸業宮借牛
種或令屯軍從便營田乃足食至計〇祭祀酒小兒飲之能速
語又治耳聾〇上丑日泥蠶室
季春之月建辰日在婁辰次大梁律中姑洗爲寎月蠶月載陽華
節
宋治平間邵堯夫與客散步天津橋上聞杜鵑聲慘然不樂客
問其故則曰洛陽舊無杜鵑今始至必有所應客曰何也堯夫
曰不二年上用南士爲相多引南人專務變更天下自此多事
矣客曰聞杜鵑聲何以知此堯夫曰天下將治地氣自北而南
將亂自南而北今南方地氣至矣禽鳥飛類得氣之先者也春

秋書六鷁退飛鸜鵒來巢氣使之也自此南方草木皆可移南
方疾病瘴瘧之類北人皆苦之矣至熙寧初其言乃驗〇明滇
陽知縣王叔英三月遇旱絶食以承天變不三日大雨雨不止
後祈晴一如前禱雨遂霽後名爲翰林修撰〇明宣德間陵還
京見耕者詢以稼穡之事因取耒耜三推顧侍臣曰朕三舉耒
已不勝勞況常事此乎人言勞苦莫如農信矣命賜鈔已而路
經農家悉賜鈔如之〇會典曰肅皇后勅禮部每歲季春親蠶
西苑〇寒食爲百五節禁火新煙杏酪餳醴酒畫鴨毬鞦韆漢宮
傳燭〇瑣碎錄曰清明日三更以稻草縛花樹上不生刺毛蟲
〇沈約宋書云三月三日爲上巳不拘於巳日也蘭亭會桃
花水祓禊曲水流盃
孟夏之月建巳日在卯其帝炎帝其神祝融火正辰次實沈律中

中呂爲余月麥秋清和夏者假也假大而宣平也宋明長篇秋火去鄉斗指南日南至日亦稻
雀鶉月令曰鳧處趣表鋤一名鳥穀一名播穀〇蕭共中詩曰鋤禾當
日午汗滴禾下土誰知盤中餐粒粒皆辛苦〇唐元和十四年
四月稍青隕霜殺惡草荊棘而不害嘉禾〇蔡邕月令曰百穀
以生爲春熟爲秋故麥以孟夏爲秋〇四月冬穀已盡宿麥未
登故曰乏月〇周禮曰四月川澤不入網罟以成魚鱉之長〇
以并農力執功女之功〇是月伐木不蛀〇宋紹興五年夏
湖南北甚旱忠穆公頤浩爲帥究心荒政奏截撥上供米三
百石及令廣西帥漕兩司備九萬石水運至本路充賑濟又乞
助教度僧牒錢斗米民不能耕則借之糧種夏稅亦就爲
併輸全活甚衆〇草澤天文耿節言太微垣正午推步今歲熒
惑躔次乃在己未應在太微垣上言此人不深知朕夜以星躔

仰張殿中四更觀起見其巳至昨茇巳退二度半臘浩曰朱昱
出人君之言三而熒惑退舍或者疑焉陛下寅畏天應之退如
此信傳記之非虛也○日蝕僅四分未幾退上謂宰執曰太史
初奏日蝕早而分深朕適觀之蝕淺而退速何也顧浩曰陛下
嚴恭寅畏天鑒精誠宜感格如此顧浩奏事畢曰邇來聖容清
癯恐以艱難聖慮焦勞所致上曰朕嘗夜觀天象見熒惑躔次
積差食素已二十餘日須伏復行軌道當復常膳焦弱侯計云時齋食素其
君欲以格天而相臣無一言南渡君臣苟安現用太宰如此敘矣○十五日結夏僧尼挂搭禁
足○聽謀錄曰宋民間訴水旱衝無限制往往欺罔無以杜僞
淳化三年詔以夏四月終為定制
仲夏之月建午日在參辰次鶉首律中蕤賓為皋月姤月長至
明制凡災傷報勘腹裏地方夏限五月秋限七月邊海地方各

限二月梅○李白詩曰五月梅始黃蠶凋桑柘空○又王建詩曰
五月雖熱麥風清簷頭索索繰車鳴○武林遺事曰五月富春
江鰣魚最盛或云此魚自漢江來非富春產也富春非夏無此
人以為奇○明成祖觀擊毬射柳皇太孫連發皆中成祖喜曰
今日華戎畢集有一言爾當思對之曰萬方玉帛風雲會太孫
對曰一統山河日月明於是大宴羣臣而罷○初五日為地臘
又曰蒲節艾節午時謂之天中節○屈原投汨羅江而死楚
人哀之每至端午以竹筒貯米投水祭之至今有角黍之說文
秀詩曰節分端午候誰言萬古傳聞為屈原○荊楚記云午時
結艾為人以綵縷製五毒佩戴五毒蜈蝎虎蟾是也蛇○長命縷菖藥臭
美○仙方云長生保命莫妙於豨薟草五月五日七月七日九
月九日採○談林集曰五月五日蝦蟆伏水草不鳴七月七日

烏鵲集林木不飛丙日蟲魚出火甲子庚申日蟾蜍閉口不食
雉知雷起處虎知衝破燕知避戊巳日龍巢知背太歲鼎法與方
位于此可驗豈但雞能司晨鶴能警夜而已○夏至後宜浚井
改水或用管仲貯井中以去瘟疫太陰生三至候王律十六日
天地合二十九二十分離
季夏之月建未日在東井辰次鶉火律中林鍾為且月積陽
漢獻帝初平間六月寒風如冬時○嘉或中詔曰六月不采秀
官家已修倉○四時纂要曰三伏不嫁娶○初六日為天貺節
○薦麥瓜進湯餅碧筒酒河朔飲○太平廣記曰六月六日曬
書畫衣服器用之類以取太陽之光盡日而止農家則晒蠶箔
視袴鞋襪以應一年之候○明洪武中何容民獻嘉瓜二同蒂
而生禮部瀚凱奏曰禎祥實由聖德太祖曰草木之祥生于其

土亦入應之於朕何與時和年豐乃王者之祥也○三伏黃頭
日造醬不生蟲
孟秋之月建申日在張其帝少皞其神蓐收金正長次鶉尾律中
夷則為相月蘭月秋者揫也物揫斂乃成熟也白藏商節金節四時日白道
洪武帝而十二年秋郡進寶○明洪武中河南確山縣野蠶成
繭群臣表賀上曰野蠶成繭是以衣被天下朕當受賀一邑之
內偶爾何用賀為○明成祖御奉天門顧廷臣曰近日郡縣數
奏水旱朕以不德涖政焉臠對曰水旱出乎天數堯湯之世所
不免今間一二處有之不令人害上曰爾此言不學故也洪範
恒雨恒暘皆本于人事不修顧尚書方賓等曰朕與卿等皆當
修省更須撫循安守令守令賢則下民安民安於下則天應於上
蹇言豈識天人感應之理朕悚惕而退○淮南子曰梧桐一葉落

而天下知秋○吳録曰石首魚至秋化爲冠烏頭中有石○淮南子曰七月日蟲蟄伏青女乃出以降霜露○初七日爲道德臘乞巧降王母九華燈穿針渡織女○十五日爲中元節盂蘭盆立都校籍

仲秋之月建酉日在角辰次壽星律中南吕爲壯月桂月仲商

明洪武十二年八月朱國公馮勝督建周王宮殿于開封府擇九月興役太祖遣使諭之曰中原民食所恃者二麥耳近聞彰民赴工正當播種之時而役之是奪其時也過此則天寒地凍不得入土來年何以續食恐小民怨咨教至即放還俟農隙赴工未晩也○明嘉靖間八月内兆嘉禾生一莖雙穗者六十有四雩壇靈黍五出者一○八月初三竈神誕日宜祀之（灶神姓張名單）○白露之日鴻雁來後五日玄鳥歸○月華之説未及當見于中秋夜或十四十六又或見于十三十七十八夜華之狀如錦雲捧珠五色鮮熒磨皎無與華盛之時其月如金盆枯赤而光彩不動移時始散一説以月暈爲華誤也○升月官廣陵濤登樓近渚文酒宴遇綵鸞○秋分龍潛淵○田家五行曰秋社日清晨用磁器收百草頭露磨濃墨治百病名曰天灸

季秋之月建戌日在房辰次大火律中無射爲玄月菊月季商

明朝洪武初年令有司存恤老人巡視境内遇有蝗蟲初生設法撲捕坐使滋蔓者罪之每年九月行文至十二月再行來爲例○古人重玄鳥故其來其降其去書哦○晉穆帝以九月納后或謂是忌月王彪之曰禮無忌月王治曰若有忌月當有忌歲○明洪武三十年九月命戶部令天下人民每歲置一鼓凡遇農種時月侵晨聚衆擊鼓皆會田所及時力田其怠惰者里老人督責之里老縱其怠惰不勸督者罰又令一鄉遇婚姻死喪吉凶等事一里之内互相賙給不限貧富隨其力以資助之○宋湯忠定公詠令崇陽民以茶爲業公曰茶利厚官將榷之不若早自異也命拔茶而植桑民以爲苦其後榷茶他縣皆失業而崇陽之桑皆已成爲絹而比者歲百萬匹民富至今○明宣德四年九月遣禪出塞燒荒中明洪武中種桑棗之令○明世宗御幽風亭召李時汪鋐論曰衣帛當思織婦之勞食粟當念農夫之苦時曰皇上眞知稼穡之艱難○魏文帝書曰几爲陽數日月並應名曰重陽○登高遍茱萸龍山落帽白衣送酒泛菊五色糕○家語曰霜降而婦功成嫁娶者行焉冰泮而農桑起婚禮殺焉○鶺鴒向日飛而畏霜露

孟冬之月建亥日在房其帝顓頊其神玄冥水正辰次析木律中應鍾爲陽月靚月小春玄英（冬者終也萬物終以成終也玄英安寧陽潛藏斗之北日北陸日北道）

明成祖太子赴北京過鄒縣見民男女持筐盈路拾草實者問何所用民對曰歲荒以爲食太子下馬入民舍視男女皆衣不掩體竈釜傾仆歎曰民隱不上聞若此乎顧中官賜之鈔召耆老問所苦撤所食賜之時山東布政石執中來迎責之曰爲民牧而視民窮如此亦動念否乎執中言被災之處皆已奏免今歲秋糧太子曰民饑且死尚及徵税耶汝督郡縣速勘饑民戶數近地約三日遠地約五日悉官粟賑之執中請人給三斗太子曰與六斗汝毋慮擅發太子至京奏聞成祖曰昔范仲淹之子能麥舟濟其父之故舊況百姓吾赤子乎○漢書曰五原土宜麻枲而民不知織績之法冬月無衣因細草中崔寔爲太守爲作紡績織絍之具召織師以教之民得免寒苦●月令十月農

事畢五穀蠶絲豕備儲蓄。初一日朏。吳俗以十月
十五日爲五風生日漁者聚而禱神祈此日有風終歲風雨如
期謂之五月俗。十五日爲下元
仲冬之月建子日在箕辰次星紀律中黃鍾爲辜月短至
十一月陰極之至陽氣始生日行南至謂之三至。明永樂十
一年十一月以野蠶絲衾命皇太子奉薦太廟先是山東民有
獻野蠶繭絲者羣臣奏賀瑞應上曰此祖宗所祐也特命織帛
染柘黃製衾以薦。明成祖見散騎舍人衣極鮮麗問製用幾
何曰五百貫成祖曰農夫寒耕暑耘早作夜息蠶婦繅絲緝麻
纖縷積手成其勞甚矣及登場下機公私逼索竟不能爲已有今
汝席父兄之庇生長膏粱紈綺之下農桑勤苦邈無聞知一衣
及五百貫農夫一歲之資也而爾費之于一衣豈不暴殄自今

切戒之。冬至日晷愈長故曰長至先一日謂之小至。
陽升夜長亞歲賀日吉日表獻履書與添一線。晦日以赤豆
粥祭門後世謂儺爲月廿下
季冬之月建丑日在南斗辰次玄枵律中大呂爲涂月除月蜡月
嘉平
楊惲書曰田家作苦歲時伏臘烹羊炰羔斗酒自勞。論衡曰
虎出有時猶龍見有期陰物以冬見陽蟲以夏出物應其氣
氣動其類參伐以冬出心尾以夏見參伐則虎星心尾則龍象
星出而物見氣至而類動天地之性也。宋紹興中冬月苦寒
上謂張浚曰朕居燠室尚覺寒細民甚可念若湖南江西旱伏
去處宜早措置賑濟浚曰陛下推是心以往則足以感召和氣
況實惠乎。廿四日爲王侯臘。風土記曰吳人除夜長幼聚
坐達旦謂之守歲都人除夜竈中燃燈謂之照虛耗。除夕日
歲竟有行瘟使者降于人間以黃紙書天行已過四字貼于門
額吉。予曰聊薦蕭能去瘟

羣花備考

梅花。梅妃性喜梅所居植梅數十樹倣曰梅亭。壽陽公主臥
含章殿梅花落額上成五出之花拂之不去宮人效之作梅花
粧。袁豐宅後有六株梅嘆曰永姿玉骨世外佳人恨無傾城
笑耳即使妓秋蟾比之云可與並驅爭先。張功甫於堂前種
梅三百本花時燭映夜如對月因顏曰玉照堂。陳郡謝氏女
好鼓琴夜弄梅花曲聞者皆云有暗香
蘭花。宋孝宗時禁中納涼多置建蘭茉莉等花鼓以風輪清芬
滿殿時謂花有奇韉。黃山谷指保安僧舍開東廊以養蘭西
廡以養蕙以蘭宜今向陽也

蓮花。晉佛圖澄取鉢盛水燒香咒之鉢內生青蓮花。昭帝穿
琳池植分枝荷食之滋香芳甘宮人爭相含嚼。元順宗饒關
荷花置小金巵於其中命歌姬捧以行酒客就姬取花姬代爲
分辨各瓣語盃取明皇稱貴妃爲解語花之意。趙王秀以諸香末飾地上令
飛燕行其上嘆曰此香蓮落瓣也
桂花。天寶丁卯中秋月有濃華雲無纖迹天降靈實其繁如雨
潤如珠五色其傍殼如女實而味辛識者曰此月中桂子也好
事者播種林下無不即活。無瑕嘗着素桂裳折桂明年花開
潔白如玉。唐一老人以畫桂扇贈賣糕者皆取以扇糕糕皆
桂香
水仙。謝公夢天女畀水仙一束明日生道韞聰慧絕人。寶兒

詔夜採水仙花爲裀褥上詣朝服以見帝帝謂之裀身水仙
牡丹○張功甫作牡丹會衆賓既集一堂寂無所有俄問左右云
香發未答曰已發命捲簾異香自內出擧妓以酒餚絲竹次第
而至別有名姬十輩衣白而首飾衣領皆牡丹歌能易十姬簪
別花而出衣與花歌凡十易坐客恍然如仙遊○明皇同妃子賞
牡丹於沉香亭詔梨園曰賞名花對妃子不用舊樂詞因命持
金鳳賜李白進牡丹樂府○宋孝宗種牡丹花千本堂中設牡
丹紅錦茵自中殿嬪妃以至內官俱觴各賜賞有差謂之隨花
賞
芍藥○揚州舊有芍藥廳花時聚一州絕品于其中人爭睹之與
爲花市
菊花○彭澤令宅傍有菊叢重九坐徑邊採菊盈把適遇州守令

白衣人送酒至遂大醉籬邊時謂元亮菊逕○臨安閑子每至
重九各出奇花比勝謂之鬬菊會○羅含致仕歸階前忽生佳
菊人以爲菊瑞
海棠○明皇召太真時午睡未醒扶掖而至醉顏殘妝不能再拜
帝笑曰真海棠睡未足耳○石崇見海棠嘆曰汝若能香當以
金屋貯汝後人得昌州種香艷可人因目爲石家金屋中物
玉蘭○王摩詰輞川有玉蘭閣辛夷閣
玫瑰○宋內苑植玫瑰百本開時宮人競採之雜腦麝以爲香囊
芬芳裊裊不絕
茉莉○東坡謫儋耳見黎女競簪茉莉戲咏云暗麝著人簪茉莉
素馨○宋劉氏女名素馨素愛千葉茉莉既死塚生此花因號名
素馨花

合歡○嵇中散曰萱草忘憂合歡蠲忿
萱花○明皇對萱花歎賞曰不特萱草忘憂此花亦能消恨故
亦名忘憂草
梨花○洛陽梨花盛開時人多攜酒樹下曰爲梨花洗妝○或陵
堂下紅梨盛開歐陽公造飲有辭雪尊前舞句曰顏同絳雪堂
○侯穆郊行見少年共飲梨花下穆長揖就坐衆哂之曰能詩
者飲穆口占梨花云清香來玉樹白蟻泛金甌妝靚青娥妒光
凝粉蝶羞衆客閣筆○浙俗釀酒趁梨花春
杏花○鍋陵有杏山昔傳葛仙翁種杏于此山下有溪落英飛堰
上名花堰山外環里皆杏名杏花村○揚州太守植杏花數十
畷每爛熳輒令一妓倚其旁立館曰爭春○唐進士初會杏
園謂之探春宴以少俊二人爲探花使偏遊名苑若他人先折

得花二人皆有罰○明皇游別殿柳杏將吐歎曰對此景物不
可不與判斷命力士取羯鼓臨軒縱擊傳旨名春光好一
曲回顧柳杏皆已發矣
桃花○石曼卿以泥裹桃核爲彈拋擲峻嶺盛花發滿山如錦
明皇御苑有千葉桃因折爲貴妃簪之曰此花亦能助嬌宮中
名爲助嬌花○安期生以醴酒不上遂成桃花至今六出
李花○携李號李花極盛吳夫差同西施賞之西子因醉酒酡顏
殘妝倒卧花苗中後號醉李城
石榴○頓孫國石榴取花汁停杯中數日成美酒
山茶○張籍性耽花卉聞貴侯家有山茶一株廣不可得乃以愛
姬換之時號花淫小史曰愛妾換花亦一韻事
山礬○王荆公欲詩而惡其名止之黄山谷有山礬詩序

水槿○汝陽王璡嘗打曲明皇摘紅槿花置帽上令廻舞奏曲而
花不隨落爲花奴
櫻桃○張茂卿家居頗事聲妓一日櫻桃盛開曰紅粉風流無踰
此君悉召妓女○天寶初寧王日侍風流蘊藉諸王弗如也每
春時紉紅絲爲繩密綴金鈴繫花梢之上有鳥集則令園子掣
鈴索以驚之後人謂護櫻桃故此謂之花鈴
木蘭○張摶植木蘭于堂前花盛開邀賓客賦詩何云洞庭波
浪渺無津日日征帆送遠人客莫辭觴而飲詩曰幾度木蘭船上
望不知元是此花身○古有女子名木蘭宮山題令狐家木
蘭云一樹女郎花
瑞香○盧山有比丘晝臥石上夢中聞花香酷烈及覺尋得之因名睡
香

紫丁香○唐御史某白含此花芳香蘊體偶盡對如開異香
荼蘼○范蜀公家有荼蘼架春季花繁燕客其下約曰有飛花墮
酒中者飲一白微風過之則滿座無遺時號飛英會
薔薇○武帝與麗娟看花時薔薇始開態若含笑帝曰此花絕勝
佳人笑也麗娟戲曰笑可買乎則奉黃金爲買笑錢
木香○臨洮館舍有青木香客多嘗啄之○舒雅作青紗枕滿貯
荼蘼木香號曰花囊
芙蓉○隋後主以芙蓉花染繒爲帳名芙蓉帳○唐玄宗搗芙蓉
花汁調香粉作御墨曰龍香劑
玉簪○黃魯直玉簪詩云宴罷瑤池阿母家嫩瓊飛上紫雲車玉
簪墮地無人拾化作東南第一花
金錢○梁豫州掾屬以雙陸賭金錢錢盡以金錢花補之魚弘謂

勝得錢○鄭棨作金錢花詩未就夢一紅裳女子擲錢與之
曰爲君潤筆
鳳仙○宋李后小名鳳娘六宮避諱呼爲好女兒花○李玉英搗
鳳仙染指甲後於月下調絃人比之落花流水
芭蕉○懷素家貧無紙常種芭蕉萬餘以供揮灑名曰綠天庵○
王摩詰畫袁安臥雪圖旁列芭蕉以淡綠色襯雪後多倣之
菖蒲○蘇子由蒲盆中忽生九花因[redacted]安期生服九節蒲久之仙
去
竹○湘夫人淚下灑竹上成斑因號湘妃竹○王子猷居必種竹
人問之曰何可一日無此君
松○法潛隱剡山或問勝友爲誰乃指松曰此蒼顏叟也鮮子伯
機於廳囿中特植松一株移置齋前呼爲支離叟○陶弘景愛

松風庭院皆植之每聞其聲欣然自樂
柏○東坡嘗拾柏子和蒼朮龍眼殼同煨名曰百和香
檜○武林岳廟有雙檜上合下分中可通行世傳爲雷神所分四
名分屍檜忠邪二氣千古凜然
檜○張茂卿嘗丁檜樹杪接牡丹飄搖雲衣花時延賓於樓頭賞
槐○王晉公手植三槐曰吾子弟必有爲三公者已而文正公父
子入相東坡爲作三槐堂銘○明皇失大真妃後每覩宮槐秋
落慘焉久之
桐○唐王義方買宅既定見青桐二株曰此志酬值急召宅主付
之錢人怪之王曰此佳樹非他物比
柳○漢宮有人柳狀如人形每一日三眠三起○王維別業在輞
川徧植楊柳水際猗猗綠綢名曰柳浪

衛生至要

壽夭何常 惟人自作 太清三篇 玄門奥妙 帝主尊崇 尊主之要

集衛生

仙師發大慈悲 傳流按摩諸法 皆簡明易學 無論老少 俱可行之 以一身而言 上自泥丸宮 下至涌泉穴 三百六十骨節 八萬四千毫竅 及十二經 十五絡 并諸要穴 按法而行 則有病者得以痊瘥 無病者得以延年 其功浩大 難以盡述

訣曰

須察天寒暑 當觀人瘦肥
隨機知變化 輕重貴調勻

起手按摩背上腰穴

先分肩排脊百勞膏肓二穴 肺水三穴 夾脊二穴 腰腧 腎腧 圜跳 尾閭諸穴 揉按有数 顛倒有法 扳搖口授 轉動心傳 腎經輕運 環跳重按 溫柔軟款 須要血氣流通 上下和睦為完 首頭目六 左手三 右手四 左足五 右足六 胸背週而復始

先左手做

鳳凰單展翅 運八卦一窩 按上三關 下六腑 分陰陽 合二氣 內勞宮 外勞宮溫柔軟款 按曲池 人澤 少海 兼摩按少商 魚際 并合谷 輕揉重捺 按前手推泰山 後手扯龍尾 點動肩井 并肩髃 分筋和血 小秦王亂點兵 兎兒抔堂 貳子翻身 烏龍點頭 金絲纏腕 疏通六經氣血 痰火積滯 發汗須按二扇門 退熱為涼 要下六腑 又指摩五經節 都要遍 左三五擺 右三五擺 週而復始 右手同上故

按摩頭上諸穴

清頭目 先抓動九宮 重按百會穴 張良進履 妙通神 浸舟蓋關腦

後行五穴柔摩 都要遍 鞭敲山下 鼓掩耳叩 動鼻陽鐘 目印豈推 至百會 倒捲珠簾 隨行太子分頂 横行天庭髮際 并司空 操摩陰陽 并絲竹補腎 耳後高骨 同火燒玉枕關 炮打襄陽城 上馬一金三山 左右法眼 十子關天宮 不比壽常法 三轉妙無窮

轉

按摩面上諸穴

清眼目 分攢竹睛明 走風池 和脾胃 點在太陽 魚尾 承漿 劍行童子 并絲竹空 柔摩左右金木水火上 年壽并迎香 開金匱 要熱門臺廷尉 兼邊地下 華楼至膻中 有神通

按摩胸腹諸穴

清胸膈去留穴 要分左右 磨心去邪 火煖臍 要生稍點血池 氣海 期門兩穴 通天宮 清小便須摩小分上下 和諧須煖氣海 食倉 摩致富

轉七八回 中脘○ 滞都下來 旋乾轉坤 要按二十四氣 清主水發 下極并鳳尾 盡和諧 定金針 美女抽絲三四回

按摩兩足諸穴

調和兩宮 一手按環跳穴 又以一手按歸來穴 令坐不犯腎家 蘇秦刺股 兩拳錐大腿兩旁六七次 抱膝長吟 用兩大指捻膝眼 仍以手摩膝兩六七轉 白衣揺櫓 要舒徐 擡腳徐揺六七轉 敲東擊西 拍小腿 重手兩旁四五下 火燒委中 愛承山 去濕去火如拾芥 用手重摩湧泉竅 湧泉真氣到 環跳隱白與大敦 崑崙與韓帶 重摩輕按要週旋 恰是遇神仙 三陰三里及兩亷 厲兎豐隆擴鼻間 重摩重按兩三轉 凡體變真人

脊骨二十四節 從下起第一節是尾閭 此骨形如金鵲 上有九竅 名下關 從此数起 上至第十八節 名中關 此與心部何後相之 又上至玉枕

天柱三節直至一門為上關名泥丸宮是為上丹田泥丸尾閭二穴乃一氣升降成陰成陽之都會也

却病要

古人一歲功用起子復一陽之月是也卽今之十一月一日持行始于子每夜半後或五更時反午前先呵出濁氣兩三口定心閉目握固心神叩齒三十六通穴以兩手抱項後微微出納勿使耳聞又以兩手掩兩耳以指彈山腦後天鼓二十四度搖頭左右顧肩二十四次然後以大指背拭目九次兼按鼻左右七次以兩手摩天庭及面不拘遍數以舌三上腭漱津滿口分作三嚥如此九嚥又以手背摩腎堂二十四度謂之固精門又擺肩二十天如轉轆轤其時萬慮俱遣閉氣良久丹田火發自平而上遍燒身體則邪魔不敢近夢寐不能昏寒暑不能入災病不能侵矣歌曰閉目冥心坐握固靜

思神叩齒三十六兩手抱崑崙左右鳴天鼓二十四度聞重木撼天柱赤龍攪水渾漱津三十六神水滿口勻一口分三嚥龍行虎自奔閉氣搓手熱背摩後精門盡此一口氣想火燒臍輪左右轆轤轉兩腳放舒伸叉手雙虛托低頭扳足頻以候神水上再漱再吞津如此三度畢神水九次吞咽時汩汩響百脈自調勻子後午前作造化合乾坤循環次第轉八卦是艮因

老子曰人之病皆由痰氣血而成惟主修養不倚藥石也蓋藥石宜假病有虛實用藥一舛死生反掌昔漢高祖天下已定子房心有慍而成氣癥得赤松子運氣之術而痊遂從赤松子遊故有感而集諸修養之術焉按時以行之注閉以攻之嚥納以平之夫然後行立坐卧喜怒哀樂皆無火也能由此而行之則真神守位何患二十四邪之侵其榮衛哉

重陽仙師功行說

學道之人須要真功真行何謂真功真行澄心定意抱元守一固氣存神此真功也修仁蘊義濟貧救苦先人後己與物無私此真行也要人真人自有功無行如無足有行無功步不前功行兩全足自備誰云無分作神仙

治心氣法

正坐以兩手作拳左右築六度又以兩手相叉以腳踏手中各五六度兩足更互踏能去心間風邪諸疾然後微微呵之可除煩燥口瘡之病

治肝氣法

正坐以兩手相叉翻覆向胸三五度能去肝家積聚風邪然後噓聲微微噓之可除眼中赤疾之病

治脾氣法

正坐伸一足縮一足以兩手向後反掣各三五度能去脾家風邪傷食然後呼之可除積痞吐瀉之病

治肺氣法

正坐以兩手踞地縮身曲脊向上三舉能去肺家風邪積勞然後徐徐呬之可除煩滿上焦之病

治腎氣法

正坐以手上聳左右引脅三五度以足前後踏左右各七度能去腰脊膀胱間風邪然後微微吹之可除眼昏耳鳴陽痿之病

太上玉軸六字氣訣

五味六慾七情內傷五臟外攻九竅諸疾從由生故太上以氣治臟腑之病其法以呼而泄出臟腑之毒以吸而採天地之精氣

以補之當日小驗旬日大驗一年後萬病皆除此衛生之寶非人勿傳呼有六字呵呼呬嘘吹嘻也吸則一而已俱要微微出納不可徒耳聞其聲聲粗則損心氣徒呼之無益也人身肖天地自子至巳屬陽自午至亥屬陰子時以後則向東正坐叩齒嚥津然後微呵心中毒氣仰頭吸清氣以補之如此六次卻呼脾中毒氣仍吹以補之又六次卻呬肺中毒氣仍吸以補之又六次卻嘘肝毒仍吹以補之六次畢揩嘻以瀉膽毒而吸以補之吹以瀉腎毒而吸以補之俱各六次是爲十六小周天也又看是何臟受病如眼病卻念嘘嘻二字各十八遍仍各以吸補之是爲中周天也次又依前法呼呬等六字吐吸之是爲大周天也午時以後則向南爲之南方火能卻陰也如早起而東轉六字各爲六次亦可以治眼病也

一要者頭大頂也天谷神所居之位萬神會集之鄉

二要者心絳宮也人能虛心凝神則神氣俱定息不往來而之大定矣

三要者在兩腎之間水火之際謂之地戶上通九天下通湧泉真氣聚散皆從此關也能會此三要神氣自然交結外三要者玄牝之門也口通五臟出者重濁之氣屬陰一切百穀諸味皆地之精從口而出與地相接謂之地根鼻通六腑出者輕清之氣屬陽上接其天此乃天根太上言玄牝之門是爲天地根○鼻有兩竅口有一竅共三竅此是神氣往來之門陽神爲玄陰神爲牝故名玄牝二物也人身火有內外外火有質藉穀氣而生內火無形隨意而起內火有三種精爲民火氣爲臣火神爲君火君火者心火也性火也性火發動如水出火身焚乃止仙訣曰性火不動則神定則氣定氣定則精定三火既定併會于下丹是謂三華聚頂

延年六字訣

嘘屬肝神主其目赤翳昏昏淚如哭都緣肝熱氣上衝嘘而理之最神速

呵屬心神主其舌口中乾澀身煩熱量疾深淺以呵之上焦有病皆除丸

呬屬肺應切須秘外屬鼻根內關肺寒熱勞悶及毒瘡以斯吐納無不痊

吹屬腎臟主其耳腰膝冷多陽道痿微微縱氣以吹之不用外邊求藥餌

嘻屬三焦有疾起三焦所有不和氣不和之氣損三焦但使嘻嘻而自理

呼屬脾神主其土煩熱氣脹腹如鼓四肢壅悶氣難通呼而理之復如故

春嘘明目木扶肝夏至呵心火自閑秋呬定知金肺潤腎吹惟要坎中安三焦嘻卻除煩熱四季常呼脾化餐切忌出聲聞口耳其功猶勝保神丹

運氣法

運氣之法先閉目端坐鼻吸精氣降至丹田轉過尾閭隨即提起如忍大便狀自夾脊雙關透上直至泥丸宮轉下鵲橋汩然嚥下仍歸氣海初行功時焚香一炷爲度漸增三炷功行七日爲止初時行三日發大汗以攻陰邪進熱粥以表汗渴則漱玉泉以潤之餓則炊熱粥以食之如患在上身收氣當存想其處放氣則散于下身患在下身收氣亦存想其處放氣則歸于丹田患在通身當

分經絡屬上屬下運法亦如之

行持法

聖胎凡胎造化不二，凡胎以父精母血，合化成形，聖胎全是抽鉛
添汞，而為汞精為鉛，太上曰以鉛為君，以汞為臣，抽鉛者自下丹
田溢出真氣上升也，添汞者此真氣一升，變成金精，從腦後升入
上丹田，補還腦中所虧也，補之既足，金水從頂門中降落口內，嚥
滿重樓（是喉管，其形有十二節），通見肺金，生成津唾，肺經有兩道脈絡流分
心經，唾液為血，此是鉛生汞也，心經有兩道脈絡注入腎經，血返
為精，此是汞生鉛也，如此行持，十月無息，聖胎成矣。

十二段

一叩齒○齒為筋骨之餘，常宜叩擊，使筋骨活動，身神清○每次
叩擊三十六數

二嚥津○將舌抵上腭，久則津生滿口，便當嚥之，嚥下汩然有聲，
使灌溉五臟，則火自降矣，嚥數以多為妙

三浴面部○將兩手自相摩熱，覆面擦之，自額及兩顴，如浴面之
狀

四鳴天鼓○將手掩耳，以指頭彈腦後兩骨二十四次，其聲壯盛
為佳

五運膏肓穴○此穴在肩上脊心兩旁，藥石針灸不到之處，常將
兩肩扭轉七次，能散一身諸病

六托天○將兩手握拳，以鼻收氣，運至泥丸，即向天擎起，隨放左
右膝上，如前法，約行三次

七左右開弓○要閉氣，將左手伸直，右手作攀弓狀，兩眼稍隨左
手，左右各行三次，瀉三焦之火

八擦丹田○將左手托腎囊，右手擦丹田三十六次，後將左手換
轉，如前法行

九摩內腎穴○要閉氣，將兩手搓熱，向背後擦腎經命門各三十
六次

十擦湧泉穴○用左手握住左腳，右手擦左腳心三十六次，換轉
右腳如前

十一摩夾脊穴○此穴在背脊之下，尻骨之上，統一身之血脈，運
之大有益

十二灑腿○足不運則氣血不和，行動不能爽健，須將左足立定，
右足提起，灑七次，後換右足立定，如前行

右法一十二段，每朝早起坐床行一次，臨卧時行一次，日間有
暇，便可為之

清心說

運氣工夫，已行如以十二段錦之法，則肺腑舒暢，氣血流行，宿病
自然頓去，況微病乎，況無病乎，但此心不清，或為錢財，或為女色，
或為意氣，或預料將來，或追悔已往，種種妄想雜亂，則慾火煎熬，
真陰消鑠，氣血衰伏，前功去矣，可矣八於此時當自想曰，向我病篤
時九死一生，幾為塵下之色客，今幸復立人間，世此餘生，進錢財
女色，皆身外餘物，意氣爭執，其實無味，兒孫自有兒孫福，但得自
在逍遙，隨緣度日足矣，即此却病之方，長生之訣也，故曰酒色財
氣傷人物，多少英雄被他惑，若能打退四兇魔，便是九霄雲外客

逸仙子辨惑論

修大道者，入門有三要，鍊丹只一法，何謂三要，其一曰心體虛明，
無所染著，其二曰持戒精嚴，不犯罪過，其三曰積功累行，廣施陰

志能於此三事上發勇猛心加精進力勤修不怠則元神自然元氣自生元精自固然後下手煉丹將肝肺爲龍虎用心腎爲鉛汞運身體爲爐鼎取精氣爲藥物五行會聚於中宮三元混合于一體煉成玉液結就金丹以至聖胎成就羽化飛昇也今世學仙之徒不知大道根原誤認旁蹊曲徑僅得一法一術便謂立門的旨其間有觀頂門者有守印堂者有看鼻尖者有持且背者有想丹田者有熊經鳥伸者有鶴舒龜縮者種種安樂沙門不可枚舉更有持齋斷葷者修合丹藥者存符飲水者餌芝服术者餐松食柏者採日月之華吸雲霞之氣者種種服食法門不可枚舉外此則更有誦經持咒者聽戲禮斗者書符築錄者面壁打坐者出神入定者神遊天闕者照朝上帝者種種存想法門亦不可枚舉者此皆傍門小術於中亦有幾條可以扶衰救老益算延年非前所

謂大道入門金丹之正訣也至于採藥用女人之精與鼎煉爐火之術此二種外道邪魔斷不可輕信者天上無貪財好色神仙概可見矣然初學之士倘知進取或誤聽師友引誘迷途終身不悟良可惜哉余故詳述以醒之

真仙總

仙有五種一曰天仙二曰神仙三曰地仙四曰人仙五曰鬼仙鬼仙者生前略行善事檢身飭行習靜與修死後一靈不散歸不入于輪廻亦不離遊于蓬島乃是精靈之鬼故曰鬼仙人仙者平生爲人貞正不離有行美德此心恬退與雲霞爲侶詩酒爲朋雖未明修煉大丹亦能運氣歛神惜身保命止於安樂延年故曰人仙地仙者須原有仙之道骨非庸士可學者也法天地升降之理做日月盈虛之象先識龍虎次配坎離用心肝脾肺腎爲五行聚精氣神爲三寶煉成大丹永鎮下田留形住世乃曰地仙神仙者以地仙再加修煉濟世度人積功累行陰盡陽純超凡入聖謝絕塵世以返三山乃曰神仙天仙者以神仙再加精進功德高大法力玄深上膺天詔以返洞天是曰天仙既爲天仙功職以爲仙君上曰天官中曰地官下曰水官官歷深遠經任三十六洞天而返八十一陽天經過八十一陽天而超三清虛無自然之境此真仙次第之階級也

固精

金丹秘訣曰一擦一兜左右換手九九之數真陽不走每戌亥二時陰旺陽衰宜解衣閉息一手兜外腎一手擦臍下左右換手各兜擦九九之數乃緊縮穀道提玉莖如忍小便狀想我身中元氣精自尾閭穴升上直至泥丸復下降心腎降歸丹田每行七次則精自固矣

真空篇

客有問真空頑空者予爲之辨曰真空頑空出世處世耳心不染塵是出世是謂真空心與事染是處世是謂頑空事物權衡至是物然物來順應不隨物往與紛然雜起之事物皆真應與物不相爲用頑空也雖然是皆言其相形見體由人之喜怒哀樂當其未發非真空乎及發而中節不離事物者即物乃無無也文王不識不知孔子自謂無知非真空乎至頑空者之則有其兩端空固自若也顏子屢空尚有往復未純非空亦空非位也禪六祖所謂不思善不思惡諸緣屏息一念不生方是本來面目方是天命之性人得之而爲人物得之而爲物充塞宇宙無乎不有也又問儒釋何以異曰作用不同耳曰然宜釋氏修性不修命何如曰高堂

然能修者雖衆欲修此只就此恍然默識守住此處更不遊移便是歸根復命仙釋之道可通矣不然此性游散在于百骸九竅不知歸宿之所不知靜定之處一身之氣渙散不知止息氣既不住神則隱而難顯氣神相離神無由而生精既不生神必昏而不明離欲修命其可得乎况神者一身之主也究竟反若因乎精氣何也曰神本無着意動念而精生元精無形因息而形錯物有二根本則一主歸于一則三者相爲用不可相離修性修命雙全之旨可論矣曰三教同乎曰論則聖之任者則聖之和仙則聖之清清而歸于儒焉其深淺異同曰仁者見之謂之仁智者見之謂之智故在儒謂之孔子謂之不可然後可謂金丹之大道曰虧而以不蔽習矣氣相尚情根深耳

內丹三要論

玄牝

悟真篇云要得谷神長不死須憑玄牝立根基真精既返黃金室一顆明珠永不離夫身中一竅名曰玄牝受氣以生實爲府神三元所聚更無分別精神魂魄會于此穴乃金丹返還之根神仙凝結聖胎之處也古人謂之太極之蒂先天之柄虛無之系造化之源混沌之根太虛之谷歸根竅復命關戊己門庚辛室甲乙戶西南鄉真一處中黃宮丹元府守一壇偃月爐朱砂鼎龍虎穴黃婆舍鉛爐土釜神水華池帝乙神室靈台絳宮皆一處也然在身中求之非心非腎非口非鼻非肝非肺非脾非胃非臍輪非尾閭非膀胱非穀道非兩腎中間一穴非臍下一寸三分非明堂泥丸非關元氣海然則果何處也曰我得妙訣名曰規中一意不散結成胎仙參同契云真人潛深淵浮游守規中此其所也老子曰多言數窮不如守中正在乾之下坤之上震之西兌之東坎離水火交媾之鄉人之一身天地之正中不依形而立惟體道而生似有似無若亡若存無內無外中有乾坤易曰黃中通理正位居體書曰惟精惟一允執厥中度人經曰中理五炁混合百神崔公入藥鏡曰貫尾閭通泥丸純陽曰窮取生身受氣初平叔曰勸君窮取身生處元氣之所由生真息之所由起白玉蟾又謂之念頭動處修丹之士真息（一作炁）不住則神化無基矣此竅先天而生後天相接先後二氣總爲混沌天得之以清地得之以寧人得之以靈譚真人曰開（一作闢）闔之門所以收其根知元神之竅所以龍其光若雖內守者內藏所以爲珠玉之房皆在指也然此一竅亦無邊旁更無內外若以形體色相求之則又錯謬故曰不可執于

無爲不可形于言作不可泥于存想不可着于持守聖人法象見諸丹經或謂之鼎高中起狀如蓬壺關閉微密神運其中或謂之狀如雞子黑白相扶縱廣一寸以爲始初彌歷十月脫出其包或謂之其白如綿其連如環中廣一寸二分包一身之精粹此固明示玄關之要歸真造化之機學者苟不探其玄不顧其奧用功之時便守之以爲蓬壺存之以爲雞子想之以爲連環模樣若此形狀執着（一作有）爲有（一作形）存無入妄豈不大可笑耶要之玄關一竅玄牝之門乃神仙聊指造化之機耳玉溪子曰似是而非除却有身安頓着落何處去然其中體用雖衡本自不殊如以乾坤法天地坎離比日月是也參同契曰混沌相交接權輿樹根基經營養鄞鄂凝神以成軀則神氣有所收藏魂魄不敢散亂回光返照便歸來造次不離常在此其詩曰經營鄞鄂體虛無便握元神裡面

居息往息來無間斷聖胎成就合元和玄牝之行備于斯矣抑又論之杏林曰一空玄關竅三關要路頭忽然輕運動神水自周流又云心下腎上處肝西肺左中非腸非胃府一炁自流通今曰玄關一竅玄牝之門在人一身天地之中正造化固將合乎此密語曰徑寸之質以混三才在攢之一竅以三指影彩其內謂之玄關不可以有心守不可以無心求以有心守之終莫之有以無心求之愈見其無若何可也蓋用志不分乃可凝神但澄心絕慮調息令勻寂然常照勿使昏散候氣安和凝神入定於此定中觀照內景才若意到其兆即萌便覺一息從規中起不閉不數任其自然靜極而噓如春沼魚動極而反如百蟲蟄氣開闔其妙無窮加此少時須臾氣合神一歸混沌心不動念無去無來不出不入湛然常住是謂真人之息以踵踵者其息深深之義神氣交感此

其候也前所謂玄竅之所由生真息之所由起此意到處便見造化此息起處便是玄關非高非下非左非右不前不後不偏不倚人一身天地之中正此處也採取在此交媾在此烹煉在此沐浴在此溫養在此結胎在此脫體在此今若不分明說破學者必妄意猜度非玄遠則不及矣紫陽曰饒君聰慧過顏閔不遇真師莫強猜縱有丹經無口訣教君何處結靈胎然此竅陽舒陰慘本無正形意到即開竅有時百日立基養成一炁母虛室生白自然見之黃帝三月內觀蓋此道也

藥物

古歌曰借問因何有我身不離精氣與元神我今說破生身理一粒玄珠是嫡親夫神與氣精三品上藥煉精成氣煉氣化神煉神合道此七返九還之要道也紅鉛黑汞水液金精朱砂水銀白

黑鉛金公姹女離女坎男蒼龜赤蛇火龍水虎白雪黃芽交梨火棗金烏玉兔乾馬坤牛日精月華天魂地魄水鄉鉛金鼎汞水中金火中木陰中陽陽中陰黑中白雄中雌異名多象皆譬喻也然則果何謂之藥物修丹之要在乎玄牝欲立玄牝先固本根本根之本元精是也精即元氣所化也故精炁一也以元神居之則三者聚為一也杏林翠道人曰萬物生皆死元神死復生以神居炁內丹道自然成施肩吾先生曰炁是添年藥心為使炁神若知行炁主便是得仙人若精虛則炁竭炁竭則神逝易曰精炁為物遊魂為變欲復命歸根不亦難乎玉溪子曰以元精未化之元炁而點化元神則神有光明而變化莫測矣名曰神仙是皆一身中之藥物非假外物而為之也然而產藥有川源採藥有時節製藥有法度入藥有造化煉藥有火功昔聞之師曰西南之鄉土名黃

庭恍惚有物杳冥有精分明一味水中金但向華池仔細尋此產藥之川源也凝神聚炁塞兌垂簾離形去智幾於坐忘衛君終日默如愚煉成一顆如意珠此採藥之時節也天地之先無根靈草一意制度產成至寶大道不離方寸地功夫細密要行持此製藥之法度也心中無心念中無念注意規中一炁還祖息息綿綿無間斷行行坐坐轉分明此入藥之造化也清淨藥材密意為丸十二時中炁煉火藥金鼎常令湯用煖玉爐不要火教寒此煉藥之火功也大抵玄牝為陰陽之源神炁之宅神炁為性命之藥胎息之根胎息為呼吸之祖深根固蒂之道胎者乃藏神之府息者化胎之源胎因息生息因胎住胎不得息不成息不得胎神無主原夫人之未生漠然太虛父母媾精其兆始見一點初凝一念是也純是性命混沌三丹玄牝立焉玄牝既立繫如瓜蒂嬰兒在母

暗注毋烝毋呼亦呼毋吸亦吸凡百動盪內外想滅何識何知何明何曉天之烝混之地之烝混之人之氣混之但有一息焉及期而育天翻地覆人驚胞破如行大顛失足之狀頭懸足撐而出之大叫一聲其息即忘故隨性隨情不可拘也況乳以沃其心巧以玩其目愛以蔽其情慾以化其性渾然天真散之物者皆是矣胎之一息無復再守也神仙教人修煉必欲返其本而復其初重生五臟再立形骸無質生質結成聖胎其訣曰專烝致柔能如嬰兒除垢止念靜心守內外想不入內想不出終日混沌如在母腹神定以會乎烝烝和以合神神即烝而凝烝煉神而住於寂然大休歇之場恍惚無何有之鄉灰心冥冥注意一竅如雞抱卵似魚在淵不至於極要至于若綿綿若存再守胎中之一息也守無所守其息自住得此息住泯然若無離心于心無所存注杳冥之內但

致富　卷之四　衛生　三十

覺虛空之中靈爲造化之主宰時節若至妙理自彰藥既生矣火斯出焉故採藥之時謂之坎離交出之時謂之乾坤交其坎離之合也則萬象內攢于丹鼎在乎立基百日之間見之其乾坤之交也則一點下降于黃庭在乎立基百日之後見之當此之時身心混融與虛空等亦不知神之爲烝亦不知烝之爲神亦不知天地何如亦不知我爲甚物如太虛之未分如三才之未露渾淪凝結之未鑿動靜陰陽之未形忽然一點靈光朗如虛空生白之狀似此奇妙非有想非作爲自然而然吾亦不知其所以然而然經云一物含五彩永作仙人祿一作藥此金液大還丹也豈凡珠凡水五金八石所可同日而語哉還返之理至矣盡矣若不悟信含立牝而立根基外神烝而求藥物不結自然之胎急而妄行火候棄本趁末捨妄逐真大非之器也

火候

古歌曰聖人傳藥不傳火從來火候少人知夫所謂不傳者非秘而不傳也蓋採時爲之藥藥之中有火焉煉時爲之火火之中有藥焉能知藥而收火則定裏見丹成自有不待傳而知者矣詩曰藥物陽內陰火候陰內陽會得陰陽理火藥一處詳此其義也後人爲于丹經不能明晰以爲二十四氣七十二候二十八宿六十四卦分野日月合璧海潮升降長生三昧陽文陰武等說必欲窮究何者爲火何者爲候癡心一生種種作相雖得藥物之真惜然不致烝煉殊不知真火本無候大藥不計斤玉蟾云火本南方離卦離屬心心者神也神即火也烝即藥也神不亂烝歸神以火煉藥而成丹者即是以神馭烝而成道也其說如此分明直截夙無仙丹誦爲空言實面黃頭垢而髮息然火候口訣之要尤當于真

致富　卷之四　衛生　三十一

息中求之蓋息從心起心靜息調息息歸根金丹之母玉帝心印經所謂迴風混合百日功靈者此也入藥鏡所謂起巽風運坤火入黃房成至寶者此也海蟾翁所謂鼓橐乾坤造化樞煅煉一爐真日月者此也丹陽子所謂神火妙者鉛水隨老龍吞盡瀝涎者此也何則真人潛深淵浮游守規中以神馭烝以烝定息橐籥之開闔陰陽之升降呼吸出入任其自然專烝致柔含光默默行住坐臥綿綿若存如婦人之懷孕如小龍之養珠漸採漸煉漸凝漸結工夫純粹打成一片動靜之間更宜消息念不可起念起則火炎意不可散意散則火冷但使保守得中神烝相抱一意中和包裹混沌默契之火種相續丹鼎常溫無一息之間斷無毫髮之差殊如是煉之一刻有一刻之周天如是煉之百日謂之立基如是煉之十月謂之胎仙以至元海陽生水中火起天地循

環造化反復皆不離乎一息也况所謂沐浴温養進退抽添其中皆寓合天幾行符造化初不容吾力焉無子午卯酉之法無晦朔弦望之節無冬至夏至之分無陰火陽符之别若言其時則一日内十二時意所到皆可爲若言其妙則一刻之工夫自有一年之節候一年之工夫可奪天地三萬六千年之蒸數要如慢守藥爐看火候但安神息任天然此平叔之言也晝夜屯蒙法自然何用孜孜看火候此高象州之論也噫聖人傳藥不傳火之旨盡於斯矣

夷門廣牘曰導引不食穀導氣令其和引體令其柔

延命錄曰欲以養陽食以養陰食宜常少亦勿令虚不飢强食則脾勞不渴强飲則胃脹绝食勿仰卧食後勿就寢春水未泮宜下厚上薄養陽收陰大暑中脫汗衣不可向風冬天急脫急着綿衣

勿頓加稍覺煖又宜暫脫古語云北人不脫不着南人頻脫頻着

人從慾中生死誰能無慾但始則濃厚漸則澹泊漸則念頭初起過而不留又漸則雖有念如嚼蠟無味又漸則并無念斯爲真功夫耳古藏云不怕念起則恐覺遲

張莊簡公云夏至節嗜慾冬至禁嗜慾嗜慾四時皆損人但二至爲陰陽消長之際尤損人耳

細言曰四月屬巳五月屬午火大旺則金衰六月屬未土大旺則水衰古人於夏獨宿淡味保養金水二臟正嫌火土旺耳内經曰冬不藏精者春必病瘟十月屬亥十一月屬子火氣潛伏當養其真而爲來春發生之本此時若恣慾戕賊至春陽氣輕浮必有温疫此五箇月爲一年之虚若上弦前下弦後月廓月空爲一月之虚風霧大雷虹電暴寒暴熱日月薄蝕愁怒驚悲醉飽勞倦謀慮勤動爲一日之虚若病患初退瘡痍正作尤不止一日之虚值此四者可不保養天和退遠帷幕哉

顔氏家訓曰性命在天神仙之事不可爲其誣或但當慎起卧均寒暄禁嗜慾慮禍全身是謂善養生者單豹養于内而喪其外張毅養于外而喪其内嵇康著養生之論而以傲物受刑石崇冀服餌之徵而以貪溺取禍非往事之明驗歟

應璩詩曰昔有行道人陌上見三叟年各百餘歲相與鋤禾莠往拜問三叟何以得此壽上叟前致辭室内姬粗醜二叟云量腹接所受下叟云暮卧不覆首要哉三叟言所以壽長久

學山曰飲食有節脾土不泄調息寡言肺金自全動静以敬心火自定寵辱不驚肝木以寧恬然無慾腎水自足

伊川先生曰吾受氣甚薄三十而浸盛四十五十而後完今生七

十二年矣校其筋骨於盛年無損也若人待老而求保生是猶貧而後蓄積雖勤亦無補矣

道玄真人曰春宜早卧晏起逆之則傷肝夏爲寒變夏宜晏卧早起逆之則傷心秋爲痎瘧秋宜早卧早起逆之則傷肺冬爲飧泄冬宜早卧晏起逆之則傷腎春爲痿厥俱當慎之

重陽仙師詩云春月少酸宜食甘冬月宜苦不宜酸夏宜增辛聊減苦秋辛可省但加酸四季土神能剋腎須令鹹味入常餐

道林曰先飢而食先渴而飲先寒而衣先熱而解不多唾唾不遠

酸多傷脾苦多傷肺鹹多傷心甘多傷腎

雜志曰流水之聲可以養耳青禾（松）綠草可以養目觀書讀理可以養心彈琴學字可以養指逍遥杖履可以養足静坐調息可以養筋骸

要記曰一日之忌暮無飽食一月之忌暮飲大醉大飽傷肺大飢傷氣久視傷血久臥傷氣久立傷骨久行傷筋久坐傷肉早起不在雞鳴前晏起不在日出後冬則朝勿飢夏則夜勿飽寅日剪指甲午日剪足甲

名臣錄云邵康節居洛四十年自號安樂先生旦則焚香獨坐晡時飲酒三四甌微醺便止有詩曰斟有淺深存變理飲無多少係經綸莫道山翁拙于用也能康濟自家身大寒暑則不出每出乘小車用一人挽之又詩曰花似錦時高閣望草如茵處小車行

養生家忌北首臥忌北向食坐以及冠帶睡臥蓋北方壬癸至陰所居犯者魁罡神責之眉公秘笈

老人拄杖斑竹爲佳陸務觀云竹欲老瘦而堅勁斑欲微赤而點疎賈長江詩云揀取林中最細枝結根石上長身遲莫嫌滴瀝紅斑少恰是湘妃淚盡時

四季調攝

春季

春三月此謂發陳天地俱生萬物以榮夜臥蚤起廣步於庭披髮緩行以使志生生而勿殺與而勿奪賞而勿罰此養炁之應養生之道也逆之則傷肝夏爲寒變奉長者少春陽初升萬物發萌正二月間乍寒乍熱高年之人多有宿疾春炁一攻則遂發又兼去冬薰衣啗炙積至春而發泄致體熱頭昏壅隔涎嗽四肢倦怠稍發不可便行疎利之藥恐傷肺臟惟用消風和氣或凉膈化痰之劑春日融和當眺園林亭閣虛敞之處用攄滯懷以暢生炁不可兀坐以生他鬱飲酒不可過多凡米麵團餅不可多食天炁寒暄不一不可頓去綿衣老人炁弱骨疎易衣勿暴燥○春間之病多自冬至一陽生時陽炁吐陰炁納心膈宿熱與陽炁相衝兩虎相逢狹道必鬭至於春夏之交遂傷寒虛熱時行之患又因冬月焙火食炙心膈宿痰流入四肢之故耳當服去痰之藥以導之不可令背寒寒即傷肺致鼻塞咳嗽肺俞五臟之表胃俞經絡之長皆勿失寒熱之節

細辛散

老人春時昏倦當明目和脾除風去痰用細辛一錢去上川芎一錢甘草炙五分作一服水煎七分熱服

菊花散

春時熱壅風氣上攻頸項頭疼而腫及風熱眼澁用甘菊花前胡旋復花芍藥玄參防風各一兩右爲末臨睡酒調二三錢送下不能酒以米湯代下

延年散

春時進食順氣開胃陳皮四兩去白甘草二兩爲末鹽二兩半炒燥右三味先用滾湯洗去陳皮苦水次將甘草末并鹽蘸上焙乾每細嚼三二片以通滯氣

黃芪散

春時眼疾口乾生瘡用黃芪一兩川芎一兩防風一兩甘草五錢白蒺藜一錢炒去刺尖再用甘菊花五分右爲末每服二錢空心米湯飲下日午臨睡三時服之暴赤風毒昏瀒痛癢並皆治之

夏季

夏火土于長養心炁旺能尅肺金當夏飲食宜減苦增辛以養肺心氣當呵以疎之噓以順之三伏內腹中常冷特忌下利恐泄陰氣故不宜針灸惟宜發汗夏至後夜半一陰生宜服熱物兼服補

腎藥夏季心旺腎衰雖大熱不宜喫冷淘冰雪蜜水涼粉冷粥飽
腹受寒必起霍亂莫食瓜茄生菜腹中方受陰氣食此凝滯之物
多爲癥塊若患冷氣痰火之人切宜忌之老人尤當慎平居簷下
過廊衖堂破窗皆不可納涼賊風中人最暴藥宜[illegible]肥膩當戒
勿露卧勿使人扇風取涼有汗當風而卧防風痺等症○夏三月
此謂蕃秀天地氣交萬物華實夜卧蚤起無厭于日使志無怒使
華成實使氣得泄此夏氣之應長養之道也逆之則傷心秋發痎
瘧奉收者少冬至病重

荳蔻散

老人夏月冷氣發動胸膈氣滯噎塞脾胃不和不思飲食用草荳
蔻四兩同生薑四兩炒香黃爲度去薑用大麥芽十兩炒黃神麯
四兩炒黃甘草四兩炙乾薑一兩炮右爲末每服一錢如點茶喫
致富

不計時服

橘紅散

夏月消食和氣用廣陳皮一片湯浸五七次布包壓乾又將生薑
半片取自然汁拌勻一宿焙乾肉荳蔻一兩甘草二兩右甘草向
白鹽三四兩同炒候鹽紅色草赤色爲度共橘皮爲末用點茶時
服一錢一次

香薷飲

夏月解暑益氣用香薷一兩陳皮白匾荳炒茯苓木瓜厚朴薑汁
浸甘草各五錢水煎停冷服之

秋季

秋三月主肅殺肺旺屬辛金能尅肝木主酸秋時飲食宜減辛增
酸以養肝氣肝盛則用鹹以泄之立秋以後稍宜和平將攝凡有
秋之際故疾發動之時切須安養秋不宜吐并發汗致臟腑不安
惟宜針灸下利進湯散以助陽氣又若患積勞五痔消渴等病不
宜喫炙煿并自死牛肉生鱠雞豬濁酒陳臭鹹醋粘滑難消之物
若夏月好喫生冷至秋患痢瘧宜服承氣湯凡清晨睡覺閉目叩
齒嚥津搓牙熨眼可以明目秋季謂之容平天氣以急地氣以明
早卧早起與雞俱興使志安寧以緩秋形收斂神氣使秋氣平無
外其志使肺氣清此秋氣之應養收之道也逆之則傷肺冬爲飧
泄奉藏者少秋氣燥宜食麻以潤其燥

[illegible]脾丸

老人秋來臟腑虛冷滯滿不定用木香訶子炮去核厚朴生薑汁
炒五倍子微炒白朮土炒各等分右爲末米飲湯爲丸如桐子大
每服十丸白湯送下
致富

威靈仙丸

治肺氣壅滯涎痰間作胸膈痰塞痞悶用龍腦薄荷一兩皂角一
斤不蛀者河水浸洗去黑皮用砂器中揉作稠水去滓筋熬成膏
收用威靈仙洗去土焙四兩右爲末丸如桐子大每三十丸臨卧
生姜湯下

二仁膏又名生姜湯

治膈滯肺疾痰嗽用杏仁四兩去皮米桃仁四兩去皮生薑六兩
去皮切之甘草一錢鹽五錢右以二仁同姜濕紙裹包研細入甘
草與鹽瓶內收貯用湯點服

冬季

冬三月天地閉藏水冰地坼無擾乎陽早卧晚起必待日光去寒
就溫毋泄皮膚逆之傷腎春爲痿厥奉生者少斯時伏陽在內有

痰宜吐心膈多熱所忌發汗恐泄陽氣宜服藥酒滋補寒極漸加綿衣不得頻用大火烘炙手足應心不可以火炙手引火入心使人煩燥勿火烘炙物冷藥不治熱極熱藥不治冷極宜減鹹增苦以養心氣○冬月陰氣在外老人多有上熱下冷之患不宜沐浴勿加湯火大汗易感于外疾勿出以犯霜威早起宜服酒幾杯晚服消痰凉膈之藥

禦寒湯

老人冬月體寒痼冷用之温氣黃芪二錢白术二錢五味子十五粒茯苓一錢肉桂五分陳皮七分右爲一服水煎

陳橘丸

治大腸風燥氣秘等疾用陳橘皮去白一兩檳榔五錢木香五錢羌活五錢青皮五錢枳殼麩炒五錢不蛀皂角兩挺去皮酥炙黃

牽牛炒二兩郁李仁去皮先炒黃一兩右爲末蜜丸如桐子大每服二十丸食前姜湯下

服食方

服松子法

不以多少研爲膏空心温酒調下一匙日三服則不飢久服行數百里身輕體健

服栢實方

八月取栢實燥之令坼其子自脫用清水淘取沉者控乾輕搗取仁擣羅爲細末每服二錢用酒調下久服輕身延年

服茯苓法

茯苓削去黑皮擣末以醇酒於瓦器中漬令淹足又用瓦器覆之密封泥塗十五日發當如餅食造餅亦可屑服方寸匕不飢渴除痾延年

服黃精法

黃精細切一石以水二石五升微火煮旦至夕熟出使令以手擂碎布囊榨汁煎之渣曝燥擣末合向釜中煎熬爲丸其功爲最

不畏寒方

取天門冬茯苓爲末或酒或水調服之每日頻服大寒時汗下单衣忘冷

服枸杞法

採紅熟枸杞不拘多少用無灰酒浸之冬六日夏三日於砂盆研令極細後以布袋絞汁與前浸酒一同慢火熬成膏服

牛乳益氣方

黃牛乳最宜老人性平補血脉益心氣長肌肉令人身體康健潤

作乳餅或作乳飲等恣意常食爲妙

五加皮酒

昔魯定公母单服五加皮酒以致延生如古人張子聲等恒服五加皮酒則房室不絶壽考多子

服蓮子法

七月七日採蓮花七分八月八日採蓮根八分九月九日採蓮子九分陰乾食之令人不老

仙术丸

蒼术米泔水浸夏秋三日春七日去皮洗净蒸半日作片焙乾石臼擣爲末煉蜜爲丸如桐子大每日晨午服五十丸酒下

芡實粥

用芡實三合去殼新者研成膏陳者作粉和粳米三合煮粥食之

益精氣强智力聰耳目
用蓮子一兩去皮煮爛細搗入糯米三合煮粥食之治同前
竹葉粥
用竹葉五十片石膏二兩水三碗煎至二碗澄清去渣入米三合煮粥入白糖一二匙食之治膈上風熱頭目赤
蔓菁粥
用蔓菁子二合研碎入水二大碗絞出清汁入米三合煮粥治小便不利
甘蔗粥
用甘蔗榨漿三碗入米四合煮粥空心食之治咳嗽虛熱口燥涕濃舌乾
沙穀米粥

用沙穀米揀淨水略淘滚水內下一滚即起庶免作糊治下痢甚驗
山藥粥
用淮山藥為末四六分配米煮粥食之甚補下元
荼蘼粥
採荼蘼花片用甘草湯焯過候粥熟同煮又採木香花嫩葉就甘草湯焯過以油鹽姜醃為菜二味清芬真仙供也
扁豆粥
白扁豆半斤人參二錢作細片用水煮汁下米作粥食之益精力又治小兒霍亂
百合粥
生百合一升切碎同蜜一兩窨熟煮粥將起入百合三合濟粥食之妙甚
茯苓粥
茯苓為末淨一兩糯米二合先煮粥熟下茯苓末同煮起食治欲睡不得睡
糖蒸茄
牛奶茄嫩而大者不去蒂剖切成六稜每五十片用鹽一兩拌勻下湯焯令變色瀝乾用薄荷茴香末夾在內砂糖三斤醋半鍾浸三宿晒乾還鹵直至鹵盡茄乾壓匾收藏之
醃瓜
青瓜堅老而大者切作兩片去穰略用鹽出其水生姜陳皮薄荷紫蘇切作絲茴香炒砂仁砂糖拌勻入瓜內用線扎定成個入醬缸內五六日取出連瓜晒乾收貯切了晒

蒜苗乾
蒜苗切寸段一斤用鹽一兩淹出臭味略晾乾拌醬糖少許蒸熟晒乾收藏
藏芥菜
芥菜肥者不犯水晒至六七分乾去葉每斤鹽四兩淹一宿取出每莖扎成小把置小瓶中倒瀝盡其水并前醃出水同煎取清汁待冷入瓶封固夏月食
芥辣
二年陳芥子研細水調納入碗內韌紙封固湯沸三五次泡出黃水覆冷地上頓有氣入淡醋解開布濾去渣○又一法加細辛二三分更辣
糖茄子方

五茄六糟鹽十七更加河水甜如蜜腌茄子五斤糟六斤鹽十七
兩河水兩三碗拌糟其茄味自甜此藏茄法也非暴用者○又方
用中樣晚茄水浸一宿每斤用鹽四兩糟一斤亦妙

糟姜方

薑一斤糟一斤鹽一兩揀社日前可糟不要見水不可損皮
用乾布擦去泥晒半乾後糟鹽拌之入甕

糟蘿葡方

蘿蔔一斤鹽三兩以蘿蔔不要見水揩淨帶須半根晒乾糟與鹽
拌過次入蘿蔔又拌過入甕此方非暴吃者

三和菜

淡醋一分酒一分水一分鹽甘草調和其味得所煎滾下菜苗絲
橘皮絲各少許白芷一二小片糝菜上重湯頓勿令開至熟食之

十香豆豉方

生瓜併茄子相半每十斤爲率用鹽十二兩先將內四兩醃一宿
瀝乾生姜絲半斤活紫蘇連梗切斷半斤甘草末半兩花椒二兩
揀去梗核茴香一兩蒔蘿一兩砂仁二兩藿葉半兩如無亦罷先
下日將大黃豆一升煮爛用炒麩皮一升拌罨做黃子待熟過篩
去麩皮止用豆豉用酒一瓶醋糟大半碗與前物共和打拌抱乾
入甕入之捺實用箬四五重蓋之竹片二十字扞定再將箬扎甕
口泥封晒日中至四十日取出略晾乾入甕收之如晒可二十日
轉過甕使日色週遍

芝麻醬方

熟麻一斗搗爛用六月六日水煎滾晾冷用罈調勻水淹一手
曬五七日後開罈將黑皮去後加好酒釀糟三碗好醬油

三碗好酒二碗紅麴末一升炒綠荳一升炒米一升小茴香一
兩和勻過二七後甚佳

乾閉甕菜

菜十斤炒鹽四十兩用缸醃菜一皮菜一皮鹽醃三日取起菜入
盆內揉一次將另過一缸鹽滷收起聽用又過三日又將菜取起
又揉一次將菜另過一缸留滷聽用如是九遍完入甕內一層菜
上灑花椒小茴香一層又裝菜如此緊緊實實裝好將前留起菜
滷每罈入三碗泥起過年可吃

水豆豉法

好黃子十斤好鹽四十兩金華甜酒十碗先日用滾湯二十碗充
調鹽作滷留冷定聽用將黃子下缸入酒入鹽水晒四十九日
完方下大小茴香各一兩草果五錢官桂五錢木香三錢陳皮絲
一兩花椒一兩乾薑絲半斤杏仁一斤各料和入缸內又晒又打

二日將罈裝起隔年吃方好蘸肉吃更妙

茭白鮓

鮮茭白切作片子焯過控乾以蔥絲蒔蘿茴香花椒紅麴研爛并
鹽拌勻同醃一時食藕梢鮓同此造法

造穀菜法

用春不老菜薹去葉洗淨切碎如錢眼大晒乾水氣勿令太乾以
薑絲炒黃豆大每菜一斤用鹽一兩入食香相停揉回滷性裝入
罈內候熟隨用

蒜冬瓜

揀大者去皮穰切如一指闊以白礬石灰煎湯焯過漉出控乾每
斤用鹽二兩蒜瓣三兩搗碎同冬瓜裝入磁器添以熬過好醋浸之

五美薑

嫩薑一斤切片同白梅半斤打碎去仁入炒鹽二兩拌匀晒三日次入甘松一錢甘草五錢檀香末二錢又拌晒三日收用

五辣醋方

醬一匙醋一錢白糖一錢花椒五七粒胡椒一二粒生薑一分或加大蒜一二瓣更妙

枸杞頭

枸杞子嫩葉及苗頭採取湯焯以麻油拌食之可用以煮粥更佳四時惟冬食子

蓼科

夏秋採之去葉去根惟梗圓科如上法熟食亦佳糟食更妙野蔬中第一品也

蒲菜

四月採之嫩者一焯落水漂用以薑醋食之亦可作肉羹

野莧菜

夏採熟食拌料炒食俱可比家莧菜更美

蓬蒿

春初採心苗入茶最香葉可熟食夏秋莖可作虀

茉莉葉

茉莉花嫩葉採洗淨同豆腐熬食絕品

鵝腳花

採單瓣者可食千瓣者傷人湯焯加鹽拌料亦可炖食如入瓜薑炒食俱可春時食苗

紅花子

採子淘去浮者碓內搗碎入湯泡汁更搗更煎汁鍋內沸入醋點住絹挨之似肥肉入素食極精

[illegible]嫩

出更鮮美熟食無不可者

金蓮花

夏採葉梗浮水面湯焯薑醋油拌食之

芙蓉花

採花去心蒂湯泡一二次同豆腐炒加胡椒紅白可愛

玉簪花

採半開蕊分作二片或四片拖麵煎食若少加鹽白糖入麵調勻拖之味甚香美

梔子花

採半開花礬水焯過入細葱絲大小茴香花椒紅麯黃米飯研爛同鹽拌勻醃壓半日食之用礬焯以蜜煎之其味亦美

木菌

用朽桑木樟木楠木截成一尺長段臘月掃爛葉擇肥陰地和木埋于深畦如種菜法春月用米泔水澆灌不時菌出逐日灌以三次即大如拳採同素菜炒食作脯俱美木上生者且不傷人

藤花

採花洗淨鹽湯灑拌勻入甑蒸熟晒乾可作食餡子美甚葷用亦妙

芭蕉

蕉有二種根粘者為糯蕉可食取根切作手大片灰汁煮令熟

去灰汁又以清水煮易以二次令灰味盡取壓乾以鹽醬入小茴
香花胡椒乾姜熟油研拌蕉根入缸中淹一二日取出少焙略
敲令軟食之全似肥肉

蓮房

取嫩者去皮子并蒂入灰煮又以清水煮去灰味同蕉脯法焙石
壓令扁作片食之

松花蕊

採去赤皮取嫩白者蜜漬之略燒令蕊熟勿太熟極香脆且美

水苔

春初採嫩者淘擇令極淨更洗去砂石蟲子以石壓乾入鹽油花
椒切韭菜同拌入罐再加醋姜食之甚美

鳳仙花梗

採頭芽湯焯少加鹽曬乾可留年餘以芝麻拌供新者可入茶最
宜炒麪觔食佳拖豆腐素菜無一不可

蓬蒿

採嫩頭二三月中方盛取來洗淨加鹽少醃和粉作餅油煠香美
可食

蕎麥葉

八九月採初出嫩葉熟食

雞腸雞腳草

可焯熟拌料食之　防風芽　天門冬芽　用芎芽　牛膝芽
菊花芽　苦菜芽　俱拌料熟食

蟹生

用生蟹剁碎以麻油先熬熟冷并草果茴香砂仁花椒末水姜胡
椒俱為末再加葱鹽醋共十味入蟹內拌勻即時可食

炙魚

鱭魚新出水者治淨炭上十分炙乾收藏一法以鱭魚去頭尾
切作段用油炙熟每段用箬間盛瓦罐內泥封

水醃魚

臘中鯉魚切大塊拭乾一斤用炒鹽四兩擦過淹一宿洗淨晾乾
再用鹽二兩糟一斤拌勻　罐紙箬泥封塗

肉鮓

生燒猪羊腿精批作片以刀背勻捶三兩次切作塊子沸湯隨浸
出用布扭乾每一斤入好醋一盞鹽四錢椒油草果砂仁各少許
供饌亦珍美

爐焙雞

用雞一隻水煮八分熟剁作小塊鍋內放油少許燒熱放雞在內
略炒以鏇子或碗蓋定燒及熱醋酒相半入鹽少許烹之候乾再
烹如此數次候十分酥熟取用

夏月醃肉法

用炒過熱鹽擦肉令軟勻下缸內石壓一夜掛起水痕即以大石
壓乾掛當風處不敗

風魚法

用青魚鯉魚破去腸胃每斤用鹽四五錢醃七日取起洗淨拭乾
腮下切一刀將川椒茴香加炒鹽擦入腮內并腹裡外以紙包裹
外用麻皮扎成一個掛于當風之處腹內入料多些方妙

肉生法

切薄片子醬油洗淨入火燒紅爆炒去血水微白即好取

出切成絲再加醬瓜精薑葡大蒜砂仁草果花椒橘絲香油拌炒肉絲臨食加醋和勻食之甚美

魚醬

用魚一斤切碎洗淨後炒鹽三兩花椒一錢茴香一錢乾薑一錢神麴二錢紅麴五錢加酒和勻拌魚肉入磁瓶內封好十日可用吃時加葱花少許

酒醃蝦法

用大蝦不見水洗剪去鬚尾每斤用鹽五錢淹半日瀝乾入瓶中蝦一層放椒三十粒以椒多為妙或用椒拌蝦裝入瓶中亦妙裝完每斤用鹽三兩好酒化開澆入瓶內封好泥頭春秋五七日即好吃冬月十日方好

煮蟹青色蛤蜊去丁

用柿蒂三五箇同蟹煮色青用枇杷核內仁同蛤蜊煮脫丁

造肉醬法

精肉四斤去筋骨醬一斤八兩研細鹽四兩葱白細切一碗川椒茴香陳皮各五六錢用酒拌各粉併肉如稠粥入罎封固曬烈日中十餘日開看乾再加酒淡再加鹽又即以泥晒之

治食有法條例

猪肚用麪洗猪臟用砂糖不氣○煮筍入薄荷少許則不蘞○糟蟹罎上加皂少許定可留久○洗魚滴生油一二點則無涎○煮魚下木香不腥○煮鵝下櫻桃葉數片易軟○煮陳臘肉將熟取燒紅炭數塊投入鍋內則不油蘞氣○煮諸般肉用楮實子一二粒同煮易爛又香○夏月肉單用醋煮可留十日○燒肉忌桑柴火○酒酸用小豆一升炒焦袋盛入酒罎中即好○染坊瀝過淡灰曬乾包藏生黃瓜茄子至冬月可食○用稻毛包藏梨子三四月不乾菉荳亦可藏橘

救荒方

天災流行堯湯不免春秋二百四十二年書大有者僅二而水旱螽螟屢書不絕然則年穀之豐豈亦罕見為民父母者自有救備大略勝者若山澤丁五穀盡而樹秈糠秕盡而草根木葉易不救須臾死其何忍廢王盤氏野菜譜詳于南周憲王救荒本草詳于其成書具在皆食草木法也故棲于山者有粉葛（取葛根搗為粉）蕨萁（取蕨根搗碎以水淘汰停粉為其）蘋藻蓴菜之利瀕于水者有魚鱉蝦蟹蛤螺芹藻之實雖蝗蟲所食雖有孑遺而獨不食區地芋桑與水中菱芡萬一懷金立槁易子炊骸飢荒之極則辟穀諸法無有糧賑濟之勞延餓莩時日之命安可秘而不傳哉

東海洲上有草名曰鹵實如稗子七月熟八月收謂之自然穀方孝儒海米行云海邊有草名海米大非蓬蒿小非苦婦女攜籃晝作暮來摘仍于海中洗歸來滌釜燒松枝煮米為飯充朝飢莫辭苦澀咽不下性命聊假須臾時

菰生水中葉如蒲葦有莖梗至秋結實乃雕胡米也古人採之以當糧

黃蓬草葉如茈蒲秋月結實成穗子細如雕胡米○青稞葉如黍黍有子如赤黍而細其稃甚薄曝舂炊食俱可療飢

飛蓬乃藜蒿之類如灰藋菜亦可充飢

稗米一斗可舂三升煮粥飯皆可曲植有芳菰精稗之稱雀麥一名燕麥穗極細每穗又分小叉十數個子亦細小舂去皮作麪蒸食亦作餅食皆可濟荒

李時珍曰藻有二種馬藻葉長二三寸兩兩相對聚藻葉細如絲
勝節節相連左傳以爲蘋蘩縕藻是也挼去腥氣米麪糝蒸爲茹
荊揚人遇飢以之當穀
救荒本草云榆皮檀皮爲末日服數合可斷穀不飢
又云野胡蘿蔔與家園種者苗葉花實皆同金幼孜北征錄云可
北有沙蘿蔔根長二尺許大者徑寸下支者如筯小此皆胡蘿蔔
之類荒歲可採食者
李時珍曰魏武帝行軍乏食得乾椹以濟飢金末大亂民皆食椹
全活者不可勝計椹之乾濕皆可救飢如此平時不可不收採也
又云糠米之殼也謂之米皮味甘辛平食之而飢年人多以豆
屑或草木花實可食者和糠蒸煮以救荒云
救荒本草云山茶嫩葉煠熟水淘可食亦可蒸曬作飲

致富　卷之四　救荒方　卒

晉蔡饑應侯請發左苑之果蔬棗栗以活民孔融爲東萊賊所
攻城中乏糧以宮棗賦戰士明年郡令民種桑棗不種者有罰
亦以備凶荒之用云耳
紫芋白芋其葉皆土皆白甜洗煮熟可食〇荊葉蔾炒黃去刺磨
麪作餅或蒸食
雁山志云百食一名鬼蒜荒年山中人敢以療飢
芋大者曰魁小者曰子可度凶年
菽麥曬乾作粉朝夕食之可以不飢

辟穀方　見太平廣記

晉惠帝永寧二年黃門侍郎劉景先過太白山遇隱士傳得此方
後人用之多驗用大豆五斗洗淘淨蒸三遍去皮又用大麻子三
升浸一宿漉出蒸三遍令口開右三味先將豆搗爲末麻子亦細
搗不下豆同搗令勻作團子如拳大入甑內蒸初更進火蒸至夜
子時住直至寅時出甑午時曬乾搗爲末乾服之以飽爲度不
得食一切物第一頓得七日不飢第二頓得四十九日不飢第三
頓得三百日不飢不問老少但依法服食令人強壯容貌不憔悴
如渴研大麻子湯飲之滋潤臟腑若要吃別物用葵子三合許研
末煎冷服開導胃脘以待沖和取下其藥如金色任吃諸物並無
所損前知隨州朱頌教民用之有驗序其首尾勒石漢陽軍大別
山太平興國寺

辟穀方　見尊生八箋

黑豆五斗淘淨蒸三遍曬乾去皮秋麻子三升溫水浸一宿去皮
曬乾各爲細末糯米三斗煮粥和前二味合搗爲團如拳大入甑
蒸一宿一更發火蒸至寅時日出方熄取出曬至日午令乾再

致富　卷之四　救荒方　垩

搗爲末用小棗五斗煮去皮核同前三味爲團如拳大再入甑中
蒸一夜服之以飽爲度如渴以淘麻子水飲之滋潤臟腑如無麻
子治白湯亦可不得別食他物

又方　見救荒本草

黑豆半升炒香去皮芝麻半升炒熟白茯苓四兩管仲四兩水洗
淨切碎爲末糯米半升炒熟爲末每服三錢日進三服或水或湯
送下盛貯用青布囊

防儉餅　見臞仙神隱

栗子紅棗胡桃柿餅右四件去皮核碓臼內搗爛勻捻作厚餅曬
乾收之以防荒歲之用

許真君辟穀方　見月令廣義

白麪六兩黃蠟二兩白膠香五兩右將麪調糊爲丸如豆大曬

乾再將蠟溶成汁將圓子投入其中打勻候冷用紙包裹安收每
處每早空心服三五十丸冷水嚥下吃熟食任意不妨

服蒼朮方見王氏農書

蒼朮一斤白芝蔴香油各半斤右將蒼朮用米泔浸一宿取出切片子以香油炒令熟用瓶盛取每日空心服一撮用冷水湯嚥下飢即服之壯氣駐顏色辟邪又能步履

又方見臞仙神隱

生服松柏葉用茯苓骨碎補杏仁甘草搗細爲末取生葉蘸水滚與藥末同食博物志曰荒亂不得食可細搗松柏葉水送下以不飢爲度粥薄湯送下尤佳每用柏葉五合松葉三合不可過度

又方用黃蠟炒粳米亦可充飢食胡桃肉即解見南村輟耕錄

又方見山居四要

杜仲伏苓甘草荆芥等分爲末糊丸如桐子大每服數丸即與事水可以充飢此有竹葉甘草不可同食食草藥有毒惟鹽可解洞

黃山谷煮豆帖見南村輟耕錄

黑豆一升倭滌淨用貫衆一斤細剉如骰子同豆慢火煮之翻覆令展盡餘汁寫豆簸取黑豆去貫衆空心服七粒食諸草木枝葉覺有味可飽

休糧方見仙娥清玩

縮砂仁貫衆白芷茯苓甘草右爲細末煮黑豆熟以藥拌置鍋中黃蠟一兩薄切鋪豆上令勻取豆焦乾爲度以數粒同松敘中節食亦可不飢

大道丸見尊生八牋

黑豆一升去皮貫仲甘草各一兩白茯苓莪朮縮砂仁各五錢右五味剉碎用水五升同豆熬煎火須文武緊慢得中直至水盡淺去藥取豆搗如泥作雞頭子大入有瓷器內收封每嚼一丸可食百般草葉終日恣飫雖異草殊木素所不識者覺甘甜與進飯同

辟穀休糧方見王氏農書

白麪一斤黃蠟四兩化開白茯苓一斤去皮右三味爲細末打糊攤成餅先清齋一日食一頓七月不飢再食一頓一月不飢若要食服葵菜煎湯服一鍾如無葵菜茯苓湯亦可

休糧養道方見救荒本草

白麪六斤香油二斤蜜二斤乾姜二兩滚水泡生姜四兩去皮甘草二兩白茯苓四兩黃米三升右爲細末和成一塊切作片蒸一時陰乾爲末先吃飽飯後服此藥一茶匙淨水送下若服至一錢可一月不飢要解藥力葵菜煎湯服之仍舊食飯

食生黃豆法見仙娥清玩

服槐樹葉同生黃豆嚼之味不作腥可以下咽每日食豆二三合可度一日

又法赤小豆一升半炒大黃豆一升半焙二味搗末每服一合新水下日三服三升可以十日不飢

服百滚水法見尊生八牋

水經百滚煎熬亦能補人嘗在廣陵見一僧枯坐深崖多積山柴每日煎服沸水數碗哀救被芝蔴合許經百日不死

淡黃虀煮粥法見王氏農書

取菜洗淨貯缸中用麪入滚水調極薄澆于菜上以石壓之不用鹽摻六七日後菜變黃色味覺微酸成虀矣出後但以菜搜入汁中便可作虀不必復用麪取虀相兼煮粥食之每米一

升可當三升之用雖不及純米養人充塞飢腸聊以免死此法從腸美山中野人家傳來因飢菜之爲益甚引穀不熟曰飢菜不熟曰饉古人饑饉並言良有以也

療垂死飢人方

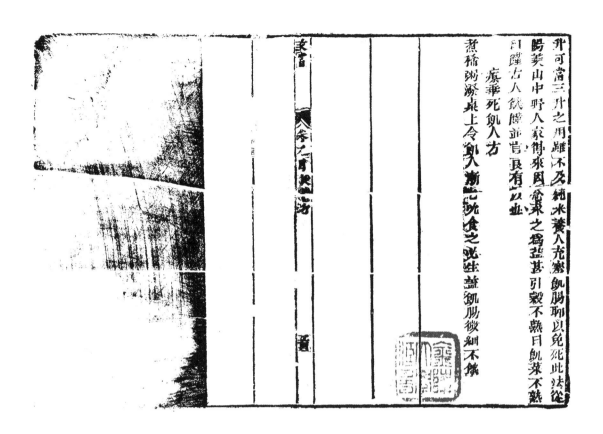

煮稀粥瀝桌上令飢人漸漸吮食之必生蓋飢腸微細不餓

出版後記

早在二〇一四年十月，我們第一次與南京農業大學農遺室的王思明先生取得聯繫，商量出版一套中國古代農書，一晃居然十年過去了。

十年間，世間事紛紛擾擾，今天終於可以將這套書奉獻給讀者，不勝感慨。

當初確定選題時，經過調查，我們發現，作爲一個有著上萬年農耕文化歷史的農業大國，我們整理的農業古籍叢書只有兩套，且規模較小，一是農業出版社自一九五九年開始陸續出版的《中國古農書叢刊》，收書四十多種；一是農業出版社一九八二年出版的《中國農學珍本叢刊》，收書三種。其他點校整理的單品種農書倒是不少。基於這一點，王思明先生認爲，我們的項目還是很有價值的。

經與王思明先生協商，最後確定，以張芳、王思明主編的《中國農業古籍目錄》爲藍本，精選一百五十二種中國古代最具代表性的農業典籍，影印出版，書名初訂爲『中國古農書集成』。接下來就是正常的流程，先確定編委會，確定選目，再確定底本。看起來很平常，實際工作起來，卻遇到了不少困難。

古籍影印最大的困難就是找底本。本書所選一百五十二種古籍，有不少存藏於南農大等高校圖書館。但由於種種原因，不少原來准備提供給我們使用的南農大農遺室的底本，當時未能順利複製。最後所有底本均由出版社出面徵集，從其他藏書單位獲取。

本書所選古農書的提要撰寫工作，倒是相對順利。書目確定後，由主編王思明先生親自撰寫樣稿，副主編惠富平教授（現就職於南京信息工程大學）、熊帝兵教授（現就職於淮北師範大學）及編委何彦超博士（現就職於江蘇開放大學）及時拿出了初稿，爲本書的順利出版打下了基礎。

本書於二〇二三年獲得國家古籍整理出版資助，二〇二四年五月以『中國古農書集粹』爲書名正式出版。

二〇二二年一月，王思明先生不幸逝世。没能在先生生前出版此書，是我們的遺憾。本書的出版，或可告慰先生在天之靈吧。

是爲出版後記。

鳳凰出版社

二〇二四年三月

《中國古農書集粹》總目

一

呂氏春秋（上農、任地、辯土、審時）（戰國）呂不韋 撰

氾勝之書 （漢）氾勝之 撰

四民月令 （漢）崔寔 撰

齊民要術 （北魏）賈思勰 撰

四時纂要 （唐）韓鄂 撰

陳旉農書 （宋）陳旉 撰

農書 （元）王禎 撰

二

農桑輯要 （元）司農司 編撰

農桑衣食撮要 （元）魯明善 撰

種樹書 （元）俞宗本 撰

三

居家必用事類全集（農事類）（元）佚名 撰

便民圖纂 （明）鄺璠 撰

天工開物 （明）宋應星 撰

遵生八箋（農事類）（明）高濂 撰

宋氏樹畜部 （明）宋詡 撰

陶朱公致富全書 （明）佚名 撰 （清）石巖逸叟 增定

四

農政全書 （明）徐光啓 撰

五

沈氏農書 （明）沈氏 撰 （清）張履祥 補

寶坻勸農書 （明）袁黄 撰
知本提綱（修業章） （清）楊屾 撰 （清）鄭世鐸 注釋
農圃便覽 （清）丁宜曾 撰
三農紀 （清）張宗法 撰
增訂教稼書 （清）孫宅揆 撰 （清）盛百二 增訂
寶訓 （清）郝懿行 撰

六

授時通考（全二册） （清）鄂爾泰 等 撰

七

齊民四術 （清）包世臣 撰
浦泖農咨 （清）姜皋 撰
農言著實 （清）楊秀沅 撰
農蠶經 （清）蒲松齡 撰
馬首農言 （清）祁寯藻 撰 （清）王筠 校勘並跋
撫郡農産考略 何德剛 撰
夏小正 （漢）戴德 傳 （宋）金履祥 注 （清）張爾岐 輯定
（清）黄叔琳 增訂
田家五行 （明）婁元禮 撰
卜歲恒言 （清）吴鵠 撰
農候雜占 （清）梁章鉅 撰 （清）梁恭辰 校

八

五省溝洫圖説 （清）沈夢蘭 撰
吴中水利書 （宋）單鍔 撰
築圍説 （清）陳瑚 撰
築圩圖説 （清）孫峻 撰
耒耜經 （唐）陸龜蒙 撰
農具記 （清）陳玉璂 撰
管子地員篇注 題（周）管仲 撰 （清）王紹蘭 注
於潛令樓公進耕織二圖詩 （宋）樓璹 撰

御製耕織圖詩 （清）愛新覺羅・玄燁 撰 （清）焦秉貞 繪
農説 （明）馬一龍 撰 （明）陳繼儒 訂正
梭山農譜 （清）劉應棠 撰
澤農要錄 （清）吳邦慶 撰
區田法 （清）王心敬 撰
區種五種 （清）趙夢齡 輯
耕心農話 （清）奚誠 撰
理生玉鏡稻品 （明）黃省曾 撰
江南催耕課稻編 （清）李彥章 撰
金薯傳習錄 （清）陳世元 彙刊
御題棉花圖 （清）方觀承 編繪
木棉譜 （清）褚華 撰
授衣廣訓 （清）愛新覺羅・顒琰 定 （清）董誥 等 撰
栽苧麻法略 （清）黃厚裕 撰

九

二如亭群芳譜 （明）王象晉 撰

十

佩文齋廣群芳譜（全三册） （清）汪灝 等 編修

十一

洛陽花木記 （宋）周師厚 撰
桂海花木志 （宋）范成大 撰
花史左編 （明）王路 撰
花鏡 （清）陳淏 撰

十二

洛陽牡丹記 （宋）歐陽修 撰
洛陽牡丹記 （宋）周師厚 撰
亳州牡丹記 （明）薛鳳翔 撰
曹州牡丹譜 （清）余鵬年 撰
菊譜 （宋）劉蒙 撰
菊譜 （宋）史正志 撰

菊譜　（宋）范成大　撰
百菊集譜　（宋）史鑄　撰
菊譜　（明）周履靖、黄省曾　撰
菊譜　（清）葉天培　撰
菊説　（清）計楠　撰
東籬纂要　（清）邵承照　撰

十三

揚州芍藥譜　（宋）王觀　撰
金漳蘭譜　（宋）趙時庚　撰
王氏蘭譜　（宋）王貴學　撰
海棠譜　（宋）陳思　撰
缸荷譜　（清）楊鍾寶　撰
汝南圃史　（明）周文華　撰
北墅抱甕録　（清）高士奇　撰
種芋法　（明）黄省曾　撰
筍譜　（宋）釋贊寧　撰
菌譜　（宋）陳仁玉　撰

十四

荔枝譜　（宋）蔡襄　撰
記荔枝　（明）吴載鰲　撰
閩中荔支通譜　（明）鄧慶宷　輯
荔譜　（清）陳定國　撰
荔枝譜　（清）陳鼎　撰
荔枝話　（清）林嗣環　撰
嶺南荔支譜　（清）吴應逵　撰
龍眼譜　（清）趙古農　撰
水蜜桃譜　（清）褚華　撰
橘録　（宋）韓彦直　撰
打棗譜　（元）柳貫　撰
檇李譜　（清）王逢辰　撰

十五

竹譜　（南朝宋）戴凱之　撰
竹譜詳録　（元）李衎　撰

竹譜 （清）陳鼎 撰
桐譜 （宋）陳翥 撰
茶經 （唐）陸羽 撰
茶錄 （宋）蔡襄 撰
東溪試茶錄 （宋）宋子安 撰
大觀茶論 （宋）趙佶 撰
品茶要錄 （宋）黄儒 撰
宣和北苑貢茶錄 （宋）熊蕃 撰
北苑別錄 （宋）趙汝礪 撰
茶箋 （明）聞龍 撰
羅岕茶記 （明）熊明遇 撰
茶譜 （明）顧元慶 撰
茶疏 （明）許次紓 撰

十六

治蝗全法 （清）顧彥 撰
捕蝗考 （清）陳芳生 撰
捕蝗彙編 （清）陳僅 撰
捕蝗要訣 （清）錢炘和 撰
安驥集 （唐）李石 撰
元亨療馬集 （明）喻仁、喻傑 撰
牛經切要 （清）佚名 撰 于船、張克家 點校
抱犢集 （清）佚名 撰
哺記 （清）黄百家 撰
鴿經 （明）張萬鍾 撰

十七

蜂衙小記 （清）郝懿行 撰
蠶書 （宋）秦觀 撰
蠶經 （明）黄省曾 撰
西吳蠶略 （清）程岱葊 撰
湖蠶述 （清）汪曰楨 撰
野蠶錄 （清）王元綎 撰
柞蠶雜誌 增韞 撰
樗繭譜 （清）鄭珍 撰 （清）莫友芝 注
廣蠶桑説輯補 （清）沈練 撰 （清）仲學輅 輯補
蠶桑輯要 （清）沈秉成 編
豳風廣義 （清）楊屾 撰

養魚經　（明）黄省曾　撰
異魚圖贊　（明）楊慎　撰
閩中海錯疏　（明）屠本畯　撰　（明）徐𤊹　補疏
蟹譜　（宋）傅肱　撰
糖霜譜　（宋）王灼　撰
酒經　（宋）朱肱　撰
飲膳正要　（元）忽思慧、常普蘭奚　撰

十八

救荒活民補遺書　（宋）董煟　撰　（元）張光大　增
（明）朱熊　補遺
荒政叢書　（清）俞森　撰
荒政輯要　（清）汪志伊　纂
救荒簡易書　（清）郭雲陞　撰

十九

孚惠全書　（清）彭元瑞　撰

二十

欽定康濟録　（清）陸曾禹　原著　（清）倪國璉　編録
救荒本草　（明）朱橚　撰
野菜譜　（明）王磐　撰
野菜博録　（明）鮑山　撰

二十一

全芳備祖　（宋）陳詠　撰
南方草木狀　（晉）嵇含　撰

二十二

植物名實圖考（全二册）　（清）吴其濬　撰